JAN DEMBOWSKI

TIERPSYCHOLOGIE

JAN DEMBOWSKI

TIERPSYCHOLOGIE

1955

AKADEMIE-VERLAG · BERLIN

Jan Dembowski
Psychologia Zwierzat
Erschienen im Spółdzielnia Wydawniczo-Oświatowa „Czytelnik"
Warschau 1950
Übersetzt aus dem Polnischen von Caesar Rymarowicz und Wolfgang Grycz, Berlin
Wissenschaftliche Redaktion: Professor Dr. Kurt Gottschaldt, Institut für Psychologie, Berlin

Die Herausgabe dieses Werkes wurde gefördert vom Kulturfonds
der Deutschen Demokratischen Republik

Erschienen im Akademie-Verlag Berlin W 8, Mohrenstraße 39
Lizenz-Nr. 202 Druckgenehmigungs-Nr. 100/34/54

Satz, Druck und Bindung: IV/2/14 - VEB Werkdruck Gräfenhainichen - 376
Bestell- und Verlagsnummer 5158
Printed in Germany

Vorwort zur ersten Auflage

Vorliegende Arbeit entstand in den Jahren 1936—1939 und war bereits während des Krieges beendet. Im ursprünglichen Entwurf des Werkes sollte das Schlußkapitel der Psychologie der anthropoiden Affen gewidmet sein. Das ist jedoch ein so umfangreiches und wichtiges Gebiet, daß ich mich gezwungen sah, es abzusondern. Die Psychologie der anthropoiden Affen soll zusammen mit der Anthropogenie Gegenstand eines späteren Werkes sein.

Tierpsychologie ist, neben der Politik und der Philosophie, ein Gebiet, auf dem alle gern das Wort ergreifen. Jeder verfügt nämlich über eigene Beobachtungen aus dem Leben der Tiere oder hat zumindest Berichte von glaubwürdigen Augenzeugen gehört. Ein solcher Standpunkt war in jener Zeit, als sich die Zoopsychologie ausschließlich auf Erzählungen und Anekdoten über die Findigkeit und Schlauheit der Tiere stützte, gerechtfertigt. Die moderne Wissenschaft jedoch bearbeitet diese Fragen kritisch, indem sie exakte Labormethoden anwendet und ihre Schlußfolgerungen auf Messungen und genaue Daten stützt. Die Tierpsychologie büßte dadurch an Popularität ein, sie verwandelte sich in eine Naturwissenschaft, deren Aufgabe es ist, genau verifizierte Tatsachen zu registrieren und allgemeine Gesetzmäßigkeiten zu suchen. Die Findigkeit der Tiere hörte auf, ein Problem zu sein. An seine Stelle trat die Erforschung der Funktionsmöglichkeiten des organischen Systems unter kontrollierten, quantitativ gemessenen Bedingungen. Es ist dies ein ziemlich schwieriges Gebiet, dessen Beherrschung gewisse Anstrengung erfordert; man kann sie nicht durch sogenannte „leichte Lektüre“ erlangen. Zugleich ist es aber ein wichtiges Gebiet; denn erst auf der Grundlage wahrhaft authentischer Kenntnisse über das Seelenleben der Tiere kann man eine Evolution der Psyche aufbauen, die ohne Berücksichtigung ihrer Entstehungsgeschichte ebenso unverständlich bleibt wie der Körperbau eines Tieres ohne Kenntnis über dessen Abstammung.

In der polnischen populärwissenschaftlichen Literatur wurden Fragen der Tierpsychologie nur gelegentlich angeschnitten und im Hinblick darauf stellt dieses Buch eine gewisse Neuheit auf dem Büchermarkt dar.

Wenn man bedenkt, unter welchen schwierigen Bedingungen wir augenblicklich arbeiten müssen, gebührt dem Herausgeber, der alles daran setzte, daß das Buch in kürzester Zeit erscheinen konnte, unser besonderer Dank.

Jan Dembowski

Vorwort zur zweiten Auflage

Die Aufgabe eines Popularisators der Wissenschaft ist in unserem Lande besonders dankbar. Eine dermaßen rasche Erschöpfung der großen Auflage eines doch recht speziellen Buches wäre vor dem Kriege nicht zu denken und zeugt von einem gewaltigen Anstieg des Leseinteresses.

Die zweite Auflage des Buches erscheint mit nur geringfügigen Änderungen, die teils von der Notwendigkeit einer gewissen Präzisierung einiger allgemeiner Thesen, teils durch den Fortschritt der Wissenschaft während der letzten vier Jahre diktiert wurden. So bedurfte vor allem der achte Abschnitt einer Ergänzung im Hinblick auf eine Reihe neuer experimenteller Tatsachen, die den Grundsatz der Interpretation der Erscheinungen selbst in ein neues Licht rücken. Desgleichen wurden die Abschnitte 14 und 15 erheblich erweitert, da in den letzten Jahren mehrere bedeutende experimentelle Arbeiten erschienen sind.

Jan Dembowski

Lódz, März 1950

Vorwort zur deutschen Ausgabe

Das vorliegende Buch ist aus Universitätsvorlesungen die ich im Jahre 1937/38 gehalten habe, entstanden. Es wurde aber erst während des Krieges beendet. Das Werk erschien in polnischer Sprache in zwei Auflagen, Warschau 1946 und 1950.

Es enthält eine allgemeine Darstellung der wichtigsten Probleme der modernen Tierpsychologie und erhebt keinerlei Ansprüche auf eine vollständige Behandlung dieses so umfangreichen Gebietes. Es handelt sich vielmehr um eine Auswahl der Probleme, die mir am wesentlichsten erscheinen. Dies folgt aus der Struktur des Buches. Es besteht aus dem allgemeinen und dem speziellen Teil. Der allgemeine Teil berücksichtigt eine historische Einführung, die tierischen Tropismen, die Grundlagen des Behaviorismus, die Lehre von den bedingten Reflexen, die angeborenen Merkmale des tierischen Verhaltens, das Problem des Instinktes sowie das Gestaltprinzip. Im speziellen Teil habe ich darauf verzichtet, die Tatsachen der Tierpsychologie für das ganze Tierreich darzustellen und beschränkte mich auf einige typische Objekte, welche die Aufmerksamkeit der Forschung besonders gefesselt haben. Es handelt sich um das reaktive Leben des Infusors, des Regenwurms, der Biene, des Huhnes und der Ratte. Es scheint mir, daß diese Darstellungsweise eine tiefere Behandlung der besprochenen Fragen fördert. Das psychische Leben der Primaten bildet ein so umfangreiches und wichtiges Gebiet, daß ich mich entschlossen habe, das Problem gesondert zu behandeln. Die Psychologie der Affen mit Berücksichtigung der Anthropogenie ist an einem anderen Orte erschienen, 2. Auflage, Warschau, 1951.

Man kann viel darüber diskutieren, ob der Titel des Buches richtig gewählt ist und ob es bei dem heutigen Stand der Naturforschung überhaupt zulässig ist, über das Seelenleben der Tiere zu sprechen, da die innere Welt des Tieres der Forschung unzugänglich ist. Der Entschluß hängt natürlich damit zusammen, welchen Inhalt wir dem Begriff der Tierpsychologie beimessen. Ein Vergleich des Tieres mit dem Menschen ist eine überaus schwierige Aufgabe, da die Evolution des Menschengeschlechtes auf besonderen und spezifischen Wegen erfolgte. Der Mensch ist vor allen Dingen ein gesellschaftliches Wesen. Sein Seelenleben entwickelt sich unter dem mächtigen Einfluß des Zusammenlebens und der Zusammenarbeit, woraus eine höchst eigenartige Gabe des Menschen in Gestalt des zweiten Signalsystems entstand, welches über den Inhalt unserer Psyche entscheidet. Nur bei den höchsten Tieren sind diese Verhältnisse gewissermaßen angedeutet, den meisten Vertretern des Tierreiches sind sie vollkommen fremd. Es muß jedoch in Betracht gezogen werden, daß im Evolutionsmaßstabe das gesellschaftliche Leben des Menschen eine sehr rezente Erscheinung ist, wogegen die allermeisten Merkmale des menschlichen Organismus unter dem Einfluß derselben Naturfaktoren entstanden sind, welche auch in der tierischen Evolution eingewirkt haben. Aus diesem Grunde bildet der Vergleich des reaktiven Lebens des Menschen und des Tieres eine zwar schwierige, aber doch nicht unlösbare Aufgabe.

Was nun speziell das Gestaltprinzip betrifft, so ist auch in diesem Falle unser Urteil über dessen wissenschaftlichen Wert davon abhängig, welchen Inhalt wir in den Begriff der Gestalt hineinlegen. Sorgfältig von seinen metaphysischen Elementen gesäubert, bildet das Gestaltprinzip den Ausdruck eines Komplexes von konkreten festgestellten Tatsachen, und es liegt kein Grund vor, sie zu ignorieren. Die Schicksale des Prinzips in der weiteren Entwicklung der wissenschaftlichen Tierpsychologie hängen davon ab, ob dasselbe eine gemeinsame Sprache mit physiologischer Betrachtung der höheren Nerventätigkeit findet, insbesondere mit der so großartig ausgebauten Lehre von den bedingten Reflexen. Diese Möglichkeit liegt auf der Hand und darum war es zweckmäßig, das Gestaltprinzip in das allgemeine System der zoopsychologischen Vorstellungen einzubeziehen.

Ich erlaube mir, dem Präsidium der Deutschen Akademie der Wissenschaften, welches beschlossen hat, mein Buch dem deutschen Leser zugängig zu machen, auch an dieser Stelle meinen aufrichtigen Dank auszusprechen.

Warschau, Oktober 1954

Jan Dembowski

Inhaltsverzeichnis

ERSTES KAPITEL

Historische Einführung

Die Tierpsychologie gehört gewiß zu den ältesten Wissenschaften. Denn schon der Urmensch, der weite, wildreiche Wälder bewohnte, mußte gewisse Kenntnisse über die Eigenarten und die Gewohnheiten der Tiere, mit denen er im täglichen Leben zusammenstieß, besitzen. Er hatte mit ihnen als Jäger zu tun, für den die Kenntnis der Lebensart des Wildes notwendige Voraussetzung für einen Erfolg ist, als Züchter oder auch als Verteidiger seines eigenen Heims gegen Überfälle durch Raubtiere. Er mußte bemerkt haben, daß die Tiere in vieler Hinsicht dem Menschen gleichen, daß sie sich freuen oder ärgern können, daß ihnen Schmerz, Angst, Liebe, Haß und viele andere menschliche Gefühle nicht fremd sind. Er sah, daß zwischen Mensch und Tier große Ähnlichkeit besteht, daß bestimmte Gefühle bei den Tieren zuweilen stärker hervortreten als bei den Menschen, andere hingegen wie unterdrückt erscheinen. Der Urmensch muß ein guter Beobachter der Natur gewesen sein, deren Leben dem seinigen so nahe stand.

Der prähistorische Mensch, der ein strenges und einfaches, gefahrvolles Leben führte, dessen Interessen sich notgedrungen im engen Kreis alltäglicher unmittelbarer Bedürfnisse bewegten, und der selber noch halb Tier war, stand im Grunde genommen in intellektueller Hinsicht nicht viel tiefer als wir. Sein geistiges Leben entwickelte sich unter dem Einfluß der Erziehung, der Umgebung und der Lebensbedingungen und mußte so beschaffen sein, wie es diese Bedingungen zuließen. Könnte man einen Menschen aus der Zeit vor etwa fünfzehntausend Jahren von seiner Geburt an in unsere Umgebung übertragen, so würde er sich vielleicht zu einem Individuum entwickeln, das sich von uns in nichts unterschiede. Die intellektuelle Überlegenheit und seine ganze Kultur verdankt der moderne Mensch keineswegs seiner Genialität. Er verdankt sie in erster Linie dem gesellschaftlichen Leben, das einen mächtigen Einfluß auf seine gesamte Geistestätigkeit ausübt. Der Mensch paßt sich nicht nur passiv den ihn umgebenden Verhältnissen an, wie das die Tiere tun, sondern er vermag durch seine Arbeit, durch die aktive Beherrschung der Natur die Lebensbedingungen zu modifizieren, indem er sie seinen Bedürfnissen anpaßt. In diesem seinem Vermögen macht sich der Mensch die einzelnen Erfahrungen von Millionen

Vorfahren zunutze, deren Errungenschaften ihm auf dem Wege der Tradition, der Erziehung, Belehrung, der Schrift u. ä. überliefert worden sind. Unser Verstand ist nicht nur das Produkt einer biologischen Evolution, sondern auch das des gesellschaftlichen Lebens. In diesem Sinne eben kann man sagen, daß in jedem von uns ein Teil der Menschheit lebt, die es dem Menschen gestattet, sich über das Niveau des Tieres zu erheben.

Diese Verhältnisse sind den Tieren völlig fremd; in dieser Hinsicht besteht zwischen Mensch und Tier ein wesentlicher Unterschied. Es könnte jedoch sein, daß auch das Gehirn eines Tieres potentiell dazu fähig ist, veränderte Lebensbedingungen in sich aufzunehmen. Wenn es uns nur gelänge, entsprechende Bedingungen auszuwählen und mit ihnen gewissermaßen künstlich die bei Tieren nicht vorhandene Tradition zu ersetzen, dann könnten wir vielleicht ein Tier hervorbringen, das in intellektueller Hinsicht den durchschnittlichen Vertreter seiner Art ebenso überragt, wie ein gebildeter Mensch, dessen Geist viele Jahre hindurch systematisch geformt wurde, darin einen Wilden übertrifft.

Diese Annahme ist von großer Wichtigkeit, denn sie zeigt, wie vorgegangen werden muß. Wir können nämlich, ganz im Sinne der Annahme, Tiere unter verschiedenen Bedingungen aufziehen und sie dann nach seelischen Eigenschaften hin untersuchen, die in ihrem täglichen Leben nicht auftreten. Diese Richtung eben hat die moderne Tierpsychologie eingeschlagen. Es bedurfte jedoch nahezu dreier Jahrtausende kultureller Entwicklung, bis sich dieses doch so einfache Programm in der Wissenschaft hat einbürgern können. Denn in der Wissenschaft herrscht nicht immer der gesunde Menschenverstand; sie neigt vielmehr dazu, sich von der Tradition leiten zu lassen. Hat das menschliche Denken einmal eine Richtung eingeschlagen, dann bewegt es sich in den ausgefahrenen Bahnen durch Jahrtausende. Betrachten wir nun, welchen nachteiligen Einfluß die wissenschaftliche Tradition auf ein tieferes Erkennen der Tierseele hatte.

Die europäische Wissenschaft hatte ihren Ursprung in der Philosophie, deren Entwicklung wiederum stark durch verschiedene Glaubensrichtungen beeinflußt wurde. In den antiken griechischen Religionen war die Welt von Dämonen bewohnt. Das waren Seelen, die entweder für sich noch keinen entsprechenden Körper gefunden oder gerade einen verlassen hatten und einen anderen Körper suchten. Ist die Seele mit einem Körper verbunden, dann kann sie leicht Sünden begehen, die gesühnt werden müssen; daher ihre langwährenden Wanderungen und Verkörperungen. Erst in der fernen, idealen Zukunft wird die Seele ihre göttliche Natur wiederfinden und in das Absolute wieder eingehen. Diese schöne Legende, die das Produkt dichterischer Phantasie ist, hatte der Welt eine Reihe von Fragen aufgeworfen, die

die Philosophie noch heute zu lösen versucht. Gibt es eine Seele? In welcher Beziehung steht sie zum Körper? Welches ist ihr Wesen? Ist die Seele unsterblich? In welchem Grade ist sie am Erkennen der Wirklichkeit beteiligt, und was ist diese Wirklichkeit?

Schon das Altertum hatte für die Lösung derartiger Probleme eine unerwartet einfache Methode gefunden. PARMENIDES, einer der größten griechischen Philosophen und Begründer der Schule der Eleaten, führte als erster konsequent den Gedanken durch, daß die Welt nur auf dem Wege der Überlegung erkennbar ist. Die Sinne täuschen uns, die menschliche Erfahrung ist wertlos, denn ein und dieselbe Sache sieht in den Augen verschiedener Menschen verschieden aus, und allein das Denken vermag dem Menschen die Wahrheit zu zeigen. Um das Wesen des Seins zu erfassen, genügt es, folgende einfache Annahme zu machen: „Es muß notgedrungen gesagt und gedacht werden, daß das, was ist, ist. Denn das Sein ist, ein Nichtsein aber gibt es nicht." Es war schwer, sich einem derart überzeugendem Argument zu widersetzen. Und in den Händen des Philosophen enthüllt dieses Argument alle grundsätzlichen Eigenschaften des Seins. Zunächst geht daraus hervor, daß das Sein keinen Anfang hat. Hätte es diesen nämlich, so wäre dieser Anfang ein Nichtsein, wir wissen aber, daß es ein Nichtsein nicht gibt. Aus demselben Grunde kann das Sein kein Ende haben. Anders gesagt: das Sein ist ewig. Dann muß das Sein kontinuierlich sein, denn hätte es irgendwelche Unterbrechungen, dann wären diese Nichtsein, wir wissen aber, daß es ein Nichtsein nicht gibt. Das Sein ist unteilbar, denn ein Teil von ihm wäre Nichtsein, was es nicht gibt. Und so kann diese Beweisführung weiter fortgesetzt werden. Man kann ihr eine erhebliche Dosis Erfindungsgabe nicht absprechen. Eine derartige Methode des „reinen Philosophierens", das heißt des Lösens von Fragen ausschließlich auf logischem Wege, übte einen starken schädlichen Einfluß auf die weitere Entwicklung der Philosophie aus. Man stellte eine Prämisse auf und deduzierte daraus alle möglichen Konsequenzen. Aber weder die Prämisse, noch die sich aus ihr ergebenden Schlußfolgerungen bedurften einer empirischen Verifikation. Denken sei unfehlbar, lehrte PARMENIDES, nur sinnliche Erkenntnis könne fehlerhaft sein.

Die Anwendung der Methode der reinen Überlegung mußte augenscheinlich zu sehr verschiedenen Ergebnissen führen, denn die Schlüsse hängen von den Prämissen ab, diese aber sind willkürlich. Nicht zum Verwundern, wenn die Ansichten der antiken Welt über die Tier- und Menschenseele sehr verschieden ausfielen. Die Seele war Wasser, Feuer, Luft, eine näher nicht bekannte Materie oder auch all das zugleich. Einmal war sie ein fester Bestandteil der Materie, ein anderes Mal nur ihr momentaner Gast. Sie war ausschließliche Eigenschaft lebender Organismen oder auch eine das Universum durchdringende kosmische Kraft. Sie war einfach, zweifach, dreifach, oder bestand aus soviel Elementen, wie sie Eigenschaften besaß. Sie war sterblich, dann wieder unsterblich; sie wanderte von einem Körper zum andern, oder aber die Wanderungen waren für sie nicht notwendig. Wenn reine Überlegung Quelle des Wissens ist, wenn wir unseren Sinnen nicht trauen und unseren Verstand nicht mit empirischen Tatsachen speisen, dann muß notgedrungen der Inhalt unserer Überlegungen sich auf eine ständige Permutation stets ein und derselben wenigen Begriffe reduzieren.

Unter diesen abwechslungsreichen Möglichkeiten begannen allmählich bestimmte Richtungen vorzuherrschen. Zuerst wurde allgemein erkannt, daß es eine Seele gibt und daß diese vom Körper zu unterscheiden ist. Danach wurde der Gedanke von ihrer Unsterblichkeit dominierend. Aber hier erwies sich die Sache als etwas schwierig. Wir wissen aus der täglichen Erfahrung, daß der Körper sterblich ist und daß mit ihm Gedanken und Gefühle schwinden. Um die Unsterblichkeit zu retten, mußte die Seele zergliedert werden, mußte sie zumindest in zwei Bestandteile zerlegt werden. Es existiert folglich eine biologische Seele oder das Prinzip, das die Körperteile in Gang setzt, aber auch das Gefühl, die Sinne, den Willen und andere psychischen Eigenschaften leitet. Diese Seele, *Psyche* genannt, ist sterblich, sie vergeht mit dem Körper. Daneben gibt es die vernünftige, immaterielle und von der Materie unabhängige Seele — die reine, unzerstörbare, abstrakte Vernunft. Pflanzen und Tiere besitzen nur die biologische Seele, die Vernunft ist ausschließlich das Privileg des Menschen.

Sehen wir beispielsweise, wie der größte Denker des Altertums, PLATO, diese Fragen formuliert. Grundsatz seiner Theorie, von seinem Lehrer SOKRATES übernommen, war, daß in den vom menschlichen Geist geschaffenen Begriffen absolutes Wissen enthalten sei. Nur das Denken kann die Wahrheit erkennen. Unsere Begriffe zeichnen sich durch Einfachheit und Stetigkeit aus, wie z. B. die Begriffe des Schönen, der Tugend oder des Guten, die für alle Menschen gleich sind. Die materiellen Dinge hingegen, die wir vermittels der Sinne erkennen, sind kompliziert und wandelbar. Aber das Denken kann nicht aus dem Nichts schaffen, denn es ist passiv und reproduktiv, und muß somit Abbild tatsächlich existierender Gegenstände sein. Wenn nun die durch das Denken geschaffenen Begriffe den Dingen nicht entsprechen, dann sind nicht die Dinge Begriffsobjekt und Wirklichkeit. Woher kommen dann die Begriffe? Sie müssen irgendwelchen Gegenständen nachgebildet sein, die sich von den materiellen Dingen unterscheiden und theoretischen Begriffen gleichen. Solche immateriellen Gegenstände nennt PLATO *Ideen*. Die Ideen sind das einzig wahre Sein, sie existieren real, die materiellen Dinge hingegen sind ihre Schatten, sie gleichen sich mehr oder weniger ihnen als den vollkommenen Mustern an. Die Seele ist der Gegensatz der Materie, die von Natur aus träge ist. Sie kann direkt, das heißt ohne Beteiligung der Sinne, allgemeine Eigenschaften der Gegenstände erkennen, die in der Erfahrung gar nicht existieren. Wir erkennen beispielsweise die Gleichheit der Dinge, obgleich Gleichheit nur eine Abstraktion ist und die materiellen Dinge niemals absolut gleich sind. Gleichzeitig ist die Seele zweifach: biologisch und theologisch. Die erste zerfällt ihrerseits in drei Bestandteile: die vernünftige, die fühlende oder sinnliche und die Pflanzenseele oder impulsive Seele, die voneinander räumlich abgegrenzt sind. Die vernünftige Seele befindet sich im Kopf, um dem Himmel näher zu sein, aus dem sie herrührt. Die fühlende Seele befindet sich im Herzen. Damit die sinnliche Seele keinen allzu starken Einfluß auf die vernünftige Seele hat, sind diese voneinander durch die Verengerung des Halses getrennt. Die gröbste der Seelen, die Pflanzenseele, befindet sich im Bauch und ist von den beiden anderen durch das Zwerchfell abgetrennt. Alle diese Seelen existieren nur zusammen mit dem Körper und verschwinden nach seinem Tode. Es gibt aber noch außerdem eine Seele höherer Ordnung, die Ideen erkennt und sich ihnen angleicht, und die unabhängig vom Körper bestehen kann. Diese Seele ist unsterblich.

Plato war ein großer Schriftsteller, und noch heute bewundern wir seine Feinheit im Unterscheiden subtilster Begriffsnuancen und seine große Kunst, sich in das Denken und die Beweisführung anderer einzufühlen. Die Lektüre der Platonischen Dialoge bereitet dem Leser größte Annehmlichkeit. Seine Lehre aber war keine Wissenschaft, sondern nur eine Reihe schöner poetischer Visionen. Dem Anschein nach glaubte Plato selbst nicht an die Richtigkeit seiner Anschauungen. Bezeichnend ist in dieser Hinsicht eine kleine Bemerkung im Dialog „Phaidon“: Sokrates, der zum Tode verurteilt ist, spricht am Tage seiner Hinrichtung im Gefängnis mit seinen Freunden. Er will beweisen, daß die menschliche Seele unsterblich ist und daß der Mensch den Tod nicht zu fürchten brauche, denn es wisse niemand, was der Tod ist und ob er nicht für uns das höchste Gut sei. Als er nun seine These bewiesen und seine Gesprächspartner überzeugt hat, fügt er die interessanten Worte hinzu: „Es geht mir nicht darum, euch von der Richtigkeit meiner Worte zu überzeugen, sondern darum, daß sie mir selber wahr scheinen.“ Für einen Menschen, der bald sterben soll, ist es gut, zu wissen, daß der Abgang in das Land der Schatten das höchste Gut sein kann. Mit anderen Worten: zwar kann das Denken nicht irren, aber manchmal, in äußerst wichtigen Lebenslagen fühlen wir uns sicherer, wenn die Richtigkeit seiner Schlüsse empirisch festgestellt worden ist!

Der Platonische Begriff der theologischen Seele wurde von der christlichen Philosophie übernommen. Seitdem zieht sich in unendlichen Modifikationen über die Anfänge des christlichen Denkens, die Kirchenväter mit dem hl. Augustin an der Spitze, die Scholastik und die Renaissance dieselbe Tendenz hin, das Wesen der Seele durch reine

Überlegung zu erforschen. Immer komplizierter wird das Begriffssystem, immer subtiler die Unterscheidung; allein es fehlt das Verständnis dafür, daß der menschliche Intellekt von Natur aus arm ist und ein ständiges Darstellen und Kombinieren derselben Gedanken keinen wahren Fortschritt bringen kann. Erst die Berufung auf die sinnliche Erfahrung konnte uns den unendlichen Reichtum der Welt erschließen. PLATO ist schön, solange er sich in der Welt abstrakter Begriffe bewegt. Wenn er sich aber auf die Physiologie einläßt, wenn er die Seelen in den verschiedenen Körperteilen lokalisiert und sie durch Scheidewände voneinander abtrennt, dann können wir ihn nicht ernst nehmen. Über die griechische Philosophie kann man noch heute diskutieren. Wenn man aber damit den gigantischen Fortschritt vergleicht, den die Naturwissenschaft seit der altgriechischen Zeit zurückgelegt hat, dann kann man sich tatsächlich von der Überlegenheit der Erfahrung, die in der Antike so verpönt war, überzeugen. Es ist nicht verwunderlich, daß der menschliche Intellekt, in seiner eigenen Betrachtung versunken und in seinem eigenen Geistesinhalt die Lösung aller Fragen suchend, sich wenig für die Tierseele interessierte. Alle waren sich darüber einig, daß die Tiere eine Seele niederer Ordnung, bestenfalls eine biologische, niemals aber eine vernünftige und unsterbliche Seele besitzen. Wie soll hier die Tierseele erforscht werden, wenn die einzige Forschungsmethode ein Sich-Vertiefen in eigenes Erleben ist. Die christliche Religion, für die die Frage der Sünde, der Sühne, der Unsterblichkeit und der Erlösung eine zentrale Frage war, schuf einen Abgrund zwischen Mensch und Tier, so daß DESCARTES erklären konnte, die Tiere seien seelenlose Automaten.

Dennoch liegen bereits in der griechischen Philosophie Anfänge einer anderen Auffassung. ARISTOTELES, Schüler und Nachfolger PLATOS, bahnte ein prinzipiell neues Verhältnis zu Fragen der Natur an. Nach PLATO besitzt die menschliche Seele gewisse angeborene Begriffe, deren Existenz keine vorherige sinnliche Erfahrung voraussetzt. Sie können deshalb in der Seele enthalten sein, weil diese unsterblich ist, ständig von einem Körper zum anderen wandert und in den Pausen zwischen den Verkörperungen unmittelbar mit der Welt der Ideen verkehrt, wodurch sie nach ihrem Vorbild Begriffe schaffen kann. Wenn also in unserem Geiste Begriffe auftauchen, so ist das dadurch erworbene Wissen wesentlich nur ein Erinnern an das, was die Seele bereits in ihrer vorherigen Existenz gewußt hat. Dieser Überlegungsweise widersetzte sich ARISTOTELES energisch. Für ihn ist der Geist anfänglich leer; er enthält keine angeborenen Begriffe und erst die sinnliche Wahrnehmung verleiht ihm seinen Inhalt. Von den Einzelwahrnehmungen gelangen wir allmählich zu allgemeinen Begriffen. Die Platonischen Ideen sind Phantasie, real existieren nur konkrete Dinge, und unsere Wahrnehmungen sind lediglich Kopien der Dinge. ARISTOTELES nähert sich hier materialistischen Auffassungen, vor allem DEMOKRIT, welcher lehrte, daß nur die Materie existiert und Wahrnehmungen lediglich die Widerspiegelung real existierender materieller Dinge sind. Erkenntnis sei nur möglich auf dem Wege der Erfahrung. ARISTOTELES führte diesen Grundsatz nicht konsequent durch, in seiner Lehre ist starker Platonischer Einfluß zu verzeichnen, und das Sein faßte er ganz im Sinne von PARMENIDES auf. Auch er zerlegte die Seele in verschiedene Teile, von denen nur einer unsterblich ist. Aber die hauptsächliche und wesentliche Grundlage seiner Lebenstätigkeit war die Kumulation von Erfahrung. Dieser große Systematiker des Altertums imponiert wahrhaft durch die gewaltige Menge angesammelter Tatsachenkenntnisse. Er befaßte sich mit allen Wissensgebieten: mit Physik und Astronomie, Botanik und Zoologie, Logik und Poetik, Ethik und Politik, mit Betrachtungen über das Wesen des Seins und der Erkenntnis. Den Tieren schrieb er offensichtlich eine niedere Seele zu, wobei er gleichzeitig darauf hinwies, daß es unter den Tieren sehr verschiedene Entwicklungsgrade der Seele gibt. Auch die drei Seelengattungen hielt er nicht für grundsätzlich verschieden, sondern lehrte, daß die höhere Seele die niedere in sich enthält, somit enthält also die menschliche Seele außer der göttlichen Vernunft auch tierische Elemente, ebenso wie ein Quadrat ein Dreieck in sich enthält (wenn die Diagonale gezogen wird). Anders gesagt, besteht zwischen Mensch und Tier ein erheblicher Grad von Ähnlichkeit.

Die Stoiker, vor allem CHRYSIPPOS, prägten den Begriff des Tierinstinkts. Das Tier hat nach Ansicht der Stoiker Gefühle und Eindrücke, Vorstellungen und Triebe, ist aber ebenso wie kleine Kinder ohne Vernunft. Die Stoiker kannten die Zweckmäßigkeit der Tierhandlungen, die sie der in den Tieren vorhandenen und in ihnen wirkenden kosmischen Vernunft zuschrieben. Das Tier handelt nicht aus eigener Erkenntnis; die Natur hat ihm nur Triebe gegeben, die das Streben nach angenehmen Dingen und das Fliehen unangenehmer und schädlicher Erlebnisse bewirken. Die Vögel bauen Nester, ohne ihr Tun zu verstehen. Ebenso die Bienen, die ihre Wachsscheiben verfertigen, und die Spinnen, die ihr kunstvolles Netz dank der in ihnen enthaltenen Partikel der kosmischen Vernunft weben. Die Tiere wissen gewissermaßen schon seit der Geburt, wessen sie bedürfen, ihre Kunstfertigkeit ist keine erworbene Fähigkeit. Was der Mensch in seinem Leben gelernt hat, das führt er in verschiedener Weise durch; die Fähigkeiten der Tiere hingegen führen zu stereotypen Handlungen, die bei einer gegebenen Gattung stets dieselben sind. Eine solche Auffassung der Tierseele hat sich, mit nur geringfügigen Abänderungen, bis auf den heutigen Tag erhalten. Sie wird von denen vertreten, die ihr Wissen aus der Permutation von Begriffen schöpfen und dabei die Erfahrung hintansetzen.

Das letzte der großen philosophischen Systeme des Altertums, das neuplatonische System (Plotin, Porphyrios) knüpft wiederum an ältere Auffassungen an. Das menschliche Denken schreitet nicht konsequent vorwärts, es ist charakterisiert durch Sprünge und Rückfälle. Porphyrios propagiert die Enthaltung von Fleischgenuß, denn die Tiere seien vernünftige Wesen und es schicke sich für den Menschen nicht, sie zu töten. Sie besitzen Gefühl, Gedächtnis und Verstand, sie können lernen und nachahmen, vom Menschen unterscheiden sie sich nur graduell, nicht aber prinzipiell. Porphyrios war in seiner Anschauung nicht originell; er gab übrigens auch nicht vor, eigene Gedanken auszusprechen. Deshalb war wohl seine Einstellung zum Tier mehr die eines Menschen als eines Philosophen. Denn letzthin hegt wohl jeder einfache Mensch derartige Betrachtungen über die Tierseele. Diese Anschauungen spielten im übrigen keine Rolle in der Entwicklung der Lehre von der Tierseele.

Die christliche Philosophie stützte sich gänzlich auf die antike Wissenschaft. Einer der größten Denker unter den Kirchenvätern, der hl. Augustin, vertiefte sich beim Entwickeln der Lehre Platos und Plotins so sehr wie niemand zuvor in das Innenleben des Menschen, indem er eine tiefgehende Klassifikation seelischer Zustände durchführte. Das bedeutete eine Abkehr von den Weisungen des Aristoteles und Rückkehr zu älteren Denksystemen. Thomas von Aquino, der Repräsentant der Scholastik, verband spekulativ sämtliche Richtungen, insbesondere aber brachte er Augustin mit Aristoteles in Einklang. Der Begriff der theologischen Seele lasse sich mit dem Begriff der biologischen Seele vereinbaren, wenn man annehme, daß die Vernunft und der Wille sowie die Sinnes- und Pflanzenkräfte nur verschiedene Seiten ein und derselben Seele seien. Der Mensch besitze beide Seelengattungen in eines verschmolzen, den Tieren sei nur die biologische Seele eigen. Erneut sind wir bei den beiden Seelen und der Degradation des Tieres zugunsten des Menschen angelangt. Die Instinkte der Tiere seien Symptome der göttlichen Weisheit, die in ihnen wirke, aber das sinnliche Erkennen der Tiere sei nicht mit dem Erfassen des Guten verbunden; es sei ausschließlich auf die erwartete Annehmlichkeit oder Unannehmlichkeit gerichtet. Es läßt sich nicht leugnen, daß Tiere fühlen und etwas im Gedächtnis behalten können. Dennoch trennt ein unüberwindlicher Abgrund den Menschen vom Tiere. Diesen zu errichten war nicht schwer. Es genügte die Annahme, daß, ebenso wie es zwei verschiedene Seelen gibt, es auch zwei Arten des Fühlens, Erkennens und des Gedächtnisses gibt: die eine sinnlich, die andere verstandesmäßig. Nur die erstere ist den Tieren eigen, und daher reduziert sich ihr gesamtes psychisches Leben auf die Instinkte. Mit anderen Worten: die Tiere besitzen keine Vernunft, denn von dem, was sie besitzen, ist nichts Vernunft. Wie es scheint, war nur dieses in den Anschauungen des hl. Thomas über Tierpsychologie originell. Er hatte gar nicht bemerkt, daß unser eigenes Verhalten weit mehr durch die Erwartung von Angenehmem als durch den Begriff des Guten geleitet wird. Wir essen keineswegs zu Mittag, um der gebrechlichen materiellen Hülle unserer unsterblichen Seele Pflanzenkräfte zuzuführen, sondern weil wir Hunger verspüren. Wir wissen hingegen wenig darüber, was eine Biene fühlt und denkt, die Honig von den Blüten sammelt. THOMAS AQUINUS griff auf ARISTOTELES zurück, aber er stützte sich nur auf dessen Autorität, während er für seine Aufforderung zur sinnlichen Erfahrung kein Verständnis aufbringen konnte. Den alten Griechen gelang es im Laufe weniger Jahrhunderte, sich zu den wahren Höhen des philosophischen Denkens aufzuschwingen. Aber das eineinhalb Jahrtausend christlicher Philosophie drehte sich im Kreise stets ein und derselben Begriffe.

Erst das sechzehnte Jahrhundert führte der Psychologie belebende Strömungen zu. Die Epoche der Renaissance brachte einen völlig neuen Geist mit sich. Die Welt der Antike war heiter und ein für allemal geordnet. Im Universum herrschte vollkommene Harmonie, deren Ausdruck das in seiner Schönheit vollendete euklidische Geometriesystem war. Wenn man die Dialoge PLATOS liest, dann kann man sich des Eindrucks nicht erwehren, daß die antiken griechischen Philosophen sonderbare, von der Wirklichkeit des Alltags völlig losgelöste Menschen waren. Sie hatten keinerlei Kummer und Sorgen, und unbegrenzte Zeit stand ihnen zur Verfügung, die sie auf Diskutieren, Philosophieren und Grübeln über die Rätsel des Universums verwandten, ohne jedoch gleichzeitig die raffiniertesten fleischlichen Genüsse dabei zu vergessen. Es stimmt zwar, daß SOKRATES arm war, die Befriedigung seiner materiellen Bedürfnisse dürfte ihm jedoch nicht schwer gefallen sein, da man ihn gern als Gast einlud und ihn reichlich bewirtete. In der Epoche der Renaissance jedoch wurde der Mensch irgendwie rastlos. Gastmahle und philosophische Diskussionen waren nur für Erwählte zugänglich, die schwereren Lebensbedingungen aber zwangen die Menschen, ihr Denken vom Absoluten abzuwenden und sich in der unmittelbaren Umgebung umzusehen. Der Mensch begann, seinen Glauben an die Existenz einer ein für allemal geordneten Harmonie zu verlieren, er lernte, Erscheinungen, Veränderungen und Prozesse wahrzunehmen. Neue mathematische Begriffe mußten dieser neuen Wirklichkeitsauffassung angepaßt werden. Die Geometrie des EUKLID war nur ein unbewegliches System, für die neuen Bedürfnisse eignete sich weit mehr die analytische Geometrie, in der es keine konstanten Größen gibt und alles im Prozeß des Entstehens und der Bewegung ist; die wahrgenommenen Wechselbeziehungen verbinden nicht mehr Dinge, sondern Prozesse und Erscheinungen. Ebenso hörte der Inhalt des menschlichen Bewußtseins auf, irgendein unbeweglicher Zustand zu sein, er löste sich in eine Reihe von Veränderungen auf, in eine Reihenfolge der

Erscheinungen, die wir beobachten können, indem wir die Beziehungen und ihre Abhängigkeit untereinander untersuchen. Dieser neue Gesichtspunkt war eine Offenbarung in der Psychologie des Menschen; er rief eine Unzahl bisher unbekannter Fragen ins Leben. Er war jedoch keinesfalls zur Erforschung der Tierseele geeignet, denn wir wissen nichts über das Bewußtsein des Tieres. Die Konsequenz, die sich aus diesem Standpunkt ergab, war die Anschauung von Descartes, der allzu streng mit den Tieren verfahren ist. Descartes verweist darauf, daß jeder Mensch fähig ist, seine Gedanken in gebundener Rede auszudrücken, was kein einziges Tier fertig bringt. Die Tiere handeln oft mit einer Genauigkeit, die um vieles das Vermögen des Menschen übertrifft. Es genügt, auf die Arbeit der Biene und der Spinne hinzuweisen. Wenn wir ihr Handeln durch Vernunft erklären, dann müßten wir folgern, daß sie eine weit vollkommenere Vernunft als wir besitzen, was offensichtlich ein Unding ist. Wenn wir ein Tier in Verhältnisse bringen, die neu und unbekannt sind, dann verrät es sogleich seine Unfähigkeit. Sein Handeln wirkt wunderlich und unzweckmäßig, woraus klar hervorgeht, daß das Tier nur ein präziser Mechanismus ist, der auf eng umrissene und stets dieselben Bedingungen eingestellt ist, es fehlt ihm jedoch jegliche Fähigkeit zur Überlegung. Die Tiere sind seelenlose Automaten und können mit dem Menschen nicht verglichen werden. In dieser seiner Überlegung greift Descartes ganz deutlich auf die Stoiker zurück. Er beruft sich sogar auf dasselbe unsterbliche Beispiel der Biene und der Spinne. Die Kenntnis dieser Fragen ist um nichts fortgeschritten, niemand hat sich die Arbeit der Biene und der Spinne genau angesehen und bemerkt, daß ihre Arbeit weder so sehr präzis, noch genau dieselbe ist, und daß in veränderten Verhältnissen diese Tiere sich ausgezeichnet Rat zu schaffen wissen.

Aber die immer stärker werdende Tendenz zum empirischen Erkennen der Erscheinungen mußte auch in die Wissenschaft von der Tierseele dringen. Von Vives stammt die denkwürdige Losung: hören wir auf, danach zu forschen, was die Seele ist, befassen wir uns damit, welche Eigenschaften sie besitzt und wie sie wirkt. Für Francis Bacon gehören die unsterbliche Seele und der göttliche Geist, soweit sie existieren, der Theologie an, die Psychologie aber habe es mit Tatsachen zu tun. Gessner veröffentlichte ein Werk, in dem er viele Beobachtungen aus dem Leben der Tiere wiedergibt, danach folgten die Arbeiten Belons, Rondolets und Turners. Faktische Kenntnisse über das Handeln verschiedener Tiere nehmen in raschem Tempo zu. Buffon war Verfasser zahlreicher, oft sehr genauer Schilderungen aus dem Leben der Wirbeltiere. Réaumur lieferte viele interessante Tatsachen aus dem Leben der Insekten. Trembley, Cuvier, Huber und viele andere trugen zur Vertiefung unserer Kenntnisse über die Fähigkeiten und Gewohnheiten der Tiere bei. Buffon war der Ansicht, daß Tiere wahrnehmen können, aber nicht fähig sind, ihre Wahrnehmungen zu vergleichen, und somit keine allgemeinen Begriffe schaffen, also nicht denken können. CONDILLAC hingegen ging so weit, anzunehmen, daß die Instinkte der Tiere von verstandesmäßigen Fähigkeiten, die einst erworben wurden und später der Automatisierung erlagen, herrühren. Aus den vielen verstreuten Beobachtungen und Überlegungen dieser Art geht unwiderlegbar die eine Wahrheit hervor, daß das psychische Leben der Tiere unvergleichlich komplizierter und verschiedenartiger ist, als man das früher geglaubt hatte.

Wendepunkt in der Geschichte der Tierpsychologie war die Entwicklungstheorie, die zum erstenmal in Form eines gedrängten Systems von dem berühmten LAMARCK geäußert wurde. Gedanklich gehört sie zweifellos zur Epoche der Renaissance. Alle bisherigen Ansichten über Tiere waren statischer Natur, man betrachtete die Tiere als fertige Schöpfungen, die völlig unabhängig voneinander sind. Die Entwicklungstheorie brachte dieses starre System in Bewegung, sie führte den Gedanken des Werdeprozesses, der ständigen Entstehung einzelner Formen, der Existenz höherer und niederer Formen, die miteinander durch Blutbande verbunden sind, ein. Diese Idee mußte sich mächtig auf die Erkenntnis der Tierpsychologie auswirken. Es war bereits unmöglich, von der Tierseele als solcher zu sprechen, denn es gibt von ihr unendlich mannigfaltige Abstufungen. Wie wir wissen, war dieser Gedanke auch ARISTOTELES nicht fremd. LAMARCK zählt vier Tiergruppen von verschiedenem psychischen Entwicklungsgrad. Zur ersten gehören die Formen, deren Bewegungen infolge einer äußeren Reizung *(irritabilité excitée)* erfolgen, aber weder von Empfindungen *(sentiment)* noch vom Willen begleitet werden. Dies sind die ursprünglichsten Formen. In der zweiten Gruppe befinden sich Tiere, die außer einer allgemeinen Erregbarkeit die Fähigkeit besitzen, zu empfinden *(sensation)* und einen noch unklaren Begriff von der eigenen Existenz haben, d. h., sie besitzen die ersten Anfänge des Bewußtseins. Sie handeln aus inneren Antrieben, die sie unwiderstehlich zu diesem oder jenem Gegenstand ziehen, so daß ihr Wille nicht selbständig ist (er ist *„dépendante et entraînée"*). In der dritten Gruppe finden wir außer den genannten Merkmalen die Fähigkeit, unklare Vorstellungen und Willensakte, die jedoch nur auf einige gewisse Gegenstände gerichtet sind, zu schaffen. Die vollkommensten Tiere, die zur vierten Gruppe gehören (Wirbeltiere), besitzen in hohem Grade sämtliche genannten Fähigkeiten, sie können aber überdies genaue Vorstellungen von Objekten haben *(idées)*, die ihre Aufmerksamkeit auf sich gelenkt haben; sie können in gewissem Maße diese Vorstellungen vergleichen und komplexe Vorstellungen sowie Urteile haben. Der Wille gestattet es ihnen, verschiedenartige Tätigkeiten auszuüben; diese Tiere sind in ihren Möglichkeiten nicht eingeschränkt.

Den gesamten Evolutionsprozeß stützte LAMARCK auf einen psychischen Faktor, dessen Mechanismus aus einer Reihe aufeinanderfolgender Etappen besteht. Wenn infolge einer Veränderung der Verhältnisse das Tier gezwungen ist, eine von der bisherigen abweichende Lebensweise zu führen, dann erweist sich die Ausstattung seines Körpers als nicht ganz ausreichend. Es entsteht das Bedürfnis, eine neue Tätigkeit auszuüben, die bisher noch nicht ausgeübt wurde. Dieses innere Bedürfnis, das vom Tier empfunden wird, ist der grundlegende psychische Faktor. Das neue Bedürfnis bewirkt, daß die Körperorgane etwas anders als bisher zu funktionieren beginnen, und im Gefolge ihrer neuen Tätigkeit treten in den Organen Veränderungen ein, die diese den neuen Bedürfnissen und Verhältnissen anpassen. Diese nun funktionell erworbenen Änderungen werden erblich fixiert und bedeuten einen Neuerwerb für die ganze Gattung. Die Ente z. B. stammt von Landvögeln ab. Als sie infolge einer Änderung der Umweltbedingungen gezwungen wurde, ihr Leben auf dem Wasser zu führen, zeigten sich ihre Beine nur wenig der neuen Rudertätigkeit angepaßt. Es entstand das Bedürfnis, zu rudern, das die Beine der Ente zur neuen Betätigungsweise zwang. Beim Schlagen des Wassers mit den Beinen breitete die Ente die Zehen weit auseinander, um die Berührungsfläche zwischen Bein und Wasser zu vergrößern, und damit dehnte sie die Haut zwischen den einzelnen Zehen. Auf diese Reizung reagierte die Haut durch verstärktes Wachstum. Dieser Prozeß wiederholte sich mehrere aufeinanderfolgende Geschlechter hindurch, und da jedes von ihnen eine sehr stark auseinandergewachsene Haut zwischen den Zehen von den Eltern erbte und diesen Anpassungsprozeß fortsetzte, entstand im Ergebnis die Schwimmhaut. Dies ist ein gutes Beispiel für das Schema der LAMARCKschen Betrachtungsweise.

Die wirbellosen Tiere besitzen ein noch sehr ursprüngliches Nervensystem. Daher sind ihre psychischen Fähigkeiten beschränkt. Bei den Wirbeltieren hingegen, zumal den Vögeln und Säugetieren, finden wir ein kompliziertes, äußerst differenziertes Gehirn, und deshalb sind diese Tiere die intelligentesten. Der Entwicklung und Vervollkommnung des Körperbaus mußte eine parallele Entwicklung der psychischen Fähigkeiten entsprechen. Zwischen Mensch und Tier besteht nur ein Gradunterschied. Für LAMARCK war diese Frage unzweifelhaft, obwohl er seine Meinung darüber aus leicht verständlichen Gründen in vorsichtiger Weise äußerte. Beim Abstufen der Tiere nach ihren psychischen Fähigkeiten nehmen wir Tätigkeiten wahr, die wir heute als reflektorisch, instinktiv und intelligent bezeichnen. LAMARCK bedient sich zwar des Terminus Instinkt nicht, aber sein innerer Trieb, der zwangsweise das Verhalten des Tieres bestimmt, entspricht zweifelsohne dem Begriff des Instinkts.

Die Theorie LAMARCKS fand in der Wissenschaft keine Aufnahme. Der

Entwicklungsmechanismus war bestimmt ein anderer. Aber die Entwicklungsidee selbst wurde ein fester Erwerb der Wissenschaft und hatte große Bedeutung bei der Erforschung der Tierseele.

Einen weiteren wichtigen Schritt machte DARWIN. Er erkannte die Existenz des Instinkts als eines Zwangstriebes an, der die Verhaltungsweise bestimmt. Er war jedoch keineswegs der Ansicht, daß man auf dieser Grundlage den Menschen vom Tier durch einen unüberwindlichen Abgrund trennen könnte. Mit der Geistesentwicklung des Menschen verwischen sich in ihm die ursprünglichen Instinkte, sie bleiben nur in der Form einiger Triebe und Leidenschaften zurück. Bei den Tieren spielen die Instinkte eine größere Rolle. Doch weder fehlt es den Tieren an Verstand, noch im menschlichen Verhalten an instinktmäßigen Momenten. Das größte Verdienst DARWINS war die naturwissenschaftliche Erklärung des Teleologischen der tierischen Instinkte. Da das Verhalten eines Tieres seine Quelle im Bau seines Nervensystems und seiner Sinnesorgane hat, so muß jegliche Vervollkommnung derselben eine Änderung in der Verhaltungsweise nach sich ziehen. Über die Zweckmäßigkeit der eintretenden Veränderungen, über ihre Übereinstimmung mit den Lebensbedingungen bestimmt die natürliche Zuchtwahl, die erbarmungslos alles vernichtet, was fehlerhaft ist, und nur die vorteilhaftesten Veränderungen am Leben erhält. Dieses Selektionsprinzip spielt bei DARWIN eine dominierende Rolle. Daneben leugnete DARWIN nicht, daß in einigen Fällen die Instinkte als intelligente Handlungen entstehen können, die mit der Zeit einer Automatisierung unterliegen und erblich fixiert werden. Um aber den Menschen mit den Tieren zu vergleichen und den berühmten „Abgrund" zu überbrücken, war es einerseits notwendig, den Menschen etwas zu degradieren und die Tiere andererseits etwas zu verfeinern. In der Epoche DARWINS konnte man dies versuchen, denn es gab bereits freidenkerische Strömungen, die sogar die Unsterblichkeit der Seele leugneten.

Tatsächlich können wir bei einer Reihe von Biologen der Darwinschen und Nachdarwinschen Periode die Tendenz finden, den Tieren menschliche Merkmale und Fähigkeiten zuzuschreiben. Ebenso wie die von den Stoikern initiierte Instinkttheorie ergab sich dieses Bestreben eher aus einer gewissen Einstellung als aus wirklicher Beobachtung. Man muß zugeben, daß sich DARWIN weitgehend auf verschiedene Berichte und Erzählungen über die Findigkeit der Tiere stützte, die er zur Bestätigung seiner Ansichten akzeptierte, die er aber experimentell nicht überprüfte. In den Ansichten DARWINS über die Tierseele spielte das Anekdotenmaterial die Hauptrolle. In der Zeit nach dem Erscheinen von DARWINS Werk über die Entstehung der Arten mußte die Entwicklungstheorie um ihre Anerkennnung kämpfen. Die Menschheit war damals unter dem Einfluß kartesianischer Vorstellungen und die Idee, daß es eine psychische Entwicklung geben kann, daß der Intellekt des

Menschen das Resultat der Entwicklung des tierischen Intellekts ist, schien höchst revolutionär, wenn nicht nihilistisch zu sein. Ein Angriff seitens der Theologen, die in der neuen Doktrin den Verfall der Moral und des religiösen Glaubens erblickten, schuf eine gespannte Lage. Unter diesen Umständen ist die Übertreibung seitens der Anhänger der Evolution verständlich, die um jeden Preis den Menschen dem Tier durch Vermenschlichung des Tieres nähern wollten. So entstand eine umfangreiche Literatur über die Psychologie der Tiere, die völlig auf unzutreffenden Anekdoten beruht. Nebenbei gesagt, gab es ähnliche Sammlungen schon im Altertum; wir wollen hier nur PLUTARCH und PLINIUS erwähnen. Die von ROMANES und BÜCHNER gesammelten Beispiele über die angebliche Klugheit der Tiere sind in wissenschaftlicher Hinsicht wertlos. Die Mehrzahl solcher Erzählungen kursiert seit Jahren in gewissen Kreisen, wie z. B. unter Jägern, aber niemand hat sich jemals die Mühe gemacht, sie nach ihrer Glaubwürdigkeit hin zu untersuchen. Die Erzählungen können zuweilen sogar auf Tatsachen beruhen, aber ihre Interpretation ist willkürlich und beruht auf einem allzu primitiven Anthropomorphismus. Oft wird irgendein zufälliges Ereignis als ständige Verhaltungsweise eines Tieres hingestellt, obgleich es nur einmal beobachtet wurde. Zu dieser Kategorie zählen die so geschätzten Werke SUTTONS, KIPLINGS, LONDONS, DYGASINSKIS und anderer. Für jeden, der wirklich auf dem Gebiet der Tierpsychologie gearbeitet hat, ist es klar, daß sie auf den ausgesprochen humanitären Tendenzen der Schriftsteller und ihrer schöpferischen Phantasie beruhen, niemals aber auf wirklicher Beobachtung. Die Tiere besitzen gewiß hohe seelische Fähigkeiten, diese sind jedoch von unseren qualitativ verschieden, ebenso wie sich der Körperbau eines Tieres vom Bau des menschlichen Körpers unterscheidet. Interessanterweise kursierten in jüngster Zeit auch unter erfahrenen Naturwissenschaftlern ähnliche Legenden. Ich denke dabei an die berühmten rechnenden Pferde und schreibenden Hunde, die Gegenstand einer umfangreichen Literatur wurden. Diese Dinge können jedoch überhaupt nicht ernstlich in Erwägung gezogen werden.

Ein solcher Tatbestand konnte kritisch denkende Forscher nicht zufriedenstellen. Allmählich entwickelte sich die später in großem Maßstab betriebene Arbeit des Sammelns wirklicher, kritisch verifizierter Tatsachen, die die Grundlagen der wissenschaftlichen Tierpsychologie darstellen. Es seien hier die Forschungen PREYERS, BINETS, VERWORNS, WASMANNS, FORELS, CLAPAREDES, EMERYS, LUBBOCKS und der PECKHAMS erwähnt. Zu dieser Reihe darf der weit bekannte FABRE, ein ungewöhnlich begabter Verfasser zahlreicher Erzählungen aus dem Leben der Insekten und Spinnen, nicht gezählt werden. FABRE widersetzte sich der Entwicklungstheorie, indem er in seinen Arbeiten die These ausführte, daß die Handlungen der Tiere auf blindem Instinkt beruhen und sich grundsätzlich von den menschlichen unterscheiden. Seinen Erfolg verdankt FABRE seiner großen schriftstellerischen Begabung, seiner erstaunlichen Fähigkeit, in interessanter und dramatischer Form die Resultate seiner Beobachtungen und Experimente darzustellen. Seine Werke müssen wir jedoch als tendenziös ansehen, und es kam mehrfach vor, daß eine kritische Wiederholung seiner Versuche völlig abweichende Resultate zeitigte.

Unter den oben erwähnten Forschern gebührt der Vorrang LUBBOCK, der der eigentliche Initiator exakter Labormethoden bei der Erforschung der Tierpsyche war. Dieser exakte, nüchterne Forscher konnte es bei Anekdoten nicht bewenden lassen und ging mit dem Vergleichen von Tier und Mensch sehr vorsichtig um. Er führte eine Reihe äußerst sinnreicher Versuche mit Bienen, Ameisen, Wespen und Hunden durch, ersann eine Art, wie Ameisen in einem künstlichen Nest gezüchtet werden können, wodurch eine genaue Beobachtung ihrer Gewohnheiten ermöglicht wird, war Schöpfer der Methode des Labyrinths, bearbeitete systematisch die Methode, dem Tier verschiedenartige Hindernisse in den Weg zu legen und zu beobachten, wie es mit ihnen fertig wird. Die Arbeiten LUBBOCKS sind sehr zahlreich, sie sind alle sehr gewissenhaft ausgeführt und haben noch heute ihren Wert nicht verloren, obgleich seine Interpretation der Erscheinungen, als deutlich anthropomorph, vieler Vorbehalte bedarf.

VERWORN bearbeitete ein sehr schwieriges Gebiet der Tierpsychologie. Dem Beispiel einiger Botaniker folgend, untersuchte er das psychische Leben der Einzeller unter Anwendung exakter Labormethoden. VERWORN kam zu dem Schluß, daß das Verhalten der Urtiere eher auf Faktoren chemisch-physischer Natur als auf die Psyche zurückzuführen ist.

Einen noch extremeren Standpunkt nahm der geniale Experimentator LOEB ein, der sich auf vielen Gebieten der Biologie verdient gemacht hat. Er zögerte nicht, sogar recht komplizierte Reaktionsweisen der Tiere durch ausschließliche Berufung auf physische und chemische Faktoren zu erklären, womit er gewissermaßen zu der Anschauung von DESCARTES zurückkehrte. Er schuf eine Reihe ungemein einfallsreicher Methoden, die es nicht nur gestatten, das Verhalten der Tiere zu beobachten, sondern auch Messungen vorzunehmen und quantitative Gesetze zu konstruieren. Die alten Spekulationen über die Seele der Tiere, das Erraten ihrer psychischen Zustände und die Suche nach menschlichen Zügen in ihrem Verhalten möchte LOEB durch genaue quantitative Abhängigkeitsverhältnisse ersetzen, die ein exaktes Voraussehen der Erscheinungen ermöglichen. Niemand hat so sehr wie er das mechanistische Element, das mit der modernen Anschauung unvereinbar ist, in die Wissenschaft eingeführt.

Ein verdienter Forscher auf dem genannten Gebiet war LLOYD MORGAN. Er führte mit großer Konsequenz die These durch, daß in keinem

Fall die Tätigkeit eines Tieres durch höhere psychische Fähigkeiten erklärt werden darf, wenn sie auf einfachere Weise interpretiert werden kann. Das ist das bekannte Prinzip der Denkökonomie, hier in der Tierpsychologie angewandt. Dieser vorsichtige und kritische Forscher machte sich vor allem durch wundervolle Untersuchungen der Psychologie der Vögel verdient.

Von diesen vier Forschern, den eigentlichen Schöpfern der experimentellen Methode in der Tierpsychologie datiert die schwungvolle Entwicklung dieser Wissenschaft. Eine Beschreibung ihrer Geschichte würde in die Gegenwart hineinreichen. Der Leser wird sie in den späteren Kapiteln, die einigen speziellen Fragen gewidmet sind, finden.

Die Entwicklung der Tierpsychologie ging niemals konsequent vor sich. In engem Zusammenhang mit der allgemeinen Entwicklung der Wissenschaft und des gesellschaftlichen Lebens können wir auf diesem Gebiet Flut und Ebbe, den ewigen Kampf zweier prinzipiell verschiedener Weltanschauungen beobachten: der materialistischen, die alles Bestehende auf materielle Gesetze zurückführen möchte, und der idealistischen, für die die Sphäre des organischen Lebens von der Sphäre der materiellen Erscheinungen qualitativ verschieden ist. Es gab Zeiten, in denen die materialistische Theorie die herrschende Anschauung war und es schien, daß auf diesem Wege eine endgültige Klärung aller Probleme gefunden werden kann. Danach kehrte man zu ganz anderen Deutungsweisen der Naturerscheinungen zurück. Dies wiederholte sich mehrmals. Heute muß dieser jahrelange Streit als verklungen angesehen werden. Der materialistische Standpunkt wurde beim Erforschen der Naturgesetze zur Quelle so vieler wichtiger Errungenschaften der Wissenschaft, daß man schwerlich erwarten könnte, daß wir jemals zu diskreditierten Anschauungen zurückkehren wollten. Der Materialismus muß jedoch strikt vom Mechanismus unterschieden werden. Die mechanistische Auffassung des Tierlebens will dieses auf Gesetze der Physik und Chemie reduzieren und lehnt jegliche Spezifik des Organismus ab. Man kann vollkommen damit einverstanden sein, daß es im Organismus außer der Materie und ihren Gesetzmäßigkeiten nichts gibt. Diese Materie ist jedoch spezifisch, sie ist nur dem Organismus eigen und ihre Gesetzmäßigkeiten sind von den Beziehungen, die in der anorganischen Welt herrschen, qualitativ verschieden. Die Entstehung des Lebens auf der Erde war ein mächtiger Sprung im Werdeprozeß der Welt, und daher müssen die Wissenschaften, die sich mit den mannigfaltigen Erscheinungen des Lebens befassen, auf einer anderen Ebene, auf einem anderen Niveau gewissermaßen als das die anorganischen Wissenschaften tun, diese Erscheinungen untersuchen. Die Biologie ist kein Teil der Physik, sondern eine selbständige Wissenschaft mit spezifischen Gesetzen und Funktionen.

ZWEITES KAPITEL

Tropismen

Den Überblick über die Probleme der Tierpsychologie wollen wir mit den einfachsten Fällen einleiten, die uns sofort zum Wesen des Streits um die Tierseele führen. Wir werden uns bald davon überzeugen können, wie sehr sich die Art, in der heute eine Auseinandersetzung geführt wird, von den antiken Diskussionen unterscheidet.

Die Geschichte des Problems der Tropismen kann als klassisches Beispiel für die Evolution einer wissenschaftlichen Frage dienen. Die Reihenfolge ihrer Stadien ist typisch, sie wiederholt sich auf den verschiedensten Gebieten immer wieder. Ausgangspunkt eines Problems ist gewöhnlich irgendeine Einzelbeobachtung, oft recht gewöhnlich und alt, für die jemand eine neue interessante Interpretation gegeben hat. Das Phänomen erhält seinen Namen, natürlich einen griechischen, und mit diesem Augenblick hat es sich in der Wissenschaft eingebürgert; wir fangen an, mit ihm wie mit einer bekannten Größe zu operieren, selbst wenn wir es gar nicht verstehen sollten. Die Frage erregt das Interesse anderer Menschen, die Suche nach analogen Erscheinungen setzt ein, und sehr bald erweist es sich, daß diese sehr häufig und verbreitet sind, man hatte ihnen lediglich keine Beachtung geschenkt. Wenn sich nun ein beträchtliches Tatsachenmaterial angesammelt hat, entsteht eine Theorie, die die Erscheinungen in Zusammenhang bringt und klassifiziert, die es gestattet, diese zu deuten oder gar vorauszusehen. Die Theorie wird zu einem mächtigen Ansporn für die weitere Forschung, sie sammelt zahlreiche Gelehrte verschiedener Länder und Völker um sich, und infolge gemeinsamer Anstrengungen wächst die Zahl der Tatsachen, die die Theorie bestätigen, unbegrenzt an. Die Theorie wird zur herrschenden Anschauung, schließt jede andere Deutung der Erscheinungen aus, sie ist allgemein und endgültig verpflichtend. In dem Augenblick setzt jedoch die Kritik ein, die bezeichnenderweise genau den gleichen Entwicklungsweg geht. Ihr Ausgangspunkt ist irgendein Detail, das mit der klassischen Theorie nicht übereinstimmt. Diese Frage lenkt die Aufmerksamkeit auf sich, die Suche nach analogen Tatbeständen beginnt, und bald ist ihre Zahl so groß, daß die Richtigkeit der Theorie ernstlich in Frage gestellt ist. Schließlich wird die Theorie allgemein abgelehnt, weil sie den Tatsachen widerspricht.

Eine neue Forschergeneration tritt auf den Plan, die selbst den Streit und die Auseinandersetzungen der Väter nicht mitgemacht hat und an die Frage ruhig und leidenschaftslos herangehen möchte. Vor allem aber ist sie von dem Wunsche beseelt, modernere Forschungsmethoden anzuwenden. Dann wird es offensichtlich, daß die überwiegende Mehrheit der Tatsachen, die von beiden kämpfenden Lagern gewonnen wurde, wertlos ist, weil sie das Resultat nicht genügend exakter Methoden ist. Es zeigt sich, daß die Kritik in vielem Recht hatte, daß aber auch in der ursprünglichen Theorie ein Kern von Wahrheit steckt, obgleich die Frage viel komplizierter ist, als man bisher gedacht hat. Das Bezeichnendste aber daran ist, daß der langjährige Streit sich um Fragen von zweitrangiger Bedeutung drehte, wichtig und interessant hingegen etwas ganz anderes ist, nur lose mit dem Gegenstand des Streits verbunden, obschon es sich historisch davon ableitet.

Ebenso verhielt es sich mit der Frage der Tropismen. Ausgangspunkt des Problems war die Beobachtung, die wohl schon dem Höhlenmenschen bekannt war, daß grüne Gewächse sich in Richtung der Sonne hin krümmen. Der berühmte Engländer John Ray gab als erster für diese Erscheinung eine wissenschaftliche Erklärung (1693), indem er die Krümmung des Stengels der ungleichmäßigen Belichtung seiner seitlichen Oberfläche zuschrieb. Das Wachstum des Stengels wird an der belichteten Seite gehemmt und infolge des Übergewichts des Wachstums der beschatteten Seite erfolgt Krümmung nach der Sonne hin. Ray war im übrigen der Ansicht, daß der entscheidende Faktor die Sonnenwärme, und nicht das Licht sei. Nahezu anderthalb Jahrhunderte später (1832) berichtigte der Botaniker de Candolle den Irrtum Rays, indem er nachwies, daß die Ursache für die Krümmung des Stengels das Sonnenlicht, und nicht die Sonnenwärme ist. Seitdem lenkt dieses Phänomen allgemeine Aufmerksamkeit auf sich. Man könnte fragen, warum eigentlich der Gedanke Rays eineinhalb Jahrhunderte auf Anerkennung warten mußte. Es mag dafür verschiedene Gründe geben, meiner Ansicht nach muß als eine der wichtigsten Ursachen hierfür der Umstand gelten, daß de Candolle sich nicht mit der Deutung allein der Erscheinung zufrieden gab, sondern ihr auch einen Namen verlieh. Er nannte die Krümmung des Stengels zur Sonne hin *Heliotropismus*. Worte besitzen in der Wissenschaft magische Kraft!

Die Forschung nach analogen Erscheinungen setzte ein. Man wies darauf, daß die Pflanzenwurzeln sich in Richtung der Feuchtigkeit krümmen, was als *Hydrotropismus* bezeichnet wurde. Der Stengel wächst in einer Richtung, die der Wirkung der Schwerkraft entgegengesetzt ist, was ein Zeichen des *negativen Geotropismus*, die Wurzeln dagegen haben das Bestreben, sich nach unten zu richten, was wiederum *positiver Geotropismus* ist. Die Sporen niederer Wasserpflanzen streben zum Licht, d. h., sie werden von der Erscheinung des *Phototropismus* beherrscht. Weit zahlreicher und abwechslungsreicher sind die

Erscheinungen dieser Art, die wir bei den Tieren antreffen. Dabei kann jeder Tropismus in zweifacher Gestalt auftreten, positiv und negativ. In Fällen des positiven Tropismus strebt das Tier zur Quelle der auf dieses einwirkenden äußeren Kräfte. Ist der Tropismus negativ, dann entfernt sich das Tier von der Quelle des Reizes. Es folgen nun einige typische Beispiele.

Süßwasserpolypen, vor allem deren grüne Arten, setzen sich stets an der Aquarienwand fest, die dem Fenster zugekehrt ist. Wird das Aquarium umgestellt, beginnen sie sofort eine Wanderung in Richtung des Lichts. Es ist dies ein Beispiel des *positiven Phototropismus.* Durch negativen Phototropismus zeichnen sich Hauswanzen aus, die tagsüber im verborgenen sitzen und nur nachts auf Nahrungssuche gehen. Die Kenntnis dieses Phänomens hat zuweilen auch praktische Bedeutung. So verhält es sich zum Beispiel im Falle der Anopheles-Mücke, eines gefährlichen Überträgers der Malaria. Diese Mücke ist negativ phototropisch, wenn auf sie starkes Licht einwirkt, gegenüber schwachem Licht verhält sie sich dagegen positiv phototropisch. Am Tage also droht einem kein Stich von dieser Mückenart, im Dämmerlicht muß man sich jedoch vorsehen und nachts die Fenster schließen, denn das schwache Licht einer Zimmerlampe ruft positiven Phototropismus hervor.

Es gibt viele Beispiele von *Geotropismus* unter den Tieren. Die Taufliege Drosophila kriecht, wenn man sie in eine Glasröhre einschließt, nach oben. Wir können beliebig oft das Rohr umdrehen und jedesmal führen die Taufliegen untrüglich eine negativ geotropische Bewegung aus.

In Fällen des *Stereotropismus* (Thigmotropismus) ist das Tier bestrebt, mit irgendeinem harten Gegenstand in Berührung zu bleiben. Ratten und Mäuse laufen an den Wänden entlang. Während des Laufs berühren sie die Wände mit langen steifen Borsten, die an beiden Seiten der Schnauze sprießen (Schnurrhaare). Vermittels der Schnurrhaare können diese Tiere im Dunkeln Hindernisse wahrnehmen und die Weite der Durchgänge, durch die sie sich zwängen wollen, abschätzen. Verschiedene Meerwürmer haben das Bestreben, in enge Öffnungen zu dringen, wie sie das normalerweise tun, wenn sie in die Löcher, die sie selbst gegraben haben, kriechen. Setzt man einige von diesen Würmern in ein gläsernes Aquarium und legt auf dessen Boden einige Glasröhrchen von entsprechendem Durchmesser, dann sind binnen kurzem alle Würmer in die Röhre gekrochen, obgleich sie in ihnen weiterhin der Lichteinwirkung ausgesetzt sind. Dieses Experiment gestattet es, den Thigmotropismus vom Phototropismus zu unterscheiden.

Als *Rheotropismus* bezeichnen wir die Tatsache, daß sich Tiere gegen Luft- und Wasserströmungen einstellen. Die Forelle, die in Bächen mit schneller Strömung lebt, kennt niemals Ruhe, sie muß sich Tag und Nacht anstrengen, damit sie die Strömung nicht nach hinten treibt.

Wenn es windig ist, dann schlagen Vögel und Insekten in ihrem Fluge sehr oft die Richtung gegen den Wind ein, obgleich sie in jeder Richtung fliegen können.

Haben verschiedene Punkte eines waagerecht liegenden Röhrchens, in dem sich Einzeller von der Gattung des Paramaecium befinden, ungleiche Temperatur, z. B. von 40—15° C, dann sammeln sich in kurzer Zeit die meisten Pantoffeltierchen an den mittleren Punkten des Röhrchens an, wo eine Temperatur von 26—27° C herrscht. Die Tiere meiden hingegen die Stellen, die schwächer oder stärker erwärmt sind. Das ist ein Beispiel von *Thermotropismus.*

Eine umfangreiche Klasse von Erscheinungen umfaßt der *Chemotropismus,* d. h. eine Bewegung, die unter dem Einfluß chemischer Reize vollzogen wird. Ein Tierkadaver, der an einer offenen Stelle liegt, lockt viele Tiere an, die von Aas leben oder darin ihre Eier ablegen. Hierzu gehören Ameisen, verschiedene Arten von Fliegen, Totengräber und viele andere. Sie alle wurden schon von weitem durch den Geruch, den ein Körper im Verwesungszustand ausströmt, vom Vorhandensein der Beute benachrichtigt. Nachts fliegt im Walde eine Unzahl der verschiedensten Nachtfalter umher, die gewöhnlich Motten genannt werden. Jede Gattung gibt einen spezifischen, nur ihr eigenen Geruch von sich; es muß also in der Luft ein äußerst kompliziertes Gemisch verschiedener chemischer Verbindungen vorhanden sein.

Die Männchen, die die Weibchen ihrer eigenen Gattung nach deren spezifischen Geruch erkennen, lassen sich vom Chemotropismus leiten.

Es gibt sehr viele Tropismen; diese Erscheinung ist in der Natur sehr verbreitet. Mit dem Augenblick, in dem man auf diese Erscheinung aufmerksam wurde, wuchs die Zahl der bekannten Beispiele ungeheuer an. Aber die Wissenschaft kann sich nicht nur mit dem Sammeln von Tatsachen befassen, sie muß den Erscheinungen auch auf den Grund gehen und nach ihren Ursachen forschen. Wenn wir eine so gewaltige Anzahl verschiedenartiger Tatsachen mit einer Kategorie in Beziehung bringen, dann sind wir verpflichtet, den Beweis zu erbringen, daß diese miteinander etwas gemein haben, daß jeder Tropismus also auf irgendwelchen allgemeinen Eigenschaften der lebenden Organismen beruht.

Daß dies so sein muß, beweist vor allem die Gesetzmäßigkeit der Erscheinungen. Einige Tropismen sind so regelmäßig zu beobachten, daß der lebende Organismus nahezu einer Kompaßnadel gleicht, die vom Magneten angezogen wird. Die erwähnten Taufliegen, Drosophila, streben, nachdem sie vorher kurze Zeit im Dunkeln gehalten wurden, um dadurch empfindlich gemacht zu werden, wenn sie danach in einen Lichtkegel gebracht werden, mit außergewöhnlicher Gesetzmäßigkeit zum Licht. Lassen wir durch ein Reagenzglas, in dem sich Infusorien befinden, elektrischen Strom fließen, dann bewegen sich alle Infusorien in Richtung der Kathode. Wechseln wir die Richtung des Stroms, so bewegt sich die Masse der Tierchen, die sich an der Kathode angesammelt hat, dem entgegengesetzten Ende des Glasrohrs, der neuen Kathode, zu. Wir können auf diese Weise stundenlang die Infusorien hin- und hertreiben, und jedes Mal ist die Reaktion gleich schnell und untrüglich. Eine solche Regelmäßigkeit und Übereinstimmung in den Bewegungen jedes einzelnen Tieres läßt den Gedanken aufkommen, daß diese Bewegungen zwangsläufig sind, dem Organismus durch einen äußeren Faktor aufgezwungen werden. Wir haben uns an die Tatsache gewöhnt, daß sich jedes Tier auf seine Art verhält, daß es seine eigene Individualität besitzt. Die Tropismen aber erwecken den Eindruck, als wäre der äußere Faktor, der dem Organismus die Bewegungsrichtung aufzwingt, etwas Übermächtiges, das jegliche Individualität erdrückt.

Auf dieser Grundlage eben beruht die Theorie der Tropismen, die von Jaques Loeb aufgestellt wurde. Die Theorie Loebs, die in mehreren Arbeiten entwickelt und vom Autor mehrfach berichtigt wurde, stützt sich auf folgende Thesen:

1. Die meisten Tiere haben einen zweiseitig symmetrischen Bau, d.h., sie haben in ihrem Körper eine Ebene, die diesen in zwei genau symmetrische Hälften, eine rechte und eine linke, teilt. Als Beispiel mag der menschliche Körper dienen. Wir verweisen darauf, daß Symmetrie in erster Linie bei den Organen vorkommt, die mit der Tätigkeit der Bewegung verbunden sind, also bei Muskeln, Knochen, dem Nervensystem und den Sinnesorganen. Der innere Aufbau des Organismus hingegen, der in keiner unmittelbaren Beziehung zur Bewegung steht, kann völlig unsymmetrisch sein. Beim Menschen ist das Herz auf die linke Seite gerückt, die Leber auf die rechte und die Speiseröhre verläuft asymmetrisch. Die zweiseitige Symmetrie bezieht sich nicht nur auf den anatomischen Bau, sie ist zugleich auch physiologische und chemische Symmetrie. In den symmetrischen Organen finden gleichzeitig gleiche chemische Reaktionen statt.

2. Jeder lebende Organismus befindet sich in jedem Moment seiner Existenz unter dem Einfluß mannigfaltiger äußerer Kräfte. Diese Einflüsse können zwiefacher Natur sein. Sie können zunächst ohne bestimmte Richtung sein, wie z.B. zerstreutes Licht, unbewegte Luft von einer gewissen Temperatur, Luft- und Wasserdruck, die nach allen Richtungen zugleich wirken. Verstreute Faktoren können großen Einfluß auf das Verhalten eines Tieres haben, aber nur insofern, als sie dessen Bewegungen intensivieren oder abschwächen, ohne ihnen dabei eine Richtung zu geben. Ein negativ phototropisches Tier, das in starkes Streulicht gebracht wird, verhält sich unruhig und versucht zu fliehen; in seinen Bewegungen können wir jedoch keine Regelmäßigkeit feststellen. Ebenso ruft eine Erhöhung der Wassertemperatur auf 38° C eine lebhafte Bewegung unter den Infusorien hervor, die jedoch chaotisch, ungeordnet ist. In solchen Fällen sprechen wir von *Kinese,* z.B.

von Photokinese oder Thermokinese. Anders verhält es sich, wenn eine deutliche Einflußquelle vorhanden ist, ein bestimmter Punkt im Raum, von dem dieser Einfluß ausgeht und sich linienförmig ausdehnt. Eine brennende Glühbirne sendet geradlinige Strahlen in alle Richtungen aus, ein erwärmter Ofen strahlt Wärme aus. In diesen Fällen ist ein Kraftfeld von einer bestimmten geometrischen Struktur vorhanden. Ist ein Organismus für die auf ihn einwirkenden Kräfte empfindlich, dann werden seine Bewegungen im Richtungskraftfeld koordiniert und nehmen eine bestimmte Richtung an. Eben dann sprechen wir von Tropismus.

3. Die tierischen Sinnesorgane sind vermittels des Gehirns mit bestimmten Muskelgruppen verbunden. Dabei besteht ein enges Abhängigkeitsverhältnis zwischen dem Grad der Reizung des Sinnesorgans und der Intensität der Muskelzuckung.

4. Man müsse ein für allemal mit der These des Aristoteles brechen, welche besagt, daß sich das Tier stets in Befolgung irgendeiner Absicht bewegt, daß es etwas will und nach etwas strebt. Wir können die Seele eines Tieres nicht ergründen und werden nie dessen Absichten aufdecken, deren Erraten nicht die Aufgabe einer ernsten Wissenschaft sein kann. Die Theorie der Tropismen schlägt anstatt dessen exakte, quantitative Gesetze vor, die sich auf genaue Messungen stützen und nicht nur die Deutung der Erscheinungen, sondern auch deren Voraussicht ermöglicht.

5. Da die Tiertropismen in völlig der gleichen Art und Weise vor sich gehen wie die Pflanzentropismen, die Pflanzen aber kein Nervensystem haben, so müssen die Erscheinungen des Tropismus bei den Tieren ohne Berücksichtigung des Nervensystems erklärt werden. Allenfalls können einfache Reflexe eine Rolle in ihnen spielen.

Wir werden sehen wie Loeb seine Thesen in der Praxis anwendet. Stellen wir uns ein positiv phototropisches Insekt vor, das von der linken Seite belichtet wurde. Das linke Auge wird stärker gereizt als das rechte und bewegt in stärkerem Grade die mit ihm verbundenen Muskeln. Da nun die Augennerven gekreuzt sind, wirkt eine Reizung des linken Auges vermittels des Gehirns auf die Beine der rechten Seite. Die Beine fangen an, angestrengt zu arbeiten und das Tier wendet sich nach links, zum Licht hin. Die in bezug auf das Licht asymmetrische Bewegung hört in dem Augenblick auf, in dem sich das Tier mit der Längsachse des Körpers in Richtung der Lichtstrahlen eingestellt hat, denn dann werden seine beiden Augen gleichmäßig stark gereizt. Im Falle des negativen Phototropismus schwächt eine stärkere Reizung des Auges entsprechend die Reaktion der mit ihm im Zusammenhang stehenden Muskeln. Man kann diese Erscheinungen vermittels einer phototropischen Maschine nachahmen. Es ist dies ein kleines Brett auf drei Rädchen. Vorn befinden sich zwei symmetrisch angeordnete Linsen

(„Augen"), die voneinander durch eine längliche Scheidewand („Nasenbein") getrennt werden. Das Hinterrad dient als Steuer; es kann vermittels zweier Elektromagneten, die durch zwei Akkumulatoren in Gang gehalten werden, nach rechts oder links abgelenkt werden. In den Stromkreis beider Elektromagneten ist von jeder Seite ein Selenplättchen eingeschlossen; beide Plättchen liegen im Brennpunkt beider Linsen. Die zwei Vorderräder des Apparats sind an einer gemeinsamen Achse befestigt und werden durch denselben Elektromotor angetrieben. Erhält die linke Linse mehr Licht, so belichtet sie das linke Selenplättchen stärker, der elektrische Widerstand des Plättchens verringert sich, es läßt mehr Strom hindurch und der linke Elektromagnet lenkt das Steuerrad nach links. Auf diese Weise bewegt sich die Maschine hinter dem Licht her. Im Dunkeln folgt die Vorrichtung gehorsam hinter einer Kerze, die bewegt wird, indem sie genau sämtliche Wendungen mitmacht.

Die Loebsche Theorie der Tropismen, die die Erscheinungen maschinell, unter Ausschließung jeglicher psychischen Momente zu erklären versucht, rief einen großen Eindruck in der Welt der Wissenschaft hervor. Sie regte zu zahlreichen Forschungen an, die von Loeb selber und von seinen Mitarbeitern eingeleitet wurden. Schon bald entdeckte man eine lange Reihe von Tatsachen, die die Theorie bestätigten. Hier einige der wichtigsten.

Wir können eine asymmetrische Reizung der Augen eines positiv phototropischen Tieres dadurch hervorrufen, daß wir einen Teil der

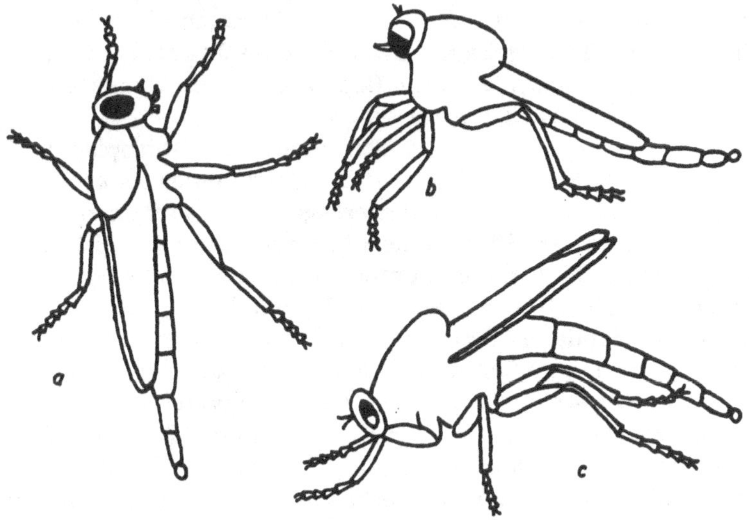

Abb. 1. Die Fliege Proctacanthus in drei Stellungen: a) lackiertes rechtes Auge, b) die unteren Hälften beider Augen sind lackiert, c) die oberen Hälften

Augenoberfläche mit schwarzem Lack überdecken und das Tier in Streulicht bringen. Verkleben wir auf diese Weise der Fliege *Proctacanthus* ein Auge, so stellt sich die Fliege schräg hin, indem sie das sehende Auge zum Tisch wendet und die Beine entsprechend krümmt. Werden die beiden unteren Hälften der Augen verklebt, so erhebt das Tier den Vorderkörper auf den vorderen und mittleren Beinen bedeutend. Das Verkleben der oberen Hälften verursacht eine bogenförmige Krümmung des Tieres unter gleichzeitiger Senkung des Kopfes und des Hinterleibes. Sehr effektvoll ist folgender Versuch: Das rechte Auge wird zwei Tage lang mit Lack verklebt gehalten. Während dieser Zeit kreist die Fliege im Streulicht nach links (im entgegengesetzten Sinne des Uhrzeigers). Übereinstimmend mit der Theorie setzt das durch das Licht gereizte linke Auge vor allem die Beine der rechten Körperseite in Bewegung. Als nach zwei Tagen der Lack vom rechten Auge entfernt wurde, begann die Fliege im selben Streulicht rechts zu kreisen! Vom Standpunkt der Theorie läßt sich das sehr einfach erklären. Das verklebte Auge befand sich zwei Tage lang im Dunkeln und ist gegen Licht empfindlicher geworden. Nach Entfernung des Lacks befindet sich die Fliege im Streulicht, das gleichmäßig auf beide Augen einwirkt. Das rechte Auge ist aber empfindlicher, also ist seine Reizung stärker, und somit müssen die Beine der linken Seite das Übergewicht haben. Diese Erscheinung hält 2—3 Stunden an; danach bewegt sich die Fliege wieder in gerader Richtung. In dieser Zeit hat sich das rechte Auge wieder an das Licht gewöhnt und seine normale Tätigkeit aufgenommen. Die Theorie der Tropismen ließ dieses ganze Phänomen voraussehen, und über den Ausgang des Versuchs bestanden bereits vor seiner Durchführung keine Zweifel. Eine Interpretation, die sich auf Individualität, Absichten und Begierden eines Tieres stützt wäre nicht in der Lage, dies nachzuweisen.

Dieselbe Fliege weist einen deutlich negativen Geotropismus auf, indem sie auf dem kürzesten Wege auf die Spitze eines senkrecht stehenden Pflocks kriecht. Wir können vorhersagen, was geschehen wird, wenn wir auf den stehenden Pflock eine einseitig geblendete Fliege setzen. Der Geotropismus läßt sie in gerader Linie nach oben kriechen, der Phototropismus läßt sie nach der Seite des blinden Auges sich im Kreise drehen. Die Verbindung dieser beiden Tropismen ergibt ein Kriechen nach oben, jedoch in einer Spirallinie, wobei die Bewegungsrichtung der Spirale davon abhängt, welches Auge geblendet wurde.

Ein wirkliches Kriterium für die Richtigkeit dieser Theorie sind die Fälle, in denen zwei Lichtquellen gleichzeitig auf ein Tier einwirken. Wenn beide gleich stark und gleich weit entfernt sind, dann muß sich das Tier ihnen gegenüber symmetrisch postieren, d.h., es muß eine Stellung einnehmen, in der die Längsachse des Körpers senkrecht zur Linie steht, die die beiden Lichtquellen verbindet. Sind diese ungleich oder nicht

Abb. 2. Die Fliege Proctacanthus, die auf einen senkrecht stehenden Pflock kriecht

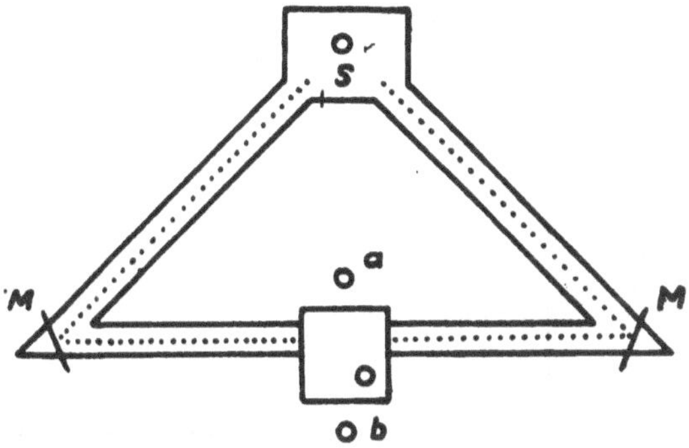

Abb. 3. Vorrichtung zur Untersuchung des Phototropismus im Felde zweier Lichtquellen

gleich weit entfernt, der Phototropismus aber positiv, so muß eine Abweichung in der Richtung des stärker reizenden Lichtes erfolgen. Diese Annahmen haben sich mit großer Präzision bestätigt. Man verwandte dabei folgende Vorrichtung. Im Punkte S (Abb. 3) befindet sich eine sehr starke Lichtquelle (Nernstsche Lampe). Die Strahlen gehen durch zwei Korridore und stoßen am Ende eines jeden von ihnen auf einen Spiegel M, der so eingestellt ist, daß die Strahlen aus beiden Korridoren nach der Reflexion einander entgegenlaufen. In O befindet sich eine kleine Plattform mit Versuchstieren. Die Plattform kann nach rechts oder links bewegt werden, wodurch verschiedene Stärken des Lichts, das von beiden Seiten einfällt, erreicht wird; der Unterschied in der Lichtstärke kann leicht gemessen werden. Schließlich befinden sich in a und b zwei schwache Glühbirnen, deren Aufgabe es ist, zunächst die Körperachse des Tieres längs der Linie *ab* zu richten. Wenn sich das Tier in dieser Richtung bewegt, schneidet es in einem bestimmten Zeitpunkt die von beiden Spiegeln reflektierten Strahlen. Die Versuche wurden mit Fliegenlarven durchgeführt, die sich durch eine starke negativ phototropische Reaktion auszeichnen. Wenn beide Seitenlichter gleich stark sind (die Plattform O in der Mitte), kriechen die Tiere senkrecht zur Linie, die die beiden Spiegel verbindet; die Abweichung von dieser Richtung überschreitet nicht 0,1°. Wird die Plattform etwas zur Seite geschoben, so weichen die Larven in einem bestimmten Winkel zum schwächeren Licht hin ab (negativer Tropismus). Interessant an dem Versuch ist die Tatsache, daß die Größe des Winkels, in dem die

Larven von der Senkrechten abweichen, vom Stärkeunterschied der beiden Lichtquellen unmittelbar und regelmäßig abhängig ist. Das wird deutlich klar, wenn wir uns die angeführte Zahlentabelle näher ansehen.

Unterschied in der Lichtstärke	Abweichung
0%	– 0,1°
8%	– 2,8
17%	– 5,8
25%	– 8,9
33%	– 11,9
50%	– 20,3
67%	– 30,9
83%	– 46,8
100%	– 77,6

Das Verhalten des Tieres ist bezüglich des Belichtungsunterschiedes in hohem Grade regelmäßig. Dabei ist die Abweichung nur hinsichtlich des Unterschiedes zwischen den beiden Lichtquellen und nicht ihrer absoluten Intensität berücksichtigt. Das geht aus Versuchen hervor, in denen sowohl der Unterschied in der Belichtungsstärke von beiden Seiten zwischen 0 und 50 %, als auch ihre absolute Stärke verändert wurde, wobei in den einzelnen Fällen 1 bis 5 gleiche Glühbirnen verwandt wurden. In der folgenden Tabelle sehen wir noch einmal, daß jedem Intensitätsunterschied ein anderer Abweichungswinkel von der senkrechten Richtung zum schwächeren Licht hin entspricht. Sind die Lichtquellen gleich (Unterschied 0 %), so weicht der Winkel höchstens um 0,5° von der erwarteten Größe von 45° ab. Beträgt der Unterschied 50 %, so übersteigt der Abweichungswinkel 20°. Jedoch hat die Zahl der verwendeten Glühbirnen keine Bedeutung: in jeder senkrechten Spalte der Tabelle sehen wir sehr übereinstimmende Zahlen, obgleich sich die Lichtintensität fünfmal verändert. Die Zahlen entsprechen der Abweichung der Larven von der Senkrechten, die von dem Unterschied der beiden Lichtquellen und deren absoluter Stärke abhängig ist.

Anzahl der Glühbirnen	Intensitätsunterschied beider Lichtquellen					
	0%	8,3%	16,6%	25%	33,3%	50%
1	0,55°	2,32°	5,27°	9,04°	11,86°	19,46°
2	0,10	3,05	6,12	8,55	11,92	22,28
3	0,45	2,60	5,65	8,73	13,15	20,52
4	0,025	2,98	6,60	9,66	11,76	19,88
5	0,225	2,92	5,125	8,30	10,92	19,88
	0,09°	2,77°	5,75°	8,86°	11,92°	20,28°

Diese Frage kann noch enger gefaßt werden. Es gibt in der Physik das Bunsen-Roscoesche Gesetz, welches besagt, daß sich unter Einfluß des Lichts eine chemische Reaktion vollzieht, wobei das Resultat der Lichteinwirkung dem Produkt von Lichtstärke und Dauer direkt proportional ist. Mit anderen Worten, Licht, das 10 Einheiten stark ist und 1 Minute lang wirkt, zeitigt dieselbe Wirkung wie ein Licht von der Stärke einer Einheit, das jedoch 10 Minuten lang wirkt. Der folgende Versuch zeigt, daß dieses Gesetz auf Erscheinungen im Verhalten der Tiere anwendbar ist (LOEB und NORTHROP). Gegenüber zwei angrenzenden Wänden eines Glasgefäßes mit quadratischem Querschnitt befinden sich zwei Lampen, A und B (Abb. 4). Licht A ist unveränderlich, während B sich der Gefäßwand nähern oder sich von ihr entfernen kann. In der Mitte des Gefäßes werden aus einer Pipette kleine Larven des Seekrustentieres *Balanus,* die sich durch sehr starken positiven Phototropismus auszeichnen, freigelassen. Die Larven bewegen sich längs der Resultante, die von der Linie AC um den Winkel α, dessen Größe von dem Stärkeunterschied beider Lichtquellen abhängt, abweicht. Die Tabelle zeigt diese Abhängigkeit in vier verschiedenen Fällen. Die Tatsache einer solchen Abhängigkeit kennen wir bereits.

Verhältnis beider Lichter zueinander:	1:1	2:2	4:1	10:1
Abweichung:	45,6°	40,6°	34,4°	28,8°

Nachdem wir diese Verhältnisse festgelegt haben, überprüfen wir die Richtigkeit des Bunsen-Roscoeschen Gesetzes. Zwischen Licht B und das Gefäß schieben wir eine undurchsichtige Kreisscheibe, aus der wir einen Sektor ausschneiden. Dreht sich diese Scheibe, so gelangt von B unterbrochenes Licht zum Gefäß mit den Larven, denn nur dann, wenn der ausgeschnittene Sektor zwischen der Lampe und dem Gefäß verläuft, erhalten die Larven Licht von B aus. Wird die Scheibe entfernt und ist die Entfernung der Lichter A und B vom Gefäß gleich groß, so beträgt das Stärkeverhältnis beider Lichter 1 : 1. Wird die Hälfte der Scheibe ausgeschnitten, so kann das Licht während diese sich dreht in B nur die halbe Zeit wirken, das Verhältnis von A zu B ist 2 : 1. Wird ein Viertel der Scheibe herausgeschnitten, dann ist das Verhältnis 4 : 1. Beim Beobachten der Bewegungsrichtung, die die Larven während des Umlaufens der Scheibe einschlugen, wurden, diesen drei Verhältnissen entsprechend, jeweils folgende Abweichungswinkel festgestellt: 44,2°, 38,6° und 34,1°, das heißt fast genau dasselbe, was in der Tabelle steht. Ständiges Licht zeigt dieselbe Wirkung wie unterbrochenes Licht, wenn in beiden Fällen die Quantität der Lichtenergie, die zu den Larven gelangt, die gleiche ist. Eben diese Abhängigkeit bringt das Bunsen-Roscoesche Gesetz zum Ausdruck. Bedenken wir weiterhin, daß beim Verhältnis 1 : 1 der Abweichungswinkel in zwei aufeinanderfolgenden

Versuchen 45,6° und 44,2 °, das heißt im Durchschnitt 44,9° betrug, und sich somit nur um 0,1° von der theoretischen Größe von 45° unterschied. Nur die Theorie der Tropismen gestattet es, Erscheinungen mit einer derartigen Genauigkeit vorauszusehen.

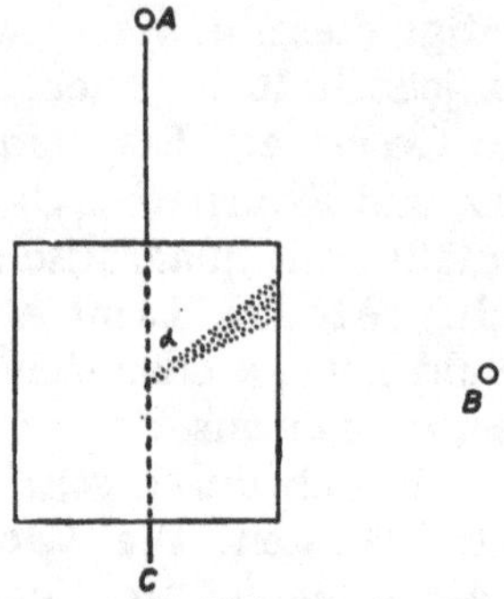

Abb. 4. Vorrichtung zum Verifizieren des Bunsen-Roscoeschen Gesetzes

Alle bisherigen Beispiele betrafen das Gebiet des Phototropismus. Noch deutlicher treten die spezifischen Merkmale des tropischen Verhaltens zutage, wenn die Bewegung unter der Einwirkung des elektrischen Stroms, also in Fällen von *Galvanotropismus* erfolgt. Verläuft der Strom längs eines Nerven, so vermindert sich die Reizbarkeit des Nerven auf der Seite, die der Anode zugekehrt ist (Anelektrotonus), auf der Seite der Kathode nimmt sie hingegen zu (Katelektrotonus). Im anelektrotonischen Zustand sind die Nerven und Nervenknoten von ihrer Tätigkeit ausgeschlossen, sie verhalten sich so, als wären sie beschädigt oder narkotisiert. Das Verhalten von Krabben im galvanischen Feld ist dafür ein ausgezeichnetes Beispiel. Die Innervation der Muskulatur der Extremitäten dieser Tiere ist sehr eigenartig. Nerven, die die Beugemuskeln in Bewegung setzen, wachsen aus den Zellen, die auf derselben Körperseite gelegen sind, dagegen wachsen die Nervenfasern, die die Streckmuskeln innervieren, aus den Zellen, die auf der entgegengesetzten Seite liegen. Dieses Verhältnis tritt deutlich in Abb. 5 zutage. Fließt der Strom quer durch den Körper und liegt die Kathode links, dann sind die Beine der Krabbe an der linken Seite ausgestreckt und stoßen den Körper von der Kathode ab, die Beine an der rechten Seite sind stark gebeugt und ziehen den Körper in Richtung der Anode.

Abb. 5. Verhaltensschema einer Krabbe im elektrischen Feld

Die Haltung der Beine weist auf das Streben des Tieres zum positiven Pol hin; der Galvanotropismus der Krabben ist anodisch. Die Nervenzellen der rechten Körperseite befinden sich im katelektrotonischen Zustand, sie sind stark gereizt, das heißt, sie müssen die Streckmuskeln der linken Seite sowie die Beugemuskeln der rechten in Bewegung setzen. Die Zellen der linken Seite sind im Anelektrotonus; sie sind untätig, und deshalb funktionieren weder die linken Beuge-, noch die rechten Streckmuskeln. In analoger Weise ist die Haltung der Beine zu erklären, wenn der Strom längs des Körpers fließt. In allen Fällen erleichtert die Stellung der Beine dem Tier die Bewegung in Richtung der Anode. Befindet sich zum Beispiel die Anode vorn, dann sind die Vorderbeine gebeugt und ziehen den Körper nach vorn, die hinteren sind gestreckt und stoßen den Körper in dieselbe Richtung.

Ein Strom, der quer durch den Körper eines Pantoffeltierchens fließt, bewirkt, daß die Wimpern auf der Seite der Anode nach hinten, auf der Kathodenseite nach vorn ausschlagen. Das Pantoffeltierchen muß umkehren, denn die Wimpern beider Seiten arbeiten daran, das Tier mit dem Vorderende in Richtung der Kathode einzustellen. Der Galvanotropismus ist hier kathodisch. Das Wenden des Körpers hört dann auf, wenn das Pantoffeltierchen in bezug auf die Kraftlinien des Stroms eine symmetrische Position eingenommen hat, also wenn es direkt auf die Kathode zuschwimmt. Es fällt schwer, sich einen höheren Grad der Übereinstimmung von Theorie und Praxis vorzustellen.

Eine weitere Illustration für die Zwangsmäßigkeit tropischer Bewegungen und ihrer Abhängigkeit von äußerer Einwirkung sind die Fälle, in denen unter Einfluß verschiedenartiger Impulse das Vorzeichen des Tropismus umgedreht wird. Die kleinen Süßwasserkrebstiere, Wasserflöhe oder Hüpferlinge genannt, sind im allgemeinen gegen Licht recht wenig empfindlich. In einem Glasaquarium können wir sie überall beobachten, die belichtete Seite übt auf sie keinerlei anziehenden Einfluß aus. Dies ändert sich jedoch, wenn wir dem Wasser irgendeine schwache Säure hinzufügen. Am einfachsten ist es, etwas Sodawasser aus einem Siphon in das Aquarium zu gießen: das darin enthaltene Kohlendioxyd ruft eine schwach säuerliche Reaktion des Wassers hervor. Sofort bewegen sich alle Krebstiere zum Lichte hin, denn durch die Säure werden sie empfindlich gemacht.

Man soll nicht glauben, daß Tropismen nur bei niederen Tieren auftreten. Vor kurzem lieferten Crozier und seine Mitarbeiter interessante Beispiele über Tropismus bei den Säugetieren. Die Versuche wurden mit jungen Ratten und Mäusen durchgeführt. Die Augen der Ratte öffnen sich am vierzehnten Tage nach der Geburt, bis zu dieser Zeit sind die Augenlider verwachsen. Das Tier reagiert jedoch auf Licht schon viel früher. Das Licht dringt durch die Augenlider und reizt das

Auge, aber eigentliches Sehen, das heißt Wahrnehmen von gegenständlichen Bildern, ist zu diesem Zeitpunkt natürlich unmöglich. Eine Ratte im Alter von 8 bis 10 Tagen flieht vor Licht; ihr Phototropismus ist negativ. Man ließ auf Jungtiere zwei Lichtquellen einwirken, die einander gegenüberstanden. War die Stärke beider Lichter gleich groß, dann krochen die Ratten senkrecht zur Linie, die beide Lichtquellen verband. Waren die Lichtquellen ungleich, so wich der Weg, den das Tier einschlug, zum schwächeren Licht ab. Mit dem Augenblick, in dem sich die Augen öffnen, verändert sich die Lage vollständig. Jetzt steuern die jungen Ratten die dunkelsten Flecken im Blickfeld an, sie sehen die Gegenstände und reagieren auf sie, was bedeutend den ursprünglichen Tropismus verwischt. Eine andere Untersuchungsmethode beruht auf dem Beobachten von Kreisbewegungen. Man kann dies erreichen, wenn man ein Auge im Alter von 12 Tagen öffnet oder eines der Augen mit Lack überzieht. Im ersten Fall muß man dafür sorgen, daß das gegenständliche Sehen ausgeschaltet wird, was man dadurch erreicht, daß man dem Tier einen gleichmäßigen Hintergrund gibt. Die Ratte kreist dann nach der Seite des geschlossenen Auges. Diese Tatsachen beweisen, daß die Bewegungen junger Ratten im Lichtfeld elementar tropischer Natur sind. Diese ursprüngliche Tendenz wird durch das gegenständliche Sehen verändert und eingeschränkt. Dieselben Ratten wiesen ebenfalls regelrechte Anzeichen von Stereotropismus und negativem Geotropismus auf. Diese ließen sich mathematisch beschreiben und in vielen Fällen genau voraussehen.

Wir lassen es bei diesen Beispielen bewenden. Das Problem ist äußerst umfangreich. Es mag genügen, darauf hinzuweisen, daß Rose in seiner Monographie der Tropismen (1929) ungefähr 2000 Titel spezieller Arbeiten, die dieser Frage gewidmet sind, aufzählt. Die Theorie Loebs stützt sich auf gewaltiges Beweismaterial, und ihre Einfachheit und Durchsichtigkeit, die Möglichkeit, auf ihrer Grundlage Erscheinungen erklären und voraussehen zu können, bewirkten, daß sie zur herrschenden Anschauung wurde. Es ist nicht verwunderlich, daß Loeb selber dazu neigte, sämtliche Symptome des Seelenlebens der Tiere auf Tropismen zurückzuführen. Was immer auch ein Tier tun mag, stets führt es irgendeine tropische Bewegung aus. Das Männchen, das ein Weibchen sucht, läßt sich durch Chemotropismus leiten, die Biene sucht bunte Blumen auf, weil sie von Phototropismus oder Chemotropismus geleitet wird, die Maus versteckt sich im Loch, weil sie dem positiven Stereotropismus und dem negativen Phototropismus unterliegt, das Kriechen der Ameisen auf einen Baumstumpf ist negativer Geotropismus, das Herunterkriechen positiver Geotropismus. Die tierischen Instinkte sind lediglich komplizierte tropische Reaktionen. Der Hahn besitzt eine Reihe charakteristischer männlicher Instinkte: die Fähigkeit zu Krähen, Streitsucht, Umsorgen und Terrorisieren der Hühner usw.

Alle diese Merkmale verschwinden spurlos nach dem Kastrieren, wobei aus dem Organismus die Erzeugungsquelle gewisser chemischer Substanzen entfernt wird. Wird jedoch dem Kastraten männliches Hormon injiziert, dann kehren in Kürze alle Hahninstinkte wieder. Die Erscheinung der Instinkte beruht auf Bewegungen, die sich in verschiedenen voneinander unabhängigen Körperteilen vollziehen. Aber dennoch sind diese verschiedenartigen Tätigkeiten zentralisiert, sind alle vom Vorhandensein einer verhältnismäßig einfachen chemischen Substanz, dem männlichen Hormon abhängig, ebenso wie die komplizierten Bewegungen des Wasserflohs, die ihn zum Licht führen, durch eine bestimmte Verdichtung von Säure oder Alkohol im umgebenden Stoff bedingt sind. Die Raupen des Falters *Porthesia* kriechen aus Eiern, die auf Baumästen abgelegt werden. Sie überwintern verpuppt, dicht über der Erde. Im Frühjahr kriechen sie auf die Enden der Äste, fressen die Blattknospen ab und kriechen dann nach unten. Ihre Nahrungsinstinkte lassen sich auf Phototropismus zurückführen, positiven im Zustand des Hungers, negativen nach der Sättigung. Das geflügelte Ameisenweibchen erhebt sich in die Luft, indem es von positivem Phototropismus und negativem Geotropismus dazu veranlaßt wird. Nach der Befruchtung verursacht das Vorhandensein gewisser chemischer Körper in seinem Organismus eine Inversion seiner Tropismen. Das Weibchen fällt dann herab und vergräbt sich in der Erde.

Die Theorie der Tropismen erstreckt sich auch auf kompliziertere Fälle des Seelenlebens, die mit dem Entstehen gedanklicher Bilder verbunden sind. Eine derartige Fähigkeit ist, nach Ansicht Loebs, jedoch nur Wirbeltieren, Insekten, Krebstieren und Kopffüßern eigen, alle übrigen Tiere besitzen lediglich Tropismen. Aber auch das Assoziationsgedächtnis gehört zu den Erscheinungen, die regelrecht und zwangsmäßig vor sich gehen. Das beweisen die klassischen Untersuchungen Pawlows, welcher zeigte, daß der Prozeß des Lernens von Hunden sich in genaue quantitative Gesetze fassen läßt.

Wir haben den Kulminationspunkt der Theorie erreicht. Wir bewundern an ihr das kompakte, konsequente Denksystem, das sich auf ein gewaltiges Tatsachenmaterial stützt. Alles stimmt hier überein; wir können weder Lücken noch Widersprüche in den Anschauungen Loebs feststellen. Dennoch sah Loeb, der über dreißig Jahre an der Theorie der Tropismen gearbeitet und sie in dieser Zeit mehrfach geändert und vervollständigt hat, ganz klar, daß sich die unbegrenzte Mannigfaltigkeit der Phänomene nicht in den Rahmen einer Anschauung zwängen läßt. Wenn die Theorie der Tropismen richtig ist, so geht daraus noch nicht hervor, daß allein die Theorie der Tropismen richtig ist. In sehr vielen Fällen ist die Richtungsgebundenheit der Bewegungen eines Tieres nur eine scheinbare. Positiv phototropische Wassertiere bewegen sich oft nicht direkt zum Lichte hin, sondern schwimmen in einer ungeordneten Bewegung nach allen Richtungen. Nichtsdestoweniger sammelt sich schließlich eine große Mehrzahl von ihnen auf der belichteten Seite des Aquariums an. Bewegungen ohne bestimmte Richtung können das Tier überall hinführen, somit auch zur belichteten Seite, was zufällig sein kann. Die Ansammlung bildet sich dort deswegen, weil an dieser Stelle des Behälters die Bewegungen des Tieres verlangsamt werden oder gänzlich erstarren. Dieses Phänomen nannte LOEB *Unterschiedsempfindlichkeit* (differential susceptibility). Wenn das Objektfeld eines Mikroskops halb belichtet wird und halb dunkel bleibt, weisen kriechende Amöben ein charakteristisches Verhalten auf. In der dunklen Hälfte sind ihre Bewegungen richtungslos, zufällig. Sobald jedoch eine Amöbe die Schattengrenze erreicht hat, ziehen sich ihre Scheinfüßchen aus Protoplasma, die mit Licht in Berührung kommen, in den Schatten zurück und das Tier kehrt um. Diese Erscheinung ist kein Tropismus, denn das Tier wird hierbei gar nicht durch den Schatten angezogen. Die Amöbe nimmt einfach den Unterschied zwischen Licht und Schatten wahr, wobei es auf das Licht negativ reagiert.

Häufig kommen Fälle vor, wo der Tropismus mit Unterschiedsempfindlichkeit kombiniert ist. BOHN zufolge bewegen sich junge Seesterne im allgemeinen direkt in Richtung belichteter oder dunkler Oberflächen, je nach dem Vorzeichen des Tropismus. Wenn sich das Tier im Feld zweier Lichtquellen befindet, dann strebt es nicht einer von ihnen zu, sondern bewegt sich auf einer Linie, die zwischen beiden verläuft, ganz im Sinne der Theorie der Tropismen. Komplizierter ist das Verhalten älterer Tiere. Je nach dem anfänglichen Impuls kriecht das Tier in dieser oder jener Richtung, dann nähert es sich nacheinander dem dunkeln Feld, und entfernt sich wieder von ihm, indem es sich auf verschiedene Art und Weise hin und her wendet und den nach vorn geschobenen Arm wechselt. Die Anziehung durch die dunkle Oberfläche ist mit Wendungen verbunden, die von der unterschiedlichen Belichtungsstärke im jeweiligen Moment abhängig sind. Das Tier ist der Einwirkung dreier Impulse ausgesetzt, die sich wie die Bewegungen in der Mechanik zusammensetzen: Anfangsimpuls, Impuls in Richtung des Schattens (Tropismus) und Umkehrimpuls (Unterschiedsempfindlichkeit). LOEB zufolge können die Erscheinungen des Stereotropismus und Thermotropismus, möglicherweise auch das Chemotropismus auf Unterschiedsempfindlichkeit reduziert werden.

Somit vermindert LOEB selber den Bereich seiner Theorie, indem er ihre Anwendbarkeit nur auf einige Erscheinungen und Tiere beschränkte. Ganz gleich jedoch, ob die Reaktion Tropismus oder Unterschiedsempfindlichkeit, Reflex oder Anzeichen des Assoziationsgedächtnisses ist, bleibt sie stets eine erzwungene Reaktion, die durch einen äußeren Reiz eindeutig bestimmt wird. So lautet die endgültige Redaktion der Theorie der Tropismen (1918).

In der Praxis ist das Verhalten der Tiere weit komplizierter, als es die Theorie verlangt. LOEB zufolge wirken auf ein Tier unter durchschnittlichen Beobachtungsverhältnissen gleichzeitig mehrere verschiedene Reize ein; das Kraftfeld ist zusammengesetzt und das Tier führt mehrere tropische Bewegungen gleichzeitig aus, die einander teilweise entgegenwirken können. Tropismen in ihrer reinen Form können wir nur unter besonderen Laborbedingungen beobachten. LOEB illustriert diese Verhältnisse durch ein schönes Gleichnis. Ein Stein, der fallen gelassen wird, fällt in gerader Linie zur Erde; ein trockenes Blatt, das vom Baume fällt, vollführt in der Luft verwickelte Kurven und Zickzacklinien. Wir behaupten nun keineswegs, daß die Bewegung des Steins vom Tropismus, die Bewegung des Blattes von der Unterschiedsempfindlichkeit geleitet wird. Wir sagen vielmehr, daß beide in gleichem Maße der Wirkung des Schwergesetzes unterworfen sind, das Blatt aber viel leichter als der Stein dem Einfluß von Nebenfaktoren ausgesetzt ist, die seinen Fallweg komplizieren. Ein solches Blatt eben, das gegen eine Unzahl äußerer Faktoren empfindlich ist, ist jeder lebende Organismus. Nichtsdestoweniger ist das Gesetz des Tropismus, das unter besonderen Bedingungen zutage tritt, unter durchschnittlichen Bedingungen aber mehr oder weniger verhüllt ist, die Grundlage seines Verhaltens.

Nach der Periode des Enthusiasmus, auf den die Theorie LOEBS in der wissenschaftlichen Welt stieß, folgte die Periode der Kritik, die anfangs nur kleinen Details galt und auf einzelne, mit der Theorie unvereinbare Tatsachen hinwies, später aber nach und nach ihren Bereich ausdehnte. Aus der Flut kritischer Stimmen wollen wir nun versuchen, die wesentlichen Fragen von den zweitrangigen zu scheiden.

Es ist vor allem klar, daß die klassische Theorie der Tropismen nur einen begrenzten Bereich haben kann. Ihre Domäne sind in erster Linie die Erscheinungen des Galvanotropismus. Wie v. BUDDENBROCK richtig bemerkte, entstand die ganze Konzeption der Tropismen eben aus der Tatsache heraus, daß Tiere auf elektrischen Strom reagieren. Das Zwangsmoment ist hier gewiß vorhanden, und ebenso gewiß ist es, daß die symmetrischen Verhältnisse des Organismus beim Galvanotropismus eine sehr wichtige Rolle spielen. Überdies ist der Galvanotropismus ein Ausdruck der unmittelbaren Einwirkung des elektrischen Stromes auf die Bewegungsorgane. Die Tiere besitzen keinerlei Apparate, die dazu dienen könnten, den Strom abzunehmen, ihre Sinnesorgane können nicht auf Energieabnahme eingestellt werden, mit der Tiere in der Natur niemals etwas zu tun haben. Mit einem Wort, alle Annahmen der Theorie sind in diesem Fall erfüllt. Aber der Galvanotropismus unterscheidet sich gerade dadurch von anderen Tropismen, daß er eine für das Tier ungewöhnliche Reaktion, keine biologische Reaktion ist. Lassen wir elektrischen Strom auf die Gesichtsmuskeln eines Menschen einwirken, so beginnen die Muskeln zu zucken, und das Gesicht kann den Ausdruck eines beliebigen Gefühls annehmen. Dennoch handelt es sich hier nur um eine direkte Reizung der Bewegungsorgane, während Nervenzentren und Empfindungen davon unberührt bleiben. Aus den Muskelbewegungen eines galvanisierten Menschen können wir nichts über sein inneres Erleben erfahren. LOEB jedoch zögerte nicht, aus der Tatsache, daß eine Bewegung ohne begleitende Empfindung möglich ist, die Schlußfolgerung zu ziehen, daß es Empfindungen überhaupt nicht gibt.

Das Verhalten des Organismus ist keineswegs so durchsichtig. Kehren wir zum Beispiel zu der Raupe *Porthesia* zurück. Wie WAGNER bemerkt, stimmen in der Natur die Bewegungen der Raupe weder mit der Lage der Lichtquelle, noch mit der Richtung der einfallenden Strahlen überein. Die Kriechbewegungen auf den Blättern sind so eigensinnig und ganz ohne jegliche bestimmte Richtung, daß man bei ihnen das Prinzip des Tropismus nicht in Anwendung bringen kann. Wenn alle Blätter an einem Baum abgefressen sind, dann verhalten sich die Raupen keineswegs ratlos und streben nicht hartnäckig nach oben, wie sie das der Theorie zufolge tun müßten. Sie lassen sich an Gewebsfäden auf die Erde herab, kriechen suchend umher, um einen anderen Baum zu finden, und wenn sie ihn gefunden haben, kriechen sie nach oben. Ein Garten, der von Raupen gesäubert wurde, wird immer wieder von ihnen heimgesucht. Dabei läßt sich die Raupe nicht sogleich zur Erde herab, sondern hält auf halbem Wege am Faden inne, und wenn sie vom Wind hin und her geschwungen wird, gelingt es ihr oft, im Fluge ein Blatt des benachbarten Baumes zu erfassen, auf das sie sogleich übergeht. Wenn der zweite Baum zur Nahrung nicht geeignet ist, dann steigen die Raupen wieder herab und suchen einen entsprechenden Baum. Nach SCHMITT-AURACHER verliert die Raupe Porthesia ihren positiven Phototropismus gar nicht; der Tropismus wird nur während der Häutungszeit negativ. Allein dieses Beispiel zeigt, wie schematisch und wie weit von den tatsächlichen Verhältnissen entfernt die Ansichten LOEBS sind.

Das Vorhandensein eines Kraftfeldes in einer Form, wie sie die Theorie erfordert, ist nicht immer deutlich. Ein solches Feld existiert unbestritten in Fällen von Galvanotropismus und Phototropismus. Anders aber steht es um den Chemotropismus. Teile einer riechenden Substanz setzen sich in der Luft nicht in gerader Linie fort, sondern vollführen die verschiedenartigsten Bewegungen, und nur von ihrer Resultante kann gesagt werden, daß sie eine zentrifugale Tendenz besitzt. Ein erwärmter Ofen erzeugt in der umgebenden Luft komplizierte konvexe Strömungen von einer solch veränderlichen Struktur, daß sie sich absolut nicht zum Konstruieren irgendeines „Kraftfeldes“ eignen. Der Stereotropismus hat mit irgendeinem Kraftfeld nichts zu tun, es handelt sich dabei nämlich nur um eine mechanische Reizung bestimmter Punkte des Organismus, worauf dieser als Ganzes reagiert. Das weicht sehr von den Anforderungen der Theorie ab. Ähnlich verhält es sich mit anderen Tropismen. Angesichts der Tatsache, daß wir den Galvanotropismus als eine nichtbiologische Reaktion erkannt haben, die keinerlei Grundlagen zu Schlußfolgerungen über das Verhalten eines Tieres unter natürlichen Bedingungen gibt, kann also nur das Phänomen des Phototropismus in Erwägung gezogen werden. Dieser Erscheinung wurde tatsächlich in der Literatur die meiste Beachtung geschenkt.

Die neue Forschergeneration, die, im Sinne des eingangs entworfenen Schemas, modernere Forschungsmethoden auf diese Erscheinungen anwenden wollte, mußte feststellen, daß vielen vorangegangenen Untersuchungen keine wesentliche Bedeutung beigemessen werden konnte. Die Beschreibung der Reaktion von Tieren auf das Licht enthalten sehr oft keinerlei Angaben über die Intensität des verwandten Lichts, was aber von großer Wichtigkeit ist, denn von der Lichtstärke kann sowohl das Vorzeichen als auch der Stärkegrad des Tropismus abhängen. Die Wellenlänge des einfallenden Lichts wurde nicht in Betracht gezogen, was oft auf die Reaktion bestimmend wirkt. Eine Reihe äußerer Faktoren, wie Temperatur, osmotischer Druck des umgebenden Mediums oder das Vorhandensein von Salzen in diesem, wurden nicht berücksichtigt; das Alter der Versuchstiere, ihre geschlechtliche Reife, ihr Sättigungs- oder Ermüdungsgrad u. ä., wurden nicht verglichen. Kurz gesagt, man unterließ es, die Bedingungen, unter denen das Experiment stattfand, genau zu beschreiben, wodurch die Versuche unwiederholbar wurden und dadurch ihren Wert einbüßten.

Daß die Berücksichtigung der Intensität des wirkenden Lichts wichtig ist, beweisen viele Tatsachen. Mehrere Autoren untersuchten den Phototropismus des Geißeltierchens *Euglena,* wobei für einige von ihnen dieses Urtierchen positiv phototropisch, für andere negativ phototropisch und für einige in bezug auf das Licht indifferent ist. Es unterliegt keinem Zweifel, daß Licht von verschiedener Stärke verwandt wurde. Es kann als Regel angesehen werden, daß der Phototropismus im schwachen Licht positiv, im starken negativ ist; im Licht von mittlerer Intensität verhält sich das Tier indifferent. Wir wollen ein erprobtes Beispiel anführen, das zeigen wird, wie verwickelt die Verhältnisse sein können. Es handelt sich um die Lichtreaktion der Flimmerkugel *(Volvox),* die von Mast beschrieben wird. Unter gewöhnlichen Bedingungen verhält sich *Volvox* in Übereinstimmung mit der vorher genannten Regel. Wenn sie sich eine Zeitlang im Dunkeln aufgehalten hat, wird sie positiv phototropisch. Unter Einfluß des Lichts geht der Tropismus jedoch nach einiger Zeit in negativen über, und dies um so schneller, je stärker das Licht ist. Verweilt das Urtierchen längere Zeit im Licht von einer bestimmten Stärke, so wird es gegen das Licht unempfindlich, wird jedoch die Belichtungsintensität vergrößert, so wird der Tropismus wieder positiv, um nach einiger Zeit zu verschwinden und schließlich in negativen Tropismus überzugehen. Und erneut vollzieht sich eine derartige Evolution des Tropismus um so schneller, je stärker das Licht ist. Und umgekehrt, ist die Flimmerkugel in einer gegebenen Lichtstärke negativ tropisch, so bewirkt eine Verminderung der Belichtung für gewisse Zeit ein Umschlagen in positiven Tropismus, der später wieder in negativen Tropismus übergeht. Durch ein derartiges Verfahren kann man erreichen, daß bei jeder beliebigen Lichtintensität, ausgenommen die extremen Fälle, die Flimmerkugel sich einmal als positiv, ein andermal als negativ phototropisch erweist, oder auch überhaupt nicht auf Licht reagiert. Diese komplizierte Reaktionsweise weicht stark vom ursprünglichen Schema ab und zeigt zugleich, welche Bedeutung die Lichtstärke besitzt.

Eine gewöhnliche Quelle der Nichtübereinstimmung von Ansichten über das Verhalten ein und derselben Tiere ist die ungenügende Berücksichtigung der Wellenlänge des verwendeten Lichts. Man untersuchte die Empfindlichkeit der Tiere gegen farbiges Licht, indem man zwischen dem Tier und der Lichtquelle farbige Lichtfilter anbrachte. Sehr oft aber wurde versäumt, die Farbe, das heißt die Wellenlänge, von der Helligkeit des Filters, das heißt davon, welchen Prozentsatz des einfallenden weißen Lichts der Filter hindurchläßt, zu unterscheiden. Infolgedessen ist es unbekannt geblieben, ob die gewonnene tropische Wirkung der Farbe des Lichts oder einfach der Schwächung seiner Intensität durch den Filter zuzuschreiben ist. Exakter ist die Methode, die Tiere in ein Lichtspektrum zu bringen, aber auch sie macht die Messung der absoluten Lichtstärke unbedingt erforderlich. Ein Tier, das mit grünen Strahlen beleuchtet wird, kann nicht nur Licht von anderer Qualität, sondern auch von anderer Stärke empfangen als ein Tier, das sich im roten Abschnitt des Spektrums befindet. Die Frage ist deshalb noch wichtig, weil der Charakter des weißen Lichts von der Art der benutzten Lichtquellen abhängt; diese kann mehr oder weniger ultraviolette Strahlen enthalten, und daher kann der tropische Effekt gänzlich verschieden sein. Mast arbeitete eine originelle Methode zum Vergleichen verschiedener Arten von Licht aus. Maßstab ist in ihr der Organismus selbst. Mast verwendet zwei Strahlenbündel, die sich im rechten Winkel kreuzen. Ein Bündel besteht aus farbigen Strahlen, das andere aus weißem, unterbrochenem Licht. Dieses letztere erhält man dadurch, daß man zwischen dem Tier und der Lampe eine rotierende Scheibe anbringt, aus der ein Sektor ausgeschnitten ist. Durch eine Auswahl verschiedener Winkelgrößen des Sektors kann die Stärke des weißen Lichts genau reguliert werden. Man wählt eine solche Intensität des unterbrochenen Lichts, daß der untersuchte Organismus, der im Schnittpunkt beider Strahlenbündel untergebracht wird, sich auf ihrer Winkelhalbierenden bewegt. In diesem Fall sind beide Bündel für ihn gleichwertig; sie üben eine gleich starke tropische Wirkung aus. Indem nun das farbige Licht durch ein Licht mit anderer Wellenlänge ersetzt wird, können verschiedene farbige Lichter miteinander verglichen werden. Der Intensitätsfaktor des farbigen Lichts ist kompensiert, denn jedesmal wird das tropische Gleichgewicht zwischen den farbigen Strahlen und dem weißen Licht hergestellt. Vermittels dieser Vorrichtung hat Mast festgestellt, daß verschiedene Tiere in sehr verschiedenen Teilen des Spektrums ihr Maximum an tropischer Tätigkeit besitzen. So wird zum Beispiel die stärkste Wirkung bei einigen Flagellaten und Regenwürmern mit der Wellenlänge von 4830 Å, bei den Larven der Fleischfliege mit 5030, bei einigen koloniebildenden Geißeltieren mit 5240 Å usw. erreicht.

Der phototropische Effekt hängt davon ab, ob das Licht ständig (fließend) oder unterbrochen ist. Diese Frage war Gegenstand vieler Auseinandersetzungen. Auf Grund der bekannten Wirkung von elektrischem Strom auf Organismen entstand durch Analogie die Überzeugung, daß die Sinnesorgane eines Tieres nicht auf ständige Reizung, sondern nur auf Änderungen in ihrer Intensität reagieren. Wie es scheint, sind jedoch beide Fälle möglich. Zweifelsohne ist das Tier besonders befähigt, auf plötzliche Änderungen in der Lichtstärke zu reagieren. Die Reaktion beruht dann auf raschen Wendungen, wie bei einer Flucht vor dem Licht, und ist Ausdruck der Unterschiedsempfindlichkeit. Aber auch im ständigen Lichtfeld konnten Reaktionen festgestellt werden. Die Frage ist jedoch kompliziert. Ein Tier, das sich in der Richtung zur oder von der Lichtquelle weg bewegt, kann mit jedem Augenblick seine Stellung in bezug auf die Strahleneinwirkung ändern, was Veränderungen in der Intensität der Belichtung gleichkommt. So besitzen zum Beispiel einige Urtiere ein primitives Auge in Gestalt eines Farbflecks. Beim Schwimmen dreht sich das Tier um seine Längsachse, demzufolge ist das Auge der unmittelbaren Einwirkung des Lichts ausgesetzt, und dann befindet es sich wieder im Schatten des Tierkörpers. Der Unterschied in der Belichtungsstärke kann erheblich sein. Aber selbst wenn sich das Tier nicht bewegt, können Bewegungen des Kopfes oder der Augen erfolgen, und werden auch diese ausgeschaltet, so können Bewegungen der Farbkörnchen in den Augen erfolgen, die die lichtempfindlichen Teile verdecken oder bloßlegen. In einigen Fällen (nach Mast die Fliegen *Eristalis* und *Erax*) treten in den Augen periodische Empfindlichkeitswechsel ein, und diese Perioden können rasch aufeinander folgen, so daß trotz der Konstanz der Lichtquelle die tatsächliche Reizung der Sinnesorgane in ihrer Beschaffenheit eine unterbrochene ist. Es ist somit sehr schwierig, Änderungen in der Intensität der Lichtreizung auszuschalten, und deshalb konnte die Frage, ob ständiges Licht eine Wirkung zeitigt oder nicht, bis jetzt noch nicht gelöst werden. Es scheint, als könnte ständiges Licht, ebenso wie konstante Temperatur, nur eine größere oder kleinere allgemeine Belebung hervorrufen (Photokinese), die tropische Orientierung hingegen ist Angelegenheit des unterbrochenen Lichtes.

Die Anwendbarkeit des Bunsen-Roscoeschen Gesetzes im Falle tropischer Erscheinungen hat sich bei verschiedenen Tieren, wie zum Beispiel bei Larven des Krebstieres *Balanus,* bei den Larven der Fleischfliege, einigen Coelenteraten, Manteltieren, Weichtieren und Froschlarven bestätigt. Gleichzeitig muß dieses Gesetz jedoch eingeschränkt werden: es läßt sich anwenden, wenn die Dauer der Lichtwirkung nicht allzu lang und deren Intensität nicht sehr groß ist.

Unvereinbar mit der Theorie sind die Fälle, in denen das Tier nicht auf einen dauerhaften Stimulus, sondern auf eine momentane Reizung oder den sogenannten „Schock" reagiert. Ein interessantes Beispiel dieser Art ist das Verhalten des amerikanischen Käfers *Photinus pyralis,* der nachts leuchtet. Mit Hilfe von Lichtsignalen können sich Weibchen und Männchen im Dunkeln finden. Das Männchen gibt zum Beispiel ein Lichtsignal durch zweimaliges Blinken in gewissem Abstand. Gleich darauf gibt das Weibchen ein Einzelsignal, wonach es den Hinterleib in Richtung des Männchens wendet, das herbeifliegt und mit ihm kopuliert. Die Orientierung beider Insekten vollzieht sich im Dunkeln, nach Erlöschen der Signale; sie erfolgt nicht auf das Licht hin, sondern auf die Erinnerung an das Licht. Dieser Fall erinnert an die sogenannten aufgeschobenen Reaktionen, mit denen wir uns im nächsten Kapitel vertraut machen werden.

Viel Beachtung schenkte man den Bewegungen von Tieren, die in das Feld zweier Lichtquellen gebracht wurden. In diesem Fall erwies sich die Frage als nicht so einfach. Das Gesetz des Parallelogramms der Kräfte wird bei vielen Tieren in Anwendung gebracht, die sich unter gegebenen Bedingungen in der Richtung, die zwischen beide Lichter führt, längs der Diagonale des Parallelogramms, das aus der Lage des Tieres und der Position der beiden Lichter gebildet wird, bewegen. Jedoch eine genauere Untersuchung dieser Frage zeigt, daß es sich nicht ohne weiteres so verhält. ALVERDES untersuchte das Verhalten von Wasserflöhen im Feld zweier Lichtquellen. Wenn sich die Strahlen beider in einem stumpfen Winkel schneiden (siehe Abb. 6a), schwimmen die Krebstiere in der Richtung der Winkelhalbierenden, an einem bestimmten Punkt aber biegen sie plötzlich nach links oder rechts ab, indem sie direkt einem der Lichter zustreben. Den Wendepunkt nannte man „Entscheidungspunkt". Niemals erreichen die Krebstiere den dunklen Punkt des Aquariums, der hinter dem Schnittpunkt beider Strahlenbündel liegt. Ähnlich ist das Verhalten, wenn sich die beiden Bündel in einem spitzen Winkel schneiden. Von den vielen Versuchs-

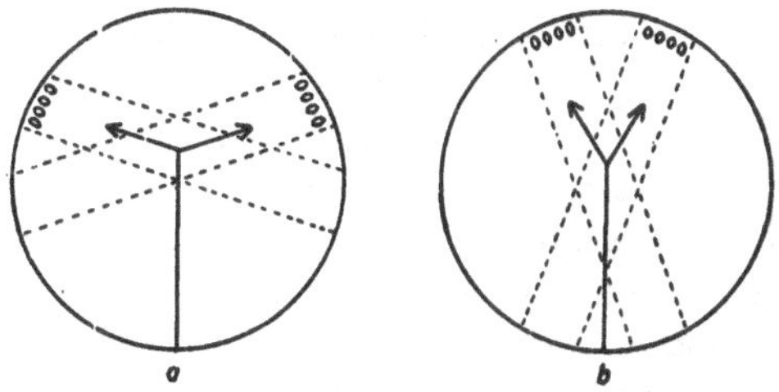

Abb. 6. Das Verhalten von Wasserflöhen unter dem Einfluß von zwei sich schneidenden Lichtbündeln

tieren, die bei einem Experiment verwandt werden, wendet sich ungefähr die Hälfte der rechten Lichtquelle, die andere Hälfte der linken zu. Sind beide Lichter ungleich stark, so schwimmen die Wasserflöhe dennoch in gleicher Weise längs der Winkelhalbierenden und weichen danach nach links oder rechts ab. Aber die Anzahl der Tiere, die zum stärkeren Lichte hin abweichen, ist entsprechend größer. ALVERDES ist der Ansicht, daß sich die Wasserflöhe, wenn beide Lichter genügend weit entfernt sind, in der Richtung bewegen, die zwischen ihnen hindurch führt und am Entscheidungspunkt dann ein „intrapsychisches" Bedürfnis nach der Wahl eines von ihnen erfolgt. Zahlreiche Beobachtungen dieser Art führte FRAENKEL durch. Ihm zufolge bewegen sich die Tiere nur anfangs längs der Diagonale des Parallelogramms, das aus beiden Strahlenrichtungen gebildet wird, und von einem bestimmten Punkt an ziehen sie eine Parabel und schlagen die Richtung auf eins der Lichter ein. Die Belichtung des Tieres von hinten läßt dieses innehalten, und dadurch erklärt es sich, daß die Bewegung der Tiere auf der Linie, die die beiden Lichter verbindet, gewöhnlich aufhört. FRAENKEL kommt im übrigen zu der Schlußfolgerung, daß Versuche im Feld zweier Lichtquellen äußerst schwierig zu interpretieren sind und daß man sie nicht als absolut mit der Theorie der Tropismen unvereinbar ansehen kann. Jedenfalls sind sie auch nicht ein absolut überzeugendes Argument zu ihren Gunsten. Die Sache ist viel komplizierter, als das LOEB gedacht hat.

Man stellte Betrachtungen darüber an, ob die tropischen Bewegungen durch die Richtung der fallenden Lichtstrahlen, oder nur durch den Unterschied in der Lichtstärke hervorgerufen werden. STRASBURGER suchte als erster diese Frage auf experimentellem Wege zu lösen. In einen länglichen, mit Wasser gefüllten undurchsichtigen Behälter setzte er schwimmende Sporen niederer Pflanzen. Wird der Behälter schräg von oben beleuchtet, dann bewegen sich alle Sporen in Richtung des Lichts. Jetzt wurde das Aquarium mit einem Gefäß in der Form eines Prismas zugedeckt, das mit dem dickeren Ende dem Licht zugekehrt und mit schwacher Tuschlösung angefüllt war. Unter diesen

Bedingungen bewegten sich die Sporen, die der Lichtquelle entgegenschwammen, in Richtung ihrer abnehmenden Intensität; somit werden sie nicht durch die zunehmende Stärke des Lichts, sondern nur durch die Richtung der fallenden Strahlen geleitet. Eine Reihe späterer Autoren bestätigte dieses Ergebnis. Die Larven des Krebstieres *Balanus* bewegen sich stets in der Richtung der Lichtquelle, unabhängig von deren Stärke. Die Larven der Fleischfliege *Calliphora* entfernen sich vom Licht, indem sie längs des Strahlenbündels kriechen; ebenso orientieren sich die Raupen *Porthesia* nur nach der Richtung der Strahlen. Sie können aus einer stark beleuchteten Zone zu einem schwächeren Licht hin kriechen, wenn ihnen das die Richtung des einfallenden Lichts gebietet, obwohl sie einen sehr starken positiven Phototropismus aufweisen. Dennoch sind viele Forscher der Ansicht, daß nur die Schwankungen in der Lichtstärke von Bedeutung sind, die Strahlenrichtung hingegen nur insoweit wichtig ist, als sie auf den Wechsel der Intensität Einfluß hat. So ist zum Beispiel die negative Reaktion des Infusionstierchens *Stentor coeruleus* von der Richtung der Strahlen unabhängig; bei der Orientierung des koloniebildenden Geißeltieres *Volvox* im Feld zweier Lichtquellen entscheidet der Stärkeunterschied beider Lichter, und nicht die Richtung; der Seestern *Echinaster* strebt unabhängig von der Richtung der Strahlen am stärksten belichtete Punkte an. Die Daten der einzelnen Verfasser stehen miteinander im Widerspruch und es scheint, als wären die angewandten Methoden nicht immer genügend exakt. Es wurde insbesondere die Tatsache nicht in Erwägung gezogen, daß das Waser, in dem sich die Versuchstiere befinden, in der Praxis niemals ein „optisch leeres" Mittel ist, daß in ihm stets irgendwelche Teilchen schweben können, die Licht widerspiegeln und so zur Quelle einer neuen Reizung werden. Wie gewöhnlich, können mit aller Wahrscheinlichkeit beide Fälle eintreten: die Tiere können sich wohl nach der Strahlenrichtung, als auch nach dem Unterschied in der Lichtstärke orientieren.

Die Erscheinung des sogenannten *Diaphototropismus* (v. Buddenbrock), die sich bei einigen schwimmenden Krebstieren einstellt, stimmt mit der Theorie der Tropismen nicht überein. Die Tiere schwimmen so, daß sie stets den Rücken dem Lichte zukehren, das heißt, sie bewegen sich quer zur Richtung der Lichtstrahlen. Wird ein schwimmendes Krebstier von unten belichtet, dann macht es eine Wendung um 180° und schwimmt mit dem Rücken nach unten. Ganz gleich aber, ob das Licht von oben oder von unten wirkt: die Augen des Tieres sind in beiden Fällen symmetrisch belichtet und es besteht im Sinne der Theorie kein Anlaß für eine Änderung der Körperlage.

Wie kompliziert die Bedingungen sind, unter denen die Erscheinungen beobachtet werden, und wie wenig sie von Loeb in Betracht gezogen worden sind, zeigt die starke Abhängigkeit der Tropismen von einer

Reihe äußerer Faktoren. Wir sahen bereits, daß das Vorzeichen des Phototropismus sehr oft von der Lichtstärke abhängig ist, und daß ein und dasselbe Tier positiv tropisch im schwachen, und negativ im starken Licht sein kann. Große Bedeutung hat die Temperatur des Mittels. Die Larve des Wurms *Polygordius* sind positiv phototropisch in einer Temperatur von 5°; bei 6° und darüber ist ihr Tropismus negativ. Das ist ein Einfluß der absoluten Temperaturhöhe und nicht ihres Wechsels, denn das Tier, das bei einer Temperatur von 23° negativen Tropismus aufweist, bleibt nach einer Abkühlung bis auf 13° weiterhin negativ. Fällt aber die Temperatur bis auf 5°, so tritt positiver Tropismus auf; bei einer noch niedrigeren Temperatur wird die Reaktion stärker, bis sie bei 0,5° verschwindet und die Larve hinsichtlich des Lichts indifferent wird. Ebenso ist das Süßwasserkrebstier *Daphnia longispina* unter 18° positiv, über 22° negativ phototropisch, zwischen 18—22° wird sein Tropismus undeutlich. Der Phototropismus der Larven *Balanus* ändert sich unter dem Einfluß des Wechsels des osmotischen Wasserdrucks, was Loeb bekannt war. Die Säurehaltigkeit des Meerwassers hat starken Einfluß auf die tropischen Bewegungen unter den Spaltfüßlern. Dabei tritt das Maximum der Intensität einer positiven oder negativen Reaktion ein, wenn die Reaktion des Wassers indifferent ist; eine saure oder alkalische Reaktion des Wassers schwächt den Tropismus ab. Die Abhängigkeit des tropischen Verlaufs von der Zusammensetzung des chemischen Mittels weisen besonders gut die Untersuchungen Lillies und Shepards nach. Der positive Phototropismus der Larven des Meerwurms *Arenicola* ist von der Proportion der Salze im Wasser abhängig. Wird das Seewasser durch eine Chlornatronlösung mit gleichem osmotischem Druck ersetzt, so verschwindet der Phototropismus, nach Beigabe einer kleinen Menge Chlorkalk kehrt er jedoch wieder. Diese Erscheinung illustriert die aus den Untersuchungen Loebs gut bekannte Tatsache, daß einwertige Ionen sich auf viele organische Prozesse schädlich auswirken, ihr Einfluß jedoch durch Zugabe zweiwertiger Ionen neutralisiert wird. Eine Zugabe von Chlormagnesium in die Chlornatronlösung hat einen ziemlich geringen Einfluß auf den Tropismus, aber nach einer gleichzeitigen Beimischung von Chlormagnesium und Chlorkalk ist die Zeitdauer, während der der Tropismus erscheint, länger als wenn jedes dieser Salze einzeln zugefügt wird. Der Tropismus der *Arenicola* ist im neutralen oder schwach basischen Seewasser positiv, er wird negativ in schwach saurem Wasser und verschwindet nach stärkerer Säurebildung. Ich zähle diese zahlreichen Einzelheiten auf, um zu zeigen, wie empfindlich die tropische Reaktion ist, und wie genau Versuche durchgeführt werden müssen, wenn man sichere und wiederholbare Ergebnisse erhalten will.

Die Sache wird noch komplizierter durch die große Empfindlichkeit des Phototropismus gegen eine Reihe innerer Faktoren. Oft ändert sich die Intensität des Phototropismus wie auch sein Vorzeichen radikal in Abhängigkeit vom Entwicklungsstadium des Tieres. Die Larven *Limulus* und *Balanus* sind nach dem Schlüpfen positiv phototropisch, etwas später wird ihr Tropismus negativ. Die Raupen des Schmetterlings *Galleria,* die parasitär in Bienenstöcken leben, sind nach dem Schlüpfen aus dem Ei gegen Licht indifferent, während ihres weiteren Wachstums wird bis zur Verpuppung ihr Tropismus immer stärker negativ, nach ihrer Verwandlung sind die Insekten wieder indifferent. Es ist interessant, wie die stark positiv phototropischen Taufliegen *Drosophila* nach Abschneiden der Flügel negativ werden, wobei der Effekt dem Grad der Beschädigung annähernd proportional ist. Das ist nicht die Folge der Beschädigung selbst, es gibt nämlich eine Form dieser Fliegen, die erblich unentwickelte Flügel besitzt und negativ phototropisch ist. Von großer Bedeutung ist die geschlechtliche Reife. Sehr oft geht mit Erlangen der geschlechtlichen Reife das Vorzeichen des Tropismus in das entgegengesetzte über, so zum Beispiel bei vielen Fliegen, Ameisen, Eintagsfliegen u. a. Der Tropismus ist ebenso vom Alter des Tieres, seinem physiologischen Zustand, dem Sättigungs-, Ermüdungs- und Erschöpfungsgrad, von den vorhergegangenen Experimenten usw. abhängig. All das zeigt ganz klar, welche hohen Forderungen wir an eine Arbeit stellen müssen, die etwas Neues und Unanfechtbares zu unserem Wissen über die Tropismen hinzufügen wollte, wieviel Faktoren sie berücksichtigen, eliminieren oder zumindest genau messen muß. Es erübrigt sich, hinzuzufügen, daß die Überzahl der früheren Arbeiten diesen Anforderungen nicht Genüge leistet.

In sehr vielen Fällen fehlen die Grundvoraussetzungen der Theorie der Tropismen, und dennoch finden Tropismen statt. Zum Beispiel weisen die Urtiere prächtige Tropismen auf, obgleich die Mehrzahl der Urtiere einen asymmetrischen, spiralförmigen Bau besitzt; es gibt keine Lage, die das Tier einnehmen könnte und in der ein äußerer Reiz gleich stark auf seine beiden gegenüberliegenden Seiten wirkte. Seekrabben weisen tropische Bewegungen auf; aber diese Tiere gehen seitwärts, obgleich sie dem anatomischen Bau nach symmetrisch sind; die Tätigkeit der rechten und linken Extremitäten ist nicht nur quantitativ, sondern auch qualitativ verschieden, und von einer symmetrischen Reizung der Augen kann nicht die Rede sein.

Sehr interessant sind Versuche, in denen einseitig die Bewegungsorgane des Tieres beschädigt wurden, und auf diese Weise eine Asymmetrie in der Tätigkeit hervorgerufen wird. Rabaud amputierte einer im Netz sitzenden Spinne ein oder zwei Beine derselben Körperseite. Nach Abklingen der Reizung berührte er das Netz mit einer klingenden Stimmgabel, die die Zuckungen eines Insektes, das sich im Spinngewebe verfangen hat, nachahmt und untrüglich das Tier zu sich herbeilockt. Wenn sich die Stimmgabel auf der Verlängerung der

Körperachse des Tieres befindet, dürfte es der operierten Spinne nicht gelingen, geradeaus zu laufen, denn ihre rechten und linken Sinnesorgane erhalten einen gleich starken Reiz und setzen in gleichem Maße die rechten und linken Extremitäten in Gang; da nun die einen von ihnen verkürzt worden sind, können sie nicht mit dem gleichen Effekt arbeiten. Dennoch lief die Spinne direkt auf die Stimmgabel zu, woraus hervorgeht, daß die verkürzten Beine stärker arbeiten und somit einen stärkeren Reiz empfangen mußten. Eine etwas gelindere Art zu experimentieren ist, den Insekten die Flügel abzuschneiden, denn die Flügel bestehen aus Chitin und enthalten keine Muskeln und Nerven, wie die Beine. Rabaud verkürzte bei verschiedenen Insekten die Flügel, indem er asymmetrisch ihre Tragfläche verringerte. Es zeigte sich, daß sogar verhältnismäßig starke Beschädigungen das Insekt nicht hindern, geradeaus zu fliegen. Ein Flügel der Fliege *Eristalis,* der eine Länge von 12 mm besaß, wurde um 2 mm verkürzt, ohne daß dadurch der geradlinige Flug gestört wurde. Der Flug der Libelle *Lestes viridis* blieb nach Verkürzung des 26 mm langen Flügels um 9 mm geradlinig, ebenso der Flug eines Kohlweißlings nach Verkürzung seines 35 mm langen Flügels um 15 mm. Diese Tatsache ist sehr wichtig. Sie beweist, daß die funktionelle Asymmetrie sogleich durch das Tier kompensiert wird, denn das geradlinige Fliegen ist nach der Verkürzung eines Flügels nur dadurch möglich, daß die operierten Flügel proportional öfter schlagen. Es wurden ja aber weder die Sinnesorgane, das Nervensystem, noch die Muskeln des Flügels irgendwie beschädigt, ihre Reizung blieb im Sinne der Loebschen Theorie weiterhin symmetrisch. Dennoch war die Tätigkeit asymmetrisch, ausgleichend. Ist die Beschädigung beträchtlicher, werden zum Beispiel 3 mm vom Flügel der *Eristalis* abgeschnitten, dann erhebt sich das Insekt nur mit Mühe in die Luft und fliegt anfänglich schief, indem es auf die beschädigte Seite überneigt. Im Sehen jedoch wird der Flug völlig ausgeglichen. Analoge Resultate erhielt man mit Hilfe einer anderen Methode. Anstatt die Flügel zu beschneiden, wurde einer von ihnen durch ein angeklebtes Stück Papier beschwert. Eine auf diese Weise präparierte Wespe fliegt nur mühsam auf und fliegt dabei stark geneigt, wonach sie ihr Gleichgewicht verliert und zu Boden fällt. Sie erhebt sich von neuem, fällt wieder und so 2—3 Minuten hindurch. Danach richtet sich das Tier in der Luft plötzlich gerade und fliegt unter symmetrischem Halten des Körpers geradlinig vor sich hin. Das bedeutet, daß das Schlagen der Flügel beider Seiten, deren Tragfläche nicht verändert worden ist, gleichzeitig erfolgt. Da einer von ihnen beschwert worden ist, müssen die ihn bewegenden Muskeln entsprechend stärker arbeiten. Eine solche Umstellung, ein solcher Ausgleich der Tätigkeiten des Tieres weist auf die hervorragende Beteiligung des Nervensystems an der Bewegung hin. Die These Loebs über das Ausschließen des Nervensystems von den tropischen Bewegungen hält der Kritik nicht stand.

Die zuletzt angeführten Tatsachen führen uns zu den häufigen und für das Verständnis des Wesens der tropischen Bewegung wichtigen Erscheinungen der sogenannten *Reedukation* des Tieres. Wird die Wasserwanze *Ranatra* einseitig geblendet, so kreist das Insekt anfänglich nach der Seite des blinden Auges, was mit der Theorie übereinstimmt. Nach einer gewissen Zeit jedoch werden seine Bewegungen wieder normal; es mußte also eine völlige Umstellung der Nervenreize erfolgt sein. Eine einseitig geblendete Hornisse fliegt geradeaus, wird aber überdies der ganze Rumpf mit Lack überzogen, so beginnt das Insekt sofort zu kreisen. Die Asymmetrie in der Arbeit der Muskeln hängt in diesem Fall nicht nur von Lichtreizen ab, es müssen noch irgendwelche anderen Reize, die höchstwahrscheinlich den Tastsinn betreffen und vom Rumpf aufgefangen werden, mitwirken. Bei einigen Fliegen und Käfern sind die Beinmuskeln und die Flügelmuskeln in verschiedenem Grade dem Einfluß des Lichtes unterworfen: einseitig geblendete Tiere können geradeaus fliegen, beim Gehen bewegen sie sich jedoch im Kreise.

Die Orientierung hängt von verschiedenen Sinnen ab, die im Notfalle einander ersetzen können. Die Berichtigung der Bewegungen eines künstlich asymmetrischen Tieres erfordert die Schaffung einer neuen Koordination auf Grund von äußeren Reizen, was nur auf dem Nervenwege denkbar ist. Wenn die gefühlsmäßige oder funktionsmäßige Asymmetrie des Körpers in gewissem Maße kompensiert werden kann und das Tier sich in einem Richtungskraftfeld bewegt, dann verbindet sich seine Kreisbewegung mit dem Streben zur Reizquelle und der zurückgelegte Weg nimmt die Form einer Spirale an. Ist der Grad der Kompensation größer, so dehnt sich der Weg aus, die Spiralendrehungen werden seltener, oder aber die Spirale wird zur Geraden. Das erfordert jedoch eine einseitige Anstrengung des Tieres, das entgegen der Asymmetrie den Weg gerade biegt, und darum erfolgt gewöhnlich nach einer gewissen Zeit ein Zusammenbruch: das Tier führt eine plötzliche Wendung durch oder zieht eine Schleife, um wieder zur geradlinigen Bewegung zurückzukehren. Die Rolle der Nervenzentren ist in der Orientierung entscheidend, darüber können keine Zweifel bestehen. Loeb erkennt zwar die Beteiligung des Nervensystems an den Tropismen an, jedoch nur in Gestalt einer leitenden Tätigkeit. In Wirklichkeit muß die Beteiligung des Nervensystems unvergleichlich größer sein.

Überhaupt fatal für die Theorie ist die von Loeb durchgeführte Einteilung der Tiere in zwei Gruppen: in diejenigen, die ein Assoziationsgedächtnis besitzen und die, die es nicht besitzen. Nur diese letzteren sollen Tropismen aufweisen. In einem der späteren Kapitel werden wir sehen, daß sogar die primitivsten Tiere lernen können, und daß die

Rolle derartiger Erscheinungen im Leben der Tiere von erstrangiger Bedeutung ist.

Ein sehr ernster Einwand gegen die Theorie sind die zahlreichen Fälle, in denen die Bewegungsorgane beider Körperseiten, nach einer asymmetrischen Reizung der Sinnesorgane, qualitativ verschieden arbeiten. Der Theorie der Tropismen zufolge ruft eine asymmetrische Reizung ein Übergewicht in der Tätigkeit der Bewegungsorgane einer Körperseite hervor, was eben die Ursache für eine Wendung ist. In Wirklichkeit beruht die phototropische Wendung der bereits vorher erwähnten Fliege *Proctacantus,* die von der Seite belichtet wurde, keineswegs auf einem einfachen Übergewicht der Beine einer Seite, sondern auf der harmonischen Zusammenarbeit der Beine beider Seiten: die Beine auf der einen Seite ziehen den Körper, die der anderen Seite schieben ihn in der gleichen Richtung und das Resultat ihrer übereinstimmenden Zusammenarbeit ist die Wendung. Dies ist eine allgemein verbreitete Regel. Beim Pantoffeltierchen konnten wir bereits dasselbe im galvanischen Feld beobachten. Die Wendung eines zweiruderigen Bootes kann das Resultat des Übergewichts des Ruders auf der einen Seite über das der entgegengesetzten sein, was dem Tropismus entsprechen würde. Sie kann jedoch auch davon abhängen, daß das linke Ruder nach vorn schlägt und das rechte nach hinten; so arbeiten beide Ruder zusammen und die Wendung wird viel schneller vollzogen. Dieses letztere entspricht am häufigsten dem beobachteten Verhalten der Organismen in einem Kraftfeld. Ein Tier besteht nicht aus zwei Hälften, die unabhängig voneinander handeln, sondern ist ein harmonisches Ganzes, und alle Bewegungen werden vor allem durch das Totum des Organismus kontrolliert.

Vielleicht der schwerwiegendste Einwand gegen die Theorie LOEBS ist der Umstand, daß sie nicht den eigentlichen Tropismus von den Mechanismen unterscheidet, die seine Durchführung ermöglichen. Die Theorie erklärt die Wendung eines Tieres im Kraftfeld, das heißt die Erscheinungen der tropischen Orientierung, sie erklärt aber nicht, warum nach erfolgter Orientierung sich das Tier weiterhin in Richtung der Reizquelle, oder in der entgegengesetzten Richtung bewegt. Denn jetzt werden doch seine Sinnesorgane symmetrisch gereizt. Wird ein Magnet einer Kompaßnadel genähert, dann kann man deren Drehung durch die Existenz eines Kraftfeldes erklären. Das gegenseitige Anziehen ungleichnamiger Pole und Abstoßen gleichnamiger Pole resultiert nicht aus dem Kräftesystem des magnetischen Feldes, sondern verlangt die Einführung eines anderen Prinzips. In ähnlicher Weise erklärt die Theorie den Mechanismus der tropischen Orientierung durch Asymmetrie der Reizung und, im Zusammenhang damit, durch Asymmetrie der Muskelarbeit. Nachdem aber das Tier sich zum Kraftfeld symmetrisch eingestellt hat, sehen wir nicht, welche Ursache es zum

Beispiel zur Progressivbewegung zum Licht zwingt. Es gibt Versuche, diese Bewegung auf den Unterschied in der Dauer der im Nervensystem erfolgenden chemischen Reaktionen zurückzuführen: das hat aber nun recht wenig mit dem Tropismus gemein. Übrigens steckt das noch in den ersten Versuchen. Dennoch stellen gerade die Erscheinungen des Anziehens oder Abstoßens des Tieres durch eine Reizquelle das Wesen der tropischen Bewegung dar, die Wendungen und die Orientierung hingegen sind kein Tropismus, sondern stellen einen Mechanismus dar, der die Existenz von Tropismen ermöglicht.

Wenn man all diese Einwände und Schwierigkeiten in Erwägung zieht, dann muß man zu dem Schluß gelangen, daß die Loebsche Theorie sehr beträchtlicher Korrekturen und Ergänzungen bedarf, und keinesfalls wird man sie als eine Anschauung betrachten, die sämtliche Fragen lösen kann. Die neue Forschergeneration gelangt übereinstimmend zu der Schlußfolgerung, daß das Problem nicht so einfach ist und es noch zu früh ist, um eine Synthese der Erscheinungen des Verhaltens der Tiere geben zu können.

Eine besondere Entwicklungsrichtung hat die Lehre von den Tropismen auf deutschem Boden angenommen. Die neuesten deutschen Forscher haben kategorisch die Theorie der Tropismen abgelehnt. Einer der Kritiker (Erhard) schreibt geradezu, daß es überhaupt nicht die Erscheinung des Tropismus gibt, es gäbe nur den Ausdruck „Tropismus", der bar jeglichen biologischen Sinnes sei. Auf deutschem Boden wurde vor allem der Versuch unternommen, die Begriffe zu klären, indem eine sehr detaillierte und subtile Klassifikation der Erscheinungen eingeführt wurde, wobei natürlich eine Reihe neuer griechischer Bezeichnungen entstand. Ich möchte auf diese Fragen nicht näher eingehen, denn sie scheinen mir geringfügig zu sein und keine wesentlich neuen Momente in die Theorie Loebs hineinzubringen. Ich glaube nicht, daß die Lösung von Fragen allein auf dem Wege der begrifflichen Analyse dem Geiste der modernen Wissenschaft entspricht. Wir haben uns von Parmenides sehr weit entfernt, ein sehr ins einzelne gehendes Unterscheiden von Erscheinungsgruppen aber und das Benennen dieser mit speziellen Bezeichnungen läßt den Eindruck entstehen, als hätten wir tatsächlich mit konkreten Einheiten zu tun, was in vielen Fällen illusorisch sein kann.

Welche Schlußfolgerungen sind in der Frage der Tropismen zu ziehen? Wurde die Theorie Loebs ein für allemal widerlegt, oder ist in ihr ein Kern der Wahrheit enthalten? Es scheint mir, daß man folgendes als feststehend betrachten kann:

Die Theorie Loebs ist zu simplizistisch, als daß sie die Tatsachen des Verhaltens der Tiere umfassen könnte. Man kann es nicht auf so elementare Fragen wie die Symmetrie der Reizung und Symmetrie der Muskeltätigkeit reduzieren. Der Organismus ist ein unermeßlich kompliziertes System der Materie, dessen Tätigkeit unmöglich mechanistisch interpretiert werden kann. Überhaupt hat Loeb die biologische Seite der Erscheinungen völlig übergangen; er hat übersehen, daß alle Tätigkeiten des tierischen Organismus aufs engste zusammenhängen, gewissermaßen verwachsen sind mit seinen natürlichen Lebensbedingungen. Statt eines lebenden, plastischen Organismus schafft Loeb die Konzeption einer Marionette, deren jede Bewegung davon abhängt, daß der jeweilige äußere Faktor an der entsprechenden Schnur zieht.

Gleichzeitig jedoch würden wir einen Fehler begehen, wenn wir die Theorie Loebs ohne Vorbehalt ablehnten. Wenn der Organismus kein Mechanismus ist, so geht daraus keineswegs hervor, daß mechanische Faktoren in seinem Leben keine Rolle spielen. Das Gesetz des Tropismus kann das Verhalten eines Organismus nicht erklären, man darf aber daraus nicht folgern, daß es überhaupt keinen Tropismus gibt. Er ist im Verhalten eines Tieres wirksam, man kann ihn aber nur unter besonderen Bedingungen zutage fördern. Loeb war Optimist, als er den lebenden Organismus mit einem fallenden Blatt verglich. Wir kommen der Wahrheit viel näher, wenn wir auf eine andere Größenordnung zurückgreifen: wir wollen den Organismus mit einer Bakterienspore vergleichen. Ein Körper von der Größe einer Bakterienspore besitzt im Verhältnis zu seinem Gewicht eine so gewaltige Oberfläche, daß er, einmal in die Luft gehoben, dort Monate oder gar Jahre lang schweben kann, ohne auf die Erde zu fallen. Was nützt es nun zu wissen, daß die Spore dem irdischen Gesetz der Schwerkraft unterworfen ist, wenn sich in ihren tatsächlichen Bewegungen dieses Gesetz in keiner Weise offenbart. Bringen wir die Spore in einen luftleeren Raum, dann fällt sie wie jeder andere Körper zu Boden. Das sind aber Verhältnisse, die es nirgendswo auf der Erde gibt. Und in gleicher Weise können wir ein positiv phototropisches Tier ins Dunkel bringen, um es gegen Licht empfindlich zu machen, alle anderen äußeren Reize außer dem Licht ausschalten, auf das Tier mit einem parallelen Bündel monochromatischer Strahlen von entsprechender Wellenlänge und optimaler Intensität einwirken, und wir werden eine Erscheinung des Phototropismus in seiner klassischen Gestalt beobachten. Diese Bedingungen sind jedoch nirgends in der Natur verwirklicht. Der wirkliche Organismus, so wie wir ihn aus der Erfahrung her kennen, befindet sich stets im Wirkungsbereich allzu vieler heterogener Kräfte, als daß wir auf eine mathematische Regelmäßigkeit seiner Reaktion hoffen könnten. Im Verhalten des Organismus ist gewiß das Gesetz des Tropismus mit enthalten, es ist jedoch bis zum Unkenntlichen durch die zahllosen äußeren und inneren Faktoren, die insgesamt einen unendlich mächtigeren Bedingungskomplex darstellen als der Tropismus, überdeckt.

Aus eben diesen Gründen ist für uns das von Loeb entdeckte Gesetz des Verhaltens der Tiere eine zweitrangige und unwichtige Frage. Wichtig und interessant sind nicht die Tropismen, sondern gerade die

Bedingungen und Faktoren, die ihre Realisierung nicht zulassen. Derjenige, der die Bewegungen einer Bakterienspore in der Luft untersuchen wollte, würde gewiß nicht auf das Gesetz der Schwere zurückgreifen, sondern die Luftströmungen studieren, die im Falle der Spore der Realisierung der Schwerkraft im Wege stehen.

Die Theorie Loebs ist ein Versuch, die Idee der Maschinentiere von Cartesius durchzuführen. Das Tier besitzt sicherlich maschinelle Elemente, es ist jedoch nicht nur Maschine, und dieser letzte Umstand eben ist der Ausgangspunkt der modernen Wissenschaft von der Tierseele.

DRITTES KAPITEL

Behaviorismus

Wir sind in unserem Forschen auf dem Gebiet der Tierpsychologie notgedrungen zur Einseitigkeit verurteilt. Denn die innere Welt des Tieres, die Welt seines Denkens und Fühlens ist für uns unzugänglich, und keine Methode kann uns darüber einen direkten Begriff verschaffen. Das einzige, was wir tun können, ist, die äußeren Symptome der Psyche in Gestalt des Verhaltens *(behavior)* des Tieres unter verschiedenen Bedingungen zu beobachten. Wir wissen, daß der Regenwurm starkes Licht flieht, wir wissen jedoch nicht, ob dies bei ihm ein Lust- oder Schmerzempfinden hervorruft. Wir können uns lediglich denken, daß die Bewegungen eines Tieres von irgendwelchen seelischen Zuständen begleitet werden, ihre Beschaffenheit aber bleibt unbekannt. Die extreme Auslegung dieser Schlußfolgerung führt zu einer besonderen Richtung in der Wissenschaft, die radikal mit dem Begriff der Seele bricht. Diese Richtung erhielt den Namen Behaviorismus.

Ihr konsequentester Vertreter ist der amerikanische Psychologe Watson, ein sehr begabter Experimentator und hervorragender Pädagoge. Watson ist in seinen Ansichten konsequent und zögerte auch nicht, diesen selben Gesichtspunkt beim Menschen anzuwenden. Ihm zufolge muß die der klassischen Psychologie eigene Methode der Introspektion, oder der Beobachtung eigener Seelenzustände verworfen werden, da sie den Anforderungen einer exakten Wissenschaft nicht entspreche. Aufgabe der Wissenschaft sei die Untersuchung von Erscheinungen, die der objektiven Beobachtung zugänglich sind, Erscheinungen, die sich beliebig oft wiederholen und reproduzieren lassen. Die introspektive Psychologie, die die Tätigkeit der menschlichen Seele in Begriffen des Bewußtseins, des Erlebens, der Emotion und der Gefühle ausdrückt, hat sich auf religiöser Grundlage entwickelt. Das Element der Furcht des Urmenschen vor den übermächtigen Naturkräften, seine Abhängigkeit von ihnen und seine Hilflosigkeit bezüglich ihres Ablaufs, all das wurde in Form von Geistern, Dämonen, der Sünde und anderen Begriffen, die Ausdruck einer primitiven Mentalität sind, verkörpert. Seit frühester Zeit war die Psychologie dualistisch, sie stellte Körper und Seele einander gegenüber. Die neuere Psychologie modernisierte diese Terminologie dadurch, daß sie „Seele“ durch „Bewußtsein“ ersetzt, was im Grunde genommen nur eine Änderung der Bezeichnung ist. Die Psychologen sagen uns nicht, was Bewußtsein ist, sie definieren diesen Begriff nicht, sondern schreiben dem Bewußtsein diese oder jene Eigenschaften zu; aber es gibt auf der Welt nicht zwei Gelehrte, die auf diesem Gebiet einer Meinung wären. Der Bewußtseinsbegriff ist völlig willkürlich, eignet sich weder zur Anwendung irgendwelcher Messungen noch zur Festlegung irgendwelcher Begriffe, die für jeden dasselbe bedeuten würden.

Der Behaviorismus bricht mit alledem. Gegenstand seiner Untersuchungen ist das Verhalten des Organismus, das er in Form von Reiz und Reaktion beschreibt. Wir können uns um seelische Zustände endlos lange streiten, es kann aber niemand leugnen, daß die Reaktionsstärke von der Intensität des Reizes abhängt, daß die Zahl der Fehler, die eine Ratte während der Bewältigung eines komplizierten Labyrinths begeht, von Tag zu Tag abnimmt oder daß ein Mensch leichter Buchstabenverbindungen, die einen Sinn haben, im Gedächtnis behält als solche, die nur zufällig sind. Das sind experimentelle Tatsachen, die sich jederzeit reproduzieren und verifizieren lassen, und nur mit solchen Tatsachen kann sich die Wissenschaft befassen.

Und das nicht nur die Psychologie. Schon in ihren frühesten Tagen bestimmte die Gesellschaft dem Individuum erlaubte und verbotene Verhaltungsweisen. Die einen werden belohnt, die andern bestraft. Ein Behaviorist kann nichts darüber aussagen, welche von ihnen „ethisch" oder „vernünftig" sind. Ethik und Vernunft gehören nämlich in die Sphäre des Introspektiven, und so gibt es auch nicht zwei Menschen auf der Welt, die darin übereinstimmen könnten. Irgendwann wird jedoch eine behavioristische Ethik entstehen, die die Probleme nicht auf der Grundlage allgemeiner moralischer oder philosophischer Erwägungen, sondern vermittels des Experiments untersuchen wird. Die Gesellschaft hat ihre Bedürfnisse, und die Ethik muß auf diese bezogen werden. Von diesem Standpunkt kann und muß der Behaviorist experimentell erforschen, ob es im Interesse der Gesellschaft besser ist, die Todesstrafe beizubehalten oder sie abzuschaffen, die Vielweiberei einzuführen, die Erziehung der Kinder den Eltern zu überlassen oder sie dem Staat aufzubürden. Die Welt wird von Individuen regiert, die über das Geschick der Menschen bestimmen. Sie sollten nicht nur Macht besitzen, sondern auch das Wissen, das dazu nötig ist, um voraussehen zu können, wie eine künstlich und von Tag zu Tag veränderte gesellschaftliche Situation, die die Natur der auf den Menschen einwirkenden Reize verändert, dessen Reaktionen beeinflußt.

Kann man jedoch das Seelenleben des Menschen in den Termini des Behaviorismus ausdrücken? Bedeutet die Ablehnung der Eigenbeobachtung, der Verzicht auf Gefühle und Erlebnisse, die doch wirklich sehr real sind, nicht eine Entleerung unseres Seelenlebens? Der Behaviorismus, meint Watson, sei ein neuer Wein und man könne ihn nicht in alte Fässer gießen. Die psychologischen Begriffe seien das Produkt tausendjähriger Tradition und wir benutzten sie deshalb, weil man sie uns durch Erziehung eingefleischt habe, nicht aber weil wir sie verstehen oder sie etwas zum Verständnis der Frage beitragen. Neuer Wein brauche neue Fässer. Der Behaviorismus sei eine Naturwissenschaft, und die Aufgabe eines Behavioristen gleiche der eines jeden Naturforschers: Häufung von Tatsachen sowie logische und mathematische Analyse derselben zwecks Aufdeckung allgemeiner Gesetze. Nur auf diese Weise könne Wissen gesammelt werden.

So beschränkt sich also der Behaviorismus auf die Beobachtung von Erscheinungen, die der objektiven Forschung zugänglich sind und verpflichtende Aussagen für jeden bieten. Erscheinungen dieser Art sind verschiedene Reaktionen des Organismus auf Reize der Umwelt. Sie können in zwei Gruppen eingeteilt werden: in äußere (explizite), die direkt beobachtet werden können, und innere (implizite), die sich in Form von Muskelzuckungen, Nervenströmen, Bewegungen der Eingeweide, Sekretionsprozessen u. ä. äußern und unserem Auge verborgen bleiben. Die Kenntnis der Reaktionsgesetzmäßigkeiten müßte die Voraussage einer Reaktion möglich machen, wenn der Reiz bekannt ist, und die Bestimmung der Qualität des Reizes, wenn die Reaktion auf diesen bekannt ist.

Mit der Geburt des Menschen sind alle seine Nervenverbindungen bereits hergestellt und damit die Bereitschaft vorhanden, in bestimmter Weise auf Reize zu reagieren. Dennoch ist die Zahl der möglichen angeborenen Reaktionen für die Bedürfnisse des Organismus viel zu gering; sie stellen nur wenige Elemente dar, aus denen die Erziehung im weiteren Sinne des Wortes alle unumgänglichen Kombinationen schafft. Der Entstehungsmechanismus derartiger Kombinationen kann an einem Beispiel erläutert werden. Betrachten wir das Verhalten einer Ratte, die in einem Käfig, dessen Tür durch einen Riegel festgehalten wird, eingeschlossen ist. Das Tier braucht nur den Riegel zurückzuschieben, um freizukommen. Die Ratte ist anfangs unruhig, sie vollführt eine Menge lebhafter Bewegungen, womit sie gewissermaßen den Vorrat ihrer angeborenen Reaktionsmöglichkeiten erschöpft. Unter all diesen zufälligen chaotischen Bewegungen wird sich früher oder später eine solche einfinden, die zum Beiseiteschieben des Riegels und zur Befreiung führt. Die notwendige Bewegung ist unter den gegebenen Bewegungsmöglichkeiten des Tieres vorhanden; um jedoch die Aufgabe zu lösen und die notwendige Bewegung sogleich auszuführen, muß das Tier sein Verhalten koordinieren, alle unzweckmäßigen Reaktionen einstellen und nur die unumgänglichen beibehalten. Aus dem Komplex aller Bewegungsmöglichkeiten, der sehr reich ist, wird gewissermaßen eine enge Gruppe von Reaktionen isoliert, die mit der Aufgabe in unmittelbarem Zusammenhang stehen. Sofort nach deren Ausübung erfolgt Öffnung des Käfigs, daher gewinnen diese Bewegungen auch in kurzer Zeit besondere Bedeutung für das Tier, da sie mit der Befreiung assoziiert werden. Deshalb greift das Tier beim nächsten Mal sehr schnell auf sie zurück. Der Aneignungsmechanismus der im Leben des Organismus notwendigen Reaktionsweisen läßt sich auf die Aussonderung einer engen, mit der gegebenen Aufgabe verbundenen Gruppe von Reaktionen aus dem ursprünglichen Chaos möglicher Bewegungen zurückführen.

Watson befaßt sich besonders mit den sogenannten angeborenen Eigenschaften, zu denen man seit altersher die Instinkte zählt. Nach Ansicht eines Behavioristen ist der Instinktbegriff unnötig. Der anatomische Bau des Organismus als Mechanismus zwingt diesen einfach unter gegebenen Umständen zu bestimmten Reaktionsweisen. Daher müsse auf die Erforschung der Funktionsbedingungen des organischen Mechanismus der Hauptakzent gelegt werden. Allgemein bekannt ist der mächtige Einfluß der Erziehung, der Umgebung, überhaupt der Familienverhältnisse, die sämtlich im Rahmen der Möglichkeiten des Organismus zur Aussonderung einer Gruppe von Reaktionen, die bestimmten Umständen angepaßt sind, führen. Diese Anschauung weicht von der traditionellen Psychologie, die möglichst viele seelische Eigenschaften in die Sphäre der angeborenen Merkmale hinüberretten möchte, ab. James zufolge ist z. B. der Mensch mit einer großen Anzahl von Instinkten behaftet, die sämtlich angeborene Eigenschaften darstellen. Er zählt dazu das Kriechen, Nachahmen, Wetteifern, Ärger, Sympathie, Angst, Aneignung, Konstruktivität, Spiel, Neugier, Geselligkeit, Sauberkeit, Bescheidenheit, Scham, Liebe, Eifersucht usw. Eine genauere Untersuchung der Frage jedoch zeigt, wie irreal diese lange Liste ist. Wenn wir das Verhalten von Kindern gleich nach der Geburt in Ausdrücken von Reiz und Reaktion beschreiben, sieht die Liste ganz anders aus. Zu den angeborenen Reaktionen gehören: Niesen, Schluckauf, Weinen (kann bereits 10 Minuten nach der Geburt eintreten), Bewegen der Augen, Lachen (vom 4. Lebenstage an), Seitenbewegungen des Kopfes, unkoordinierte Hand- und Fußbewegungen. Auf dieser Basis werden Gruppen von Bewegungen, die mit irgendeinem Reiz verknüpft sind, ausgesondert. So wird z. B. das Weinen leicht zu einer assoziierten Reaktion. Das Kind bemerkt, daß es, wenn es hungrig ist und weint, sofort Nahrung bekommt; es verknüpft diese beiden Erscheinungen miteinander, ebenso wie die Ratte gewisse Bewegungen mit dem Öffnen des Käfigs in Zusammenhang bringt. Das Saugen an der Mutterbrust wird von charakteristischen Bewegungen der Lippen, des Kehlkopfs und der Hände begleitet. Schon in kurzer Zeit kann der Anblick der sich nähernden Mutter oder der Klang ihrer Stimme zum Auslösen dieser typischen Nahrungsreaktionen führen. Bekanntlich blinzelt das Kind vor seinem 40.—65. Lebenstag nicht unter dem Einfluß von Lichtreizen. Das Blinzeln ist höchstwahrscheinlich eine erlernte, und nicht eine angeborene Reaktion; sie beruht auf der Assoziation der Berührung des Augenlides, die stets und in jedem Lebensalter ein Blinzeln hervorruft, mit dem Schatten, der vom berührenden Gegenstand geworfen wird.

Interessant sind die Beobachtungen WATSONS bezüglich der Rechts- und Linkshändigkeit. Es gibt keinerlei Beweis dafür, daß die Rechtshändigkeit der meisten Menschen eine angeborene Reaktion wäre. Man beobachtete Säuglinge im Alter von fünf bis zwölf Monaten. Man lehrte sie zuerst, mit der Hand nach einem Bonbon zu greifen, und beobachtete danach systematisch, welche Hand öfter ausgestreckt wird. Die Resultate waren völlig zufällig: an einem Tage überwiegt die eine Hand, am nächsten die andere. Die Messung beider Hände und der Arbeit, die sie während des Greifens nach dem Stäbchen vollführen, gab keinerlei Hinweise: beide Hände verhalten sich in gleicher Weise. Höchstwahrscheinlich ist Rechtshändigkeit eine angelernte Eigenschaft, die daraus entsteht, daß von Erziehern auf den „richtigen" Gebrauch der Hände geachtet wird (z. B. die rechte Hand reichen, mit der rechten Hand essen, sich mit der rechten Hand verabschieden usw.). Was solche Tätigkeiten, wie Kriechen, Gehen, Stehen, Sitzen und Springen anbetrifft, so treten sie viel später auf und sind offensichtlich gelernt, obgleich Wachstumsveränderungen des Organismus und Zunahme an physischer Kraft sicherlich zu ihrer leichteren Beherrschung beitragen.

Die Mehrzahl der komplizierteren Gemütsbewegungen gehört ebenfalls nicht zu den angeborenen Eigenschaften. Kleinkinder, denen lebende Tiere gezeigt werden, zeigen keine Angst vor ihnen, im Gegenteil, sie versuchen, sie zu fassen und wenn sie diese gefaßt haben, in den Mund zu stecken. Bringt man eine brennende Kerze in die Nähe eines Kindes, dann greift es danach. Wenn sich das Kind aber einmal nur verbrennt, dann wird die Greifreaktion gehemmt. Dennoch müssen zumindest drei Gefühlsregungen als angeboren angesehen werden. Man kann beim Kinde stets Angst durch einen lauten Klang oder auch in dem Augenblick hervorrufen, wenn das Kind sein Gleichgewicht verliert. Die Wutreaktion läßt sich schon im Alter von 10—15 Tagen hervorrufen. Es genügt, Hände und Füße des Kindes festzuhalten. Sehr leicht erfolgt dann Versteifung des ganzen Körpers, weites Öffnen des Mundes und Anhalten der Atmung, das oft so lange währt, daß das Gesicht blau anläuft. Die Gefühlsregung der „Liebe" im weiteren Sinne des Wortes wird durch Reiben der Haut, Kitzeln, leichtes Wiegen und Reizung der erogenen Zonen: der Lippen, Brustwarzen und Geschlechtsorgane hervorgerufen. Es ist zweifelhaft, ob es noch andere angeborene Emotionen gibt; vielmehr lassen sich alle auf diese drei zurückführen, auf denen sich leicht kompliziertere Reaktionen aufbauen können. So wurden z. B. sämtliche Situationen festgehalten, in denen neun Kinder im Alter von 15 Monaten bis drei Jahren weinten oder lachten. Situationen, die Weinen hervorrufen, lassen sich stets auf Faktoren zurückführen, die die primären Emotionen auslösen. So kann z. B. das Zwingen eines Kindes zum Sitzen, das Wegnehmen seines Spielzeugs, Waschen seines Gesichts, Ausziehen, Baden, Abwischen der Nase usw. die Modifikation eines Unbeweglichmachens des Kindes sein, was eine Wutemotion hervorruft. Diese Fragen lassen sich sehr gut erforschen, so daß man in der Erziehung des Kindes wird Bedingungen schaffen können, die das Weinen ausschließen, ausgenommen allerdings Fälle von Schmerz und Körperverletzung.

Angst wird leicht zu einer erlernten Reaktion. Während ein Kind mit einer lebenden Ratte spielte, wurde laut mit einem Hammer auf eine Stahlplatte geschlagen. Das Kind wich sofort zurück und verbarg seinen Kopf in den Kissen. Beim zweiten Mal begann es zu weinen. Nach mehrmaliger Wiederholung desselben Versuchs rief schon der Anblick der Ratte allein heftiges Weinen und Flucht hervor. Interessant ist, daß nun das Kind weiterhin gern mit Holzklötzchen spielte, aber auf den Anblick eines Kaninchens, eines Hundes, eines Pelzes und gar auf Watte mit Weinen reagierte.

Die Angstreaktion kann nicht nur hervorgerufen, sondern auch gehemmt werden, obwohl das letztere viel schwieriger zu bewältigen ist. Ein fünfjähriges Mädchen hatte aus unerklärlichen Gründen Angst vor Kaninchen. Täglich wurde ihr nun zehn Minuten lang von Kaninchen erzählt, dann zeigte man ihr gemalte und aus weichem Stoff oder Plastilin verfertigte Kaninchen. Nach einer Woche eines solchen Unterrichts rief ein lebendes Kaninchen immer noch dieselbe Angstreaktion hervor. Mehrfaches tägliches Vorführen eines lebenden Kaninchens führte nicht zum Ziel. Auch der sogenannte gesellschaftliche Faktor in der Erziehung zeitigt keine sicheren Ergebnisse. Wenn ein Kind sieht, wie andere Kinder ein lebendes Kaninchen in die Hand nehmen und mit ihm spielen, so führt das in gewissem Grade zur Überwindung der Angst. Jedoch die geringste Unvorsichtigkeit, z. B. ein unverhofftes Berühren des Kaninchens, ruft sogleich eine verstärkte Angstreaktion hervor. Die einzige Methode, die sich erfolgreich anwenden läßt, ist das „Umlernen" des Kindes. So wird z. B., während das Kind ißt, ein Käfig mit einem Kaninchen in einer entfernten Zimmerecke aufgestellt. Täglich wird der Käfig etwas näher gerückt, bis man ihn schließlich dem Kind auf die Knie stellt. Zuallerletzt aß das Kind mit einer Hand und spielte mit der anderen mit dem Kaninchen. Wenn wir die Ursache für die Angst des Kindes wüßten, würde eine Überwindung dieser Reaktion leichter vonstatten gehen. Als die Angst vor dem Kaninchen wich, hörte das Kind mit einem Male auf, sich vor Ratten, Pelzen, Federn und Watte zu fürchten.

Die Entstehung der verschiedensten Gewohnheiten, die mit Bewegungen der Extremitäten und des Kopfes in Zusammenhang stehen, läßt sich vortrefflich in Begriffen des Behaviorismus beschreiben und interpretieren. Die anfangs unkoordinierten angeborenen Bewegungen der Extremitäten und des Kopfes stellen eine Berührung des Kindes mit den Gegenständen seiner Umgebung her. Da der Bereich der Hände am größten ist, so ist die Gewohnheitsbildung der Hände am leichtesten. Die Reaktion des Greifens nach Gegenständen ist beim Kinde eindeutig erlernt. Zuerst muß das Kind mit dem Gegenstand in Berührung kommen, z. B. einer Milchflasche oder einem Spielzeug, dann erst beginnt es auf dessen Anblick allein zu reagieren. Es macht natürlich sehr viel unnötige Bewegungen, die nur allmählich eliminiert werden. Wenn ihm irgendeine neue Aufgabe gestellt worden ist, z. B. ein recht kompliziertes Öffnen einer Schachtel, in der ihm Süßigkeiten gezeigt worden sind, so erschöpft das Kind zunächst das Repertoire seiner vorher erlernten Bewegungen; es nimmt die Schachtel in die Hand, wirft sie auf den Fußboden, dreht sie herum, zieht und stößt sie in verschiedenen Richtungen und schlägt mit der Faust darauf. Die Bewegung, die zum Öffnen der Schachtel führt, ist ein zufälliges Glied des gesamten Verhaltens des Kindes, aber diese Bewegung wird durch das Öffnen der Schachtel und Zugang zu ihrem Inhalt belohnt und wird deshalb nach und nach von den anderen unterschieden. Der Lernprozeß des Kindes ist in allen seinen Einzelheiten der experimentellen Forschung zugänglich. Ebenso wie im Falle der Ratte nimmt die Zahl der Fehler mit der Zeit ab, so daß schließlich nur noch die richtige Bewegung vollführt wird. Während jedoch bei der Ratte dieses Abnehmen sich graduell vollzieht, treten beim Menschen, zumal in höherem Alter, auf der Lernkurve sogenannte Plateaus oder waagerechte Kurvenabschnitte auf, die anzeigen, daß in gewissen Perioden überhaupt kein Fortschritt zu verzeichnen ist. Diese Erscheinung wird durch die auf einen unveränderlichen Reiz beim Menschen rasch eintretende Abnahme der Empfindlichkeit erklärt. Um die Reaktion zu verstärken, muß die Intensität des Reizes vergrößert werden, dann aber fällt die Lernkurve und bleibt auf einem neuen Plateau stehen, was eine erneute Intensivierung erforderlich macht. Wir kennen diese Verhältnisse aus unserer täglichen Erfahrung. Wenn wir etwas lernen, so läßt sehr schnell das Interesse dafür nach und wir kommen damit sehr langsam vorwärts. Eine Vergrößerung der Reizintensität (Gehaltserhöhung) ruft sogleich einen gewissen Fortschritt hervor, der jedoch nur sehr kurz andauert. Die behavioristischen Methoden gestatten eine allseitige Untersuchung der Bedingungen, unter denen das Lernen beim Menschen oder beim Tier am ergiebigsten ist. Sie verweisen z. B. auf die große Bedeutung der Pausen beim Lernen, deren günstigste Dauer experimentell bestimmt wird, auf die bestimmte optimale Häufigkeit der Lernakte, auf die

Abhängigkeit des Lernprozesses von vielen äußeren und inneren Faktoren hin. Verfahren wird wie bei einer eng naturwissenschaftlichen Frage, die durch experimentelle Methoden gelöst wird. Die erzielten Ergebnisse stellen unbestreitbare Tatsachen dar, die beliebig reproduziert werden können. Nur eine in dieser Weise aufgefaßte Erforschung der Psyche kann praktische Anwendung in der Erziehung oder in der rationellen Einrichtung des gesellschaftlichen Lebens finden. Und dafür ist weder inneres Erleben noch Introspektion oder Bewußtsein erforderlich.

Die Besonderheit des Menschen ist seine Sprache. Im Zusammenhang mit der physischen Entwicklung der Stimmorgane erscheinen die ersten ungelernten Laute als Erscheinungen der gleichen Reihe wie die unkoordinierten Bewegungen des Körpers. Aus diesen Lauten entstehen dann die ersten Worte durch Eliminierung unnötiger Bewegungen und Beibehaltung derjenigen, die in der jeweiligen Situation zweckmäßig sind, d. h. die unmittelbare Folgen zeitigen. Diese Wörter stellen Kennzeichnungen der Gegenstände oder Situationen dar. Die Wörter „Mama", „Papa", „Oma" usw. gehören zu den ersten im Wortschatz des Kindes; es sind dies nämlich Laute, deren physiologische Bildung am leichtesten fällt und die die Personen bezeichnen, die an der Wiege des Kindes von dessen ersten Lebenstage an erscheinen. Die Erzieher machen sich dieses physiologische Stammeln des Kindes zunutze und führen in Verbindung mit bestimmten Lauten jeweils verschiedene Gegenstände vor, wobei „gelungene" Assoziationen belohnt werden. Die Endstadien des Lernens sind kinästhetischer Art. Eine ausgeführte Bewegung kann selbst Antrieb für die nachfolgende sein, denn die Bewegung wird durch den Organismus wahrgenommen, d. h. sie kann als Reiz fungieren. Was die Sprache anbetrifft, so treten hier die Muskelzuckungen des Kehlkopfes als Reaktionen auf vorhergehende Zuckungen derselben Muskeln auf. Im Endergebnis zieht ein Wort das zweite nach sich, die Rede wird kontinuierlich und so schnell, daß der Redende keine Zeit hat, im Gedächtnis nach einzelnen Worten zu suchen.

In dem Maße, wie die Sprechgewandtheit zunimmt, entwickelt sich auch das Denken, was nichts anderes ist als ein lautloses Vorsichhinreden. Bei Leuten, die wenig Übung im Denken oder Lesen haben, können Mundbewegungen beobachtet werden, und viele Leute, vor allem Kinder, denken überhaupt laut. Aber die Erzieher hemmen diese natürliche Tendenz, indem sie diese schon vom frühesten Kindesalter an bekämpfen. Dann erscheinen, unsichtbar nach außen, anstelle der Wörter Reaktionen, die auf den verschiedensten Körperbewegungen beruhen können. Es gelang, die berühmt gewordene Laura Bridgman, ein Mädchen, das seit der Geburt blind und taub war, die Zeichensprache zu lehren. Im Traum redete Laura vor sich hin, indem sie lebhafte Fingerbewegungen machte.

Unsere Hände, Füße, unser Kehlkopf und unsere Eingeweide lernen gleichzeitig und funktionieren später zusammenwirkend. Wenn wir beispielsweise Golf spielen lernen, dann entstehen drei eng voneinander abhängige Reaktionssysteme: 1. die muskuläre Organisation, die auf dem richtigen Gebrauch der Hände, Füße und des Rumpfes beruht; 2. die verbale Organisation, offen oder lautlos (subvokal), die darauf beruht, daß die Namen der verschiedenen Einzelheiten des Spiels, die Namen der begangenen Fehler, die Bemerkungen des Trainers, eigene Äußerungen bezüglich der Spielgewandtheit im Gedächtnis behalten werden; 3. die viszerale Organisation, d. h. Veränderungen die im Blutkreislauf im Zusammenhang mit dem Ballschlagen eintreten, der Rhythmus des Magens und der Eingeweide, Veränderungen in der Drüsentätigkeit und viele andere innere Vorgänge. Eine entsprechende viszerale Einstellung ist ein äußerst wichtiger Faktor, wenn es gilt, Erfolg im Spiel zu erringen. Und so steht es um jede unserer Tätigkeiten. Jedoch wird die verbale Organisation in kurzer Zeit die vorherrschende. Innere Prozesse, viszerale Veränderungen sind schwierig zu beobachten, und oft sind sie von keinerlei Empfindungen begleitet. Deshalb schenken wir ihnen weniger Beachtung. Indessen „verbalisieren“ wir stets unsere Muskelakte und haben sogar Bezeichnungen für deren feinste Modifikationen. Was wir als „Gedächtnis“ bezeichnen, ist im Grunde genommen nur ein Inbewegungsetzen des verbalen Bestandteils einer komplizierten Gewohnheit. Bei einem Kinde unter 30 Monaten geht die muskuläre Organisation der verbalen um vieles voraus, was am besten auf die Beziehungen auf diesem Gebiete hinweist. Watson führt das Beispiel eines zweijährigen Jungen an, der vortrefflich mit einem Kinderfahrrad umzugehen verstand und dabei eine äußerst feine muskuläre Koordination zeigte, indem er die Unebenheiten des Terrains ausnützte und so das Hinfallen vermied. Seine verbale Organisation hingegen bestand in der Aussage: „Billy fährt mit dem Kinderwagen“. Ein 27 Monate altes Kind, dem eine Flasche mit Schnuller gereicht wurde, wußte sich damit absolut nicht zu helfen, obwohl es stets auf diese Weise ernährt worden war. Keinerlei Hinweise durch Zureden vermochten zu helfen, die Gewohnheit, die sich in der Zeit herausgebildet hatte, als die verbale Organisation noch nicht existierte, war völlig verschwunden.

Die Sachlage kann wie folgt zusammengefaßt werden. Von Kindheit an bilden sich viele Muskelgewohnheiten heraus, ohne daß ihnen eine verbale Organisation entspricht. In gleicher Weise entstehen zahlreiche Varianten der viszeralen Organisation ohne verbale Entsprechung. Diese ganze komplizierte und nicht verbalisierte Organisation entspricht der Sphäre des „Unbewußten“ bei Freud. Möglicherweise sind ebenfalls die sogenannten Affekte auf sie zurückzuführen. Im entsprechenden Alter erfolgt eine Koordinierung der drei Organisationsformen, und sobald sich die verbale Organisation fixiert hat, wird sie in kurzer Zeit zum dominierenden Faktor. Dann kann ein verbaler Reiz jede organisierte Reaktion des Organismus hervorrufen. Wir denken mit dem ganzen Körper, nicht unbedingt mit Worten, obgleich Wörter in unserem psychischen Leben überwiegen. In diesem Lichte besehen ist die sogenannte Persönlichkeit des Menschen nur Ergebnis der von ihm gebildeten Gewohnheiten.

Ich habe stark gekürzt die Ansichten und die Anschauungen des konsequentesten unter den Behavioristen wiedergegeben. Wie wir sehen, geht WATSON sehr weit, nämlich bis zur Behauptung, daß das sogenannte Seelenleben eine Fiktion ist, daß es überhaupt nicht existiert. Diese Extremität in den Ansichten WATSONS hat ihren Ursprung zweifelsohne in der Desillusioniertheit, die ein exakt und konkret denkender Kopf erfährt, wenn er mit der klassischen Psychologie in Berührung kommt. Es ist dies gewissermaßen eine Form des Protestes der jungen Generation gegen die ihr aufgezwungene veraltete Tradition. Die Introspektion, auf die sich die Psychologie stützt, ist die schwierigste unter all den bestehenden Beobachtungsmethoden. Der Beobachter ist nämlich in diesem Falle gleichzeitig Objekt der Beobachtung. Ein Intellekt hingegen kann sich nicht zweiteilen; und wenn wir unsere Aufmerksamkeit auf unser inneres Erleben lenken, so verschwindet dieses abrupt, und die Beobachtung greift ins Leere. Man kann nicht in Geheimnisse der Seele Einblick gewinnen, ohne diese zu stören. Es ist nicht verwunderlich, daß hier alles auf Deutungen, Meinungen und Eindrücken beruht. Eine derartige Wissenschaft kann offensichtlich den strengen Anforderungen der neuzeitlichen Naturwissenschaft nicht gewachsen sein, sie verfügt über keine konkreten Gesetze, Erscheinungen können nicht beliebig hervorgerufen werden, alles ist qualitativ und beruht nicht auf Messungen und Berechnungen. Diese negativen Kennzeichen der klassischen Psychologie hat WATSON in überzeugender Weise hervorgehoben. Das Extreme aber und die Konsequenz seiner Ansichten ist ihr besonderer Vorzug. Man kann nicht der allgemein verbreiteten Ansicht zustimmen, daß das Extreme jugendlichen Geistern eigen ist, ein reifer Mensch aber dazu neigt, mittlere Wege zu suchen. Es wäre richtiger, zu sagen, daß extreme Auffassungen eine Eigenschaft schöpferischer Geister ist. Sie nämlich schaffen die gesegnete Schroffheit in der Wissenschaft. Verschiedene Meinungen müssen extrem aneinandergeraten, damit wir den richtigen Weg finden können. Der Behaviorismus spielte die Rolle eines Sturmbockes, der das Gebäude der klassischen Psychologie umwarf, und darin besteht seine Bedeutung in der Wissenschaft. Alle die, die den Behaviorismus leidenschaftlich bekämpfen, werden zugestehen müssen, daß sie unter seinem Einfluß begonnen haben, die traditionellen Behauptungen der Psychologie in kritischerem Lichte zu betrachten.

Nichtdestoweniger haben wir nicht das Recht, aus der Schwierigkeit, Tatsachen des Seelenlebens zu beobachten, und den sich daraus ergebenden Meinungsverschiedenheiten zu schließen, daß diese Tatsachen überhaupt nicht existieren. Wir können und brauchen nicht auf das Bewußtsein zu verzichten, denn es ist eine unbestreitbare Realität. Bezeichnend ist, daß WATSON auf Schritt und Tritt psychologische Termini gebraucht und, um anzudeuten, daß es sich um „neuen Wein" handelt, sie in Anführungsstriche setzt oder eine Umschreibung in der Art: „sogenannte Affekte", „sogenannte Emotionen", „sogenanntes Seelenleben" usw. hinzufügt. Anscheinend ist die verbale Organisation des Behaviorismus noch nicht eingetreten, er vermag ohne die seinem Geist fremden psychologischen Termini nicht auszukommen. Das ist jedoch zweifellos ein Beweis dafür, daß diese Begriffe notwendig sind.

Der größte Fehler des Behaviorismus aber ist die Nichtberücksichtigung des gesellschaftlichen Faktors bei der Gestaltung der menschlichen Seele. Vermittels des Reflex- und Reaktionssystems allein kann das Seelenleben nicht erschöpft werden, völliger Wahn ist es aber, auf dieser Grundlage das Leben der Gesellschaft leiten zu wollen. Es wird von eigenen Gesetzen beherrscht, und ein gelehrter Behaviorist würde sich recht bald als Staatenlenker ratlos fühlen.

Es ist jedoch nicht meine Aufgabe, die Anschauung WATSONS zu kritisieren. Wir wollen vielmehr sehen, was in seiner Konzeption positiv ist und in welcher Hinsicht man daraus einen Nutzen ziehen kann. Auf die Tierpsychologie angewandt, verdienen hier zwei Momente hervorgehoben zu werden. Für WATSON ist der Geist ursprünglich leer und nur die Erziehung verleiht ihm gradweise einen Inhalt. Im Kapitel V, das der Frage der angeborenen und erworbenen seelischen Eigenschaften der Tiere gewidmet ist, werden wir uns davon überzeugen, inwieweit das richtig ist und welches Minimum an angeborenen Merkmalen genügt, um die Genesis der Tierpsyche zu erläutern. Das zweite Moment ist die Forderung WATSONS nach exakten, quantitativen Forschungsmethoden. Daran werden wir uns stets halten. Dennoch behalten wir uns einen gewissen Spielraum in der Ausdrucksweise vor und wollen auch nicht absolut der psychologischen Interpretation aus dem Wege gehen. Das verlangt die Konsequenz. Wenn wir damit einverstanden sind, daß wir auf das Bewußtsein nicht verzichten können, das uns nur in unmittelbaren Erlebnissen gegeben ist und von deren Vorhandensein wir beim Menschen durch Analogie schließen, dann müssen wir auch denselben Gesichtspunkt bei den Tieren in Anwendung bringen.

In seiner Anwendung auf dem Gebiet der Tiere stellt der Behaviorismus heute eine stark ausgebaute Richtung dar, die über eine umfangreiche Literatur verfügt. Wir können an dieser Stelle kaum einen allgemeinen Begriff von den hauptsächlichen Forschungsmethoden vermitteln und bringen weitere Einzelheiten darüber in späteren Kapiteln, die der Beschreibung des Verhaltens einiger konkreter Tierformen gewidmet sind.

Zahlreiche Arbeiten sind der Analyse der Sinne der Tiere, d. h. der Erforschung der Grenzen der Sinnesorgane gewidmet. Wenn es auch leicht ist, einen Reiz zu wählen, der sich genau abstufen und messen ließe, so besteht doch die Schwierigkeit darin, daß für das Tier dieser Reiz indifferent sein kann. Das Fehlen einer Reaktion auf einen Reiz oder auf dessen Veränderung bedeutet noch nicht, daß das Tier ihn nicht wahrnimmt, sondern auch, daß der Reiz sich außerhalb seiner Interessensphäre befindet. Wenn wir untersuchen wollen, ob Insekten Laute vernehmen können, und in der Nähe eines Insektes anfangen, in die Hände zu klatschen, auf der Geige zu spielen oder aus der Pistole zu schießen, so wird es keinerlei Reaktion zeigen, denn diese Laute sind für das Insekt indifferent. Dagegen kann das feine Flügelgeräusch eines vorbeifliegenden Schmetterlingsmännchens eine sofortige sehr deutliche Reaktion des Weibchens hervorrufen. Ebenso wußte man lange Zeit nicht, ob Fische hören können, und alle Versuche, auf sie mit Lauten einzuwirken, zeitigten keine Ergebnisse. Man kann jedoch Lauten für einen Fisch bestimmte Bedeutung verleihen, so z. B. wenn ein Laut während der Fütterung des Fisches gegeben wird. FRISCH wies nach, daß der Zwergwels *(Amiurus)* lernen kann, auf Pfeifen zu reagieren, wenn ihm stets dabei Futter gereicht wird. Mit ähnlichen Methoden ist es gelungen, das Gehör einiger Fische in äußerst komplizierter Weise zu analysieren. Hierin liegt der Kern der allgemeinen behavioristischen Methode, die bei Tieren angewandt wird. Jeder Reiz, dessen Wirkung wir bei einem Tier untersuchen wollen, muß mit einem anderen Reiz assoziiert sein, der für das Tier entweder angenehm ist (Nahrung, Rückkehr ins Nest) oder unangenehm (sogenannte „Strafe“, wie ein Schlag, eine Erschütterung, elektrische Entladung, Futter, das mit Chinin vermischt ist).

Recht oft wird ein Apparat benutzt, den YERKES konstruiert hat, um die Sehleistung der Maus analysieren zu können. Es ist ein länglicher Kasten, in dem sich in Teil A das Tier zu Beginn des Versuches befindet. Von hieraus hat es drei mögliche Wege vor sich: O, O und I. Beide Wege O sind jedoch unerreichbar, denn sie werden von leichten Hängetüren versperrt, die sich in Richtung A öffnen. Die Tür in Öffnung I hingegen öffnet sich in Richtung B und kann mit der Nase des Tieres leicht geöffnet werden. Nach Eindringen in B muß das Tier einen von zwei Wegen wählen: L oder R. Wenn wir z. B. untersuchen wollen, ob die Maus die schwarze Farbe von der weißen unterscheiden kann, umgeben wir die Öffnung L mit schwarzem Papier und die Öffnung R mit weißem. Wenn die Maus „richtig“ geht, d. h. beispielsweise nach R, dann gestatten wir ihr, bis nach W zu gelangen, bei E umzukehren und durch die Tür O nach A zurückzukehren, wo sie zur Belohnung gefüttert wird.

Wenn aber das Tier den Weg L gewählt hat, empfängt es sofort nach Überquerungen der verbotenen Öffnung elektrische Entladungen vermittels der Drähte, die im Korridor quer liegen, und überdies findet es am Ende des Korridors den Weg durch eine Glasscheibe versperrt.

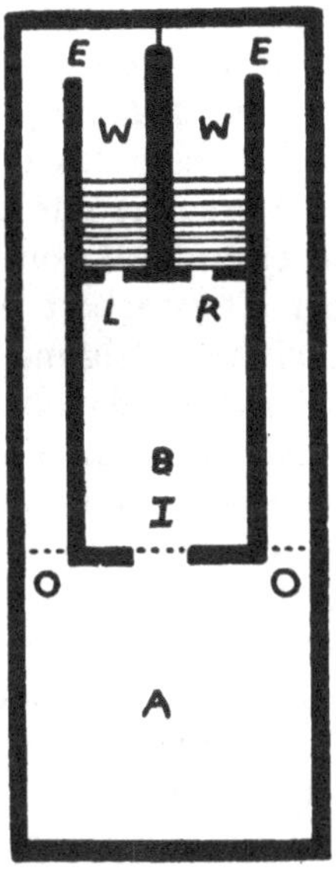

Abb. 7. Yerkes' Vorrichtung für eine doppelte Wahl

Wenn wir diesen Versuch mehrfach wiederholen, erreichen wir, daß sich das Tier stets dem weißen Papier zuwendet, während es das schwarze meidet. Natürlich müssen wir in gewissen Abräumen die Zettel umstellen, so daß sich der zulässige Zettel abwechselnd rechts und links befindet. Ist das nicht der Fall, so lernt das Tier, unabhängig von der Farbe des Papiers, nach rechts zu wenden. Unter den gegebenen Umständen beweist das ständige Hinwenden zum weißen Papier, daß die Maus Weiß von Schwarz unterscheiden kann. In gleicher Weise können wir untersuchen, ob das Tier andere Farben zu unterscheiden vermag; wir können beliebige Kombinationen von Farben und Nuancen anwenden, verschiedene Zeichen in Form von Kreisen, Dreiecken, Quadraten u. ä. auf die Türen, die zu den Gängen WW führen, aufkleben und so beobachten, ob das Tier geometrische Figuren zu unterscheiden vermag. Diese Vorrichtung bietet weite Möglichkeiten für die Untersuchung des Gesichtssinnes. Ein solches Verfahren bezeichnen wir als Dressur auf mehrere Reize. Dabei unterscheiden wir einen positiven Reiz, in unserem Falle die weiße Farbe als Zeichen des erlaubten Weges, und den negativen Reiz, der mit der Strafe verknüpft ist.

Es wurde viel darüber diskutiert, ob die Anwendung von Strafen vorteilhaft sei. Gegenwärtig kann als feststehend angesehen werden, daß die Verbindung von Belohnung und Strafe sehr schnelle und klare Ergebnisse bringt. Gleichzeitig aber müssen sowohl Belohnung als auch Bestrafung genau dosiert werden. Wenn Futter als Belohnung dient, dann darf man nicht zulassen, daß sich das Tier nach jeder Lösung einer Aufgabe satt frißt, ein gesättigtes Tier nämlich verliert sein Interesse für die Belohnung und hört überhaupt auf, zu reagieren. Vielmehr bestimmen wir die normale Tagesration eines Tieres und teilen sie in soviel Portionen ein, wieviel Versuche wir täglich mit dem Tier machen. Nach jeder günstig ausgefallenen Reaktion bekommt das Tier Nahrung, und nach Beendigung seiner Tagesarbeit hat es dann soviel Futter zu sich genommen, wie es zu seiner Sättigung braucht. Was die Strafe anbelangt, so sind sich die Forscher darüber einig, daß allzu empfindliche Strafen nicht angewandt werden dürfen, denn das verwirrt das Tier, ruft gewaltsame Fluchtversuche hervor und versetzt das Tier überhaupt in einen Zustand, der für keine Untersuchungen geeignet ist. Die Verwendung milder Strafen ist zweckmäßig in den Fällen, wenn die Lösung der Aufgabe die Fähigkeiten des Tieres nicht überschreitet und die begangenen Fehler weitgehend auf Saumseligkeit, geringe Beweglichkeit, Zerstreutheit u. ä. zurückzuführen sind. Wenn die Aufgabe hingegen zu schwer ist und es längere Zeit bedarf, damit das Tier auf ihre Lösung verfällt, dann kann eine Strafe nur Verwirrung stiften.

Vermittels der geschilderten Methode hat man verschiedene Sinne vieler Tiere untersucht. Es wurden Apparate konstruiert, mit denen man die Unterscheidung von Klängen, Gerüchen und anderen Reizen der Außenwelt untersuchen kann.

Eine andere Methode, von der im Behaviorismus oft Gebrauch gemacht wird, besteht darin, das Tier in eine Kiste, einen Käfig oder eine Schachtel zu bringen, deren Tür mit einem mehr oder weniger komplizierten Riegel oder einem anderen Mechanismus verschlossen ist. Das Futter befindet sich außerhalb des Käfigs, und es ist Aufgabe des Tieres, auf irgendeine Weise die Tür zu öffnen. Bisweilen wird umgekehrt verfahren: das Futter befindet sich in der Kiste, und das Tier muß diese öffnen, um in sie zu gelangen. Es gibt ungezählte Abarten dieser Vorrichtungen. Der Initiator der Untersuchungen dieser Art der sog. Methode „problem box" war THORNDIKE.

Mit den Apparaten dieser Art kann man den Fortschritt, den das Tier im Lernen macht, und der mit der stufenweisen Elimination der unzweckmäßigen Bewegungen verbunden ist, dadurch verfolgen, daß man die Zeiten registriert, die seit Beginn des Versuches zum Öffnen der Tür benötigt wurden. Im allgemeinen geht das Lernen gradweise vor sich; die Kurve, die die für die Lösung der Aufgabe benötigte Zeit ausdrückt, fällt mit der zunehmenden Anzahl der Versuche. Der Lernmechanismus scheint darin zu bestehen, daß das Tier überflüssige Bewegungen vermeidet und nur diejenigen durchführt, die zur Erlangung des Futters führen. In ungefähr der gleichen Weise erlernt der Mensch irgendwelche Geschicklichkeitsbewegungen. Wenn wir z. B. Tennis spielen lernen, so sind anfangs unsere Bewegungen wenig zweckmäßig. Wir machen eine Unmenge unnötiger Anstrengungen, wodurch wir viel Energie verbrauchen. Bezeichnend ist, daß die Bewegungen eines routinierten Tennisspielers um vieles langsamer zu sein scheinen als die verzweifelten Bemühungen eines Anfängers. Das kommt daher, daß ein erfahrener Spieler sparsam vorgeht; er macht nur die notwendigen Bewegungen, und das nur im entsprechenden Augenblick. Diese Fähigkeit erlangen wir mit der Zeit durch Eliminierung der unnötigen Bewegungen. Die Lernkurve fällt allmählich. Gleichzeitig gibt es im Lernen noch ein anderes Moment. Wenn der Trainer uns auf die kunstgerechte Ausübung irgendeiner Bewegung aufmerksam macht, sagen wir auf das Halten des Schlägers oder auf den richtigen Augenblick, um den Ball zu schlagen, so steigt oft die Qualität unseres Spiels auf einmal, und die Lernkurve fällt plötzlich. Dann sprechen wir vom Vorhandensein höherer psychischer Prozesse im Lernen, davon, daß wir die Sache begriffen haben.

Derartige Erscheinungen sind im Lernprozeß der Tiere sehr verbreitet. Wir haben also vollkommen recht, wenn wir aus den Daten des tierischen Verhaltens vom Vorhandensein höherer seelischer Prozesse schließen. So mußte z. B. in Experimenten, die Small gemacht hat, eine Ratte einen Bogen Papier, das die Tür bedeckte, mit den Zähnen abreißen, um in eine Kiste zu gelangen, in der sich Futter befand. Viele Tage hindurch war das Tier völlig ratlos. Trotz ständigen Bemühens gelang es ihm nicht, das Futter zu erreichen, dessen Vorhandensein in der Kiste es mit seinem Geruchssinn wahrgenommen hatte. Aber nach einem zufälligen Abreißen des Papiers wurde die Aufgabe sofort bewältigt, und seitdem riß die Ratte ohne zu zögern das Papier ab und betrat die Kiste. Ihre Lernkurve verzeichnete einen plötzlichen Fall. Man verwandte Kisten mit komplizierten Schlössern für die Dressur von Stachelschweinen, Waschbären und Affen. Die Tiere mußten einen Hebel in Bewegung setzen, einen Haken hochheben, einen Stecker beiseiteschieben, einen Knauf umdrehen, und erst dann hatten sie Zutritt zum Futter. Fast in allen Fällen wurde nach dem ersten zufälligen Lösen der Aufgabe ein plötzlicher Fall der Lernkurve beobachtet. Es ist bezeichnend, daß das Tier nicht irgendeine Muskelbewegung lernt, sondern die Ausführung einer bestimmten Aufgabe. Es lernt z. B. den Verschlußhebel beiseite zu schieben, was es aber entweder mit den Vorderbeinen, den Zähnen oder mit dem ganzen Kopfe tut. Ebenso verfährt der Mensch in ähnlichen Situationen. Wir öffnen die Zimmertür durch Druck auf die Klinke, wir können das aber mit der rechten oder mit der linken Hand tun und dazu die Fingerspitzen oder die ganze Hand benutzen. Wenn wir aber etwas in den Händen halten, dann drücken wir auf die Klinke mit dem Ellenbogen. Obwohl das Öffnen der Tür eine durch vieljährige Gewohnheit automatisierte Bewegung ist, beruht es wesentlich nicht auf dem Zusammenziehen bestimmter Muskeln, sondern der Ausführung einer bestimmten Bewegung mit der Klinke.

Die nachfolgende Methode, die sich in der Welt der Tierpsychologen großer Beliebtheit erfreut, trägt den Namen der Labyrinthmethode. Pionierarbeit auf diesem Gebiet leistete Small, der den ersten Versuch mit einer Ratte in einem Labyrinth, das nach dem Vorbild des Vergnügungslabyrinths in Hampton Court in London konstruiert war,

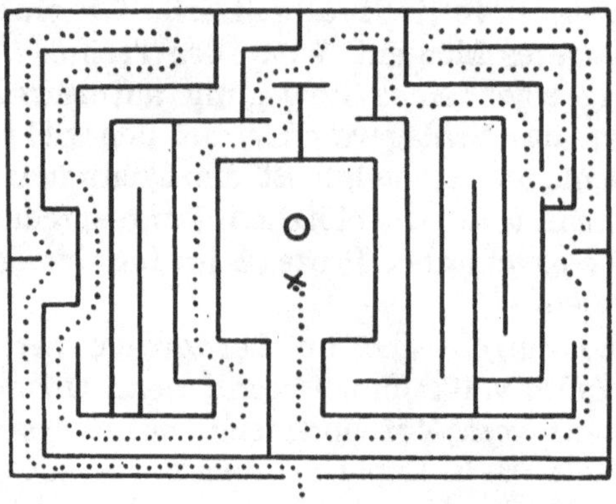

Abb. 8. Labyrinth »Hampton Court«

beschrieb. Das Tier, das in der Ausgangskiste O untergebracht war, sollte durch gewundene Gänge und Sackgassen den Weg nach C finden, wo es gefüttert wurde. Sehr bald nach dieser Arbeit Smalls setzte ein ungewöhnlicher Aufschwung auf dem Gebiet derartiger Untersuchungen ein. Eine Unzahl verschiedenartiger Labyrinthe wurde konstruiert. Man untersuchte die Einwirkung des Hungers bei den Tieren auf die Schnelligkeit und Genauigkeit im Durchlaufen, die Wirkung verschiedener Nerven- und Gehirnoperationen, die Wirkung von Hormonen und Vitaminen, man untersuchte das Gedächtnis, die Lerngeschwindigkeit unter den verschiedensten Bedingungen usw. Längere Zeit hindurch herrschte in der Tierpsychologie, zumal in der amerikanischen, die Überzeugung, daß es nur ein einziges tierpsychologisches Problem gebe: das Lernproblem, und nur eine einzige Methode: das Labyrinth. Es mußten für die verschiedenen Tiere entsprechende Labyrinthe gebaut werden. Es wären hier zu nennen das Kreis-, das Vierecklabyrinth und verschiedene Labyrinthe, die in sich wiederholender T-, Y- oder U-Form angeordnet waren. Die Tiere liefen in den Gängen, die das Labyrinth ausmachten, oben wurden die Gänge mit Glasplatten bedeckt. Etwas später begann man offene Labyrinthe zu benutzen, in denen die Tiere auf Brettern liefen, die auf Stativen ruhten. Diese Labyrinthe haben ihre Vorzüge und ihre Eigenarten. Im offenen Labyrinth sieht das Tier nicht nur ein kleines Stück des Weges vor sich, sondern kann mit dem Auge das ganze Labyrinth erfassen, was eine etwas veränderte Verhaltungsweise nach sich zieht. Außerdem haben Vergleichsversuche erwiesen, daß zwar das Lernen im offenen Labyrinth mehr Versuche erfordert (durchschnittlich 19,7 statt 15,5 bei der Ratte), hingegen die Zahl der vom Tier begangenen Fehler um 11 % und die Durchlaufszeit um 21 % niedriger ist als im geschlossenen Labyrinth.

Die Labyrinthmethode hat viele Vorzüge. Für sehr viele Tiere ist die Situation im Labyrinth nichts wesentlich Neues, denn die Tiere müssen sich in ihrem angeborenen Leben oft zwischen verschiedenen Gegenständen hindurchzwängen und mehr oder weniger wirre Gänge im Gedächtnis behalten. Das Labyrinth gestattet es, den Komplikationsgrad einer Aufgabe beliebig zu ändern und objektive Messungen der Fähigkeiten eines Tieres vorzunehmen. Wir können nämlich jede seiner Bewegungen registrieren, die Art und den Grad der begangenen Fehler bestimmen, die Lerngeschwindigkeit messen, die Durchlaufszeit registrieren und all das in Zahlen ausdrücken, was Urteile und Vergleiche ungemein erleichtert. In der Praxis jedoch stoßen die Untersuchungen auf gewisse Schwierigkeiten. Das Tier verhält sich nämlich im Labyrinth nicht wie ein theoretisches Schema, sondern wie ein lebender Organismus mit eigenen Bedürfnissen. Eine Ratte, die sich in einem Labyrinth befindet, läuft manchmal schnell durch die Gänge, manchmal schleicht sie jedoch langsam dahin, hält oft inne und fängt an, sich zu waschen oder zu kratzen, dann versucht sie wieder, an der Wand des Ganges nach oben zu klettern. Dies sind alles Bewegungen, die mit der Bewältigung der Aufgabe nicht unmittelbar verbunden sind, und es fällt schwer, sie entsprechend zu berücksichtigen. Eine weitere Schwierigkeit besteht darin, daß es nicht genau feststeht, was als Fehler eines Tieres zu bezeichnen ist. Wenn die Ratte in eine Sackgasse kriecht, begeht sie einen Fehler. Aber das Tier kann entweder die Sackgasse bis zu Ende laufen und dann erst umkehren, es kann auf halbem Wege umkehren, nur den Kopf hineinstecken oder auch nur einen Augenblick am Kreuzwege verharren. Das sind zweifelsohne Fehler verschiedenen Grades, und es fällt schwer, sie in Zahlen auszudrücken. Wir können den Lernprozeß ausdrücken, indem wir die vom Tier zum Durchlaufen benutzte Zeit verzeichnen, die Länge der durchlaufenen Strecke messen oder schließlich die Fehler zählen. Die Durchlaufzeit ist veränderlich, denn das Tier macht oft Pausen, während derer es unbeweglich dasitzt. Exakter ist es, die sogenannte absolute Durchlaufzeit zu berücksichtigen, d. h. die Zeit, die wirklich zum Laufen im Labyrinth nach Wegfall aller

Pausen gebraucht wurde. Am meisten jedoch wendet man die Fehlerberechnungsmethode an.

Trotz zahlreicher Einwände, die zu einer scharfen Kritik der Labyrinthmethode geführt haben, läßt sich diese gut anwenden und liefert vergleichbare Resultate. Dieser Fragenkomplex wurde systematisch von LEEPER untersucht. Er führte Versuche, die speziell dem Aussagewert der Labyrinthmethode gewidmet waren, an zwei Labyrinthen durch, die T-förmig waren und aus zwölf Sackgassen bestanden sowie an einem einfacheren offenen Labyrinth. Zahlreiche Messungen und ihre detaillierte statistische Bearbeitung erwiesen, daß der Grad der Übereinstimmung der einzelnen Versuche untereinander beträchtlich hoch ist und in jedem Fall dazu ausreicht, um auf die Labyrinthmethode sichere Resultate stützen zu können. LEEPER fand, daß die Berücksichtigung der Fehlerzahl sicherer ist als die Messungen der Weglänge oder der Zeit, daß der Aussagewert der Methode zunimmt, wenn der erste Versuch, in dem das Tier sich chaotisch verhält, nicht mitgezählt wird, daß der Aussagewert größer ist, wenn die Tiere hungrig sind und somit unter dem Einfluß eines stärkeren Reizes handeln, und schließlich, daß der Aussagewert mit komplizierteren Labyrinthen zunimmt. Gegenwärtig unterliegt es keinem Zweifel, daß die Labyrinthmethode eine der besten Methoden in der Tierpsychologie ist. In dem Kapitel, das der Psychologie der Ratte gewidmet ist, werden wir erfahren, welche Probleme mit ihrer Hilfe gelöst werden können.

Eine recht selten angewandte Methode ist die Obstruktionsmethode, die dazu dient, die Intensität des Strebens des Tieres zur Reizquelle zu messen. Das Versuchstier wird in die Nähe eines Gegenstandes gebracht, der für dieses einen Anziehungspunkt darstellt, z. B. Futter, Wasser, ein Exemplar vom anderen Geschlecht u. ä.; der Weg zum erstrebten Gegenstand wird in irgendeiner Weise erschwert. So muß z. B. das Tier unterwegs über Metalldrähte treten, wobei es eine Reihe elektrischer Schläge mittlerer Stärke erhält. Die Festsetzung der Stromstärke, die genügt, um das Tier aufzuhalten, ist der Gradmesser seines Verlangens. Wenn sich im Obstruktionsapparat zwei verschiedene erstrebte Gegenstände befinden, z. B. Futter und Wasser, so kann man quantitativ den Grad vergleichen, mit dem jeder von ihnen verlangt wird.

Die genannten Methoden sind eher für die Untersuchung der Existenzbedingungen des psychischen Lebens als der Psyche selbst geeignet. Sie geben einen Einblick in die Leistungsfähigkeit der Sinnesorgane. Sie gestatten es, uns ein Urteil über den Gewohnheitsbildungsprozeß, über die Mitbeteiligung von Bewegungs- und Gefühlsprozessen und das Gedächtnis des Tieres zu machen. Sie bleiben im Einvernehmen mit dem Behaviorismus, denn wir untersuchen nur das Benehmen der Tiere, ihr Verhalten unter den verschiedenen Bedingungen oder Umständen, das der objektiven Beobachtung zugänglich ist und beschreiben dieses Verhalten in Begriffen von Reiz und Reaktion. Es ist jedoch darin kein psychisches Element im engeren Sinne vorhanden. Wir haben nichts über eine so elementare psychische Tätigkeit, wie es die Vorstellung ist, in Erfahrung gebracht. Können Tiere Gegenstandsvorstellungen haben oder reagieren sie nur auf den Gegenstand selber? Wenn ein Hund, der einen Knochen in der Erde vergraben hat, nach einer gewissen Zeit dorthin zurückkehrt und ihn herausgräbt, so ist dies keine unmittelbare Reaktion auf einen Gegenstand. Denn nachdem der Hund den Knochen verlassen hat, kann er ihn weder sehen noch ist ein anderer Sinn in der Lage, ihn von dessen Existenz zu benachrichtigen. Nichtsdestoweniger kann sich der Hund nach mehreren Stunden ohne weiteres an Ort und Stelle zurückbegeben und todsicher den Knochen auffinden. Er mußte unter dem Einfluß der Vorstellung vom Knochen in der Erinnerung an diesen handeln. Derartige Reaktionen können wir genauer vermittels der Methode der verzögerten Reaktionen, die von CARR bearbeitet wurde und zum ersten Male in der Praxis HUNTER bei Waschbären, Ratten, Hunden und Kleinkindern anwandte.

Der Grundsatz dieser Methode ist, daß während der Reaktion der ursprüngliche Reiz nicht vorhanden ist. Wenn es aber keinen Reiz gibt, dann mußte etwas anderes an seine Stelle getreten sein und diese Reaktion hervorgerufen haben. Und dieses „Etwas“ nennt HUNTER „Idee“. Man könnte es vielleicht einfacher als Erinnerung an den Reiz bezeichnen. In Abbildung 9 sehen wir drei Kisten A, B, C, die sich in gleicher Entfernung von der in der Mitte stehenden Ausgangskiste S

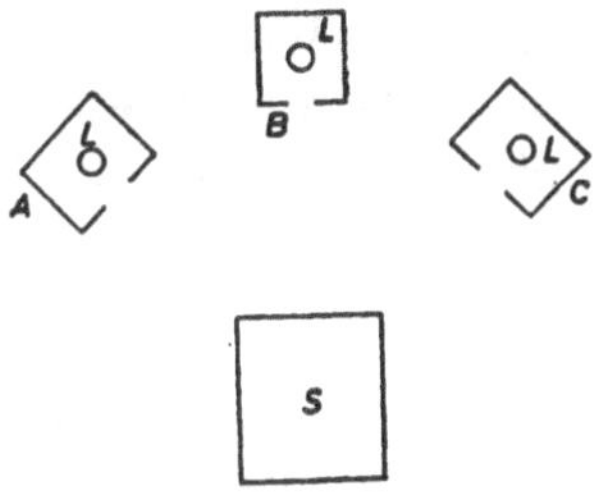

Abb. 9. Schema der Vorrichtung zur Untersuchung verzögerter Reaktionen

befinden. Jede der Kisten A, B und C kann mit einer Glühbirne erleuchtet werden, die sich in ihrem Innern befindet. In einer der drei Kisten befindet sich Futter, und eben in dieser Kiste flammt die Glühbirne auf. Anfänglich lernt das Tier, den Anblick der brennenden Glühbirne mit dem Futter zu verknüpfen. Um die Gewöhnung an eine ständige Lage des Futters auszuschalten, wird es in jedem Versuch stets in einer anderen Kiste untergebracht. Nach der Gewohnheitsbildung findet der eigentliche Versuch statt. Das Tier wird in die mittlere Kiste gesetzt, deren Seiten und deren Dach aus einem weitmaschigen Drahtnetz gemacht sind. Darauf wird für einen kurzen Augenblick eine der Glühbirnen eingeschaltet und sofort wieder ausgeschaltet. Nach Verlauf einer bestimmten Zeit, Verzögerungszeit genannt, wird das Tier herausgelassen. Seine Aufgabe ist es nun, sich zu der Kiste zu wenden, in der letztens die Glühbirne aufgeflammt war. Demnach reagiert das Tier auf die Erinnerung an die Glühbirne.

Hunter stellte fest, daß Ratten die Reaktion nur um 10 Sekunden verzögern können, d. h. daß sie nach dieser Zeitspanne vergessen, welche Kiste erleuchtet war. Die Verzögerungsfähigkeit der Reaktion bei Hunden beläuft sich auf 5 Minuten. Sowohl die Ratte wie auch der Hund stellen sich nach Anzünden der Glühbirne mit ganzem Körper in Richtung des Lichtes und behalten diese Stellung während der ganzen Verzögerungszeit bei. Wenn der Deckel der Kiste S hochgehoben wird, geht das Tier vorwärts, wobei es stets dieselbe Körperhaltung beibehält, und gelangt also zur gewünschten Kiste. In diesem Falle bedarf es keiner „Idee“ als Reiz, denn sie wird durch die erstarrte Körperhaltung, die die Bewegungsrichtung bestimmt, ersetzt. Wenn sich während der Verzögerung die Körperhaltung ändert, dann ist das Tier nicht mehr in der Lage, die richtige Kiste zu finden. Anders verhalten sich Waschbären und Kinder. Waschbären vermochten die Reaktion um 25 Sekunden zu verzögern und Kinder im Alter von 2—3 Jahren um 25 Minuten, ohne während der Verzögerung eine bestimmte Körperhaltung anzunehmen. Die Waschbären konnten sich frei in der Kiste S bewegen, die Kinder gingen im Zimmer umher und unterhielten sich, wurden sie jedoch freigelassen, so wandten sie sich der richtigen Kiste zu.

Spätere Versuche, die mit der gleichen Methode mit vielen Tieren durchgeführt wurden, ergaben stark voneinander abweichende Resultate. Manchmal war die Zeitspanne der möglichen Verzögerung sehr lang, manchmal sehr kurz, die Orientierung war entweder von der Beibehaltung der erstarrten Körperhaltung abhängig oder nicht. Ich führe einige Zahlen an, die die maximale Dauer der Verzögerungszeit ohne Orientierungshaltung des Körpers ausdrücken:

Ratte	24 Stunden (?)
Katze	16 Stunden
Hund	5 Minuten (?)
Waschbär	25 Sekunden
Lemur	30 Sekunden
Niedere Affen	20 Stunden
Schimpanse	48 Stunden
Gorilla	48 Stunden
Orang-Utan	5 Minuten (?)

Diese Zusammenstellung erweckt schon beim ersten Hinsehen Zweifel. Es ist jedem bekannt, daß der Hund am nachfolgenden Tage zum vergrabenen Knochen zurückkehren kann, in den Versuchen aber beträgt die maximale Verzögerungszeit kaum 5 Minuten. Man untersuchte die Verzögerungsfähigkeit des Schimpansen, indem man vor den Augen des Affen eine Frucht in die Erde vergrub und beobachtete, wie lange das Tier dies im Gedächtnis behält. Der Schimpanse erinnert sich daran noch nach 48 Stunden, der Orang-Utan vergißt es bereits nach 5 Minuten. Es muß gewiß etwas an der Methode selbst nicht stimmen, denn man kann unmöglich annehmen, daß miteinander so eng verwandte Tiere wesentlich voneinander verschiedene seelische Eigenschaften haben sollten.

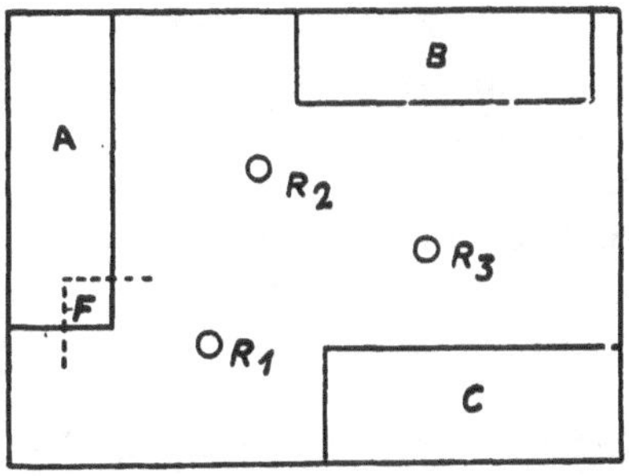

Abb. 10. Der MAIERsche Versuch mit der Verzögerung der Reaktion der Ratte

Die einzige kritische Abhandlung auf diesem Gebiet, die die Methode selbst analysiert, stammt von MAIER, der bei der Ratte eine ungewöhnlich lange Verzögerungszeit erhielt (24 Stunden an Stelle der 10 Minuten HUNTERS). Dieses Ergebnis weist auf einige verschiedene Möglichkeiten. 1. Es kann sein, daß die Ratte „Ideen" oder Vorstellungen besitzt. 2. Möglicherweise sind die verzögerten Reaktionen im wesentlichen gar kein Kriterium für die Existenz höherer Seelenprozesse. 3. Schließlich ist vielleicht die in den Versuchen gewonnene maximale Zeitspanne der Verzögerung nicht das wahre Maß für die verzögerte Reaktion. MAIER experimentierte unter freieren Bedingungen als HUNTER, in Verhältnissen, die den natürlichen angenähert waren. Es befinden sich im Zimmer einige Tische. R_1, R_2 und R_3 bezeichnen drei senkrechte Pfähle, ungefähr von der Höhe der Tische, die mit Leitern zum Hinaufkriechen versehen sind. Auf dem Tisch A befindet sich in der Ecke F Futter, das vom Rest des Tisches durch ein Metallnetz abgeteilt ist, welches die Ratten nicht übersteigen können. Vor dem Versuch liefen die Ratten einige Tage lang im Zimmer frei herum, damit sie sich mit der allgemeinen Lage vertraut machen konnten. Im eigentlichen Versuch wurden drei Hängebrücken zwischen den Pfählen R und der Tischecke mit dem Futter befestigt. Danach wurde eine Ratte am Fuße eines der Pfähle R freigelassen und dazu ermuntert, nach oben zu kriechen, um über die entsprechende Brücke nach F zu gelangen. Dieser Vorgang wurde dreimal wiederholt. Danach wurde die Ratte für eine bestimmte Zeit, die eben die gesuchte Verzögerungszeit ist, in ein anderes Zimmer gebracht. Schließlich setzte man das Tier auf den Tisch A, dicht neben das Futter. Die Ratte mußte herunterkriechen und den Pfahl suchen, an dem sie vorher dreimal nach oben gekrochen war. Keinerlei Empfindungen konnten dem Tier in diesem Fall beim Auffinden des richtigen Pfahls helfen, die Körperhaltung wurde ebenfalls nicht beibehalten, denn die Ratte wurde in der Verzögerungszeit an einen völlig anderen Ort gebracht. Nach Ausschaltung verschiedener Möglichkeiten müßte sich aus diesen Versuchen ergeben, daß die Ratte tatsächlich Vorstellungen haben kann. MAIER ist übrigens anderer Ansicht; er neigt vielmehr dazu, das Ergebnis einfachen Assoziationen zuzuschreiben. Soviel ist klar, daß die Methode der verzögerten Reaktionen unbedingt einer Analyse hinsichtlich ihrer Verläßlichkeit, wie das bereits mit dem Labyrinth geschehen ist, bedarf. Mag sein, daß es gelingen wird, eine Verhaltungsweise auszuarbeiten, deren Ergebnisse besser miteinander übereinstimmen.

Interessante Ergebnisse liefert die Methode der vierfachen Wahl, die von dem amerikanischen Psychiater HAMILTON erfunden wurde und die er bei Katzen, Hunden, Kindern und verschiedenen Nagetieren anwandte. Im HAMILTONschen Apparat kann das Tier nicht lernen; dieses Element ist hier völlig ausgeschaltet. Dagegen werden hier seine angeborenen Reaktionstendenzen untersucht. Die Behavioristen widmen ihr Hauptaugenmerk den Lernmethoden der Tiere, wobei sie sogenannte Fehler als Hindernisse im Anlernprozeß betrachten, die überwunden werden müssen. Die Qualität der Fehler an sich stellt kein Problem dar. Im Gegensatz hierzu führte HAMILTON Untersuchungen durch, die sich eben auf die Qualität der Fehler bezogen, die ihrerseits vom Vorhandensein gattungsmäßig spezifischer Reaktionstendenzen zeugt. Das Tier wird in die innere Kammer des Apparats gelassen (Abb. 11), aus der vier gleiche Türen hinausführen. Bei jedem Versuch ist nur eine Tür geöffnet, jedoch sehen alle von der inneren Kammer her gleich aus. Es sei zum Prinzip erhoben, daß niemals in zwei aufeinander folgenden Versuchen dieselbe Tür aus dem Apparat hinausführt. Überdies ist die Wahrscheinlichkeit, daß sich irgendeine Tür als die richtige erweisen wird, gleich verteilt, und das Tier besitzt in dieser Hinsicht keinerlei Hinweise. Somit erfolgt die Reaktion der Wahl des Ausgangs ohne einen äußeren Orientierungsreiz. HAMILTON beobachtete einige charakteristische Reaktionstypen.

Typ A. Ein normaler erwachsener Mensch versucht in verschiedener Reihenfolge drei mögliche Ausgänge im Gedanken daran, daß der vierte Ausgang, der ihn beim vorhergehenden Mal hinausgeführt hatte, jetzt kein Ausgang mehr sein kann. Diese Verhaltungsweise kommt ebenfalls bei Kindern und Tieren vor, jedoch erwiesenermaßen seltener als bei erwachsenen Menschen, bei Nagetieren seltener als bei Affen und bei Affen seltener als bei Kindern.

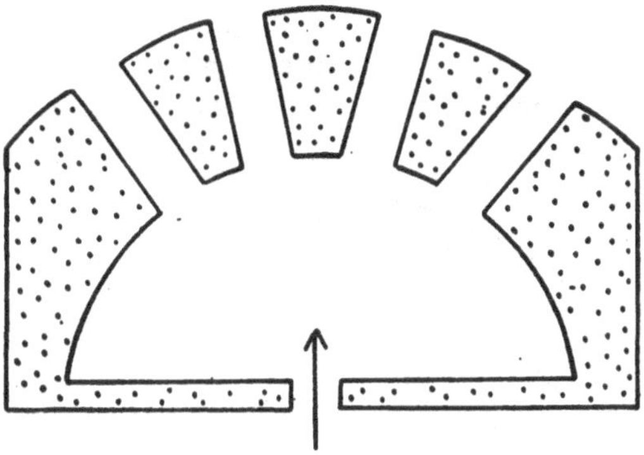

Abb. 11. Schema des HAMILTONschen Apparates für die vierfache Wahl

Typ B. Jeder der vier Ausgänge wird in beliebiger Reihenfolge einmal erprobt. In diesem Fall hat das Tier den Verhaltungsgrundsatz nicht erfaßt, es sucht den Ausgang auch durch die Tür, die im vorhergehenden Versuch hinausführte. So reagieren oft Affen; unter Kindern wurde diese Reaktion nur einmal beobachtet, und das im Falle eines geistig unterentwickelten Mädchens.

Typ C. Jeder der vier Durchgänge wird erprobt, aber diesmal geschieht das systematisch von rechts nach links oder umgekehrt. Sehr oft reagieren Kinder in dieser Weise, seltener Affen, noch seltener Ratten.

Typ D. Das Tier geht in einen bestimmten Durchgang öfter als einmal, aber nicht zweimal hintereinander, z. B. in der Reihenfolge 1, 4, 3, 4, 2 oder 2, 3, 1, 2, 4 usw. In unangenehmen oder aufreizenden Situationen stellt sich diese Reaktionsweise auch bei normalen erwachsenen Menschen ein. Wir wiederholen irgendeine Tätigkeit, obwohl wir bereits ihre Sinnlosigkeit festgestellt haben.

Typ E. Es wird durch ein hartnäckiges Wiederkehren zu ein und demselben Durchgang gekennzeichnet, obgleich der Weg hier versperrt ist, z. B. 1, 2, 4, 1, 1, 1, 1, 1, 1, 1, 1, 3, 3 oder 1, 2, 3, 2, 1, 2, 1, 2, 1, 2, 1, 2, 1, 2, 4, 1, 2, 3. Ein solcher Reaktionstypus ist oft einigen Nagetieren eigen; bei Kindern ist er selten anzutreffen. Er kann bei Anormalen auftreten

(Perseveration) oder infolge starker Reizung, Zerstreutheit oder anderer verwirrender Faktoren.

Die Methode HAMILTONS gibt zweifelsohne ein gewisses Bild der Anlagen des Tieres, denen die Tierpsychologie Rechnung tragen müßte.

Die Methode der mehrfachen Wahl, die von YERKES ausgearbeitet und standarisiert wurde, hat nicht die Untersuchung eines Gewohnheitsbildungsprozesses auf irgendeinen äußeren Reiz zum Ziel, sondern einer Gewohnheit als Reaktion auf einen beliebig von uns gewählten Erscheinungszusammenhang. Das Tier muß die Verhaltungsregeln unterscheiden können, es muß die Stetigkeit der herrschenden Verhältnisse erfassen. In seiner endgültigen Fassung besitzt der YERKESsche Apparat

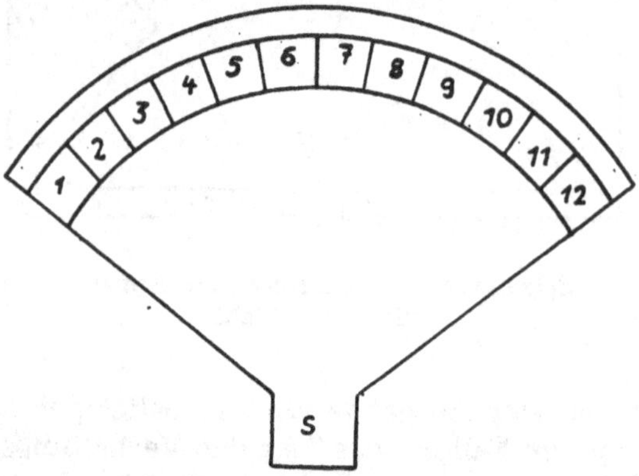

Abb. 12. Schema des YERKESschen Apparates für eine mehrfache Wahl

(Abb. 12) die Form einer dreieckigen Arena, in deren schmalem Ende das Tier freigelassen wird; es kann jetzt zwölf gleiche Türen wahrnehmen, die in einem Halbkreis angeordnet sind. Die Türen führen zu zwölf Kisten, in denen sich Belohnung in Form von Futter befindet. War die Wahl nicht richtig, so wird das Tier einige Zeit in der Kiste festgehalten und bekommt kein Futter. War die Wahl richtig, so öffnet sich die innere Tür in der Kiste, und das Tier kann an das Futter heran. Die Aufgaben, die dem Tier gestellt werden, sind sehr verschiedener Natur. Es sind z. B. bei jedem Versuch sechs Türen geöffnet, aber jedesmal andere, z. B. 1—6, 3—8, 7—12 usw. Allen Versuchen ist gemeinsam, daß stets die erste linke Tür einer Kombination gilt. Nehmen wir also an: Im ersten Versuch sind die Türen 1—6 geöffnet. Lösung der Aufgabe ist Betreten von 1. Beim zweiten Versuch sind die Türen 3—8 geöffnet, wobei Tür 3 die entsprechende ist. Beim dritten Versuch ist Tür 7 zu wählen. Eine andere Aufgabe kann darin bestehen, jedesmal in die mittlere Tür von drei geöffneten zu treten. Oder die Lösung besteht darin, in einer Gruppe von mehreren geöffneten Türen den dritten Eingang von rechts zu wählen oder aufeinander folgend diese Wahl: einmal die Tür rechts außen, einmal die Tür links außen.

Mit Hilfe dieser Vorrichtung, die man für die verschiedensten Tiere einstellen kann, wurde eine Reihe interessanter Experimente durchgeführt. Besonders interessant sind die Versuche Yerkes mit niederen Affen (Rhesus) und mit dem Orang-Utan. Es zeigte sich, daß der Orang-Utan zwei- bis viermal mehr Versuche zur Bewältigung der Aufgabe als die Rhesusaffen brauchte. Man könnte daraus folgern, daß er eine geringere Intelligenz besitzt. Es trat jedoch ein charakteristischer Umstand ein. Man gab dem Orang-Utan als Aufgabe eine Gruppe von Türen, in der die Tür links außen zu öffnen war. Verglichen mit den niederen Affen, denen dieselbe Aufgabe gestellt wurde, zeigte der Orang-Utan während vieler Tage wenig Fortschritte. Jedoch ungefähr nach einem Monat hatte der Orang-Utan schließlich die Aufgabe gelöst und machte seitdem gar keine Fehler mehr. Seine Lernkurve zeigte lange währende, fast waagerechte Plateaus, wonach die Kurve senkrecht abfiel. Die Lösung kam plötzlich, ganz anders als bei den anderen Affen, wo sich der Fortschritt allmählich vollzog. Der Orang-Utan verfährt nach einer eigenen Methode, die in gewissen Fällen zur Lösung der Aufgabe beiträgt, in anderen aber merkbar hinderlich ist. So kann beispielsweise der Affe hartnäckig die nächste Tür wählen. Bei der Aufgabe, die in der Wahl der zweiten Kiste in einer Gruppe der rechten Seite bestand, brauchte der Orang-Utan sogar 1380 Versuche, um das Problem zu bewältigen. Bei jedem Versuch handelte das Tier rasch und entschlossen, es machte von irgendeiner Verhaltensmethode Gebrauch, wobei es diese plötzlich von Versuch zu Versuch änderte. Zu einem gewissen Zeitpunkt findet das Tier die richtige Methode und macht seitdem keine Fehler mehr.

Diese wenigen klassischen Methoden mögen für die allgemeine Charakteristik der behavioristischen Untersuchungsmethoden genügen. Vermittels eines kritischen Experimentes sollen die Regelmäßigkeit im Verhalten eines Tieres untersucht und die Gesetzmäßigkeiten seines Handelns unter bestimmten Umständen analysiert werden. Der Behaviorismus weist nach, daß in seinen wesentlichen Merkmalen das Verhalten der Tiere mit dem Verhalten des Menschen in ähnlichen Situationen vergleichbar ist, daß die Grundgesetze der Psyche bei allen Tieren analog sind. Wie wir es aus einigen Kapiteln am Schlusse des Buches erfahren werden, sind diese Analogien zu zahlreich und zu tief, als daß man die Allgemeingültigkeit der psychischen Gesetze bezweifeln könnte.

Dennoch müssen wir mit dieser Schlußfolgerung sehr vorsichtig umgehen. Keinesfalls dürfen den Tieren menschliche Gedanken und Gefühle zugeschrieben werden. Gleich ist nur das Prinzip, nicht aber seine praktische Realisierung. Wenn — dank des besonderen jahrelangen Unterrichts — das verbale Element eine dominierende Rolle im Seelenleben des Menschen spielt, so dringt bei den Tieren das Denken vermittels verschiedenartiger körperlicher Prozesse, die je nach Organisation des Tieres sehr unterschiedlich sein können, in den Vordergrund. Vor allen Dingen sind die Wege verschieden, auf denen die Außenwelt auf Tiere der verschiedensten Gattungen einwirkt und ihre Persönlichkeit formt. Beim Menschen ist der Gesichtssinn vorherrschend, und es ist interessant zu beobachten, wieviele der täglich gebrauchten Ausdrücke ihren Ursprung in Gesichtsempfindungen haben, jedoch in reine Symbole umgewandelt werden. Wir haben eine gewisse „Weltanschauung", für uns sind die Dinge gewöhnlich „klar", „durchsichtig", „augenscheinlich", „wie auf der Hand liegend", wir „klären" unverständliche Sachen, wir „sehen", daß dies oder jenes richtig ist, wir werden „sehen", wer recht haben wird, wir „sehen voraus", daß etwas geschehen wird usw. Es fällt uns schwer, uns mit einem Hunde zu verständigen, bei dem der Geruchssinn vorherrschend ist und der seine eigene „Weltanriechung" besitzt, für den die Dinge „beriechbar" sind und der „riecht", wer obenauf bleiben wird. Beim Regenwurm ist der Tastsinn der dominierende, bei der Ameise ein besonderer topochemischer Sinn, der eine Verbindung des Geruchssinns mit dem Tastsinn darstellt und eine Quelle höchst eigenartiger Empfindungen sein muß.

Die Frage eines Vergleichs des Menschen mit dem Tier muß jedoch weiter präzisiert werden. Es gibt den biologischen Menschen, der auf dem Wege der Evolution von den Tieren entstanden ist und sowohl im Körperbau wie auch in seinen seelischen Eigenschaften viele tierische Merkmale besitzt. Die Grundgesetze der Psyche, die Biologie des Seelenlebens ist bei allen Tieren einschließlich des Menschen analog. Würde ein Mensch auf einer unbewohnten Insel einsam aufwachsen, so wäre er ein Tier, das sich von den anderen Tieren nur durch den Grad seiner seelischen Entwicklung unterscheidet. Ein Mensch unterscheidet sich vom Tier in demselben Grade wie die einzelnen Arten der Tiere untereinander. Dies wäre aber ein theoretischer Mensch, der nur unter speziellen künstlichen Bedingungen existieren kann. Der wirkliche Mensch wächst als Glied der Gesellschaft auf, und das Vorherrschen des verbalen Elements in seiner Psyche ist durch seine ganze Entstehungsgeschichte bedingt. Der Behaviorismus zieht dieses nicht in Betracht und kann deshalb als philosophische Richtung nicht angenommen werden.

Man kann sich ebenfalls schwerlich mit dem erneuten Versuch einer Mechanisierung des Organismus und der Rückführung alles Möglichen nur auf Körperbewegungen zufriedengeben. Theoretisch ist es durchaus möglich, die Welt des Innenlebens eines Tieres darzustellen. Neben der Kenntnis der grundlegenden Bildungsgesetze der Psyche müssen wir jedoch genau den Wirkungsbereich der Sinnesorgane kennenlernen, wir müssen wissen, aus welchem Material die Psyche geschaffen wird. Auf dem Boden exakten physiologischen Experimentierens ist die genaueste Untersuchungsmethode der Sinnestätigkeit der Tiere entstanden, die gleichzeitig auch einen tiefen Einblick in die Bildung und Entstehung seelischer Prozesse gewährt. Ihre Darstellung soll Gegenstand des nächsten Kapitels sein.

VIERTES KAPITEL

Bedingte Reflexe

Wir bewegen uns stets in einer Sphäre von Erscheinungen, die gewissermaßen auf der Grenze zweier großer Wissenschaftsgebiete: der Psychologie und der Physiologie liegen. Ob Theorie der Tropismen oder Behaviorismus, diese Richtungen befassen sich ausschließlich mit objektiv feststellbaren Erscheinungen und verzichten auf Spekulationen über Gefühle und Erlebnisse. Wir werden uns nun mit einem Gebiet vertraut machen, das sich durch außergewöhnliche wissenschaftliche Exaktheit und Fruchtbarkeit auszeichnet. Es ist dies das Gebiet der bedingten Reflexe, das von dem großen russischen Physiologen I. P. Pawlow geschaffen wurde. Sein Zusammenhang mit dem Behaviorismus steht außer Zweifel. Pawlow selbst verfolgte mit großer Anerkennung die Arbeit der Behavioristen, insbesondere die Untersuchungen Thorndikes, die er für bedeutende Erfolge bei der Erforschung der Tätigkeit der Tiere hielt.

Die Psychologie ist eine sehr alte Wissenschaft; sie zählt schon mehrere tausend Jahre. Die wissenschaftliche Physiologie hingegen, die die Tätigkeit des Gehirns untersucht, datiert eigentlich erst seit dem Jahre 1870, als man zur Lokalisierung der Bewegungszentren die Methode der Reizung einzelner Punkte der Hirnhaut anwandte. Eine verwandte Methode bestand darin, daß man lokale Störungen des Gehirns setzte, seine verschiedenen Partien ausschnitt und beobachtete, welche Tätigkeiten des Tieres dadurch in Mitleidenschaft gezogen werden. Die auf diesem Wege gewonnenen Daten dienten dazu, eine Verbindung zwischen der Physiologie der Hirnzentren und der Psychologie herzustellen. Es entstand allgemein die Ansicht, daß das Gehirn das „Organ der Seele“ sei, daß das „Gehirn Gedanken ausscheide“, ähnlich wie die Speicheldrüse Speichel ausscheidet. Das Gehirn ist ein äußerst komplizierter Mechanismus von einer ganz bestimmten Struktur, und die Kenntnis dieser Struktur würde in der Wissenschaft das Wesen der Seele begreifbar machen, ebenso wie die Kenntnis der Bauart einer Maschine deren Funktionieren verständlich macht. Hieraus entstand die Tendenz zur Verbindung beider Wissenschaftsgebiete. Die Physiologen begannen ihre Abhandlungen mit Angaben über den Bau und die Tätigkeit des Nervensystems und der Sinnesorgane, die Psychologen interpretierten ihre Ergebnisse in Begriffen von Gefühlen und Erlebnissen. Sehr bald jedoch setzte eine gegenseitige Desillusionierung ein. Der Hirnapparat erwies sich zu kompliziert und allzu unberechenbar, als daß die Kenntnis seines Baus dazu dienen könnte, irgend etwas über die seelische Tätigkeit auf seiner Grundlage vorhersagen zu können. Und die psychologische Auslegung war in sehr vielen Fällen allzu willkürlich und phantastisch, um einen Physiologen befriedigen zu können, der immer neue, in ihrem Ablauf beständige und gesetzmäßige Erscheinungen aufdeckte, die jedoch keinen greifbaren Zusammenhang mit den Erlebnissen oder Gefühlen des Tieres besaßen.

Die Hirntätigkeit ist entschieden zu kompliziert, als daß auf der Grundlage ihrer unmittelbaren Untersuchung auf diesem Gebiete irgendein wesentlicher Fortschritt möglich sein könnte. Es mußte vielmehr irgendeine einfachere Tätigkeit gesucht werden, die sich mit genauen physiologischen Methoden erforschen ließe und gleichzeitig psychische Merkmale besäße. Pawlow fand eine solche Tätigkeit in der Verdauung. Er führte hervorragende, sehr präzise Untersuchungen über die Tätigkeit der Verdauungsdrüsen durch. Er vervollkommnete die sogenannte Fistelmethode, die darauf beruht, die Drüsenkanalöffnung nach außen zu führen, um beobachten zu können, wie sich die Eigenschaften des abgesonderten Saftes unter dem Einfluß verschiedenartiger Faktoren, denen das Tier ausgesetzt wird, verändern. Die Magenfistel gestattete es, eine Reihe von Gesetzmäßigkeiten in der Tätigkeit der Magenwand aufzudecken. Unter den Faktoren, die die Arbeit dieses Organs neben den Umständen, die direkt auf die Magenwand einwirken, also neben den Nahrungsbestandteilen beeinflussen, wurden auch Agenzien festgestellt, deren Einfluß mittelbar war. So sonderte z. B. ein Hund reichlich Magensaft ab, nicht nur, wenn Nahrung in den Magen eingeführt worden war, sondern auch, wenn er Futter sah oder roch. In diesen Fällen mußte der Weg der Reizung kompliziert sein, er führte vom Auge oder von der Nase über die sensiblen Nerven zu den Nervenzentren, und von dort über die motorischen Nerven zu den Drüsen der Magenwand. Diese Erscheinung hatte Reflexcharakter, mit allen charakteristischen Bestandteilen: Reizung eines Punktes, zentripetaler Weg des Nervimpulses, Umformung des Impulses im Zentrum und schließlich die Absonderungsreaktion. So kann also die Magenwand auf zweierlei Weise gereizt werden: durch direkte oder physiologische Stimuli und durch indirekte, die über die Sinnesorgane wirken. Hier haben wir die gesuchte physiologische Erscheinung, die gleichzeitig eine deutliche psychische Seite besitzt: es ist dies die sogenannte „psychische Sekretion“. Da nun derartige Erscheinungen ständig und mit großer Regelmäßigkeit auftraten und sich beliebig reproduzieren und voraussagen ließen, gab es keinen Grund dafür, ihrer Analyse aus dem Wege zu gehen.

Dennoch ist aus praktischen Gründen die Magenfistel wenig für solche Untersuchungen geeignet. Es handelt sich darum, daß die Absonderung des Magensaftes für den Organismus physiologisch sehr wichtig ist und ihre Störung eine Störung der allgemeinen Funktionstätigkeit des Organismus nach sich zieht und sich in dessen psychischem Leben widerspiegeln muß. Das Abführen eines Teiles des Magensaftes durch die Fistel zieht die Verdauung in Mitleidenschaft; allein die Untersuchungsmethode beeinträchtigt ihren Verlauf, indem sie verschiedene schwer zu beseitigende Anomalien hervorruft. Als geeigneteres Objekt erwiesen sich die Speicheldrüsen. Sie können in völlig gleicher Weise sowohl durch direkte wie indirekte Faktoren in Gang gesetzt werden und ihre physiologische Tätigkeit hat verhältnismäßig geringe Bedeutung. Hinzu kommt, daß es mehrere dieser Drüsen gibt, und für die Untersuchung die Fistel einer von ihnen ausreicht und keinerlei Störungen der organischen Tätigkeit hervorruft.

So entstand die von PAWLOW großartig ausgearbeitete Methode der Beobachtung der Speicheldrüsentätigkeit. PAWLOW führte alle seine Experimente mit Hunden durch. Der Ausführungsgang einer der Speicheldrüsen wurde nach außen geführt. Als der Hund Speichel abzusondern begann, tropfte Speichel aus der Fistel, so daß man genau seine Menge messen konnte. In den späteren Arbeiten wurde die Methode erheblich verbessert. Anstatt die Speicheltropfen zu zählen, wurde an die Fistelöffnung ein Glasröhrchen gesetzt, das den Speichel in ein Sammelbecken abführte und in den damit verbundenen Röhrchen ein Verschieben einer kleinen Säule farbiger Flüssigkeit verursachte. An der Größe der Verschiebung konnte die Quantität des sekretierten Speichels abgelesen werden.

Was zuerst bei der Beobachtung der Speicheldrüsentätigkeit des Hundes auffällt, ist die erstaunliche Zweckmäßigkeit ihrer Funktion. Es muß hinzugefügt werden, daß die verschiedenen Speicheldrüsen (es gibt deren drei Arten) unterschiedliche Speichelsorten absondern; der Speichel kann wässerig und dünnflüssig oder klebrig sein, Schleimsubstanzen enthalten und als Schmiermittel fungieren. Wird dem Hunde trockene Nahrung gereicht, z.B. zerriebener Zwieback, dann sondert das Tier reichlich wässerigen Speichel ab, der das Schlucken erleichtert. Feuchtes Fleisch hingegen ruft fast keine Speichelbildung hervor, denn es kann ohnedies leicht verschluckt werden. Schüttet man eine Handvoll sauber gewaschener Quarzsteine einem Hund ins Maul, so macht das Tier die Mundhöhle frei, indem es mit dem Kopfe schüttelt und die Steine mit der Zunge ausstößt, ohne dabei auch nur einen Tropfen Speichel abzusondern. Schüttet man aber eine Handvoll Sand, das heißt dieselben rein gewaschenen, aber zerkleinerten Steine hinein, so wird viel Speichel sekretiert. Wird Säure ins Maul gegossen, so wird reichlich wässeriger Speichel abgesondert, der die Mundhöhle auswäscht und ausspült. Mit einem Wort, die Tätigkeit der Speicheldrüsen ist den Bedürfnissen des Tieres angepaßt, ist zweckmäßig wie alle organischen Tätigkeiten. Diese Zweckmäßigkeit basiert jedoch auf einem physiologischen Mechanismus: dem Reflexmechanismus. Wir kennen seit langem verschiedene Endigungen der sensiblen Nerven in den Wänden der Mundhöhle und die sekretorischen Nerven, die die Tätigkeit der Speicheldrüsen lenken. Wir können mit völliger Genauigkeit den Reflexbogen bestimmen. Die Reaktion der Speicheldrüsen ist in jedem Falle von der spezifischen Reizung und der Wanderung der Nervimpulse über den Reflexbogen, der die zentripetalen Nerven, das Nervenzentrum und die zentrifugalen Nerven umspannt, bedingt.

Gleichzeitig können wir leicht Erscheinungen scheinbar anderer Art beobachten. Allein der Anblick trockener Nahrung ruft reiche Sekretion wässerigen Speichels hervor, beim Anblick feuchter Nahrung verbleiben die Speicheldrüsen im Ruhezustand. Das Zeigen von Kieselsteinen regt die Drüsen nicht zur Arbeit an, das Zeigen von Sand läßt sie sogleich ihre Tätigkeit aufnehmen. Es drängt sich die Schlußfolgerung auf, daß wir es hier mit Erscheinungen psychischer Natur zu tun haben. PAWLOW widersetzte sich schärfstens einer solchen Auffassung. Wünsche, Begierden und inneres Erleben des Hundes überhaupt ist der objektiven Beobachtung unzugänglich; es steht uns lediglich frei, sie zu erraten. Wir haben statt dessen eine Reihe regelmäßig eintretender Erscheinungen vor uns, die sich jederzeit reproduzieren, beobachten und messen lassen, und wir haben keinen Anlaß, in diesem Falle die Anwendung der Methoden einer exakten wissenschaftlichen Analyse zu versäumen.

Worin besteht die Besonderheit dieser Erscheinungen? Es ist keineswegs wichtig, daß in der „psychischen Reaktion“ die Tätigkeit der Speicheldrüsen von Reizen angeregt wird, die aus der Entfernung wirken und mit der Mundhöhle des Tieres nicht unmittelbar in Berührung stehen. Wir können nämlich durch das Auge oder durch die Nase ebenfalls eine Reihe einfacher Reflexe erhalten. Wichtig ist etwas anderes. Im Falle einer „physiologischen“, d. h. einer direkten Reizung ist die Tätigkeit der Speicheldrüsen mit den Eigenschaften des Gegenstandes verbunden, auf die der Speichel einwirkt. Der Speichel feuchtet trockene Nahrung an und verdünnt Reizsubstanzen. Beim „psychischen“ Vorgang hingegen stellen unwesentliche, mehr oder weniger zufällige Eigenschaften eines Gegenstandes dar, wie z. B. solche, die den Gesichts-, den Geruch- und den Tastsinn betreffen. Wie der Versuch zeigt, kann unter gewissen Bedingungen jede beliebige Einzelheit einer Situation, wie z. B. das Aussehen eines Futternapfes, der Anblick des Experimentators, der Widerhall seiner Schritte oder der Klang seiner Stimme als Reiz wirken. All das kann die Speicheldrüsen in Gang setzen.

Somit können also die Reize, die die Speicheldrüsen in Tätigkeit setzen, in zwei Kategorien geteilt werden. Es sind dies zunächst *unbedingte,* d. h. solche Reize, deren Wirkung vom Bau des Nervensystems und der Sinnesorgane des Tieres abhängig sind. Das Tier ist ein Mechanismus, der von vornherein auf bestimmte Reaktionen eingestellt ist, die sich unter dem Einfluß genau bestimmter Reize vollziehen. Derartige Reize zeichnen sich durch zuverlässige Wirkung aus und bedürfen keiner vorhergehender experimenteller Eingriffe. Sie lösen eine unbedingte Reaktion aus. Die Reizung der Mundhöhle eines normalen Tieres ruft stets Speichelbildung hervor. Ebenso löst das Berühren eines Augenlides den Reflex des Blinzelns und die Belichtung des Auges eine Verengerung der Pupille aus. Das sind alles unbedingte Reflexe.

Die zweite Kategorie der Reize und der ihnen zugehörigen Reflexe wird als die der *bedingten* bezeichnet. Bedingte Reaktionen treten nicht immer ein, ihr Vorhandensein setzt die Erfüllung einer wichtigen Bedingung voraus: eine vorhergehende Erfahrung des Tieres muß vorhanden sein. Wenn wir einem Hundejungen, das niemals in seinem Leben Brot gefressen hat, Brot zeigen, so ruft dies keine Reaktion der Speicheldrüsen hervor. Auf diesen Reiz ist der Organismus des Hundes überhaupt nicht eingestellt. Es genügt jedoch, nur einmal das Junge mit Brot zu füttern, und schon beginnen allein beim Anblick des Brotes seine Speicheldrüsen zu funktionieren. Auf diese Weise kann jeder beliebige äußere Reiz, der im gewöhnlichen Leben nichts mit der Nahrungsaufnahme zu tun hat, zu einem bedingten Reiz werden. Es ist lediglich erforderlich, daß dieser Reiz mehrmals mit der Nahrungsaufnahme, und somit mit der unbedingten Tätigkeit der Speicheldrüsen verbunden wird.

Die bedingten Reflexe weisen alle Merkmale einer physiologischen Reaktion auf. Sie treten unter gewissen Bedingungen untrüglich ein, sie können beobachtet, vorausgesehen und gemessen werden. Es ist z. B. eine stets sich wiederholende Tatsache, daß ein hungriges Tier lebhaft auf bedingte Reize reagiert, wenn gesättigt, jedoch nicht. Man kann das physiologisch erklären, indem man annimmt, daß durch das Gesättigtsein die Reizbarkeit des Nervenzentrums der Speicheldrüsen sich vermindert. Eine konstante Erscheinung ist, daß ein mehrfaches Wiederholen desselben bedingten Reizes, der nicht mit der Nahrungsaufnahme verbunden ist (in der Terminologie PAWLOWS: der bedingte Reiz ist nicht durch einen unbedingten unterbaut), sich auf die Speichelbildung hemmend auswirkt. Diese kann jederzeit wiederhergestellt werden, z. B. dadurch, daß in das Maul des Hundes irgendein Reizkörper eingeführt wird. All das sind sich konstant wiederholende laboratoriumsmäßige Erscheinungen. Es gibt unter ihnen nichts, was den „Wünschen“ und „Begierden“ des Hundes entspräche. Trockenes Brot, dem der Hund kaum Beachtung schenkt, löst schon aus der Entfernung viel Speichel aus. Dagegen läßt Fleisch, bei dessen Anblick der Hund gewaltsam aus dem Ständer loszukommen versucht und das er gefräßig verschlingt, wenn es ihm angeboten wird, die Speicheldrüsen fast völlig untätig.

Aus dem Geschilderten ist das Wesen der Ausbildungsmethode der bedingten Reflexe zu ersehen. Wie gesagt, kann jede beliebige Einzelheit der Umwelt zu einem bedingten Reiz werden: der Anblick verschiedener Gegenstände, eine geometrische Figur, die auf einen Wandschirm projiziert wird, ein beliebiger Laut oder eine Lautverbindung, verschiedenartige Gerüche, Tast- und Wärmereize, elektrischer Strom, sogar die Farbe des Kittels, den der Experimentator trägt oder der Rhythmus seines Atems. Einzige Bedingung ist, daß der gewählte Reiz mehrfach dadurch gefestigt worden ist, daß er mit der Fütterung des Hundes verbunden wird. Nach einigen Wiederholungen genügt der Anblick einer brennenden Glühbirne, um die Speicheldrüsen in Aktion zu setzen.

Die Methode der bedingten Reflexe gestattet es, äußerst subtile Untersuchungen der Leistungsfähigkeit der Sinne eines Tieres vorzunehmen. In jedem Augenblick seines Lebens wirken auf das Tier sehr verschiedene Arten von äußerer Energie ein. Diese Energien werden mittels entsprechender Sinnesorgane in Nervenerscheinungen umgewandelt. Hierbei ist jedes Sinnesorgan auf eine bestimmte energetische Kategorie eingestellt: das Auge auf die Lichtenergie, das Ohr auf Luftschwingungen und die Nase auf chemische Energie. Einem gelungenen Terminus Pawlows zufolge ist das Sinnesorgan der *Analysator* der Energie, denn aus dem Zusammenspiel der äußeren Aktionen fängt es die Bestandteile auf, auf die der Empfang eingestellt ist, ebenso wie ein Radioapparat aus dem Wellenchaos diejenigen Wellen auffängt, auf die er eingeschaltet ist. Mit der Methode der bedingten Reflexe kann die Leistungsfähigkeit der Analysatoren geprüft werden. Wir stellen z. B. einen Reflex aus einem Ton von einer bestimmten Höhe her. Ist dieser zu einem zuverlässigen Agens geworden, reagieren die Speicheldrüsen auf ihn, und jetzt ersetzen wir ihn durch einen anderen naheliegenden Ton. Zeigt die Reaktion der Speicheldrüsen, die an der Quantität des ausgeschiedenen Speichels gemessen wird, keine Veränderung, so bedeutet dies, daß der Hund beide Töne nicht unterscheidet. Dann vergrößern wir den Abstand zwischen ihnen, wobei wir bemüht sind, den kleinsten Tonhöhenunterschied zu wählen, der eine deutlich abweichende bedingte Reaktion auslöst. Auf diese Weise können wir die Gehörsempfindlichkeit, oder genauer gesagt, die Unterschiedsempfindlichkeit seines Lautanalysators messen.

Vermittels einer ähnlichen Vergleichsmethode wurden verschiedene Sinne des Hundes untersucht. Das Ohr des Hundes unterscheidet feine Schwankungen in der Klangfarbe. Dient ein bestimmter, auf dem Klavier angeschlagener Ton als bedingter Reiz, so unterscheidet ihn der Hund von einem Ton in der gleichen Höhe, der aber von einer Flöte, einer Pfeife, einer Geige und anderen Musikinstrumenten herrührt. Der Hund unterscheidet und behält minimale Unterschiede in der Klanghöhe, die kaum 1/8 des Tones erreichen, im Gedächtnis. Es ist interessant, daß der Hund das sogenannte absolute Gehör, das bei Menschen in ungefähr 0,1 % der Fälle vorkommt, besitzt. Dieses beruht darauf, daß man die absolute Tonhöhe im Gedächtnis behält, ohne sie mit anderen Tönen zu vergleichen. Dabei ist das Erkennen eines Tones beim Hunde nach einer mehrtägigen Unterbrechung möglich. Das Ohr des Hundes reagiert auf Töne bis zu 50 000 Schwingungen in der Sekunde (der Mensch nur bis zu 20 000 Schwingungen). Unterschiede in der Klangintensität, die für einen Menschen sogar nach einer sehr kurzen Pause nicht mehr wahrnehmbar sind, können ausgezeichnet vom Hund viele Stunden hindurch im Gedächtnis behalten werden. Ebenso fein ist die Unterscheidung der Pausenlängen. Dient als bedingter Reflex die Häufigkeit von 100 Schlägen eines Metronoms in der Minute, so unterscheidet der Hund sogar nach 24 Stunden diese Häufigkeit von 96 oder 104 Schlägen in der Minute, das heißt, er erfaßt den Unterschied zweier aufeinanderfolgender Schläge, der kaum 1/43 Sekunde beträgt. Das menschliche Ohr vermag das nicht mehr nach einer eine Minute währenden Unterbrechung zu tun. Man untersuchte ebenfalls Verbindungen von mehreren Tönen. So waren z. B. in einem Versuch vier aufeinanderfolgende aufsteigende Töne der Tonleiter der bedingte Reiz. Der Hund lernte, diesen Reiz von vier gleichartigen Falltönen zu unterscheiden. Vier Töne können 24 verschiedene Kombinationen in der Reihenfolge schaffen. Als man alle erprobt hatte, erwies es sich, daß der Analysator des Hundes sie genau in zwei gleiche Gruppen geteilt hatte: die eine Gruppe regte die Speicheldrüsen an, die andere nicht. In der ersten Gruppe überwogen Steigtöne, in der zweiten Falltöne. Derartige Untersuchungen haben jedoch ihre Grenzen in der Unvollkommenheit der musikalischen Instrumente. Zu diesem Zwecke müßten noch besonders feine Geräte konstruiert werden.

In analoger Weise wird die Leistungsfähigkeit der anderen Analysatoren, wie des Gesichts-, Tastanalysators usw. untersucht. Was den Geruchssinn anbetrifft, so ist es auf diesem Gebiet nicht gelungen, gleich eindeutige Ergebnisse zu erzielen. Die Ursache liegt gewiß in der außergewöhnlichen Empfindlichkeit des Hundegeruchsinns, die bewirkt, daß wir in der Praxis eigentlich niemals in der Lage sind, zwei identische Reize anzuwenden. Trotz genauester Methodik wittert der Hund stets irgendwelche minimalen fremden Beimischungen. Hieraus ergibt sich die große Komplexität der Geruchsreize, die wir nicht gehörig zu standardisieren vermögen. Ohne Zweifel sind Geruch und Gehör des Hundes Sinne, die um vieles feiner sind als das Gehör und der Geruchssinn des Menschen. Dagegen steht der Hund dem Menschen hinsichtlich der Sehfähigkeit weit nach. Der Hund ist schwachsichtig, und es ist auch in keinem

Versuch gelungen, nachzuweisen, daß der Hund Farben unterscheiden kann. Dieses letzte Resultat ist höchst überraschend. Wenn Infusorien, Würmer, Krebstiere oder Insekten, um nicht von den Wirbeltieren zu sprechen, Farben sehen können, wie kann es dann denkbar sein, daß ein so hoch organisiertes Tier wie der Hund diese Fähigkeit nicht besitzen sollte? Das negative Ergebnis der Farbenversuche kann in einer sehr interessanten Weise ausgelegt werden. Möglicherweise nimmt der Hund in Wirklichkeit Farbenunterschiede wahr, kann jedoch die einzelnen Farben nicht im Gedächtnis behalten. Töne von verschiedener Höhe unterscheiden sich voneinander durch die Schwingungszahl, die der Hund absolut, ohne sie mit einer anderen Zahl zu vergleichen, im Gedächtnis behält. Ebenso unterscheiden sich Farben durch ihre Schwingungszahl, hier besitzt aber der Mensch den absoluten Blick, und der Hund ist nur fähig, die Farben miteinander zu vergleichen, ohne jedoch die einzelnen Farben zu behalten. Dennoch scheint das Untersuchungsergebnis keine Frage des Zufalls zu sein. Außer bei der Ordnung der Primaten konnte bisher bei keinem Säugetier Farbensehen festgestellt werden. Diese Tatsache bildet ein interessantes Evolutionsproblem. Alle Klassen der Wirbeltiere, Fische, Amphibien, Reptilien und Vögel können sehr gut Farben unterscheiden. Bei den Säugetieren ist diese Fähigkeit verlorengegangen, um in der entwickelten Gestalt der Primaten von neuem zu erstehen.

Die Untersuchung der Leistungsfähigkeit der Analysatoren stellt nur eine Seite der Methode der bedingten Reflexe dar. Sie reicht viel tiefer in das Wesen der Nervenerscheinungen hinein. Betrachten wir den Entstehungsmechanismus der bedingten Reflexe etwas näher. Es gibt ein allgemeines physiologisches Prinzip, das die Basis für derartige Erscheinungen bildet. Entsteht in einem bestimmten Nervenzentrum ein starker Reizherd, so wird dieser Punkt gewissermaßen zum Zentrum, das die nervösen Impulse der benachbarten Gegenden anzieht. Ein Impuls bewegt sich stets in der Richtung vom schwächer gereizten Punkt zu dem Punkt, der stärker gereizt wird. Gemäß diesem Prinzip erhalten wir folgendes Schema: *u* stelle einen unbedingten Reiz dar, der in den Nervenzentren Punkt *U* erregt. Von hieraus wandert der Impuls zu den Speicheldrüsen und ruft bei ihnen eine verstärkte Tätigkeit hervor. *b* soll einen bedingten Reiz bezeichnen, d. h. irgendeine beliebige Erscheinung, die bisher mit der Nahrungsaufnahme nicht verbunden war. Reiz *b* erregt den Punkt *B* der Nervenzentren. Die unbedingte Reizung ist stets stärker als die bedingte, daher muß auch, wenn beide Reizungen in den Nervenzentren gleichzeitig erfolgen, die Tendenz des Impulses *b* sein, sich einen neuen Weg in Richtung *U* zu bahnen. Wenn dann die Verbindung *B*—*U* eingetreten ist, genügt der bedingte Reiz *b*, um eine Reaktion auszulösen. Die Ausbildung eines bedingten Reflexes beruht auf der Entstehung einer neuen Verbindung in den Nervenzentren, was in der Psychologie als Assoziation bezeichnet wird.

Die Erscheinung des Umschaltens tritt beim folgenden Beispiel besonders deutlich zutage. Wir haben zwei verschiedene Reize, die auf einen Hund einwirken. Der eine von ihnen ist der Futterreiz, der die Reaktion des Hinwendens des Tieres zum Futter, des Leckens und der Speichelabsonderung auslöst. Das zweite Agens sei ein elektrischer Strom, der die Haut reizt. Als Resultat seines alleinigen Wirkens erfolgt eine Schutzreaktion des Tieres: der Hund krümmt sich in Richtung der gereizten Seite, versucht, die Elektroden mit den Zähnen zu fassen, will sich losreißen und knurrt. Was geschieht, wenn beide Reize gleichzeitig angewandt werden? In kurzer Zeit können wir feststellen, daß in dieser gemeinsamen Verbindung der Futterreiz zu überwiegen beginnt und schließlich der Hund auf die Reizung mit dem Strom keine Schutzreaktion ausübt, sondern eine typische Futterreaktion zeigt. Jetzt können wir die Stromstärke erhöhen, bis die Haut des Tieres versengt wird. Dennoch wird das Tier nicht den schwächsten Verteidigungsreflex zeigen, sondern statt dessen sich belecken und Speichel absondern. Wir wissen allerdings nichts über die Gefühle des Tieres und können nicht feststellen, ob es Schmerz empfindet. Jedoch, wie wir aus der Beobachtung des Menschen wissen, wird die Schmerzempfindung stets von gewissen charakteristischen Symptomen in Gestalt von Veränderungen im Herzschlag oder im Atmungsrhythmus begleitet. Von diesen Symptomen können wir beim Hund keine Spur finden, sondern das Tier setzt sich obendrein sehr gern solchen Experimenten aus und versucht nicht, ihnen zu entgehen. Der Mechanismus dieser Erscheinung entspricht vollends dem oben angegebenen Schema. Wir haben beim Hund zwei voneinander unabhängige Leitbahnen der nervösen Impulse. Die eine von ihnen ist die Futterbahn, die unbedingt ist: unbedingter Reiz — Zentrum — Speichelreaktion. Die zweite ist die Verteidigungsbahn: elektrischer Strom — Verteidigungszentrum — Verteidigungsreaktion. Wirken beide Reize gleichzeitig, so erfolgt eine Umschaltung, und der Impuls, der durch den Strom hervorgerufen wurde, geht, anstatt zum Verteidigungszentrum zu wandern, zum Zentrum der Futterreaktion.

Eine charakteristische Erscheinung ist die *Irradiation* der Reizung. Man weiß aus physiologischen Versuchen, daß, wenn kurze Zeit hindurch ein Punkt der Hirnrinde eines Tieres gereizt wird, eine bestimmte, mit diesem Punkt gekoppelte Muskelgruppe darauf reagiert. Wenn jedoch die Reizung mehrmals wiederholt wird, so strahlt die Erregung auf benachbarte Nervenzentren aus, so daß sich stets neue Muskelgruppen zusammenzuziehen beginnen. Schließlich kann das Tier in wahre Konvulsionen geraten, wenn alle Muskeln gleichzeitig arbeiten, und somit die Erregung auf die gesamte Bewegungssphäre der Hirnrinde ausstrahlt. Ähnlich geschieht das mit den bedingten Reflexen.

Dient als bedingter Reiz irgendein bestimmter Ton, der mehrfach mit der Nahrungsaufnahme verbunden war, so reagiert der Hund durch Speichelabsonderung nicht nur auf diesen Ton allein, sondern auch auf viele andere, denn die Erregung hat sich auf das gesamte Gehörzentrum ausgedehnt. Dient das Kratzen einer bestimmten Hautstelle als Reiz, so setzt die Reaktion auch dann ein, wenn an anderen Stellen gekratzt wird, denn die Erregung ist auf das gesamte Tastzentrum ausgestrahlt worden. Eine genaue Lokalisierung des Reizes und der spezifischen Reaktion darauf ist eine spätere Angelegenheit. Das geschieht durch Hemmung, worauf wir gleich eingehen werden.

Ich möchte an dieser Stelle ein charakteristisches Beispiel anführen, welches zeigt, daß komplizierte und veränderliche Verhaltungsweisen eines Tieres sich eindeutig nach dem Prinzip der bedingten Reflexe erklären lassen, wenn die psychologische Deutung ungewiß und willkürlich ist. Bei einem reizbaren Hund wurde ein bedingter Reflex auf Schläge eines Metronoms von einer bestimmten Häufigkeit herausgebildet. Neben dem Hunde sitzt der Experimentator, der dem Hunde gut bekannt ist und in gewissen Abständen den Taktmesser bedient, wobei er jedesmal den bedingten Reiz durch Vorsetzen von Futter festigt. Plötzlich tritt ein Fremder ins Zimmer. Der Hund reagiert auf sein Erscheinen sehr aggressiv, versucht, sich loszureißen, bellt laut, vor allem wenn der Fremde irgendwelche aufreizende Bewegungen macht. Aber der Ankömmling setzt sich auf den Platz des Experimentators und bedient das Metronom. Entgegen allen Erwartungen ruft dieser Reiz eine ungewöhnlich reiche Speichelabsonderung hervor, und gleichzeitig reißt der Hund gierig dem Fremden das Futter aus den Händen. Der Fremde sitzt weiterhin still und wendet von Zeit zu Zeit den bedingten Reiz an, wobei er ihn durch Reichen von Futter festigt. Der Hund beruhigt sich allmählich, obwohl er ununterbrochen den „Feind“ anblickt. Wird jetzt der bedingte Reiz aktiviert, so gibt es überhaupt keinen Speichel und der Hund nimmt das Futter langsam und unwillig. Steht jedoch der „Feind“ auf, dann stürzt sich der Hund sofort ungestüm auf ihn, und es setzt eine recht intensive bedingte Reaktion in Gestalt der Speichelsekretion wieder ein. Vom psychologischen Standpunkt fällt es sehr schwer, sich in dem Verhalten des Tieres zurechtzufinden, es erscheint seltsam und inkonsequent. Wenn der Hund beim Anblick eines Fremden in Wut gerät, warum nimmt er dann von ihm Futter an und sondert so viel Speichel auf den bedingten Reiz hin ab? Warum schwand die bedingte Reaktion, als das Tier sich beruhigt hatte? Vom Standpunkt der Physiologie hingegen ist die Frage klar. Während der starken aggressiven Reaktion wird ein gewisses Hirnzentrum stark erregt und von da strahlt die Erregung auf benachbarte Zentren über. Sie erfaßt ebenfalls das Speichelzentrum und gerade deshalb war die bedingte Reaktion so stark. In dem Maße, wie sich der äußere Reiz abschwächt, nimmt der Nervenvorgang an Stärke ab und die Erregung konzentriert sich im Zentrum der aggressiven Reaktion. Der Hund blickt den Fremden ununterbrochen an und knurrt leise. Jetzt ist im Hirn des Hundes ein Zentrum vorhanden, das nicht genügend stark erregt ist, damit seine Erregung auf andere Zentren ausstrahlen könnte, jedoch stark genug ist, um den Impuls aus den benachbarten erregten Zentren anzuziehen. Der gewöhnliche bedingte Reiz (das Metronom) ruft einen Impuls hervor, der nicht die Richtung zu den Speicheldrüsen, sondern zum Aggressionszentrum einschlägt. Eben deshalb reagieren die Speicheldrüsen so schwach.

Wir müssen hier einen wichtigen Umstand in Erwägung ziehen. Die bedingten Reflexe werden gewöhnlich so hergestellt, daß wir einen bedingten Reiz aktivieren und ihn nach 5—10 Sekunden durch einen unbedingten Reiz (Futter) verstärken. Dagegen werden wir nie einen bedingten Reflex erhalten, wenn die Reihenfolge dieser Handlungen umgedreht wird: daß wir zuerst den unbedingten und dann den bedingten Reiz wirken lassen. Die Erklärung bietet wiederum keinerlei Schwierigkeiten. Während der Nahrungsaufnahme ist das Nahrungszentrum des Hundes stark erregt, wodurch die Reizbarkeit der benachbarten Zentren vermindert ist. Der unbedingte Reiz ist stärker als der bedingte und das Zentrum des unbedingten Reflexes reißt gewissermaßen die Impulse der benachbarten Zentren an sich. Deshalb bleiben auch die bedingten Reflexe dann ohne Wirkung.

Es ist uns zwar nicht möglich, in das Wesen des inneren Erlebens des Hundes einzudringen, wir können aber etwas konkret über die physiologischen Erscheinungen, von denen das innere Erleben begleitet wird, aussagen. In jedem gegebenen Augenblick und den gegebenen Verhältnissen wird irgendein bestimmtes Gebiet der Großhirnhemisphären erregt, alle anderen Gebiete besitzen dann zeitweilig einen viel schwächeren Erregungszustand. Offensichtlich ist dieses Gebiet nicht konstant, je nach den Umständen und der Natur der Reizungen wandert der Erregungszustand in verschiedenen Richtungen. Wenn der Schädel des Tieres durchsichtig wäre und das erregte Gebiet leuchten könnte, so würden wir an der Oberfläche des Hirns einen leuchtenden Fleck sehen, der planlos über das ganze Gehirn wandert. In diesem Gebiet eben bilden sich am leichtesten bedingte Reflexe heraus, die auf der Entstehung neuer Zusammenhänge und Verbindungen beruhen. Dies ist der schöpferische Teil des Gehirns. Gebiete, die schwächer erregt sind, sind nur zu automatischen, stereotypen Reaktionen fähig und man könnte von ihnen sagen, daß sie eine Arena der unbewußten Erscheinungen sind. Die bewußten Erscheinungen müssen mit der am stärksten erregten Gehirngegend in Verbindung stehen.

Wir haben bisher nur eine Seite des Problems kennengelernt: den Bildungsprozeß der bedingten Reflexe. Es gibt jedoch einen sehr komplizierten und veränderlichen entgegengesetzten Prozeß, der in deren Schwinden besteht. Er läßt sich auf die Erscheinungen der *Hemmung* zurückführen, der Pawlow und seine Schule besondere Beachtung geschenkt haben.

Bei Experimenten mit einem Hunde ist die aktive Reaktion des Tieres auf jede Veränderung des Milieus eine konstante Erscheinung. Ein plötzlicher Laut, die Änderung der Belichtungsstärke, ein neuer Geruch, Temperaturveränderungen, eine vorbeifliegende Fliege, alle diese flüchtigen Reize lösen sofort eine Orientierungsreaktion des Tieres aus: der Hund wendet den Kopf zur Quelle des neuen Reizes, streckt die Ohren und wittert. Es erfolgt Erregung gewisser Hirnzentren und gleichzeitig schwindet gemäß dem allgemeinen Schema für einen Augenblick die bereits herausgebildete bedingte Reaktion. Derartige zufällige Reize erhielten die Bezeichnung der *Löschreize* im Hinblick auf ihre kurze Wirkungsdauer. Wenn solche Reize keine Konsequenzen nach sich ziehen, so hört das Tier auf, auf sie zu reagieren, und die ursprüngliche bedingte Reaktion kehrt mit vorheriger Stärke wieder. Die erlöschenden Bremsen stellen ein beträchtliches Hindernis in der Forschung dar. Wirkt bei der Arbeit mit dem Hunde plötzlich irgendein zufälliger Reiz, fährt zum Beispiel ein Wagen unter dem Fenster vorbei, so verliert sich die bereits herausgebildete Reaktion und man muß darauf warten, bis sie wieder zurückkehrt. Unter derartigen Reizen können sich bisweilen solche einfinden, die der Hund aus seiner vorhergehenden Erfahrung kannte und auf die er besonders stark reagiert. Da die Lebensgeschichte des Hundes sehr oft unbekannt ist, sind verschiedene Überraschungen in der Reaktionsweise möglich, und eine wahrhaft exakte Untersuchung dieser Fragen erfordert eine äußerst sorgfältige Isolierung des Tieres von fremden und zufälligen Reizen.

Eine andere Kategorie der Hemmungserscheinungen stellen die sogenannten *einfachen Hemmungen* dar. Verschiedene Umwelteinflüsse, die in dieser oder jener Weise den Organismus beschädigen, wie Verbrennung der Haut, Verletzung, Beschädigung der Schleimhaut der Mundhöhle u. ä., rufen eine Verteidigungsreaktion des Tieres hervor und eine Reizung der mit ihr verbundenen Nervenzentren löst sofort eine Hemmung der bedingten Reflexe aus. Oft geben Versuche nicht die erwarteten Resultate, weil sich der Hund aus irgendwelchen Gründen schlecht fühlt, weil ihm etwas weh tut, er eine überfüllte Harnblase oder etwas anderes hat. All das wirkt wie eine einfache Hemmung. Es ist kennzeichnend für eine derartige Hemmungsweise der bedingten Reflexe, daß gewöhnlich auf einen bestimmten hemmenden Faktor hingewiesen werden kann und mit seiner Beseitigung die Hemmung schwindet.

Beide genannten Arten von Hemmungen gehören zu den Hemmungen äußeren Typs. Neben den äußeren Hemmungen unterscheidet Pawlow die innere Hemmung, die in einigen Abarten auftritt. Zunächst haben wir das *Erlöschen* eines erworbenen bedingten Reflexes. Es erfolgt dann, wenn wir mehrere Male hintereinander einen bedingten Reiz anwenden, ihn aber nicht durch Vorsetzen von Futter festigen. Es wird dann immer weniger Speichel abgesondert, bis die Speicheldrüsen schließlich überhaupt aufhören, auf den Reiz zu reagieren. Der Reflex verschwindet jedoch nicht, sondern wird lediglich stillgelegt. Das geht daraus hervor, daß der bedingte Reflex vollständig wiederkehrt, wenn man den Hund mehrere Stunden hindurch in Ruhe läßt. Man kann ihn überdies jederzeit durch einmalige Reizung der Mundschleimhaut wiederherstellen, z. B. durch Eingießen von verdünnter Säure in die Mundhöhle des Hundes. Sofort reagiert der Hund danach auf den vorhergehenden bedingten Reiz durch Absonderung von Speichel. Die folgenden Zahlen geben diese Verhältnisse wieder. Bedingter Reiz war der Anblick von Fleischpulver, der unbedingte Reiz das Eingeben dieses Pulvers. Wir wenden mehrmals in kurzen Abständen den bedingten Reiz an, indem wir dem Hunde das pulverisierte Fleisch eine Minute lang zeigen, jedoch ohne Festigung. Die Quantität des ausgeschiedenen Speichels betrug in Kubikzentimetern gemessen:

Ein Uhr 2 Min.	49	0,3
2	52	0,2
2	55	0,1
2	58	0,05
3	1	0,05
3	4	0

Das Erlöschen des Reflexes erfolgt um so rascher, je öfter wir den ungefestigten bedingten Reiz anwenden. Dies zeigt folgende Tabelle:

Bedingter Reflex	alle 2 Min.	Erlöschen nach 15 Min.
	alle 4 Min.	nach 20 Min.
	alle 8 Min.	nach 54 Min.
	alle 16 Min.	nach 120 Min.

Der gehemmte bedingte Reflex kehrt von selbst nach einer Pause von ungefähr zwei Stunden wieder. Dieser Reflex kehrt sofort wieder, wenn ein unbedingter Reiz angewandt wird. So zeigte man z. B. alle drei Minuten dem Hunde Fleischpulver, ohne ihm dieses zu geben (ohne Festigung). Die Speichelmenge betrug jeweils:

$$0{,}7 — 0{,}4 — 0{,}2 — 0{,}05 — 0\ cm^3$$

Gleich nach Erlöschen des Reflexes wurde dem Hunde Säure ins Maul gegossen. Jetzt betrug beim Anblick des Fleischpulvers die Speichelmenge:

$$0{,}4 — 0{,}3 — 0{,}1 — 0\ cm^3$$

Erneutes Eingießen der Säure. Speichelmenge:

0,7 — 0,4 — 0,2 — 0,15 — 0,05 — 0 cm^3

Somit kehrt also nach Betätigung des unbedingten Reizes die bedingte Reaktion sofort wieder.

Es muß bemerkt werden, daß das Erlöschen des bedingten Reflexes eine spezifische Reaktion ist, d. h., daß das Erlöschen eines Reflexes das Eintreten anderer Reflexe nicht behindert. So wandte man z. B. zwei bedingte Reize an: den Anblick des Gefäßes, in dem sich die Säure befand, die dem Hunde ins Maul gegossen wurde, und den Anblick des Fleischpulvers, das als Futter eingegeben wurde. Auf jeden der Reize reagierte der Hund durch Speichelbildung. Wir beginnen, einen von ihnen mit der Methode der Wiederholung des Reizes ohne Festigung zum Erlöschen zu bringen. Die abgesonderte Speichelmenge betrug beim Anblick der Säure jeweils:

0,8 — 0,3 — 0,15 — 0 cm^3

Gleich darauf zeigte man Fleischpulver vor, bei dessen Anblick der Hund 0,7 cm^3 Speichel absonderte. Obgleich der erste Reflex gehemmt worden war, verhielt sich der zweite unverändert.

Große Bedeutung besitzt der Typ der inneren, der sogenannten *Differenzierungshemmung*. Wie wir bereits wissen, wird in den ersten Erwerbungsphasen eines bedingten Reflexes die Wirkung nicht nur nach Betätigung des verwendeten Reizes, sondern auch nach Betätigung anderer ihm angenäherter Reize erzielt. Der erste bedingte Reflex ist nicht spezifisch. Wir stellen z. B. einen Reflex auf einen Pfeifenton von *800* Schwingungen in der Sekunde her. Wenn der Hund bereits zuverlässig darauf reagiert, stellen wir fest, daß seine Speicheldrüsen nicht nur bei diesem Ton, sondern auch bei anderen verwandten Tönen funktionieren, wobei die Speichelmenge um so größer ist, je näher der untersuchte Ton von 800 Schwingungen steht. Wir beginnen nun, die Reaktion zu präzisieren. Der Ton von 800 Schwingungen wird unausgesetzt durch Nahrungsaufnahme unterbaut, alle anderen hingegen bleiben ungefestigt. Wie gewöhnlich, verliert der ungefestigte bedingte Reiz seine Wirkung, der Reflex darauf erlöscht. Daher wird der Reflex des Hundes auf alle anderen Töne erlöschen und nur der Reflex auf 800 Schwingungen verbleiben. Natürlich ist die Genauigkeit in der Unterscheidung der Töne durch den Hund nicht absolut. Dennoch gelingt es, den Ton von 800 Schwingungen von einem Ton mit 812 Schwingungen, was kaum einen Unterschied von $^1/_8$ des Tones ausmacht, zu differenzieren. In analoger Weise wird, wenn man eine Hautstelle von 5—6 cm Durchmesser abkühlt und durch Futtergeben unterbaut, ein bedingter Reflex auf die Abkühlung als solche erzielt. Anfänglich ist dieser Reflex generalisiert, d. h., Abkühlung anderer Hautteile zeitigt dieselbe Speichelwirkung. Dient als bedingter Reiz der Anblick einer geometrischen

Figur in Gestalt eines hellen Flecks, der auf einen Schirm projiziert wird, so reagiert der Hund anfangs auf die Änderung der Beleuchtung im allgemeinen; wieder ist der Reflex generalisiert. Erst durch Differenzierung erhält man einen Reflex auf die Abkühlung des gegebenen Körperteils oder die gegebene Figur. Bei jeder Gewohnheitsbildung des Tieres ist die anfängliche Reaktion allgemeiner Natur und ihre Differenzierung ist notwendig, damit die Reaktion spezifisch wird.

Damit verwandt ist die Frage der Irradiation und Konzentration der Erregungs- und Hemmungsprozesse. Bedingter Reiz sei die mechanische Reizung der Haut. Am Hinterbein des Hundes werden nacheinander vier Vorrichtungen angebracht, die zum Kratzen der Haut dienen sollen. Wir bezeichnen sie, angefangen von oben mit den Ziffern 1—4. Von allen erhalten wir nach einer gewissen Zeit einen normalen bedingten Reflex. Jetzt differenzieren wir von diesen Apparaten einen fünften, der am unteren Teil des Beins gelegen ist. Wenn Vorrichtung 5 in Tätigkeit ist, wird der Reiz nicht durch Nahrungsaufnahme gefestigt, wirken die Vorrichtungen 1—4, so wird der Reiz gefestigt. Nehmen wir an, daß von den vier oberen Vorrichtungen jede in ihrer Wirkung im Laufe von 30 Sekunden 10 Speicheltropfen liefert. Vorrichtung 5 erzielt offensichtlich keine Speichelwirkung. Nachdem wir sie geprüft haben, versuchen wir es nach Ablauf von 30 Sekunden mit den vier oberen Vorrichtungen und erhalten hier ebenfalls keinen Speichel: der Effekt ist gleich Null. Die Hemmung der Reaktion, die von der Vorrichtung 5 ausging, wurde auf das ganze Bein ausgestrahlt und hemmte die Reaktion von anderen Punkten. Machen wir einen solchen Versuch im Abstand von einer Minute nach Erprobung der Vorrichtung 5, so erhalten wir im Ergebnis der Aktion der vier oberen Geräte jeweils folgende Wirkung (von unten nach oben gehend): 5, 3, 1, 0 Speicheltropfen. Beträgt die Pause zwei Minuten, so ist die Zahl der Tropfen entsprechend: 10, 8, 5, 2. Eine vier Minuten lange Pause ergibt 10, 10, 10 und 4 Tropfen. Und schließlich nach einer Pause von fünf bis sechs Minuten ergeben alle vier oberen Vorrichtungen den normalen Effekt von 10 Tropfen. Es ist klar, daß die Hemmung, die sich unter dem Einfluß der differenzierten Vorrichtung 5 vollzieht, auf das ganze Bein ausgestrahlt, danach aber sich konzentriert hat, indem sie sich zum Ausgangspunkt zurückzog. Die oben angeführten Zahlen beziehen sich nur auf einen Versuch, den ich als Beispiel erwähne, sie veranschaulichen jedoch treffend das Prinzip des Phänomens.

Ein weiterer Typ der inneren Hemmung ist die *bedingte Hemmung.* Sie erfolgt dann, wenn wir nach Herausbildung eines Reflexes auf den Reiz X in einer gewissen Reihenfolge entweder den Reiz X selber, der offensichtlich einen vollen Speicheleffekt zeitigt, oder die Verbindung des Reizes X mit einem anderen Reiz A, der bisher indifferent war, anwenden, wobei der Reiz X durch Nahrungsaufnahme gefestigt, die

Kombination XA hingegen nicht gefestigt wird. Die Reaktion auf den zusammengesetzten Reiz wird ausgelöscht, d. h., der indifferente Reiz A hat die Eigenschaft einer Hemmung angenommen. Wir haben z. B. einen Reflex auf die Schläge eines Metronoms erhalten. Wir wenden nun entweder das Metronom selbst an, das durch einen unbedingten Reiz unterbaut wird, oder auch das Metronom in Verbindung mit einem gleichzeitigen Einschalten einer Glühbirne, was nicht gefestigt wird. Nach einer gewissen Zeit wird die Glühbirne, die bisher für den Hund indifferent war, zu einer Hemmung. Es ist interessant, daß jetzt die Hemmung, die bedingt genannt wird, nicht nur die Reaktion auf den Reiz X, sondern auch auf eine Reihe anderer Reize, auf die der Hund bisher durch Speichelabsonderung reagierte, hemmt.

Eine andere Art der Differenzierung wird bei zusammengesetzten Reizen beobachtet. Wir stellen einen Reflex auf den Reiz AB her und unterbauen diese Verbindung durch Nahrungsaufnahme. Gleichzeitig differenzieren wir von dieser Verbindung beide einzelnen Bestandteile, d. h., wir wenden A ohne Festigung und B ohne Festigung an. Gefestigt wird lediglich die Verbindung beider. Das Resultat ist positiv: der Reiz AB ergibt einen bedingten Reflex, die Reize A und B, die getrennt angewandt werden, ergeben keinen. Eine häufige Erscheinung ist, daß ein bedingter Reflex, der in einer gewissen Umgebung herausgebildet wurde, in einem bestimmten Zimmer, in Gegenwart einer bestimmten Person u. ä., nur in dieser Situation eintritt. Es genügt, den Hund an einen anderen Ort zu bringen oder die Versuchsführung einer anderen Person anzuvertrauen, und der Reflex kann völlig ausbleiben. Das beweist, daß der tatsächliche bedingte Reiz nicht das von uns gewählte Moment, z. B. der Klang des Metronoms oder der Anblick einer aufflammenden Glühbirne war, sondern ein zusammengesetzter Reiz, an dem sich verschiedene Elemente der Situation beteiligten. Nur die Wiederholung des gesamten Bedingungskomplexes macht das Wiederholen des Reflexes möglich.

Eine besondere Art der Hemmung ist die sogenannte *verzögerte Hemmung*. Gewöhnlich wird ein unbedingter Reiz einige Sekunden nach Betätigung des bedingten in Anwendung gebracht. Wird diese Pause ausgedehnt, so wird der Hund nach und nach immer apathischer, bis er sich schließlich zusammenrollt und einschläft. Dieser Prozeß vollzieht sich allmählich. Folgt der unbedingte Reiz stets im Abstand von einigen Minuten auf den bedingten, so verzögert sich der bedingte Reflex und erfolgt nicht sofort nach Betätigung des bedingten Reizes, sondern schiebt sich immer mehr an den Zeitpunkt heran, in dem der unbedingte Reiz eingeschaltet wird. Eine andere Art der inneren Hemmung ist die *Schlaf- oder allgemeine Hemmung*, die im Gefolge fast eines jeden Reizes eintreten kann. Es kann allgemein gesagt werden, daß jede hinreichende lange Reizung, die auf einen bestimmten Punkt der Hirnrinde fällt, stets zum Schlaf führt, wenn die Reizung gleichförmig bleibt und zur gleichen Zeit keine anderen Punkte gereizt werden. Pawlow erklärt diese Erscheinung durch Ermüdung, Erschöpfung des Hirngewebes an einem gegebenen Punkt. Dieser Zustand strahlt auf die Umgebung des gereizten Punktes aus, erfaßt allmählich die gesamte Rinde und hemmt alle bedingten Reflexe. Wir wissen übrigens aus unserer täglichen Erfahrung, daß monotone Reize einschläfernd wirken. Der einfache einförmige Rhythmus des Wiegenliedes, das rhythmische Schaukeln der Wiege, das Aufstoßen der Eisenbahnwagenräder an den Schienenverbindungen, sogar der Blumenduft im Zimmer, das sind alles Reize, die auf ein schmales Gebiet des Hirns einwirken und den Schlaf herbeiführen. Wir können hier nicht auf die Pawlowsche Schlaftheorie eingehen. Sie läßt sich im wesentlichen auf die Identifizierung des Schlafes mit der allgemeinen Hemmung zurückführen. Darüber hinaus sind Schlaf und Hypnose nach Ansicht Pawlows eng miteinander verwandt.

Wir haben noch über eine Art der Hemmung zu berichten. Es geht darum, daß die innere Hemmung selbst einem Hemmungsprozeß ausgesetzt werden kann. Als bedingter Reiz diene ein Pfeifenton mit einer Frequenz von 1000 Schwingungen in der Sekunde. Nach Einstellen des Reflexes geben wir mehrmals den Pfeifenton, ohne ihn jedoch durch Futter zu unterbauen. Wie üblich, erlischt nach einer gewissen Zeit der Reflex, er wird gehemmt. Jetzt fügen wir zum Pfeifenton einen neuen Reiz hinzu, z. B. den Anblick einer aufflammenden Glühbirne, die bisher in keinem Zusammenhang mit der Speichelreaktion des Tieres gestanden hat. Der Hund beginnt erneut, Speichel abzusondern. Wie wir wissen, löst ein neuer Reiz, im gegebenen Falle die Glühbirne, eine Orientierungsreaktion des Tieres aus und hemmt die bedingten Reflexe. Es erweist sich, daß er auch den inneren Hemmungsvorgang hemmen kann. Eine Hemmung der Hemmung bedeutet aber eine *Enthemmung*, d. h., eine Wiederkehr der Reaktion.

Ich habe etwas eingehender die Hemmungsvorgänge besprochen, um dem Leser einen Einblick darüber zu verschaffen, mit welcher peinlichen Genauigkeit die Pawlowsche Schule im Laufe von über dreißig Jahren angestrengter Arbeit die Reaktionen des Tieres studiert hat. Zur besseren Orientierung stelle ich die hauptsächlichen, von Pawlow unterschiedenen Hemmungsweisen zusammen:

Äußere Hemmung:
- erlöschende Hemmung
- einfache Hemmung

Innere Hemmung:
- Erlöschen der Reflexe
- differenzierende Hemmung

bedingte Hemmung
verzögerte Hemmung
allgemeine (Schlaf-) Hemmung
Enthemmung

Aus den dargelegten wichtigsten Forschungsergebnissen auf dem Gebiete der bedingten Reflexe können wir erst ersehen, welcher Art die Methodik zur Durchführung ähnlicher Versuche sein muß. Angesichts der zahlreichen Abarten des reflektorischen Hemmungsvorganges ist weitestgehende „Sauberkeit" bei der Anwendung der Reize unumgänglich, denn die Reize müssen genau wiederholbar sein. Das PAWLOWsche Laboratorium in Leningrad hat einen besonderen Bau. Das Institut ist ein zweistöckiges Gebäude, mit einem tiefen Graben umgeben, um eine übermäßige Annäherung von Fahrzeugen, die Erschütterungen der Wände verursachen könnten, zu verhindern. Das mittlere Stockwerk ist für ein Hilfslabor, für Kabinette, die Bibliothek u. ä. bestimmt, im Parterre und im zweiten Stock werden die eigentlichen Versuche mit Hunden durchgeführt. Das Stockwerk ist durch zwei Kreuzgänge in vier Teile geteilt. In jedem von ihnen befindet sich eine Isolationskammer, deren Wände aus schalldichtem Material gebaut sind. In der Kammer selbst wird der Konstanz der Bedingungen besonders Rechnung getragen: es gibt dort keine Belichtungs- oder Temperaturschwankungen, keine Luftströmungen, fremde Gerüche und Laute. Denn alle diese Agenzien könnten zu Hemmungen erlöschenden Typs werden. Der Hund ist vom Experimentator durch eine Wand getrennt und kann nur durch einen schmalen Spalt in der Wand beobachtet werden. Der Hund wird in einen Ständer gebracht und dort mit Riemen, die ihn nicht drücken, ganz locker befestigt. Die bedingten Reize betätigt der Experimentator, ohne sich dem Tier zu nähern. Ebenso wird aus der Entfernung Futter gereicht, der Speichel aus dem Behälter, der an der Öffnung der Fistel befestigt ist, gegossen usw. Und schließlich ist ein allgemeiner guter Zustand der Versuchstiere eine wichtige Vorbedingung. Der Hund darf weder hautkrank sein, noch innere oder äußere Parasiten haben, er darf nicht zu hungrig oder zu ermüdet sein, denn das alles bildet zusätzliche Reize, die die Wirkung des eigentlichen Versuchsreizes völlig beseitigen können. Die Hunde werden mit besonderer Sorgfalt umgeben und äußerst sorgsam behandelt.

Es ist leicht verständlich, welche biologische Rolle die bedingten Reflexe spielen und was ihre Erwerbung oder Hemmung für das Tier bedeutet. Die Tiere besitzen einen geringen Vorrat an unbedingten Reflexen, die einfach von der Struktur des Nervensystems abhängig sind. Diese Reaktionen braucht das Tier nicht zu erwerben; die individuelle Erfahrung spielt darin keine Rolle. Aber diese Reaktionen reichen für die Bedürfnisse des Tieres nicht aus, sie stellen nur ein Skelett dar, auf dessen Grundlage sich alle unumgänglichen Reaktionsweisen entwickeln. Das Tier muß in der Lage sein, sich seine Nahrung suchen zu können. Auf der Grundlage der unbedingten Reflexe kann das Tier erst dann Nahrungsreaktionen ausüben, wenn die Speise seine Mundhöhle gereizt hat. In dieser Weise verhält sich ein Hund, dem die ganze Hirnrinde ausgeschnitten worden ist. Er frißt das Fleisch, das ihm ins Maul gelegt wurde, reagiert aber nicht auf Fleisch, das neben ihm auf dem Boden liegt. Ein solches Tier ist zu einem selbständigen Leben nicht fähig. In der Natur muß das Tier schon von weitem das Vorhandensein von Futter auf Grund seiner sekundären Merkmale, die nicht unmittelbar mit der Tätigkeit des Fressens verbunden sind, jedoch das Futter signalisieren, erkennen. Diese Merkmale betreffen das Aussehen oder den Geruch des Futters, sie werden zu bedingten Reizen, sobald in der Erfahrung des Tieres ein Zusammenwirken der unbedingten und bedingten Merkmale des Futters eingetreten ist. Das Tier muß vor Feinden fliehen können. Wenn dies nur auf den unbedingten Reflexen beruhte, würde es die Schutzreaktion erst nach Einwirkung des den Körper schädigenden Reizes, z. B. nach seiner Ergreifung, ausführen. Dann wäre es aber für eine Flucht zu spät, und es ist darum eine Lebensfrage des Tieres, die Gegenwart eines Feindes auf Grund seiner Nebeneigenschaften: des Aussehens, Geruchs, des Widerhalls seiner Schritte u. ä., von weitem zu erkennen. Das sind alles bedingte Reize. So bildet sich um eine jede unbedingte Reaktion eine Gruppe von erworbenen, bedingten Reflexen heraus.

Ein solcher Mechanismus genügt jedoch noch nicht. Auf diese Weise würde das Tier nämlich eine gewaltige Anzahl von Verbindungen und Assoziationen schaffen, von denen nur ein geringer Bruchteil notwendig oder nützlich ist. Wenn während des Fressens in nächster Nähe Drosselgesang ertönt, so können diese Laute ebenfalls zu einem bedingten Reiz werden. Das ist jedoch nur ein zufälliger Umstand in einer Situation, und es muß vorkommen, daß der Gesang der Drossel auch dann gehört wird, wenn kein Futter vorhanden ist, das heißt, wenn er nicht durch einen unbedingten Reiz unterbaut wird. Dann erlischt der zufällige Reiz, er wird gehemmt. Im Endergebnis bildet das Tier eine ungeheure Anzahl von Assoziationen, denn jeder beliebige Reiz, der von einer unbedingten Reaktion begleitet wird, kann zu einem bedingten Reiz werden. Aber von diesen werden in seinem Nervensystem nur Reaktionen fixiert, die zum Ziele führen, das heißt solche, die durch einen unbedingten Reiz unterbaut werden. Alles andere ist der Hemmung unterworfen.

Es würde schwerfallen, solche Lebenslagen zu wählen, in denen alle genannten Erwerbungs- und Hemmungsweisen der Reflexe notwendig sein könnten. Es ist anzunehmen, daß das Tier von der Natur freigebiger ausgestattet worden ist, als es in seinem täglichen Leben notwendig erscheint, und daß es in der Praxis kaum von einem Teil seiner Fähigkeiten und Möglichkeiten Gebrauch macht. Hieraus geht nun hervor, daß die Ausarbeitung eines solchen Erziehungssystems denkbar ist, das die Anwendung aller Reaktionsmöglichkeiten ermöglichen würde. Ein auf diese Weise erzogenes Tier würde sich sehr durch seinen psychischen Entwicklungsgrad vom durchschnittlichen Vertreter seiner Gattung unterscheiden.

Wir können in der Analyse der tierischen Reaktionen noch weitergehen. Wenn die Umgebung des Tieres unverändert bleibt und die wirkenden Reize sich stets wiederholen, so bildet sich in seiner Hirnrinde ein bestimmtes System der Erregungs- und Hemmungszustände, und dieses System wird gewissermaßen zu einem Gleichgewichtszustand, zu dem das Tier leicht nach zufälligen Störungen zurückkehren kann. Es entsteht im Gehirn der sogenannte *„dynamische Stereotyp"*, dessen Erhaltung einer geringen nervösen Anstrengung bedarf, der sich aber schwer durch neue Bedingungen ändern läßt.

Der Stereotyp ist ein erworbener Zustand der höheren Nervenzentren, er unterscheidet aber über den Charakter der Reaktionen des Hundes. Gleichzeitig entwickelt sich der dynamische Stereotyp auf der Basis des angeborenen Typs des Nervensystems. Dies ist eine sehr wichtige Frage, denn vom Typ des Hundes ist die prinzipielle Reaktionsweise abhängig. Solche angeborenen Typen oder bestimmte Muster von Reaktionsweisen der Hunde können klassifiziert werden. Bei der Klassifizierung bedienen wir uns dreier Kriterien: der Stärke der grundlegenden Nervenprozesse (Erregung und Hemmung), dem Grad ihres gegenseitigen Gleichgewichts und der Beweglichkeit dieser Prozesse. Verschiedene Kombinationen dieser prinzipiellen Eigenschaften bilden vier recht eindeutige Typen des Nervensystems. Nach der Intensität der Nervenprozesse können die Tiere in starke und schwache eingeteilt werden. Die starken können ausgeglichen oder unausgeglichen sein, die ausgeglichenen und starken Tiere können weiterhin in aktive und passive eingeteilt werden. So erhält man eine Klassifikation, die der klassischen Lehre von den Temperamenten entspricht. *Choleriker* sind starke, unausgeglichene Hunde, bei denen die Erregungs- über die Hemmungsprozesse überwiegen, ein reizbarer, zügelloser Typ. *Phlegmatiker* sind starke ausgeglichene Tiere, passiv und ruhig. *Sanguiniker:* starke ausgeglichene Exemplare, jedoch lebhaft und reizbar. *Melancholiker:* schwache Hunde, bei denen leicht innere und äußere Hemmungsprozesse eintreten und die Erregungsprozesse schwach sind. Die Zugehörigkeit eines Hundes zum jeweiligen Nerventyp ist im Hinblick auf die allgemeine Reaktionsfähigkeit von Bedeutung. Insbesondere besteht ein klarer Zusammenhang zwischen der Neigung zu psychoneurotischen Erkrankungen und dem Typ des Nervensystems. Wir berühren hier ein sehr interessantes Problem, das Gegenstand neuerer Arbeiten der PAWLOWschen Schule wurde. Gewisse neurotische Zustände der

Hunde beruhen auf der Gleichgewichtsstörung der geschilderten Prozesse. Dieser Zustand läßt sich nicht ganz klar von der sogenannten Norm unterscheiden, in der das Gleichgewicht niemals absolut ist. Die Störung des Gleichgewichts kann nun eine Folge besonderer experimenteller Eingriffe sein, die die Bildung und Heilung typischer Neurosen und Psychosen gestatten. Psychische Erkrankungen können künstlich ohne irgendwelche Beschädigungen des Nervensystems erzeugt werden.

Die Bedingungen, die Gleichgewichtsstörungen im Nervensystem verursachen, beruhen auf einer übermäßigen Anspannung der Erregungs- und Hemmungsvorgänge und der direkten antagonistischen Wirkung dieser beiden Erscheinungen. Neurosen und Psychosen entstehen also, wenn sehr starke bedingte Reize verwendet werden, die Wirkungsdauer der hemmenden Reize übermäßig verlängert, wenn vom Tier eine sehr subtile Differenzierung verlangt wird, die die Möglichkeiten seiner Analysatoren überschreitet, und schließlich, wenn man nacheinander mit zwei einander entgegengesetzten Reizen vorgeht oder sie gleichzeitig anwendet. In diesen Fällen erfolgt eine Änderung des dynamischen Stereotyps, und die nachfolgende Erkrankung kann Monate und Jahre dauern. Ich führe einige typische Beispiele an:

Man stellte einen bedingten Reflex beim Hunde auf den Anblick eines hellen Kreises auf einem Schirm her. Nach Fixierung des Reflexes begann die Differenzierung des Kreises von der Ellipse. Man nahm zuerst eine ziemlich längliche Ellipse, deren Achsenverhältnis 2 : 1 betrug. Die Ellipse wurde nicht durch Nahrungsaufnahme gefestigt, der Kreis dagegen stets. Nach Erreichen einer deutlichen Differenzierung begann man allmählich, die Ellipse dem Kreise zu nähern, wobei man Ellipsen mit einem Achsenverhältnis von 3 : 2, 4 : 3, 5 : 4 usw. verwendete. Das Experiment verlief normal bis zum Achsenverhältnis von 9 : 8. Die Unterscheidung einer solchen Ellipse vom Kreise war nicht mehr sicher. Nach drei Wochen unausgesetzten Experimentierens verschlechterte sich die Unterscheidungsfähigkeit. und das so weit, daß der Hund überhaupt aufhörte, eine Ellipse von einem Kreise zu unterscheiden, auch die Ellipse mit dem Achsenverhältnis 2 : 1. Zugleich zeigte das Tier Symptome großer Unruhe, versuchte, sich vom Ständer loszureißen, zerbiß die Röhren, so daß die Arbeit mit ihm überhaupt unmöglich wurde. Man mußte mit der Differenzierung von neuem beginnen, mit der Ellipse 2 : 1. Nach ziemlich langen Bemühungen wurde schließlich ein positiver Effekt erzielt, wobei sich der Hund allmählich beruhigte. Jetzt war der Übergang zu feineren Unterschieden bereits leicht. Der erste Versuch mit der Ellipse 9 : 8 ergab klare Unterscheidung. Doch schon der nächste Versuch machte die ganze Differenzierung hinfällig und der Hund verfiel erneut in eine heftige Neurose. Dieses Beispiel ist sehr interessant. Man ließ den Hund zwei miteinander in Widerspruch stehende Reaktionen durchführen: Speichel absondern und ihn nicht absondern. Augenscheinlich steht die Ellipse 9 : 8 an der Grenze der Unterscheidungsfähigkeit des optischen Analysators des Tieres, eine Ellipse mit diesen Proportionen und ein Kreis stellen für den Hund zwei identische Reize dar. Auf einen von ihnen wird aber ein bedingter Reflex verlangt, auf den anderen verwehrt. Diesen Widerspruch kann das Tier nicht ertragen, die Kollision zwischen den Erregungs- und Hemmungsprozessen treibt es in eine Nervenkrankheit. Wie man sieht, ist das logische Gesetz vom Widerspruch tatsächlich ein physiologisches Gesetz: das Nervensystem kann ihn nicht ertragen.

Die Überschwemmungen des Jahres 1924 in Leningrad setzten das Gebäude, in dem die Hunde untergebracht waren und das sich einige hundert Meter vom Laboratorium entfernt befand, unter Wasser, so daß die Tiere an einen anderen Ort gebracht werden mußten. Einige von ihnen verhielten sich diesen Ereignissen gegenüber ziemlich gleichgültig. Eine Hündin jedoch, vordem ein starkes, gesundes Tier, wurde sehr unruhig. Schon vor langer Zeit herausgebildete bedingte Reflexe verschwanden fast völlig, sogar nach dreitägigem Hungern nahm das Tier kein Futter an sich. Ich erinnere daran, daß während des Experiments der Hund in der Isolationskammer allein bleibt und der Experimentator sich außerhalb befindet. Es zeigte sich nun, daß man unter diesen Bedingungen mit dem Tier nicht arbeiten konnte. Ging jedoch der Experimentator, an den sich der Hund seit langem gewöhnt hatte, in die Kammer und blieb während des Versuchs, den jetzt ein anderer leitete, dort, beruhigte sich der Hund sofort, fraß gierig, und alle bedingten Reflexe kehrten bei ihm wieder. Es ist interessant, daß sich der Hund nicht nur im Beisein des Experimentators beruhigte. Es genügte, neben den Hund seine Jacke zu hängen, und das Tier beruhigte sich auf der Stelle. Erst nach zwei Monaten wurden die Reaktionen des Hundes wieder normal. Dann machte man einen Versuch: ein Wasserstrahl wurde unter die Tür der Isolationskammer gelassen. Sofort begann der Hund im Ständer unruhig zu werden, schwer zu atmen, beachtete das Futter nicht und seine bedingten Reflexe verschwanden spurlos.

Nicht weniger charakteristisch ist folgendes Beispiel. Es wurde mit einem starken, sehr ausgeglichenen Hund gearbeitet, einem ausgezeichneten Phlegmatikertyp. Das Tier bildete sehr leicht die verlangten bedingten Reflexe. Es wurde begonnen, einen bestimmten Rhythmus bei der Festigung eines bedingten Reizes anzuwenden, z.B. man festigte jedes zweite Mal den Reiz. Der Hund paßte sich sehr schnell diesem Stand der Dinge an: den einen Reiz beachtete er nicht, auf den folgenden reagierte er normal. In ähnlicher Weise paßte er sich anderen Rhythmen an. Nunmehr begann man, sogenannte „wilde“ Proben zu machen. Der bedingte Reiz Nr. 1 wird unterbaut, die Reize 2, 3 und 4 nicht, 5 unterbaut 6, 7, 8, 9, 10, 11 nicht, 12, 13, 14, 15 unterbaut, 16, 17 nicht usw. Schließlich bekam der Hund plötzlich einen Wutanfall, alle seine bedingten Reflexe verschwanden, und es war lange Zeit unmöglich, mit ihm zu arbeiten. Objektiv betrachtet, befand sich der Hund während des ganzen Versuchs in den besten Verhältnissen: in einem bequemen Ständer, im Warmen, er wurde durch nichts gereizt und man gab ihm von Zeit zu Zeit zu fressen. Es wurde nichts weiter mit dem Tier getan. Und dennoch geriet der Hund in eine Nervenkrankheit. Es steht fest, daß sich das Nervensystem auf gewisse Gesetzmäßigkeiten der Erscheinungen, auf ihren bestimmten Rhythmus einstellt. Von uns selbst würden wir sagen, daß wir in allem, was uns umgibt, einen Sinn, eine Regel oder eine Konsequenz suchen. In den geschilderten Versuchen waren die Erscheinungen absichtlich jeglicher Regelmäßigkeit beraubt. Und, wie es scheint, erträgt das Nervensystem dies nicht.

Es muß vermerkt werden, daß es im Laboratorium Pawlows nicht nur gelingt, experimentell Neurosen und Psychosen hervorzurufen, sondern auch sie zu heilen. Als ein vorzügliches Heilmittel erwiesen sich die klassischen Brompräparate. Es handelt sich lediglich darum, je nach dem Typ des Nervensystems des Hundes die Mengen genau zu dosieren; für jedes Tier muß die Dosis speziell gewählt werden, wobei es diesbezüglich erhebliche Schwankungen geben kann. In einigen Fällen gab man den Hunden Brom zusammen mit Koffein ein. In einer verhältnismäßig kurzen Zeit läßt sich die Erkrankung gewöhnlich ausheilen.

Hauptziel der vieljährigen großartigen Forschung Pawlows und seiner Schule war die Erklärung des Funktionsmechanismus der höheren Nervenzentren. Als grundlegender Nervenvorgang, auf den sich letzten Endes alles zurückführen läßt, wurde der bedingte Reflex erkannt. In der Hirnrinde existiert eine bestimmte Anzahl konstanter Territorien oder Punkte, die eine Art Mosaik bilden und von denen jeder vorübergehend mit bestimmten Tätigkeiten verbunden ist. Die unbedingten Reflexe liegen tiefer, in den subkortikalen Zentren, und werden sogar durch Beseitigung der gesamten Hirnrinde nicht beschädigt. Um jeden unbedingten Reflex bildet sich eine Gruppe von bedingten Tätigkeiten heraus, die neu entstehen, der Hemmung unterliegen oder auch völlig verschwinden können. Dank dieser spezifischen Anordnung nehmen verschiedenartige Umwelterscheinungen, die bisher für das Tier indifferent waren, eine bestimmte Bedeutung an. Dadurch kann sich das Tier den Außenwelteinflüssen anpassen.

Die Theorie der bedingten Reflexe operiert mit reinen Reizen und einzelnen Reflexen, sie erforscht die Elemente, aus denen sich das Verhalten eines Tieres zusammensetzt. Unter den angeborenen Bedingungen ist das Tier dem Einfluß äußerst komplizierter Situationen ausgesetzt und reagiert auf diese mit ganzen Reflexsystemen. Daran ändert nichts, daß in vielen Fällen sich die komplizierten Verhaltungsweisen unter bestimmten Bedingungen stets wiederholen können und sich manchmal beliebig reproduzieren lassen. So wird z. B. im Verhalten einer Ratte in einem komplizierten Labyrinth eine Reihe konstant auftretender Regelmäßigkeiten beobachtet. Dies sind experimentelle Tatsachen, die einer Erklärung bedürfen. Hinzu kommt folgender Umstand: Es ist bei den bedingten Reflexen ein Grundsatz, daß die Reaktion auf einen unbedingten Reiz mit der Reaktion auf einen bedingten Reiz identisch ist. Das Vorsetzen von Futter löst Speichelsekretion aus, und dieselbe Speichelreaktion ist die Antwort auf einen Ton des Metronoms oder den Anblick einer aufflammenden Glühbirne. In einem gewöhnlichen Gewohnheitsbildungsprozeß hingegen verhält es sich ganz anders. Das Tier lernt z. B., einen Ausgang aus einem Labyrinth zu finden, an dessen Ende es Futter zur Belohnung vorfindet. Der unbedingte, festigende Reiz ist in diesem Fall das Futter. Was ist aber der bedingte Reiz? Beim Durchgang durch die wirren Gänge des Labyrinths reagiert das Tier auf Wendungen und Wegverzweigungen, und diese ganze komplizierte Situation muß als bedingter Reiz angesehen werden. Die Reaktion darauf ist eine Reihe von Körperwendungen, das heißt durch etwas, was von der üblichen Nahrungsreaktion völlig abweicht. Wenn ein in einem Käfig verschlossenes Tier diesen öffnen lernt, so ist wiederum die allgemeine Situation der bedingte Reiz, auf die das Tier mit bestimmten Bewegungen die zum Beiseiteschieben des Riegels oder zum Heben des Hakens führen, reagiert. Die Frage gestaltet sich noch komplizierter wenn man in Betracht zieht, daß das Tier ein bestimmtes Öffnungsprinzip, und nicht nur bestimmte Bewegungen lernen kann. Wir haben bereits gesehen, daß der Verschlußriegel durch das Tier auf verschiedene Weise beiseitegeschoben werden kann. Eine Ratte, die es gelernt hatte, fehlerlos durch ein Labyrinth zu kommen, wurde in ein gleiches Labyrinth gesetzt, dessen Gänge jedoch halb mit Wasser angefüllt waren. Die Ratte mußte schwimmen, um ins Freie zu kommen. Obgleich ihre Bewegungen jetzt ganz anders geartet waren, führte die Ratte alle Wendungen in der richtigen Reihenfolge aus. Können Tatsachen dieser Art auf bedingte Reflexe zurückgeführt werden?

Ohne Zweifel ja. Die Forschung der Pawlowschen Schule operiert mit Elementen des tierischen Verhaltens, es steht jedoch dem nichts im Wege, aus diesen Elementen bestimmte Komplexverbindungen zu konstruieren, die den natürlichen Daseinsbedingungen entsprechen würden. Einen bestimmten Versuch in dieser Richtung unternahmen zwei polnische Verfasser, Schüler Pawlows und Fortsetzer seiner Idee, Konorski und Miller. Sie weisen nach, daß in den peripheren Nervenbahnen, die die Basis der unbedingten Reflexe darstellen, nicht nur der rezeptive, analysierende Teil veränderlich und plastisch sein kann, sondern auch der ausführende, motorische Teil, in dem verschiedene Veränderungen und Anpassungsvorgänge möglich sind. Eine Bewegung, die vom Hunde ausgeführt, aber passiv, ohne daß das Tier daran beteiligt ist, ausgelöst wird: Heben der Hundepfote durch den Experimentator, wird zur Quelle propriozeptiver Reize, die einen bedingten Reflex hervorrufen können. Hebt man die Pfote des Hundes und festigt jede solche Bewegung durch Futtergeben, so beginnt nach einer gewissen Zeit das Tier selbst die Pfote zu heben, wobei diese Bewegung durch reiche Speichelabsonderung begleitet wird. In Ermangelung eines bestimmten Außenreizes gibt sich das Tier gleichsam durch eigene Bewegung einen Reiz, der die Nahrungsreflexe auslöst. In Wirklichkeit existiert jedoch der äußere Reiz. Es ist dies die Totalität der experimentellen Situation. Der Hund befindet sich im Ständer, stets in demselben Zimmer, im Beisein desselben Experimentators, er fühlt den gleichen Druck des Gummibandes. das um die Pfote gelegt ist, um diese zu heben usw. All das zusammengenommen stellt den Reiz dar, den wir als Situations- oder Komplexreiz bezeichnen können. Setzt man den Hund auf den Fußboden, oder bringt ihn in ein anderes Zimmer, so verschwindet der erworbene Pfotenreflex. Ähnliche Tatsachen kamen in den klassischen Versuchen der Pawlowschen Schule vor, wo es sich oft ereignete, daß ein erworbener bedingter Reflex verschwand, wenn man den Hund in andere Umgebung brachte, z.B. wenn man ihn Studenten im Hörsaal vorzuführen gedachte. In diesem letzten Falle jedoch war während der Herausbildung des bedingten Reflexes der Komplex der Situationsfaktoren ein ständiger Bestandteil des Experimentes und wurde als solcher, im Gegensatz zum gewählten und stets gefestigten tätigen Reiz, nicht durch Nahrungsaufnahme unterbaut. Deshalb wurde der Situationsreiz vom Tier differenziert, und der Reflex auf diesen gehemmt. In dem beschriebenen Versuch hingegen blieb die Situation weiterhin ein aktiver Reiz.

Erscheinungen dieser Art eignen sich besser für die Interpretation komplizierterer Reaktionsweisen des Tieres, obgleich allerdings auch sie die Frage nicht erschöpfen. Sie weisen jedenfalls auf die Anwendungsmöglichkeit komplizierterer bedingter Reize hin.

Es sei in diesem Zusammenhang eine wichtige Errungenschaft der neuesten Zeit erwähnt: die Hierarchie der bedingten Reaktionen. Ein neuer bedingter Reflex kann nicht nur auf der Basis einer unbedingten Reaktion entstehen, sondern auch auf der Grundlage eines bereits existierenden bedingten Reflexes. Wir bilden den Reflex des Zurückziehens der Pfote heraus, indem wir sie mit elektrischem Strom reizen (unbedingter Reiz), was wir dann mit dem Anzünden einer roten Glühbirne verbinden. Wenn das Tier beginnt, die Pfote beim Anblick der Glühbirne allein zurückzuziehen, wenden wir einen neuen bedingten Reiz an, z.B. den Klang eines Metronoms, den wir nicht durch Strom, sondern durch Anzünden der Glühbirne unterbauen. Es zeigt sich, daß sich die Pfote schon allein beim Ton des Metronoms zurückzieht. In diesem

Beispiel haben wir folgendes Abhängigkeitsverhältnis: unbedingter Reiz (Strom) — bedingter Reiz und Reflex I. Ordnung (rote Glühbirne) — bedingter Reflex II. Ordnung (Reaktion auf das Metronom. Auf diese Weise können Reflexe immer höherer Ordnung gebildet werden. Wie wir sehen, gestattet das Prinzip der bedingten Reflexe die Anwendung beträchtlicher Reizkomplikationen und kommt auf diese Weise den Anforderungen der Praxis immer mehr entgegen.

Ganz bestimmt stellen die großartigen Arbeiten der Pawlowschen Schule eine feste Errungenschaft der Wissenschaft dar, und jede neue Theorie muß sich mit ihnen auseinandersetzen. Neue Untersuchungen über die Plastizität des Nervensystems und die Substitution seiner Elemente sowie die heute stark ausgebaute Gestalttheorie müßten mit der Theorie der bedingten Reflexe auf einen gemeinsamen Nenner gebracht werden. Die scheinbaren Widersprüche sind unwesentlich, sie werden sich auf der Grundlage einer allgemeineren Theorie erklären lassen, die einen bedeutenden Fortschritt in der Erforschung der Tätigkeit des höheren Nervensystems darstellen wird.

Auf diese Frage werden wir noch zu sprechen kommen.

FÜNFTES KAPITEL

Angeborene Merkmale im Verhalten der Tiere

Das Problem, das den Gegenstand dieses Kapitels bildet, ist besonders verwickelt und schwierig. Es geht um die Antwort auf die Frage, welche Merkmale seines Verhaltens das Tier in fertiger Form mit sich auf die Welt bringt, und welche von ihm später individuell erworben werden. Mit anderen Worten, welche Merkmale sind angeboren und ererbt, welche dagegen erworben und erlernt? Es schien, daß dieses Problem deutlich formuliert sei. In Wirklichkeit ist der Begriff des „Auf-die-Welt-Kommens eines Tieres" gar nicht klar. Wenn wir hierunter den Moment des Geborenwerdens verstehen, so müssen wir uns vor Augen führen, daß das Tier im Augenblick seiner Geburt schon die ganze Periode des Fruchtlebens hinter sich hat, und daß im Laufe dieses Lebens der Embryo im Mutterschoße sehr verschiedenartigen Einflüssen unterliegt, auf die er aktiv reagiert, und auf diese Weise neue Merkmale seines Verhaltens erwerben kann. Denken wir ferner daran, daß verhältnismäßig wenig Tiere geboren werden. Ihre übergroße Mehrzahl gelangt in Gestalt des Eies auf die Welt, aus dem ein mehr oder weniger vollkommenes kleines Individuum ausgebrütet wird. Dieses Individuum lebt als ein selbständiger Organismus, reagiert auf die verschiedenartigsten Einflüsse seiner Umwelt und kann natürlich, bevor es seine letzte Gestalt annimmt, neue Fähigkeiten und Fertigkeiten erwerben.

Man schlug einen Ausweg aus diesen Schwierigkeiten in Form des Grundsatzes vor, daß der Anfang des Verhaltens der Augenblick ist, in dem sich im Embryo die ersten Muskelbewegungen zeigen. Das erscheint ziemlich vernünftig, denn es ist schwer, von einem Verhalten zu sprechen, wenn der Embryo unbewegt ist. Doch auch hier ergeben sich Schwierigkeiten. Die Periode der frühen Entwicklung, der Vormuskel- und Vornervenperiode, kann und muß eben mit den Termini des Verhaltens beschrieben werden. Die Zellen des Embryos sind vom ersten Anfang an lebendige Einzelwesen, die eine eigene Reizbarkeit besitzen, auf die Einflüsse ihrer Umwelt reagieren und eine Reihe von Bewegungen, unter ihnen Bewegungen von Tropismencharakter, ausführen. Es unterliegt keinem Zweifel, daß aus diesen ursprünglichen Merkmalen des Verhaltens unaufhörlich und ununterbrochen das Nerven-Muskel-Verhalten erwächst.

Man schlug schließlich vor, als den Anfang der Entwicklung den Moment der Eibefruchtung anzuerkennen. Aber auch das ist nicht so einfach. Die Geschlechtszellen des Tieres, Ei und Samenfaden, besitzen anatomische, physiologische, chemische und Verhaltensmerkmale, die gattungsmäßig spezifisch ererbt und das Ergebnis einer vorhergehenden Entwicklung sind. Das Ei reagiert auf die Einflüsse seiner Umwelt, erzeugt Substanzen, die die Samenfäden aus der Ferne heranholen, sondert Substanzen zur Befestigung der Samenfäden aus und schickt, wenn ein Samenfaden in die Nähe kommt, ihm einen Plasmaausläufer entgegen, mit dessen Hilfe es den Samenfaden in das Protoplasma zieht, wie das die Amöbe mit einem Nahrungsteilchen tut. Der Samenfaden wiederum besitzt die Fähigkeit zu aktiver Bewegung und weist eine Reihe von Tropismen auf. Alle diese Merkmale mußten entstehen, sie sind das Ergebnis einer Entwicklung, woraus wir folgern müssen, daß die Geschlechtszelle nicht der Anfang einer Entwicklung, sondern ein Entwicklungsstadium ist, genauso wie jedes andere.

Es dürfte am richtigsten sein zu sagen, daß weder die Entwicklung noch das Verhalten einen Anfang haben, wie auch das Protoplasma keinen Anfang hat. Jedes lebende Wesen, sei es selbständig oder sei es Bestandteil eines Organismus, besitzt seine eigene Art der Reaktion auf äußere Reize, eine gewisse Form des Verhaltens in allem, was lebt, eigentümlich. Unsere konkrete Aufgabe soll die Untersuchung darüber sein, welchen Umgestaltungen das Verhalten während der Entwicklung des Organismus unterliegt. Jetzt erst ist die Frage klar gestellt.

In Kapitel III machten wir uns mit den Anschauungen der amerikanischen Behavioristen, mit WATSON an der Spitze, bekannt. Wir sahen, daß sehr viele Merkmale, die für angeboren und ererbt angesehen wurden, in Wirklichkeit in der Entwicklung neu entstehen. Die verschiedenen Reflexe, Emotionen und sehr komplizierten Arten des Verhaltens, gar nicht zu sprechen von der Sprache und dem Denken, alles das ist das Ergebnis der Reaktion des Kindes auf die Faktoren seiner Umwelt und kann nicht als ererbt angesehen werden.

Untersuchen wir nun, wie es hiermit bei den Tieren bestellt ist. Der chinesische Psychologe ZING YANG KUO machte sehr interessante Experimente mit Katzen. Er untersuchte, ob das Töten und Fressen von Ratten und Mäusen eine angeborene Reaktion oder das Resultat einer Erziehung sei. Er begann, zwanzig junge Kätzchen im Alter von 6 bis 9 Tagen, wenn die Tiere noch blind und völlig unbeholfen sind, in völliger Isolation von Ratten aufzuziehen. Im Laufe der ersten vier Lebensmonate machte er alle vier Tage folgenden Versuch: In den Käfig jeder jungen Katze wurde für 30 Minuten eine Ratte hineingelassen und danach wieder entfernt. Von diesen zwanzig jungen Katzen lernten neun die Kunst des Tötens. Das Experiment ergab ein unklares Resultat, man könnte meinen, daß bei den einen Tieren dies eine angeborene Reaktion, bei den anderen eine erworbene sei. Beim zweiten Experiment wurden einundzwanzig junge Katzen ebenso in der Isolation von Ratten aufgezogen, aber alle vier Tage sah jede von ihnen, wie die Mutter eine Ratte tötete und auffraß. Jetzt lernten achtzehn Katzen das Töten. Beim dritten Experiment wurden achtzehn Katzen von frühem Alter an in gesonderten Käfigen aufgezogen, jede zusammen mit einer Ratte. In sechs Fällen war dies eine weiße, in sechs eine graue Ratte und in sechs eine Tanzmaus. Die Mütter der jungen Katzen wurden nur des Nachts zu ihnen gelassen, nachdem die Ratte aus dem Käfig entfernt worden war. Diesmal lernten nur drei von ihnen das Töten, aber nicht ein einziges Mal sah man, daß die Katze eine Ratte von der Gattung tötete, mit der sie zusammen aufgewachsen war. Von den vorherigen Experimenten blieben sechsundzwanzig junge Katzen übrig, die bis zum vierten Monat noch nicht eine einzige Ratte getötet hatten, von ihnen waren elf in der Isolation von Ratten, fünfzehn dagegen zusammen mit Ratten aufgezogen worden. Von diesem Zeitpunkt an wurden sie alle so aufgezogen, daß sie oft sehen konnten, wie eine alte Katze Ratten tötete und fraß. Von den elf Katzen, die in Isolation aufgezogen waren, wurden neun zu Tötern. Dagegen lernte von den vorher zusammen mit Ratten aufgezogenen Katzen nur eine das Töten. Eine einmal fixierte Angewohnheit läßt sich nur mit Mühe ändern.

Man stellte fest, daß die Art der Nahrung, die die Katze bekam, von keinerlei Bedeutung für ihre Reaktion auf Ratten war. Die mit Fleischnahrung gefütterten und die mit Pflanzennahrung aufgezogenen jungen Katzen ergaben denselben Prozentsatz an Tötern. Ohne Bedeutung ist auch der Sättigungsgrad der Katze. Man machte einen Versuch und ließ eine Ratte entweder gleich nach der Fütterung der Katze oder 12 Stunden später in den Käfig. In beiden Fällen war die Anzahl der Tötungen dieselbe, mit dem Unterschied lediglich, daß die gesättigte Katze die Ratte nicht auffraß.

Kuo schildert folgende Typen des Verhaltens einer Katze gegenüber einer Ratte. Der positive Typ: Die Katze stürzt sich auf die Ratte und tötet sie. Der negative Typ: Die Katze reagiert überhaupt nicht auf die Gegenwart der Ratte. Der Orientierungstyp: Die Katze beobachtet die Ratte, verfolgt sie mit den Augen, macht aber keinen Versuch, sie zu greifen. Der tolerante Typ: Die Katze greift die Ratte nicht, selbst wenn diese ihr auf den Rücken kriecht. Der freundschaftliche Typ: Einige junge Katzen vergnügen sich ausgezeichnet mit den Ratten, fangen sie, drehen sie um, verstecken sich vor ihnen, laufen vor ihnen davon und legen sich auf den Rücken. Nach einer gewissen Zeit verliert die Katze das Interesse und geht fort. Der feindliche Typ: Die Katze knurrt beim Anblick der Ratte, sträubt das Fell, krümmt den Buckel, weicht zurück, zittert, zischt und spuckt. Der positive und der feindliche Typ treten gewöhnlich zusammen auf, die feindliche Reaktion endet meistens mit dem Angriff. Die erwähnten Typen treten in dem Fall auf, wenn es sich um fremde Ratten handelt, die in den Käfig gelassen werden. Wenn es sich um die „eigenen“ Ratten handelt, mit denen die Katzen zusammen aufgewachsen sind, so muß man noch zwei Typen hinzufügen. Den protektiven Typ: Die Katze beschützt ihre Ratte und stürzt sich verbissen auf jeden Feind, beleckt die Ratte, schläft mit ihr zusammen usw. Der anhängliche Typ: Die Katze zeigt ein noch näheres Verhältnis. Nach Entfernung der Ratte aus dem Käfig ist die junge Katze eine lange Zeit hindurch unruhig, sucht beharrlich nach der Ratte, miaut laut und beruhigt sich erst dann, wenn die Ratte ihr wieder zurückgebracht wird.

Schließlich versuchte Kuo bei erwachsenen Katzen (Tötern) Angst vor der Ratte zu erwecken. In einem Drahtkäfig, der durch eine Scheibe getrennt war, ließ man in die eine Hälfte eine Katze, in die andere eine Ratte hinein. Sobald die Katze die Ratte zu sehen bekam, erhielt sie einen starken elektrischen Schlag; dies wurde solange wiederholt, bis die Katze durch die offene Tür des Käfigs entfloh. Nach einigen oder einigen zehn solcher Versuche flüchteten alle Katzen vor den Ratten, und von irgendwelchen Versuchen, diese anzugreifen, konnte keine Rede mehr sein.

Läßt sich nun die Katze in ihrem Verhalten vom Instinkt oder von der Intelligenz leiten? Sind ihre Reaktionen gegenüber der Ratte angeboren oder erworben? Nach Meinung Kuos liegt der Kardinalfehler sehr vieler Arbeiten auf dem Gebiete der Tierpsychologie darin, daß ihre Autoren meinen, ihr letztes Ziel sei die Feststellung, zu welcher Begriffskategorie die beobachtete Erscheinung gehöre. Das Tier ist ein bestimmter Mechanismus, der sich unter dem Einfluß ganz bestimmter Bedingungen entwickelt und verändert. Wenn eine Katze den Instinkt zur Tötung einer Ratte besitzt, worauf die Tatsache hinzuweisen scheint, daß sie spontan diese Kunst erlernt, so kann man mit demselben Recht behaupten, daß sie den Instinkt hat, sie zu lieben. Schließlich entwickelte sich doch der protektive Typ oder der anhängliche Typ ebenfalls spontan, ohne Hinweise und ohne Hilfe. In Wirklichkeit muß die Katze das eine wie das andere unter dem Einfluß einer bestimmten Erziehung lernen. Je nach den Umständen der Erziehung kann die Katze die Ratte töten, sich ihr gegenüber gleichgültig verhalten, mit ihr spielen oder sie fürchten. Die Aufgabe der zoopsychologischen Wissenschaft ist es, alle Arten des Verhaltens zu erforschen, die man einem Tiere durch Erziehung aufzwingen kann, und alle Funktionsmöglichkeiten des organischen Mechanismus zu analysieren. Es scheint mir, daß Kuo mit diesem Schluß das Wesen der Sache getroffen hat. Wichtig ist es, die tatsächlichen Fähigkeiten des Organismus zu erkennen und nicht der in der Wissenschaft sich so leicht aufdrängenden Oberherrschaft leerer Worte zu erliegen.

Die Arbeit Kuos bezieht sich auf Tiere schon nach der Geburt ebenso wie es bei den Forschungen Watsons der Fall ist, der es mit Neugeborenen und älteren Kindern zu tun hatte. Spätere Arbeiten befaßten sich mit viel früheren Entwicklungsstadien, gingen von dem Moment aus, in dem zum ersten Mal im Embryo wahrnehmbare Bewegungen auftraten. Ein Pionier auf diesem Gebiete war der bekannte Psychologe Preyer, der eine ganze Reihe für seine Zeit hervorragender Untersuchungen mit den Embryonen verschiedener Tiere, einschließlich solcher von Säugetieren, anstellte.

Mehrmals untersuchte man das Verhalten von Fischembryonen. Fische eignen sich sehr gut zu derartigen Arbeiten, denn ihr Ei ist verhältnismäßig durchsichtig und die Entwicklung kann, ohne sie zu stören, beobachtet werden. Außer Preyer arbeiteten auf diesem Gebiete Paton, White und besonders Tracy, der Urheber sehr tiefschürfender Untersuchungen. Tracy befaßte sich mit den Embryonen eines Seefisches, des *Opsanus Tau*. Die ersten Bewegungen des Embryos bestehen in der Krümmung des Rumpfes nach rechts und links an seinem Vorderteil. Kurz darauf zeigt sich eine spontane zitternde Bewegung des ganzen Embryos, die eine bestimmte Rolle bei dem Prozeß der Befreiung des Fisches von den Eihäuten spielt. Nachdem der junge Fisch aus dem Ei geschlüpft ist, liegt er unbeweglich auf dem Boden des Gefäßes, danach beginnt er plötzlich zu schwimmen. Tracy vertritt die Meinung, daß der plötzliche Beginn dieser Bewegung mit den Veränderungen im Blutkreislauf zusammenhängt, die auf die Nervenzentren einwirken. Diese Veränderungen haben ihren Ursprung in der Anhäufung von schädlichen Produkten des Stoffwechsels im Organismus, sowie in dem Mangel an Sauerstoff, denn die Kiemen des Fisches arbeiten zu dieser Zeit noch nicht. Bald darauf wird das Tier empfindlich gegen äußere Reize, besonders gegen Berührungsreize. Zuerst tritt die Empfindlichkeit gegenüber Berührungen in der Schleimhaut der Mundhöhle auf und breitet sich von hier nach hinten aus, doch ist der Fortschritt der Empfindlichkeit nicht gleichmäßig. Danach beginnen die anderen Sinne zu arbeiten, zusammen mit den Organen, die die mechanischen, Lichtreize, sowie die sich aus den Eigenbewegungen des Körpers ergebenden Reize (die proprioceptiven Reize) annehmen. Wenn man eine möglichst absolute Beständigkeit der äußeren Bedingungen in der Entwicklung des Fisches aufrechterhält, so wird sein Organismus trotzdem aktiv, und seine Aktivität ist rhythmisch. Die Ursache hierfür ist in den Eigenprozessen des Stoffwechsels zu suchen. Wesentlich in der Arbeit Tracys ist die Feststellung, daß ein Tier die ganze Zeit seiner Existenz hindurch, von den frühesten Entwicklungsphasen an, durch Reize der äußeren Umgebung und von Reizen, die sich aus dem Verlauf von Eigenprozessen des Stoffwechsels ergeben, angeregt wird.

Mit einer originellen Methode erforschte CARMICHAEL die Entwicklung des Verhaltens der Amphibien. Um sich zu überzeugen, ob das Lernmoment bei der Entwicklung der Bewegungen des Axolotls eine Rolle spielt, schaltete er dessen Eigenbewegungen aus und machte dadurch den Prozeß des Lernens unmöglich. Bevor noch die Bewegungen des Embryos auftraten, teilte er die Axolotlembryonen in zwei Gruppen: in eine experimentelle und eine Kontrollgruppe. Die Embryonen der ersten Gruppe legte er in eine Lösung von Chloraethon, eines Narkotikums, das jede Muskelbewegung unterdrückt, ohne aber gleichzeitig den normalen Entwicklungsgang zu stören. In dem Narkotikum verblieben die Kaulquappen längere Zeit. Zu der Zeit, als die Kaulquappen der Kontrollgruppe, die sich in reinem Wasser entwickelte, die Eihäute verlassen hatten und seit fünf Tagen schwammen, und also die volle Möglichkeit hatten, ihre Bewegungen zu erlernen, wurden die Larven aus dem Chloraethon in reines Wasser gebracht. Schon nach einer halben Stunde war der Einfluß des Narkotikums geschwunden und die Larven begannen zu schwimmen. Sie unterschieden sich in nichts von den Larven der Kontrollgruppe, es ließ sich sogar der charakteristische Unterschied in den Einzelheiten der Bewegung zwischen den Frosch- und den Axolotlkaulquappen beobachten. Man könnte annehmen, daß ein halbstündiges Lernen zur Beherrschung der Bewegung ausreichend ist, sobald die anatomische Entwicklung der Larve genügend fortgeschritten ist. CARMICHAEL wiederholte diese Experimente, indem er die Kaulquappen einer zusätzlichen Narkose aussetzte, nachdem sie schon eine vermutliche Fertigkeit im Schwimmen erlangt hatten. Nachdem diese Kaulquappen wieder ins Wasser gebracht worden waren, war ebenso ungefähr eine halbe Stunde nötig, daß die Narkose vorüberging und die Larven zu schwimmen begannen. Diese Zeit von einer halben Stunde war folglich nicht die Übungszeit, sondern sie war die Zeit, in deren Verlauf sich das Tier von der lähmenden Chloraethonlösung befreien konnte. Das Schwimmen, so folgert CARMICHAEL, erfordert keine vorherige Übung, es ist eine Funktion, die nur von der anatomischen Entwicklung abhängig ist. Zugleich gibt er zu, daß die von ihm gebrachten Tatsachen noch nicht unumstößlich das Fehlen jeglichen Erlernens in der Entwicklung der Schwimmfunktion bewiesen haben. Es können noch irgendwelche Reize existieren, unter deren Einfluß sich diese Funktion vervollkommnet, und diese können von inneren Prozessen ausgehen, auf die das Chloraethon nicht lähmend wirkt. Wir werden im weiteren sehen, daß die Vorsicht bei seiner Schlußfolgerung völlig berechtigt ist.

Wenden wir uns jetzt der Entwicklung des Verhaltens bei den Vögeln zu. Sofort, nachdem das Hühnerküken aus dem Ei geschlüpft ist, ist es schon ein ziemlich selbständiges Tier: Es kann gehen und herumlaufen, reagiert auf die Stimme der Mutter, umgeht Hindernisse auf seinem Wege und versteht es, die Nahrung aufzupicken. Besonders die Reaktion des Pikkens wurde der Gegenstand vieler Untersuchungen. Ist das tatsächlich eine angeborene Reaktion? Schon am ersten Tage nach dem Ausschlüpfen pickt das Küken alle Gegenstände, die sich durch ihr Aussehen von der Umgebung unterscheiden: das auf der Erde verstreute Korn, aber auch die Buchstaben in einer Zeitung, die Augen anderer Küken oder die eigenen Krallen. Die Genauigkeit der Reaktion nimmt schnell zu, das Küken trifft immer sicherer das Korn. Shepard und Breed hielten Küken vom Moment ihres Ausschlüpfens an im Dunkeln, fütterten und tränkten sie aus der Hand und schlossen so die Bewegungen des Pickens von vornherein aus. Nach ein bis fünf Tagen Aufenthalt im Dunkeln wurden die Küken für eine Weile ins Licht gebracht und Pickbewegungen beobachtet. Es zeigte sich, daß die Küken bald ebenso sicher wie die Versuchsküken pickten, die im Licht gewesen waren und die ganze Zeit hindurch gepickt hatten. Doch Bird und Moseley, die dieses Experiment in größerem Maßstab wiederholten, erhielten andere Ergebnisse. Sie hielten die Küken länger als vierzehn Tage im Dunkeln und untersuchten täglich ihre Reaktion des Pickens bei Licht. Selbstverständlich wurden sie aus der Hand gefüttert und getränkt. Je länger ihr Aufenthalt im Dunkeln dauerte, desto langsamer verbesserte sich diese Funktion. Die Autoren erklären diese Tatsache mit dem Entstehen „entgegengesetzter Gewohnheiten". Das aus der Hand gefütterte Küken lernt die entsprechende Art, sich zu verhalten, und je länger dieser Lernprozeß dauert, desto mehr festigen sich die Gewohnheiten, die später in einem gewissen Maße der normalen Reaktion des Pickens entgegenwirken. Nach vierzehn Tagen künstlicher Ernährung verliert das Küken allgemein die Fähigkeit, ein Korn aufzupicken. Es sei denn, daß es diese speziell durch die Methode des Gewöhnens lernt. Analog sind die Schlußfolgerungen Cruzes. Die Ergebnisse aller bisher erwähnten Forscher sind nicht deutlich, denn es ist nicht genau bekannt, welche Besonderheiten des Verhaltens der Erblichkeit und welche dem Erlernen zuzuschreiben sind. Es wurde nicht berücksichtigt, daß der Prozeß des Erlernens schon innerhalb des Eies lange vor dem Ausschlüpfen vor sich gehen kann.

Ein Verfasser besonders genauer Untersuchungen auf diesem Gebiete war der schon erwähnte Kuo. Er erarbeitete eine Methode, die es ermöglichte, die Bewegungen des Embryos innerhalb des Eies zu verfolgen, ohne auch nur im geringsten den normalen Verlauf seiner Entwicklung zu stören. Kuo schnitt mit einer kleinen Schere ein Fensterchen in die Eierschale am stumpfen Ende des Eies, wo sich ein Luftraum befindet, ohne jedoch die innere Haut des Eies zu beschädigen. Danach wird diese innere Haut mit einer dünnen Schicht geschmolzener Vaseline bedeckt, dank dessen sie völlig durchsichtig wird. Diese Operation wird in einem Spezialinkubator mit einer Temperatur von 39° C ausgeführt. bei der die Vaseline flüssig wird. Nun wandern die Eier in einen Brutinkubator von flacher Form. Dieser ist so konstruiert, daß man, ohne ihn zu öffnen und unter Beibehaltung einer ständigen Temperatur von 39° C in seinem Inneren, die für die Entwicklung des Eies notwendig ist, die Embryonen die ganze Zeit hindurch, selbst mit Hilfe eines Mikroskops, beobachten kann. Kuo untersuchte mit dieser Methode über 3000 Eier und erforschte die genaue Reihenfolge, in der die verschiedenen Bewegungen des Embryos auftraten, untersuchte die mechanischen Faktoren, die im Laufe der Entwicklung wirksam waren, und analysierte den Einfluß des Embryonallebens auf das spätere Verhalten des Kükens. Kuo gibt die folgende Reihenfolge der Bewegungen an. Ich berücksichtige hier übrigens nur die wichtigeren. 36 Stunden nach dem Beginn der künstlichen Brütung waren die ersten rhythmischen Kontraktionen des Herzens zu beobachten. Zuckungen passiven Charakters des Kopfes und des ganzen Körpers treten im Alter von 66 Stunden auf. Eine Hebung des Kopfes — nach 68 Stunden, eine Krümmung des Halses — nach 70 Stunden, allgemeine Bewegungen des Rumpfes — nach 84 Stunden, Kontraktionen der Amnionwand (einer Haut, die den Embryo bedeckt und mit einer Flüssigkeit gefüllt ist, so daß der Embryo in dieser Flüssigkeit völlig eingetaucht ist) — nach 86 Stunden, Bewegungen des Dottersackes — nach 86 Stunden, Seitwärtswendungen des Kopfes — nach 90 Stunden, zu derselben Zeit treten Bewegungen der vorderen und hinteren Extremitäten auf, Bewegungen des Schwanzes — nach 92 Stunden, Bewegungen der Zehen — nach 5 Tagen, die erste Reaktion des Embryos auf elektrischen Strom (nachdem er aus dem Ei herausgenommen und in eine Salzlösung gelegt wurde) nach 6 Tagen, Bewegungen der Augenlider und die erste Reaktion bei Druckausübung — nach 6 Tagen, Bewegungen des Augapfels — nach 7 Tagen, eine Schluckbewegung — nach 8 Tagen, Biegungen der Füße in den Gelenken — nach 9 Tagen, Öffnen und Schließen des Schnabels — nach 9 Tagen, Reaktion auf Berührung — nach 9 Tagen, das erste Beugen des Rumpfes — nach 11 Tagen, Seitwärtswendungen des Körpers — nach 12 Tagen, Bewegungen des Halses nach verschiedenen Seiten — nach 16 Tagen, Atembewegungen — nach 16 Tagen, Reaktion auf Umwendung des Eies, d. h. die Erscheinung des Gleichgewichtssinnes — nach 17 Tagen, Durchbrechung der inneren Haut des Eies — nach 17 Tagen, Ausschlüpfen aus dem Ei — nach 19 Tagen. Meistens verläßt das Küken die Schale nicht vor dem 20.—21. Tage, obwohl seine Embryonalentwicklung früher abgeschlossen ist. Ich betone, daß es sich in allen Fällen (außer bei der Reaktion auf den Strom) um spontane Bewegungen des Embryos, ohne irgendwelche künstliche Reizung handelt.

Das Verhalten des Kükenembryos ist ein ununterbrochener Entwicklungsprozeß, in dem es keine plötzlich auftretenden Reaktionen gibt. So z. B. beginnt die Atmung nicht in dem Augenblick, da der Schnabel des

Kükens die Eihaut durchstößt und es möglich wird, Luft in die Lungen zu holen, sondern die Atembewegungen erfolgen schon etliche Stunden vor dem Auskommen. Sehr früh treten die Bewegungen der Augenlider und des Augapfels (7—9 Tage) auf, obwohl innerhalb der Eischale von einem Sehen keine Rede sein kann. Nichtsdestoweniger sind die Bewegungen des Auges lange Zeit vor dem Ausschlüpfen vollkommen entwickelt und vortrefflich koordiniert. Die Reaktionen der Nahrungsaufnahme haben ebenfalls im Embryonalleben ihren Anfang. Schon am 6. bis 7. Tage treten die Bewegungen des Schnabels ein: ein Öffnen und Schließen, die Vorstreckung des Schnabels und sein schnelles Zuschlagen. Früh erfolgen auch die Bewegungen des Kopfes und des Halses, die für das Greifen der Nahrung nötig sind. Der Embryo schwimmt in der Amnionflüssigkeit, die in der zweiten Hälfte der Entwicklungsperiode viel Eiweiß enthält. Während der Öffnung des Schnabels gelangt diese Flüssigkeit in die Mundhöhle und wird heruntergeschluckt; ihr Vorhandensein läßt sich im Kropf und im Magen nachweisen. Also gehören auch die Schluckbewegungen zu den frühen Entwicklungserscheinungen. Dasselbe gilt auch für die Tätigkeit der Füße, die beim Embryo durch den Dottersack an die Brust gedrückt werden. Bei dem Versuch, diesem Druck Widerstand zu leisten, führen die Füße dieselben Muskelbewegungen aus, die danach für die Aufrechterhaltung des Körpers in stehender Stellung nötig werden. Also sind alle Komponenten der Reaktion des Nahrungsaufpickens schon viele Tage vor dem Ausschlüpfen vorhanden. Nach dem Ausschlüpfen pickt das Küken die Gegenstände, die es sieht; die Reaktion wird durch optische Reize hervorgerufen. Während der Entwicklung wurden dagegen die Elemente derselben Reaktion durch Berührungsreize hervorgerufen. Es muß angenommen werden, daß genügend starke Berührungsreize die Gebiete des Gehirns erregen, die in naher Nachbarschaft der Sichtzentren liegen. Von hier wird eine Umschaltung, eine Umstellung von Berührung auf das Sehen möglich. Bald nimmt das Sehen die dominierende Rolle ein. Die Sehorgane des Kükens sind so vollkommen organisiert und beschäftigen einen so bedeutenden Teil des Gehirns, daß die optischen Reize eine starke Anregung der Gehirngebiete hervorrufen müssen. Gemäß dem Prinzip, daß uns aus dem vorigen Kapitel bekannt ist, hat ein Impuls das Bemühen, von schwächer angeregten zu stärker angeregten Zentren zu streben, und dadurch erklärt sich auch sicherlich die Tatsache dieser Umschaltung. Was die Unterscheidung der Nahrung von ungenießbaren Dingen angeht, so ist das mit Sicherheit die Frage späterer Gewöhnung.

Diese kleinen Veränderungen habe ich so eingehend beschrieben, weil in ihnen ein interessantes und bedeutendes Moment steckt. Erstens funktionieren lange vor dem Ausschlüpfen des Kükens alle seine Organe und Muskeln intensiv, und es unterliegt keinem Zweifel, daß der Muskel, je öfter er dieselbe Reaktion wiederholt, sie immer geschickter ausführt. Man kann dies Schritt um Schritt verfolgen. Die Verbesserung einer Reaktion im Maße ihrer vielfachen Wiederholung ist ein Prozeß des Lernens, des Erwerbens einer Fähigkeit. Sodann wirken den ganzen Verlauf der Entwicklung hindurch verschiedenartige Reize auf den Embryo ein, auf die das Tier mit ununterbrochenen Bewegungen der verschiedenen Teile seines Körpers reagiert. Diese Reize hängen mit Wachstumsprozessen zusammen, d. h., sie haben ihren Ursprung im Wachstum der Teile und deren gegenseitiger Bedrängung, sie sind proprioceptiver Natur, d. h., das Tier verspürt seine eigenen Bewegungen und reagiert auf sie mit neuen Bewegungen. Eine solche gegenseitige Anregung der einzelnen Teile des Körpers illustriert Kuo durch eine Reihe überzeugender Beispiele. Schließlich haben wir in der Entwicklung ein sehr lehrreiches Beispiel dafür kennengelernt, daß eine komplizierte Funktion sich infolge der Wirkung von Reizen herausbilden kann, die später bei deren Ausübung keine Rolle mehr spielen: Die Reaktion des Pickens entwickelt sich infolge der Wirkung von Berührungsreizen, nach dem Ausschlüpfen dagegen erfolgt sie als Erwiderung auf optische Reize. Wenn später die Umschaltung eintritt, findet der eigentliche Reiz beim Eintritt in seine Funktion schon eine völlig vorbereitete und koordinierte Reaktion vor. Ähnliche Prozesse erweitern noch mehr den Bereich der Möglichkeiten zum Erwerb neuer Reaktionen.

Wenn man noch einmal diese Tatsachen zusammenfaßt, wird es klar, wie schwer es zu entscheiden ist, was im Verhalten eines Tieres angeboren und was erworben ist. Schon die ersten Bewegungen, die infolge von Wachstumveränderungen auftreten, sind nicht Folge, sondern auch Ursache, die andere Bewegungen hervorrufen. Sie sind überdies ein bedeutender Faktor, unter dessen Einfluß sich die Organe des Körpers herausbilden und vervollkommnen. Der Streit um die angeborenen und erworbenen Reaktionen ist ein völlig veralteter Versuch, Erscheinungen in den Rahmen vorher gefaßter Definitionen hineinzupressen. Die Wirklichkeit zeigt uns eine Stetigkeit der Entwicklung,[1] fortwährend umgestaltende Veränderungen aller Teile und aller Funktionen. Und nur das können und müssen wir erforschen.

Aus methodischen Gründen ist es am schwierigsten, die Entwicklung des Verhaltens bei den Säugetieren zu erkennen. Der Embryo des Säugetiers ist überaus sorgfältig geschützt. Er entwickelt sich im Schoße der

[1] Jede Entwicklung beruht auf der fortwährenden Anhäufung kleiner, quantitativer Veränderungen. In gewissen Momenten wird die Summe dieser Veränderungen hinreichend, um eine neue Reaktion entstehen zu lassen: Das Picken, das Atmen, die Kontraktion des Herzens usw. Deshalb bedeutet auch die Stetigkeit der Entwicklung nur, daß die Entwicklung nicht für einen Moment aufhört, nicht aber, daß es in ihr keine Sprünge gibt.

Mutter, ist mit komplizierten Häuten bedeckt und in die Amnionflüssigkeit eingetaucht. Er ist völlig von der Außenwelt isoliert. Mittels des Mutterkuchens und dessen Blutkreislaufes liefert ihm der Organismus der Mutter Nahrung und Atemsauerstoff, zugleich gibt der Embryo die Abfälle seines Stoffwechsels in das Mutterkuchenblut zurück. Um den Embryo eines Säugetieres zu beobachten, müssen wir uns in den Gang seiner Entwicklung einschalten, müssen wir den Mutterorganismus operieren, wodurch wir die Prozesse der Atmung, der Ernährung und der Fruchtausstoßung stören. Unter diesen Bedingungen kann das Verhalten der Frucht nicht normal sein und seine Beobachtungen haben einen sehr relativen Wert. Dennoch gelang es nach vielen Versuchen, eine spezielle Technik zu erarbeiten, die eine möglichst geringe Störung der Entwicklung garantierte. Ein schwangeres Säugetierweibchen wird in der gewünschten Periode der Schwangerschaft in eine tiefe Äthernarkose versetzt. Im Schlaf wird ihm das Mark in Höhe des vierten oder fünften Halswirbels durchschnitten und werden die das Gehirn versorgenden Arterien abgebunden. Wir erhalten einen absolut bewegungslosen Organismus, denn sein Mark ist durchschnitten und er ist absolut unempfindlich, denn sein Gehirn wird nicht mit Blut versorgt und kann so nicht tätig sein. Dagegen finden die Prozesse des Atmens und des Blutumlaufes, und somit die Versorgung des Embryos mit Sauerstoff und Nahrung, wie auch die Entfernung von Stoffwechselprodukten aus dessen Körper, normal statt. Nach Vorübergang der Narkose, wozu ungefähr zwei Stunden notwendig sind, öffnet man die Bauchhöhle des Weibchens, sowie seine Gebärmutter mit den Embryonen; danach steckt man das Weibchen bis zum Hals in eine Salzlösung von einer Stärke, die der Salzkonzentration des Blutes entspricht und von der Temperatur des Körpers. Jetzt können wir die Amnionsäcke der einzelnen Embryonen öffnen und dadurch deren unmittelbare Beobachtung ermöglichen, ohne den Lauf ihrer Entwicklung zu stören.

Mit Hilfe einer ähnlichen Methode wurden viele Arten von Säugetieren hinsichtlich des Verhaltens und der Reaktion ihrer Embryonen in den verschiedenen Phasen ihrer Entwicklung erforscht, angefangen von dem Augenblick, da die ersten Bewegungen auftraten, bis zur Geburt. Zahlreiche Forscher arbeiteten auf diesem Gebiete, wie Avery, Swenson, Carmichael, Angulo y Gonzalez, Coronios, Raney, Windle, Barcroft und andere. Ich werde nicht alle erzielten Ergebnisse anführen, die sich in der Mehrzahl der Fälle auf die Feststellung einer chronologischen Reihenfolge im Auftreten der Bewegungen der verschiedenen Körperteile beschränken. Ich möchte es dabei bewenden lassen, die Ergebnisse wiederzugeben, welche Carmichael, ein Autor objektiver, sehr gewissenhafter Beobachtungen, machte.

Dieser Forscher arbeitete mit Embryonen des Meerschweinchens, wobei er die oben beschriebene Methodik anwandte. An Hand einer schematischen Zeichnung des Embryos wählte er 104 Punkte aus, die er systematisch im Laufe der ganzen Entwicklung mit Hilfe von Berührungsreizen zu erregen versuchte. Außerdem wandte er an: Stiche, Zwicken, passive Bewegungen der Extremitäten, elektrischen Strom, thermische Reize, Licht, Schall, Geschmacks- und Geruchsreize. Er untersuchte auch die spontanen Bewegungen des Embryos. Der Autor gibt detaillierte Beschreibungen von den Reaktionen, die er durch Reizung aller 104 Punkte im Laufe der gesamten Entwicklung erhielt.

Aus dem umfangreichen Tatsachenmaterial möchte ich nur einige Beispiele anführen. Die Entwicklung des Meerschweinchens dauert 68 Tage; im Laufe der ersten 27 Tage bleibt der Embryo unbeweglich. Eine Reizung der Augen durch Lichtreize erzeugt bei dem Embryo eine Bewegung der Extremitäten. Akustische Reize rufen schon am 63. Tage eine Reaktion hervor. Vom 35. Tage an reagiert der Embryo auf Temperaturveränderungen. Früh schon entstehen die komplizierten Reaktionen der Anpassung. Am 32. Tage ruft eine Reizung der Vibrissen durch Berührung Bewegungen des Halses und der Vorderbeine zum Zwecke der Verteidigung hervor; die Beine sind bestrebt, den Reizkörper fortzuschieben. Vom 45. Tage ab ruft die Belichtung der Netzhaut Bewegungen des Auges hervor, die Iris reagiert schon am 41. Tage der Entwicklung auf Licht. Die Reaktionen auf die Reizung aller Sinnesorgane sind Reflexbewegungen, die Elemente allgemeinerer, aber doch spezifischer Reaktionen. Diese letzteren entstehen früh; sie sind zu direkt und spezifisch, als daß sie das Ergebnis eines „Lernprozesses“ sein könnten.

Im Laufe des Fruchtlebens entwickeln sich die Elemente der Reaktionen des Saugens und Beißens, die mit den Anpassungsbewegungen fast des ganzen Körpers gekuppelt sind. Früh beginnen auch die Atembewegungen. Im Alter von 41 Tagen ruft eine Reizung der Bauchoberfläche rhythmische Bewegungen des Brustkorbes hervor. Besonders interessant ist die Entwicklung der lokomotorischen Reaktion. Nach Coghill entsteht beim *Amblystoma* zuerst ein System allgemeiner wellenförmiger Bewegungen des Rumpfes als die Reaktion des Schwimmens, später aber werden diese Bewegungen der Extremitäten zu Gehbewegungen. Während seines Fruchtlebens ist das Meerschweinchen ein Wassertier, denn der Embryo schwimmt in der Amnionflüssigkeit. Im Zusammenhang damit entwickeln sich die koordinierten Bewegungen des Rumpfes und der Beine, die für die Fortbewegung im Wasser unerläßlich sind, viele Tage vor der Geburt. Der Embryo kann, wenn man ihn in warmes Wasser legt, alsbald schwimmen. Früh treten auch koordinierte lokomotorische Bewegungen der Beine auf. Dennoch ist das Tier nicht sofort nach der Geburt imstande zu gehen, da seine Muskeln zu schwach sind, um den Körper in der Luft aufrechtzuerhalten.

Ohne auf die strittige Frage der Priorität der einfachen Reflexe oder aber der allgemeineren Reaktionen einzugehen, kann man sagen, daß das angeführte Tatsachenmaterial gewisse allgemeinere Schlußfolgerungen gestattet. Es ergibt sich daraus vor allem, daß schon, angefangen bei sehr frühen Entwicklungsphasen, alle Körperteile des Meerschweinchenembryos funktionieren. Das Tier hat die vollen Möglichkeiten zur Übung seiner Organe. Ferner kann ein und dieselbe Bewegung in verschiedenen Schemen auftreten, sei es als isolierte Reaktion, sei es als Teil einer allgemeineren Reaktion, sie kann unter dem Einfluß verschiedenster Reize eintreten, meist von solchen, die an ihrer endgültigen Verwendung keinen Anteil haben. Es unterliegt auch keinem Zweifel, daß das frühzeitige Funktionieren der Embryonalteile ein wichtiger Entwicklungsfaktor ist. Die komplizierten koordinierten Funktionen, zum Beispiel die der Fortbewegung, entstehen nicht auf einmal, sondern die Koordination entwickelt sich stufenweise. Wenn diese Erscheinung von der anatomischen „Reifung", von der Entwicklung der nervösen Elemente und der Muskeln abhängt, so kann man ganz gewiß behaupten, daß diese „Reifung" wiederum in einem bedeutenden Maße von der Funktion abhängt. Die Abhängigkeit ist hier gegenseitig. CARMICHAEL betont das Fehlen des Lernmomentes in der Entwicklung. Er versteht das Lernen jedoch im Sinne des Erwerbs von bedingten Reflexen. Wenn dieser Typ des Lernens keine Rolle in der Entwicklung spielt, was übrigens gar nicht so selbstverständlich ist, dann spielt bestimmt die Übung der Körperteile, die allmähliche Verbesserung der Funktionen auf Grund ihrer oftmaligen Ausführung in ihr eine Rolle. Kurz gesagt, das Verhalten der einzelnen Teile des Körpers ist ein wesentlicher Faktor der Entwicklung.

Aus dem angeführten Tatsachenmaterial ergibt sich, daß das Verhalten des Organismus weder mit dem Moment der Geburt noch mit dem Moment des Aus-dem-Ei-Schlüpfens beginnt. Schon während seiner embryonalen Entwicklung hat der Embryo die volle Möglichkeit, die Teile seines Körpers durch die Ausführung von allen möglichen Bewegungen zu üben. Der Ausgangspunkt der angeführten Forschungen ist jedoch das Stadium der Unbeweglichkeit des Embryos, das man für den Anfang des Verhaltens ansieht. Im Sinne der zu Anfang dieses Kapitels gemachten Erwägungen müssen wir jedoch den Verlauf der Ausbildung des Verhaltens verfolgen und erklären, aus welchen Eigenschaften des Organismus sich die Bewegungsreaktionen ergeben, die wir als das Verhalten des Tieres bezeichnen.

Diese schwierige Aufgabe übernahm COGHILL in einer Reihe hervorragender Arbeiten, die er vom Jahre 1902 bis zur heutigen Zeit durchführte. Sein Forschungsobjekt war der *Amblystoma,* eine Lurchart. Aus vielen Gründen eignet sich dieses Tier besonders für eine derartige Analyse. Der Amblystoma legt Eier ab, die mit einer durchsichtigen

Gallerteschicht umgeben sind. Die Entwicklung des Embryos und die Entwicklung seines Verhaltens geht vor den Augen des Beobachters vor sich und erfordert nicht die Anwendung irgendwelcher künstlicher Methoden. Die Forschungen COGHILLS waren ursprünglich rein anatomisch und beruhten auf der Beobachtung der Entwicklung des Nervensystems vom Beginn des Entwicklungsprozesses an. Erst später begann COGHILL mit seiner Forschungsarbeit über die Entwicklung des Verhaltens des Embryos im Zusammenhang mit der Entwicklung der Nervenzellen und -fasern. COGHILL dringt sehr tief in das Wesen der beschriebenen Prozesse ein, und wir müssen deshalb, um ihm folgen zu können, uns mit zahlreichen speziellen Tatsachen bekanntmachen. Dies fällt etwas schwer, denn das ganze Wesen der modernen zoopsychologischen Wissenschaft besteht darin, sich die Wirklichkeit sehr ins einzelne gehend anzusehen. Erst dann ergeben sich neue und fruchtbare Gesichtspunkte. Ich will auf jeden Fall versuchen, die Angelegenheit möglichst übersichtlich darzustellen, indem ich Zeichnungen anführe, die dem Leser bei seiner Orientierung helfen werden.

Zuerst werden wir die Entwicklung der Schwimmbewegung betrachten. Die erste Bewegung des Embryos, die sich unmittelbar beobachten läßt, ist eine langsame Seitwärtsbiegung des Kopfes, die auf eine Kontraktion der Muskeln auf der rechten oder der linken Seite zurückzuführen ist. Allmählich erweitert diese Bewegung ihren Bereich und umfaßt nach 36 Stunden den gesamten Rumpf bis zum Schwanze. Jetzt kann sich das Tier zu einer Schleife drehen, eine Rechtswendung kann sofort in eine Linkswendung übergehen, die Schnelligkeit der Reaktionen nimmt schrittweise zu. In diesem Alter beginnen alle Muskelkontraktionen am Kopfe und schreiten in Schwanzrichtung vorwärts. Etwas später, nach der Kontraktion der Muskeln auf der rechten Körperseite, und bevor die Kontraktionswelle das Ende des Rumpfes erreicht hat, tritt eine ebensolche Kontraktion der Rumpfmuskeln auf der linken Seite ein, die ebenfalls schwanzwärts fortschreitet. Diese Bewegungen werden immer schneller und immer regelmäßiger. Darauf eben beruht die Bewegung des Schwimmens, die auf eine wellenförmige rhythmische Krümmung des Rumpfes nach rechts und nach links zurückgeht. In der Entwicklung dieser Reaktion unterscheidet COGHILL fünf aufeinanderfolgende Etappen: 1. Das *Stadium der Unbeweglichkeit.* Die Muskeln des Embryos können durch eine direkte Reizung zur Kontraktion angeregt werden, indem man sie zum Beispiel mit einer Nadel oder durch elektrischen Strom reizt. Selbstverständlich ziehen sich dann nur die gereizten Muskeln zusammen, und folglich krümmt sich der Embryo nach dem Stich in eine Körperseite nur nach der gereizten Seite hin. Dagegen reagiert er absolut nicht auf eine leichte Berührung der Haut, das heißt, man kann die Muskeln nicht auf indirektem Nervenwege, mit Hilfe von Berührungsreizen, bewegen. 2. Das *Stadium der frühen*

Krümmung (das sogenannte Stadium C). Der Embryo kann sich nach rechts und nach links krümmen, wobei er die Form eines C oder eines umgekehrten C annimmt. In dieser Phase ist zum ersten Male eine Reaktion auf die Berührung der Haut feststellbar, infolge derer sich das Tier von der berührten Seite nach der entgegengesetzten krümmt. 3. Das

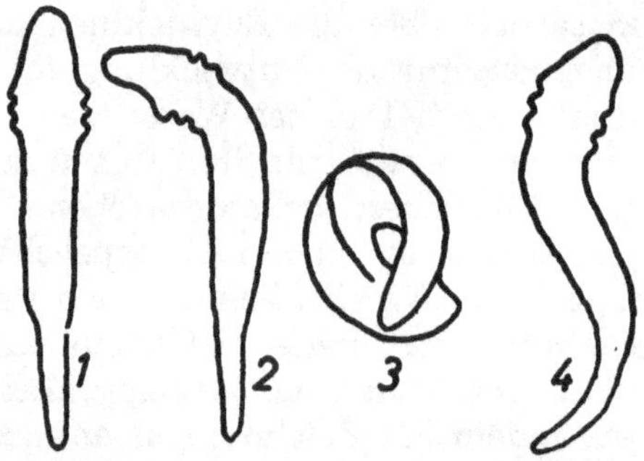

Abb. 13. Die Entwicklung der Bewegungen des Embryos von Amblystoma. *1* Stadium der Unbeweglichkeit, *2* Stadium C, *3* Schleifenstadium, *4* S-Stadium

Schleifenstadium. Die Krümmung des Körpers wird sehr stark, so daß der Embryo sich vollständig zusammendrehen kann. Eine Rechtsdrehung geht schnell in eine Drehung nach der entgegengesetzten Seite über oder umgekehrt. 4. Das *Stadium S.* Dieses besteht in einem mehr oder weniger regelmäßigen Überwechseln der Krümmung von der einen Körperseite auf die andere Seite. Beide Krümmungen treten abwechselnd nacheinander auf und beide wandern schwanzwärts. 5. Eine Serie regelmäßig nacheinander auftretender S-Reaktionen, die zur Vorwärtsbewegung des Tieres im Wasser führt. Die Larve schwimmt ähnlich wie eine Schlange, indem sie ihren Körper rhythmisch nach beiden Seiten krümmt und den Kopf einmal nach links und einmal nach rechts wendet.

Mit ungewöhnlicher Klarheit stellt Coghill das Problem der anatomischen Entsprechung dieser verschiedenen Bewegungen in Gestalt der Parallelentwicklung des Nervensystems dar. Am Anfang der Periode der Beweglichkeit (Stadium 1) ist das Muskelsystem der Larve aus einer Reihe gerader Muskelabschnitte, den sogenannten Segmenten, zusammengesetzt, die längs der Chorda dorsalis, des Keimes der späteren Wirbelsäulenachse liegen. Im Nervensystem unterscheiden wir zu dieser Zeit zwei Arten von Elementen (Abb. 14 und 15). Es sind dies erstens die Bewegungszellen und -fasern (motorische), deren Aufgabe es ist, die Nervenimpulse von der Zelle zum Muskel zu übermitteln. Das zweite System baut sich aus sensorischen Zellen und Fasern auf, die die Reizungen an der Peripherie des Körpers aufnehmen und nach innen, vom Ende des Nerven an der Körperoberfläche bis zu der tiefer liegenden

Zelle, leiten. Im ersten Stadium sind schon motorische Nervenfasern vorhanden, die zu ungefähr zwölf vorderen Muskelsegmenten, zu deren Zentralteilen führen. Die zu diesen Fasern gehörigen Zellen liegen im Bauchteil der Chorda (dem Keim des späteren Rückenmarkes) und

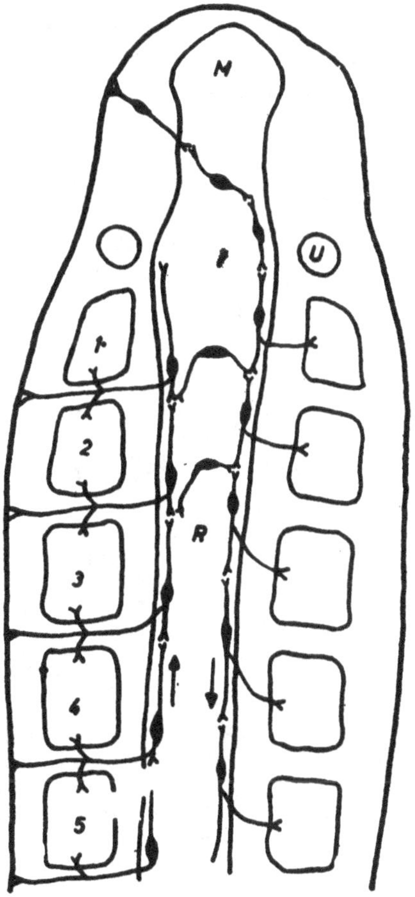

Abb. 14. Schematischer Längsschnitt eines Amblystomaembryos. *1–5* Muskelsegmente, *M* Gehirn, *U* Gehörblase, *R* Mark, links vom Mark ist das sensorische Nervensystem, rechts das motorische dargestellt. Die Pfeile geben die Leitrichtung der Impulse an

bilden hier eine Längsreihe, d. h. eine motorische Bahn, die die Impulse vom Kopf zum Schwanze überträgt. Im Rückenteil der Nervenröhre befindet sich eine analoge sensorische Bahn. Ihre Nervenfasern führen zur Haut und zu den Muskelsegmenten, und zwar zu den Schlußteilen der Segmente, nicht zu ihren Zentren wie die motorischen Nervenfasern.

Die von der Haut kommenden Nervenfasern übertragen die äußeren (exterozeptiven) Impulse und ermöglichen den Empfang von Berührungsreizen. Dagegen besteht die Aufgabe der von den Segmentenden zu den Zellen führenden, sensorischen Nervenfasern darin, den Zellen Impulse zu übermitteln, die infolge der Kontraktion eines Muskels entstehen. Der Organismus nimmt nicht nur die Einflüsse der Umwelt, sondern auch seine eigenen Bewegungen wahr, wozu speziell die erwähnten (die propriozeptiven) Nervenfasern dienen. Die sensorische Bahn übermittelt Im-

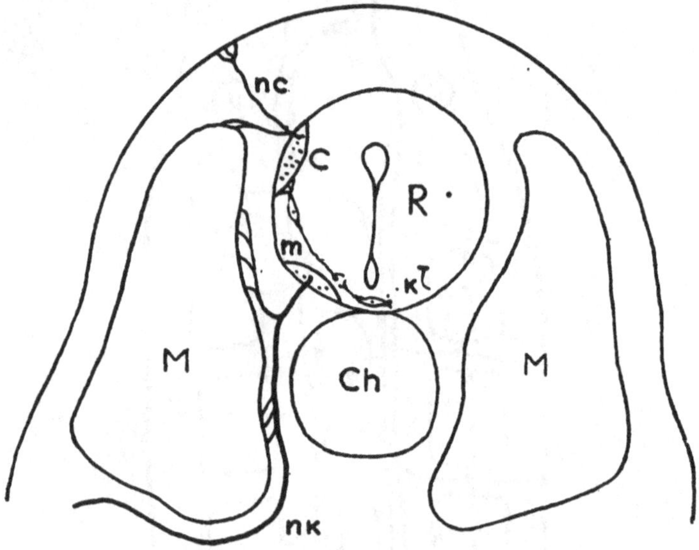

Abb. 15. Querschnitt durch einen Amblystomaembryo. *R* Mark, *M* Muskelsegmente, *Ch* Rückensaite, *nc* Sensorischer Nerv, *C* Sensorischer Trakt, *m* motorischer Trakt, *kl* Verbindungszelle, *nk* *(mN)* motorischer Nerv, der den Schwanz bewegt

pulse vom Schwanz in Richtung des Kopfes, also in entgegengesetzter Richtung wie die motorische Bahn. Es existiert noch ein dritter Typ von Nervenzellen und -fasern. Es sind dies die Verbindungselemente, deren Aufgabe es ist, die sensorischen Impulse den motorischen Elementen zu übermitteln. Diese Zellen liegen auf der Bauchoberfläche der Nervenröhre. Im ersten Stadium sind dies sog. einpolige Zellen, d. h. solche, die *einen* Nervenfortsatz aussenden und so nur mit dem motorischen System, dem rechten oder dem linken, Kontakt haben. So existieren also in dem erwähnten Stadium 1 schon sensorische Elemente, motorische Elemente und Verbindungselemente, aber es fehlt noch jegliche Verbindung zwischen dem Sinnes- und dem Bewegungssystem. Deshalb eben ziehen sich die

Muskeln des Embryos infolge einer Reizung der Haut nicht zusammen. Der Reiz wird zwar von den sensorischen Fasern empfangen, aber es gibt keinen Weg, auf dem der Impuls den motorischen Zellen und Fasern übermittelt werden könnte, die die Muskeln in Bewegung setzen. Hingegen wirkt eine starke Reizung unmittelbar, unabhängig vom Nervensystem, auf die Muskeln ein.

Bald darauf werden die Verbindungszellen zweipolig, das heißt, es entsteht in ihnen eine zweite Nervenfaser auf der der ersten entgegengesetzten Seite. Diese zweite Faser hat mit dem Sinnessystem schon Kontakt. Aber diese Beziehungen sind noch immer einseitig. Die sensorischen Fasern, die von der Haut oder den Muskelelementen kommen, verlaufen quer zur motorischen Bahn derselben Seite, ohne mit ihr Kontakt zu haben. Sie stehen dagegen mit den Fortsätzen der Verbindungszellen in Kontakt, die sich wiederum der motorischen Bahn der gegenüberliegenden Seite verbinden. Auf diese Weise ruft eine Reizung der Haut auf der rechten Körperseite eine Reaktion der Muskeln auf der linken Seite hervor und umgekehrt. Eben ein solches Verhalten charakterisiert das zweite Stadium. Da Verbindungszellen in diesem Stadium nur in den vorderen Teilen der Nervenröhre vorhanden sind, muß eine Reizung irgendeines Punktes des Körpers kopfwärts über die sensorische Bahn wandern und kann erst dann im Vorderteil auf die motorische Bahn der gegenüberliegenden Seite übergehen. Deshalb beginnen auch alle Bewegungen nach einer beliebigen Reizung des Körpers am Kopfe und wandern die motorische Bahn entlang schwanzwärts.

Zugleich sehen wir in diesem Mechanismus den ersten Keim der späteren regelmäßigen Schwimmbewegungen. Wenn infolge einer äußeren Reizung, zum Beispiel einer Reizung der Haut, eine Kontraktion der rechtsseitigen Muskeln erfolgt, kann diese Kontraktion vermittels der proprioceptiven Nervenfasern, also der Sinnesfasern, die von den Muskeln zu den Sinneszellen führen, den motorischen Elementen der linken Seite vermittelt und somit eine Muskelkontraktion auf der gereizten Seite bewirkt werden. Aber es gibt hierbei noch keine Ordnung, es ergibt sich aus diesem Mechanismus noch keine Rhythmik der Kontraktionen, die für eine regelmäßige Fortbewegung unerläßlich ist.

Im Stadium S wachsen im vorderen Teil der motorischen Bahn kurze seitliche Fasern (sogenannte Collaterale), die mit den Nervenfasern der Verbindungszellen derselben Körperseite in Kontakt stehen. Bis dahin bestand eine solche Verbindung nur zwischen den Verbindungszellen und den sensorischen Nervenfasern. Darüber hinaus entwickeln sich noch andere Sinnesfasern, die mit der motorischen Bahn derselben Körperseite in Kontakt stehen. Bisher liefen sie ständig zur gegenüberliegenden Seite. Der Embryo kann jetzt auf eine Reizung der Haut mit einer Kontraktion der Muskeln derselben Seite antworten. Aber sobald die Muskelkontraktion eingetreten ist, geht der Impuls vermittels der proprioceptiven Fasern dieses Muskels über die Verbindungszellen in die gegenüberliegende motorische Bahn über. Wenn wir auf die Abb. 14 schauen, können wir uns davon überzeugen, daß der Weg von dem Ort der Hautreizung zu den Muskelsegmenten der rechten oder linken Körperseite von verschiedener Länge ist und eine Anzahl von Kontakten zwischen den Zellen (Synapsen) miteinschließt; hierbei stellen diese Kontakte den größten Widerstand bei der Übermittlung der Impulse dar. Wir erhalten aus diesem allen folgenden Mechanismus: Wenn wir zum Beispiel die linke Seite des Kopfes berühren, so gelangt der Nervenimpuls zuerst zu den Muskeln der linken Körperseite und bewirkt deren Kontraktion, die natürlich in der üblichen Welle schwanzwärts läuft. Einen Augenblick später, nach einer Zeit, die nötig ist, damit der Impuls über die Synapsen und die Verbindungszellen auf die rechte Seite überwechselt, beginnt dieselbe Muskelkontraktion auf der rechten Seite und verläuft ebenfalls schwanzwärts. Die Muskelwelle auf der rechten Seite kommt etwas verspätet im Verhältnis zu der Welle auf der linken Seite. Nicht genug damit. Denn sobald die Muskelkontraktion auf der rechten Seite eingetreten ist, wechselt der Impuls von neuem mit Hilfe der rechten proprioceptiven Nervenfasern auf die linke Seite über und bewirkt so eine zweite Muskelkontraktion. Diese wiederum sendet den Impuls nach rechts usw. Im Resultat erhalten wir eine rhythmische Reaktion: Zuerst entsteht eine Muskelwelle auf der gereizten Seite; bevor sie die halbe Körperlänge erreicht hat, entsteht schon eine Welle auf der gegenüberliegenden Seite, einen Augenblick später bildet sich eine Muskelwelle auf der gereizten Seite usw. So wird infolge einer einmaligen Reizung der Haut, und zwar an einer beliebigen Stelle des Körpers, ein präziser Nervenmechanismus in Bewegung gesetzt, dessen Wirken die Muskeln zu regelmäßigen, rhythmischen Kontraktionen anregt, die immer am Kopfe beginnen, schwanzwärts laufen und das Wesen der Schwimmbewegungen ausmachen.

In ähnlicher Weise analysiert Coghill die Entwicklung anderer Bewegungen, der des Gehens, der Kiemenbewegungen und der Bewegungen der Nahrungsaufnahme. Immer entwickelt sich der Rumpfbestandteil als erster, danach kommen die Bewegungen der anderen Organe, die stufenweise ihre Selbständigkeit erlangen, wenn die Bewegungen des Rumpfes einer immer deutlicheren Hemmung unterliegen. Aus der allgemeinen Reaktion des Rumpfes entwickeln sich auf dem Wege der Individualisierung die Einzelbewegungen. In jedem Falle läßt sich die Parallelentwicklung der Verbindungsnerven nachweisen.

Was geschieht jedoch im Embryo, bevor in ihm Nerven- und Muskeltätigkeit beginnen? Im Stadium der Unbeweglichkeit besitzt die Larve schon eine entwickelte motorische und sensorische Bahn und Verbindungselemente. Das ganze System ist fertig gestaltet und eingerichtet, aber es funktioniert nicht, denn es fehlen die notwendigen Verbindungen.

Die elektrische Anlage ist fertig, aber der Strom ist noch nicht eingeschaltet. Welcher Art ist die Herkunft dieses ganzen Systems? Weshalb befand es sich gerade dort, wo wir es beobachten? COGHILL beruft sich auf ein sehr allgemeines biologisches Prinzip, das unter der Bezeichnung *Achsenprinzip des Organismus* bekannt ist. Das Ei des Tieres ist polarisiert, es lassen sich in ihm eine Hauptachse und zwei Pole mit verschiedenen morphologischen, physiologischen und chemischen Eigenschaften unterscheiden. Die Muskelfaser ist polarisiert, sie besitzt in Längsrichtung völlig andere Eigenschaften als in Querrichtung. Polarisiert ist auch die Nervenzelle, deren Fasern Impulse nur in einer bestimmten Richtung übermitteln, zum Beispiel in der motorischen Bahn schwanzwärts, in der sensorischen Bahn kopfwärts. In Anlehnung an dieses Prinzip schuf CHILD die *Theorie der organischen Gradienten.* Wenn man einen Meerespolypen in eine schwache Zyankalilösung bringt, so stirbt in ihr das Tier nicht auf einmal, sondern das Sterben geht in einer genau bestimmten Reihenfolge vor sich: Es beginnt am Kopfe und schreitet allmählich den Stengel entlang zur Sohle. Da das Zyankali eine spezielle Eigenschaft hat, die Atmungsprozesse zu hemmen, und da der Kopf ihm gegenüber sehr empfindlich ist, folgern wir daraus, daß im Kopf die intensivsten Atmungsprozesse vor sich gehen. Längs des Organismus existiert ein Atmungsgradient, in einer bestimmten Richtung wird die Atmungstätigkeit allmählich geringer.

Ähnliche Gradienten kann man im Embryo des Amblystoma entdecken. Das Ei dieses Tieres ist polarisiert, es besitzt eine Achse und zwei Pole. In der Periode, in der die erste Formveränderung erfolgt, in der der anfänglich kugelförmige Embryo sich dehnt, verändert die Achse ihre Richtung und wird länglich. Der Atmungsgradient tritt vor allem an der Außenschicht des Embryo (dem Ektoderm) hervor, besonders längs des Rückens, wo später die Chorda entsteht. Der Kopfteil des Rückens ist gegenüber dem Zyankali besonders empfindlich, zum Hinterteil nimmt die Empfindlichkeit des Gewebes allmählich ab. Ein Gradient von entgegengesetzter Richtung tritt in den tieferen Schichten des Embryo (dem Mesoderm) auf, aus denen sich später die Muskelsegmente entwickeln. Der Rückenteil der Nervenröhre bildet sich unter dem Einfluß des Ektodermalgradienten, und in Zusammenhang damit ist die Nervenführung in der sensiblen Bahn kopfwärts, zum Zentrum der höchsten Spannung des Gradienten, gerichtet. Dagegen herrscht im Bauchteil der Nervenröhre, die an das Mesoderm angrenzt, der Mesodermalgradient, der schwanzwärts gerichtet ist, und in dieser Richtung geht auch die Nervenführung in der motorischen Bahn vor sich. Die Gradienten sind der Vorgänger sowohl der Nerven- wie auch der Muskelstruktur und -tätigkeit. Schritt für Schritt beschreibt COGHILL den Gestaltungsprozeß der Elemente des Nervensystems in Abhängigkeit von den beiden Gradienten. Die Fortsätze der Nervenzellen, die die Impulse von den Zellen weiterleiten (Axone), richten sich in beiden Bahnen nach der Seite der höchsten Spannung des Gradienten, dagegen wachsen die Fortsätze der Nervenzellen, die die Impulse zu den Zellen leiten (Dendriten), in Richtung des niedrigsten Gradienten. Der Gradient der Muskelsegmente ist zweiseitig: Er besitzt die größte Spannung im Zentrum des Segments und nimmt nach beiden Seiten ab. Daraus erklärt sich, daß die motorischen Nervenfasern (Axone), in Richtung der zentralen Segmentteile wachsen, daß aber die proprioceptischen Nervenfasern, die Dendriten sind, aus den Enden der Muskelfasern wachsen.

Dieses Beispiel zeigt, welche Art von Kräften im Organismus im Laufe seiner Entwicklung wirksam sind, den Organismus aufbauen und ihm

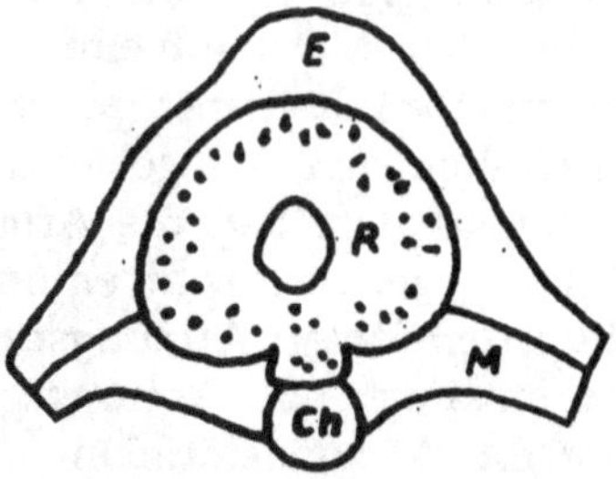

Abb. 16. Querschnitt durch den Rückenteil eines jungen Amblystomaembryos. *E* Ektoderm, *R* Nervröhre, *M* Mesoderm, *Ch* Rückensaite

eine potentielle Fähigkeit, auf spätere Reize zu reagieren, verleihen. Es besteht ein genetischer Zusammenhang zwischen der Polarisierung des Nervensystems, auf das sich seine ganze Tätigkeit stützt, und der Polarisierung des jungen Embryos, die auf dem Vorhandensein von Atmungs-, von chemischen oder physikalischen Gradienten beruht. Bevor die Nervenzelle die Fähigkeit erlangt, als Bestandteil des Nervengewebes auf äußere Reize zu reagieren, reagiert sie als gewöhnliche Zelle des Organismus auf Reize. Unter dem Einfluß der sich außerhalb von ihr befindlichen Gradienten wächst die Zelle, gestaltet sich in einer bestimmten Richtung und besitzt eine ihr eigene Reaktionsfähigkeit. Das Verhalten beginnt nicht mit dem Moment der Entstehung des Nerven- und Muskelsystems, es existiert bedeutend früher und es ist im allgemeinen zweifelhaft, ob das Verhalten überhaupt einen Anfang hat.

Im Sinne des Prinzips der Gestalt, mit dem wir uns in einem der folgenden Kapitel bekannt machen wollen, gibt es in unserem Bewußtsein keine separaten, isolierten Elemente. Genauer, jedes Element ist Teil eines bestimmten „Feldes“ und existiert nur in bezug auf dieses Feld. So tritt zum Beispiel eine Figur immer auf irgendeinem Hintergrunde auf und bildet mit ihm ein bestimmtes Ganzes. Ganz genau so existiert im Verhalten zuerst eine allgemeine Tätigkeit, zum Beispiel die Bewegungen des Rumpfes, aber in ihrem Bereich, sozusagen auf ihrem Hintergrund, entwickeln sich die speziellen Tätigkeiten und machen sich selbständig. Und ebenso entstehen die übermittelnden Nervenwege nicht als unabhängige Individuen, sondern sie bilden sich aus dem allgemeinen Aktivitäts„feld“ des Organismus, aus seinem Gradientensystem auf dem Wege der Individualisierung. Die Nervenbahnen entstehen aus den Gradienten, die ihrerseits Ableitungen des Gradienten des ursprünglichen Eies sind. Die lokalen Reflexe, zum Beispiel die Bewegungen der verschiedenen Teile der Hand, entstehen als „neue Qualitäten auf einem bestimmten Hintergrunde“. Durch diesen Hintergrund ist die allgemeine Bewegung des Rumpfes geregelt, die den Bewegungen der Teile übergeordnet ist.

Die angeführten, ausgedehnten Forschungen COGHILLS bestätigen den in seinen Folgen bedeutenden Gedanken, daß das Nervensystem nicht das Zusammenspiel irgendwelcher starrer Mechanismen, zum Beispiel eine Art von Klaviatur eines Flügels ist. Die Elemente dieses Systems sind lebendige Organe, die das ganze Leben des Gesamtorganismus hindurch ihre Funktion ausüben, indem sie auf Reize reagieren und Impulse übermitteln, aber zugleich ihre ursprünglichen, vornervösen Merkmale, in Gestalt der Fähigkeit der Nervenfasern zu wachsen und dadurch neue Verbindungen zu schaffen oder sie abzubrechen, bewahren.

Wenden wir uns der anfangs aufgeworfenen Frage wieder zu, ob die Merkmale des Verhaltens ererbt oder erworben sind. Einen radikalen Standpunkt nimmt KUO in dieser Frage ein. Seiner Meinung nach ist sowohl die Auffassung eines starren, ererbten Instinktes, wie auch die Auffassung einer erworbenen Gewohnheit zu verwerfen. Keine von ihnen entspricht dem modernen Wissen.

In der Tat scheint das Verhalten weder ererbt noch erworben oder vielleicht auch das eine und das andere zu sein. Die Entwicklung verläuft ununterbrochen; jedes neue Merkmal des Organismus, gleich ob es sich um ein strukturelles oder ein funktionelles handelt, wird allmählich und beizeiten vorbereitet. Wir stoßen hierbei auf die vielbesprochene Tatsache, daß komplizierte physiologische Systeme in „Hilfswerkstätten“ unter dem Einfluß von Reizen entstehen, die in ihrer endgültigen Verwendung durch den Organismus keinerlei Rolle spielen. Von dieser Seite her bedürfen die Anschauungen COGHILLS unbedingt einer Korrektur. Für ihn beginnt die Struktur automatisch zu funktionieren, sobald ihre anatomische Entwicklung beendet ist. In Wirklichkeit funktioniert die Struktur schon vor der Beendigung ihrer

Entwicklung, funktioniert in anderen Schemen, unter dem Einfluß anderer Reize, wird von einem Schema auf das andere umgeschaltet, und eben diese frühe Tätigkeit ist nicht nur das Ergebnis einer Entwicklung, sondern auch ein für diese wichtiger Faktor. Der Organismus des Embryos läßt sich mit einem Automobil vergleichen, das in dem Augenblick, da es die Fabrik verläßt, nicht nur in allen Einzelheiten montiert ist, sondern dessen Teile in wirklicher Tätigkeit ausprobiert wurden und „sich einarbeiteten", obwohl das Automobil noch keinen Meter zurückgelegt hat.

SECHSTES KAPITEL

Fragen des Instinkts

In der Diskussion über die komplizierteren Formen des tierischen Verhaltens kehren uns bereits bekannte Motive wieder. Wie wir aus der historischen Einführung wissen, ist das Problem des Tierinstinkts sehr alt, denn es wurde schon von der Schule der Stoiker aufgeworfen. Im Sinne der antiken Anschauung handelt das Tier nicht aus eigenem Erkennen. Die Natur hat ihm nur Triebe gegeben, die das Streben zu angenehmen und das Meiden unangenehmer Dinge bewirken. Die Kunst der Vögel, Nester zu bauen, der Spinnen, Netze zu verfertigen, und der Bienen, Wachsscheiben zu bauen, ist keine erlernte Fähigkeit. Das liegt in der Natur des Tieres, ebenso wie das Atmen oder der Pulsschlag. Viele Instinkthandlungen sind durch erstaunliche Zweckmäßigkeit gekennzeichnet; diese Zweckmäßigkeit tritt jedoch nur unter ganz bestimmten Bedingungen zutage, in die das Tier gleichsam durch die Natur hineingesetzt worden ist. Ändern sich die Umstände, offenbart sich sogleich der maschinelle Charakter der Instinkte, die der Situationsveränderung nicht nachfolgen können, auch wenn jetzt das Verhalten des Tieres diesem Schaden statt Nutzen bringt.

Ein näheres Studium des Verhaltens von Tausenden der verschiedensten Tierarten bestätigte die Richtigkeit der klassischen Anschauung. Tatsächlich stoßen wir auf Schritt und Tritt im Leben der Tiere auf Tätigkeiten, die zuweilen sehr fein und den Bedingungen genau angepaßt, aber starr sind und sich nicht abändern lassen. Zugleich bringt das Tier diese Tätigkeiten in fertigem Zustand auf die Welt. In völligem Gegensatz zur plastischen und veränderlichen Natur des Menschen, der sich in jeder neuen Situation zurechtzufinden vermag, indem er sein Handeln den augenblicklichen Umständen anpaßt, handelt das Tier stets stereotyp, in der Art einer Spieldose, die nur auf eine bestimmte Melodie eingestellt ist. Vor allem bietet die Insektenwelt vorzügliche Beispiele dieser Art. Wir werden einige von ihnen kennenlernen.

Besonders schöne Beobachtungen und Experimente mit Insekten führte FABRE durch. Beginnen wir mit den Totengräbern. Es sind dies ziemlich große Käfer, die, durch den Geruch von weitem angezogen, in der Nähe von jeglichem Aas zu finden sind. Herumliegende Tierleichen werden von den Käfern verscharrt, die darauf Eier unter der Erde ablegen. Die schlüpfenden Larven haben auf diese Weise einen gesicherten

Nahrungsvorrat. Die Scharrtechnik beruht darauf, daß zwei oder mehr Käfer sich unter die Leiche graben und unter ihr hervor Erde herauswerfen; der Körper sackt durch das eigene Gewicht nach und wird von oben zugeschüttet. FABRE erschwerte systematisch den Insekten die Arbeit. Er brachte unter der Erde einen Ziegel an, den er mit einer dünnen Sandschicht überschüttete; auf den Sand legte er eine Maulwurfsleiche. Die Käfer machten sich in gewohnter Weise an die Arbeit, stießen aber bald auf den Ziegel, den sie offensichtlich nicht durchstechen konnten. Viele Stunden hindurch versuchten die Insekten den Maulwurf herunterzuschieben; ihre Bemühungen waren jedoch nicht koordiniert, so daß die Leiche nur zuckte und immer wieder auf die alte Stelle zurückfiel. Von Zeit zu Zeit kam ein Männchen nach oben, prüfte den Maulwurf und verschwand wieder unter der Erde. Von einem gewissen Augenblick an begann der Maulwurf, sich recht schnell zum Rande des Ziegels hin zu bewegen, bis er auf weichen Boden glitt und regelrecht verscharrt wurde. In diesem Handeln sieht FABRE das Symptom eines angeborenen Instinkts, denn derartige Hindernisse müssen ein häufige Erscheinung im Leben der Aaskäfer sein. Es kommt immer wieder mal vor, daß eine Leiche auf einen harten Gegenstand fällt und auf weichen Boden geschoben werden muß. Im folgenden Versuch stand dem Verscharren ein Flechtstrohnetz im Wege, das dicht unter der Erdoberfläche horizontal aufgespannt war. Auch jetzt wußten sich die Käfer Rat zu schaffen: sie nagten ein Loch ins Netz, durch das die Leiche bequem hindurchkam. Auch derartige Hindernisse sind den Insekten bekannt, denn im Walde stößt die Leiche stets auf ein Netz von Pflanzenwurzeln, das die Aaskäfer durchstoßen müssen. Hängt man einen Maulwurf mittels einer Schnur an einen Pfahl an, so daß der Körper die Erde berührt, aber durch die Schnur gehalten wird, dann versuchen die Aaskäfer zunächst die gewohnte Methode, indem sie sich unter den Teil des Körpers graben, der den Boden berührt. Hört der Maulwurf, durch die Schnur festgehalten, auf, nachzugeben, so kriechen die Käfer auf die Leiche, suchen das Hindernis, finden die Schnur, die sie durchbeißen, wonach das Verscharren erfolgt. Wiederum ist dies ein bekanntes Hindernis: in ähnlicher Weise sind die Aaskäfer imstande, eine Leiche aus den Strauchästen über der Erde zu entwirren. Der folgende Versuch schafft jedoch ein unüberwindliches Hindernis. Ein Pflock wird schräg in die Erde geschlagen, an dessen Spitze Draht befestigt wird, der eine Maulwurfsleiche aufrecht hält, wobei der Kopf des Maulwurfs den Boden berührt. Nach den gewöhnlichen Versuchen kriechen die Aaskäfer auf die Leiche und bemühen sich, den Draht, oder auch das Bein, an dem der Maulwurf hängt, durchzubeißen, was ihnen aber nicht gelingt. Die Bemühungen dauern sehr lange, oft einen ganzen Tag, bis die Käfer schließlich die Beute im Stich lassen. Es fällt ihnen nicht ein, etwas am Fuße des Stockes zu graben, der im ganzen nur wenig Zentimeter von dem Punkt entfernt ist, an dem der Maulwurfskopf den Erdboden berührt. Der Stock würde dann umfallen und das Verscharren könnte ohne Hindernisse vonstatten gehen. Ihm unbekannte Verhältnisse kann das Tier nicht bewältigen. Der Instinkt wirkt ausgezeichnet, wenn es sich um Situationen handelt, die in der Natur vorkommen, er versagt hingegen vollkommen unter neuen Bedingungen. In der Natur gibt es keine leicht in die Erde geschlagenen Pflöcke, alles hat Wurzeln, die der Aaskäfer nicht zu überwinden imstande ist.

Der maschinelle Charakter des Instinkts geht klar aus der nachfolgenden Beobachtung Fabres hervor, die sich auf den Hautflügler *Sphex*, der zur Gruppe der Grabwespen gehört, bezieht. Das sind Hautflügler, die tiefe Löcher in die Erde graben, diese mit irgendeinem erbeuteten Wild versehen und darauf ihre Eier ablegen. Verschiedene Arten der Sphegiden sind Nahrungsspezialisten: einige von ihnen jagen speziell Schmetterlingsraupen, andere Käfer einer bestimmten Familie, wieder andere Spinnen. *Sphex* ist ein Spezialist für Grillen. Die erwählte Grille wird in einer sinnreichen Weise stillgelegt. Das Insekt gibt ihr „drei Dolchstöße", es sticht mit dem Stachel nacheinander drei Nervenknoten des Rumpfes an und erwirkt damit völlige Lähmung der Beute. Jedoch lebt die gelähmte Grille weiter und verwandelt sich in eine Art von „lebenden Konserven", mit denen sich die Larve des Räubers nährt. Interessant die Art und Weise, in der die Beute in das Loch gezogen wird. Die Grille wird an den Fühlern angefaßt und unter die Erde gezogen. Schneidet man einem gelähmten Insekt die Fühler und die anliegenden Mundteile ab, so ist die *Sphex* ratlos und kann die Beute nicht unter die Erde ziehen, obgleich sie dies leicht tun könnte, wenn sie am Bein anfaßte. Sie versucht das aber nicht einmal. Oder eine andere Beobachtung. Wenn die *Sphex* eine Grille zum Locheingang schleppt, läßt sie die Beute am Eingang liegen und kriecht für kurze Zeit ins Loch, gleichsam um festzustellen, ob darin alles in Ordnung ist. Dann kommt sie wieder nach oben und packt die Beute. In dem Augenblick, als die *Sphex* in der Erde verschwand, zog Fabre die Grille mehrere Zentimeter zurück. Das zurückgekehrte Insekt begann die Beute zu suchen, fand sie, zog sie an das Loch und verschwand wieder unter der Erde, wobei sie die Grille zurückließ. In einem Falle wiederholte Fabre diese Handlung 40mal hintereinander, und stets blieb das Verhalten des Insektes genau dasselbe. Der Instinkt ist eine Spieldose, die nur eine Melodie spielen kann, seine Handlungen können sich nur in einer ein für allemal festgelegten Reihenfolge vollziehen. Zugleich ist es klar, daß der Instinkt nicht eine Frage des Erlernens sein kann. Die Sphexlarve entwickelt sich unter der Erde und verwandelt sich in ein erwachsenes Insekt, wenn ihre Mutter bereits lange tot ist. Die *Sphex* hat keinerlei Möglichkeit zu beobachten, wie die Verproviantierung der Höhle vor sich geht. Dennoch wird das Insekt, wenn der entsprechende

Augenblick, der mit der geschlechtlichen Reife in Beziehung steht, eintritt, die gleiche komplizierte und subtile Reihe von Handlungen fehlerlos ausführen.

Dieselbe *Sphex* mauert den Höhleneingang zu, nachdem die Grille in die Höhle gezogen worden ist und Eier auf ihrem Körper abgelegt wurden, indem sie ihn mit Sand, in den sie kleine Steine schiebt, zuschüttet. Als diese Arbeit beendet war, säuberte FABRE den Eingang zur Höhle und zog die Grille mitsamt dem Ei heraus. Während dieser Operation blieb die alte *Sphex* in der Nähe. Jetzt kehrt das Insekt zur Höhle zurück, geht hinein und verbleibt dort gewisse Zeit. Dann kriecht es heraus und vermauert in der gleichen Weise wie vorher den Zugang, wonach es wegfliegt. Die Höhle blieb eine Woche lang unter Beobachtung und das Insekt kehrte nicht zurück. Seine Aufgabe ist vollbracht. Wiederum ein krasses Beispiel für den maschinellen Charakter des Instinkts. Nach Verproviantierung der Höhle und Ablegen des Eis ist das Schließen des Eingangs an der Reihe. So verhielt sich die Wespe *Sphex,* obgleich sie in der Höhle war und sich überzeugen konnte, daß ihre Arbeit keinen Sinn hatte, denn die Höhle war leer.

Erstaunlich sind die von FABRE beschriebenen Instinkte der Larven einiger Grabwespen. Die Dolchwespe *Scolia* versorgt ihre Höhlen mit gelähmten Larven des Rosenkäfers *Cetonia.* Das Ei wird an einem genau bestimmten Punkt abgelegt, auf der Bauchseite der Beute. Die aus dem Ei schlüpfende winzige Larve, deren Umfang kaum den $^1/_{600}$ Teil des Umfangs ihrer Beute ausmacht, bohrt zunächst mit Mühe eine Öffnung an der Stelle, an der das Ei abgelegt worden war. Durch die kleine Wunde fließt etwas Blut, das die flüssige Nahrung ist, die für den Säugling, wie sich FABRE ausdrückt, unumgänglich ist. Später beißt sich die Larve immer tiefer in den Körper ihres Opfers hinein, das sich allmählich faltet und zusammenzieht, bis nur ein leerer Hautsack übrigbleibt. Das Fressen vollzieht sich in einer genau festgelegten Reihenfolge. Zuerst werden die Organe aufgefressen, die für das Leben des paralysierten Opfers nicht wichtig sind, wie der Fettkörper und die Muskulatur, danach kommen andere Körperorgane an die Reihe, und ganz zum Schluß wird das Herz und das Nervensystem aufgefressen. Würde die Larve mit den lebenswichtigen Organen beginnen, so müßte ihre Beute umkommen, sie würde anfangen zu faulen und würde ihren Peiniger vergiften. Dies beweist ein Versuch. Setzt man die Larve *Scolia* auf die paralysierte Larve eines anderen Käfers als *Cetonia,* so stirbt das Opfer nach einigen Tagen, und mit ihm die schmarotzende Larve. Das Tier ist auf eine genau bestimmte Reihenfolge der Bewegungen eingestellt, die nur bei der üblichen Beute zweckmäßig ist, aber fatal sein kann, wenn es sich um eine Beute handelt, die ein etwas abweichendes System der Körperorgane besitzt. Wiederum kann also vom Lernen des Tieres keine Rede sein, dessen Instinkt eine angeborene Eigenschaft ist.

Man könnte Tausende solcher Beispiele anführen. Im übrigen ist fast jedem aus der täglichen Beobachtung bekannt, daß es sich bei höheren Tieren damit ähnlich verhält. Viele unserer Vögel fliegen im Herbst in ferne Länder, legen Tausende von Kilometern zurück und kehren im Frühling mit unfehlbarer Genauigkeit zu ihren Nestern zurück. Es ist ziemlich rätselhaft, wie sich die Vögel in ihren Wanderungen orientieren. Eins steht fest, daß der Instinkt der Zugvögel nicht erlernt ist und auch nicht auf einer Tradition beruht, z.B. in Gestalt eines Anführers, des ältesten Exemplars, das die Vögel auf dem Wege führt, der ihm aus vorheriger Erfahrung bekannt ist. Jedenfalls kann es bei vielen Vögeln nicht so sein. Wie außergewöhnlich in diesem Fall die Orientierungsschwierigkeiten sind, geht schon allein aus den Entfernungen hervor. Eine Meerschwalbe, die Nordamerika bewohnt, überquert in der Zugzeit den Atlantik, biegt an den Gestaden Europas nach Süden ab und fliegt sehr weit in die südliche Halbkugel, wobei sie insgesamt ungefähr 20 000 Kilometer zurücklegt. Ein gewisser Singvogel, der im Sommer die Wälder Norwegens bewohnt, überwintert auf den Malaischen Inseln, auf die er über Sibirien gelangt.

Noch schwieriger zu erklären sind die Wanderungen der Aale. Aale der europäischen Flüsse wandern in der Zeit vor dem Laichen die Flüsse zum Meer hinab, überqueren den Atlantik und legen den Rogen in der Gegend der Bermudas in einer Tiefe von ungefähr 2000 m ab. Noch sonderbarer ist, daß die aus den Eiern geschlüpften Jungfische, die kaum einige Millimeter lang sind, sich auf den Rückweg nach Europa machen, den sie in drei Jahren bewältigen! In derselben Gegend des Atlantischen Ozeans laichen die amerikanischen Aale, deren Jungfische westwärts zum Gestade Amerikas wandern. Irgendeine unfaßbare Kraft bewirkt, daß die winzigen unbeholfenen Fische sich auf hoher See in zwei Partien teilen: die einen wandern nach links, nach Amerika, die andern nach rechts, nach Europa. Und wer konnte den jungen Aalen den Weg weisen? Von wem konnten sie ihn erfahren haben?

Ein einmonatiges Hundejunges, das im Zimmer geboren und aufgezogen worden ist, gräbt und wühlt auf dem Fußboden, wenn es sich schlafen legt, als ob es den Erdboden für das Lager auflockerte. JAMES beschreibt das Verhalten eines jungen Hundes, der einen großen Knochen bekommen hat, und da er nicht imstande war, ihn zu zernagen, ihn vergraben wollte. Das Tier führte regelrechte Grabbewegungen durch, legte den Knochen in die Grube und schüttete sie mit Erde zu. Das geschah jedoch in einem Wohnzimmer, die Grube und der Erdboden waren imaginär, und der Knochen lag, nachdem er vergraben worden war, wie vordem auf dem Fußboden. Nichtsdestoweniger entfernte sich das Hundejunge von ihm nach Erfüllung seiner Aufgabe. Eine Hündin, die zum ersten Mal Junge wirft, verfährt, als ob sie genau wüßte, wie und was zu tun ist: sie zerbeißt die Nabelschnur, leckt die

Neugeborenen ab, massiert ihnen den Bauch mit der Zunge, weiß sich so hinzulegen, daß sie dabei keines erdrückt, versteht es, sie in der Schnauze zu tragen, ohne die Zähne zusammenzudrücken und sie zu verletzen, sorgt für die Sauberkeit im Nest, indem sie Ausleerungen der Jungen aufleckt. Das Tier hat das noch nie erlebt oder gesehen, und dennoch vollführt es mit unfehlbarer Genauigkeit alle Handlungen, die für die Art so wichtig sind.

Ähnliche sich stets mehrende Beobachtungen führten die Wissenschaft notgedrungen zur *Theorie des Tierinstinktes.* Es ist dies eine exklusive Theorie, die keinen Raum für andere Anschauungen läßt: die Tiere lassen sich durch den blinden Instinkt leiten, der Verstand aber ist nur dem Menschen eigen.

Der Lauf der Geschichte ist unerbittlich. Jede exklusive Theorie muß auf eine Kritik stoßen, die mit dem Aufzeigen einzelner Tatsachen, die mit der Theorie nicht übereinstimmen, beginnt. Kehren wir für einen Augenblick zu den Erzählungen FABRES zurück. Sie sind stark vom Zeitgeist gefärbt; der Forscher nimmt an den Erscheinungen nur die Seiten wahr, die mit der herrschenden Anschauung zu vereinbaren sind. Seiner Überlegungsweise liegt außer dem Kritizismus des Experimentators und seinem Beobachtungstalent ein recht primitiver Anthropomorphismus zugrunde. Obwohl er den Insekten Intelligenz abspricht, schreibt FABRE ihnen auf Schritt und Tritt eine rein menschliche Verhaltungsweise zu. Nehmen wir beispielsweise die Totengräber. Wenn es ihnen gelingt, einen auf einem Ziegel liegenden Maulwurf zu verscharren, sich durch das Fasernetz eines Strohgeflechts durchzubeißen, den Maulwurf aus einem Zweiggewirr zu befreien, eine Schnur, die die Leiche festhält, durchzubeißen, so ist wohl damit die Plastizität ihrer Handlungen erwiesen. Die Bedingungen des Verscharrens waren sehr mannigfaltig, und dennoch wußten sich die Käfer ausgezeichnet Rat zu schaffen. Aber, sagt FABRE, das waren alles bekannte Bedingungen. Im Falle eines schräg stehenden Pflockes und eines Drahtes, der einen Maulwurf aufrecht hielt, hatte der Instinkt versagt. Der Mensch würde sich in einer ähnlichen Lage sicherlich orientiert und die richtige Handlungsweise gefunden haben. Dieses letztere eben ist sehr zu bezweifeln. In einer Situation, die für ihn tatsächlich neu ist, verhält sich der Mensch völlig unvernünftig. Läßt man einen Menschen den Öffnungsmechanismus einer Schachtel finden, so erschöpft er sein gesamtes Bewegungsrepertoire und wendet alle möglichen Öffnungsmethoden an, die ihm aus seiner vorhergehenden Erfahrung bekannt sind. Er prüft der Reihe nach alle Nägel, Riegel und Knöpfe, wendet die Schachtel hin und her, schüttelt sie und klopft darauf. Nehmen wir jedoch an, daß sich die Schachtel nur dann öffnet, wenn sich der Mensch am linken Ohr kratzt und daß dies die Lösung der Aufgabe ist. Man kann sicher sein, daß nicht jeder auf diese Lösung verfällt. Man kann von den Aaskäfern nicht zu viel verlangen.

Sie besitzen nicht die menschliche Erfahrung, und ihre Reaktionen bewegen sich nur innerhalb ihrer eigenen Sphäre. Das Unterminieren einer Leiche durch den Aaskäfer, das Erschüttern der Leiche, das Erscheinen an der Oberfläche, das in gewissen Abständen erfolgt, und die Besichtigung der Leiche, die Suche nach dem Hindernis, das die Beute festhält, die Versuche, den Draht durchzubeißen, und nach ihrem Mißlingen die Versuche, die Maulwurfshand durchzubeißen, alle diese Versuche, die ausdauernd und systematisch betrieben werden, weichen sehr stark vom Schema des maschinellen Verhaltens ab. Eine Maschine vermag nicht, ihre Arbeit zu kontrollieren und vom Ergebnis der Kontrolle ihr Handeln abhängig zu machen. So einfach kann man diese Dinge nicht erklären. Die Frage der Wespe *Sphex* bedarf ebenfalls einer anderen Interpretation. Man zog die Grille vom Höhleneingang zurück und die Wespe wiederholte jedesmal dieselbe sinnlose stereotype Handlungsfolge. Aber FABRE selbst macht eine interessante Bemerkung: „Man kann die Wespe *Sphex* nicht immer dadurch betrügen, daß man die Grille wegzieht. An einigen Orten leben auserlesene Stämme dieser Gattung, die einen guten Kopf besitzen. Nach einigen Mißerfolgen vermögen sie die Kniffe des Experimentators zu durchschauen und seine Absichten zu vereiteln. Es gibt jedoch solche Revolutionäre, die zum Fortschritt fähig sind, nur sehr wenige, der Rest hingegen, die Mehrzahl, ist der Pöbel, verstockte Reaktionäre, Anhänger der alten Sitten und Gebräuche.“ Nicht unbedingt müssen Instinkte starr sein. Neue Untersuchungen über Instinkte der Grabwespen, insbesonder die Arbeiten MARCHALLS, FERTONS, MOLITORS und anderer haben gezeigt, daß die Verhaltungsweisen dieser Insekten weit komplizierter und veränderlicher sind, als man dachte. Die berühmten drei Dolchstiche lassen sehr viel in der Präzision fehlen. Oft trifft die Wespe *Sphex* die Nervenknoten gar nicht, häufig beschädigt sie diese zu sehr und ihre Beute kommt um, nicht weniger oft kommt es vor, daß die ungeschickt gelähmte Beute die Gewalt über ihre Glieder wiedererlangt und flieht. Der Kampf der *Sphex* mit der Grille, der so dramatisch von FABRE geschildert worden ist, ist ein tatsächlicher Kampf, in dem beide Seiten die sich darbietenden Gelegenheiten ausnützen und in dem die Bewegungen der Kämpfenden so kompliziert und veränderlich sind, daß man nicht einmal an ihren maschinellen Charakter denken kann.

Die Zweckmäßigkeit der Instinkte, sagt v. BUDDENBROCK, beruht darauf, daß die Mutter Natur im Bau des Nervensystems eines Tieres alle Situationen, die jemals eintreten könnten, vorausgesehen hat. Wieviele solcher Situationen gibt es? Schon der Kampf der *Sphex* mit der Grille allein zieht soviel mögliche Bewegungen nach sich, von denen ja jede eine Reaktion auf einen bestimmten Reiz ist, daß das Nervensystem des Tieres irgendeine ganz unwahrscheinlich umfangreiche Enzyklopädie sein müßte. Maschinelle Instinkte werden in erster Linie niederen Tieren, die einen verhältnismäßig einfachen Bau des Nervensystems haben, zugeschrieben. Darin liegt ein tiefer Widerspruch. Denn gerade ein Tier, das für jede mögliche Lebenslage einen fertigen Nervenmechanismus besitzt, müßte das komplizierteste Nervensystem haben. Wenn wir die Veränderlichkeit und die Plastizität der Handlungen des Tieres voraussetzen, wird die Aufgabe vereinfacht, und nicht kompliziert.

Heute kann es keinem Zweifel mehr unterliegen, daß sich die klassische Theorie der Instinkte als exklusive Anschauung nicht halten läßt, denn sie widerspricht den einfachsten Tatsachen. Es verbleibt jedoch noch ein Mittelweg, ein Kompromiß: neben instinktivem Handeln gibt es auch intelligentes Handeln. Dies ist die meist verbreitete Ansicht, deren eifrigster Verfechter ZIEGLER, der Autor der erschöpfenden Definition des Instinkts, ist. Ihm zufolge hat der Instinktbegriff fünf Charakteristiken. Jede instinktive Handlung besitzt folgende Merkmale:

1. Sie ist ererbt, das heißt, der Trieb und die Fähigkeit zum Handeln gehören zu den angeborenen Merkmalen des Tieres.
2. Ihre Ausübung bedarf keines vorherigen Lernens des Tieres.
3. Sie vollzieht sich bei allen normalen Exemplaren einer Gattung oder Rasse in gleicher Weise.
4. Sie entspricht der körperlichen Organisation des Tieres, d.h., der normalen Verwendung seiner Körperorgane.
5. Sie ist den natürlichen Daseinsbedingungen des Tieres, häufig den periodischen Veränderungen dieser Bedingungen, die z. B. mit den Jahreszeiten in Zusammenhang stehen, angepaßt.

ZIEGLER veranschaulicht an Hand einiger Beispiele den Unterschied zwischen instinktivem und intelligentem Handeln.

Wenn ein Huhn in der Erde scharrt und gefundene Insekten und Würmer frißt, handelt es instinktiv, denn alle Hühner tun dies und das Tier braucht es nicht zu lernen. Wenn ein Huhn jedoch von weitem auf den Ruf der Hausfrau, die Futter bringt, herbeiläuft, handelt es intelligent, denn die Verknüpfung der Stimme der Hausfrau mit der Fütterung ist eine erworbene Assoziation. Wenn ein Hund einen Eckstein beschnuppert, handelt er instinktiv, denn sein vortrefflicher Geruchssinn ist ein angeborenes Orientierungsmittel und alle Hunde handeln in dieser Weise. Wenn aber der Hund aufspringt und bellend umherläuft, da er sieht, daß sein Herr den Mantel anlegt, um spazieren zu gehen, so verfährt er intelligent. Ein Pferd, das auf der Straße scheut und die Flucht ergreift, handelt unter dem Gebot des angeborenen Instinkts, der in gleichem Maße seinen wilden Verwandten eigen ist. Das Pferd des Milchhändlers aber, das vor der Tür des Ladens, zu dem es täglich Milch fährt, stehen bleibt, handelt intelligent.

Versuchen wir, die Definition ZIEGLERS zu analysieren. Seine Ausdrucksweise ist in vielen Details etwas archaisch und muß unbedingt in die Sprache der zeitgenössischen Wissenschaft übertragen werden.

Sind Instinkte erblich? Wir haben bereits ein ganzes Kapitel der Frage gewidmet, welche psychischen Merkmale angeboren sein können. Wir kamen zu dem Schluß, daß eine Antwort darauf sehr schwer ist und vielleicht überhaupt nicht möglich ist. Merkmale des Verhaltens sind stets Ergebnis der Einzelentwicklung, die Entwicklung wiederum beruht auf einer Reihe von Reaktionen auf äußere und innere Reize. Ist die Fähigkeit, auf dem Klavier zu spielen, erblich? Ja, und nein. Ja, denn wir verdanken die Möglichkeit, diese Fähigkeit zu erwerben, der besonderen Konstitution unseres Organismus, der Koordination der Muskeln, Nervenzentren, Nerven, Sinnesorgane usw. Ein Frosch oder ein Maikäfer werden niemals diese Kunst erwerben. Aber die Fähigkeit, zu spielen, ist nicht erblich, denn der Mensch wird nicht mit ihr geboren, sondern muß sie erlernen. Und erst das Zusammenwirken der konstitutionellen Eigenschaften und des Klavierunterrichts führt zum Erwerb dieser Fähigkeit. Aber ebenso verhält es sich ja mit jedem Merkmal des Organismus, und nicht nur mit dem Verhalten. Jedes ist das Resultat der Entwicklung, die dank bestimmten physischen, chemischen oder strukturellen Eigenschaften der Geschlechtszelle oder dank genau bestimmten Entwicklungsbedingungen möglich ist. Das eine ist ohne das andere machtlos und beide Seiten des Problems lassen sich in keiner Weise voneinander trennen. Wir können uns hier leicht in den ewigen Streit der Präformation mit der Epigenese verstricken. Deshalb ist es richtiger zu sagen, daß das Erblichkeitskriterium der Instinkte wissenschaftlich unergiebig ist, denn es drückt nichts Konkretes aus. Würden wir eine Enquête unter allen Biologen der Welt organisieren und um ihre Antwort darauf bitten, ob die Instinkte erblich seien, so würde wahrscheinlich die überwiegende Mehrheit eine bejahende Antwort geben. Was hätten wir dadurch erreicht? Aale wandern viele Tausende von Kilometern, weil sie einen erblichen Wanderinstinkt besitzen. Das ist keine wissenschaftliche Errungenschaft. Wir wollten nämlich wissen, wie es geschehen kann, daß sich ein solcher Instinkt entwickelt, wie und unter welchen Umständen dieser Instinkt geformt wird. In seiner orthodoxen Bedeutung wird der Instinkt zu einem schädlichen Begriff; er gibt uns nämlich einen Wissensersatz in Form eines Wortes, das nichts erklärt. Konkrete Aufgabe der Tierpsychologie ist die Erforschung des Entstehungsprozesses der Instinkte in Abhängigkeit von den wirkenden Entwicklungsbedingungen. Heute besitzen wir auf diesem Gebiet lediglich beschreibendes Wissen, wir wissen, wie sich das Verhalten eines Tieres im Laufe der Ontogenese gestaltet. Wir müßten nun ein Experiment vornehmen, das die Analyse einer Erscheinung zuläßt und sie auf neue und unbekannte Bahnen lenkt, ebenso wie eine Änderung der

Entwicklungsbedingungen häufig die Entstehung neuer unerwarteter Formen nach sich zieht. Das Experiment auf diesem Gebiete verhält sich ebenso zur einfachen Entwicklungsbeobachtung des Verhaltens, wie die Entwicklungsmechanik zur deskriptiven Embryologie. Die Entwicklungsmechanik ist keine Erblichkeit, sie befaßt sich vielmehr mit Untersuchungen darüber, wie es geschehen kann, daß es eine Erblichkeit gibt.

Wir kehren zum zweiten Kriterium der Definition zurück: die Ausübung einer instinktiven Handlung bedarf keines vorherigen Lernens. Vor allem muß die wechselseitige Verwandtschaft der beiden ersten Kriterien unterstrichen werden. In der Praxis schließen wir auf Vererbung der Instinkte auf Grund des Prinzips der negativen Behauptung: wenn es kein Erlernen gibt, haben wir es mit einem erblichen Phänomen zu tun. Aber auch hier bedarf eine präzise Antwort darauf einer exakten Anwendung der Begriffe. Der Begriff des Lernens ist vieldeutig, was eine Quelle vieler Mißverständnisse ist. Zunächst kann unter Lernen die Nachahmung eines gewissen Musters, das Annehmen von Fähigkeiten von jemandem, der sie auf diese oder jene Weise demonstriert, sein. In diesem Sinne erlernen die Insekten ihre Instinkte nicht. Die Larve *Sphex* entwickelt sich einsam und hat keine Gelegenheit, etwas von ihrer Mutter zu lernen. Obgleich uns sehr viele Beispiele des Lernens und Nachahmens, zumal bei den höheren Wirbeltieren, bekannt sind, so spielt in der überwiegenden Mehrzahl der Fälle diese Form des Lernens keine Rolle.

Eine andere Auffassung des Lernprozesses ist seine Rückführung auf Erwerbung und Hemmung bedingter Reflexe. Ein Kind kann ohne jeden Hinweis oder Hilfe ausgezeichnet gehen lernen. In dem Maße, wie seine Muskelkraft zunimmt, führt es immer verschiedenartigere Bewegungen aus, unter denen sich auch die des Fortbewegens auf zwei Beinen befindet. Diese Bewegung zieht eine angenehme Folge in Form einer unerwarteten Erweiterung des Horizontes sowie eine unangenehme in Gestalt des unvermeidlichen Hinfallens nach sich. Der Fall wird die Strafe für eine unzweckmäßige Haltung sein, das Auf-den-Füßen-Bleiben die Belohnung für die richtige Haltung. So werden einige Reaktionen gefestigt, andere gehemmt. Jeder, der junge Tiere beobachten konnte, weiß, daß sie in dieser Weise viele Dinge lernen und daß die Nachahmung der Bewegungen der Mutter hierbei keine Rolle spielt. Ein Hundejunges lernt, auf den Beinen stehen, gehen, laufen, springen, fressen, spielen, und jede dieser Tätigkeiten entwickelt sich aus einem unbeholfenen Anfangsstadium und vervollkommnet sich durch stetige Übung immer mehr. Auf diese Weise lernen die Vögel fliegen, die Katzen Mäuse fangen, die Mäuse, vor der Katze zu fliehen u. ä. Diese Tätigkeiten sind eine Folge der Erwerbung bedingter Reflexe, die stets mit einigen wenigen unbedingten Reflexen verbunden sind. Ist wiederum dies bei den Wirbeltieren richtig, so besitzen die Wirbellosen diese Fähigkeit nur in sehr geringem Grade.

Wir können den Lernprozeß noch anders auffassen. Er kann die wachsende Leistungsfähigkeit einer Funktion durch ihre Wiederholung bedeuten. Die erste Ausübung einer Tätigkeit ist ungeschickt und schwach, mit zunehmender Wiederholung jedoch „glätten" sich die Nervenbahnen sozusagen, verringert sich der Widerstand des Impulses bei seinem Übergang aus den rezeptiven zu den ausführenden Organen, die Ausführungsorgane wiederum entwickeln sich und steigern ihre Leistungsfähigkeit infolge des funktionellen Antriebs. Daß derartige Erscheinungen ein notwendiges Element jeder Entwicklung sind, wissen wir aus dem vorherigen Kapitel. Die Ansicht Coghills, daß mit dem Augenblick, in dem sich bestimmte Nervenverbindungen einstellen, sich sogleich eine dazugehörige Reaktion in fertigem Zustand einfindet, läßt sich nicht halten. Es gibt keine derartigen Tätigkeiten im Organismus. Wir schneiden hier ein schwieriges Problem an, das beachtet werden muß. Basis einer jeden Tätigkeit ist eine bestimmte Struktur, und wenn diese Struktur in ihrer vollkommenen Gestalt vorhanden ist, muß sich die dazugehörige Tätigkeit einstellen. Ein trainierter Muskel unterscheidet sich von einem untrainierten durch schwer faßbare Merkmale, die wir nicht gut kennen. Zweifellos besitzt er jedoch eine etwas andere Struktur, die auf operativem Wege erzielt worden ist und die dem Muskel erst die Entwicklungsmöglichkeit seiner vollen Funktion gibt. Die besondere Schwierigkeit besteht darin, daß während der normalen Entwicklung das Nervensystem bereits funktioniert, bevor seine Entwicklung beendet ist, und daß seine Tätigkeit ein sehr wichtiger Entwicklungsfaktor ist. Chlorethon hemmte in den Versuchen Carmichaels die Muskelbewegungen, aber nicht die Entwicklung, denn im Organismus der Larven erfolgte Zellenteilung, Wachstum und Differenzierung der Gewebe, es vollzogen sich äußerst komplizierte chemische Prozesse, und all das stellt nicht so sehr Begleiterscheinungen der Entwicklung, als die Entwicklung selbst dar. Wenn wir diese Prozesse aufhalten, zerstören wir die Entwicklung, und dann werden wir nichts darüber sagen können, ob die Bewegungen der Larve angeboren oder erworben sind. Denn es wird dann überhaupt keine Bewegungen geben. Es ist prinzipiell unmöglich, solche experimentelle Bedingungen zu schaffen, unter denen sich das Nervensystem weiter entwickeln kann, ohne zu funktionieren, und in einem bestimmten Augenblick plötzlich seine volle Tätigkeit „einschalten" kann. Denn schon die Entwicklung des Nervensystems ist seine Tätigkeit. Die Bezeichnung der Instinkte als Tätigkeiten, die kein vorheriges Erlernen erfordern, ist eine grobe Schematisierung, die vom Standpunkt der modernen Wissenschaft völlig unzulässig ist. Unsere Aufgabe ist es, zu erforschen, von welchen Bedingungen die Entwicklung der Instinkte abhängig ist, und nicht zu behaupten, daß sie überhaupt von keinen Bedingungen abhängig ist. Ein solcher deus ex machina ist unvorstellbar.

Das dritte Merkmal der ZIEGLERschen Definition spricht von einer prinzipiellen Gleichheit instinktiver Handlungen bei allen normalen Exemplaren einer gegebenen Gattung. Der Gedanke ist der, daß das Intelligenzkriterium auf die Fähigkeit, Wissen zu erwerben, auf die Plastizität der Handlungen, die sich zweckmäßig den jedesmaligen Bedingungen anpassen, zurückgeführt wird. Dagegen besitzen Instinkte, als starre Eigenschaften, keine individuelle Veränderlichkeit. Auch das muß stark präzisiert werden. Individuelle Veränderlichkeit ist ein allgemeines Naturgesetz: es gibt auf der ganzen Erde nicht zwei identische Exemplare oder auch zwei Teile eines Exemplars, die absolut gleich wären. Das gilt für alle Merkmale: die morphologischen, physiologischen und psychischen. Ziegler gibt natürlich diesen Sachverhalt zu und spricht deshalb nur von einer „prinzipiellen" Gleichheit der Handlungen. Ich führe ein konkretes Beispiel zur besseren Orientierung in dieser Frage an. Die Larve der Köcherfliege *Molanna angustata* baut sich ein Häuschen aus Sandkörnern, die sie mit einem Gespinst zusammenklebt. Der normale Köcher hat eine platte Form; er besteht aus einem Röhrchen, in dem sich das Tier aufhält, aus zwei symmetrischen Seitenflügeln und einem Dach, das nach vorn überhängt. Im Köcher können wir eine Vorder- und eine Hinterseite, eine linke und eine rechte Seite, eine Rücken- und eine Bauchseite unterscheiden. Beschädigt man einen solchen Köcher, so bessert ihn die Larve aus.

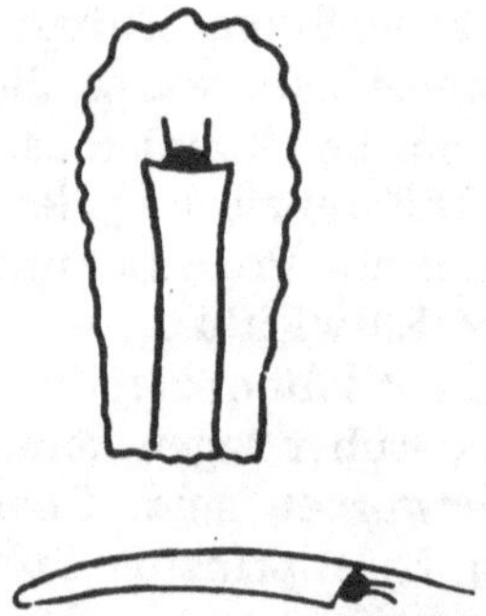

Abb. 17. Schema des Köchers der Molanna. *Oben:* von der Bauchseite gesehen, *unten:* im senkrechten Längsschnitt

Nehmen wir 20 Larven und beseitigen ihnen allen die Vorderhälfte des Köchers. Am folgenden Tage finden wir, daß alle Köcher ausgebessert worden sind. Die Larve hatte nach vorn zu ein Stück Rohr gebaut und ein kleines Dach darangefügt. Unter diesen 20 Exemplaren gibt es selbstverständlich nicht zwei, die sich identisch verhalten hätten:

In jedem neugebauten Teil der Köcher ist die Zahl der eingemauerten Körner verschieden, weicht die Art der Zusammenfügung der Körner etwas voneinander ab, decken sich die neuen Köcherpartien nicht miteinander usw. Es unterliegt jedoch keinem Zweifel, daß die Ausbesserung von einem Typ ist.

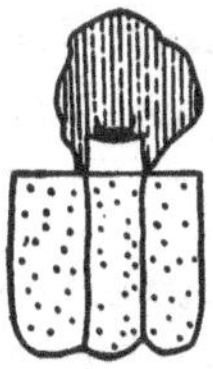

Abb. 18. Ausbesserung des Köchers der Molanna nach Beseitigung der Vorderhälfte. Der alte Köcher punktiert, der neugebaute Teil gestrichelt

Die einzelnen Köcher unterscheiden sich voneinander in demselben Maße, wie sich die Köcherfliegen selbst unterscheiden, z. B. in der Körpergröße, der Länge ihrer Beine oder der Farbschattierung, jedoch nicht mehr. Diese Verhältnisse stellen die Grundlage für die ZIEGLERsche Definition dar. Wir wollen nun sehen, wie sich die Larven nach Beseitigung der hinteren $^2/_3$ des Köchers verhalten. Auch in diesem Falle finden wir am darauffolgenden Tage alle Köcher ausgebessert. Aber jetzt gestaltet sich die Frage ungleich komplizierter. Sehen wir uns Abb. 19 an. Die Köcherfliege Nr. 1 benutzte das verbliebene Stück des Köchers einfach als Stützpunkt, indem sie ein völlig neues Haus daran baute, das aus einem Röhrchen von einer bestimmten Länge, einem Dach und einer Stütze für die Seitenflügel besteht. Nr. 2 tat dasselbe, biß jedoch außerdem ein großes Loch in das Dach des alten Köchers. Nach weiteren zwei Tagen schnitt diese Larve das ganze alte Haus ab, das nun unnütz geworden war, und siedelte in die neue Wohnung über. Nr. 3 baute vorn einen Köcher an, dessen Röhre jedoch die Fortsetzung der alten ist; beide zusammen bilden erst die Wohnröhre. Nr. 4 machte dasselbe, klebte jedoch außerdem einige Sandkörner an das hintere Ende des Röhrchens. Nr. 5 baute vorn nur ein kleines Stück des Röhrchens an, stückelte am Dach etwas an und verlängerte überdies das Röhrchen nach hinten. Nr. 6 verlängerte das Röhrchen nach vorn und nach hinten, benutzte aber das alte Dach überhaupt nicht, sondern baute ein neues. Nr. 7 verhielt sich sonderbar: sie schnitt das alte Dach ab, verlängerte danach das Röhrchen etwas nach vorn, baute ein neues Dach an der alten Stelle und verlängerte schließlich das Röhrchen nach hinten. In allen beschriebenen Fällen saß die Larve nach vollführter Ausbesserung in der normalen Stellung im Köcher, das heißt, ihr Kopf war dem Vorderteil des alten Köchers zugekehrt. In den folgenden Beispielen verhält es sich anders. Nr. 8 verlängerte das Röhrchen nur nach hinten und baute auch nach hinten zu ein neues Dach, wobei sie im neuen Köcher eine umgekehrte Lage einnahm: der Kopf war dem hinteren Ende des alten Köchers zugekehrt. Nr. 9 machte dasselbe, biß aber außerdem ein Stück des alten Daches ab. Nr. 10 baute das Röhrchen und das Dach nach hinten, und verlängerte überdies das Rohr etwas nach vorn, Nr. 11 tat dasselbe, jedoch in anderen Proportionen: der hinten angebaute Teil ist kürzer als der, den sie nach vorn gebaut hat. Nr. 12 begann mit der Ausbesserung ähnlich wie Nr. 1, das heißt, sie baute einen neuen Köcher nach vorn, wobei sie den alten nur als Stützpunkt benutzte. Danach schnitt sie den ganzen neuerbauten Köcher ab und baute einen in der Richtung nach hinten an. Nr. 13 baute nach vorn den hinteren Teil des Röhrchens und fügte hinten gleich an das alte Rohr ein neues Dach. Der Köcher Nr. 14 ist zweiseitig: er besitzt in beiden Richtungen ein Dach, die Larve sitzt darin in umgekehrter Richtung.

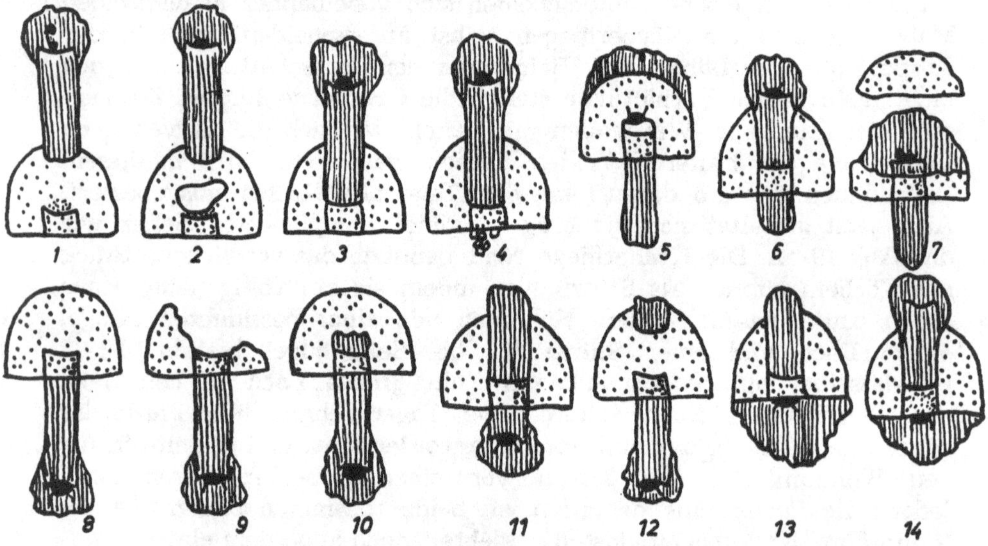

Abb. 19. Ausbesserungsweisen des Köchers der Molanna nach Beseitigung der hinteren ²/₃ des Hauses. Neugebaute Teile gestrichelt

Wie sieht in diesem Fall die „prinzipielle Handlungsgleichheit" aus? Wenn es sich um die Ausbesserung nach Beseitigung der Vorderhälfte des Köchers handelt, so unterscheidet sich das Verhalten der einzelnen Exemplare nur graduell; wir könnten sehr gut diese Unterschiede in irgendwelchen Zahlenangaben festhalten, die sich z. B. auf die Zahl der Sandkörner oder die Größenausmaße des Köchers beziehen könnten, ganz ebenso, wie wir für jede beliebige morphologische Eigenschaft eines Tieres individuelle Veränderlichkeitsreihen konstruieren können. Ich sehe aber nicht, wie wir das im zweiten Falle machen könnten. Hier ist ja die Verhaltensweise der einzelnen Larven qualitativ verschieden. Wenn beim ersten Operationstyp eine Abbildung genügt, um das Verhalten aller Larven zu veranschaulichen, so können beim zweiten 14 Abbildungen kaum einen annähernden Begriff darüber verschaffen.

Beachten wir folgenden wichtigen Umstand: Welches auch immer Art und Weise der Ausbesserung sein mögen, ihr endgültiges Resultat ist stets prinzipiell dasselbe, denn die Larve hat ein Röhrchen von einer bestimmten Länge zur Verfügung, an deren Öffnung vorn ein kleines Dach herabhängt. Ihr Bedürfnis, sich zu verstecken, ist befriedigt worden, und das in einer Weise, die für die Gattung normal ist. Ebenso können wir die Tür öffnen, indem wir mit der rechten oder der linken Hand, dem Ellenbogen, dem Knie oder dem Kopf auf die Klinke drücken; der Endeffekt ist stets das Öffnen der Tür. Die Verhaltungsweisen können sehr verschieden sein, aber das Ziel des Handelns der *Molanna* ist gattungsmäßig spezifisch und in diesem Sinne unplastisch.

Wir können in gewissem Maße auf die Faktoren, die auf die Veränderlichkeit im Verhalten der Köcherfliege Einfluß haben, hinweisen. Das Röhrchen eines normalen Köchers verjüngt sich nach hinten. Beim ersten Eingriff überließ man der Larve fast das ganze Rohr, sie konnte also leicht feststellen, wo vorn und hinten ist. Nach dem zweiten Eingriff bleibt nur ein sehr kurzer Abschnitt des Röhrchens übrig, in dem der Unterschied im Durchschnitt der beiden Öffnungen minimal ist. Deshalb gerade irrt sich die Larve oft und beginnt, den Köcher nach hinten zu bauen. Die Lage des Daches spielt bei der Orientierung eine geringere Rolle, was besondere Versuche erwiesen haben. Da überdies auch der normale Köcher in der Richtung von hinten nach vorn gebaut wird, stellt der erste Eingriff dem Tier eine viel leichtere Aufgabe als der zweite. Wenn in einem Hause eine Fensterscheibe eingeschlagen worden ist, so kann man mit Bestimmtheit behaupten, daß alle Menschen das Haus in gleicher Weise ausbessern werden: sie werden eine neue Scheibe einsetzen. Wir sagen dann, daß das Verhalten des Menschen „prinzipiell gleich", unplastisch ist. Wenn aber eine Bombe das Haus in Teile gerissen hat, so kann sein Wiederaufbau auf verschiedenen Wegen vor sich gehen, je nach den Mitteln und Möglichkeiten des Eigentümers. Nur eins steht fest: der Effekt des Aufbaus wird gattungsmäßig spezifisch sein, stets wird es eine menschliche Wohnung sein, mit senkrechten Wänden, Türen und Fenstern, oben mit einem Dach und einem Schornstein.

Das Beispiel der Köcherfliege ist keine Ausnahme. Im Gegenteil, es ist dies ein Typ des tierischen Verhaltens. Die Behauptung von der prinzipiellen Handlungsgleichheit ist ein Überrest jener Zeiten, als man die Frage oberflächlich behandelte, ohne auf die Einzelheiten des Prozesses einzugehen. Die moderne Wissenschaft hingegen zeichnet sich durch peinlich genaues Eindringen in jedes Detail aus. Als wir das Verhalten der Tiere näher kennenlernten, erwies es sich als ebenso veränderlich, wie das Verhalten des Menschen. Zur Orientierung können wir das folgendermaßen formulieren. *Stereotypes* Verhalten der Tiere, das heißt absolute Identität im Handeln, ist eine theoretische Abstraktion, die nirgends in der Natur verwirklicht ist. Es gibt nicht zwei Tiere, die in gleicher Weise handeln würden, und ein und dieselbe Köcherfliege, die zweimal hintereinander ihren Köcher ausbessert, verfährt jedesmal etwas anders. Das *monotype* Verhalten besteht darin, daß die einzelnen Unterschiede im Eigenverhalten die Grenzen der individuellen Variabilität, wie sie in der Variabilität irgendwelcher Körpermerkmale existieren, nicht überschreiten. Diese Art des Verhaltens erscheint in Fällen, wo es einen Weg zur Lösung der Aufgabe gibt, der kürzer und einfacher ist als alle anderen. Das *polytype* Verhalten schließlich ist dann vorhanden, wenn die Aufgabe schwieriger ist und verschiedene Wege gleich leicht zum Ziele führen können. Es beruht auf qualitativen Unterschieden im Handeln, die sich nicht in Zahlen ausdrücken lassen. Von diesen drei Arten des Verhaltens wäre nur das monotype Verhalten mit dem klassischen Instinktbegriff in Einklang zu bringen. Es erscheint jedoch nicht deshalb, weil das Tier zu etwas anderem nicht fähig wäre, sondern weil es der einfachsten Handlungsweise entspricht. Daß in allen Fällen als Ergebnis der Ausbesserung ein Köcher der *Molanna angustata,* und nicht einer anderen Köcherfliege entstehen wird, ist selbstverständlich. Natürlich liegt darin eine gewisse Starrheit des Verhaltens, es ist aber bei keinem Tiere anders und kann auch nicht anders sein. Der Mensch verfährt ebenfalls entsprechend seiner Natur, denn sein Körperbau erlaubt ihm nur die Ausübung von Handlungen eines bestimmten Typs. Unsere Gewohnheiten, Ansichten und Vorurteile sind sehr gleichförmig. Von einer Handlungsgleichheit des Tieres kann heute nur derjenige sprechen, der die Tiere ausschließlich aus der klassischen Lektüre, und nicht aus eigener mühseliger Beobachtung kennt.

Das vierte Kriterium der Definition betrifft die Entsprechung instinktiver Handlungen mit der Organisation des Tieres: der Instinkt beruht auf dem normalen Gebrauch der Organe. Nun ist aber der Begriff der „Norm“ recht trübe; es gibt nämlich keine idealen Bedingungen, die stets im Leben des Tieres identisch wären, wie es z. B. die Bedingung eines Physikers ist, der die Erscheinungen auf 0° C Temperatur und 760 mm Druck bezieht. Jedes tierische Organ ist mit großem Vorrat gebaut. Der Mensch besitzt zwei Lungen, obgleich ihm nur die Hälfte der einen zum Leben ausreicht. Er hat zwei Nieren, lebt aber auch, wenn er nur eine besitzt. Seiner Hände beraubt, kann der Mensch lernen, mit den Füßen Bilder zu malen oder Klavier zu spielen. All das ist normal, es übersteigt nicht die Möglichkeiten des Organismus. Es ist nur ungewöhnlich, da man es selten antrifft. Genau dasselbe gilt für die Tiere. Ein ausgezeichnetes Beispiel dafür sind die Versuche BETHES und seiner Mitarbeiter. Der Gelbrandkäfer schwimmt rasch im Wasser, indem er das abgeplattete und stark behaarte dritte Beinpaar als Ruder benutzt. Die Vorderbeine sind dann dicht an den Rumpf gedrückt und beteiligen sich nicht am Rudern. Die mittleren Beine stehen in einem bestimmten Winkel vom Körper ab und sind gleichfalls unbeweglich. Schneidet man dem Käfer ein Hinterbein ab, so schwimmt das Tier trotzdem geradeaus. Anstelle des fehlenden Hinterbeines arbeitet jetzt das mittlere Bein auf der operierten Körperseite; da nun aber die Schläge des übriggebliebenen Hinterbeines, das bedeutend stärker ist, überwiegen müßten und somit ein Abweichen des Tieres vom eingeschlagenen Kurs verursachen würden, verringert das Hinterbein proportional die Reichweite seiner Schläge. Amputiert man beide Hinterbeine, so rudert das mittlere Paar. Werden auch die beiden mittleren abgeschnitten, dann beginnen beide Vorderbeine zu rudern, indem sie nacheinander in das Wasser schlagen. Werden alle Beine bis auf ein Hinterbein beseitigt, so schwimmt auch dann noch der Käfer geradeaus! Er dreht sich dann seitwärts, indem er das einzige übriggebliebene Bein nach oben richtet, und nach jeder Bewegung, die dieses vollführt, stößt der Körper mit dem Boden des Aquariums zusammen, von dem er etwas nach oben zurückgestoßen wird. Im Endergebnis schwimmt das Tier geradeaus. In jedem dieser Fälle haben wir es mit einer völlig verschiedenen Bewegungsweise und Koordination zu tun. Dennoch ergibt sich daraus stets der gleiche Effekt: eine geradlinige Bewegung, die die einzige mögliche Fluchtweise ist. Jegliches Kreisen würde die Rückkehr des Tieres an den Ort verursachen, an dem es beschädigt worden ist. Wieder einmal ist die Ausübungsweise einer Reaktion verschieden, ihr Effekt jedoch gleich. Der Gelbrandkäfer benutzte seine Extremitäten in einer „anormalen“ oder, sagen wir es, in einer ungewöhnlichen Weise. Trotzdem führte er eine instinktive Fluchtreaktion durch. Die Larve *Molanna* baut ihren Köcher vermittels des vorderen und mittleren Beinpaares, von denen jedes seine bestimmte Aufgabe zu erfüllen hat. Amputiert man irgendeins der tätigen Beine, so baut die Köcherfliege dennoch einen normalen Köcher. Sie macht dasselbe mit einer beliebigen Kombination zweier Extremitäten, die symmetrisch oder asymmetrisch sein kann, obgleich sie in jedem Falle ihre Handlungsweise radikal ändern muß. Sogar nach Abschneiden dreier von vier tätigen Extremitäten kann die Larve noch einen Köcher bauen. Ein solcher Köcher, der nur mit einem einzigen Bein gebaut wurde, sehen wir in Abbildung 20. Daneben befindet sich ein Köcher, der von derselben Köcherfliege vor dem Eingriff gebaut wurde. Als Material dienten zerkleinerte und durchgesiebte Eierschalen. Wir können an ihm große Präzision in der Ausführung erkennen, ein dichtes Zusammenfügen der Körnchen, die überall eine einzige Schicht bilden, ohne aufeinander überzugreifen. Der Köcher, der mit einem Bein erbaut worden ist, fällt durch seine Primitivität in der Ausführung auf. Die Körnchen

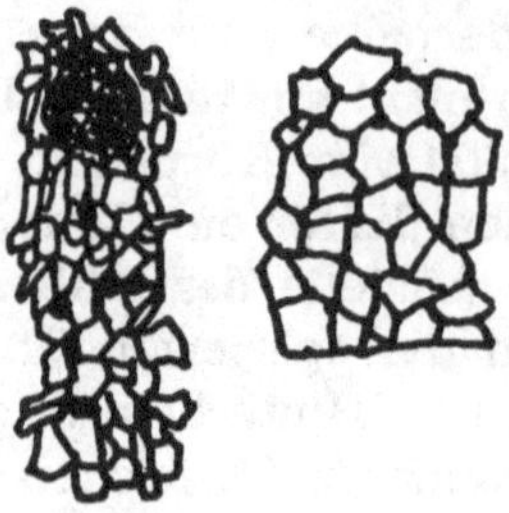

(20 a) (20 b)

Abb. 20. Links ein Köcher der Larve Molanna, das mit einem Bein gebaut wurde. Rechts ein Fragment des normalen Köchers

liegen unregelmäßig, eins flach, eins schräg, einige stehen senkrecht, die Umrisse des Köchers sind unregelmäßig, das Dach fehlt und die Ausmaße des Köchers sind kleiner als sonst. Dennoch ist es ein Köcher der Larve *Molanna*; er stellt einen genügenden Schutz für das Tier dar. Er wurde aber vermittels einer völlig „anormalen" Benutzungsweise des Beins erbaut. Die Krabbe *Dromia vulgaris* hat, wenn sie auf den Rücken gelegt wird, eine besondere Technik, sich wieder umzudrehen, woran sich hauptsächlich das vierte Beinpaar beteiligt. Man kann ihr die Beine in beliebigen Kombinationen amputieren, und stets wird das Tier die übriggebliebenen Beine den Umständen anpassen und sie in völlig ungewohnter Weise bewegen. Trotzdem ist das Endergebnis „normal", denn es besteht darin, daß sich das Tier umgedreht hat. Ein Hund, dem man beide Hinterbeine amputierte, fing an, sich auf den beiden Vorderbeinen fortzubewegen. Es war keineswegs so, daß der Rumpf über den Fußboden geschleppt wurde, sondern er erhob sich über den Fußboden, ohne diesen zu berühren, der Kopf schob sich weit nach vorn, um das Gleichgewicht aufrechtzuerhalten, und der Hund ging ganz so, wie ein Vogel geht. Als man einem Hund beide rechten Beine abschnitt, konnte das Tier sehr gut auf den beiden linken gehen und laufen. Nur stehen konnte er nicht, ohne sich dabei an eine Wand zu lehnen. Nach einer Amputation des vorderen rechten und des hinteren linken Beins kann der Hund nicht nur laufen, sondern auch auf der Stelle stehen.

Aus alledem geht hervor, daß wir den ZIEGLERschen Begriff der Norm erheblich erweitern müssen. Er umfaßt alle Möglichkeiten des Tieres, das unvergleichlich freigebiger von der Natur ausgestattet worden ist als es die Anhänger der klassischen Instinktlehre glauben. Die Daseinsbedingungen sind veränderlich und unberechenbar, und ein starrer Nervenmechanismus würde überhaupt keinen Bedingungen angepaßt sein.

Es bleibt das fünfte Kriterium: eine Instinkthandlung ist nur den natürlichen Lebensbedingungen des Tieres angepaßt. Dieses Kriterium ist mit dem vorherigen verwandt, denn es spricht in gleicher Weise von „natürlichen“, das heißt „normalen“ Lebensbedingungen. Ich möchte die früheren Argumente bezüglich der Norm nicht wiederholen. Stattdessen führe ich konkrete Beispiele an. Die Larve *Molanna* lebt auf einem Untergrund aus Sand, und es kann in ihren natürlichen Daseinsbedingungen niemals vorkommen, daß es dem Tier an Baumaterial fehlt. Wir setzen eine Larve in ein Gefäß, auf dessen Boden etwas über fünfzig Sandkörner liegen. Nach langen recht wechselvollen Versuchen verfertigen einige Larven jedoch einen Köcher, der nur aus dem Röhrchen besteht. Aber auch für das Röhrchen ist zu wenig Material vorhanden, angesichts dessen ist das Röhrchen mit seiner ganzen Länge fest mit dem Gespinst an den Boden gefügt. Beim Abreißen überzeugen wir uns, daß der Gefäßboden eine Seite des Röhrchens ersetzt. Die Lösung ist zweckgemäß, denn die Larve hat schließlich eine Wohnung verfertigt, in der sie sich verbergen kann. Das geschieht aber unter Bedingungen, die dem Tier ganz gewiß nicht bekannt sind. Wir nehmen einen gewöhnlichen Sandköcher der Köcherfliege und schneiden aus seinem Dach ein dreieckiges Stück heraus, wonach wir die Larve zusammen mit ihrem beschädigten Köcher in reines Wasser, in dem sich keinerlei Baumaterial befindet, setzen. Nach einigen Tagen sehen wir, daß der Köcher ausgebessert worden ist; sein Dach sieht völlig normal aus. Nähere Beobachtung zeigte, daß die Larve einzelne Körnchen an verschiedenen Punkten des Flügelrandes abriß und sie in das Loch im Dache klebte, bis dieses ausgefüllt war. Unter den gewöhnlichen Lebensbedingungen ist eine ähnliche Situation undenkbar. Folgendes Experiment ist besonders beachtenswert. Wir verdrängen die Larve aus ihrem Köcher, schneiden das ganze Dach quer ab und kleben es mit geschmolzenem Paraffin an den Bauchrand der vorderen Röhrchenöffnung, wonach wir die Larve wieder hereinlassen. Das Tier befindet sich jetzt in besonderen Verhältnissen. Es kann nicht gehen, denn wenn es sich aus der vorderen Röhrchenöffnung schiebt, stößt es mit den Beinen nicht auf den Boden, sondern auf das eigene Dach. Wie gewöhnlich, kann die Lösung der Aufgabe verschieden sein. Einige Larven schneiden das angeklebte Dach ab und bessern das Haus aus, indem sie ein neues Dach in seiner gewöhnlichen Lage anbauen. Andere drehen sich im Röhrchen mit dem Kopf nach hinten um und behalten diese Stellung einige Wochen lang, ohne irgendwelche Ausbesserungsversuche zu unternehmen. Wiederum andere verfallen in Unbeweglichkeit, die viele Tage dauert. Einige verlassen den Köcher und bauen sich einen neuen. Eine Larve dreht sich mit dem Kopf zum hinteren Ende des Röhrchens und baute hinten ein neues Dach, das an der Rückenwand des Röhrchens, in der gewöhnlichen Stellung also, befestigt war. Einige Larven schließlich drehten den Köcher mit der Bauchseite nach oben und blieben darin in der normalen Körperstellung, d. h., mit dem Rücken nach oben, wobei sie zugleich eine hinsichtlich des Röhrchens umgekehrte Lage einnahmen. Auch dieser letzteren Lösung kann Zweckmäßigkeit nicht abgesprochen werden. Letzten Endes hatte auch jetzt die Larve einen Köcher zur Verfügung, in dem sie sich verbergen konnte; das Röhrchen hatte zwei Öffnungen, und über dem Kopfe des Tieres hing, wenn es sich aus dem Röhrchen schob, ein Dach. Wieder vollzieht sich all das unter Bedingungen, die im natürlichen Leben des Tieres

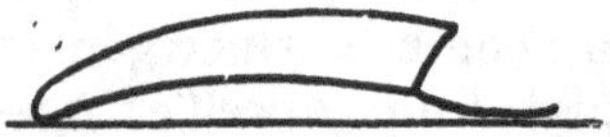

Abb. 21. Umstellung des Daches auf die Bauchseite

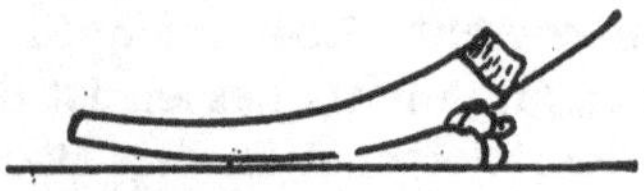

Abb. 22. Die vordere Röhrchenöffnung ist mit einem Pfropfen verschlossen; die Larve kriecht durch die Öffnung in der Rückenwand

nicht bestehen können; in der Natur schneidet niemand das Dach ab und klebt es in umgekehrter Stellung an. Ein weiteres Beispiel. Die vordere Röhrchenöffnung wird dicht mit einem Korken verstopft und in die Rückenwand des Röhrchens, gleich hinter den Korken, eine Öffnung gebohrt. Wie auch sonst, war das Verhalten sehr verschiedenartig. Interessant ist vor allem das Verhalten der Larven, die den ganzen Köcher mit dem Rücken nach unten gedreht haben und sich darin in einer physiologisch normalen (im Verhältnis zum Köcher umgekehrten) Lage placierten, indem sie den Kopf und die Vorderbeine durch die Rückenöffnung schoben. Auch diese Lösung ist zweckmäßig. Denn jetzt besitzt die Larve ebenfalls ein Röhrchen, in dem sie sich verstecken und bequem bewegen kann, wobei sie durch die Rückenöffnung kriecht; auch über ihrem Kopf hängt ein Dach. Es sind zwar gewisse Unbequemlichkeiten vorhanden, denn das Röhrchen ist jetzt in der falschen Richtung gebogen, und auch die Öffnung erfordert beim Kriechen eine andere Körperkrümmung als gewöhnlich. Nichtsdestoweniger ist das gewiß eine Lösung. Es läßt sich nicht leugnen, daß ein Tier unter Bedingungen, die ihm gänzlich unbekannt sind, zweckmäßig handeln kann.

So ist also von den fünf Merkmalen des Instinkts in der ZIEGLERschen Definition nicht ein einziges real. Alles beruht darin auf einer völlig unzulässigen Schematisierung, einer künstlich vereinfachten Darstellung der Prozesse und Erscheinungen, die durchaus nicht einfach sind. Die Frage der Vererbung instinktiver Handlungen kann beim gegenwärtigen Wissensstand nicht gelöst werden und stellt kein eigentliches Problem dar. Das Lernen, zumal im Sinne eines funktionellen Faktors, der die Entwicklung beeinflußt, ist sicherlich ein wichtiger Bestandteil jeglicher Entwicklung im Verhalten der Tiere. Es gibt niemals eine Gleichheit im Handeln aller Exemplare einer Gattung, sie kann höchstens einen monotypen Charakter haben, und das nur in einigen Fällen. Der Begriff der „Norm" läßt sich nicht halten, denn der Gebrauch der Körperorgane beim instinktiven Handeln kann um vieles ihre gewöhnliche Tätigkeit an Mannigfaltigkeit übertreffen. Und schließlich kann das Tier unter völlig neuen Bedingungen zweckmäßig handeln. Was bleibt von der Definition ZIEGLERS übrig?

Das Instinktproblem entwickelt sich in klassischer Weise. Die Theorie des Instinktes erreichte zuerst ihren Gipfelpunkt, als festgestellt wurde, daß alle tierischen Handlungen sich von intelligenten Handlungen qualitativ unterscheiden, und das Tier nur den Instinkten unterworfen ist. Danach kam die Kritik, die sich die Erscheinungen näher ansah und zu der Schlußfolgerung kam, daß nicht ein einziges Merkmal der klassischen Definition des Instinkts zu halten ist. Von hier trennt uns nur ein Schritt von dem Schluß, daß es überhaupt keine Instinkte gibt und die Theorie der Instinkte unanwendbar ist. Jetzt wird die Kritik exklusiv.

Im Sinne des bewußten Schemas müßten wir sagen, daß die Kritik berechtigt war, denn tatsächlich entspricht die überwiegende Mehrheit der früheren Arbeiten auf dem Gebiete der Instinkte nicht den neuzeitlichen Anforderungen wissenschaftlicher Exaktheit. Die Forschungsmethoden waren primitiv, die Folgerung war überstürzt und hatte oft einen starken Anstrich von Anthropomorphismus. Man verlangte vom Tier menschliche Intelligenz, und da es diese nicht aufweisen konnte, sprach man ihm jede Intelligenz ab. Andererseits kann die klassische Theorie nicht ganz verworfen werden. Es gibt sehr viel tierische Handlungen, die anderen Gesetzen und Abhängigkeitsverhältnissen unterliegen als das intelligente und plastische Verhalten des Menschen. Was noch wichtiger ist: der tausendjährige Streit ging um Fragen, die uninteressant und bar jeder tieferen wissenschaftlichen Bedeutung sind. Es ist bezeichnend, daß auf diesem Gebiet theoretische Erwägungen ein kolossales Übergewicht über exaktes Experimentieren haben. Man gibt Definitionen des Instinkts, indem man in verschiedenen Kombinationen stets dieselben Tatsachen und Begriffe zusammenstellt, und von der besten Definition erhofft man eine endgültige Lösung aller Probleme.

Die nie enden wollenden, in ihrer Eintönigkeit mörderischen Permutationen stets derselben Wörter können kein Ersatz sein für eine echte konkrete Aufgabe. Unsere Aufgabe für die nächste Zukunft soll die exakte Erforschung der Grenzen der Wirksamkeit und der Möglichkeiten der Instinkte sein. Wir wollen uns nicht darum streiten, ob die Instinkte erblich sind oder nicht, ob die Bedingungen normal sind oder nicht, denn das ist ein unfruchtbarer Streit um Worte. Wir wollen dafür untersuchen, unter welchen Bedingungen sich das Verhalten eines Tieres formt, wie und in welchem Maße es sich ändern kann, wenn sich die Entwicklungsbedingungen verändert haben. Diese gewaltige Aufgabe ist erst in Angriff genommen worden, es unterliegt aber bereits keinem Zweifel mehr, daß sie in der echten Wissenschaft in kurzer Zeit die theoretischen Diskussionen, mit denen man uns zwei Jahrtausende hindurch gespeist hat, restlos ausmerzen wird.

Beim gegenwärtigen Stand des Wissens ist der Gebrauch des Begriffs „Instinkt" unzweckmäßig. Dieser Ausdruck suggeriert Eigenschaften, die das Verhalten der Tiere nicht besitzt. Er umfaßt überdies recht verschiedenartige Erscheinungen und kann nicht einmal als eine bequeme verbale Abkürzung angesehen werden. Für Zwecke der Beschreibung genügen vollends andere Ausdrücke, wie *Behavior,* Handeln und Verhalten des Tieres, seine Reaktionen usw. Bezeichnen wir etwas als Instinkt, so erweckt das sogleich den Verdacht, daß wir mit diesem Ausdruck etwas erklären wollen. Man kann z. B. sagen, daß die Vögel zum Winter nach Afrika wegfliegen, man kann aber auch sagen, daß sie den Instinkt besitzen, nach Afrika zu fliegen. Diejenigen, denen diese zweite Ausdrucksweise voller und „wissenschaftlicher" erscheint, sind als empirische Biologen nicht geeignet. Der Instinkt ist nicht die Ursache für das Wegfliegen der Vögel, sondern eine einfache Feststellung dieser Tatsache. Weshalb aber die Vögel fortfliegen, können weder die Verfechter der Instinkte, noch ihre Widersacher sagen.

SIEBENTES KAPITEL

Die Gestalttheorie

Die Gestalttheorie entstand als Reaktion auf den übermäßigen Atomismus, von dem das Denken vieler Generationen durchdrungen war. Die Tendenz, die Wirklichkeit in „Elemente“ zu zerlegen, die an sich unveränderlich sind, deren verschiedenartige Kombinationen aber alle Gegenstände und Erscheinungen bilden, kennzeichnet eine große und ruhmreiche Epoche in der Geschichte der Menschheit. Ein Eisenatom, sagt DUBOIS-REYMOND, bleibt sich stets gleich, ob es nun in einem Meteor interastrale Räume durchfliegt, im Rad einer Lokomotive geräuschvoll über die Schienen rollt, oder als Bestandteil eines Molekels Hämoglobin in den Schläfen eines Dichters pulst. Es gibt nur wenige qualitativ verschiedene Elemente, und die unbegrenzte Verschiedenartigkeit der Wirklichkeit ist lediglich auf ihre unterschiedliche Anordnung zurückzuführen. Diese Vorstellung von den unveränderlichen Bestandteilen ist ebenfalls tief in die Wissenschaft von der Seele gedrungen. Man begann, in den Symptomen des Seelenlebens gleichfalls konstante Einheiten, „psychische Atome“ zu suchen, deren verschiedenen Kombinationen die Psyche ihren veränderlichen Inhalt verdankt. Die seelische Entwicklung des Kindes wurde auf das Erkennen der einzelnen Umwelterscheinungen, aus denen in der Folge allmählich immer größere Komplexe gebildet werden, zurückgeführt. Der Mechanismus, der sie vereinigt, ist die Assoziation. Schon von den ersten Lebenstagen an wirken auf die Sinnesorgane des Kindes Reize verschiedener Art ein: Licht, Farben und Schatten, Laute, Gerüche, Druck, Schmerz, Wärme und Kälte, und viele andere. Die einzelnen voneinander unabhängigen Elementarerlebnisse werden, insofern sie sich mehrfach in derselben Anordnung wiederholen, miteinander verbunden, assoziiert.

Analog entwickelt sich die Wissenschaft von der Tätigkeit der Sinnesorgane. Jedes von ihnen ist ein Mechanismus, der auf den Empfang einer bestimmten Art von Energie eingestellt ist. Im Gehörorgan wirkt der CORTIsche Apparat, der eine gewaltige Anzahl gespannter Saiten von verschiedener Länge enthält. Jede von ihnen beginnt zu schwingen, wenn sie von einem Ton von einer bestimmten Höhe getroffen wird, und diese Schwingungen stellen Elemente dar, aus denen sich alles, was wir hören, zusammensetzt. Die Netzhaut besitzt eine Unzahl einzelner Nervenendigungen, die jede für sich tätig sind. Die Linse wirft auf die

Netzhaut das Bild des Gegenstandes, das in so viele einzelne Punkte zerlegt wird, wie in dem vom Bild eingenommenen Feld der Netzhaut Nervenendigungen vorhanden sind. Ebenso bilden in der Lichtreklame Kombinationen der selben unveränderlichen Glühbirnen verschiedene Aufschriften oder Bilder. In der Haut besitzen wir einzelne voneinander unabhängige Nervenendigungen, die dem Tastsinn, dem Wärme- und Kältesinn und dem Schmerzsinn angehören und von denen jede nur auf eine bestimmte Art von Energie zu reagieren imstande ist.

In der Physiologie des Nervensystems fand man eine solche Elementareinheit im Reflex, der auf starren Nervenmechanismen, die stets in der einen unveränderlichen Weise wirken, beruht. Die strukturelle Einheit des Nervensystems ist das Neuron, eine einzelne Nervenzelle mit allen ihren Ausläufern. Die Ausläufer der Neurone können miteinander in verschiedener Weise in Verbindung stehen, was jede Art der Leitung ermöglicht, aber die Zelle selbst bleibt eine isolierte Einheit. Das Gehirn ist ein starres Mosaik einzelner Zentren oder Territorien, von denen jedes stets dieselbe ihm zugehörige Tätigkeit leitet.

Allmählich begannen in diese konsequent atomisierte Begriffswelt gewisse Zweifel einzudringen. Es erhob sich die Frage, ob sich eine Melodie von der Folge von Tönen, aus denen sie sich zusammensetzt, unterscheidet. Ist das Melodieganze mit der Summe der Elemente identisch? Wir müssen zu dem Schluß gelangen, daß hinsichtlich seiner Bestandteile das Melodieganze etwas Neues ist, das in den Elementen nicht enthalten ist. Wenn man die einzelnen Melodietöne, sagt von Ehrenfels, an verschiedene Personen verteilt, so wird die Summe ihrer Erlebnisse etwas kleiner sein als dieselbe Melodie, die im Gedächtnis eines einzelnen geblieben ist. Jenes ist die Summe voneinander unabhängiger Elemente, hier hingegen erscheint das Ganze, eine Einheit höherer Ordnung. Eine Melodie kann man in eine andere Tonart transponieren, und es kann vorkommen, daß sich nicht ein einziger Ton der vorherigen Melodie im neuen Satz wiederholt. Z. B. wenn wir eine Melodie auf zwei Flügeln spielen, von denen einer um einen Ton tiefer gestimmt ist als der andere. Dennoch bleibt die Melodie an sich dieselbe, so daß die meisten Menschen gar nicht merken, daß sich etwas geändert hat. Das werden nur die wenigen feststellen können, die mit dem absoluten Gehör begabt sind. Die Teile sind geändert worden, das Ganze blieb dasselbe. Behalten wir andererseits den ursprünglichen Rhythmus der Melodie bei, stellen aber ihre Töne um, so verschwindet die Melodie, oder verwandelt sich in irgendeine andere. Die Elemente blieben, aber das Ganze hat sich verändert.

Dasselbe gilt für die anderen Sinne. Wenn ich an der Straßenbahnhaltestelle auf die „8“ warte, so sehe ich die Acht an ihrer Vorderseite schon von weitem. Aber in dem Maße, wie sich die Straßenbahn nähert, wächst die Acht aus einem winzigen Fleck allmählich zu einer großen

Ziffer an, die einen erheblichen Teil des Blickfeldes einnimmt. In jedem Moment, in dem sich die Straßenbahn bewegt, fällt das Bild der Acht jedesmal auf andere Elemente der Netzhaut, und dennoch bleibt die Acht dieselbe. Dies ist ebenfalls ein Beispiel der Transposition. Alle Varianten unserer Abbildung 23 erkennen wir als den gleichen Buchstaben A, obgleich die graphischen Elemente in jedem Fall völlig anders sind.

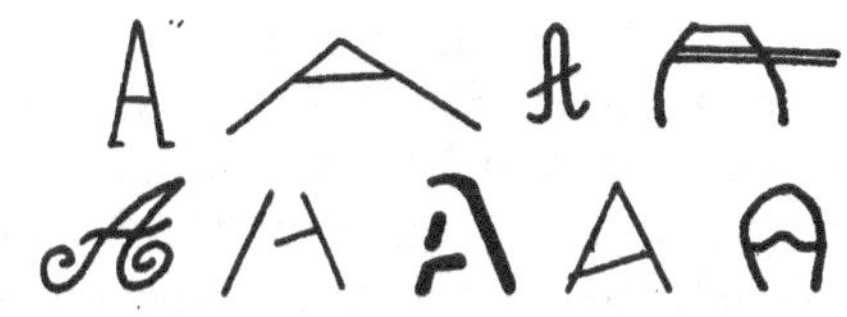

Abb. 23. Gestaltidentität des Buchstabens A

Wie sind diese Elementartatsachen mit der klassischen Lehre von den Sinnen in Einklang zu bringen? Im CORTIschen Organ haben wir zwar Saiten für die Rezeption der einzelnen Töne, es gibt jedoch darin keine Vorrichtung für den Empfang von Melodien. Weshalb können sich die unendlich mannigfaltigen Komplexe der gereizten Punkte auf der Netzhaut zu ein und demselben Bild zusammensetzen? Diese Tatsachen bedürfen einer Erklärung, sind das doch durchaus keine Ausnahmeerscheinungen, sondern sie entsprechen vielmehr ganz gewöhnlichem Erleben. Sie lassen sich aber keineswegs in den Rahmen der atomistischen Anschauung zwängen. Das Molekül jedes organischen Körpers ist durch eine bestimmte Anzahl und eine bestimmte Art von Atomen, die in einem genau bestimmten räumlichen Muster angeordnet sind, gekennzeichnet. Ändert sich darin etwas, kommt ein Atom hinzu oder wird es entfernt, ändert sich die Anlage der Atome ein wenig, so wird die chemische Verbindung zu einer anderen Verbindung, sie hört auf, dieselbe zu sein. Unser Buchstabe A aber bleibt derselbe, obgleich seine Arme in der Zeichnung gleich oder ungleich, lang oder kurz, symmetrisch oder asymmetrisch sein können, sich schneiden oder auch nicht schneiden, einen beliebigen Winkel bilden, aus krummen oder geraden Linien bestehen können, der Querstrich eine beliebige Lage innerhalb des Buchstabens einnehmen und sich in beliebiger Höhe befinden mag. Man kann keineswegs sagen, daß es hier irgendwelche charakteristische Proportionen gibt, geschweige denn eine Konstanz der Elemente der Zeichnung.

Pionier der neuen Richtung in der Psychologie, die diese scheinbar sonderbaren Tatsachen in ein Ganzes zu fassen versucht, war WERTHEIMER. Nach ihm bauten seine Schüler KÖHLER und KOFFKA und eine Reihe anderer Forscher wie RUBIN, HORNBOSTEL, LEWIN, SANDER,

Matthaei und viele andere die neue Anschauung zu einer umfassenden wissenschaftlichen Theorie aus. Eine Darstellung des historischen Entwicklungsverlaufs des Problems wäre ziemlich schwierig und nicht sehr interessant, denn wie auch sonst ging hier das menschliche Denken keinen konsequenten Weg. Wir wollen vielmehr versuchen, die wichtigsten Punkte der Theorie zu erörtern.

Eine ihrer Grundthesen ist, daß *in der Wahrnehmung das Ganze dem Teil vorausgeht.* Das zeigt die Praxis des täglichen Lebens. Wenn wir nach mehreren Jahren der Trennung einen Bekannten zum ersten Mal wiedersehen, sagen wir zu ihm: „Sie haben sich irgendwie verändert". Danach bemerken wir erst, daß sich unser Bekannter den Schnurrbart gestutzt hat, was er früher nicht getan hatte. Zuerst nehmen wir die Ganzheit des Gesichts wahr, das Bemerken seiner einzelnen Züge ist eine Frage der späteren Analyse. Wenn wir in eine fremde Wohnung treten, sagen wir: „Dieses Zimmer sah früher irgendwie anders aus". Und wiederum machen uns die Gastgeber erst darauf aufmerksam, daß der Schrank fehlt, der früher in der Ecke gestanden habe. Ein Kunstwerk oder eine Naturschönheit wirkt sofort unmittelbar auf uns. Eine schöne Skulptur fesselt unseren Blick beim ersten Hinsehen, wenn wir überhaupt noch nicht die Möglichkeit gehabt haben, die Einzelheiten zu bemerken. Man kann eine Skulptur analysieren, ihre Proportionen ausmessen, feststellen, welche Proportionen der Wahrnehmung des Schönen entsprechen. Aber eine solche Analyse hat mit dem Akt der Wahrnehmung selbst nichts gemeinsam, die ursprünglich, unmittelbar und sofortig ist. Die Ausmaße einer Skulptur, in Millimetern angegeben, und die auf ihrer Grundlage berechneten Hinweise und Verhältnisse geben nicht im geringsten die Schönheit wieder.

Der Eindruck eines harmonischen Akkordes ist unmittelbar, er besteht nicht in der Wahrnehmung der einzelnen Töne, aus denen sich der Akkord zusammensetzt. Recht wenige wären in der Lage, genau die Töne anzugeben, aus denen der Akkord besteht. Einen Ton von derselben Höhe und Stärke, der aber von einem Flügel, einer Geige und einer Flöte stammt, können wir sofort unterscheiden, denn er besitzt jedesmal eine andere „Farbe". Die Farbe eines Tones beruht eben darauf, daß er zusammengesetzt ist und eine Reihe Obertöne enthält, die zusammen mit dem Grundton ein Ganzes bilden. Dieses Ganze nehmen wir als einfache Erscheinung wahr.

Heuduft ist für uns spezifisch, wir unterscheiden ihn leicht von allen anderen Gerüchen. Dabei ist dies eine zusammengesetzte Erscheinung, denn der Heugeruch ist eine Kombination von Gerüchen vieler Pflanzenarten, die das Heu ausmachen. Brühgeschmack ist eine ganz bestimmte Qualität, die sich von anderen unterscheidet. Dabei vereinigen sich in ihm sehr viele Elemente.

Jeder Sinn kann gewisse Ganzheiten anzeigen, die einfach in der Wahrnehmung, aber zusammengesetzt in der Analyse sind. Diese Totalitäten, die sofort und unmittelbar wahrgenommen werden, bezeichnen wir als *Gestalten.* Die Bezeichnung ist übrigens nicht treffend, denn wir verknüpfen gewöhnlich den Gestaltbegriff mit visuellen Eindrücken, in der angegebenen Wortbedeutung vermittelt aber jeder Sinn Gestalten. Eine gewisse Rechtfertigung der Bezeichnung geht aus der vorherrschenden Rolle, die das Sehen im Sinnesleben des Menschen spielt, hervor.

Sehr oft können wir nicht angeben, auf Grund welcher Merkmale wir eine Gestalt erkennen. Auf einer guten Karikatur erkennen wir sogleich ein bekanntes Gesicht, wir erkennen es ebenfalls aus weiter Entfernung oder auf einer sehr kleinen und ungenauen Photographie. Wir sind nicht imstande, zu sagen, welche Züge für das Erkennen entscheidend sind und ob es in allen Fällen die gleichen Kennzeichen sind. Ein erfahrener Botaniker erkennt eine Pflanzenart schon von weitem, obgleich er dann weder die Zahl der Blütenblätter oder der Staubblätter sehen noch feststellen kann, ob die Blume einen einzelnen oder einen mehrfachen Blütenstempel hat. Kein einziges der Merkmale, deren wir uns in systematischen Schlüsseln zur Bezeichnung der Blumenarten bedienen, ist sichtbar, und trotzdem wird die Gestalt der Blume ohne weiteres erkannt. Ein erfahrener Arzt kann oft die Krankheit seines Patienten auf den ersten Blick erkennen, ohne seinen Pulsschlag, seine Temperatur gemessen zu haben und ohne etwas über den Zustand seiner Lungen, des Magens und der Nieren zu wissen. Jede Krankheit wirkt sich, obgleich sie ihre lokale Ursache hat, in bestimmter und spezifischer Weise auf die Ganzheit des Organismus aus, indem sie seine Gestalt verändert. In vielen Fällen genügt dies zur Erkennung.

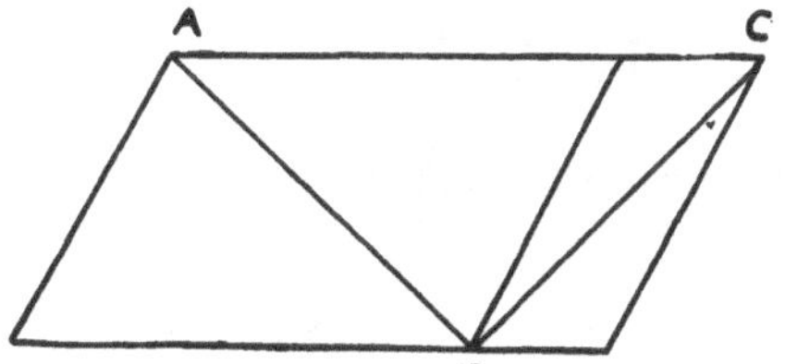

Abb. 24. Das Sandersche Parallelogramm

Die Elemente der Gestalt sind ihrem Ganzen untergeordnet. Das ist eine These von prinzipieller Wichtigkeit, die vollkommen mit dem Atomismus bricht. Genau genommen, besteht die Gestalt nicht aus Elementen, sondern läßt sich nur in Elemente zerlegen. Aber diese Elemente leben kein selbständiges Leben, sie ändern ihre Bedeutung je nachdem, welche Gestalt sie bilden. Im Sanderschen Parallelogramm ist die Linie AB der Linie BC objektiv gleich. Jedoch erscheint AB länger als BC, denn sie ist die Diagonale des größeren der beiden Parallelogramme. Ein und dieselbe Linie, oder objektiv ein und dieselbe Reizung des Auges, ruft einen völlig verschiedenen Eindruck hervor. Dabei ist der Fehler in der Schätzung der Länge beider Diagonalen bei Kindern viel häufiger als bei Erwachsenen. Das beweist, daß Kinder eine gesteigerte Fähigkeit, Gestalten wahrzunehmen, besitzen. Die Tendenz zum Analysieren ist eine spätere Erwerbung.

Man könnte unzählige Beispiele anführen, in denen das Ganze bezüglich seiner Teile übergeordnet ist. Ein Buchstabe des Alphabets als solcher ist zweifellos eine Gestalt, die wir auf den ersten Blick erkennen. Bilden die Buchstaben ein Wort, so wird das Wort zur Gestalt, und die Buchstaben spielen ihm gegenüber eine untergeordnete Rolle. Das beweist die Praxis der Korrektoren. Wenn wir die Korrektur irgendeines Textes machen, bemerken wir sehr häufig die Druckfehler nicht. Die Fehlerempfindlichkeit nimmt bedeutend zu, wenn wir während der Korrektur den Inhalt des Gelesenen nicht verstehen. Wenn wir wiederum Wörter zu einem Satz zusammenfügen, so kommt es oft vor, daß wir das Fehlen eines Wortes nicht bemerken. Jetzt ist nämlich der Satz die Gestalt, die Buchstaben und die einzelnen Wörter büßen ihre Gestalt ein, indem sie sich der höheren Gestalt unterordnen.

Es ist schwer zu glauben, daß im oberen Teil der Abb. 25 alle Ziffern von 1 bis 0 enthalten sind.

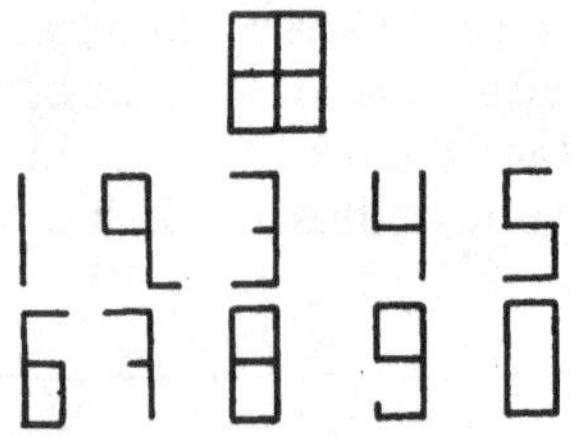

Abb. 25. Die obere Zeichnung enthält alle Ziffern von 1 bis 0

Zwei schwarze Punkte auf einem weißen Hintergrund bilden eine sehr einfache Gestalt. Die Entfernung zwischen ihnen wird vom Auge sehr ungenau eingeschätzt. Werden aber dieselben zwei Punkte auf dem Bilde als Pupillen eines menschlichen Gesichts dargestellt, so wird ihre geringste Verschiebung sofort bemerkt, denn sie verändert den Gesichtsausdruck. Die Empfindlichkeit des Auges gegen Änderungen im Abstand steigert sich dann um das Mehrfache. Die Punkte blieben weiterhin Punkte und es änderte sich bezüglich der objektiven Reizung der Netzhaut nichts. Dennoch nehmen wir sie jetzt ganz anders wahr, denn sie sind zu Elementen einer neuen Gestalt geworden. Genau dasselbe geschieht mit den anderen Sinnen. Diejenigen, die ein Solfeggio lernen, haben anfangs Schwierigkeiten im Unterscheiden der musikalischen Intervalle, der Terzen, Quarten, Quinten usw. Zwei Töne von verschiedener Höhe bilden eine einfache Gestalt, ebenso wie zwei isolierte Punkte, und das Ohr kann nur ungenau den Abstand zwischen ihnen unterscheiden. Wir können uns aber die Aufgabe erleichtern. Erinnern wir uns, daß die Tannhäuser-Ouvertüre mit einer Quart beginnt, und die dritte Symphonie Beethovens (Eroica) mit einer kleinen Terz. Sofort ist die Aufgabe gelöst; die beiden isolierten Töne wurden zum Bestandteil einer leicht zu behaltenden Gestalt: der Melodie. Jetzt wird die Abstandsempfindlichkeit des Ohres sehr groß. Dieselbe Frage kann man genauer untersuchen. HUMPHREY bildete beim Menschen einen bedingten Reflex auf einen Ton von einer bestimmten Höhe heraus. Der unbedingte Reiz war eine elektrische Entladung, die eine Muskelzuckung und Zurückziehen der Hand auslöste. Nach einer gewissen Zeit fixierte sich der bedingte Reflex, nach Einwirkung des Tons erfolgte nach rund 0,4 Sekunden das Zurückziehen der Hand. Jedoch rief derselbe Ton als Bestandteil eines Akkords oder einer Melodie den bedingten Reflex nicht hervor. Als Bestandteil einer neuen Gestalt verlor der Ton seine ursprüngliche Bedeutung.

Jede Gestalt kann einer Transposition unterworfen werden. Das bedeutet, daß sogar die Veränderung aller Komponenten der Gestalt, sofern sie im Sinne eines bestimmten Prinzips erfolgt, nicht das Ganze der Gestalt verändern kann. Wir sprachen bereits von musikalischen Transpositionen, in denen die Ausführung einer Melodie in einer anderen Tonart diese als Ganzes nicht ändert. Möglich ist auch die Transposition in die Sphäre eines völlig anderen Sinnes. Es ist jedem Schüler bekannt, daß Buchstaben und Zahlen, die mit dem Finger auf den Rücken geschrieben werden, mühelos erkannt werden. Einen erhabenen Buchstaben erkennen wir vermittels des Tastsinns, obwohl er uns nur aus optischen Eindrücken bekannt ist. ROSENBLOOM legte auf die Handflächen von Versuchspersonen erhabene Figuren, die mit einem Gewicht von einem Pfund beschwert waren. Es zeigte sich, daß unter diesen Umständen das Erkennen mehrerer geometrischer Figuren: eines Kreises, eines Dreiecks, eines Quadrats und anderer keine Schwierigkeiten bot. Besaßen die Umrisse einer Figur irgendwelche Unterbrechungen, so war das Erkennen schwerer, ebenso wie beim Gesichtssinn, der sich im Falle offener Figuren leichter irrt als bei geschlossenen.

Zu dieser Kategorie von Erscheinungen gehört die sogenannte Konstanz der gesehenen Dinge. Das ist eine erstaunliche Fähigkeit unseres Gesichtssinns, der nicht nur sieht, sondern auch die Bilder der gesehenen Dinge korrigiert. Das Auge korrigiert die Größenverhältnisse, indem es dem erblickten Gegenstand unabhängig davon, wie groß im gegebenen Augenblick der Blickwinkel ist, Beständigkeitsmomente gibt. Man lehrte

30 Kinder im Alter von 11 Monaten bis zu 7 Jahren, die größere von zwei Schachteln zu wählen, indem man die richtige Wahl mit einem Bonbon belohnte. Als die Aufgabe bewältigt worden war, stellte man beide Schachteln in verschiedener Entfernung vom Auge hin, so daß in einigen Fällen die Größe des Netzhautbildes der größeren Schachtel kaum 1 % der Bildgröße der kleineren Schachtel betrug. Dennoch machten 23 Kinder nicht einen einzigen Fehler und wählten stets die größere Schachtel. Das vermochten auch die kleinsten Kinder, die noch nicht gehen konnten.

Eine schwarze Oberfläche, die stark beleuchtet wird, bleibt schwarz und scheint deutlich dunkler zu sein als eine schwach beleuchtete weiße Fläche. Vermittels einer Photozelle oder eines anderen empfindlichen Geräts können wir feststellen, daß dieser Unterschied auch dann bleibt, wenn in Wirklichkeit die schwarze Fläche viel mehr Strahlen reflektiert als die weiße. Erst wenn wir auf beide Flächen durch ein enges Rohr, das nur einen kleinen Abschnitt von ihnen zeigt, blicken, erkennen wir die wirklichen Helligkeitsverhältnisse. Unter diesen Umständen verschwand die Gestalt der „schwarzen Fläche" und es zeigte sich die neue Gestalt einer Scheibe, deren Helligkeit wir objektiv beurteilen können. Das Sehen einer ganzen schwarzen oder weißen Fläche ist ein gestaltliches Sehen, das der Wirklichkeit subjektive Merkmale aufzwingt. Aus alledem geht hervor, daß ein Gegenstand in der Wahrnehmung etwas Konstantes ist, etwas, was einer Transposition unterliegen kann, ebenso, wie eine Melodie ihre Teile ändern kann, ohne ihre Ganzheitsmerkmale einzubüßen.

Interessant ist in dieser Hinsicht die Theorie der Karikatur. Wir wissen, daß man schon mit sehr wenigen Strichen die Ähnlichkeit eines menschlichen Gesichtes wiedergeben kann. Ich versuchte mehrfach diese Frage zu analysieren. Ich legte auf die vergrößerte Photographie eines Gesichts einen Bogen Cellophanpapier und kopierte genau seine Züge in verschiedenen, mehr oder weniger vollständigen, Kombinationen. Ich wollte feststellen, welche Merkmale oder welcher Komplex von Merkmalen für die Ähnlichkeit entscheidend ist. Niemals gelang es mir jedoch, eine Ähnlichkeit in dieser Weise herzustellen. Dagegen kann eine gute Karikatur viel weniger Einzelheiten enthalten, und dennoch ist die Ähnlichkeit auffallend. Das geschieht aus folgenden Gründen: die Höhe der Augen ist verschieden, so auch die Form der Ohren, die Nase ist niemals ganz gerade, die Umrisse beider Wangen sind nicht identisch usw. Wenn wir auf ein wirkliches Gesicht ein ideal symmetrisches Schema von entsprechenden Proportionen legen, können wir die Richtung und die Größe der Abweichung von der Symmetrie feststellen. Unter diesen Abweichungen sind einige besonders wesentlich, und sie wahrscheinlich verleihen dem Gesicht seine Individualität. Das

Auge des Künstlers erfaßt diese Beziehungen, erkennt die Richtung der größten Abweichungen. Werden diese Merkmale übertrieben, so entsteht eine gesteigerte Ähnlichkeit. Auf einer Photographie sind die Merkmale treu wiedergegeben, die Ähnlichkeit aber ergibt sich erst aus dem Zusammenspiel sehr vieler Merkmale. Eine Karikatur hingegen kann sehr wenige Einzelheiten enthalten, es sind dies aber übertriebene wesentliche Einzelheiten, die am meisten die Individualität des Gesichts charakterisieren. Dann erkennen wir ohne Zögern ein Gesicht als „dasselbe", obgleich die Zeichnung kein einziges Detail enthalten mag, das objektiv wahr ist, d. h., daß darin keine Verhältnisse und Proportionen getreu wiedergegeben worden sind. Treu wiedergegeben ist nur das Prinzip, die Richtung der Abweichung von der idealen Symmetrie, nicht aber ihr Grad. Ebenso in der akustischen Sphäre. Variationen über ein gegebenes Thema können, wie es scheint, sich in jeder Hinsicht unterscheiden: nicht nur in der Totalität, sondern auch im Rhythmus, dem allgemeinen Charakter, der Kompliziertheit; die Melodie des Themas kann verwickelt und in der verschiedensten Weise ornamentiert sein. Dennoch erkennen wir in den Variationen das Thema als „dasselbe". Eins nur ist unzulässig: das Thema darf nicht Element eines anderen Themas werden, denn dann verliert es seine Individualität.

Wir hatten mehrfach Gelegenheit, uns zu überzeugen, daß in allen Sinnen Gestaltetheit herrscht, daß jedes Erkennen der Wirklichkeit dem einen Prinzip unterliegt. Tatsächlich weisen unsere Sinne eine erstaunliche Einheit auf, sie können im wesentlichen einander ersetzen.

Von der Einheit der Sinne zeugt schon die menschliche Rede. Hornbostel weist darauf hin, daß bei vielen Völkern die Sinnestätigkeiten in der Sprache nicht genau unterschieden werden. Ein gewisser Negerstamm besitzt zwar einen besonderen Ausdruck für das „Sehen", aber die Tätigkeit des Gehörsinns, des Geruchs-, Geschmacks- und des Gefühlssinns wird mit ein und demselben Wort ausgedrückt. Deutsch „Helligkeit" und englisch „brightness" drückt die Qualität des Lichts, aber auch die eines Tons aus. Das französische „sentir" bedeutet riechen, berühren oder fühlen ganz allgemein. Im Russischen sagt man „sluschat' zapach" (einen Geruch spüren — „hören").

Welche unerwarteten Beziehungen zwischen den Sinnen herrschen, zeigen einige Versuche. Erzeugt man vermittels einer drehbaren Scheibe nacheinander fünf verschiedene Nuancen der grauen Farbe und gibt zugleich den Versuchspersonen fünf verschiedene Töne an, um festzustellen, welcher Ton der jeweiligen Nuance am meisten „entspricht", so zeigt das Ergebnis eine einfach außergewöhnliche Übereinstimmung. Ebenso wird ein bestimmter Geruch als einer bestimmten Grautönung entsprechend erkannt. An geistig kranken Patienten wurde festgestellt, daß das Unterscheiden einander naheliegender Farbtönungen genauer wurde, wenn man am Ohr eine Stimmgabel ertönen ließ. Drückt man in einem dunklen Zimmer auf das Pedal eines Flügels und schlägt eine Taste unter gleichzeitigem Anzünden und Löschen der Lampe an, so beobachtet man Schwankungen in der Tonstärke, die dem Rhythmus des Anzündens entsprechen. Diese Erscheinung verschwindet sofort nach Schließen der Augen. Es ist eine bekannte Tatsache, daß die Unterscheidung der Tonstärke und Tonhöhe in starkem Licht genauer ist. Man zeigte Versuchspersonen sechs Zeichnungen ohne Inhalt, gab danach 42 verschiedene Silben und ließ die wählen, die den Zeichnungen am meisten entsprachen. Obwohl für jede Silbe die gleiche Wahrscheinlichkeit bestand, gewählt zu werden, wurden nur 29 herausgesucht, wobei überdies die Übereinstimmung in den Aussagen der verschiedenen Personen mehr als zufällig war.

Wir wollen den Zusammenhang zwischen den einzelnen Sinnen an einem theoretischen Beispiel veranschaulichen. Stellen wir uns einen von Geburt an blinden Menschen vor. Wir setzen ihm auf den Kopf ein Gerät, dessen Aufgabe die Transformation der Lichtenergie in mechanische Energie ist: wird das Gerät belichtet, so berührt eine Nadel die Stirn des Blinden. Die Stärke der Berührungsreizung steht dabei im einfachen Verhältnis zur Lichtstärke. Es seien mehrere solcher Nadeln, die die Haut reizen. Überdies befindet sich vorn am Gerät eine große Linse, die die Bilder der umliegenden Gegenstände auf die lichtempfindliche Fläche wirft. Entsprechend der Licht- und Schattenverteilung des Bildes ist dann die Anzahl der betätigten Reiznadeln und auch ihre Berührungsstärke verschieden. Mit diesem Gerät ausgerüstet, beginnen wir nun, unseren Blinden zu erziehen. Zunächst lernt er Licht und Schatten zu unterscheiden. Dreht er nachts am elektrischen Lichtschalter, beginnen die Reiznadeln zu wirken, erlischt das Licht, so stellt das Gerät seine Tätigkeit ein. Er wird Unterschiede in der Lichtstärke wahrnehmen können, er wird sich überzeugen, daß das Gerät anders wirkt, je nachdem er z. B. den Kopf wendet, der einmal der Lichtquelle zugekehrt, einmal abgekehrt ist. Er wird somit seine Umgebung nach der Verteilung von Licht und Schatten erkunden können. Er wird ebenfalls die Bewegung der ihn umgebenden Gegenstände kennenlernen. Denn gleitet etwas an der Linse des Gerätes vorbei, so gleitet gleichzeitig auch das Bild des sich bewegenden Gegenstandes über die empfindliche Fläche und setzt nacheinander immer andere Nadeln in Bewegung. Alle diese Erfahrungen werden natürlich mit den Zeugnissen der anderen Sinne, zumal des Gehörs- und Tastsinns assoziiert. Auf diese Weise wird der Blinde allmählich seine Umwelt kennenlernen. Es ergibt sich nun die Frage, wodurch sich ein solcher Mensch von einem normal sehenden Menschen unterscheidet — abgesehen natürlich von der Genauigkeit des Sehens, denn kein Gerät kann sich in dieser Hinsicht mit dem Auge messen. Die Netzhaut besitzt Millionen von Nervenendigungen, die Zahl der empfindlichen Punkte auf der Stirn aber ist unvergleichlich kleiner. Es geht jedoch um das Prinzip. Dank unserem Gerät ist der Blinde im Besitz eines Apparates, der die Lichtenergie in Nervenimpulse umsetzt. Eben dies ist die Aufgabe des Auges, das darüberhinaus nichts weiter tun kann. Alles andere ist beim Sehen eine Frage der Erziehung. Die Nervenimpulse, die in den verschiedenen Nerven entstehen, sind alle der gleichen Art: die gleichen chemisch-physikalischen Erscheinungen begleiten die Impulsvermittlung im Gehörnerv, wie im Geruchs- oder Augennerv. Daraus geht nun hervor, daß im Falle, wenn es uns gelänge, einen genügend empfindlichen Apparat zu konstruieren, der Blinde aus unserem Beispiel ausgezeichnet den Sternhimmel bewundern und schöne Ansichten und Bildausstellungen betrachten könnte, obwohl er an Stelle des Gesichtssinns nur den Tastsinn zur Verfügung hätte.

Diese wenigen, im Grunde genommen einfachen Tatsachen, die wir auf den vorhergehenden Seiten beschrieben haben, stellen eine Reihe von psychischen Erscheinungen in ein völlig neues Licht. Sie lassen solch ein grundlegendes Phänomen der klassischen Psychologie wie die Assoziation zweifelhaft erscheinen. Wir standen auf dem Standpunkt, daß sich die Entwicklung der Psyche auf dem Wege der Entstehung stets neuer Zusammenhänge zwischen den einzelnen Erlebnissen vollzieht. Das Kind nimmt eine Reihe isolierter Eindrücke wahr, die sich in dem Maße, wie sie zusammen auftreten, zu größeren Komplexen verbinden. Die Gestalttheorie bringt einen geradezu entgegengesetzten Gesichtspunkt vor: ursprünglich ist die Ganzheitswahrnehmung. Auf die Sinnesorgane des Kindes wirkt seine Umgebung als einheitliches Ganzes. Darin lernt das Kind allmählich gewisse Elemente zu isolieren: es unterscheidet den eigenen Körper von fremden Gegenständen, es unterscheidet die Gestalt der stillenden Mutter von anderen Personen, den Klang ihrer Stimme von anderen Tönen. In unserem Bewußtsein gibt es niemals irgendwelche getrennte, voneinander unabhängige Erscheinungen; das Bewußtsein ist ausgefüllt, wie auch das Gesichtsfeld stets ausgefüllt ist, in dem es keine untätigen Felder gibt. Sehe ich auf einem gleichmäßigen weißen Grund einen schwarzen Punkt, so nehme ich eine Gestalt wahr, in der die Analyse einen Punkt und einen Grund unterscheidet. Wir nehmen jeden Gegenstand auf einem bestimmten Grund wahr, und erst beide zusammengenommen füllen das Gesichtsfeld aus. Oftmals fällt es schwer, zu entscheiden, was Gegenstand und was Grund ist, denn das eine kann in das andere übergehen. Ein ausgezeichnetes Beispiel hierfür ist der berühmte Pokal, der in Abb. 26 dargestellt ist. Beim Betrachten sehen wir entweder einen weißen Pokal auf schwarzem Grund oder zwei einander zugekehrte Menschengesichter auf weißem Grund.

Ebenso können wir bei Versuchen mit bedingten Reflexen in keiner Weise eine solche Situation herstellen, daß nur ein einziger bestimmter Reiz auf das Tier einwirkt. Befindet sich der Hund im Versuchsraum und ist z. B. der Klang des Metronoms der bedingte Reflex, so sieht der Hund gleichzeitig das Zimmer, in dem er sich befindet, spürt die Luft-

Abb. 26. Gegensätzlichkeit von Figur und Grund

temperatur, spürt seine eigenen Pfoten, die auf den Tisch drücken, ganz abgesehen von solchen vom Leben unzertrennlichen Erscheinungen, wie das Atmen, das wir doch recht deutlich empfinden. Das zusammengenommen schafft ein gewisses Ganzes. Eine Vervollkommnung der experimentellen Technik kann lediglich darauf beruhen, daß dieser gesamte Komplex verschieden gearteter Reize in den einzelnen Versuchen möglichst unverändert bleibt. Auf diesem unveränderten Hintergrund tritt dann der bedingte Reiz in Erscheinung. Wir wissen ja, daß ein bereits gebildeter bedingter Reflex verschwindet, wenn der Hund in eine andere Umgebung gebracht wird, obwohl der bedingte Reiz der gleiche bleibt. Ein Reflex bildet sich auf das Ganze einer Situation heraus. Es ist bezeichnend, daß bedingte Reflexe anfangs stets generalisiert sind und z. B. auf den Ton als solchen, oder das Kratzen als solches usw. erscheinen. Erst später setzt die Differentiation und Spezifikation des Reflexes mittels Hemmung der anderen Reflexe ein. Es gibt keinen Widerspruch zwischen der Gestalttheorie und der Theorie der bedingten Reflexe. Der ursprüngliche bedingte Reiz ist die Gestalt, in der die differenzierende Hemmung eine Komponente isoliert.

Vom Standpunkt der Gestalttheorie erfordert der Lernprozeß eine andere Formulierung. Wenn ein Tier die Käfigtür öffnen lernt, führt es viele zufällige Bewegungen aus, aber die Lösung gelingt ihm mit jedem Mal schneller. Wir waren der Ansicht, daß das Tier nach der Fehlermethode verfährt: von den zufälligen Bewegungen werden nur die belohnt, die zur Befreiung führen, die anderen werden gehemmt. Eine nähere Untersuchung des Lernprozesses führt jedoch zu der Schlußfolgerung, daß eine Bewegung, die die Lösung herbeiführt, niemals genau die gleiche ist. Wir wissen, daß das Beiseiteschieben eines Verschlußhebels durch Ziehen mit den Zähnen, durch Stoßen mit der Pfote oder dem Kopfe erfolgen kann, die Einzelheiten dieser Bewegungen können aber sehr verschieden geartet sein. Im Labyrinth erfolgt die Belohnung erst nach einer ganzen Reihe von Bewegungen, von denen wiederum einige richtig, andere unrichtig sein können. Nur das Verlassen des Labyrinths wird belohnt, nicht aber das Durchlaufen des Labyrinths auf dem kürzesten Wege. Dennoch findet das Tier schließlich einen solchen. Die Theorie des Lernens, die auf dem Wiederholen derselben Bewegungen basiert, fällt durch ihre eigene Spezifik. Bewegungen können niemals dieselben sein. In der Praxis können wir nie ein und dieselbe Figur in der gleichen Weise sehen. Wir sagen, daß ein Tisch rechteckig ist, sehen ihn aber in Wirklichkeit nie rechteckig. Der Tisch ist rechteckig, wenn man darauf von oben blickt, und zwar von einem Punkt, der sich in der geometrischen Mitte des Tischblatts befindet; wir aber sehen nur verschiedene Verkürzungen. Es gibt keine Wiederholbarkeit der Empfindungen und es bleibt unverständlich, wie wir überhaupt die Identität von Dingen erkennen können. Dagegen sieht die Frage vom Standpunkt der Gestalttheorie einfach aus. Dinge sind Gestalten, deren Identität wir der Transposition verdanken. Unsere Sinne korrigieren die Wirklichkeit.

Beim Wahrnehmen visueller Gestalten stellt sich eine charakteristische Tendenz zur sogenannten „guten Gestalt" ein: das Auge ergänzt die Unvollkommenheit der gesehenen Dinge. Die übliche Weise, in der ein Blitz in Form eines Zickzacks gezeichnet wird, zeigt keinerlei Spuren der verwickelten und unregelmäßigen Verästelungen, die man auf einer Photographie sehen kann. Wir haben beim Wahrnehmen die Tendenz, den Dingen eine Symmetrie zu verleihen. Sogenannte entoptische Figuren, das heißt solche, die im Gesichtsfeld entstehen, wenn die Augen geschlossen sind, z. B. infolge einer mechanischen Reizung des Auges, durch Reiben u. ä., sind immer symmetrisch, obgleich die wirkliche Reizung der optischen Elemente nicht so regelmäßig sein konnte. Ein Vieleck, das auf der Peripherie des Gesichtsfeldes gesehen wird, nehmen wir als Kreis wahr. Ebenso erscheinen uns Vielecke oder andere komplizierte Figuren, die im Bruchteil einer Sekunde gezeigt werden, als Kreise. Jedem ist das Experiment mit dem blinden Fleck bekannt. Schließt man das linke Auge und blickt intensiv auf das Kreuz auf der linken Seite der Abbildung (Abb. 27), so verschwindet in einem gewissen Abstand des Auges von der Zeichnung das Bild des Kreises. Das geschieht dann, wenn sein Bild auf den blinden Fleck der Netzhaut fällt. Es entsteht aber die Frage, weshalb wir in unserem gewöhnlichen Gesichtsfeld diesen Augendefekt überhaupt nicht bemerken. Denn das Bild eines Teils der Gegenstände, die sich im Gesichtsfeld befinden, muß ja auf die blinden Flecke beider Augen fallen; wir müßten somit an den Seiten

Abb. 27. Versuch mit dem blinden Fleck

zwei dunkle Flecke sehen. In Wirklichkeit sehen wir sie nicht, denn die Augen ergänzen die leeren Stellen, sie sind bestrebt, das Gesichtsfeld auszufüllen, das heißt, eine gute Gestalt zu schaffen. Wir können ohne Mühe die Aufschrift in Abb. 28 lesen. Das Auge malt die fehlenden

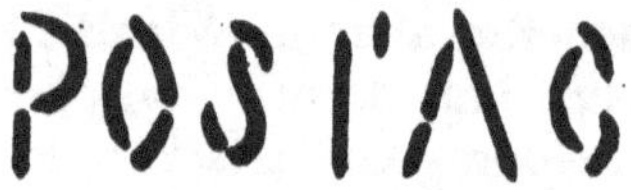

Abb. 28. Das Auge ergänzt die fehlenden Einzelheiten der Buchstaben

Buchstabenumrisse hinzu, es ergänzt das Bild, indem es ihm Merkmale einer guten Gestalt gibt. Die gleiche Tendenz besteht im Prozeß des Vergessens. Man zeigte Versuchspersonen eine Zickzacklinie und verlangte nach längerer Zeit von ihnen, sie aus dem Gedächtnis aufzuzeichnen. In der Zeichnung wurden die Zähne der Zickzacklinie schärfer, der Charakter der Zeichnung akzentuierter. Ebenso wurden vorher gesehene Kurven regelmäßiger wiedergegeben.

Somit ist die Fähigkeit der gestaltlichen Wahrnehmung universell, sie erscheint stets, wenn wir in irgendeiner Weise zu den Erscheinungen der Außenwelt in Beziehung treten. Daraus geht unwiderleglich hervor, daß sie eine bestimmte physiologische Basis besitzen muß. Die Tätigkeiten des Nervensystems können nicht atomistisch aufgefaßt werden, auch sie müssen einen gestaltlichen Charakter haben. Tatsächlich erleben wir heute auf diesem Gebiet eine prinzipielle Umwälzung. Sehr bezeichnend ist in dieser Hinsicht die grundsätzliche Änderung des Standpunktes, die der hervorragende Physiologe Bethe vorgenommen hat. In den letzten Jahren des vergangenen Jahrhunderts veröffentlichte Bethe eine Serie hervorragender Arbeiten über die Beziehungen zwischen den Reflexen der Krabbe *Carcinus maenas* und der Struktur ihres Nervensystems. Seine Absicht war es, einige einfache Tätigkeiten des Tieres, wie die Bewegungen des Gehens, das Umdrehen, Fressen, die Verteidigungsreflexe zu studieren, um sie darauf auf genau erforschte Nervenmechanismen zurückzuführen. Diese Aufgabe erwies sich als unausführbar. Die Arten der Bewegungen der Krabbe sind weit komplizierter, als es BETHE anfänglich annahm, und andererseits sind die Einheiten des Nervensystems zu wenig verschieden geartet, als daß sich eins mit dem anderen eindeutig verknüpfen ließe. In den Jahren 1930—31 veröffentlicht BETHE Arbeiten, die auf einem geradezu entgegengesetzten Standpunkt stehen und die Plastizität des Nervensystems wie die gegenseitige operative Ersetzbarkeit seiner Teile propagieren. Wenn sich ein Mensch an der rechten Hand verletzt, kann er stellvertretend mit der linken Hand essen, sich anziehen und schreiben. Er tut das gewiß ungeschickt, weiß sich aber schließlich Rat zu schaffen. Das ist ein sehr einfaches Beispiel, denn statt der rechten Hand wird gewöhnlich die linke benutzt. Schwieriger gestaltet sich die Frage mit den Vierfüßlern. Wenn ein Hund ein Bein verletzt, so läuft er auf den übrigen drei Beinen, unabhängig davon, welches von der Tätigkeit ausgeschlossen worden ist. Überdies kann der Hund im Schritt gehen, im Trab und im Galopp laufen, und jede dieser drei Bewegungsarten kann er mittels einer beliebigen Kombination der drei Beine ausüben. Das ergibt 12 Bewegungsmöglichkeiten, von denen jede auf einer ganz bestimmten Nervenkoordination beruht. Wäre das Nervensystem eine Anordnung von starren Einheiten, so müßte man darin 12 verschiedene Bewegungszentren voraussetzen, von denen unter gewöhnlichen Umständen nur eins tätig ist. Das macht uns bereits stutzig. Versuche, die mit dem sechsbeinigen Schwimmkäfer Gelbrand durchgeführt wurden, erschweren diese Frage noch mehr. In den zahlreichen Versuchen, in denen verschiedene Beine ausgeschaltet wurden, vermochte das Tier ohne jegliche Proben oder Fehler sofort geradeaus zu schwimmen. Noch komplizierter gestalten sich die Verhältnisse bei acht- und zehnfüßigen Tieren (Spinnentiere und Krabben). Hier erreicht die Zahl der Bewegungsmöglichkeiten nach Ausschaltung der Beine in verschiedenen Kombinationen die Tausende, und jeder von ihnen entspricht einer ganz bestimmten Koordination der Extremitäten. Zugleich vereinfacht sich parallel mit dem Größerwerden der Anzahl der möglichen Bewegungen und Arten der Koordination das Nervensystem, statt sich zu komplizieren. Zweifelsohne haben die Säugetiere ein komplizierteres Nervensystem als die Insekten, die Insekten als die Spinnentiere. Man kann unmöglich unter diesen Umständen an die Existenz besonderer Zentren, die die verschiedenen Koordinationsweisen der Extremitäten lenken, glauben. Diese Tatsachen lassen sich mit der starren Tätigkeit der Elemente des Nervensystems nicht vereinbaren. Würde tatsächlich jede einzelne Nervenzelle nur eine ihr zugehörige Tätigkeit ausüben, nur eine Reaktion von einer ganz bestimmten Art, und keine andere weiter, auslösen, so würden die Erscheinungen der Ersetzbarkeit völlig unverständlich sein. Und gerade diese Erscheinung können wir auf jeden Schritt beobachten.

Wir können die Nervenzentren, die die Bewegungszentrale bilden, nicht ganz genau lokalisieren. Radfahren ist mit automatischen Bewegungen der Hände verbunden, die die Lenkstange nach links oder rechts, je nach der Neigung des Rades, drehen. Beide Bewegungen sind von der Zusammenziehung ganz bestimmter und stets derselben Muskeln abhängig. Versuchen wir aber, radzufahren und die Hände auf der Lenkstange gekreuzt zu halten. Im ersten Augenblick erscheint uns die Aufgabe schwierig, und wir fallen oft hin. Es genügt jedoch ein schwaches Training, damit wir die Aufgabe vollends bewältigen. In den Nervenzentren ist eher die „Wendung nach rechts" oder die „Wendung nach links" als die Zusammenziehung dieses oder jenes Muskels lokalisiert. Der menschliche Wille kann nicht befehlen: „Bizeps, zieh dich stärker zusammen", sagt SHERRINGTON, er befiehlt nur: „Hand, beuge dich stärker". Es wird manchmal davon gesprochen, daß ein Golfspieler, wenn er den Ball schlägt, an 24 Dinge gleichzeitig denken muß. Das ist offensichtlich unmöglich. Möglich ist hingegen etwas anderes: der Spieler darf nur an eines denken, daran, daß er den Ball an einen bestimmten Punkt richten muß, und dann passen sich alle seine Muskeln und seine ganze Körperhaltung automatisch der notwendigen Bewegung an. HORNBOSTEL führt ein bezeichnendes Beispiel an. Er trug seine Zigaretten in seiner linken oberen Jackentasche. Wie er berechnet, hat er in seinem Leben mindestens 150 000mal mit seiner Hand nach den Zigaretten gegriffen, er hatte also Gelegenheit, diese Bewegung zu automatisieren. Als die Zigaretten in die rechte Tasche gelegt wurden, irrte sich zwar die Hand beim Herausholen, aber nur einmal. Von diesem Augenblick an wurde die Bewegung, nach rechts zu greifen, gleich automatisch, obwohl sie gar nicht eingeübt worden war.

Für den Gestaltcharakter der Nervenprozesse spricht das *Resonanzprinzip*. WEISS führte eine Reihe von Experimenten mit der Verpflanzung von Extremitäten der Salamanderlarven durch. Amputiert man die vordere linke Extremität der Larve dicht am Ansatz, sticht darauf mit einer Nadel die Körperseite einer anderen Larve in der Nähe ihres linken Vorderbeines an und schiebt das Ende der amputierten Extremität in die Öffnung, so erfolgt bald Verwachsung. Die Larve besitzt jetzt eine doppelte Extremität: eine eigene und eine verpflanzte. Nach einigen Wochen beginnt die eingepfropfte Extremität sich zu bewegen, wobei ihre Bewegungen genau den Bewegungen der eigenen Extremität entsprechen: beugt sich die eigene Extremität im Ellbogengelenk, so macht die aufgepfropfte dasselbe, krümmt die eigene die Zehen, so ahmt die aufgepfropfte das nach. Eine solche Entsprechung der Tätigkeiten könnte ihre Ursache darin haben, daß beide Extremitäten gleich innerviert sind. WEISS zeigt jedoch mit aller Bestimmtheit, daß dem nicht so ist. Nach der Amputation der Extremität verschwinden die in ihr verlaufenden Nervenfasern, und erst nach ihrer Verpflanzung wachsen neue Fasern von der Körperseite her in sie hinein. Deshalb erlangt die aufgepfropfte Extremität ihre Beweglichkeit erst nach einigen Wochen wieder. Es ist aber reiner Zufall, wie und welche Nervenfasern die jeweiligen Muskeln innervieren. Es kommt immer wieder vor, daß Verästelungen ein und desselben Nervs z. B. den Beugemuskel der eigenen Extremität und den Streckmuskel der eingepflanzten versorgen. In solchen Fällen wäre eine gleichzeitige Zusammenziehung dieser beiden Muskeln zu erwarten. Das erfolgt jedoch nicht, denn die Bewegungen der beiden Extremitäten stehen miteinander im Einklang, sie arbeiten einander nicht entgegen. Der klassischen Anschauung zufolge zieht sich ein Muskel deshalb zusammen, weil die ihn versorgenden Nervenfasern aus dem Zentrum einen speziell für ihn bestimmten Bewegungsimpuls vermittelt haben, während andere Muskeln einen solchen Impuls nicht empfingen. In den Experimenten hingegen, die WEISS durchgeführt hat, zog sich z. B. der Beugemuskel der eigenen Extremität zusammen, während der Streckmuskel der verpflanzten Extremität untätig blieb, obwohl er von demselben Nerv innerviert wurde; es zog sich aber ihr Beugemuskel zusammen. Aus diesen Tatsachen folgerte WEISS, daß das Nervensystem überhaupt keine Sonderimpulse vermittelt, die z. B. nur für einen Muskel bestimmt wären, sondern eine ganze Gruppe von Impulsen, die in die gesamte Muskulatur gelangen. Es reagieren darauf nur einige, nämlich die, die auf den Impuls „eingestellt" sind, wie ein Radioapparat auf eine bestimmte Wellenlänge eingestellt ist. Über die Spezifik einer Reaktion entscheiden also nicht die Impulse als solche, sondern vielmehr die ausführenden Organe selbst. Diese Ansicht harmoniert ausgezeichnet mit der Gestalttheorie, denn vom Nervensystem werden nur gewisse Ganzheiten, und nicht „Elementarimpulse" vermittelt. In der jüngsten Zeit wurden diese Ansichten WEISS' der Kritik ausgesetzt, die die Notwendigkeit ihrer Einschränkung nachwies (DETWILER, ANOCHIN). Das Resonanzprinzip hat lediglich hinsichtlich gewisser Bewegungssysteme, nicht aber der Gesamtheit der ausführenden Organe Geltung. Nach COGHILL existieren in der Entwicklung der Bewegungstätigkeit zunächst allgemeine Bewegungen, z. B. des gesamten Rumpfes, von denen sich später spezifischere Bewegungen, z. B. der Extremitäten oder der Kiemen, differenzieren. Diese letzteren bilden kompakte Funktionssysteme, die recht viele verschiedene Muskeln und Nervenzentren umfassen. Diese Systeme können territorial ziemlich verstreut sein, funktionell sind sie aber einheitlich. Das Resonanzprinzip ist aber nur innerhalb eines solchen Systems anwendbar. Hingegen können Nervenimpulse, die für ein System bestimmt sind, nicht die Muskeln eines anderen Systems in Bewegung setzen. Das ist offensichtlich eine graduelle Einschränkung, die jedoch das Resonanzprinzip selbst, das mit der Gestaltetheit im Einklang bleibt, nicht umstößt.

Trotz allem ist das Problem schwierig. Gegenwärtig spricht man nicht mehr von einer Resonanz als solcher, es soll vielmehr eine Umschaltung der Impulse bereits in den Nervenzentren erfolgen.

Am umstrittensten ist auf diesem Gebiet die Tätigkeit des Gehirns. Seit langer Zeit stoßen hier zwei Anschauungen aufeinander. Einige Forscher, wie GALL, BROCA, MUNK, WERNICKE, FERRIER, SHERRINGTON, VOGT und ROSE, halten das Gehirn für ein mehr oder weniger starres Mosaik einzelner Zentren, von denen jedes eine ganz bestimmte Tätigkeit auslöst. Für andere, wie FLOURENS, GOLTZ, LOEB, LASHLEY, HEAD und GOLDSTEIN, arbeitet das Gehirn als funktionelle Ganzheit, deren Teile einander ersetzen können. Dieser schwierigen Frage können wir hier nur wenig Platz widmen. FRANZ wies als erster nach, daß die Lernfähigkeit der Tiere durch Gehirnoperationen nicht in Mitleidenschaft gezogen werden muß. Er dressierte Katzen und niedere Affen in einem Käfig, dessen Tür sich nach Drücken eines Knopfes oder Ziehen einer Schnur öffnete. Nachdem die Tiere diese Aufgabe bewältigt hatten, operierte man das Gehirn und untersuchte mögliche Veränderungen in den erworbenen Gewohnheiten. Die Entfernung beider Stirnlappen der Hirnrinde läßt die erworbene Gewohnheit verschwinden. Werden jedoch solche Tiere erneut dressiert, so erwerben sie die Gewohnheit in der normalen Zeit. Große Bedeutung haben die umfangreichen Forschungen LASHLEYS, die dieser seit 1916 durchführte. Nachdem er in verschiedenem Grade das Gehirn von Ratten beschädigte und den Lernprozeß der normalen Exemplare mit dem der operierten verglich (Labyrinth, Helligkeitsunterscheidung u. a. unter Berücksichtigung der Lernzeit, der Fehlerzahl und der Zahl der notwendigen Versuche), stellt LASHLEY fest, daß nach den Eingriffen das Lernen in gewissem Maße erschwert ist, die Erschwerung aber nur der Quantität des zerstörten Hirngewebes proportional und nicht vom Territorium abhängig ist. Und ebenso wurde eine Gewohnheit vor dem Eingriff erworben, so verschwand sie nach der Operation, aber die Tiere erwarben sie aufs neue, wobei wiederum die Quantität der notwendigen „Praxis" direkt vom Grad der Hirnbeschädigung abhing. Nach Entfernung der Hälfte der Hirnrinde lernten 19 operierte Ratten nach durchschnittlich 79 Versuchen, die Käfigtür zu öffnen. Normale Ratten brauchten hierfür 143 Versuche. Es wurden verschiedene Hirngegenden entfernt, man konnte aber niemals feststellen, daß ein Eingriff vollständig die Lernfähigkeit beseitigte, und in vielen Fällen nahm diese Fähigkeit noch zu. In einer der letzten Arbeiten verwendete LASHLEY Käfige von verschiedener Art. Das Öffnen des Käfigs A erforderte ein Schieben des Hebels, des Käfigs B — Zerreißen eines Papierstreifens, von C — Ziehen am Handgriff, D — Ziehen an einer Kette, E — Senken einer Metallrute und Besteigen einer Plattform. Die normalen und die operierten Tiere lernten gleich schnell, die Käfige A und E zu öffnen, aber die Käfige B,

C und D waren für die operierten Tiere schwieriger zu bewältigen. Das ist gewiß die Folge der verminderten Tendenz zu bestimmten Bewegungen. Deshalb gerade können Gehirnoperationen, die das Bewegungsrepertoire verändern, vorteilhaft oder unvorteilhaft sein, je nach dem Charakter der Aufgabe. In allen Fällen schwand die erworbene Gewohnheit nach Entfernung der Hirnrinde, wenn die Beschädigung genügend stark war und die Stirnpartie betraf. Ratten, die nach Vernichtung der Stirnpartien der Rinde den Käfig öffnen lernten, behielten die Gewohnheit nach weiterer Beschädigung anderer Rindenteile bei, und man konnte das Territorium, das für ihre Existenz verantwortlich wäre, nicht finden. Möglicherweise übernehmen bei Fehlen der Stirnpartie die niederen Nervenzentren, die unter der Rinde liegen, die Tätigkeit. Deutlich ist der Zusammenhang des Beschädigungsgrades der hinteren Rindenteile mit dem Grad des Verschwindens der erworbenen Gewohnheit, es gibt aber keinen Zusammenhang zwischen dem Beschädigungsgrad und der Lernfähigkeit. Hieraus geht hervor, daß der Lernprozeß eines normalen Tieres mit der Entstehung von Veränderungen im hinteren Teil des Gehirns, dessen Vernichtung das Gewohnheitsgedächtnis beseitigt, im Zusammenhang steht. Da das Schwinden des Gedächtnisses sich proportional zum Beschädigungsgrad verhält, kann angenommen werden, daß die Veränderungen, die durch die Dressur verursacht werden, sich gleichmäßig über den hinteren Teil der Rinde verteilen.

Diese Verhältnisse ändern sich etwas bei der Erwerbung komplizierter Gewohnheiten. Als die Ratten von zwei Lichtquellen die hellere wählen sollten, verzögerte die Beschädigung des hinteren Teiles der Rinde die Dressur proportional zum Grad der Beschädigung. Dieselbe Beschädigung hatte überhaupt keinen Einfluß darauf, Licht vom Dunkel unterscheiden zu lernen. Operierte Ratten lernen deutlich schwerer, ein Labyrinth zu bewältigen. So wurde z. B. ein Labyrinth mit 8 Sackgassen von normalen Tieren nach 19 Versuchen, von operierten nach 91 Versuchen bewältigt. Wiederum war die Störung vom Beschädigungsgrad abhängig. Nichtsdestoweniger konnten alle Tiere lernen, auch nach Verlust von 80 % der Hirnrinde. Die Erwerbung komplizierter Gewohnheiten hängt von der Tätigkeit der Rinde als Ganzem ab.

Die Lokalisierung der motorischen Zentren bedarf ebenfalls einer eingehenderen Analyse. Dusser de Barenne vernichtete verschiedene Schichten der motorischen Rindenzellen vermittels einer lokalen Erwärmung verschiedenen Grades. Durch darauffolgende Reizung einzelner Punkte der Rinde mit elektrischem Strom untersuchte er, welche Schichten für die Zusammenziehung bestimmter Muskeln unumgänglich sind. Zahlreiche Experimente erwiesen das Bestehen einer genauen motorischen Lokalisierung in der Rinde. Jedoch ist nach Ogden und Franz die Lähmung der Arme niederer Affen als Folgeerscheinung der Beschädigung bestimmter motorischer Territorien der Rinde nur vorübergehend. Eine Massage der Glieder und erzwungene Ausübung bestimmter Bewegungen können bewirken, daß die verlorengegangene Tätigkeit sich wieder einstellt. LASHLEY erregte mit elektrischem Strom verschiedene Hirngegenden eines Affen und beobachtete die ausgelösten Bewegungen. Er wiederholte diesen Versuch viermal im Laufe eines Monats an denselben Tieren. An jedem einzelnen Tage stimmten die Ergebnisse miteinander überein, aber jeder der vier Versuchstage ergab völlig abweichende Resultate. Von 57 untersuchten Punkten der Rinde rief die Reizung von 22 in jedem Versuch andere Bewegungen hervor, von 26 — die gleichen Bewegungen in nur zwei Versuchen, und nur 6 Punkte zeigten dasselbe Ergebnis in drei Versuchen. Keiner der untersuchten Punkte überstand alle vier Versuche. Die Bewegungsunterschiede in den einzelnen Versuchen beruhten entweder darauf, daß einander entgegengesetzte Bewegungen auftraten, oder daß andere Gelenke bewegt wurden. Oft erfolgte dieselbe Bewegung nach der Reizung weit voneinander liegender Punkte des Gehirns. LASHLEY nimmt an, daß die Bewegungsqualität in bedeutendem Maße von dem zeitweiligen physiologischen Zustand des Tieres abhängig ist.

Wichtig ist die Feststellung, daß die sogenannte Äquipotentialität der Hirnrinde, d. h. die Fähigkeit jedes ihrer Teile, jede Tätigkeit auszuüben, mithin die völlige Ersetzbarkeit der Rindenteile, nur in genügend schweren Aufgaben auftrifft, deren Lösung auf dem Zusammenwirken verschiedener Sinne und vieler Bewegungen beruht. Dagegen scheinen einfachere Reaktionen genauer lokalisiert zu sein.

Alle diese Feststellungen blieben selbstverständlich nicht ohne Widerspruch. Es wurde vielerseits darauf hingewiesen, daß die Theorie der „Massenwirkung", d. h. die Abhängigkeit des Effektes, nicht von der Lokalisation, sondern nur vom Grad der Beschädigung, einiger Korrekturen bedarf. Hängt die Erhaltung einer erworbenen Gewohnheit vom Bestehen bestimmter Hirnfelder ab, so müssen sich diese Felder von anderen durch ihre operative Potenz unterscheiden, auch wenn es eine Ersetzbarkeit gäbe und die Tätigkeit vom anderen Teile übernommen werden könnte. Das Bestehen morphologisch genau begrenzter und deutlicher unterschiedlicher Partien im Gehirn weist auf die morphologische Differenzierung und in ihrem Gefolge auf eine operative Differenzierung hin. Man kann unmöglich annehmen, daß die unerhört komplizierte und spezifische Architektonik des Gehirns keine operative Bedeutung haben sollte.

Gegenwärtig fällt es schwer, etwas Endgültiges über die Gehirnlokalisation zu sagen. Neben einer Reihe von Tatsachen, die für genaue Lokalisation und Mosaikcharakter der Rinde sprechen, besitzen wir viele Daten, die von der Ersetzbarkeit ihrer Teile zeugen. LASHLEY studierte speziell die klinische Literatur über Beschädigungen des Menschenhirns und fand keine Tatsachen, die mit dem Prinzip der „Massenwirkung" im Widerspruch wären. Viele Kliniker sind jetzt der Ansicht, daß dieses Prinzip in der praktischen Anwendung ebenso gute Dienste leistet, wie die Theorie der Lokalisation. Der Kliniker GOLDSTEIN legt für Fälle von Gehirnbeschädigung zwei Hauptregeln fest. 1. Es kommt niemals vor, daß eine lokale Beschädigung nur irgendwelche isolierte Tätigkeiten aufhebt. Stets werden alle Tätigkeiten in geringerem oder höherem Grade in Mitleidenschaft gezogen. 2. Wenn als Folge einer Beschädigung eine gewisse Tätigkeit ausfällt, dann niemals vollständig, es bleiben stets gewisse Spuren von ihr zurück. GOLDSTEIN vertritt die Ansicht, daß alle kortikalen Funktionen wesentlich Ausdruck der Tätigkeit der gesamten Hirnrinde sind.

Ich möchte den Leser nicht durch ständige Wiederholung langweilen. Was bleibt aber zu tun, wenn uns der Lauf der Wissenschaft dazu nötigt? Wieder haben wir zwei widersprüchliche Theorien: die der Lokalisation und der Substitution. Die These zog eine Antithese nach sich. Was ist nun die Synthese? Wie ist es „in Wirklichkeit“? Es scheint mir, daß die Lösung des Widerspruchs auf einem scheinbar völlig anderen Gebiet der Erscheinungen, mit welchem das Gestaltprinzip ebenfalls in Beziehung steht, zu suchen ist. Ich denke hier an die Entwicklungserscheinungen. Dieses Gebiet hatte einen analogen Streit erlebt und daraus einen Ausgang gefunden, der uns zur Orientierung in den neurologischen Widersprüchen dienen kann. Es ist dies der sehr alte Streit zwischen der Präformation und der Epigenese. Für die einen ist das tierische Ei ein starres Mosaik von Teilen, die von vornherein zur Bildung ganz bestimmter Teile des Organismus prädestiniert sind. Für andere wiederum sind die Teile des Eies äquipotentiell, sie können einander ersetzen. DRIESCHS klassische Untersuchungen stellten fest, daß es unerläßlich sei, diese beiden Begriffe voneinander zu unterscheiden. Als *prospektive Bedeutung* des Teils bezeichnet DRIESCH seinen gewöhnlichen, normalen Entwicklungsablauf. *Prospektive Potenz* des Teils hingegen ist sein mögliches Geschick, das Gesamt seiner Entwicklungsfähigkeiten, die je nach den Umständen zutage treten können oder nicht. Diese Fragen müssen streng materialistisch formuliert werden, denn der vitalistische Anstrich der Anschauung DRIESCHS kann für uns keine Bedeutung haben. Eine Tatsache von großer Tragweite war die Feststellung, daß der Begriff der prospektiven Potenz viel umfassender ist als der Begriff der prospektiven Bedeutung.

Nehmen wir das klassische Beispiel der Entwicklung des Seeigels. Im Stadium, in dem sich der Keim aus 16 miteinander verbundenen Zellen zusammensetzt, sind diese Zellen deutlich verschieden. Der Keim besteht aus 8 gleichen Zellen, die als Mesomere bezeichnet werden, 4 größeren Zellen oder Makromeren, die einen charakteristischen Orangefarbstoffring enthalten, und vier sehr winzigen Zellen, den Mikromeren, die auf einem Pol des Eies liegen. In morphologischer Hinsicht sind diese drei Zellenarten sehr verschieden und man kann mit Recht erwarten, daß sich ihre Entwicklungstätigkeiten ebenso verschieden zeigen werden. Nicht weniger mannigfaltig sind sie im Hinblick auf ihre physischen und chemischen Merkmale. Tatsächlich ist der Entwicklungsablauf, d. h. die prospektive Be-

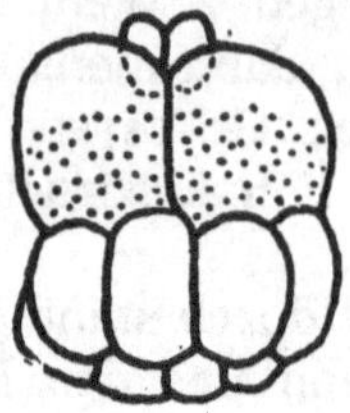

Abb. 29. Keim des Seeigels im Sechzehnzellenstadium

deutung dieser drei Zellenkategorien, verschieden und genau bestimmt. Die Mesomere bilden das Ektoderm des Keims, d. h. die ihn bedeckende Zellenschicht, die Makromere schließen sich zur Hälfte den Mesomeren an, aus ihren unteren Hälften hingegen entwickelt sich der Verdauungsapparat. Die Mikromere zerfallen in winzige Zellen, die in das Innere des Keims wandern und dort sein Kalkskelett, sein Bindegewebe und seine Muskelfasern bilden. An der fertigen Larve des Seeigels (Abb. 31) können wir Stück für Stück jedes ihrer Körperteile mit einem ganz bestimmten Teil jenes Sechzehnzellenstadiums in Beziehung bringen. Wir können noch weiter zurückgreifen, denn bereits das befruchtete Ei ist vor der ersten Teilung schichtmäßig differenziert, und wir können genau vorhersagen, aus welchen Eiteilen sich die künftigen Makro-, Meso- und Mikromere entwickeln werden. Die Lokalisierung ist sehr strikt. Das alles betrifft jedoch nur die prospektive Bedeutung der Teile, ihren normalen, durch nichts gestörten Entwicklungsablauf. Ändern sich die Entwicklungsbedingungen, so treten bisher verborgene Fähigkeiten zutage. So zeigen vor allem die schönen Versuche von Hörstadius ganz unzweifelhaft, daß die Unterschiede zwischen den Keimteilen des Seeigels quantitativer Art sind. Im Ei existiert ein sogenannter Gradient, d. h., eine regelmäßige Veränderung der physikalisch-chemischen Eigenschaften der Eisubstanz längs der physiologischen Achse des Eies. Der Gradient ist der grundlegende Entwicklungsfaktor. Wie wir wissen, werden die Enden der Eiachse als Pole bezeichnet. Wir unterscheiden einen vegetativen Pol und einen entgegengesetzten animalischen Pol. Der Gradient des Eies ist zweifach: am animalischen Pol herrscht die höchste Spannung gewisser Eigenschaften des Eies, die wir zur Abkürzung „animalische Kräfte“ nennen wollen, und von hier nimmt ihre Spannung regelmäßig zum vegetativen Pol hin ab, obgleich die Gegend des vegetativen Pols noch einen kleinen Teil dieser Eigenschaften besitzt. Ebenso herrscht am vegetativen Pol die höchste Spannung der „vegetativen Kräfte", die zum animalischen Pol hin abnehmen. Die regelmäßige Entwicklung ist nicht durch die Lokalisierung oder das Vorhandensein bestimmter morphologischer Teile, sondern durch das regel-

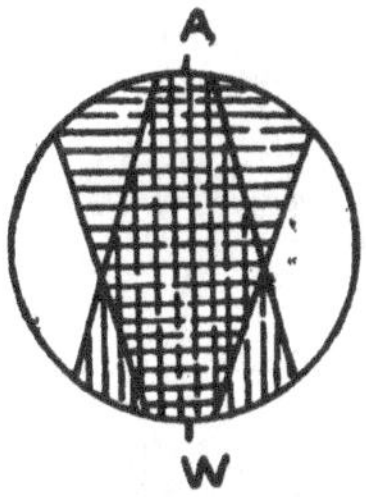

Abb. 30. Doppelter Gradient eines Seeigels. *A* animalischer Pol. *W* vegetativer Pol

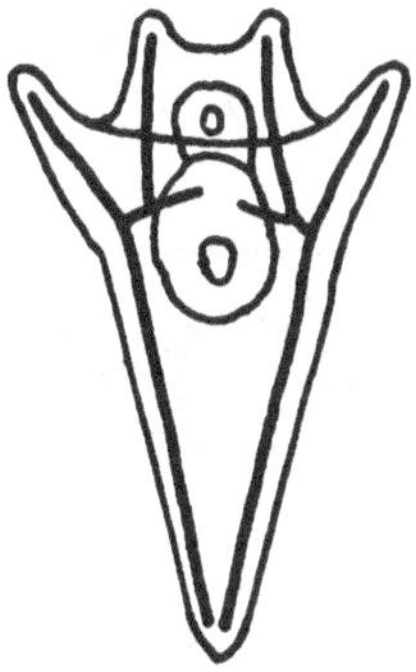

Abb. 31. Larve des Seeigels, *pluteus*

mäßige Verhältnis der beiden Arten von Kräften im Keim bedingt. Das geht aus dem folgenden Versuch hervor. Die normale Larve des Seeigels *(pluteus)* ist durch eine dreieckige Körperform, zwei Paar bewimperte Ausläufer, in denen sich Kalknadeln des Skeletts befinden, und einen Darm gekennzeichnet, der aus drei Abteilungen besteht und

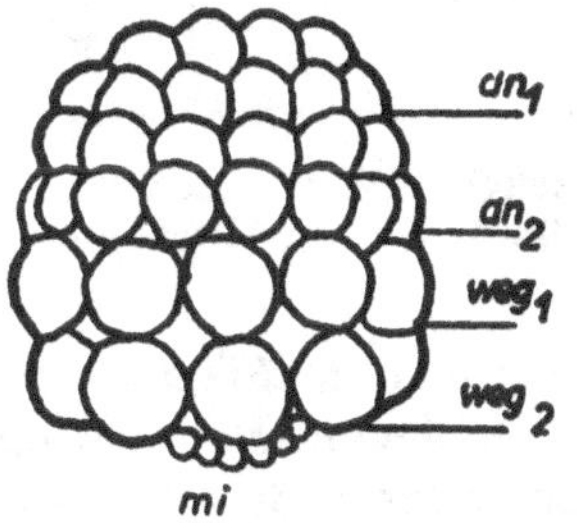

Abb. 32. Keim des Seeigels im Vierundsechzigzellenstadium. Er besteht aus 4 Zellenstockwerken und Mikromeren.

eine Mund- sowie eine Afteröffnung besitzt. HÖRSTADIUS zerteilte die Stockwerke der Zellen des 64er Stadiums und beobachtete ihre Entwicklung. Es zeigte sich, daß das animalische Stockwerk (an_1), aus 16 Zellen bestehend, nur ein bewimpertes kugelförmiges Bläschen bildet, worauf seine Entwicklung stehen bleibt. Ähnlich ist das Geschick des zweiten animalischen Stockwerks (an_2). Im Keim, der aus dem oberen vegetativen Stockwerk (veg_1) entstanden ist, können wir bereits ein gewisses Wirken der vegetativen Kräfte in Form eines anfänglichen Einstülpens des Darms feststellen. Die vegetativen Kräfte im unteren Stockwerk (veg_2) sind bereits deutlicher gekennzeichnet; der entstehende Keim besitzt nicht nur einen Darm, sondern auch Skelettnadeln, die aus der Materie der unteren Hälfte entstehen. Wenn wir also der Längsachse des Eies folgen, erhalten wir eine immer deutlicher werdende Wirkung der vegetativen Kräfte. In einem normalen Keim wird das Maximum

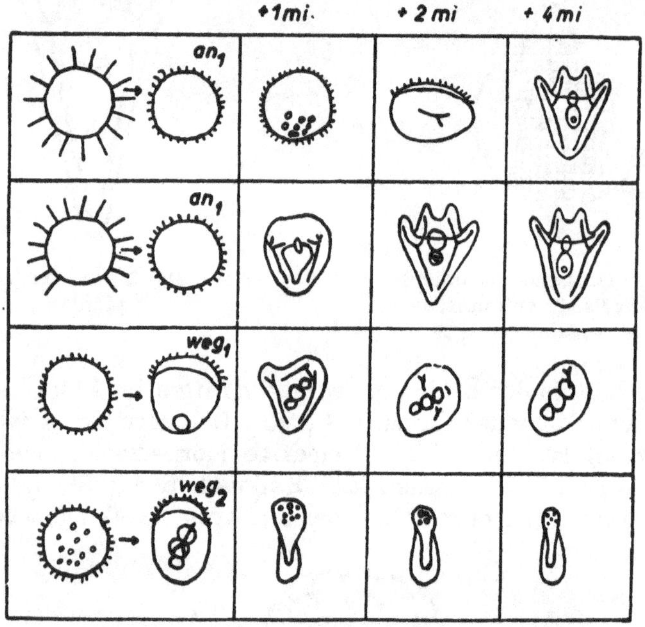

Abb. 33. Die Entwicklung der isolierten Zellenstockwerke des 64er Stadiums. Erläuterungen im Text

der Spannung dieser Kräfte in den Mikromeren beobachtet, da sie dem vegetativen Pol am nächsten liegen. Hörstadius fügte systematisch den vorher isolierten vier Stockwerken je ein, je zwei oder je vier Mikromeren hinzu. Das Ergebnis sehen wir auf Abb. 33. Jedes Mikromer, das an das Stockwerk an_1 gefügt wird, verleiht ihm sofort gewisse vegetative Merkmale, in Form einer anderen Bewimperung sowie in Form von winzigen Zellen, die in das Keiminnere dringen, was einer normalen Entwicklung eigentümlich ist. Das Hinzufügen von zwei Mikromeren „vegetativisiert" den Keim noch mehr, denn es entsteht darin überdies ein Kalkskelett. Das Hinzufügen von vier Mikromeren bewirkt, daß die Entwicklung fast völlig normal wird: es entsteht eine Larve, die alle üblichen Körperteile besitzt. Eine normale Entwicklung ist somit auch bei Fehlen des größeren Teiles des Keims, nämlich nach Ausschaltung der Stockwerke an_2, veg_1 und veg_2 möglich. Nehmen wir das isolierte Stockwerk an_2, so sehen wir, daß hier die Hinzufügung eines Mikromers es in weit stärkerem Maße vegetativisiert, denn es entsteht eine Larve mit Skelett und den Anfängen des Darms. Das Hinzufügen von zwei Mikromeren genügt, damit die Entwicklung völlig normal verläuft. Beim isolierten Stockwerk veg_1 ruft schon ein Mikromer die Entstehung der Ausläufer der Larve, des Skeletts und des Darms hervor. Die Hinzufügung von zwei, und mehr noch von vier Mikromeren verursacht eine übermäßige Vegetativisierung: der Darm nimmt anormal zu, und die Larve bleibt in ihrer Entwicklung stehen. Noch stärker ist das Übergewicht der vegetativen Kräfte in Fällen, wo Mikromere dem Stockwerk veg_2 hinzugefügt werden: der Darm wächst so unproportional aus, daß er jede weitere Entwicklung unmöglich macht. An diesem Beispiel zeigt sich ungemein klar die entscheidende Rolle der quantitativen Verhältnisse in der Entwicklung. Wichtig ist allein die Erhaltung einer bestimmten Proportion zwischen den animalischen und den vegetativen Kräften, dagegen kann man eine normale Entwicklung nach Ausschaltung fast jedes beliebigen Teils des Keimes erhalten; die Ersetzbarkeit ist vollständig. Nicht weniger klar geht das Wesen der Regelmäßigkeit der Entwicklung aus dem folgenden Experiment hervor. Die isolierte animalische Hälfte des Keims entwickelt sich niemals normal. Im Sinne der Lokalisationstheorie könnten wir sagen, daß ihr irgendwelche wesentlichen Teile fehlen. Legt man aber eine solche Hälfte in Meerwasser, dem etwas Lithiumchlorid hinzugefügt wurde, so verläuft ihre Entwicklung völlig normal und man erhält eine vollständige Larve. D. h. also, daß solch ein banaler Umstand, wie die Hinzufügung gewisser einfacher chemischer Substanzen in das Wasser, den Entwicklungsablauf der Teile radikal ändert. Offenbar verändert Lithiumchlorid in irgendeiner Weise die physikalisch-chemischen Eigenschaften des Protoplasmas und ermöglicht darin die Entstehung eines gewöhnlichen Gradienten.

Aus den sehr zahlreichen Beobachtungen dieser Art geht hervor, daß wir die Frage der Entwicklung auf einer ganz anderen Ebene, als es die strikte Lokalisation ist, behandeln müssen. Vielmehr kann jeder Teil des Keimes jeden anderen bilden. Jedoch kann sich die Äquipotentialität der Teile nicht immer manifestieren, sie bedarf dazu gewisser Bedingungen, die wir in vielen Fällen herstellen können.

Die Übertragung dieser Resultate auf den Boden der Neurologie könnte das in Einklang bringen, was widerspruchsvoll erscheint. Wir müssen hier ebenfalls prospektive Bedeutung von prospektiver Potenz genau unterscheiden. Im normalen unbeschädigten Organismus herrscht Lokalisation der Tätigkeiten; dieselben Prozesse vollziehen sich vermittels derselben Körperorgane. In dem Kapitel über die bedingten Reflexe sprachen wir bereits vom „dynamischen Stereotyp", der dann entsteht, wenn die Bedingungen konstant sind. Fällt jedoch in einer Tätigkeit irgendein Teil aus, so erscheint die prospektive Potenz der anderen Teile. Im Bedarfsfall stellt sich die Ersetzbarkeit ein. Keineswegs überzeugend ist das Argument, daß, wenn im Gehirn Felder existieren, die augenfällig verschieden und voneinander abgegrenzt sind, auch ihre Tätigkeit verschieden sein muß. Das kann nämlich nur für die prospektive Bedeutung gelten. Denn die Zellen des 16er Stadiums des Seeigels sind sehr verschieden und auch ihr Entwicklungsablauf ist verschieden. Dennoch können sie sich gegenseitig ersetzen. Die morphologischen Beziehungen können etwas über die Tätigkeiten aussagen, sie sind aber nicht imstande, die potentiellen Fähigkeiten zu zeigen. Wie wichtig diese Frage ist, geht aus den Regenerationserscheinungen hervor. Nehmen wir einen guten Regenerator, wie die Hydra, die Schwammtiere oder die Manteltiere, so kann sich sogar aus einem kleinen Bruchstück des Organismus das Ganze reproduzieren. Wir können Ausschnitte nehmen, die aus sehr verschiedenen Körpergegenden stammen und völlig verschieden geartet und mannigfaltig differenzierte Organe enthalten; und dennoch bleibt das Resultat der Regeneration das gleiche. Obwohl wir es mit einem erwachsenen Tier zu tun haben, das endgültig ausgebildet ist, in dem eine volle, sowohl morphologische, als auch operative Differenzierung vorhanden ist und in dem alles genau lokalisiert ist, so besitzen doch die Körperteile, außer den „alltäglichen" Tätigkeiten, die ihnen durch spezielle Differenzierung aufgezwungen wurden, eine prospektive Potenz, potentielle Fähigkeiten, die davon zeugen, daß sie die ursprüngliche, mit der Fülle der Fähigkeiten und Entwicklungsmöglichkeiten begabte Substanz erhalten haben. Diese Verhältnisse bilden sehr gut Begriffe der Gestaltetheit, denn die Ganzheit des Organismus ist ganz augenscheinlich in bezug auf ihre Teile übergeordnet.

Das Nervengewebe kann unmöglich diesem allgemeinen biologischen Gesetz nicht unterworfen sein. Es besitzt eine spezifische Struktur, es hat seine eigene Tätigkeit, genauso wie jedes andere Gewebe auch. Und ebenso wie die anderen Gewebe kann es sich auch dem allgemeinen Gesetz der Plastizität und Substitutionalität nicht entziehen. Es besteht bestimmt eine Nervenlokalisation, aber nur im Sinne der prospektiven Bedeutung, als dynamisches Stereotyp. Ein Abbild dieser Beziehungen sind die Verhältnisse, die in der menschlichen Gesellschaft herrschen. Auch hier gibt es eine weitgehende Spezialisierung und Lokalisierung der Tätigkeiten. Wenn aber ein wirkliches Bedürfnis eintritt, so zeigt sich, daß es keine unersetzbaren Menschen gibt und jeder Spezialist die Tätigkeit eines anderen Spezialisten ausüben kann. Meistens wird er das recht unbeholfen tun, manchmal jedoch die Aufgabe über Erwarten gut erfüllen.

So umfaßt also das Gestaltprinzip ein sehr verschieden geartetes System von Tatsachen, die sich in vollkommener Harmonie zueinander befinden. Sowohl in den seelischen Prozessen, wie in der Tätigkeit der Sinnesorgane, des Nervensystems und schließlich in den Entwicklungserscheinungen, herrschen die gleichen Beziehungen.

Zum Schluß müssen wir die Frage der Entstehung der Gestalt anschneiden. Es gibt keinen Anlaß dafür, zu denken, daß jedes psychische Erlebnis einen Gestaltcharakter haben muß. Wenn ich eine einheitliche schwarze Fläche sehe, so ist das kein gestaltliches Wahrnehmen, denn eine Gestalt kann zergliedert werden, sie läßt sich in irgendwelche Teile zerlegen. Erscheint jedoch auf einem schwarzen Hintergrunde ein weißer Punkt, so haben wir bereits eine Gestalt, wir können in ihr eine „Figur" und einen „Hintergrund" unterscheiden. Die Gestalt-Wahrnehmung ist physiologisch bedingt, man kann sich jedoch darum streiten, ob sie von einer vorhergehenden Erfahrung abhängig ist, ob sie auf dem Erleben oder der Unterscheidung beruht. Das ist offensichtlich eine Frage der Übereinkunft, es scheint jedoch, daß für uns „Gedächtnisgestalten", die auf dem Erkennen bereits bekannter Dinge beruhen, interessanter und wichtiger sind. Aus sechs Buchstaben des Alphabets können wir 720 verschiedene Permutationen bilden. Von ihnen werden höchstens einige irgendeinem Ausdruck entsprechen, einen Sinn haben, alle anderen werden nur ungeordnete Gebilde von Buchstaben sein. Mit anderen Worten, es können nur einige von ihnen Gestalten bilden. Für einen Menschen, der nicht lesen kann, werden alle 720 Anordnungen gleichwertig sein, für uns nicht, denn die einen rufen in uns irgendeinen Widerhall hervor, die anderen hingegen sind für uns gleich indifferent. Wir können aber jeder beliebigen Buchstabenverbindung Merkmale einer Gestalt verleihen. Wenn wir einem Menschen irgendeine Anordnung von Buchstaben zeigen und ihn dabei mit elektrischem Strom reizen, so wird diese Kombination bald zu einer Gestalt, deren Wahrnehmung irgendeinen bedingten Reflex hervorrufen wird. Beachten wir, daß plötzlich unsere Anordnung alle Eigenschaften einer Gestalt erlangen wird: sie wirkt als eine bestimmte Ganzheit, deren Teile eine untergeordnete Rolle spielen, und unterliegt der Transponierbarkeit. Auf diese Weise wird das Gestaltprinzip dem Prinzip der bedingten Reflexe untergeordnet.

Eine derartige Auffassung des Gestaltprinzips erlaubt die Erforschung dieser Fragen bei den Tieren. Heute wissen wir mit Bestimmtheit, daß die Wahrnehmung der Tiere in bedeutendem Maße gestaltet ist. Beispiele hierfür wird der Leser im speziellen Teil des Buches finden. Es genügt, zu sagen, daß jede Dressur sich auf das Gestaltprinzip zurückführen läßt: einem anfänglich indifferenten Faktor werden künstlich Merkmale einer Gestalt verliehen. Der Fisch lernt, den Buchstaben L vom Buchstaben R zu unterscheiden, wenn mit dem Anblick von L stets eine Futterbelohnung verbunden, mit dem Anblick von R hingegen eine Strafe ist. Mit dem Augenblick, in dem der bedingte Reflex fixiert ist, wird der Buchstabe L zu einer Gestalt, die alle üblichen Merkmale einer Gestalt, einschließlich der Transponierbarkeit besitzt.

Die Begründer der Gestalttheorie, mit W. Köhler an der Spitze, fassen diese viel weiter, als wir das getan haben. Sie sind der Ansicht, daß die Gestaltetheit einfach das Grundgesetz der Natur ist, daß alles, was existiert, gestaltet sein muß. Gestaltlich ist abstraktes Denken, eine mathematische Formel ist eine Gestalt, physische und chemische Erscheinungen sind Gestalten. Wir betreten hier wohl eher das Gebiet dichterischer Intuition als das einer exakten Forschung. Wenn das Gestaltprinzip eine konkrete Rolle in der Wissenschaft spielen soll, muß es unbedingt konkretisiert, nur auf bestimmte Erscheinungen und Prozesse beschränkt werden. Wenn alles gestaltlich ist, so müssen Zweifel entstehen, ob es überhaupt Gestalten gibt. Wir erkennen Dinge durch den Kontrast, wir kennen rote Gegenstände, denn es gibt auch nichtrote Gegenstände, die sich von ihnen unterscheiden. Wenn alles auf der Welt rot wäre, könnte höchstwahrscheinlich der Begriff der Farbe nicht entstehen. Der Begriff der „Ganzheit", mit dem man heute in der Wissenschaft so grenzenlos freigebig umgeht, besitzt eine deutlich metaphysische Nuance. Die Lehre von der Entwicklung operierte ebenfalls jahrelang mit einer solchen Ganzheit, die Driesch als Entelechie, als immaterielles Prinzip auffaßte, über das man eigentlich nichts Positives aussagen kann. Die Entelechie ist keine Energie, sie kann keine mechanische Arbeit ausführen, sie befindet sich nicht im Raum und unterliegt nicht dem Kausalgesetz. Obwohl sie keine Merkmale besitzt, ist die Entelechie der bestimmende Faktor in der Entwicklung, die „zur Ganzheit tendiert". Eine derartige Auffassung der Frage kann uns nicht zufriedenstellen. Heute fassen wir die Ganzheit in einer verständlicheren Weise auf. Ganzheit ist in der Entwicklung eine spezifische physikalisch-chemische Struktur, deren äußerer Ausdruck der Gradient ist. Er ist der bestimmende Faktor, und zugleich ein spezifischer Gleichgewichtszustand, zu dem eine lebende Substanz nach verschiedenartigen Beschädigungen zurückkehrt.

Ebenso konkret müßte das Problem der Gestaltlichkeit gelöst werden. Die alte korpuskular-atomistische Auffassungsweise psychischer, sinnlicher und neurologischer Erscheinungen ist gewiß unrichtig. Die neue Auffassungsmethode ist im Entstehen begriffen. Ihr Erfolg und ihre endgültige Grundlegung in der Wissenschaft ist davon abhängig, ob es ihr gelingen wird, ihre Resultate mit den bereits bekannten Tatsachen, und insbesondere mit dem Prinzip der bedingten Reflexe in Übereinstimmung zu bringen. Das Bestehen einer solchen Möglichkeit ist unbestreitbar. Mehr noch, denn die Theorie der bedingten Reflexe schafft die Möglichkeit einer genauen Erforschung der Gestaltlichkeit.

ACHTES KAPITEL

Psychologie des Aufgußtierchens

Wir wollen mit der Schilderung des Verhaltens der einzelnen Vertreter der Tierwelt beim einzelligen Wesen beginnen. Wir werden uns sehr bald überzeugen können, daß schon bei diesem scheinbar einfachsten Beispiel der Forscher mit allen Grundfragen der Tierpsychologie in Berührung kommt. Und wenn sich einiges beim Aufgußtierchen nicht in Anwendung bringen läßt, so trägt die Schuld dafür weniger das Aufgußtierchen als der Experimentator, dem es noch nicht gelungen ist, entsprechende Forschungsmethoden zu schaffen.

Das Urtier, mit dem wir uns befassen wollen, trägt die wissenschaftliche Bezeichnung *Paramaecium caudatum* und ist allgemein unter dem Namen Pantoffeltierchen bekannt. Es ist ein winziges Tierchen von ungefähr ein viertel Millimeter Länge und lebt in stehenden Gewässern. Sein Körper hat die Form einer kurzen Zigarre mit einem stumpfen Vorder- und einem spitzen Hinterende. An einer Stelle seiner seitlichen Fläche besitzt die Infusorie eine tiefe Einstülpung, Peristom genannt, durch deren Boden Nahrung in das Innere des Körpers gelangt. Der ganze Körper des Pantoffeltierchens ist mit beweglichen Härchen bedeckt, die das Bewegungsorgan des Tieres bilden. Diese Härchen, oder Wimpern, sind recht tief im Protoplasma eingebettet und jedes von ihnen hat an seinem unteren Ende eine knopfartige Verdickung, Basalkörperchen genannt. Die Wimpern schlagen in das Wasser in einer genau bestimmten Reihenfolge, ihre Bewegung ist koordiniert, und längs des Körpers verlaufen gleichsam Wellen, die an ein Kornfeld erinnern, das im Winde wogt. Diese Tatsache weist darauf hin, daß die Wimpern voneinander nicht unabhängig sind, daß zwischen ihnen irgendein anatomischer Zusammenhang bestehen muß, der die Koordinierungsbasis ihrer Bewegung ist. Tatsächlich entdeckte man in jüngster Zeit (Klein, Gelei, Lund und andere), daß die Basalkörperchen der Wimpern untereinander vermittels feiner Fäserchen verbunden sind, die parallel zur Oberfläche des Aufgußtierchens verlaufen und wahrscheinlich die Reizung von Wimper zu Wimper vermitteln. Es wurden sogar Punkte gefunden, in denen die Tätigkeit der Wimpern gewissermaßen zentralisiert ist, obgleich diese letztere Behauptung noch nicht als erwiesen angesehen werden kann. Jedenfalls haben wir in den Verbindungsfasern eine spezifische Entsprechung des Nervensystems vor uns, und ihr Verlauf auf der Oberfläche der Infusorie ist sehr kompliziert.

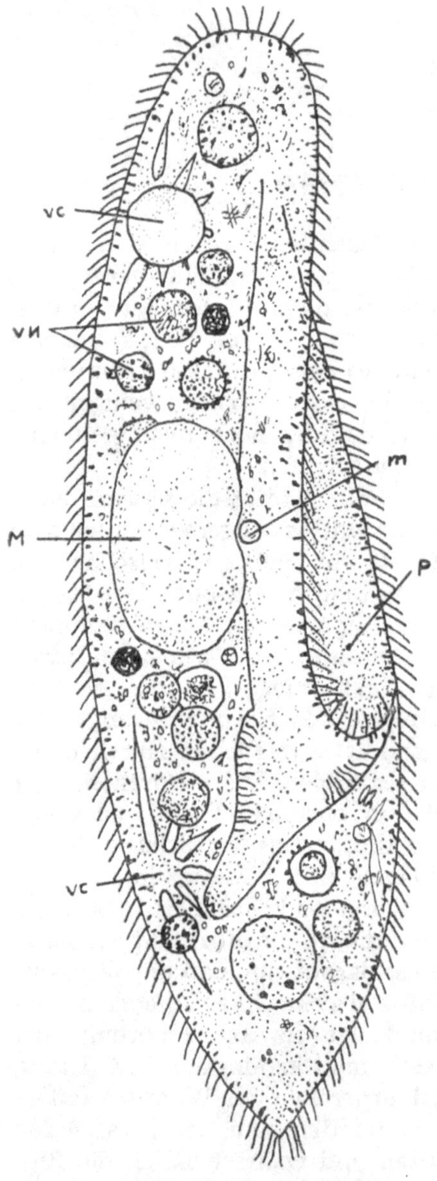

Abb. 34. Das Aufgußtierchen Paramaecium caudatum in 600facher Vergrößerung. *M* Großkern, *m* Kleinkern, *p* Peristom, *vc* kontraktile Vakuole, *vn* Nahrungsvakuole

Diese wenigen Bemerkungen über den Körperbau unseres Tieres genügen, um sein Verhalten verstehen zu können. Das Aufgußtierchen ist ein vollständiger Organismus, der ein selbständiges Leben führt und lebhaft auf äußere Einflüsse reagiert. Wir werden zunächst einige Tropismen des Tieres kennenlernen.

Zu den am längsten bekannten Tropismen des Pantoffeltierchens gehört der Thermotropismus, das heißt eine Progressivbewegung unter dem Einfluß von Wärmereizen. Diese Erscheinung hatte vor langer Zeit Mendelssohn beschrieben, und seit dieser Zeit wurde sie zum klassischen Beispiel in Nachschlagebüchern, das Hunderte von Malen zitiert wurde. Mendelssohn konstruierte ein Gerät, das aus einer länglichen Kupferwanne bestand, an deren Boden kurze Teile eines Kupferrohrs angelötet waren, die quer zur Wanne verliefen. In diese kleine Wanne wurde eine genau passende Glaswanne gesetzt, die mit Wasser, in dem sich zahlreiche Infusorien befanden, angefüllt wurde. Dank dem hohen Wärmeleitungsgrad des Kupfers übertrug sich die Wärme des durchfließenden Wassers auf das Wasser mit den Pantoffeltierchen, das einer lokalen Erwärmung unterlag. Die Temperatur der Flüssigkeit, in der sich die Infusorien befanden, wurde mit mehreren kleinen Quecksilberthermometern kontrolliert. Mendelssohn stellte fest, daß die Pantoffeltierchen verschieden auf die lokale Erwärmung des Wassers von verschiedenem Wärmegrad reagieren. Bis zu 25° C zeigen die Tiere keine Reaktion. Die Temperatur von 26—27° C ist die Vorzugstemperatur: befindet sich in der Wanne mit den Pantoffeltierchen eine Zone, die diese Temperatur aufweist, so sammelt sich die Mehrzahl der Infusorien in ihr und bildet eine gut wahrnehmbare Verdichtung. Diese Temperatur ruft somit einen positiven Tropismus hervor. Dagegen ist der Tropismus bei höheren Temperaturen negativ: die Infusorien meiden Zonen, die über 27° C erwärmt worden sind. Diese Tatsachen sind unbezweifelbar, man kann sie in jedem Moment und mit Leichtigkeit feststellen. Anders steht es jedoch um ihre Interpretation. Haben wir es tatsächlich mit einem Tropismus zu tun? Jeder Tropismus setzt die Existenz eines Kraftfeldes voraus, eines gewissen Wirkungszentrums, von dem sich die Einflüsse in alle Richtungen hin verteilen. Das Tier aber stellt sich so ein, daß seine Sinnesorgane und die mit ihnen gekoppelten Bewegungsorgane symmetrisch, an beiden Seiten des Körpers

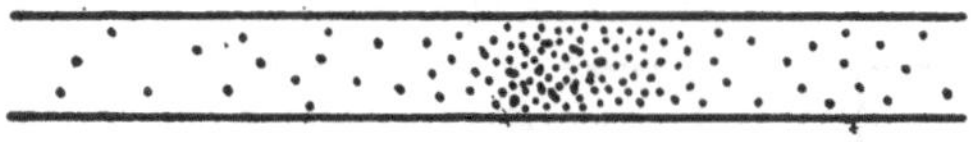

Abb. 35. Anhäufung der Infusorien in Gegenden mit einer Temperatur von 26° C

gleich stark gereizt werden. Es könnte scheinen, als hätten wir in den geschilderten Erscheinungen einen typischen Fall: wir erwärmen eine Zone der Wanne, von der aus sich die Wärme in alle Richtungen ausbreitet. In Wirklichkeit ist die Erscheinung weit komplizierter. Unter der Einwirkung der lokalen Erwärmung steigt das Wasser an der erwärmten Stelle nach oben und, an der Oberfläche angelangt, verteilt sie sich nach allen Seiten. Im Ergebnis entsteht ein verwickeltes System konvexer Strömungen, in dem von einer regelmäßigen und konstanten Verteilung der Temperatur nicht die Rede sein kann. Füllt man ein waagerecht liegendes Glasröhrchen mit Wasser an und erwärmt seine Mitte mittels einer Drahtschleife eines Widerstandes, durch den elektrischer Strom fließt, so kann man unmittelbar nachweisen, daß die erwärmte Stelle zum Mittelpunkt der Ströme wird, die allmählich das Wasser im ganzen Rohr erfassen, und der Inhalt des Röhrchens gründlich durchgemischt wird. Das schafft ein Kraftfeld, welches in jedem Augenblick veränderlich ist, denn das Wasser erwärmt sich immer mehr, und ist so kompliziert, daß es stark vom Schema, das die Theorie der Tropismen fordert, abweicht. Überdies ist es keineswegs so, daß die Infusorie Stellen von einer Temperatur von 26—27° C anstrebte. Die Infusorien schwimmen im Rohr oder in der Wanne in allen Richtungen gleichermaßen, und wenn diese chaotische Bewegung sie zufällig in eine Zone mit der Vorzugstemperatur führt, machen die Urtiere in ihr Halt.

Mit anderen Worten, diese Erscheinung ist gar kein Tropismus, sondern eine Unterschiedsempfindlichkeit, deren Mechanismus vollkommen anders ist. Wir kennen nicht den Grund für das Verhalten des Pantoffeltierchens, wir wissen lediglich, daß es sich vom Verhalten anderer Tiere in analogen Umständen unterscheidet. Wenn ein schwimmender Hund in eine Zone kalten Wassers gerät, so reagiert er darauf mit einer beschleunigten Bewegung, bis er auf eine wärmere Zone stößt, in der er sich gern aufhält. Das ist keine Anziehung durch ein thermisches Richtungsfeld, sondern einfach eine Reaktion auf angenehme oder unangenehme Reize. Ebenso stößt das Pantoffeltierchen nur zufällig auf seine Vorzugstemperatur, wenn es aber dahin geraten ist, so hält es sich in ihr vorzugsweise auf.

Ganz ähnlich verhält es sich im Falle von Chemotropismus. Befindet sich zwischen zwei Glasscheiben, die durch zwei dünne Glasfäden voneinander getrennt sind, eine dünne Wasserschicht mit zahlreichen Pan-

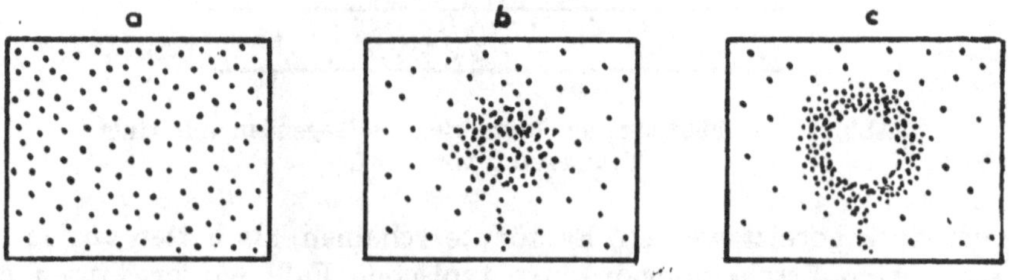

Abb. 36. Chemotropismus. *a* verstreute Infusorien, *b* Ansammlung in einem Tropfen schwacher Essigsäure, *c* Ring um einen Tropfen einer stärkeren Säure

toffeltierchen, so kann man leicht eine effektvolle Erscheinung beobachten. Läßt man zwischen die beiden Plättchen einen kleinen Tropfen Essigsäurelösung mit einer Dichte von $^1/_{50}$ % gleiten, so sammelt sich in kurzer Zeit in ihm die Mehrzahl der Infusorien und bildet eine recht deutliche Verdichtung. Ähnlich ist die Wirkung vieler anderer chemischer Substanzen. Auch in diesem Falle ist scheinbar allen Forderungen der Tropismentheorie Rechnung getragen. Ein Wirkungszentrum in Gestalt des hineingelassenen Säuretropfens ist vorhanden, diese Säure zerfließt zentrifugal, indem sie sich mit dem Wasser vermischt, es existiert somit ein chemisches Richtungsfeld, dessen Einfluß regelmäßig vom Zentrum des Tropfens zur Peripherie hin abnimmt. Auf dieses Feld nun reagiert der Organismus. Eine stärkere Säure ruft negativen Chemotropismus hervor: die Infusorien meiden sie. Gleichzeitig aber vermischt sich diese Säure ebenfalls mit Wasser an der Peripherie des Tropfens und ihre Wirkung nimmt mit der Entfernung vom Mittelpunkt ab. Rings um den Tropfen entsteht somit eine Reihe von Säureringen, in denen die Säurestärke vom Mittelpunkt zum Rande hin abnimmt. Unter ihnen muß sich eine Zone befinden, in der die Konzentration der Säure $^1/_{50}$ % beträgt. Und in der Tat bilden die Infusorien sehr bald einen beweglichen Ring in einem gewissen Abstand vom Mittelpunkt des Tropfens, wobei dieser Ring seinen Durchmesser in dem Maße, wie die Säure zerfließt und die Konzentration von $^1/_{50}$ % sich weiter zum Rande verschiebt, vergrößert. Trotz allen Anscheins hegte schon LOEB selbst Zweifel darüber, ob die Reaktionserscheinungen auf chemische Substanzen tatsächlich zur Kategorie der Tropismen gehören. Daß diese Zweifel berechtigt sind, zeigt das folgende Experiment. KAGAN brachte Infusorien zwischen zwei Glasplättchen in Wasser und legte Papier darunter, auf dem ein kleiner Kreis eingezeichnet war. Er zählte, wieviel Infusorien über die Kreisfläche innerhalb von fünf Minuten schwimmen. Jetzt kann offensichtlich von einem Tropismus nicht die Rede sein, denn die Infusorien befinden sich in reinem Wasser und es wirken keinerlei fremde Einflüsse auf sie ein. Nach Festlegung der Zahl der Überquerungen der Fläche wurde zwischen die Plättchen ein Tropfen Essigsäure mit einer Dichte von $^1/_{50}$ % und einem solchen Umfang gelassen, daß er genausoviel Platz wie der aufgezeichnete Kreis einnahm. Als man die Infusorien zählte, die sich innerhalb des Tropfens binnen fünf Minuten angesammelt hatten, zeigte es sich, daß das fast genau dieselbe Zahl wie die der zufälligen Überquerungen war. Daraus geht hervor, daß die Infusorien keineswegs zur Säure hinstreben und es ein reiner Zufall ist, wenn sie in den Säuretropfen geraten. Die Ansammlung im Tropfen bildet sich deshalb, weil die Infusorien in ihm verharren und nicht weiterschwimmen. Die Ansammlung der Urtiere in der Säure ist nicht das Resultat der Richtungsbestimmtheit ihrer Bewegungen; die Grundbedingung der Theorie der Tropismen ist nicht erfüllt. Diese Erscheinung ist kein Tropismus, sondern ein Symptom der Unterschiedsempfindlichkeit.

Viel Beachtung schenkte man in der Literatur den Erscheinungen des Geotropismus, dem richtungsmäßigen Reagieren der Infusorien auf die Schwerkraft. Es ist dies ein negativer Tropismus, der darauf beruht, daß sich die Urtiere in den oberen Teilen eines Gefäßes ansammeln. Insofern wir es mit Infusorien zu tun haben, die in einem Zuchtgefäß beobachtet werden, in dem sich reichlich Bakterien, die Hauptnahrung der Infusorien, entwickeln, so ist diese Erscheinung komplizierter. In den ersten Tagen der Zucht, wenn sich in der Flüssigkeit viele Bakterien befinden, hält sich die Mehrzahl der Infusorien tatsächlich in den oberen Schichten der Flüssigkeit auf, wobei sie sich massenweise an den Gefäßwänden festsetzen und an ihnen den charakteristischen Ring bilden. Etwas später, wenn durch Vermehrung die Zahl der Infusorien immer größer wird und immer mehr Bakterien vertilgt werden, reißen sich die Tiere von den Wänden los und die Mehrzahl von ihnen fällt auf den

Boden des Gefäßes. Noch später, wenn auch die Bakterien am Boden verbraucht worden sind, verstreuen sich die Infusorien gleichmäßig über das ganze Gefäß. Es ist klar, daß diese Bewegungen keine Reaktion auf die Schwerkraft sind, sondern auf irgendwelche anderen Einflüsse, die mit dem reichlichen Vorhandensein an Nahrung in Verbindung stehen: die Infusorien folgen den Bakterien. Die Erscheinung des Geotropismus in seiner klassischen Form tritt nur unter gewissen Bedingungen auf. Gießt man Wasser mit zahlreichen Pantoffeltierchen in ein enges Gefäß, so schwimmt die Mehrzahl nach oben und bildet an der Oberfläche der Flüssigkeit eine dichte Ansammlung. Koehler machte eine interessante Beobachtung. Er stellte ein Mikroskop auf den mittleren Teil des Gefäßes ein und zählte, wieviele Infusorien im Blickfeld nach oben und wieviele nach unten schwimmen. Es zeigte sich, daß die Zahlen gleich waren: es steigen ebensoviel Infusorien auf, wie

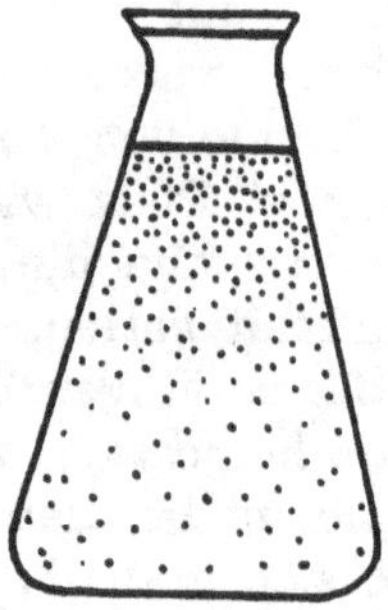

Abb. 37. Geotropismus der Infusorien

heruntergehen. Wie ist angesichts dessen die Ansammlung der Urtiere an der Oberfläche zu erklären? Es ist mir geglückt, die Erklärung durch Beobachtung der Bewegungen der einzelnen Infusorien in dünnen vertikalen Röhrchen zu finden. Unter diesen Umständen schwimmt die Infusorie ohne Unterlaß nach oben und nach unten, wobei sie die ganze Länge des Röhrchens durchmißt. Wenn sie aber an die Oberfläche der Flüssigkeit gelangt, hält sie sich ungefähr zehn Sekunden dort auf und richtet sich erst danach nach unten. Diese Tatsache gibt die Erklärung. Auf einem Bürgersteig ist die Bewegung beiderseitig; und wenn wir die Übergänge zählten, so würden wir finden, daß sie in beiden Richtungen gleich häufig sind. Nehmen wir jedoch an, daß sich jeder Passant, ganz gleich wohin er geht, zehn Sekunden lang am Schaufenster desselben Ladens aufhält. Am Schaufenster entsteht dann eine Ansammlung, deren Größe von der Stärke des Straßenverkehrs abhängig ist. Es wird eine Ansammlung mit veränderlicher Zusammensetzung sein, denn stets geht jemand weg oder kommt hinzu. Ist jedoch der Straßenverkehr gleichmäßig, so bleibt die Ansammlung als Ganzes konstant und besteht in jedem Augenblick aus der gleichen Personenzahl. Von dieser Beschaffenheit ist der Charakter der geotropischen Ansammlung. Ihre Ganzheitsansicht kann stundenlang konstant bleiben, aber ihre Zusammensetzung ändert sich mit jeder Minute, denn einige Urtiere lösen sich jeweils von der Ansammlung, um sich nach unten zu begeben, einige kommen von unten hinzu, um sich oben aufzuhalten. In den mittleren Teilen des Röhrchens wird offenbar die Zahl der Durchgänge in beiden Richtungen gleich sein. Wieder kommen wir zu der Schlußfolgerung, daß die Bewegung der Infusorien kein Tropismus ist. Obgleich ein Gravitationsfeld, das auf die Infusorien einwirkt, vorhanden ist, „streben" die Infusorien keineswegs nach oben, die Schwerkraft verleiht ihrer Bewegung keine Richtung. Es existiert einfach eine Vorzugszone, in der sich die Urtiere aufhalten. Auch in diesem Falle haben wir es mit der Unterschiedsempfindlichkeit zu tun.

Gibt es also echte Tropismen bei den Urtieren? Wie wir aus dem Kapitel über die Tropismen erfahren haben, existiert nur in zwei Fällen unbezweifelbar ein Kraftfeld mit einer Struktur, wie sie von der Theorie Loebs gefordert wird: es ist dies das Lichtfeld und das galvanische Feld. Unter gewöhnlichen Bedingungen reagiert das Pantoffeltierchen nicht auf Licht, es zeigt keinerlei Spur von Phototropismus. Wir haben jedoch Beweise, daß Licht für die Infusorie kein indifferenter Faktor ist. So teilen sich z. B. die Infusorien im Licht ganz deutlich öfter als im Dunklen. Die Zahl der Teilungen ist etwas verschieden, je nach der Farbe der Unterlage, auf die wir die Zuchtgefäße stellen (Dembowska). In jedem Falle jedoch ist diese Wirkung sehr schwach und recht langsam, sie kann keinen Tropismus hervorrufen. Wir können aber einen Phototropismus künstlich hervorrufen. Zu den besonders effektvollen Sensibilisatoren gehört der rote Farbstoff Eosin. In schwacher Eosinlösung befindlich und der Einwirkung übermäßig starken Lichts ausgesetzt (starke Bogenlampe, Sammlung von Strahlen mittels Linsen), üben die Infusorien phototropische Reaktionen aus. Über ihre Beschaffenheit kann man schwerlich etwas sagen, denn die Erscheinungen erfolgen unter sehr künstlichen Bedingungen. Sie verlangen die Anwendung von sehr starkem Licht, mit dem die Infusorie in der Natur nichts zu tun hat, und überdies ist Eosin nicht nur ein Farbstoff, sondern auch ein starkes Gift. Nur in sehr stark verdünnten Eosinlösungen können die Infusorien leben. Es ist interessant, daß die Giftwirkung dieses Farbstoffs gerade nach starker Belichtung in Erscheinung tritt (Efimow, Metzner).

Viel besser erforscht sind die Erscheinungen des Galvanotropismus. Fließt durch ein Gefäß, in dem sich Infusorien befinden, Gleichstrom, so bewegen sich die Infusorien übereinstimmend in Richtung der Kathode. Wenn sie sich dort angesammelt haben und wir die Stromrichtung umkehren, so schwimmt diese ganze zusammengedrängte Masse der

Urtiere zum gegenüberliegenden Ende des Gefäßes, zur neuen Kathode. Unter gewissen Bedingungen können wir auf diese Weise stundenlang die Infusorien hin- und hertreiben, und stets wird ihre Reaktion sofortig und untrüglich sein. Den Mechanismus dieser Erscheinung hatte JENNINGS erklärt. Er wies nach, daß im Falle, wenn wir während der Be-

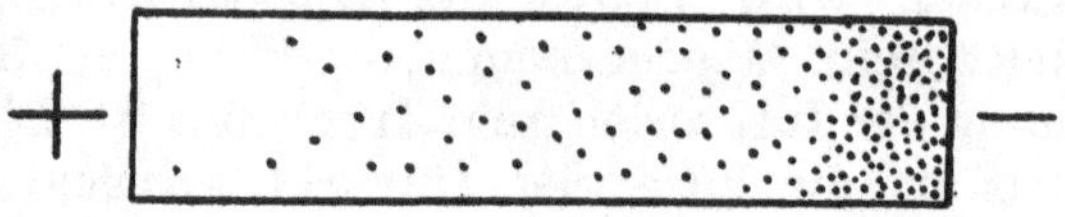

Abb. 38. Galvanotropismus. Die Infusorien sammeln sich an der Kathode

wegung der Infusorien in der Wanne die Stromstärke vergrößern, in einem bestimmten Augenblick die Bewegung verlangsamt wird, wonach die Infusorien stehenbleiben und schließlich rücklings zur Anode zurückzuweichen beginnen. Gleichzeitig erfolgt am Körperende, das der Anode zugekehrt ist, eine charakteristische Formveränderung der Infusorie, die von einer starken Reizung zeugt. Schließlich gehen die Infusorien zugrunde. Weshalb sich auf diese Weise der Charakter der Reaktion verändert hat, zeigt die Beobachtung der Wimpern. In der gewöhnlichen Progressivbewegung zu Beginn des Versuchs, als die Infusorien der Kathode zuschwammen, schlugen ihre Wimpern nach hinten und trieben so den Körper voran. Nach Vergrößerung der Stromstärke dreht ein Teil der Wimpern am Vorderteil des Körpers die Bewegungsrichtung um, indem er in der Richtung nach vorn schlägt und so den übrigen entgegenwirkt. Das ist der Grund für die Verlangsamung der Bewegung. Mit der weiteren Zunahme der Stromstärke drehen immer mehr Wimpern ihre Schlagrichtung um und in einem bestimmten Moment schlägt eine Hälfte der Wimpern nach hinten, die andere nach vorn. Ihre Kraftanstrengungen heben einander auf und die Infusorie bleibt auf der Stelle stehen. Wächst die Stromstärke noch mehr an, dann werden so viele Wimpern umgedreht, daß die Zahl derer, die nach vorn schlagen, endlich überwiegt und die Infusorie immer schneller rücklings der Anode zustrebt. Schließlich setzt der Tod ein. All das weist darauf hin, daß in der Nähe der Anode irgendwelche Faktoren wirken, die für das Pantoffeltierchen unangenehm oder schädlich sind und die das Tier meidet. Gleichzeitig herrscht jedoch ein sehr starker direkter Einfluß des Stroms auf die Bewegungsrichtung der Wimpern. Wir sehen ganz deutlich, wie die Infusorie mit diesem Einfluß kämpft, indem sie sich von der Anode zu entfernen versucht, und wie sie allmählich dem überwiegenden Einfluß des Stroms auf die Bewegungsorgane unterliegt. Die Erscheinung des Galvanotropismus ist tatsächlich ein ausgezeichnetes Beispiel für den Tropismus, alle Postulate der Theorie sind in diesem Falle erfüllt. Es herrscht ein direkter Einfluß des äußeren Faktors auf die Bewegungsorgane, die Einstellung und die Bewegungsrichtung des Tieres sind vom Übergewicht der stärker erregten Wimpern über die schwächer erregten abhängig, die Erscheinung hat zweifelsohne einen maschinellen Cha-

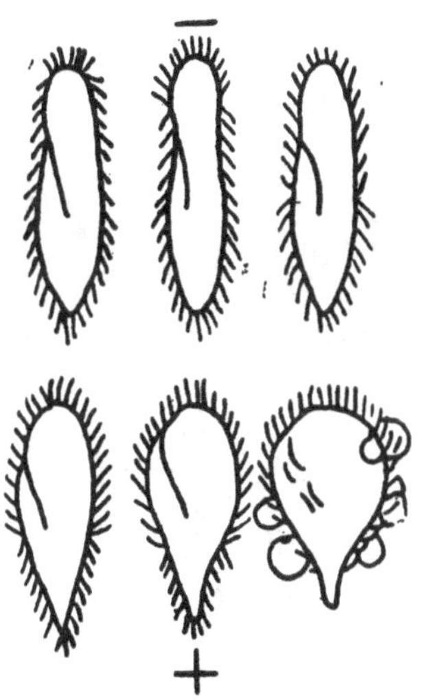

Abb. 39. Das Verhalten der Wimpern der Infusorie unter Einwirkung eines Stroms mit zunehmender Stärke. Immer mehr Wimpern werden umgedreht

rakter, der den gewöhnlichen Reaktionen des Tieres nicht eigentümlich ist. In allen seinen Reaktionen verhält sich der Organismus als ein Ganzes, die Tätigkeit seiner Organe ist genau abgestimmt und koordiniert. Hier hingegen können wir eine der Natur widersprechende Teilung des Körpers in zwei einander entgegenwirkende Teile beobachten, wobei über die Bewegungsrichtung die Resultante ihrer Kraftanstrengungen entscheidet. Überdies besteht ein Kraftfeld mit einer von der Theorie geforderten Struktur. Mit einem Wort, der Galvanotropismus ist zwar ein ausgezeichneter Tropismus, aber dafür eine künstliche, und keine biologische Erscheinung. Die Infusorie hat nie in ihrem Leben etwas mit elektrischem Strom zu tun, es ist dies für sie ein völlig fremder Einfluß, für dessen Empfang sie keine Organe besitzt.

Zusammenfassend können wir sagen, daß wir keine Beweise dafür haben, daß in den gewöhnlichen biologischen Reaktionen des Pantoffeltierchens tropische Erscheinungen obwalten. Wir müssen entschieden den Versuch einer Mechanisierung der Infusorie ablehnen. Sie ist ein lebender Organismus, dem nichts Organisches fremd ist. Sie lebt, wie jedes andere Lebewesen auch, in einem bestimmten Milieu, reagiert auf dessen Einflüsse, meidet unangenehme oder schädliche Bedingungen und wählt aktiv angenehme und nützliche Bedingungen.

Ein anderes Gebiet, das auf das Bestehen psychischer Momente beim Infusionstierchen verweist, ist die Nahrungsaufnahme. Das Pantoffeltierchen nährt sich mit Bakterien seines Milieus, die durch die Bewegung seiner Wimpern in sein Peristom getrieben werden. Die Wimpern

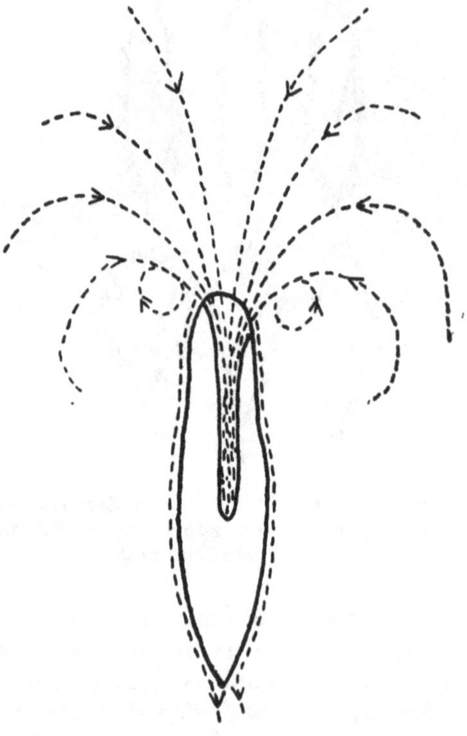

Abb. 40. Im Ergebnis der Bewegungen der Wimpern entstehen in der Umgebung der Infusorie Wirbelströme, die Nahrungsteilchen in das Peristom strudeln

erzeugen rund um das Infusionstierchen Wirbelströme, die die kleinen in Wasser schwebenden Teilchen erfassen und sie in die Peristomeinstülpung treiben. Interessant ist die Tatsache, daß Verschlingen und Ansammeln der Körnchen zwei verschiedene Tätigkeiten sind, die man experimentell trennen kann. Das gelang mir durch Füttern der Infusionstierchen mit einer künstlichen Emulsion, z. B. mit winzigen Körnchen von Karmin oder Tusche. Fügt man dem Wasser einen Tropfen gewöhnlicher Tusche zu, so füllen sich die Tierchen sehr bald mit Tusche, die sie in kleinen Portionen mit etwas Wasser schlucken. In das Protoplasma dringen mehrere kugelförmige Wassertropfen hinein, die mit

Tuschkörnchen angefüllt sind und Nahrungsbläschen heißen. Möge die Konzentration der Tusche im Wasser zu Beginn des Versuchs in irgendwelchen beliebigen Maßeinheiten 1 betragen. Durch Verdünnung dieser Konzentration mit reinem Wasser erhielt man dann eine Reihe abnehmender Konzentrationen der Tusche: 1, $^1/_2$, $^1/_4$, $^1/_8$, $^1/_{16}$, $^1/_{32}$, $^1/_{64}$, $^1/_{128}$, $^1/_{256}$ und $^1/_{512}$. In dieser letzten Konzentration war die Tuschmenge sehr gering. In jeder dieser Konzentrationen wurde die gleiche Anzahl von Infusorien gebracht und nach einer Stunde in allen die Nahrungsbläschen gezählt. Es zeigte sich, daß alle Infusionstierchen ungefähr die gleiche Anzahl Bläschen enthielten. Dagegen war das Aussehen der Bläschen völlig verschieden: in der Konzentration 1 waren die Bläschen

Abb. 41. Aussehen des Nahrungsbläschens nach einstündigem Verweilen des Infusionstierchens in Tuschemulsion von verschiedener Dichte

ganz schwarz, dicht mit Tuschkörnchen angefüllt, in der Konzentration $^1/_{512}$ enthielt das Bläschen kaum ein paar Tuschkörnchen. Wir müssen somit die automatischen Schluckakte, die unabhängig davon, ob sich in dem Mittel Nahrung befindet oder nicht, erfolgen, vom Anhäufen der Körnchen unterscheiden, das offensichtlich von ihrer Anzahl im Mittel abhängig ist. Versuche zeigen aber, daß der Prozeß des Ansammelns der Körnchen nicht nur von ihrer Anzahl, sondern auch von ihrer Beschaffenheit abhängt. Die Infusorie nimmt Tusch-, Karmin-, Indigo-, Eigelb- und pflanzliche Stärkekörnchen auf, sie nimmt aber keine Glas-, Porzellan-, Schwefel- oder Bariumsulfatkörnchen. Vermengt man Karmin mit Schwefel, so fischen die Infusorien aus diesem Gemisch Karmin heraus, berühren aber den Schwefel nicht. Man kann unmittelbar unter dem Mikroskop sehen, wie das vor sich geht. Der Boden des Peristoms wird unablässig von den Körnchen, die der Wasserstrom herbeiträgt, bombardiert, es gelangen dorthin gleichermaßen Karmin- und Schwefelkörnchen. Jedoch bleibt Karmin im Peristom liegen, während der Schwefel wieder herausfliegt. Man wies nach, daß über die Annahme oder das Zurückwerfen eines Körnchens in erster Linie seine chemischen Eigenschaften entscheiden. Man kann die Pantoffeltierchen zwingen, gewöhnlich zurückgeworfene Körnchen zu nehmen, indem man diesen „Geschmack" verleiht. Wenn wir z. B. getrennt eine Eidotteremulsion und eine Schwefelemulsion machen und beide vermischen, so wird das Tier das Eigelb nehmen, während es den Schwefel zurückwirft. Wenn wir dagegen in einem Porzellanmörser Schwefel mit Eigelb trocken zerreiben und aus diesem Gemisch eine Emulsion machen, dann nehmen die Infusorien viel Schwefel auf. Diesen Effekt erhält man sogar dann, wenn der Eigelbgehalt im Gemisch nur wenige Prozent ausmacht. Jetzt waren die Schwefelkörnchen von außen mit einer dünnen Eigelbschicht bedeckt, und das bewirkte, daß sie genommen wurden, ebenso wie eine dünne Butterschicht dem Brot Geschmack verleiht. Das Infusionstierchen verhält sich nicht passiv gegenüber den Partikeln, die sich in seinem Milieu befinden. Die Fähigkeit, seine Nahrung zu wählen, ist für das Tierchen eine Lebensnotwendigkeit. Es muß Schlamm- oder Staubteilchen, die im Wasser schweben, von Nahrungsteilchen unterscheiden können; in stark getrübtem Wasser können Pantoffeltierchen sehr gut Bakterien herauswählen und verschlingen und unbrauchbare Emulsionen nicht anrühren. Sie prüfen alle Teilchen auf dem Boden ihres Peristoms, und verschlingen je nach dem Ergebnis der Untersuchung die einen, während sie die anderen zurückschleudern. Das ist vom Verhalten eines blinden Mechanismus sehr weit entfernt.

Gehen wir etwas näher auf den Bewegungscharakter des Infusionstierchens ein. In einem Wassertropfen schwimmen die Pantoffeltierchen in allen Richtungen, ihre Bewegungen sind wechselhaft und chaotisch. Das Tierchen hält in seiner Bewegung plötzlich inne, dann bewegt es sich ohne sichtbaren Grund rückwärts, macht einen großen Bogen und schwimmt wieder ein Stück geradeaus. Was ist die Ursache dieser ständigen Richtungsänderungen? Wenn das Aufgußtierchen ein Mechanismus ist, der blind auf die Einflüsse der Außenwelt reagiert, dann muß der Grund für diese plötzlichen Wendungen und Veränderungen innerlich sein. Man versuchte, ihn in der zweifellosen Ungleichmäßigkeit der physischen und chemischen Bedingungen in den einzelnen Punkten des Tropfens zu finden. Die Verdunstung des Tropfens vollzieht sich ungleichmäßig, verschieden ist auch in seinen einzelnen Stellen die Konzentration der Salze, die Oberflächenspannung oder der osmotische Druck. Gegen alle Einflüsse dieser Art ist das Infusionstierchen sehr empfindlich. Die chaotische Bewegung der Tierchen entspricht dem Chaos der inneren Bedingungen, die im Wassertropfen herrschen. So könnte es scheinen. Daß ein solches Chaos von Bedingungen vorhanden ist, ist unbestreitbar; es steht jedoch keineswegs fest, daß gerade sie über die Bewegungsrichtung entscheiden. Das zeigt uns ein einfacher Versuch (Dembowski). Wir nehmen ein kleines kreisrundes Glasgefäß mit einem Durchmesser von 7 mm und einer Tiefe von 1 mm, füllen es mit Flüssigkeit aus dem Zuchtglas und lassen ein Pantoffeltierchen hinein. Zunächst kreist es darin, wobei es immer wieder die Richtung ändert und nur selten mit der Gefäßwand zusammenstößt. Nach 3 bis 4 Minuten aber nimmt die Bewegung einen völlig anderen Charakter

Abb. 42. Der zurückgelegte Weg einer Infusorie im kreisrunden Gefäß innerhalb dreier aufeinanderfolgender 2 Minuten langer Perioden

Abb. 43. Der Weg der Infusorie in einem quadratischen Gefäß

an. Der Weg der Infusorie ist jetzt stets geradlinig, sie ändert die Bewegungsrichtung nur dann, wenn sie mit der Wand zusammenstößt. Überdies beschreibt sie im Gefäß ein fast regelmäßiges eingeschriebenes Achteck. Das Chaos der Bedingungen im Wassertropfen blieb weiterhin ein Chaos, der Weg jedoch wurde regelmäßig. Es müssen also irgendwelche anderen Faktoren seine Richtung bestimmen. Wenn unser Gefäß einen quadratischen Querschnitt hat, so wird die Infusorie, nachdem sie eine Zeitlang Kreisbewegungen vollführt hat, darin ein fast regelmäßiges Quadrat beschreiben, welches schräg in das Gefäß eingeschrieben ist. Ebenso wird in ein Fünfeck ein Fünfeck, in ein Sechseck ein Sechseck und in ein Trapez ein Trapez eingeschrieben. Genaue Messungen des Winkels, in dem das Pantoffeltierchen von der Gefäßwand abprallt, er-

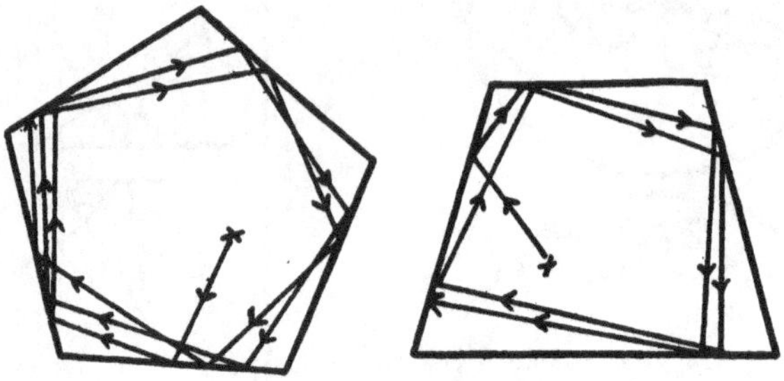

Abb. 44. Weg einer Infusorie nach 6 Minuten

wiesen, daß dieser Winkel eine konstante Größe ist, ungefähr 70° beträgt und von der Form des Gefäßes unabhängig ist.

Wenn die Bewegungsrichtung nicht unmittelbar von äußeren Faktoren abhängig ist, so hängt jedoch der allgemeine Bewegungscharakter von ihnen ab. Enthält das Mittel viel Sauerstoff und wenig Kohlendioxyd, so erfolgt eine regelmäßige Bewegung der Infusorie, wobei der konstante Reflexionswinkel erhalten bleibt. Eben deshalb tritt diese Bewegung nicht sofort in Erscheinung. Die Zuchtflüssigkeit ist sauerstoffarm und enthält viel Kohlendioxyd, unter diesen Umständen aber ist die Bewegung chaotisch. Füllen wir mit dieser Flüssigkeit das seichte Gefäß an, so kommt sie auf einer verhältnismäßig großen Oberfläche mit der Luft in Berührung, wird nach wenigen Minuten mit Sauerstoff durchsetzt und entledigt sich des überschüssigen Kohlendioxyds. Dann aber ändert sich auch der Charakter der Bewegungen. Und in der Tat, läßt man in das Gefäß, in dem die Infusorie mit regelmäßiger Bewegung schwimmt, einen Tropfen Wasser, der mit Kohlendioxyd gesättigt ist, so wird die Bewegung sofort unregelmäßig: die Infusorie kreist und vermeidet Zusammenstöße mit der Gefäßwand. Diese Erscheinung erlaubt uns, das Handeln einer Infusorie unter experimentellen Bedingungen mit ihrem Verhalten unter natürlichen Bedingungen zu verknüpfen. In der Natur lebt das Pantoffeltierchen in Wasserbehältern, die im Verhältnis zu ihm riesig sind und viel Sauerstoff enthalten. Die Bewegung der Infusorie ist somit regelmäßig, gekennzeichnet durch einen konstanten Winkel der Reflexion von unter Wasser befindlichen Gegenständen und eine geradlinige Bewegungsrichtung zwischen zwei Zusammenstößen. Wenn aber an irgendeiner Stelle organische Körper faulen und sich im Zusammenhang damit reichlich Bakterien entwickeln, so verbrauchen die Bakterien in dieser Zone viel Sauerstoff und scheiden viel Kohlendioxyd aus. Sobald das Pantoffeltierchen auf seinen Wanderungen an einen solchen Ort gerät, findet es Bedingungen vor, unter denen seine Bewegung langsam und ungleichmäßig werden muß. Von seinem Gesichtspunkt aus ist das zweckmäßig, denn würde es weiterhin die schnelle, regelmäßige Bewegung beibehalten, so müßte es nach mehreren Reflexionen aus der Zone der Bakterien herausschwimmen und geradeaus weitersegeln. Dadurch aber würde es sich von den Bakterien entfernt haben, die doch seine einzige Nahrung darstellen. Die verlangsamte Bewegung und das Kreisen auf der Stelle erleichtert dem Tier die Nahrungsaufnahme; sind viele Bakterien vorhanden, so verfährt die Infusorie noch radikaler: sie setzt sich auf einem Gegenstand unbeweglich fest und benutzt die gesamte Wimpernkraft zur Erzeugung von Wirbelströmen, die ihr die Nahrung herbeistrudeln. Die Änderung des Bedingungscharakters hat ihre ganz bestimmte biologische Bedeutung. Eine geradlinige und schnelle Bewegung, in der die Konstanz der Reflexionswinkel erhalten bleibt, ist eine Bewegung des Nahrungssuchens, eine freie und unregelmäßige Bewegung hingegen, die bewirkt, daß sich das Tier vom Futterplatz nicht entfernt, erleichtert die Nahrungsaufnahme. Eine Änderung des Bewegungscharakters hängt von einer Änderung der chemischen Beschaffenheit der Umgebung ab, es ist dies jedoch keineswegs eine unmittelbare Einwirkung des Sauerstoffs oder des Kohlendioxyds auf die Bewegungsorgane. Die äußeren Bedingungen wirken vielmehr als Reiz, der eine Änderung der Reaktionsweise auslöst. Wir können dies mit den bedingten Reflexen vergleichen. Nahrung in Gestalt der Bakterien ist der unbedingte Reiz; denn stets, unter allen Umständen ruft ihr Vorhandensein Schlingbewegungen hervor. Das in der Nähe der Nahrung befindliche Kohlendioxyd und das Fehlen von Sauerstoff sind der bedingte Reiz. In der Natur treten beide Reize stets zusammen auf, und auch die Reaktionen darauf sind gemeinsam. Im Experiment aber können wir sie trennen, denn wir können auf die Infusorie mit Kohlendioxyd in Abwesenheit der Bakterien einwirken. Dennoch erhalten wir eine typische Nahrungsreaktion, was darauf hinweist, daß die Wirkung beider Reize gekoppelt ist, genauso, wie das im Falle der bedingten Reflexe geschieht. Diese Schlußfolgerung mag uns gewagt erscheinen. Haben wir denn die Berechtigung, bei Urtieren das Vorhandensein bedingter Reflexe vorauszusetzen? Vergessen wir nicht, daß die Methode der bedingten Reflexe von Pawlow geschaffen wurde, um die Tätigkeit der höheren Nervenzentren zu erforschen. Hier aber haben wir eine einzelne Zelle vor uns, die keine solche Zentren besitzt. Ist es denn wahrscheinlich, daß die Reaktion der Infusorien auf bedingte Reflexe nicht angeboren, sondern das Resultat der individuellen Erfahrung des Tieres sind? Man müßte vorher nachweisen, daß das Urtier überhaupt imstande ist zu lernen.

Die Frage der bedingten Reflexe bei den Infusorien war Gegenstand mehrerer, zum Teil in jüngster Zeit erschienener Arbeiten. SMITH setzte ein einzelnes Pantoffeltierchen in ein Kapillarröhrchen, das so eng war, daß das Pantoffeltierchen sich darin nur mit Mühe umwenden konnte. Das Röhrchen entlang schwimmend stieß das Infusionstierchen auf das Ende der Flüssigkeitssäule und versuchte darin umzuwenden, was erst nach langen Bemühungen und unter starkem Zusammendrücken des

Abb. 45. Umdrehen der Infusorie in einer Kapillarröhre

Körpers möglich war. Anfangs dauerte dieser Prozeß ungefähr 4—5 Minuten; es war deutlich sichtbar, wie schwer diese Prozedur dem Tier fiel. Mit der Zeit aber gelang es ihm immer besser. In einigen Fällen vermag das Tier nach zwölfstündigem Aufenthalt in dem Gefäß sich bereits innerhalb 1—2 Sekunden umzudrehen. Mit der anfänglichen Reaktion verglichen, nahm der Umdrehungsvorgang jetzt eine rund 180 mal kürzere Zeit in Anspruch. In weiteren Experimenten baute SMITH ein Gerät, in dem man beliebig das eine oder das andere Ende des Röhr-

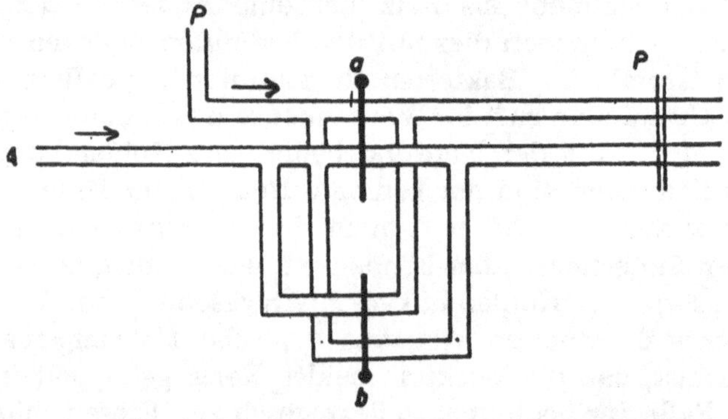

Abb. 46. Der SMITHsche Apparat für die Dressur des Pantoffeltierchens

chens mit der Infusorie erwärmen konnte. Die Vorrichtung bestand aus mehreren Röhrchen, in denen durch das Röhrchen A warmes, durch B kaltes Wasser floß. Über beide Röhrchen wurde das Kapillargefäß mit dem Urtier p quergelegt. Die Buchstaben a und b bezeichnen auf der Abbildung zwei Hähne, die beide Röhrchen verschließen. Ist Hahn a geöffnet und b geschlossen, so wird das obere Ende des Kapillargefäßes gekühlt, das untere erwärmt. Ist Hahn b geöffnet und Hahn a zu, so wird das obere Ende des Kapillargefäßes erwärmt und das untere gekühlt. Durch Handhabung beider Hähne kann die Lage der Wärmepole des Gläschens mit dem Pantoffeltierchen beliebig verändert werden. Die Pantoffeltierchen meiden eine übermäßige hohe Temperatur. Sie tun das zunächst recht ungestüm und unkoordiniert, aber mit der Zeit, wenn die Lage der beiden Wärmepole oft gewechselt wird, werden ihre Bewegungen ruhiger und geordneter: eine Infusorie, die sich einer allzu warmen Zone nähert, reagiert nicht mehr chaotisch, sondern wendet sofort und schwimmt zum kalten Pol. Auch in diesem Falle also unterliegt das Verhalten gegenüber einem Reiz einem Wandel. Smith schließt daraus über die Lernfähigkeit des Pantoffeltierchens, dessen Verhalten sich mit zunehmender Fertigkeit („practice") ändert. Das kommt in der Verkürzung der Reaktionszeit und ihrer regelmäßigeren Ausübung zum Ausdruck. Es gelang jedoch dem genannten Forscher nicht, bedingte Reflexe herauszubilden. Er versuchte, übermäßige Wärme, als unbedingten Reiz, mit Dunkel als bedingtem Reiz, oder auch Wärme mit der Wirkungsrichtung der Schwerkraft zu verbinden. In beiden Fällen war das Resultat negativ: der bedingte Reflex auf die Dunkelheit oder die Schwerkraft ließ sich nicht herausbilden.

Dieses Ergebnis wurde von Day und von Bentley bestätigt, die ebenfalls die Lernfähigkeit des Pantoffeltierchens festgestellt haben. Diese Auffassung bestreitet jedoch Buytendijk. Ihm zufolge ist die verkürzte Umdrehungszeit im Kapillargefäß auf die Ansammlung von Säuresubstanzen im Protoplasma während des Aufenthalts des Tieres in sehr geringen Flüssigkeitsmengen, was eine gewisse Verflüssigung des Protoplasmas nach sich zieht und somit mechanisch die Umdrehung erleichtert, zurückzuführen. Er tauchte Pantoffeltierchen für kurze Zeit in Chloroform, welches die Fähigkeit besitzt, Protoplasma flüssig zu machen, und stellte fest, daß nach diesem Eingriff das Umdrehen der Infusorie leichter vonstatten ging. Die Einwände Buytendijks scheinen nicht berechtigt zu sein. Wenn Chloroform das Umdrehen erleichtert, so ist das kein Beweis dafür, daß die Verkürzung der Umdrehungszeit in den Versuchen Smiths nur eine Frage der Flüssigmachung des Protoplasmas war. Es konnten dies zwei gleichwertige, aber nicht unbedingt identische Erscheinungen sein. Wenn überdies ein erleichtertes Umdrehen im Kapillargefäß von der Säurehaltigkeit des Protoplasmas abhängt, was erst zu beweisen ist, so ist das noch kein Einwand gegen das Lernen als solches. Es wird niemand bezweifeln, daß, wenn infolge des Lernens irgendeines Tieres dieselbe Reaktion leichter und schneller ausgeführt wird, das seine Ursache in bestimmten materiellen Veränderungen des Nerven- und Muskelsystems haben muß. Jede Erinnerung muß notwendig auf materiellen Veränderungen beruhen, aber nicht jede materielle Veränderung bedeutet eine Erinnerung. Die Verflüssigung des Protoplasmas unter der Einwirkung von Chloroform hat offenbar nichts mit dem Gedächtnis gemein. Aber seine Verflüssigung als Folge der Übung, der Wiederholung einer bestimmten Reaktion widerspricht keineswegs dem Vorhandensein eines Gedächtnisses. Wenn sich in der Hirnrinde eines Hundes ein Nervenimpuls einen neuen Weg bahnt, was die Grundlage für die Bildung einer neuen Assoziation ist, so muß diese Erscheinung mit solchen materiellen Veränderungen der Leitbahnen verbunden sein, die dem Impuls den neuen Weg erleichtern. Es wäre tatsächlich ein außergewöhnliches Zusammentreffen von Umständen, wenn infolge des Verweilens der Infusorie in einer geringen Flüssigkeitsmenge saure Reaktion und Verflüssigung ihres Protoplasmas einträte, welche dem Tier das Wenden erleichtert. Ebensogut könnten Veränderungen erfolgen, die diese Reaktion erschweren.

Das sind sehr schwierige Fragen, die eine äußerst kritische Haltung und vor allem große experimentelle Erfindungsgabe erfordern. In der neuesten Literatur können wir lehrreiche Beispiele darüber finden, wie Fehler begangen und berichtigt wurden, was alles letzten Endes zu einer gewissen Klärung eines Problems führt. An erster Stelle sind hier die Versuche Bramstedts zu nennen, der neue sensationelle Resultate erzielte. Er führte eine vollständige Dressur des *Paramaecium* durch, wobei er bei der Infusorie bedingte Reflexe herausbildete. Unter gewöhnlichen Beobachtungsbedingungen reagiert unsere Infusorie, wie wir bereits wissen, nicht auf Licht, auch wenn es stark ist; es ist für sie ein indifferenter Faktor. Ähnlich wie bei anderen Tieren beweist das keineswegs, daß die Infusorie das Licht nicht wahrnimmt. Es kann ganz einfach für sie von keiner Bedeutung sein. Bramstedt versuchte, dem Licht künstlich eine gewisse Bedeutung zu geben, indem er es mit Wärme verknüpfte, auf das die Infusorie als einen unbedingten Reiz untrüglich reagiert. Der Forscher benutzte ein flaches Glasgefäß, das durch eine Wand in zwei Hälften geteilt war. In dem einen Teil befand sich Wasser mit einer konstanten Temperatur von 42° C, im zweiten mit einer Temperatur von 15° C. Er fügte auf ein dünnes Glasplättchen einen kleinen Tropfen Wasser mit einem einzelnen Pantoffeltierchen und setzte das Gläschen auf das Gefäß, so daß sich die eine Hälfte des Tropfens mit dem Urtier über der kalten Hälfte des Gefäßes, die andere über der warmen befand. Als nächstes wurde mittels einer starken Lampe, Schirme und Linsen ein Lichtbündel auf die warme Hälfte des Tropfens mit dem Pantoffeltierchen geworfen, während die kalte Hälfte im Dunklen blieb. Anfangs zeigte die Infusorie eine völlige Desorientiertheit in einem solchen Tropfen: wenn sie die Grenze von Licht und Dunkel in Richtung der belichteten Hälfte schwimmend überquerte, wich sie plötzlich zurück, führte eine Reihe unregelmäßiger Wendungen durch und machte schließlich in Richtung der dunklen Hälfte kehrt. Allmählich wurden die Reaktionen ruhiger, und während der ganzen Dauer der Dressur befand sich das Tier am häufigsten innerhalb der dunklen und kalten Hälfte. Nach ungefähr anderthalb Stunden war die Dressur beendet. Der Autor führte nun eine Verifikationsprobe durch. Er füllte beide Hälften des unteren Gefäßes mit Wasser von einer Temperatur von 15° C, es wirkte also in dem ganzen Tropfen mit der Infusorie der gleiche Wärmereiz. Es blieb hingegen der vorherige Unterschied in der Belichtung der beiden Hälften. Es zeigte sich, daß die Infusorie sich weiterhin vorzugsweise in der dunklen Hälfte aufhielt, indem sie entweder gleich an der Lichtgrenze zurückwich, oder für kurze Zeit in die helle Hälfte schwamm, um sogleich wieder in die dunkle zurückzukehren. Von 11 auf diese Weise untersuchten Exemplaren hielten sich die Infusorien in der Verifikationsprobe insgesamt 33 mal so lange in der dunklen Hälfte auf wie in der belichteten. Kontrolltiere, d. h. solche, die nicht dressiert waren, hielten sich unter den gleichen Bedingungen in der belichteten wie in der unbelichteten Hälfte gleich lange auf. Nach Ansicht Bramstedts wies das Experiment die Bildung eines bedingten Reflexes auf Dunkelheit nach. Dieser Reflex hielt ungefähr 15 Minuten nach Beendigung der Dressur an, danach schwand er allmählich, was beweist, daß die Erinnerung an den erworbenen bedingten Reflex sehr kurzlebig ist. Es mißlang hingegen die Dressur in entgegengesetzter Richtung, wenn die belichtete Hälfte kalt, die dunkle erwärmt war. Der Autor erklärt dies durch den „unbiologischen Charakter“ einer solchen Reizkombination. In der Natur komme es nie vor, daß im Dunkel die Temperatur höher wäre, Licht ist nämlich stets mit Wärmestrahlung verbunden.

In einer anderen Experimentreihe versuchte Bramstedt, Licht mit mechanischen Erschütterungen zu verbinden. Es befanden sich zahlreiche Infusorien im flachen Gefäß, die Schicht der Flüssigkeit mit den Infusorien war 1 cm hoch. In das Wasser wurde das Ende eines Reagenzglases, durch das ein Wasserstrom mit einer konstanten Temperatur von 31° C floß, gesetzt. Die Temperatur des Wassers, in dem sich die Infusorien befanden, betrug stets 18° C. Undressierte Pantoffeltierchen reagieren nicht auf Hineinsetzen des Reagenzglases allein, das eine Erschütterung des Wassers hervorruft, wenn das Reagenzglas nicht erwärmt ist. Während der Dressur setzte man für 30 Sekunden das erwärmte Reagenzgläschen in das Wasser mit den Infusorien, nahm es für 60 Sekunden wieder heraus, stellte es wieder für 30 Sekunden hinein usw. Nach jedem Hineinsetzen flohen die Infusorien vor dem Reagenzglas, sie zeigten negativen Thermotropismus. Als nach zweistündiger Dressur ein nicht erwärmtes Reagenzglas hineingesetzt wurde, somit nur der bedingte Reiz angewandt wurde, flohen die Infusorien davor. Sie lernten somit, auf eine Erschütterung des Wassers zu reagieren, was sie vordem nicht taten.

BRAMSTEDT machte schließlich Versuche, die zeigen sollten, daß die Infusorien die Fähigkeit besitzen, die Form des Gefäßes, in dem sie sich befinden, zu unterscheiden. Wie wir wissen, beschreibt das Pantoffeltierchen in verschieden geformten Gefäßen nach einigen Minuten eine Figur, die dem Gefäßumfang geometrisch ähnlich ist. Das ist keine Anpassung an die Form des Gefäßes, sondern nur an die Konstanz des Abprallwinkels von den Wänden, die geometrische Ähnlichkeit aber ist nur eine Konsequenz davon. Nach BRAMSTEDT erzielt man ein solches Ergebnis nur dann, wenn die Infusorie sich kaum einige Minuten im „Dressurgefäß" aufgehalten hat. Diese Zeit ist zu kurz, damit sie sich mit der Form des Gefäßes bekannt machen kann. Bleibt die Infusorie z. B. länger in einem kreisrunden Gefäß, so gleitet sie nach einer anfänglichen Phase inkoordinierter Bewegung an der Gefäßwand entlang, indem sie diese gleichsam abtastet. Bringt man eine Infusorie, nachdem sie sich zwei Stunden im Kreise aufgehalten hat, in ein dreieckiges Gefäß, wobei die Ausmaße des Gefäßes einem dem Kreise eingeschriebenen Dreieck entsprechen, so tritt eine charakteristische Erscheinung auf. Vor der Dressur prallt eine Infusorie im dreieckigen Gefäß öfter mit der Wand in den Winkel des Dreiecks als in den mittleren Teilen der Seiten zusammen. Das Verhältnis beider Arten von Zusammenstößen beträgt ungefähr 1,7 : 1. Nach einem zweistündigen Aufenthalt im Kreise aber wird das Verhalten der Infusorie im Dreieck gewissermaßen umgedreht: jetzt prallt sie öfter mit den mittleren Seitenteilen zusammen und das vorherige Verhältnis ändert sich in 1 : 1,7. Nach Auffassung des Autors hat sich das Pantoffeltierchen dem Kreise angepaßt und behält nach Übertragung in ein Dreieck den erworbenen Bewegungscharakter bei. Da es sich um ein eingeschriebenes Dreieck handelt, muß das Tier, wenn es einen Kreis zu beschreiben versucht, notgedrungen öfter mit den Wänden, die jetzt das größte Hindernis für die Bewegung darstellen, zusammenstoßen als mit den Ecken. Wird eine Infusorie, die sich einem Dreieck angepaßt hat, in ein größeres Quadrat übertragen, so bleibt sie innerhalb einer Zone, deren äußere Umrisse ungefähr dem Dreieck entsprechen, sie behält also nicht nur die Form des Gefäßes, sondern auch seine Ausmaße in Erinnerung. Es wurden viele solche Versuche durchgeführt, und sie sprachen im allgemeinen, wenn auch nicht immer, zugunsten eines Formengedächtnisses.

Diese Tatsachen wären aufsehenerregend, wenn sie tatsächlichen Verhältnissen entsprächen. Leider hält die Arbeit BRAMSTEDTS einer exakten methodischen Kritik nicht stand. In den Versuchen mit der Dressur auf Licht vermittels der Wärme als unbedingten Reiz konnte die Grenze zwischen der belichteten und der dunklen Hälfte des Tropfens mit dem Pantoffeltierchen scharf sein, die Wärmegrenze aber mußte verwischt sein. In einem Tropfen Flüssigkeit kann man nicht konstante Temperaturunterschiede in benachbarten Punkten erhalten, denn sofort setzen konvexe Ströme ein, die ein Feld von äußerst komplizierter Struktur erzeugen. Das ist ein ernster Einwand, denn der unbedingte Reiz (Wärme) konnte den bedingten (Licht) nicht genau begleiten. Setzt man ferner eine Infusorie, die sich einem Dreieck angepaßt hat, z. B. in ein größeres Quadrat, so tut man das stets zusammen mit einer gewissen Menge Wasser, in der sie sich aufgehalten hat. Dauerte die Dressur z. B. einige Stunden, so mußten sich die chemischen Eigenschaften des Wassers, in welchem sich das Pantoffeltierchen befand, verändert haben. Es ist nicht verwunderlich, daß die Infusorie, die zusammen mit ihrem Milieu in eine neue Umgebung gelangte, an der Grenze zwischen dem alten und dem neuen Milieu durch Zurückweichen reagiert. Aber auch abgesehen davon ist die von GRABOWSKI durchgeführte experimentelle Kritik lehrreich. Er setzte eine einzelne Infusorie in einen Tropfen, dessen eine Hälfte hell-warm, die andere dunkel-kalt war. Nach einer gewissen Zeit begannen, ebenso wie bei BRAMSTEDT, die Infusorien die helle Hälfte zu meiden und sich vorwiegend in der dunklen aufzuhalten. Jetzt wurde die Temperatur beider Hälften ausgeglichen, der Belichtungsunterschied jedoch unverändert gelassen. Die Pantoffeltierchen hielten sich eine gewisse Zeit hindurch genau an die dunkle Hälfte, ohne die Lichtgrenze zu überschreiten. Aber allmählich begannen sie immer weitere Ausflüge auf die belichtete Seite zu machen, wie es aus der Abbildung zu ersehen ist, bis sie

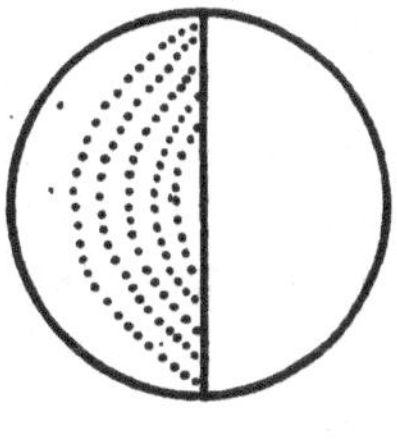

Abb. 47. Der Versuch GRABOWSKIS. Die rechte Hälfte des Tropfens ist dunkel und kalt, die linke hell und warm. Nach Ausgleich der Temperaturen macht die Infusorie immer weitere Ausflüge in die linke Hälfte

schließlich in beiden Hälften gleich schwammen. Es ist klar, daß die Urtiere nicht auf der Licht-Dunkel-Grenze, sondern einer anderen Grenze kehrtmachen, die nur anfangs mit der Belichtungsgrenze übereinstimmt, nach einigen Minuten aber auf die belichtete Seite überzugreifen beginnt. Es war nicht schwer, das Wesen dieser Grenze aufzudecken. In der erwärmten Hälfte werden unabhängig von der Belichtung Gasbläschen ausgeschieden, deren Lösbarkeit im Wasser mit dem Anstieg seiner Temperatur abnimmt. Die erwärmte Hälfte unterschied sich von der kalten durch geringeren Gasgehalt, und dieser Unterschied des Milieus war für die Reaktion bestimmend. GRABOWSKI brachte auf einem Glasplättchen einen Tropfen reinen Wassers, ohne Infusorie, an und setzte ihn zur Hälfte der Belichtung und Erwärmung aus, während die zweite Hälfte dunkel und kalt blieb. Nach gewisser Zeit wurde die Temperatur beider Hälften ausgeglichen und eine Infusorie hineingesetzt. Das Urtier konnte nichts gelernt haben, denn es war gar nicht dressiert. Dennoch verhielt es sich genauso wie die Urtiere in den Versuchen BRAMSTEDTS: es mied die belichtete Hälfte und begann nur allmählich die Lichtgrenze zu überschreiten. Ebenso weist GRABOWSKI im Falle des angeblichen Merkens und Nachahmens der Gefäßform nach, daß die Daten BRAMSTEDTS zu ungenau sind, als daß man etwas Positives daraus folgern könnte. In eigenen sorgfältig ausgeführten Versuchen konnte GRABOWSKI keine Formunterscheidung feststellen.

Das obige Beispiel zeigt, wie leicht es im Falle der Infusorie zu einer irrigen Auslegung der Tatsachen kommt. Wir müssen stets dessen eingedenk sein, daß sich das Tier in jedem Augenblick seiner Existenz im Feld verschiedenartiger Kräfte befindet, deren Wirken wir nicht übergehen dürfen. Die negative Wertung der Arbeit BRAMSTEDTS tut offensichtlich der Lernfähigkeit des Aufgußtierchens keinen Abbruch. Wir besitzen auf diesem Gebiet andere Versuche, die mit einer sorgfältigeren Methode durchgeführt wurden und überzeugender sind. SOEST benutzte als unbedingten Reiz Gleichstrom mit einer Spannung von 220 V (nicht polarisierende Elektroden). Die Infusorien befanden sich in einer kleinen flachen Wanne mit einem Durchmesser von 12 mm, an zwei gegenüberliegenden Punkten des Wannenumfangs waren die Elektrodenenden in Wasser eingetaucht. Eine Hälfte der Wanne war stark belichtet, die andere dunkel. Zu Beginn des Experiments beobachtete man das Verhalten der Infusorien im Tropfen, ohne den Strom zu benutzen. Wie zu erwarten war, hielten sich die Pantoffeltierchen in beiden Hälften gleich häufig auf, unabhängig vom Lichtunterschied. Die eigentliche Dressur bestand darin, daß mit dem Augenblick, in dem sich das Pantoffeltierchen, das sich in der dunklen Hälfte befand, die Lichtgrenze überschritt, es einen kurzen elektrischen Schock erhielt. Darauf reagiert das Tier durch momentanes Anhalten der Progressivbewegung und Umdrehen. Machte die Infusorie in Richtung der dunklen Hälfte kehrt, so ließ man sie in Ruhe. Wenn sie sich jedoch weiter in Richtung auf das Licht bewegte, wurde sie so oft mit Strom gereizt, bis sie sich in der dunklen Hälfte befand. Bereits nach 45 Minuten Dressur machten die Infusorien auf der Grenze von Licht und Dunkel plötzlich kehrt, bevor der Strom eingeschaltet werden konnte. Während der weiteren Dressur wuchs die Zahl solcher Reaktionen immer mehr an, bis die Überschrei-

Dauer der Dressur in Minuten	Zahl der Überschreitungen der Grenze ohne Reaktion des Zurückweichens	Anzahl der Reaktionen des Zurückweichens an der Grenze
6	10	0
14	10	0
20	10	0
25	10	0
32	10	0
38	10	0
43	10	0
48	9	1
54	9	1
62	10	0
71	7	3
76	4	6
85	1	9
93	3	7
99	8	2
108	10	0

tung der verbotenen Grenze ganz selten wurde. Daraufhin wurde das Reizen mit dem Strom eingestellt und den Infusorien völlige Bewegungsfreiheit gelassen. Dennoch mieden die Pantoffeltierchen weiterhin eine gewisse Zeit hindurch die belichtete Hälfte und kehrten nur allmählich zur alten Bewegung zurück, die das Lichtverhältnis nicht berücksichtigte. Das zahlenmäßige Ergebnis gebe ich in einer (gekürzten) Tabelle an:

Wir sehen aus der Tabelle, daß zwischen der 43. und 48. Dressurminute die Zahl der Überschreitungen der Grenze ohne Zurückweichen zuerst abnimmt und von hier an diese Zahl bis zum Ende der Dressur in der 76. Minute immer kleiner wird. Die Zahlen unter der waagerechten Linie entsprechen Beobachtungen, in denen die Reizung mit dem Strom eingestellt wurde. Innerhalb von 23 Minuten ohne Reizung verlieren die Infusorien allmählich die erworbene Fähigkeit, auf Grenzen zu reagieren, und schwimmen im ganzen Tropfen. Die Infusorien lernten, Licht zu meiden, und der erworbene bedingte Reflex erlosch nach ungefähr 20 Minuten, wenn die Betätigung des unbedingten Reizes unterlassen wurde. Ebenso wie seinem Vorgänger gelang es Soest nicht, die umgekehrte Dressur auszuführen: die Infusorien zu lehren, das Dunkle zu meiden und zum Licht zu schwimmen.

Was die Experimente mit elektrischem Strom anbelangt, so ist die Arbeit Soests frei von den Mängeln, die man der Arbeit Bramstedts zum Vorwurf machen kann. Der Strom floß stets durch die gesamte Flüssigkeit in der Wanne, und wir haben keinen Grund, anzunehmen, daß in einer Hälfte irgendwelche anderen chemischen Veränderungen vorgingen als in der anderen. Dennoch wurden auch hier Ungenauigkeiten begangen. Es ist vollkommen unverständlich, weshalb die Dressur auf Meiden der Dunkelheit negative Resultate zeitigt. Das Verweisen auf eine „unbiologische Kombination“ der Reize klingt keineswegs überzeugend und ist ein ziemlich erkünsteltes Argument. Das negative Ergebnis der Dressur scheint auf einem Fehler im Experiment zu beruhen. Der Autor benutzte einen Gleichstrom von 220 V Spannung. Gleichstrom, zumal so stark, wirkt sich schädlich auf Organismen aus, er löst im Körper der Aufgußtierchen und in ihrer äußeren Umgebung chemische Veränderungen aus, die von der Elektrolyse abhängig sind. Und was das wichtigste ist: die Kathode des reizenden Stromkreises befand sich in allen Versuchen auf der dunklen Seite der Wanne. Wir wissen, daß im Gleichstromfeld die Infusorien Galvanotropismus aufweisen, indem sie sich in Richtung der Kathode, d. h. im gegebenen Falle zum Dunkel hin bewegen. Es ist nicht verwunderlich, daß es unter diesen Umständen nicht gelungen ist, die Infusorien das Meiden der Dunkelheit zu lehren, wenn stets ein Faktor vorhanden war, der sie zum Dunkel hin drängte. Nicht sehr überzeugend sind auch die Daten über das Vergessen der erworbenen Gewohnheit. Wenn wir es mit einem bedingten Reflex auf Licht zu tun haben, so wirkt in dem Augenblick, in dem die Reizung mit dem Strom aussetzt (unbedingter Reflex), nur der bedingte Reiz unverstärkt. Unter diesen Umständen müßte Erlöschen des Reflexes eintreten. Aber das Erlöschen ist kein Schwinden, in den Versuchen Pawlows nämlich ließ sich ein erloschener Reflex sofort nach einmaliger Betätigung des unbedingten Reizes wiederherstellen. Soest führte diesen Versuch nicht durch, er führte eine erneute Dressur nach Verschwinden des erworbenen Reflexes nicht aus und konnte deshalb nicht beweisen, daß er es tatsächlich mit einem bedingten Reflex zu tun hatte.

Die Lücken in den Soestschen Experimenten ergänzte Wawrzyńczyk. Er bediente sich einer weit exakteren Methode. Er brachte einzelne Infusorien in ein waagerecht liegendes Glasrohr von 6 cm Länge und rund 4 mm Innendurchmesser. An beiden Enden des Rohres waren Platinelektroden in das Glas eingeschmolzen, die vor Gebrauch mit einer Schicht Platinschwärze bedeckt wurden. Zur Reizung der Infusorie diente ein Induktionsstrom, der ein untrüglicher Reiz ist und keine elektrolytischen Erscheinungen hervorruft. Die Lage der Kathode wurde im Laufe des Experiments mehrfach gewechselt. In der Dressur der Infusorie auf weißes Licht wurde nur der Mittelabschnitt des Rohres belichtet, die Enden befanden sich im Dunkel. Dieser Umstand sollte das unmittelbare Zusammenstoßen der Infusorie mit den Elektroden verhindern. Die Anfangsbeobachtung ohne Stromreizung zeigte, daß die Infusorie gleichermaßen in den hellen und den dunklen Teilen des

Rohres schwimmt. Es wurde zunächst die Dressur mit Meiden der Dunkelheit und Verbleiben im Licht durchgeführt, was BRAMSTEDT und SOEST nicht gelang. Befand sich das im Rohr schwimmende Pantoffeltierchen innerhalb dessen dunkler Teile, wurde es immer wieder mit kurzen Stromstößen gereizt, bis es sich im belichteten Teil befand, wo man es in Ruhe ließ. Allmählich hielt sich die Infusorie immer länger im belichteten Felde auf und zeigte immer öfter die Reaktion des Zurückweichens an der Schwelle von Licht und Dunkel, bevor es einen Stoß erhielt. Schließlich begann das Pantoffeltierchen augenscheinlich Dunkel zu meiden und blieb sogar ohne jede Reizung durch den Strom viermal länger im hellen Teil der Röhre als im dunklen. Die erworbene Gewohnheit hielt sich recht lange, nämlich 50 Minuten. Wenn nach beendeter Dressur auf Meiden der Dunkelheit die Richtung der Dressur umgedreht wird, indem das Pantoffeltierchen in den hellen Feldern gereizt wird, die jetzt die Enden der Röhre einnehmen, während die Mitte dunkel bleibt, so gelingt die Dressur sehr leicht und äußert sich schneller als die Anfangsdressur. Es könnte der Einwand gemacht werden, daß wir stets das Pantoffeltierchen zum Verbleiben im Mittelteil der Röhre und zum Meiden ihrer Enden unabhängig von der Verteilung von Licht und Schatten zwingen. Möglicherweise gewöhnt sich die Infusorie an das Verweilen an einer bestimmten Stelle des Rohres und nicht an das Lichtverhältnis. Als jedoch die Grenze zwischen Licht und Schatten in verschiedenem Maße verschoben wurde, folgte die Infusorie stets dieser Grenze nach; somit stellt die Mitte des Rohres als solche für sie keinen Anziehungspunkt dar.

In den folgenden Versuchen wurde anstelle der Verwendung von Dunkelheit an den Enden des Rohres weißes Seidenpapier benutzt, das kaum 10 % des Lichts absorbierte. Es wurde das Meiden des geschwächten Lichts und der Aufenthalt im starken dressiert. Auch diese Dressur zeitigte ein positives Resultat, obgleich sie mehr Zeit erforderte. Ebenso ist die Umkehrung der Dressur möglich: das Pantoffeltierchen kann lernen, lichte Felder zu meiden und sich in schattigen aufzuhalten.

Man versuchte, eine Gewohnheit bei Anwendung von Farblicht herauszubilden. Es wurden dazu rote, grüne und blaue Gläser benutzt, die als Lichtfilter dienten. Die Mitte des Rohres war z. B. mit grünem, beide Enden mit rotem Glas bedeckt, und umgekehrt, oder aber die Enden waren blau und die Mitte rot — usw. in allen möglichen Kombinationen. Lediglich die Verbindung von grünen und blauen Gläsern ergab kein klares Resultat. Beide Lichter waren einander übrigens optisch recht nahe. In allen anderen Verbindungen wurde eine sehr deutliche Unterscheidung erreicht. Zur Veranschaulichung dieser geduldigen und mühevollen Forschungsarbeit führe ich einige Beispiele an. In einem Versuch begann man mit der Reizung der Infusorie durch elektrischen

Strom im roten Feld, im grünen Feld konnte sie frei herumschwimmen. Die Gesamtzeit des Aufenthalts der Infusorie betrug schließlich im roten Feld 11, im grünen 94, d. h. es wurde eine deutliche Bevorzugung des Feldes, in dem die Infusorie nicht gereizt wurde, erzielt. Jetzt kehrte man die Dressur um: das Pantoffeltierchen wurde im grünen Feld gereizt, im roten nicht. Das erzielte Zeitverhältnis beider Felder betrug 0 : 30. Erneute Umkehrung der Dressur: Reizung im roten Feld. Das Zeitverhältnis des Aufenthalts im „gereizten" und „nicht gereizten" Feld war 3 : 32. Neue Umkehrung der Dressur: Verhältnis 1 : 27. Erneute Umkehrung: Verhältnis 0 : 36. Und schließlich ergab die letzte Umkehrung der Dressur das Verhältnis von 4 : 34. Das alles betrifft ein und dasselbe Exemplar, das in kurzer Zeit gelernt hatte, das „gereizte" Feld zu meiden. Ein anderes Pantoffeltierchen wies nach mehrfacher Umdrehung der Dressurrichtung jeweils das folgende Zeitverhältnis seines Aufenthalts im gereizten und nicht gereizten Feld auf: 5 : 92, 5 : 23, 0 : 19, 1 : 21, 0 : 25, 1 : 32. Ein weiteres Tier zeigte nacheinander folgende Verhältnisse: 16 : 64, 1 : 34, 6 : 34, 1 : 19, 1 : 34 und 0 : 30.

Ich kann nicht alle Versuche Wawrzyńczyks, die sehr zahlreich und mannigfaltig sind, wiedergeben. Ich weise nur darauf hin, daß während der gesamten Dauer der Dressur sich seine Infusorien völlig normal verhielten, ohne die geringste Beschädigung oder Schwächung zu verraten. Die Bewegungsgeschwindigkeit war normal, ebenso das Aussehen; Tiere, die mehrere Stunden hindurch gereizt worden waren, nahmen sogar etwas mehr Nahrung auf als ungereizte Infusorien, normal verlief auch die Tätigkeit der pulsenden Bläschen.

Zum Schluß eine terminologische Bemerkung. Ich gebrauchte hier den Terminus „bedingter Reflex", um die Analogie zwischen dem Verhalten der Infusorie und dem eines höheren Tieres zu unterstreichen. Vom biologischen Standpunkt ist das begründet. Wenn es sich jedoch um strikte physiologische Kriterien handelt, so muß die Terminologie präzisiert werden. Der Induktionsstrom wirkt nicht auf irgendein bestimmtes Empfangsgerät des Aufgußtierchens, sondern auf die Ganzheit seines Organismus, während alle bedingten Reize bei einem höheren Tier einen ganz bestimmten Analysator reizen. Deshalb kann man auch schwerlich beim Aufgußtierchen von einem „Reflex" in engerem Sinne sprechen, denn es ist schwer, festzustellen, welches eigentlich der Reflexbogen ist. Zur Hervorhebung dieses Unterschiedes wird es richtiger sein, allgemein von einer „bedingten Reaktion" und von einem „Bedingen" zu sprechen und die bedingten Reflexe Tieren mit einem differenzierten Nervensystem vorzubehalten.

Obwohl sich die Analogie zwischen dem Verhalten eines Hundes und dem eines Aufgußtierchens von selbst aufzwingt, nötigt uns die neuere Forschung zur Vorsicht bei der Interpretation. Ich wiederholte die

Experimente Wawrzynczyks unter etwas veränderten Umständen. Ein Pantoffeltierchen befand sich in einem Kapillargefäß von 4 cm Länge, das mit Wasser gefüllt war. In beide offenen Enden des Röhrchens, das waagerecht lag, wurden Platinelektroden, die mit den Polen einer Induktionsspule verbunden waren, gesteckt. Bekanntlich ist der Strom einer solchen Spule unterbrochen und in seiner Richtung veränderlich. Die Einschaltung von Gleichstrom bewirkt in der Spule die Entstehung eines Induktionsstromes von einer Richtung (sog. Schließungsstrom), die Unterbrechung des Gleichstroms löst dann einen Strom mit entgegengesetzter Richtung aus (Öffnungsstrom). Wichtig ist, daß der Öffnungsstrom stärker als der Schließungsstrom ist. Wenn infolgedessen durch eine Wanne mit einem Pantoffeltierchen ein Induktionsstrom fließt, bewegen sich die Infusorien zur Kathode des Öffnungsstromes hin. Dieser Umstand mußte dadurch ausgenutzt werden, daß man in den Gleichstromkreis einen Schlüssel einschaltete, der die Stromrichtung und damit die Lage der Kathode des Öffnungsstromes umkehrte. Am Kapillargefäß brachte ich zwei genau passende Hüllen aus schwarzem Papier an, die so weit auseinanderlagen, daß der Abstand zwischen ihren inneren Rändern 1 cm betrug. Dieser Zwischenraum war in meinen Versuchen die „erlaubte Zone“. Wenn die Infusorie, die in der Kapillarröhre in beiden Richtungen schwamm, die erlaubte Zone betrat, ließ man sie in Ruhe schwimmen, überschritt sie jedoch die Grenze von Licht und Dunkel, wurde Strom eingeschaltet, wobei die Kathode des Öffnungsstromes so lag, daß der Galvanotropismus die Infusorie zur Umkehr in Richtung der erlaubten Zone zwang. Dasselbe wiederholte sich am entgegengesetzten Ende des Zwischenraumes. Ich führe ein typisches Beispiel an.

Die Infusorie befindet sich am linken Ende der Kapillarröhre und bewegt sich nach rechts. Sie gelangt in die erlaubte Zone, schwimmt hindurch und überquert die Grenze von Licht und Dunkel. In demselben Augenblick erhält die Infusorie die erste „Strafentladung“, die Kathode des Öffnungsstromes liegt links. Die Infusorie hält inne, macht einige unregelmäßige Bewegungen auf der Stelle und wendet sich wieder nach rechts, sie erhält wiederum eine Entladung, dasselbe wiederholt sich fünfmal. Jetzt macht das Urtier endgültig kehrt und schwimmt nach links. Nach Überquerung der erlaubten Zone schneidet es die linke Grenze von Hell und Dunkel, erhält 7 aufeinanderfolgende Entladungen (die Kathode des Öffnungsstromes liegt auf der rechten Seite), schwimmt nach rechts, erhält an der rechten Grenze 8 Entladungen usw. Seit Beginn des Versuchs vollführte die Infusorie innerhalb von 10 Minuten 47 erzwungene Wendungen, die Zahl der hierfür nötigen Entladungen betrug 1 bis 16. Nach 47 Wendungen bewegt sich die Infusorie nach rechts und macht 1 mm vor der verbotenen Grenze ihre erste „spontane" Wendung, sie hält an, macht einige Bewegungen auf der Stelle und bewegt sich nach links, bevor sie eine Strafentladung erhalten konnte. Aber am linken Ende der erlaubten Zone erhält das Tier wieder Entladungen, es schwimmt nach rechts und hält noch einmal vor der verbotenen Grenze an. Das wiederholt sich sechsmal: am linken Rande muß man das Tier mittels Entladungen aufhalten, am rechten wendet es aus eigenem Antrieb. Jedoch beginnt nach 6 Wiederholungen die Infusorie auch am linken Rande spontan zu wenden. Der wesentliche Effekt wurde erzielt: das Urtier ändert von selbst die Bewegungsrichtung an zwei Punkten der Kapillarröhre, an denen es vorher ohne Reaktion vorbeischwamm.

Es muß nun bewiesen werden, daß die Ursache für die spontanen Wendungen tatsächlich in der erworbenen Reaktion auf die Licht- und Schattengrenze liegt. Zu diesem Zweck schieben wir beide Hüllen aus schwarzem Papier auseinander, so daß der Abstand zwischen ihnen 2 cm beträgt. Dennoch wendet die Infusorie weiterhin an denselben kritischen Punkten der Kapillarröhre in einer Entfernung von 0,5 cm vom Rande der Hülle. Es ist klar, daß das Pantoffeltierchen nicht an der Licht- und Schattengrenze, sondern an irgendeiner anderen Grenze wendet. Es geht darum, daß beide Punkte, in denen die erzwungenen wie auch die spontanen Wendungen erfolgen, den Punkten der Kapillarröhre entsprechen, in denen sich die Infusorie während des Experiments am längsten aufhält. Tatsächlich durchmißt das Tier in gleichmäßiger Bewegung die gesamte erlaubte Zone, hält aber an und wendet mehrmals an ihren beiden Rändern. Es ist also ganz und gar möglich, daß es an diesen beiden Punkten irgendeine materielle Spur zurückläßt, z. B. in Form gewisser von ihm abgesonderter chemischer Substanzen. Mit zunehmender Dauer des Experimentes steigt die Konzentration dieser Substanzen allmählich an, bis sie schließlich einen Grad erreicht, der einen negativen Chemotropismus ermöglicht und auslöst. Wenn nach Fixierung der spontanen Wendungen die Stromreizung unterbleibt, so schwinden die Wendungen allmählich und das Tier beginnt, das Kapillargefäß in seiner gesamten Länge zu durchschwimmen. Das kann bedeuten, daß der erworbene Reflex erlischt, denn er wird durch den unbedingten Reiz nicht verstärkt. Einfacher jedoch ist die Annahme, daß eine Diffusion der an beiden kritischen Punkten angesammelten Substanzen erfolgt und ihre Konzentration zu schwach wird, um eine chemotropische Reaktion hervorrufen zu können. Das ist deshalb möglich, weil nach Einstellen der Stromreizung die Infusorie sehr langsam schwimmt, oft auch in der Mitte der erlaubten Zone wendet und sich nur verhältnismäßig selten der Licht- und Schattengrenze nähert.

Ganz ähnlich verläuft das Experiment, wenn keine Hüllen benutzt werden, sondern die Infusorie lediglich an zwei beliebig gewählten

Punkten der Kapillarröhre gereizt wird. Ebenso stellen sich nach einer gewissen Zeit spontane Wendungen ein, obgleich die Belichtung im gesamten Kapillargefäß gleich ist.

Diese Versuche bestreiten nicht die Möglichkeit, daß bei einem Urtier eine bedingte Reaktion erzielt werden kann, sie zeigen jedoch, daß außer einer Reaktion auf die Licht- und Schattengrenze, die vorhanden sein kann, unvergleichlich stärkere Faktoren existieren, die wahrscheinlich von chemischer Beschaffenheit sind und die Reaktion auf das Licht maskieren. Es muß zugegeben werden, daß die bisher angewandten Methoden zur Aufdeckung der Reaktion des *Paramaecium* auf Lichtverhältnisse ungeeignet sind. Die Lösung des Problems erfordert eine Anwendung exakterer Methoden. Die bisherigen Ergebnisse können diese Frage nicht entscheiden, denn sie beweisen nicht mit der gehörigen Exaktheit, daß Urtiere bedingte Reaktionen erwerben können.

NEUNTES KAPITEL

Psychologie des Regenwurms

Der Regenwurm ist in tierpsychologischer Hinsicht ein sehr interessantes Tier. Wir wissen viel über sein Verhalten unter verschiedenen Bedingungen und über seinen Nerven- und Muskelmechanismus. Dennoch sind hier die Verhältnisse so kompliziert, daß man unmöglich schon von ihrer vollständigen Entwirrung sprechen kann. Im übrigen wird das der Leser selbst beurteilen können. Unsere Darstellung wird der üblichen Auffassung über die Psychologie eines Tieres wenig ähnlich sein.

Wir wollen uns kurz mit dem Körperbau des Regenwurms bekannt machen, denn die Reaktionen des Tieres lassen sich sonst nicht beschreiben. Unser Wurm ist metamerisch gebaut, das heißt er setzt sich aus mehreren gleichen sich wiederholenden Abschnitten, die Segmente genannt werden, zusammen. Man kann das bereits von außen sehen: die deutliche Querstreifung des Körpers entspricht der Einteilung in Segmente. Im Querschnitt sehen wir eine dicke Körperwand, die den sog. Hautmuskelschlauch bildet. Er besteht aus mehreren Schichten. Von außen ist der Schlauch mit einer dünnen einfachen Epithelschicht bedeckt. Unmittelbar darunter befindet sich die Ringmuskelschicht, deren Fasern Ringe bilden, die den Körper des Wurms umgeben. Wenn sich in einigen aufeinanderfolgenden Segmenten die Ringmuskeln zusammenziehen, strecken sich diese Segmente und werden entsprechend dünner. Noch weiter nach innen liegt eine dicke Längsmuskelschicht von einer sehr komplizierten Struktur. Die Muskelzellen, die sehr fein und sehr zahlreich sind, verlaufen hier längs des Wurmkörpers. Die Längsmuskeln sind Antagonisten der Ringmuskeln, das heißt, daß ihre Zusamenziehung einen diametral entgegengesetzten Effekt hervorruft: der Körper verkürzt sich dann und wird immer dicker. Von innen endlich ist der Hautmuskelschlauch mit einer sehr dünnschichtigen flachen Epithelhaut bedeckt, die das Bauchfell bildet. Wie auf der Abbildung zu sehen ist, stellen die Längsmuskeln keine einheitliche Hülle dar, sondern sind an vier Stellen unterbrochen. Dadurch entsteht ein System von vier Längsmuskelbändern: einem breiten Rückenstreifen, zwei Seitenstreifen und einem Bauchstreifen. Jeder von ihnen kann sich unabhängig von den anderen zusammenziehen. Zieht sich das linke

Seitenband zusammen, krümmt sich der Wurmkörper nach links, zieht sich das Rückenband zusammen, so krümmt sich der Körper zum Rücken hin und seine beiden Enden heben sich nach oben. Dabei sind nicht nur Zusammenziehungen der Muskeln in der gesamten Körperlänge des Wurms möglich, sondern auch solche, die nur einzelne Segmente umfassen. Aus den verschiedenen Verbindungen dieser Elementarbewegungen setzen sich die tatsächlichen Bewegungen des Tieres zusammen.

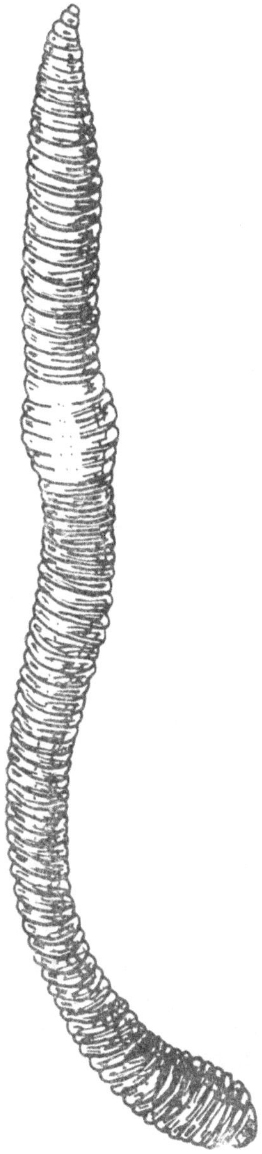

Abb. 48. Regenwurm

In den vier Zwischenräumen zwischen den Längsmuskeln sitzen sogenannte Borsten, d. h. steife Härchen, die nach außen ragen und sich leicht mit dem Finger auf der Oberfläche des Regenwurms wahrnehmen lassen. Die Borsten sind paarweise angeordnet, zu je vier Paaren in jedem Segment, so daß sie vier Reihen bilden, die sich am ganzen Körper entlangziehen. Die Borsten besitzen eigene Muskeln, die es gestatten, diese unter verschiedenen Winkeln einzustellen. Während der gewöhnlichen fortschreitenden Bewegung sind die Borsten mit ihren Enden schräg nach hinten gerichtet. Sie können jedoch ihre Lage ändern und sich schräg nach vorn einstellen. Dieser Umstand spielt eine wichtige Rolle in den Bewegungen des Wurms.

Es müssen ebenfalls einige Worte über den Bau des Nervensystems des Tieres gesagt werden. Eine umfangreiche Literatur über diesen Gegenstand stellte unlängst Prosser zusammen. Das Nervensystem ist metamerisch, es besteht aus sich wiederholenden Ganglien oder Gruppen von Nervenzellen. In jedem Segment befinden sich zwei Ganglien, die eng aneinanderliegen und mit den Ganglien der benachbarten Segmente durch Längsfasern verbunden sind. Dieses ganze System liegt an der Bauchseite. Lediglich das erste Ganglienpaar, Hirn- oder Überschlundganglien genannt, befindet sich an der Rückenseite. Die Nervenfasern, die diese Ganglien mit den Ganglien des folgenden Segments (unter der Speiseröhre befindlich) verbinden, bilden einen Kreis, der die Speiseröhre in Form eines Ringes umgibt. Von den Hirnganglien gehen stark verzweigte Fasern aus, die den nach vorn gezogenen Rüssel des

Tieres *(Prostomium)*, der ein sehr empfindliches Tastorgan ist, innervieren. Die Tätigkeit der Hirnganglien ist in erster Linie sensorisch-rezeptiv. Angefangen von den unter der Speiseröhre befindlichen Ganglien, sendet jedes Ganglion des Bauchnervenstammes nach oben und nach unten drei Nervenfaserbündel aus, die an der Oberfläche innerhalb des Hautmuskelschlauches liegen. Von diesen drei Fasern haben die vordere und die hintere motorischen Charakter, die mittlere übt sensorische Funktionen aus. Die Lage des Bauchnervenstammes hinsichtlich der Muskeln ist im Querschnitt zu sehen.

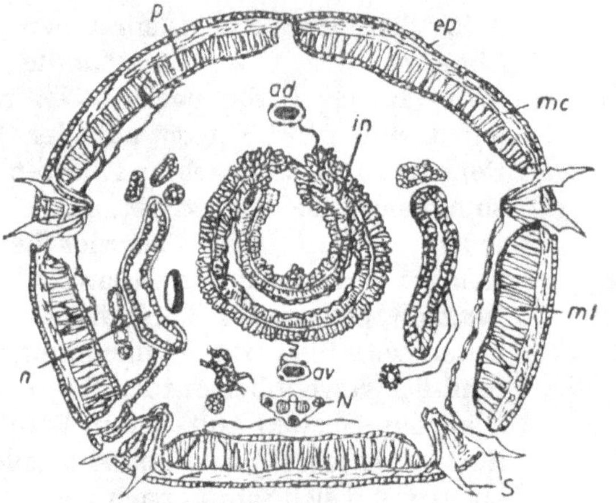

Abb. 49. Querschnitt des Regenwurms: *ep* Epithelschicht, *mc* Ringmuskel, *ml* Längsmuskel, *p* Bauchfell, *in* Darm, *ad* Rückengefäß, *av* Bauchgefäß, *N* Nervenstamm, *S* Borsten, *n* Niere

Über die Sinnesorgane des Regenwurms wissen wir wenig. Es ist bekannt, daß die empfindlichste Stelle für Tastreize das *Prostomium* ist. Es besitzt ebenfalls zahlreiche sogenannte Lichtsinneszellen, die einen dunklen Farbstoff enthalten und lichtempfindlich sind. Diese Zellen sind innerviert. Versuche mit Belichtung einzelner Punkte des Wurmkörpers vermittels eines sehr schmalen Strahlenbündels erwiesen, daß eine genaue Parallelität zwischen der Anzahl der Lichtsinneszellen eines gegebenen Punktes und seiner Lichtempfindlichkeit besteht. Das *Prostomium* besitzt besonders viele solcher Zellen, die Mitte sehr wenig, am Hinterende nimmt ihre Zahl wieder zu. Die Rückenseite besitzt mehr Lichtsinneszellen als die Bauchseite.

Es bleibt noch das Vorderteil des Nahrungskanals des Regenwurms zu erwähnen, denn es spielt beim Aushöhlen eines Loches durch den Regenwurm eine Rolle. Die Mundöffnung des Tieres befindet sich im ersten Segment, dicht unter dem *Prostomium*. Sie führt zum Schlund, der die Form eines ovalen Schlauches mit dicken, massiven Wänden hat. Der Schlund ist beweglich, er kann sich dicht an das Vorderende des Körpers drücken oder weit nach hinten zurückweichen; diesen Bewegungen dienen besondere Muskeln. Damit beenden wir den Überblick über die Anatomie des Regenwurms. Die anderen Organe haben für uns keine Bedeutung, da sie nicht unmittelbar an den Verhaltungsakten des Tieres teilhaben.

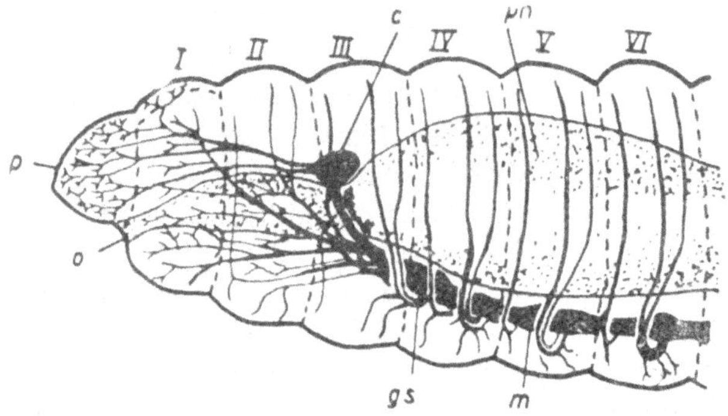

Abb. 50. Senkrechter Längsschnitt des Regenwurms im Vorderteil des Körpers. *I—VI* die ersten 6 Körpersegmente, *p* Prostonium, *o* Mundöffnung, *ph* Schlund, *c* Gehirn, *gs* unter der Speiseröhre befindliche Ganglien, *m* Bauchnervenstamm

Zu den einfachsten Tätigkeiten des Regenwurms gehört das Kriechen. Das Tier führt dabei eine sogenannte peristaltische Bewegung durch. Wird an irgendeiner Stelle der Körper des Regenwurms gereizt, der sich im Ruhezustand befindet, so erfolgt Dehnung und gleichzeitige Verengerung ungefähr eines Dutzend vorderer Segmente, was durch die Zusammenziehung der Ringmuskeln in ihnen verursacht wird. Die Zusammenziehung greift allmählich auf die hinteren Segmente über, so daß eine Art Muskelwelle entsteht, die nach hinten wandert. Bevor jedoch die Welle die Mitte des Körpers erreicht hat, setzt eine antagonistische Erscheinung ein: in den vorderen Segmenten ziehen sich die Längsmuskeln zusammen und der Vorderkörper verkürzt sich und wird dicker. Auch diese zweite Welle wandert nach hinten, und nach ihr folgt wieder Zusammenziehung der Ringmuskeln usw. Das erinnert lebhaft an das Verhalten der Larve *Amblystoma* in den Beobachtungen Coghills, wo ebenfalls die Reizung einer beliebigen Körperstelle über die sensorische Bahn zum Kopfe hin wandert und vom Kopfe dann eine Reihe von Muskelwellen einsetzt. Beim Regenwurm gibt es jedoch keine S-Reaktion, es erfolgt kein Krümmen zur Seite, die Muskelwellen beruhen auf einer rhythmischen Verdickung und Verengerung der

Körperabschnitte. Um zu verstehen, wie aus diesen aufeinanderfolgenden Zusammenziehungen die fortschreitende Bewegung entsteht, wollen wir uns einen einfacheren Fall vorstellen. Es erfolge nacheinander Zusammenziehung aller Ringmuskeln der gesamten Länge des Körpers, danach ebensolche Zusammenziehung aller Längsmuskeln, dann wieder der Ringmuskeln usw. Wenn sich der Wurm auf irgendeiner platten Oberfläche befindet, an der er mit seiner Bauchseite eng anliegt, und sich alle Ringmuskeln zusammenziehen, so streckt sich der Körper erheblich. Dabei schiebt sich der Vorderkörper nach vorn, das Hinterende nach hinten, während die Mitte auf der Stelle bleibt. Ziehen sich die Längsmuskeln zusammen, verkürzt sich der Wurm, wobei sich das Vorderende zurückzieht und das Hinterende nach vorn schiebt. In beiden Fällen behält die Mitte des Körpers ihre alte Lage, das heißt, daß es gar keine Vorwärtsbewegung gibt. Aber hinzu kommt der Borstenmechanismus, der die Sachlage ändert. Bei der Vorwärtsbewegung sind die Borsten mit den Enden schräg nach hinten gerichtet und haken in den Boden ein. Demzufolge kann, wenn sich die Ringmuskeln zusammenziehen, der Vorderkörper zwar sich unbehindert nach vorn schieben, das Hinterende kann sich aber nicht zurückziehen, denn die Borsten, die in die Unebenheiten des Bodens einhaken, lassen das nicht zu. Im nächsten Augenblick verkürzt sich der Wurm, jetzt kann aber umgekehrt das Vorderteil nicht zurückgehen, während das Hinterende sich unbehindert nach vorn schieben kann. Im Gefolge einer Zusammenziehung der Ringmuskeln und einer Zusammenziehung der Längsmuskeln macht das Tier einen Schritt nach vorn. Zuerst schiebt sich der Kopf nach vorn, danach wird das Hinterende herangezogen. In Wirklichkeit vollzieht sich die Muskelzusammenziehung nicht auf der gesamten Länge des Regenwurms gleichzeitig, sondern erfolgt in Abschnitten von ungefähr zehn Segmenten. Das ändert nichts am Prinzip, denn die Borsten gestatten ebenso keinem Körperteil, sich zurückzuziehen, behindern aber die Vorwärtsbewegung nicht, so daß der Körper Stück um Stück nach vorn gezogen wird. Das eben bezeichnen wir als peristaltische Bewegung. Wenn die Borsten ihre Stellung ändern und sich mit den Enden nach hinten richten, so ruft dieselbe Zusammenziehung der antagonistischen Muskeln verständlicherweise eine Rückwärtsbewegung des Wurms, seine peristaltische Bewegung nach hinten hervor. Es ist hervorzuheben, daß das Tier auf einer glatten Oberfläche nicht seine ganze Bewegungsgeschicklichkeit zeigen kann, denn nur die beiden Borstenreihen an der Bauchseite berühren den Boden, während die höher gelegenen Borsten untätig sind. Deshalb sind die Bewegungen des Wurms unter diesen Umständen langsam. Aber der Wurm lebt in einem engen Loch, dessen Wände alle Borsten berühren können, und in der Höhle sind seine Bewegungen sehr schnell.

Der nähere Mechanismus der Vorwärtsbewegung ist sehr kompliziert. Seine Erforschung verdanken wir in erster Linie den Arbeiten FRIEDLÄNDERS. Dieser Forscher schnitt in einigen mittleren Körpersegmenten den Nervenstamm heraus. Er beobachtete danach Erschlaffung der Muskeln in den operierten Segmenten. Dennoch gingen die Muskelwellen, vom Kopf angefangen über die entnervte Gegend und liefen weiter nach hinten bis zum Körperende. Bei der Übermittlung der Wellen spielten die operierten Segmente nur die Rolle eines passiven Bindegliedes, beteiligten sich aber nicht durch Zusammenziehung ihrer Muskeln. Das brachte FRIEDLÄNDER auf einen interessanten Versuch. Er schnitt den Wurm quer durch. In beiden voneinander getrennten Körperhälften vollzog sich an der Schnittstelle eine lokale Zusammenziehung der Längsmuskeln. Außerdem aber zogen sich im Vorderabschnitt die Muskeln mehrerer Kopfsegmente zusammen und es entstand eine gewöhnliche lokomotorische Welle, die regelmäßig nach hinten wanderte. Im Endergebnis kroch die Vorderhälfte nach vorn. In der hinteren Hälfte hingegen erfolgen zwar ebenfalls Muskelzusammenziehungen beider Arten, sie sind aber unkoordiniert, chaotisch; der Wurm windet sich nach allen Seiten, ohne sich von der Stelle zu rühren. Infolge des Fehlens an muskularer Initiative am Vorderende wird eine Vorwärtsbewegung unmöglich. FRIEDLÄNDER verband am Einschnitt die Oberflächen beider Hälften mit einem Faden. Jetzt übernahm der Faden die Rolle des Bindegliedes. In der vorderen Hälfte entstand vorn eine gewöhnliche lokomotorische Welle, die nach hinten wanderte, durch das gespannte Fädchen der hinteren Hälfte übermittelt wurde und in gewohnter Weise sich weiter bis zum Hinterende fortsetzte. Im Ergebnis marschierte die hintere Hälfte folgsam hinter der vorderen, ihre Bewegung wurde koordiniert und alle Anzeichen des Windens schwanden. Somit wandert die Muskelwelle von Segment zu Segment als Folge des mechanischen Ziehens der Muskeln durch die Zusammenziehung der benachbarten Muskeln.

Dieser Fall kann noch von einer anderen Seite aus benutzt werden. Das „Winden“ wird oftmals als Symptom des Schmerzes interpretiert. Der Mensch kann sich ebenfalls „wie ein Wurm vor Schmerz winden“. Handelt es sich tatsächlich um ein Schmerzgefühl, so müßte man die Reaktion des Windens vor allem in der vorderen Hälfte, die das Gehirn — das wichtigste Gefühlszentrum — enthält, erwarten. In Wirklichkeit sind die Bewegungen der Vorderhälfte ruhig und koordiniert. Das Winden der hinteren Hälfte aber ist ganz augenscheinlich nicht vom Schmerz abhängig, sondern vom Fehlen einer Koordination der Bewegungen, vom Fehlen eines Zentrums, in dem die Initiative der rhythmischen Muskelzusammenziehung entsteht. Es ist leicht, sich gründlich zu irren, wenn man sich auf das Gebiet der tierischen Gefühle wagt.

Wir haben bisher die Frage von der Seite der Muskeltätigkeit dargestellt. In Wirklichkeit ziehen sich die Muskeln infolge der Einwirkung von Nervenimpulsen zusammen, und die Nervenleitung spielt in der lokomotorischen Bewegung die Hauptrolle. Das wußte bereits FRIEDLÄNDER. BIEDERMANN führte als erster den umgekehrten Versuch durch: er schnitt die Längs- und Ringmuskeln des mittleren Körperteils durch, ließ aber den Nervenstamm unbeschädigt. Es zeigte sich, daß die Muskelwellen, die vom Kopfe her wanderten, sich über die Schnittstellen hinweg fortsetzten und zum Hinterende wanderten. BOVARD bestätigte dieses Resultat und zeigte überdies, daß, wenn die durchschnittenen und zur Seite gewickelten Muskeln einiger Mittelsegmente mit Nadeln an den Boden geheftet werden, und ihnen eine Änderung ihrer Lage und die Übermittlung des Impulses durch mechanisches Ziehen der benachbarten Muskeln unmöglich gemacht wird, dennoch die Muskelwelle genauso über die operierten Segmente hinweg wandert. Dagegen hebt Durchschneiden des Nervenstammes oder Betäubung durch spezifische Nervennarkotika, wie z. B. durch Stovain, sofort die Koordination der Bewegungen auf und macht damit das Übergreifen der Muskelwelle über den ausgeschalteten Abschnitt des Nervenstammes unmöglich. In der normalen Vorwärtsbewegung wandern die Nervenimpulse wahrscheinlich vermittels kurzer Neurone längs des Bauchstammes.

Der Bauchnervenstamm ist nicht das einzige Organ, das Impulse übermittelt. Es beteiligt sich daran ebenfalls das Hautnervengeflecht. Entfernt man den Bauchstamm in seiner gesamten Länge und hängt den Wurm senkrecht auf, wobei man das untere Ende mit einem kleinen Gewicht beschwert, so kann man spontane Muskelzusammenziehungen beobachten. Wird aber ein auf diese Weise präparierter Wurm mit Nervengift, z. B. mit Curare betäubt, so setzen keine Zusammenziehungen ein. Daraus geht hervor, daß die peristaltische Bewegung der Muskeln durch ihre Spannung, die die propriozeptiven Muskelneuronen in Gang setzt, hervorgerufen wird. Diese Bewegung ist somit eher eine Reaktion auf äußere Reize, als eine wirklich spontane Zusammenziehung.

Es existiert noch ein weiteres Nervenelement mit einer wichtigen spezifischen Tätigkeit. Wenn der Regenwurm gänzlich ausgedehnt ist, das heißt, wenn sich alle Ringmuskeln zusammenziehen, ist das Tier besonders empfindlich für Tastreize. Eine Reizung des Vorderendes löst dann eine sofortige Zusammenziehung des gesamten Körpers aus. Die Erscheinung muß von der schnellen Nervenübermittlung über die gesamte Länge des Wurms abhängen. Die bisher beschriebenen Reaktionen beruhten auf einer Impulsübermittlung von Segment zu Segment, wobei die Leitung langsam war. Nun verlaufen längs des gesamten Bauchstammes sogenannte Riesenfasern, die Bündel von Nervenfortsätzen sind und in jedem Paar der Bauchganglien Seitenausläufer aussenden.

Nach den neuen Messungen von ECCLES, GRANIT und YOUNG ist die Leitgeschwindigkeit in den Riesenfasern sehr groß. Dabei müssen zwei Arten von Impulsen unterschieden werden, die sich auf dieser Bahn fortsetzen, aber eine verschiedene Leitgeschwindigkeit besitzen. Die einen wandern mit einer Geschwindigkeit von 17 bis 25 m/sec, die anderen mit einer Geschwindigkeit von 0,7 bis 1,2 m/sec. Wahrscheinlich leiten verschiedene Riesenfasern mit ungleicher Geschwindigkeit. Wie es scheint, können sie in beiden Richtungen gleichermaßen leiten, was jedoch noch bestätigt werden muß.

Die Vorwärtsbewegung erschöpft keineswegs die Bewegungsmöglichkeiten des Wurms. Wie wir bereits wissen, kann er sich ebenso gut rückwärts bewegen. Es wurde noch eine andere Art der Bewegung beschrieben, deren Beobachtung übrigens nur einmal gelungen ist (EISIG). Der Regenwurm, der vor einem Maulwurf floh, hatte den ganzen Körper maximal ausgedehnt (Zusammenziehung aller Ringmuskeln) und gleichzeitig erfolgte rhythmische Zusammenziehung einmal des Rückens-, einmal des Bauchstreifens der Längsmuskeln. Am Körper des Wurms entstanden senkrechte Wellen, so daß der Körper an einigen Stellen den Boden nicht berührte. Eine derartige Bewegung ist vielen mit dem Regenwurm nah verwandten Wasserwürmern, z. B. den Blutegeln gemein, die in dieser Weise schwimmen. Hinzuzufügen ist ein sehr verschieden geartetes Krümmen des Wurms zur Seite, nach oben und unten, Kreisbewegungen des Vorderendes, das über dem Boden erhoben ist und eine Kegelfläche beschreibt (Suchbewegung), Zusammenrollen des Wurms nach einer starken Reizung zu einer Schleife usw. Die Mannigfaltigkeit der Bewegungen ist recht bedeutend und davon macht auch der Regenwurm in seinen verschiedenen Lebenslagen Gebrauch.

Die Art und der Charakter der Bewegung hängen in hohem Grade von der „Einstellung" des Wurms, oder allgemein gesagt, von den Reizen und den vorangegangenen Reaktionen ab. Krümmt sich das Vorderende infolge einer schwachen mechanischen Reizung der rechten Seite nach links, so kann eine erneute Reizung derselben Stelle eine Krümmung nach rechts hervorrufen. Das veranschaulicht die Regel v. UEXKÜLLS, daß sich ein Impuls vor allem den am meisten gedehnten Muskeln mitteilt. Das Vorhandensein eines Muskeltonus, d. h. einer verstärkten Bereitschaft zum Zusammenziehen, wie auch eine Ermüdung des Muskels, d. h. eine momentane Unfähigkeit, sich infolge der sich im Muskel vollziehenden chemischen Veränderungen zusammenziehen, spielt bei der Bestimmung der Bewegungsweise eine wichtige Rolle. Je nach dem allgemeinen Zustand des Tieres können dieselben Reize ganz verschiedene Reaktionen auslösen. Diese Erscheinungen wurden von JENNINGS erforscht. Im Ruhezustand des Tieres, z. B. nach einer reichlichen Fütterung, bleiben schwache Reize ohne Effekt. Im Zustand gemäßigter Aktivität bewirken schwache mechanische

Reize, die den Vorderteil reizen, dessen Zurückweichen. Reizung des Hinterkörpers ruft eine verstärkte Vorwärtsbewegung, die Reizung der Seiten im Vorderteil gewöhnlich ein Krümmen des Körpers zur nicht gereizten Seite hervor. Im Zustande stärkerer Erregung ist die Vorwärtsbewegung unabhängig von der Reizstelle beschleunigt. Im Zustand einer sehr starken Erregung erfolgt nach einer Reizung des Vorderteils eine rasche Krümmung und eine Kreisbewegung der Kopfsegmente, das Vorderende hebt sich in die Höhe und wendet sich nach verschiedenen Seiten, und dauert die Reizung an, so beginnt auch das Hinterende ähnliche Bewegungen auszuführen. Dabei wird die Erscheinung der Reizsummierung beobachtet. Ein beharrliches Wiederholen eines schwachen Reizes versetzt den Regenwurm nacheinander in alle Stufen der Erregung und führt zu immer neueren Reaktionen. Die Art der Reaktion kann sich auch in Abhängigkeit vom inneren Zustand, z. B. dem Verdauungszustand, ändern. Der Regenwurm unterscheidet sich in dieser Hinsicht nicht von anderen Tieren, einschließlich des Menschen. Je nach dem augenblicklichen Zustand seines Allgemeinbefindens, der Gesundheit, der Ermüdung, der Sättigung, der Erregung u. ä. reagiert der Mensch auf die gleichen Reize völlig verschieden.

Die Bewegungsrichtung des Regenwurms wird durch verschiedenartige Außenreize, wie Feuchtigkeit, Licht, Wärme und chemische Einflüsse bestimmt. Einer der wichtigsten richtunggebenden Reize ist die Feuchtigkeit. Stößt während des Kriechens das Vorderende des Wurms auf einen trockenen Fleck, geht der Wurm zurück und ändert die Bewegungsrichtung, bis er auf eine feuchte Oberfläche gerät. Die Sinnesorgane, die für diese Reaktion verantwortlich sind, befinden sich in einigen vorderen Segmenten (Parker und Parshley). Wenn man den Vorderkörper betäubt, so kriecht und reagiert das Tier in gleicher Weise auf trockene und feuchte Flächen. Läßt man aber das Tier auf eine trockene Fläche und stößt das Vorderende auf eine feuchte Stelle, so wird die Bewegung gleich schneller.

Eine wichtige Rolle spielen im Leben des Regenwurms chemische Reize. Der Wurm besitzt einen ausgezeichnet entwickelten chemischen Sinn und findet z. B. mit Leichtigkeit in der Erde vergrabene Kohlblätter, seine Lieblingsnahrung. Es fehlen jedoch genauere Untersuchungen auf diesem Gebiet. Wir werden mit dem chemischen Sinn noch zu tun haben, wenn wir das Hineinziehen verschiedener Gegenstände in die Röhren beschreiben werden.

Große Beachtung wurde den Lichtreaktionen des Regenwurms geschenkt. Im allgemeinen meidet der Wurm das Licht und hält sich tagsüber stets in seiner dunklen Röhre auf. Ähnlich verhält er sich beim Experiment, indem er vor den Lichtstrahlen zu fliehen versucht. Erwartungsgemäß ist der Regenwurm für rote Strahlen unempfindlich, denn seine Haut enthält einen roten Farbstoff, der diese Strahlen reflektiert und ihnen den Zugang zu tieferen Schichten verwehrt. Dagegen ist der Wurm für kurzwellige Strahlen sehr empfindlich. Diese Reaktionen wurden von Hess genau untersucht. Ebenso wie beim Menschen hängt die Lichtempfindlichkeit des Regenwurms in hohem Maße von seiner „Lichtvergangenheit" ab, das heißt davon, welches Licht vorher auf ihn eingewirkt hat. Hess hielt Regenwürmer längere Zeit zur Empfindlichmachung im Dunkeln. Darauf ließ er sie im Dunkeln auf schwarzes, feuchtes Seidenpapier und belichtete sie von der Seite mit einem Bündel gleichlaufender Strahlen von verschiedener Intensität. Er notierte, wievielmal sich die Regenwürmer von der allgemeinen Zahl 144 dem Lichte zuwandten, und wievielmal sie sich davon abwandten. Wenn die Lichtstärke 785 Meterkerzen betrug (eine Meterkerze bezeichnet ein Licht, das aus einem Meter Entfernung gesehen wird), wurden von der Gesamtzahl von 144 139 ausweichende Bewegungen festgestellt. Auch bei Verringerung der Lichtintensität wurde stets eine negative Reaktion beobachtet, und noch bei einer Lichtstärke von 0,313 Meterkerzen betrug die Zahl der Ausweichbewegungen 136 und war somit praktisch die gleiche. Erst von einer Intensität von 0,0618 an gab es etwas weniger negative Reaktionen, nämlich 99, bei 0,00118 Meterkerzen waren es 63, also weniger als die Hälfte. In sehr weiten Intensitätsgrenzen reagieren die Regenwürmer auf Licht negativ, und erst bei sehr schwachem Licht beginnt die positive Reaktion leicht zu überwiegen. Ganz anders verhält sich ein Regenwurm, der sich gewisse Zeit im Sonnenlicht aufhielt. Jetzt herrschte bei einem Licht von 0,313 Meterkerzen leicht die positive Reaktion vor: 65 Wendungen vom Lichte und 79 zum Lichte hin. Jetzt reagiert der Wurm auf das Licht 0,313 genauso, wie der Regenwurm, der sich im Dunkeln aufgehalten hatte und auf das Licht von 0,00118 Meterkerzen reagierte, das 265mal schwächer war. Der Aufenthalt im Dunkeln macht in sehr hohem Maße den Wurm lichtempfindlich. Die Redaktion in schwachem Licht ist sehr wechselvoll, anscheinend gerät dann der Lichtreiz mit irgendwelchen anderen Reizen in Kollision, die beim Wurm eine positive oder negative Lichtempfindlichkeit bewirken. Tatsächlich konnte Hess nachweisen, daß geschlechtlich reife Tiere auf höhere Intensitäten als junge reagieren; ebenso verhalten sich mechanisch gereizte Tiere. Die Art der Lichtreaktion ändert sich wesentlich nach Gehirnoperationen. Entfernt man die Gehirnganglien, so reagieren alle Regenwürmer sogar bei einer Lichtstärke von 785 Meterkerzen positiv. Es genügt sogar, das Gehirn längs zu spalten, um eine sehr erhebliche Steigerung der positiven Reaktionen zu erzielen. Wenn man den Bauchstamm hinter dem vierten Segment durchgeschnitten hat, behält der Kopf die negative Reaktion bei, indem er sich vom Licht abkehrt, der Rest des Körpers aber krümmt sich zum Licht hin. Ein ähnliches Resultat zeitigt das Durchschneiden des Nervenringes an der Speiseröhre. Alle Nervenzentren reagieren positiv auf das Licht mit Ausnahme des Gehirns.

Der Regenwurm ist ein Tier, dessen Leben aufs engste mit dem Erdboden verbunden ist. Fast seine gesamte Zeit verbringt er tief in seiner Röhre verborgen und kommt nur unter gewissen Umständen nach oben. Die Röhre hat die Form eines schrägen Kanals mit einem mehr oder weniger gewundenen Gang, der von den natürlichen Hindernissen, auf die das Tier beim Bohren stößt, abhängig ist. Die Länge des Kanals erreicht in heißen Sommern 1,5 Meter und mehr. An seinem Ende besitzt der Kanal eine erweiterte Kammer, in der sich der Wurm umdrehen kann. Der Kanal selbst ist so eng, daß sich das Tier nur hindurchdrängen kann. Hierbei berühren alle Borsten, sowohl die seitlichen, als auch die unteren, die Kanalwand, was eine rasche Bewegung des Tieres ermöglicht.

Zum Bohren der Röhre besitzt der Regenwurm besondere Vorrichtungen. Wenn der Boden locker ist und keinen großen Widerstand leistet, bohrt sich der Wurm mittels Stößen des Schlundes hindurch. Das Schlundkügelchen, das dicke und feste Wände besitzt, kann vermittels besonderer Muskeln rasch nach vorn gezogen werden. Es stößt wiederholt stark an den Vorderteil des Körpers und schlägt ihn wie ein Hammer in die Erde. Sehr bald versagt diese Methode jedoch, denn der Erdboden, der durch die Schläge des Schlundes festgestampft wird, ist immer härter und schließlich hört der Wurm auf, darin einzudringen. Jetzt nimmt der Wurm zu einer anderen Methode Zuflucht: er reißt mit den Lippen kleine Erdklümpchen ab und verschlingt sie. Wenn der gesamte Verdauungskanal mit Erde angefüllt ist, ändert der Regenwurm die Stellung der Borsten, indem er ihre freien Enden nach vorne dreht, und bewegt sich mittels gewöhnlicher lokomotorischer Zusammenziehungen in der Röhre rückwärts, bis sein Hinterende über dem Erdboden erscheint. Die im Darm angesammelte Erde wird in Form charakteristischer Klümpchen ausgeschieden, wonach der Regenwurm seine Bohrtätigkeit wieder aufnimmt. Wenn der Boden sehr trocken und hart ist, genügt auch diese Arbeitsweise nicht, denn die weichen Lippen des Tieres sind nicht imstande, die Stückchen abzubröckeln. Der Regenwurm setzt dann seine stark entwickelten Speicheldrüsen in Tätigkeit, die eine wässerige Flüssigkeit absondern. Der Speichel feuchtet den Boden an einer Stelle an und bald ist der Boden so weit erweicht, daß einige Klümpchen abgerissen werden können, die sofort verschlungen werden. Auf den Boden der entstandenen Vertiefung läßt der Wurm einen neuen Speicheltropfen fallen und bröckelt wiederum Erdklümpchen ab. Wenn der Regenwurm so konsequent verfährt, vermag er auch in sehr trockenem Boden eine Röhre zu bohren.

Die Kanalwände sind von innen reichlich mit Schleim austapeziert, der durch die Hautdrüsen des Tieres sekretiert wird. Der Schleim vermindert die Reibung der Haut an den Wänden und ist überdies ein Reservoir der Feuchtigkeit, die ein sehr wichtiger Faktor im Leben des Wurms ist. Er bohrt tiefe Röhren, um in feuchtere Schichten zu gelangen. Die Haut des Regenwurms ist vor dem Austrocknen nicht gesichert und außerhalb der Röhre ist der Wurm schutzlos. Aber auch in der Röhre leidet das Tier oft bei lange andauernder Trockenheit an Feuchtigkeitsmangel. Es besitzt ebenfalls in hohem Maße die Fähigkeit, auszutrocknen und kann 73% des Wassers verlieren, wobei es in einen Zustand der Anabiose verfällt. Wenn wieder Regen fällt, wird der Wurm mit Wasser durchtränkt und kehrt zur gewöhnlichen Tätigkeit zurück (SCHMIDT).

Der Regenwurm reagiert durch Bewegung auf verschiedene Außenreize, die ihr eine Richtung verleihen. Eine schwierige Frage ist die Orientierung des Wurms. JENNINGS wandte hierbei seine Versuch-Irrtum-Theorie an. Wenn der Regenwurm auf eine trockene Stelle im feuchten Boden stößt, weicht sein Vorderende von der bisherigen Wegrichtung ab, versucht eine neue Richtung, weicht wiederum ab und verfährt so weiter, bis er eine Richtung trifft, die zur Feuchtigkeit führt. Gemäß dieser Anschauung sind die Bewegungen des Tieres zufällig und es erfolgt unter ihnen eine Auswahl der zweckmäßigen Bewegungen. Die Theorie erklärt jedoch nicht, weshalb die einen Bewegungen einer positiven, die anderen einer negativen Selektion unterliegen, weshalb der Regenwurm in Richtung der Feuchtigkeit kriecht und trockene Stellen meidet. Und gerade das ist das Problem. Darüber hinaus wird, soviel es sich um die bestuntersuchten Lichtreize handelt, eine Zufälligkeit der Bewegungen nur im schwachen Licht beobachtet, während im stärkeren Licht die Bewegungen völlig gerichtet sind: der Wurm wendet sofort in einem großen Winkel und kehrt sich vom Licht ab. Aus seinem Verhalten ist durchaus nicht zu erkennen, ob er blindlings Bewegungen ausführt und dann solche auswählt, die sich zufällig als nützlich erwiesen haben. Die Theorie JENNINGS beschreibt nur gewisse Merkmale des tierischen Verhaltens, und das nur in einigen Situationen, sie vermag aber nichts über seine Gründe zu sagen.

Die Theorie der Tropismen besitzt, beim Regenwurm in Anwendung gebracht, genau dieselben schwachen und starken Seiten wie auch bei anderen Tieren. DAVENPORT erklärt in folgender Weise die negativ phototropische Wendung des Wurms. Wenn das Tier von der Seite belichtet wird, das Protoplasma aber an beiden Seiten auf die gleiche Lichtstärke eingestellt ist, befindet sich die schwächer belichtete Seite in Verhältnissen, die den optimalen näher sind, denn der Tropismus ist negativ. Das Protoplasma auf der vom Licht entfernteren Seite befindet sich im phototonischen Zustand, d. h., die Muskeln dieser Seite sind zum Zusammenziehen bereit. Deshalb erfolgt auch auf dieser Seite die Muskelzusammenziehung zuerst, und der Wurm wendet sich vom

Lichte ab. Das klingt sehr gelehrt. Dennoch hebt v. Buddenbrock mit Recht den phantastischen Charakter der Erklärung hervor. Wir wissen nichts darüber, auf welche Lichtstärke das „Protoplasma“ des Regenwurms „eingestellt“ ist. Wir wissen dagegen, daß der Wurm, der durch einen Aufenthalt im Dunkeln lichtempfindlich gemacht wurde, gleichermaßen negativ auf die Lichtstärke von 785 Meterkerzen, wie auf ein Licht von einer Stärke von 0,313 Meterkerzen reagiert; der 2508fache Unterschied der Belichtungsstärke bewirkt also keinen Reaktionsunterschied. Es ist sehr zu bezweifeln, ob die Belichtung des Wurms von der Seite einen so großen Unterschied des Lichtreizes an beiden Körperseiten verursachen kann. Wir wissen überdies, daß in der Haut des Tieres zahlreiche innervierte lichtempfindliche Zellen (Photorezeptoren) verstreut sind, daß Fasern von diesen Zellen zum Bauchnervenstamm führen und von dort motorische Fasern zu den Muskeln, und schließlich, daß nach Vernichtung des Nervenstammes alle Tropismen verschwinden. Wir haben vor uns einen vollständigen Reflexmechanismus, der Rezeptivorgane, zentripetale Bahnen, ein Zentrum, zentrifugale Bahnen und ein Ausführungsorgan enthält. Der Regenwurm ist ein lebendiger Organismus, und keine phototropische Maschine, die Unbeständigkeit und Eigensinnigkeit seiner Reaktionen auf Licht aber, zumal auf schwaches, zeigt, wie wenig vereinfachte Schemata bei ihm angewandt werden können.

Wir wenden uns nun einer besonderen Tätigkeit des Regenwurms zu, die verdient, im weiteren Rahmen besprochen zu werden. Die Frage hat ihren Ursprung in der Arbeit Darwins aus dem Jahre 1881. In seiner letzten Publikation, die dem Leben der Regenwürmer und ihrem Einfluß auf die Beschaffenheit des Bodens galt, überlegte Darwin, ob bei den Würmern eine gewisse Dosis Intelligenz vorhanden sei. Er stellte fest, daß die Regenwürmer die Röhrenöffnungen mit verschiedenen Gegenständen, z. B. mit Kieselsteinen, Strohhalmen und in erster Linie mit Blättern verstopfen. Dabei werden die Blätter mit der Spitze hereingezogen, Kiefernadeln, die paarweise wachsen, am Ansatz. Darwin führte mehrere Experimente durch, in denen er den Regenwürmern Papierdreiecke zum Hineinziehen gab, die am spitzen Winkel hineingezogen wurden. In allen Fällen zog der Wurm in der Richtung, in welcher sich der gezogene Gegenstand am leichtesten in die Röhre stopfen läßt. Sind die Blätter am Ansatz schmaler als an der Spitze, so richten die Würmer beim Ziehen den Ansatz nach vorn. Das Hineinziehen der Blätter ist nach Darwin kein Instinkt, denn die Regenwürmer ziehen in ganz zweckgemäßer Weise Papierdreiecke herein, mit denen ihre Gattung nie etwas zu tun gehabt hatte, ebenso Blätter von Bäumen, die unlängst erst nach England importiert worden waren und denen sich die Regenwürmer noch nicht angepaßt haben konnten. Die Tiere lassen sich vielmehr durch Intelligenz leiten, sie lernen die zweckmäßigste

Hineinziehungsweise und übermitteln dann die erworbene Fähigkeit den Nachkommen erblich. Außerdem waren die spitzwinkligen Dreiecke, die in die Röhren gezogen wurden, nur in der Nähe des spitzen Winkels beschmutzt, was beweist, daß der Wurm sogleich an der richtigen Stelle zupackt und keine unnötigen Versuche an anderen Stellen des Dreiecks macht. Der Regenwurm muß irgendein Formgefühl der Dreiecksfigur besitzen. Beim Hineinziehen der Kiefernadeln mit dem Ansatz nach vorn richten sich die Würmer ganz augenscheinlich nach dem geringsten Widerstand, denn würde nur eine Nadel angefaßt, so stünde die andere

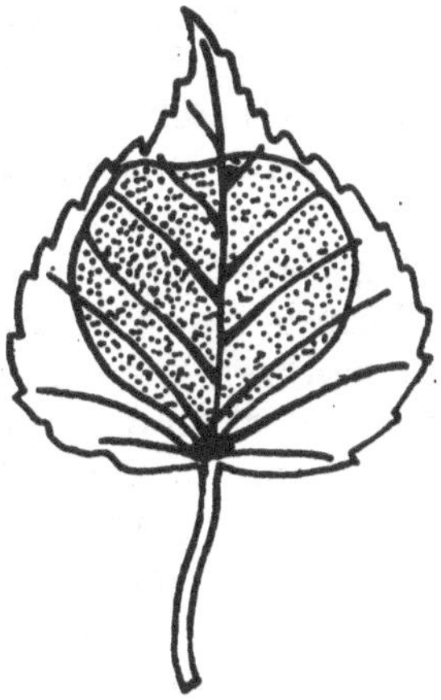

Abb. 51. Lindenblatt mit umgekehrten Ausschnitt

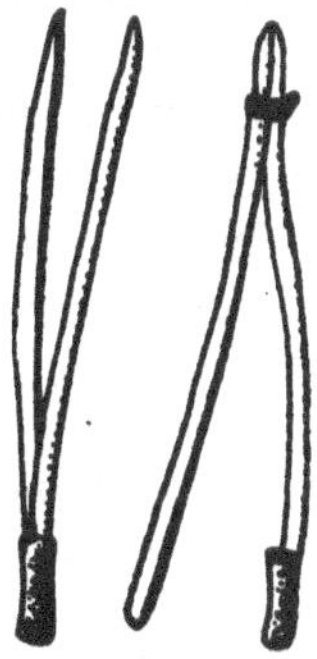

Abb. 52. Kiefernadeln mit umgedrehten Ansatz

quer zur Röhre und würde somit das Hineinziehen unmöglich machen. Möglich ist außerdem, daß die Kiefernadeln am Ansatz irgendwelche chemische Substanzen enthalten, die auf die Würmer anziehend wirken.

Sicherlich ist die Darwinsche Interpretation recht phantastisch, und die Gründe, aus denen er den Regenwürmern die Fähigkeit zum intelligenten Handeln zuschreibt, sind völlig unzureichend. Nichtsdestoweniger berührte Darwin hier ein interessantes Problem und wies den Weg zu seiner Lösung. Er unterschied nämlich drei Faktoren, von denen sich die Würmer beim Hineinziehen leiten lassen können. Das sind: die Form des Gegenstands, der Widerstand beim Hineinziehen sowie die chemischen Eigenschaften des Gegenstands.

Die Experimente Darwins wurden von Hanel wiederholt, die die faktischen Ergebnisse ihres großen Vorgängers bestätigte, sie jedoch ganz anders auslegte. Beim Lindenblatt spielt die Form gar keine Rolle, es entscheidet dagegen der chemische Unterschied zwischen dem Ansatz und dem Stiel des Blattes und seiner Spitze. HANEL führte einen sehr einfachen und einfallsreichen Versuch durch. Sie schnitt aus einem Lindenblatt mit einer Schere ein ähnliches kleineres Blatt heraus, das aber mit der Spitze zum alten Ansatz, mit dem Ansatz zur früheren Spitze gerichtet war. Wenn sich der Wurm nach der Form richtet, so muß er an der neuen Spitze ziehen. In Wirklichkeit zogen die Regenwürmer solche Blätter am Ansatz, obgleich der Widerstand in dieser Richtung am größten ist. Es müssen sich augenscheinlich in der Nähe der ursprünglichen Spitze irgendwelche chemische Substanzen befinden, die den Wurm anziehen. Bindet man die Spitzen von zwei Kiefernadeln mit einem Faden zusammen, so wird der Widerstand beim Hineinziehen an der Spitze oder am Ansatz der gleiche sein. Dennoch ziehen die Regenwürmer solche Nadeln vorwiegend mit dem Ansatz hinein. Wenn aber nach Zusammenbinden der Nadeln eine von ihnen in der Nähe des Ansatzes durchgeschnitten wird, entsteht ein Nadelpaar mit umgekehrten Verhältnissen: der frühere Ansatz ist gespalten, die früheren Spitzen verbunden. Der Regenwurm faßt jetzt an die Spitzen an, d. h., er läßt sich durch die Form leiten, die sogar im Verhältnis zum chemischen Reiz überwiegt. Spitzwinklige gleichschenklige Papierdreiecke fassen die Regenwürmer sofort an der Spitze an. Da sich HANEL für das Formgefühl der Regenwürmer und ihre Intelligenz nicht entscheiden kann, versucht sie, die Erscheinungen in eine Kette miteinander verbundener Reflexe zu zerlegen. Sie nimmt an, daß der Wurm systematisch den Rand des Dreiecks betastet und sich gewisse kinästhetische Empfindungen merkt, die offensichtlich beim Betasten einer längeren und einer kürzeren Seite, oder beim Winkel, den der Wurm nach Betasten einer langen Seite, und einem Winkel, den er nach Betasten einer kurzen berührt, verschieden sind. Diese Interpretation gibt keine Erklärung dafür, woher der Regenwurm weiß, daß er nach Erreichen der Spitze und Betasten der längeren Seite zufassen muß. Außerdem ist die Überlegungsweise der HANEL ziemlich abstrakt, denn die Verfasserin untersuchte nur Gegenstände, die bereits in die Röhre hineingezogen waren, sie beobachtete aber nicht den Prozeß des Hineinziehens selbst und stellte auch nicht fest, ob tatsächlich das von ihr angenommene systematische Betasten erfolgt.

JORDAN beobachtete als erster Regenwürmer bei der Arbeit und konnte nicht feststellen, daß die Würmer die gezogenen Gegenstände betasteten. Sie ergreifen sie vielmehr an einer beliebigen Stelle. Die Arbeit des Wurms erklärt der Autor auf der Grundlage der Versuch-Irrtum-Methode, indem er kategorisch ihre Zweckbestimmtheit bestreitet.

MANGOLD unterzog die Faktoren, die die Arbeit des Wurms beim Hineinziehen verschiedener Gegenstände in die Röhre bestimmen, einer eingehenden Analyse. Handelt es sich um Blätter, so erfolgt der erste Griff an der Stelle, an der der Kopf des Wurms zuerst zufällig mit der

Blattfläche zusammengestoßen ist. Der Regenwurm saugt sich mit den Lippen an der Blattfläche fest und geht in die Röhre zurück, wobei er das Blatt nach sich zieht. Der Blattstiel, der sich auf den Boden stützt, dient als Ruder, welches das Blatt mit der Spitze nach vorn richtet. Beim ersten Mal glückt gewöhnlich das Hineinziehen nicht, denn das Blatt legt sich quer zur Röhre und läßt sich nicht falten. Der Wurm läßt das Blatt mehrmals los und saugt sich jedesmal an einer neuen Stelle fest, wobei er stets zu ziehen versucht. Da der Widerstand am geringsten wird, wenn sich das Blatt mit der Spitze zur Röhre richtet, kommt es schließlich früher oder später zu dem Griff, der zum Hineinziehen führt. Es gibt in der Arbeit des Wurms keinerlei Auswahl der Griffstelle, es gibt nur zufällige Griffe, von denen lediglich der Griff an die Spitze zum Ziele führt. Außerdem besteht ein deutlicher Unterschied in den chemischen Eigenschaften der Blattspitze und des Blattstiels. MANGOLD schnitt besonders die Spitzen von Kirschblättern, und besonders die Blattstiele ab und trocknete sie. Danach pulverisierte er sie im Mörser, vermischte sie mit geschmolzener Gelatine und bedeckte mit der erhaltenen Masse beide Enden eines Holzstäbchens: ein Ende mit dem Pulver von den Stielen, das andere mit dem Pulver, das er aus den Spitzen erhalten hatte. Die Form der Stäbchen, wie auch der Widerstand waren an beiden Enden gleich, es bestanden zwischen ihnen nur eventuelle chemische Unterschiede. In der überwiegenden Mehrzahl der Fälle zogen die Regenwürmer die Stäbchen mit dem Ende hinein, das mit den zerriebenen Spitzen bedeckt war; es muß somit in den Spitzen irgendeine chemische Substanz vorhanden sein, die auf die Regenwürmer anziehend wirkt. Das Hineinziehen der Kiefernadelpaare, das vorzüglich an der Basis erfolgt, ist dadurch zu erklären, daß an dieser Stelle das Ansaugen leichter ist, denn eine einzelne Nadel ist für die Lippen des Wurms zu dünn. Daneben existiert noch der chemische Faktor, der in den Nadelspitzen und den Ansätzen verschieden ist. MANGOLD bestreitet entschieden, daß die Form des Gegenstandes der entscheidende Faktor ist und ist mit der entscheidenden Rolle der Reizfolge, wie das HANEL annahm, nicht einverstanden. Wenn der Gegenstand an den einzelnen Stellen chemische Unterschiede besitzt, so konkurriert der Einfluß des Chemismus mit dem des Widerstandes. Dagegen läßt sich der Wurm bei chemisch homogenen Gegenständen deutlich nur vom Widerstand leiten.

Neue Momente trägt die Arbeit von KRAUZE zur Frage bei; die Verfasserin bestätigt die faktischen Ergebnisse ihrer Vorgänger. Insbesondere kann als feststehend angesehen werden, daß bei Blättern verschiedener Bäume die Zahl der Hineinziehungen an der Spitze stark überwiegt. Durch Anwendung der MANGOLDschen Methode: Pulverisieren der Blatteile und Bedecken der Holzstäbchenenden mit dem erhaltenen Pulver, das mit Gelatine vermischt wurde, weist die Verfasserin nach, daß es innerhalb der Blattfläche keine für den Regenwurm wahrnehmbare chemische Differenzierung gibt. In der Tabelle führe ich 6 Versuche an, in denen verschiedene Teile des Lindenblattes in chemischer Hinsicht einander gegenübergestellt werden. In der Tabelle bezeichnet Z die Gesamtzahl der Ziehungen, S — die Spitzen (pulverisiert und mit Gelatine vermischt), A — die Ansätze, s — Stiele, G — reine Gelatine. Die Zahlen in den vier Spalten bezeichnen die Zahl der Ziehungen mit dem jeweiligen Blatteil nach vorn im Prozentsatz zur Gesamtzahl.

Aus der Tabelle geht hervor, daß der Regenwurm Blattspitzen nicht von Blattansätzen unterscheidet, er unterscheidet dagegen gut Spitzen und Ansätze von den Stielen. Der Grad der Unterscheidung der Spitzen von den Stielen und der Ansätze von den Stielen ist ungefähr der gleiche, was darauf hinweist, daß innerhalb der Blattfläche keine chemische Differenzierung vorhanden ist; dagegen unterscheidet sich die Blattfläche deutlich vom Stiel. Die Kontrollversuche 4—6 beweisen, daß der Regenwurm ausgezeichnet reine Gelatine von mit Blattpulver beliebiger Herkunft vermischter Gelatine unterscheidet. Am ungenauesten war die Unterscheidung bei den Blattstielen (Versuch 6), somit ist in Übereinstimmung mit dem vorher Gesagten der Anziehungseinfluß der Stiele am schwächsten.

Nr.	Gegenüberstellung	*Z*	*S*	*A*	*s*	*G*
	S — *A*	155	51	49	—	—
2	*S* — *s*	106	68	—	32	—
3	*A* — *s*	93	—	77	23	—
4	*S* — *G*	133	93	—	—	7
5	*A* — *G*	103	—	91	—	9
6	*s* — *G*	116	—	—	84	16

Krauze untersuchte eingehend den Widerstandsfaktor. Sie gab den Regenwürmern Streifen mit parallelen Rändern zum Hineinziehen, die aus einem Lindenblatt längs des Hauptnervs ausgeschnitten waren. Da es innerhalb der Blattfläche keine chemischen Unterschiede gibt und die symmetrische Form der Ausschnitte gleichfalls die Möglichkeit einer Wahl hinsichtlich der Form ausschloß, blieb nur der Widerstandsfaktor, denn der Blattnerv ist am Ansatz bedeutend dicker als an der Spitze und läßt eine Blattfaltung an dieser Stelle nicht zu. Die Mehrzahl der Streifen wurde mit der Spitze zuerst hineingezogen. Als jedoch der Hauptnerv beschnitten wurde, so daß seine Stärke überall annähernd gleich war, glich sich die Zahl der am Ansatz und der an der Spitze hineingezogenen Streifen aus. Ebenso ist, wenn den Würmern junge Lindenblätter gegeben werden, die noch so weich sind, daß die Kräfte des Wurms ausreichen, um sie an jeder Stelle zu falten, die Zahl der an den Spitzen hineingezogenen Blätter nicht größer. Die Autorin schnitt schließlich aus den Spitzenteilen der Lindenblätter Kreise aus, die in allen Richtungen gleichermaßen hineingezogen wurden. All das spricht für eine entscheidende Rolle des Widerstandes. Zu der gleichen Schlußfolgerung führen Beobachtungen des Hineinziehungsprozesses. Das sind sehr beschwerliche Untersuchungen, denn sie müssen nachts durchgeführt werden, wenn der Wurm aus der Röhre kriecht und verschiedene Gegenstände hineinzieht, und dabei muß man ihn im roten Licht beobachten, denn jedes andere bewirkt das sofortige Zurückziehen des Wurms in die Röhre. Übereinstimmend mit MANGOLD wählt der Regenwurm nicht die erste Griffstelle aus, sondern faßt das Blatt an der ersten angetroffenen Stelle an und zieht. Wenn er auf zu starken Widerstand stößt, ändert er den Griff und zieht erneut. Eine genaue Notierung der einzelnen Ansatzstellen läßt absolut auf kein System in der Arbeit des Wurms schließen. Vielmehr sind die Griffe zufällig und derjenige von ihnen führt zum Ziel, der auf einen überwindbaren Widerstand stößt.

Im Falle der Kiefernadeln können ganz deutlich zwei Faktoren unterschieden werden, die für das Hineinziehen bestimmend sind: der Chemismus und der Widerstand. Versuche mit der Pulverisierung verschiedener Nadelteile erwiesen die Existenz eines starken chemischen Einflusses besonders der Hülsen, die den Ansatz der Nadeln bedecken, welcher Umstand für die Überzahl der mit dem Ansatz nach vorn hineingezogenen Nadeln entscheidend ist. Danach setzte man den Regenwürmern künstliche Nadeln vor, die aus zwei mit einem Ende verbundenen Strohhälmchen von entsprechender Größe gemacht waren. Es überwog die Zahl der am Ansatz hineingezogenen Nadeln, es wirkte somit der Widerstandsfaktor. In den normalen Kiefernadeln summieren sich die beiden Faktoren und deshalb ist die Zahl der Hineinziehungen am Ansatz so überwältigend. Im Experiment können sie getrennt werden. Verbindet man die Enden zweier Kiefernadeln und schneidet eine von ihnen in der Nähe des Ansatzes durch, so läßt der chemische Faktor den Wurm am Ansatz ziehen, während der Widerstandsfaktor ihn dazu treibt, an den verbundenen Spitzen zu ziehen. Unter diesen Bedingungen erhält man ungefähr 60 % Ziehungen am Ansatz und 40 % an der Spitze. Normale Nadeln zieht der Wurm dagegen in über 95 % der Fälle am Ansatz hinein.

Den Formfaktor können wir mit Bestimmtheit ausschließen. Der Regenwurm kann einen Gegenstand nicht sehen und ein eventuelles Erkennen der Form ist nur auf dem Wege über den Tastsinn möglich. Ein blinder Mensch kann die Form eines Gegenstandes in zwei Fällen erkennen: wenn er ihn mit der Hand umfassen kann, oder wenn er ihn systematisch betastet, indem er mit der Hand über seine Oberfläche fährt und die Unebenheiten, Einbiegungen, Kanten und Spitzen herausfühlt. In der Arbeit des Regenwurms fehlen diese Bedingungen. Der

Wurm berührt das Blatt mit den Lippen, und von einem Umfassen des Blattes kann nicht die Rede sein. Es liegt ebenfalls kein System in seinem Verhalten, denn die Griffe werden zufällig geändert, und in den Abständen zwischen den einzelnen Griffen läßt das Tier das Blatt los. Beim Menschen würde das dem Berühren eines Gegenstandes an verschiedenen Stellen mit der Fingerspitze entsprechen. Aus einer solchen Untersuchung kann man sich unmöglich einen Begriff über die Form verschaffen. Es spielt hier noch ein anderes Moment hinein. Wenn sich der Regenwurm durch die Form leiten ließe, müßte er die Größe des wahrgenommenen Widerstandes nicht durch ein Ziehen aus allen Kräften, sondern durch den Griff selbst erkennen. Der Wurm müßte in diesem Falle mehrere Versuchsgriffe ausführen, die dem Erkennen der Form dienen, und erst, nachdem er die richtige Stelle getroffen hat, zu ziehen anfangen. Das tut er jedoch nicht. Er faßt das Blatt an einer beliebigen Stelle an und zieht nach jedem Griff mit maximaler Kraft. Das Tier versucht überhaupt nicht, die Form zu erkennen, sondern es zieht blindlings drauflos. Man kann auch nicht sagen, daß der Wurm die Richtung des geringsten Widerstandes sucht. Kreise, die aus den Spitzenteilen von Lindenblättern ausgeschnitten wurden, werden in jeder beliebigen Richtung hineingezogen, obgleich ihr Widerstand in den verschiedenen Richtungen sehr ungleichmäßig ist. Man müßte genauer sagen, daß der Wurm die Richtung eines überwindlichen Widerstandes sucht, aber unter den möglichen Widerständen keine besondere Auswahl trifft.

Anders ist es um den chemischen Faktor bestellt. Wir sprachen bis jetzt noch nicht darüber, weshalb der Regenwurm verschiedene Gegenstände in seine Röhre zieht. Darwin nahm an, daß sich der Wurm durch Verstopfen des Röhreneingangs vor der Kälte schützt. Diese Hypothese ist jedoch völlig unbegründet. Der Wurm arbeitet nachts, wenn die Temperatur niedrig ist, und dann kriecht er fast völlig aus der Röhre. Dagegen ist der Röhreneingang tagsüber verstopft, wo die Temperatur hoch ist. Es ist ebenfalls unrichtig, daß die Würmer durch Verstopfen des Röhreneingangs ihren Feinden den Zutritt erschweren. Im Herbst zeigen Laubhaufen, die die Röhren bedecken, vielen Vögeln an, wo sie die Regenwürmer zu suchen haben. Der Hauptfeind des Regenwurms aber ist der Maulwurf, der von unten her wühlt, und gegen den das Verstopfen des Eingangs sinnlos ist. Man müßte vielmehr annehmen, daß die Würmer in den Röhren Vorräte ansammeln. In der feuchten Röhre sind die Blätter und Nadeln einer allmählichen Fäulnis ausgesetzt und eignen sich als Futter für den Wurm. Das Tier muß eßbare Dinge von nicht eßbaren unterscheiden können und läßt sich dabei von den chemischen Merkmalen der Gegenstände leiten. Ein Blattstiel eignet sich in weit geringerem Maße zur Nahrung als eine Blattfläche, und deshalb faßt der Wurm nur selten ein Blatt am Stiel an. Seinen Fähigkeiten entsprechend sucht der Regenwurm an seinem Gegenstand die Stellen, deren Chemismus auf Eßbarkeit hinweist. Der Widerstand aber entscheidet, ob die vom Wurm eingeschlagene Richtung zum Effekt führt. Es ist bei dem Wurm eine dauerhafte Verbindung von zwei verschiedenen Faktoren vorhanden: des mechanischen und des psychischen. Denken wir daran, daß die vorherige Schlußfolgerung über die blinden Griffe das Hineinziehen der Blattfläche betraf, innerhalb deren der Regenwurm keine chemischen Unterschiede wahrnimmt. Dort aber, wo diese Unterschiede vorhanden sind, üben sie einen sichtbaren Einfluß auf die Arbeitsweise aus. Im Experiment können wir diese beiden Faktoren trennen. Als wir beim Hineinziehen von Holzstäbchen reine Gelatine der mit pulverisierten Blatteilen vermischten Gelatine gegenüberstellten, überschritt die Genauigkeit beim Unterscheiden 90%. Hier war der Widerstand in beiden Richtungen gleich, das erzielte Ergebnis schließt eine Zufälligkeit der Griffe aus. Ganz augenscheinlich sucht der Wurm Stellen, deren chemische Eigenschaften ihn an die Nahrung erinnern.

Diese Tatsachen stellen uns nun vor das Problem, ob der Regenwurm irgendwelche Assoziationen bilden kann, ob er irgend etwas erlernen kann. Yerkes dressierte Regenwürmer in einem T-Labyrinth. Das Tier wurde in den längeren Labyrintharm gelassen, von wo aus es zwei mögliche Wege vor sich hatte: einen rechts und einen links. Der eine von ihnen führte zu einem dunklen Platz und zur Nahrung, d. h., er war mit Belohnung verbunden. Im zweiten Weg stieß der Wurm auf Metalldrähte und erhielt einen elektrischen Schock (Strafe). Diese Versuche wurden in größerem Rahmen von Heck und später von Swartz durchgeführt. Alle Forscher stellen fest, daß der Wurm in größerem oder geringerem Maße Gewohnheiten annehmen kann. Nach Heck sind im Lernprozeß des Tieres drei Stadien zu unterscheiden: 1. anfangs schlägt der Regenwurm gleich oft die erlaubte wie die nicht erlaubte Richtung ein. Jedoch allmählich lernt er, dem elektrischen Schock aus dem Wege zu gehen. Zunächst kommt das darin zum Ausdruck, daß nach Berührung der Drähte der Wurm sich zurückzieht und nicht in der verbotenen Richtung zu kriechen versucht. 2. Im zweiten Stadium betastet der Regenwurm, wenn er sich an der Weggabelung zur verbotenen Richtung hinwendet, noch vor Berühren der Drähte zögernd ihre nähere Umgebung und kehrt um, auf diese Weise den Schock vermeidend. Es ist möglich, daß das Tier in der Nähe der Drähte irgendwelche thermische, chemische oder andere Einflüsse spürt. Diese Reize sind eine Folgeerscheinung der elektrischen Entladung; der Wurm hat früher auf sie nicht reagiert, jetzt aber haben sie ihn auf Grund ihres Zusammenhangs mit der Bestrafung Bedeutung gewonnen. Wir können sie bedingte Reize nennen. 3. Im dritten Stadium kann man beobachten, wie die

nach einigen Tagen aber nimmt die Zahl der hineingezogenen Nadeln bedeutend ab. Das gleiche geschieht mit Holzstäbchen, niemals aber mit Blättern. Nadeln, die längere Zeit auf dem Rasen neben den Röhren gelegen hatten, nahmen die Regenwürmer überhaupt nicht. Als man ihnen dann frische Nadeln gab, begannen sie, diese hineinzuziehen. Das stimmt mit der Beobachtung Maleks überein, daß der Regenwurm Gegenstände, von denen er einmal abgelassen hat, nicht mehr berührt. Es kann sein, daß er sie an dem haftengebliebenen Schleim erkennt.

Zum Schluß will ich das „Tagewerk des Regenwurms" beschreiben. Nach Aushöhlen einer Röhre sitzt das Tier tagsüber darin unbeweglich und hält den Kopf nahe am Eingang, der ziemlich dicht mit Blättern oder Stäbchen verstopft ist. Mit Einsetzen der Dämmerung erwacht der Wurm aus der Erstarrung und macht sich an die Arbeit. Er kriecht aus der Röhre, wobei er den Körper vollständig herauszieht (maximale Zusammenziehung der Ringmuskeln) und sich mit seinem Hinterende an der Eingangsöffnung der Röhre festhält. Das Vorderende des Wurms führt Kreisbewegungen aus, indem es sich etwas über den Boden erhebt und nach allen Richtungen tastet. Der Tierkörper streckt sich in immer neue Richtungen und der Kopf durchsucht immer wieder neue Gebiete. Wenn der Regenwurm auf irgendeinen Gegenstand stößt, saugt er sich daran fest. Die Mundöffnung ist von weichen Lippen umgeben, die sich dicht an den Gegenstand drücken. Gleichzeitig zieht sich das Schlundkügelchen, das beim Anfassen nach vorn geschoben ist, zurück und wirkt als Kolben, der einen negativen Druck erzeugt. Infolgedessen saugen sich die Lippen an der Oberfläche des Gegenstandes fest. Beim Zurückkriechen in die Röhre zieht der Wurm den Gegenstand hinter sich her. Ist es ein kleines Steinchen, das in den Röhrenkanal hineinpaßt, so wird es in die Kanalwand eingemauert, eingedrückt. Ist es ein größerer Stein, so zieht der Wurm ihn nur bis zur Öffnung und läßt ihn dann liegen. Dasselbe geschieht mit Blättern: läßt sich ein Blatt nach mehreren Versuchen nicht hineinziehen, so wird es liegengelassen. Auf diese Weise sammelt sich während der Nacht über der Röhre ein Häuflein Laub und anderer Gegenstände, die die Öffnung zudecken, an.

Der Regenwurm ist nachts, wo sein Körper maximal ausgedehnt ist, für sämtliche Umwelteinflüsse, zumal für Berührung, Erschütterung, chemische und Lichteinflüsse besonders empfindlich. Daher kann man den Regenwurm nur unter Einhaltung aller Vorsichtsmaßregeln beobachten. Man darf sich nur langsam bewegen und die Würmer nur mit rotem Licht beleuchten. Sehr schwaches weißes Licht wirkt auf Regenwürmer anziehend. Man kann vielfach beobachten, daß die Regenwürmer in Mondnächten aus ihren Röhren kriechen und weite Wanderungen machen. Es gelingt ihnen jedoch nicht, die verlassene Röhre wiederzufinden und bei Tagesanbruch müssen sie sich neue Röhren bohren. Am Morgen verstecken sich die Regenwürmer erneut in ihren Röhren.

Das Sinnesleben dieses Tieres ist recht mannigfaltig; auf einige Reize reagiert es sogar bei minimaler Intensität. Der Regenwurm ist in der Lage, seine Umwelt auf seine eigene Weise kennenzulernen, er vermag ihre Einflüsse zu analysieren und Erfahrungen zu sammeln. Das Leben des Wurms scheint uns nur deshalb so eintönig und arm, weil es uns noch nicht gelungen ist, es gründlich zu erforschen. Und die ungemein komplizierte Struktur seines Nervensystems, die Vielfalt und Verschiedenartigkeit der Verbindungen zwischen seinen Elementen, die nur in geringem Maße durch die Forschung geklärt worden ist, zeigt, daß wir es mit einem hinsichtlich der Nerventätigkeit hoch entwickelten Tier zu tun haben, dem eine Vielfalt von Eindrücken zugänglich ist.

ZEHNTES KAPITEL

Die Psychologie der Biene — Ihr Sinnesleben

In gewisser Hinsicht ist das psychische Leben der Biene sehr gründlich studiert worden. Besonders ihr Gesichts- und Geschmackssinn wurden so vielseitig erforscht, daß noch nicht einmal die Sinne des Menschen ein ähnlich erschöpfendes Studium erfuhren. Dennoch bleibt auf diesem Gebiete noch viel zu tun übrig und nichtsdestoweniger sind wir weit davon entfernt, die Innenwelt der Biene richtig zu verstehen. Wir wissen nur, daß wir es mit einem Organismus von außergewöhnlich komplizierter psychischer Struktur zu tun haben, die neuere Forschungen erst zu erhellen begonnen haben.

Die Biene ist ein Gesellschaftstier, und dieser Umstand drückt ihrer Psyche den Stempel einer Reihe von eigentümlichen Eigenschaften auf. Bekanntlich leben im Bienenstock drei Arten von Bienen. Zuerst einmal enthält der Bienenstock eine Königin. Es ist dies eine weibliche Biene mit voll entwickelten Geschlechtsorganen, die sich von den anderen Bewohnern des Bienenstockes durch einen verlängerten Hinterleib und verhältnismäßig kurze Flügel unterscheidet. Ihre einzige Funktion, die sie systematisch im Laufe ihres 4—5 Jahre dauernden Lebens ausübt, ist das Eierlegen. Am zahlreichsten sind im Bienenstock die Arbeitsbienen vertreten, das heißt weibliche Bienen mit ungenügend entwickelten Geschlechtsorganen. Ein großer Bienenstock kann über 70 000 Arbeitsbienen enthalten. Schließlich gibt es im Bienenstock verhältnismäßig wenige Drohnen, das heißt männliche Bienen. Alles, was ich über die Psyche der Bienen sagen werde, wird sich ausschließlich auf die Arbeitsbienen beziehen. Über das psychische Leben der Königin und der Drohnen wissen wir zu wenig.

Sehen wir uns erst einmal die Mittel an, die der Biene bei ihrer Anpassung an die sie umgebende Welt zur Verfügung stehen. Zu den bedeutendsten Sinnen der Biene gehört ihr feiner Geruchssinn, dessen Organ ihre auf dem Kopfe befestigten Fühlhörner (Antennen) sind. Die Fühlhörner, wie auch der ganze Körper der Biene, sind mit einem harten Chitinpanzer bedeckt, der keine Gase hindurchläßt, und nur dank der sehr zahlreichen kleinen Kanäle, die das Chitin der Fühler durchbohren, wird es den Gaskörpern der Luft möglich, zu den Enden der in den Fühlern befindlichen Geruchsnerven zu gelangen. In die Kanäle wachsen die Verzweigungen der Geruchsnerven hinein. Die Kanäle sind von außen durch eine sehr feine Chitinhaut verschlossen, die so dünn ist, daß sie nicht den Kreislauf der Gase behindert, die aber gleichzeitig die Nervenenden vor Verunreinigungen schützt. Dagegen wächst zwischen den Kanälen eine dichte Bürste aus Haaren, die das Organ für den Tastsinn des Tieres darstellen. Eine so nahe Nachbarschaft von Organen zweier verschiedener Sinne schafft völlig spezifische Verhältnisse, denn der Geruchs- und der Tastsinn sind in ein und demselben Organ, in den Fühlern, untergebracht. Wenn die Biene irgendeinen Gegenstand mit ihren Fühlern betastet, erhält sie gleichzeitig einen Geruchs- und einen Tasteindruck, zwei Arten von Empfindungen, die für uns völlig gesondert, für die Biene aber immer verbunden sind. Es läßt sich experimentell feststellen, daß die Biene runde und quadratische Gerüche unterscheidet, und daß es für sie harte und weiche, glatte und rauhe, konvexe und konkave Düfte gibt. Es ist sehr schwer, das Wesen derartiger Erlebnisse zu verstehen, denn wir selbst besitzen weder in unseren Organen noch in unseren Empfindungen eine Entsprechung für sie. Die beweglichen Fühlhörner der Biene, die jeden angetroffenen Gegenstand lebhaft befühlen, müssen die Quelle überaus vielseitiger Empfindungen sein und erleichtern so ein erneutes Erkennen des Gegenstandes. Der so kombinierte Geruchs-Tast-Sinn erhielt die treffende Bezeichnung: *Topochemischer Sinn.* Er ist allen Insekten eigen, ist aber bei den Ameisen besonders entwickelt.

Abb. 53. Der Fühler (Antenne) der Biene

Die Geruchsfunktionen der Biene wurden von v. FRISCH erforscht. Er fütterte Bienen auf einem Tisch aus einem mit Sirup angefüllten Glasschälchen. Er stellte das Schälchen auf einen Bogen grauen Papiers und schüttete neben das Gefäß auf das Papier ein paar Tropfen irgendeiner duftenden Substanz, beispielsweise Pfefferminzöl. In die Nähe des Schälchens legte er drei andere graue Papierbogen, denen ein anderer Geruch, zum Beispiel der von Quendelöl anhaftete; außerdem befand sich auf jedem dieser Bogen ein leeres Glasschälchen von demselben Aussehen wie das Schälchen mit dem Sirup. In bestimmten Abständen wurde die gegenseitige Lage aller vier Bogen verändert, um die Biene nicht an eine bestimmte Stelle zu gewöhnen. Nach einer gewissen Zeit, nachdem die Biene mehrmals das Schälchen mit dem Sirup aufgesucht hatte, wurde ein Verifikationsversuch durchgeführt. Es wurden vier graue Papierbögen ausgelegt, auf deren jedem sich ein Schälchen befand, von denen aber keines Nahrung enthielt. Drei Bögen waren durch Quendelgeruch, der vierte durch Pfefferminzgeruch bezeichnet. Es zeigte sich, daß die Bienen in dichtem Haufen auf den Bogen mit Pfefferminze zustrebten und hartnäckig in dem leeren Schälchen nach Nahrung suchten. Bei diesem Experiment konnte der Geruch das einzige Orientierungsmittel sein. Das Ergebnis des Experiments zeigt deutlich, daß die Bienen Pfefferminze vom Quendel unterscheiden. Analoge Experimente stellte v. FRISCH mit vielen Duftsubstanzen an. Er stellte fest, daß der Geruchssinn der Biene gut entwickelt ist und daß dieses Insekt beispielsweise den Geruch von Pomeranzenöl von dem Geruch dreiundvierzig anderer pflanzlicher ätherischer Öle zu unterscheiden vermag. Die auf einen bestimmten Geruch dressierte Biene kann mit Leichtigkeit auf einen beliebigen anderen Geruch „umdressiert" werden. Die Schärfe des Geruchssinnes ist groß, jedoch nicht größer als die Schärfe des Geruchssinnes beim Menschen. In jedem Falle beginnt die Biene auf dieselben minimalen Verdünnungen der Duftsubstanzen zu reagieren, auf die auch der Mensch reagiert. v. FRISCH wies auf experimentellem Wege nach, daß das Organ des Geruchssinnes die Antennen seien. Nachdem einer auf den Geruch von Pfefferminze abgerichteten Biene beide Fühlhörner amputiert worden waren, suchte das Insekt auch weiterhin nach dem Schälchen mit dem Sirup, war jedoch nicht imstande, den Papierbogen mit Pfefferminze von den anderen Bögen zu unterscheiden und ließ sich auf jedem völlig zufällig nieder. Die Amputation der Fühlhörner ruft keinerlei ernsthafte Störungen im Betrieb des Organismus hervor; letzteres wurde genau kontrolliert. Sie schließt jedoch den Geruchssinn aus, was sofort den Verhaltenscharakter des Tieres beeinflußt.

Komplizierter ist das Problem des Geschmacksinnes. Das Organ dieses Sinnes befindet sich in der Mundhöhle und auf der Zunge der Biene. Außerdem zeigen die Forschungen MINNICHS, daß die Bienen auch geschmackliche Empfangsapparate in den Beinen besitzen, wie es ähnlich bei Fliegen und Motten festgestellt wurde. MINNICH gab gefesselten Bienen mit amputierten Fühlhörnern Lösungen verschiedener Zucker beziehungsweise reines aqua destillata zu trinken. Wenn die gereichte Substanz Geschmacksempfindungen auslöst, so reagiert das Insekt darauf mit dem Vorstrecken der Mundteile. Durch die Berührung mit dem Vorderbein unterscheidet die Biene gut reines Wasser von einer Zuckerlösung und unterscheidet Rohrzucker von Milchzucker, der weniger süß ist, und wählt den ersteren. Auch die Antennen reagieren auf Zucker, aber wir wissen nicht, ob es sich auch in diesem Falle um den Geschmackssinn handelt, oder ob nicht vielleicht die Zuckerlösungen einen gewissen schwachen Geruch aufweisen.

In einer Reihe exakter Arbeiten unterzog v. FRISCH den Geschmackssinn der Biene einer eingehenden Analyse. Er setzte den Insekten Lösungen verschiedener geschmacklicher Substanzen vor und berechnete, in welchem Prozentsatz der Fälle die Biene auf die Lösung positiv reagierte, das heißt sie trank. Die niedrigste Konzentration von Rohrzucker (Saccharose), auf die die Biene positiv reagiert, beträgt $^1/_4$ Mollösung. Doch ist das keine konstante Größe, denn hungrige Bienen sind empfindlicher gegenüber Zucker und reagieren selbst bei $^1/_{16}$ Mollösung positiv. Ähnlich wie beim Menschen kann der Geschmackssinn leicht abstumpfen; nach der Aufnahme süßer Nahrung nimmt die Empfindlichkeit gegenüber Zucker erheblich ab, und man muß ihr dann konzentriertere Zucker vorsetzen, um eine positive Reaktion zu erhalten.

Umfangreiche vergleichende Studien ergaben folgende Verhältnisse: Von den einfachen Zuckern sind für die Biene süß (rufen eine positive Reaktion hervor): Die Glukose und die Fruktose, ohne Geschmack sind die Galaktose, die Mannose und die Sorbose. Von den höheren Zuckern sind süß: die Saccharose, die Trehalose, die Maltose und die Melezitose, ohne Geschmack dagegen sind die Zellobiose, die Laktose, die Melibiose und die Raffinose. Hier ergibt sich eine Reihe interessanter Probleme. Die Gruppe der Zucker stellt eine Reihe chemisch nahe verwandter Verbindungen dar, und es besteht daher die Möglichkeit, daß der süße Geschmack mit einem bestimmten Typ des chemischen Aufbaus in Zusammenhang steht. Es zeigte sich jedoch, daß dem nicht so ist. Auf Grund der ersten Forschungen konnte man schließen, daß für die Bienen die Hexosen süß sein müssen. Aber v. FRISCH fand später zwei süße Substanzen mit anderem Aufbau, nämlich die Fukose (Methylpentose) und den zyklischen Alkohol Inosit, dessen chemischer Aufbau ein völlig anderer ist. Ähnlich wie im Falle des Menschen kann man auf den Geschmack einer Substanz nicht aus ihrem chemischen Aufbau schließen.

Eine weitere Annahme war, daß für die Biene nur die Zucker süß sind, die in ihrer natürlichen Nahrung vorkommen und ihr so gewissermaßen aus der Erfahrung bekannt sind. Um diese Hypothese auf ihre Richtigkeit hin zu überprüfen, führte BEUTLER eine chemische Analyse des Nektars verschiedener Blumen durch. Er stellte fest, daß sich, praktisch genommen, in dem Nektar der honigtragenden Blumen keinerlei nichtflüchtige Substanzen, außer den Zuckern, befanden. Die Konzentration des Zuckers ist immer ziemlich hoch, sie ist bedeutend höher als die Minimalkonzentration, auf die die Biene positiv reagiert, und beträgt mindestens 8,6 %. Gefunden wurden im Nektar nur die Saccharose, Glukose und Fruktose, die sämtlich für die Biene süß sind. Die Aussonderungen der Blattläuse, die die Bienen gern lecken und die in einem gewissen Maße ihre natürliche Nahrung ersetzen können, enthalten Glukose, Fruktose, Saccharose, Melezitose und Trehalose. Die

Biene reagiert demnach nicht nur auf die Zucker positiv, mit denen sie es in der Natur zu tun hat.

Eine andere Möglichkeit ist, daß die Zucker süß sind, die die Biene in ihrem Stoffwechsel verwerten kann. Spezielle Untersuchungen in dieser Richtung wurden von VOGEL durchgeführt. Diese Forscherin maß den Nährwert eines Zuckers an der Lebenslänge der Biene, die ausschließlich mit diesem Zucker gefüttert wurde. Um die Gewähr dafür zu haben, daß die Biene den ihr vorgelegten Zucker tatsächlich zu sich nahm, fügte man jeder Lösung ein geringes Quantum Saccharose bei. Die Ergebnisse fielen ziemlich kompliziert aus, die Schlußfolgerung der Forscherin aber lautete, daß alle für die Biene süßen Zucker zugleich einen Nährwert für sie hätten, daß ihr aber nicht alle Zucker geschmacklich gleichgültig seien, die diesen Nährwert nicht aufweisen. Es gibt also süße nahrhafte, aber auch nahrhafte nichtsüße sowie nichtnahrhafte nichtsüße Zucker. Dagegen gibt es keine süßen und zugleich nichtnahrhaften Zucker. Der relative Nährwert der Zucker wächst in folgender Reihenfolge: Raffinose (diese besitzt den niedrigsten Nährwert, der $^1/_8$ des Nährwertes der Saccharose beträgt), Galaktose, Zellobiose, Arabinose, Mannit, Xylose, Sorbit (dieser Zucker hat den doppelten Nährwert der Saccharose). Ganz augenscheinlich ist die Biene mit einem größeren Empfindungstalent von der Natur ausgestattet, als sie im täglichen Leben braucht, obwohl man die Existenz eines Zusammenhanges zwischen den Fähigkeiten des Tieres und seinen natürlichen Lebensbedingungen feststellen kann.

Was die anderen Geschmacksrichtungen, außer dem des Süßen betrifft, so muß die Forschung hier einen Umweg machen. Dinge, die für den Menschen salzig, bitter oder sauer schmecken, „verderben“ den süßen Geschmack. Ähnlich bewirkt auch die Beifügung mancher Substanzen zur Zuckerlösung, daß der Zucker nicht mehr genommen wird. Es ergibt sich die Frage, ob es für die Biene nur zwei Geschmacksrichtungen gibt, den süßen und den „verdorbenen“, oder ob sie auch alle vier Geschmacksarten ähnlich wie der Mensch unterscheidet. v. FRISCH tat in eine Saccharoselösung Steinsalz und in eine andere Chinin. Nach einigen Stunden Hungerns begannen die Bienen, den Zucker mit dem Chinin zu sich zu nehmen, rührten aber den gesalzenen Zucker nicht an. Daraus ergibt sich, daß Salzigkeit und Bitterkeit für die Biene nicht ein und dasselbe sind. Ferner bereitete man eine Mischung aus Zucker mit Chinin (K), sowie aus Zucker mit Salzsäure (C); beide Substanzen wurden dem Zucker in einer Menge zugefügt, die knapp ausreichte, den süßen Geschmack zu „verderben“. Man hätte annehmen können, daß beide jetzt in gleichem Grade den Geschmack des Zuckers „verdarben“. Wenn das Chinin und die Säure die gleiche geschmackliche Qualität besitzen, wenn die Biene sie nicht unterscheidet, so wäre zu erwarten gewesen, daß die Beigabe von $^1/_2$ K + $^1/_2$ C dieselbe Wirkung gehabt hätte wie die Beigabe von 1 K oder 1 C selbst. Das Ergebnis war jedoch ein anderes; der Zucker mit der Zugabe von $^1/_2$ K + $^1/_2$ C wurde lieber genommen als der Zucker mit nur K oder C selbst. Beide diese Substanzen summieren sich physiologisch nicht, wie das zwei verschiedene Zucker tun. Folglich ist für die Biene Bitterkeit etwas anderes als Säuerlichkeit. Auch diese Frage wurde zum Gegenstand vergleichender Forschungen, aus denen sich ergab, daß die Biene tatsächlich dieselben vier Geschmacksrichtungen unterscheidet wie der Mensch.

Niemals gelang es festzustellen, ob die Biene einen Gehörsinn besitzt, und vielfache Versuche, sie auf Töne abzurichten, blieben ohne Erfolg. Vielleicht hat man es nicht verstanden, die entsprechenden Töne auszusuchen. Unter den Imkern ist eine andere Meinung weit verbreitet. Tatsächlich geben die Bienen in den verschiedenen Lebensumständen sehr deutlich voneinander verschiedene Töne von sich. Eine Biene, die aus dem Bienenstock herausfliegt, summt anders, als wenn sie mit Honigvorrat oder Blütenstaub zurückkehrt. Wenn zu Anfang des Sommers in besonderen Zellen die jungen Königinnen ausschlüpfen, verlassen sie lange Zeit hindurch ihre Zellen nicht, denn wenn sie herauskämen, würden sie von der alten Königin getötet werden. Sie geben in dieser Zeit charakteristische quäkende Töne von sich, nach Meinung der Bienenzüchter sind das an die alte Königin gerichtete „Fragen" oder „Bitten um Erlaubnis, herauszukommen", auf die diese „antwortet". Sehr eigentümlich sind die lauten heulenden Laute, die die Arbeitsbienen von sich geben, wenn man ihnen die Königin nimmt. Man könnte annehmen, daß diese so verschiedenen Töne, die das geübte Ohr sofort erkennt, irgendeine biologische Bedeutung haben; in diesem Falle müßten sie in einer gewissen Weise die Bienen beeinflussen. Wir haben jedoch hierfür keine Beweise. v. FRISCH bemerkt völlig richtig, daß zum Beispiel unsere Atembewegungen die Ursache verschiedener Töne sein können, daß aber daraus nicht hervorgeht, ob diese Töne zu etwas dienlich sind. Es sind ganz einfach „physiologische" Töne. Auf jeden Fall steht diese Frage offen, und es ist ihr zu wenig Aufmerksamkeit gewidmet worden, als daß man sie für entschieden halten könnte.

Ein sehr umfangreiches und schwieriges Kapitel aus dem Leben der Biene stellt ihre Sehfunktion dar. Die Biene besitzt zwei Arten von Augen. Es sind dies erstens Komplexaugen, die seitlich am Kopfe angebracht sind, und sodann einfache Augen, die sich im Scheitelteil befinden. Wenn wir die seitlichen Augen durch ein Vergrößerungsglas betrachten, bemerken wir, daß ihre Oberfläche ein regelmäßiges Netz aus kleinen sechseckigen Feldern ist. Jedes dieser Felder entspricht einem Elementarauge, einem sogenannten Ommatidium. Die Ommatidien werden längs ihrer Hauptachse senkrecht zur Augenoberfläche durchschnitten. Jedes Ommatidium besteht aus einer schmalen und verhältnismäßig langen Röhre, in der wir folgende Bestandteile unterscheiden:

An die Oberfläche des Auges grenzt eine durchsichtige Chitinhornhaut, die an der Außenfläche leicht konvex gewölbt ist. Diese Hornhaut spielt eine bestimmte Rolle bei der Sammlung der Lichtstrahlen und ist also gleichzeitig eine Art Linse. Gleich unter der Hornhaut befinden sich kleine, flache Zellen, vier an der Zahl, die einen aus vier in der Ommatidiumachse zusammenstoßenden Teilen bestehenden Kristallkegel bilden, so genannt wegen seiner Durchsichtigkeit. Die Linse und der Kristallkegel dienen zur Brechung der Lichtstrahlen, stellen also den dioptrischen Apparat des Auges dar. Noch tiefer liegt die aus acht langen Zellen bestehende Netzhaut, die direkt an den Kristallkegel stößt. Jede

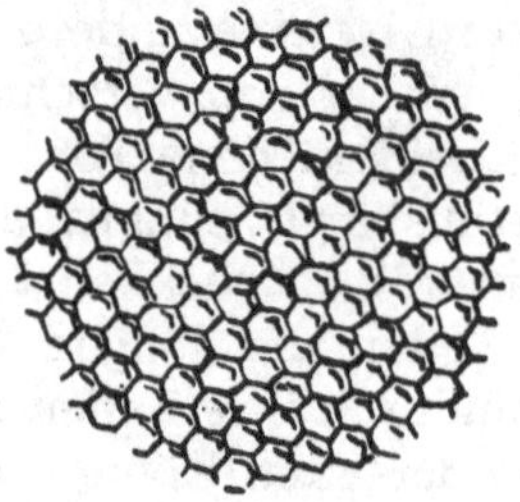

Abb. 54. Oberfläche des Bienenauges, vergrößert

der Netzhautzellen bildet auf ihrem inneren, der Ommatidiumachse anliegenden Rand, eine geißelförmige Verdickung, und alle acht Verdickungen, genannt *Rhabdomere,* verschmelzen in einer gemeinsamen Achsenrute, genannt Rhabdom. Der Rhabdom ist der eigentliche lichtempfindliche Teil des Elementarauges. Nach innen gehen die Zellen der Netzhaut unmittelbar in die Nervenfasern über, die zuerst zu den Ganglien des Gesichtssinnes und von dort dann zum Gehirn führen. Das ganze Ommatidium, außer der Hornhaut, ist an den Seiten mit einer Schicht schwarzen Farbstoffes bedeckt, der das einzelne Auge von den Nachbaraugen optisch isoliert.

Das so gebaute Komplexauge besitzt eine Reihe sehr eigentümlicher physiologischer Merkmale, die sich grundsätzlich von den Eigenschaften des menschlichen Auges unterscheiden. Die Linse des Ommatidiums ist steif, sie kann weder ihre Gestalt noch ihre Lage verändern, noch dient sie der Akkomodation des Auges. Das Problem der Akkomodation des Auges, das von der Natur bei den verschiedenen Tiergruppen auf so verschiedene Weise gelöst wurde, fand im Komplexauge eine äußerst geschickte Lösung. Eine Akkomodation ist hier überhaupt nicht nötig. Denn das Empfangselement des Ommatidiums ist der Rhabdom, der gleichmäßig in seiner ganzen Länge lichtempfindlich ist; infolgedessen macht es keinen Unterschied, ob das Bild des gesehenen Gegenstandes auf eine flacher oder tiefer gelegene Ebene fällt. Wie wir heute wissen, ist der Rhabdom, funktionell gesehen, eine Einheit, das heißt, daß er in einem gegebenen Augenblick nur die Quelle einer Anregung sein kann. Wir beobachten auch bei verschiedenen Gliedertieren, daß, je vollkommener ihre Sehfunktion, desto genauer das Zusammenspiel aller Rhabdomere in einem Rhabdom ist. Eine andere Besonderheit des Komplexauges ist die Zerlegung des gesehenen Objektes in einzelne Teile. Schon JOHANNES MÜLLER wies darauf hin, daß infolge der engen röhrenförmigen Gestalt des Elementarauges nur die Lichtstrahlen in den Rhab-

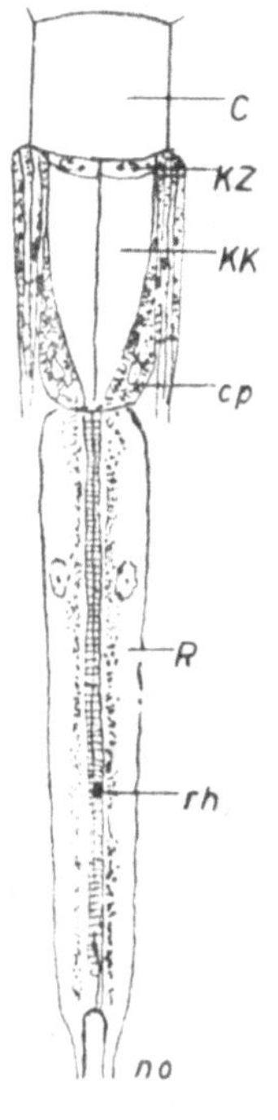

Abb. 55. Längsschnitt durch ein Ommatidium: *c* Hornhaut, *kz* Zellen, die den Kristallkegel *(kk)* aussondern, *cp* Farbstoffzellen, *R* Netzhaut, *rh* Rhabdom, *no* Gesichtsnerv

dom dringen können, die annähernd parallel zur Ommatidiumachse verlaufen. Alle anderen müssen auf die Seitenwand fallen, wo sie von dem diese umgebenden Farbstoff aufgeschluckt werden, ohne zu den lichtempfindlichen Teilen der Netzhaut zu gelangen. Daraus geht hervor, daß jedes Ommatidium nur einen kleinen Ausschnitt des Objektes sieht; das Komplexauge zerlegt das Bild in einzelne Punkte, wie der Raster das Druckerklischee. Unlängst gaben v. UEXKÜLL und BROCK einen interessanten Atlas heraus, der illustrierte, wie die verschiedenen Tiere ein und dasselbe Bild sehen. Im Falle des Komplexauges sieht dieses Bild wie ein durch ein Vergrößerungsglas betrachtetes Druckerklischee aus:

Es zeigt etliche ziemlich grobe Punkte, die nicht untereinander verbunden sind, so daß die Einzelheiten des Bildes fast völlig verwischt sind. Je zahlreicher und feiner die Punkte des Druckerklischees sind, um so schärfer ist das Bild. Ganz genauso steht die Sehschärfe des Komplexauges in einfachem Verhältnis zu der Zahl seiner Ommatidien. Im Falle der Biene wurden diese Verhältnisse von BAUMGÄRTNER gründlich erforscht. Da die Oberfläche des Komplexauges gewölbt ist, die Achsen der Ommatidien aber senkrecht zur Oberfläche verlaufen, müssen sie zueinander in einem bestimmten Winkel geneigt sein. Daraus

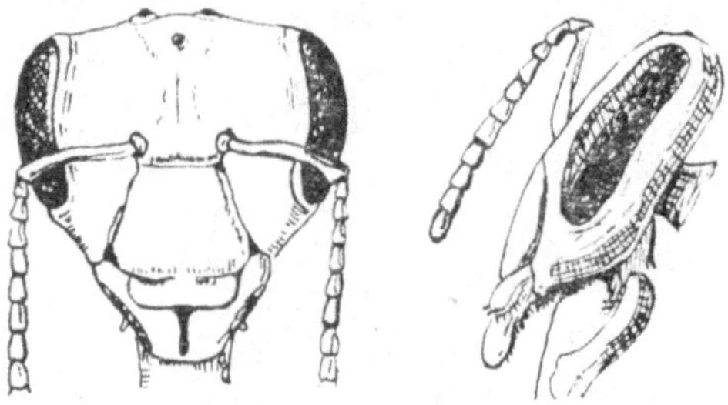

Abb. 56. Kopf der Biene von vorn und von der Seite. Oben die drei einfachen Augen (Ozellen)

folgt, daß das Bild eines genügend kleinen und genügend weit entfernten Gegenstandes nur auf ein Ommatidium fallen muß, das nur den Eindruck eines einzelnen Punktes wiedergeben kann. Ähnlich wird eine flache Ebene, die sich vor dem Auge befindet, durch dieses in eine Reihe von Punkten zerlegt, deren Zahl von der Entfernung der Fläche vom Auge sowie vom gegenseitigen Neigungswinkel der Ommatidienachsen abhängt. Je stärker die Krümmung der Augenoberfläche ist, und je größer also dieser Winkel ist, um so geringer ist die Zahl der Elementaraugen, die an der Schaffung des Bildes dieses Objektes beteiligt sind, um so weniger scharf ist also das Sehen. Daraus folgt, daß ein einfaches Verhältnis zwischen dem Neigungswinkel der Ommatidienachsen und der Sehschärfe bestehen muß. Das Auge der Biene hat die Form einer länglichen Ellipse, deren größere Achse fast senkrecht verläuft. BAUMGÄRTNER stellte auf der Basis einer direkten Winkelmessung fest, daß die maximale Sehschärfe in senkrechter Richtung ungefähr dreimal größer ist als in waagerechter. Die Biene ist ein Astigmat. Im Bereich einer 1,53 m entfernt befindlichen Ellipse mit den Achsen 72 und 24 mm sieht die Biene schon keinerlei Einzelheiten mehr, das Bild der Ellipse fällt nur auf ein Elementarauge. Die menschliche Blickschärfe ist erheblich größer, denn der Mensch kann im Bereiche eines Kreises von 24 mm Durchmesser Einzelheiten erst dann nicht mehr erkennen, wenn dieser 82,5 m entfernt ist. Die Tatsachen ließen sich experimentell erhärten. Ein Rechteck mit einem Seitenverhältnis 1 : 3, das in einer bestimmten Entfernung senkrecht steht, muß von drei Ommatidien gesehen werden, in waagerechter Lage dagegen nur von einem. In der Tat wird ein Rechteck mit den Maßen 10 : 20 mm von der Biene aus einer Entfernung von 40 cm erkannt, wenn es senkrecht steht, aber aus einer Entfernung von nur 11 cm, wenn seine Lage waagerecht ist.

So sehen die physiologischen Möglichkeiten der Biene aus. Schauen wir nun, welchen Gebrauch sie von ihnen macht. Wenn das Auge der Biene das Bild in eine Reihe ziemlich grober einzelner Punkte auflöst, so kann ein Zweifel entstehen, ob dieses Auge überhaupt dazu in der Lage ist, die Gestalt der Gegenstände zu sehen. Es ist dies ein schwieriges Problem, das man auf experimentellem Wege zu lösen versucht hat. Es ist seit sehr langer Zeit bekannt, daß die Bienen den Blumen „treu“ sind, das heißt, daß eine Biene im Laufe eines Tages Honig oder Blütenstaub nur von einer Blumenart sammelt. Sie muß also die Blumen visuell erkennen, aber wir wissen nicht, ob sie sie einfach als Farbflecke sieht oder ob sie sich auch nach ihrer Gestalt orientiert. Das Problem erfordert die Anwendung von Laboratoriumsmethoden. Eine Methode für derartige Forschungen wurde von v. Frisch gefunden. Er verwen-

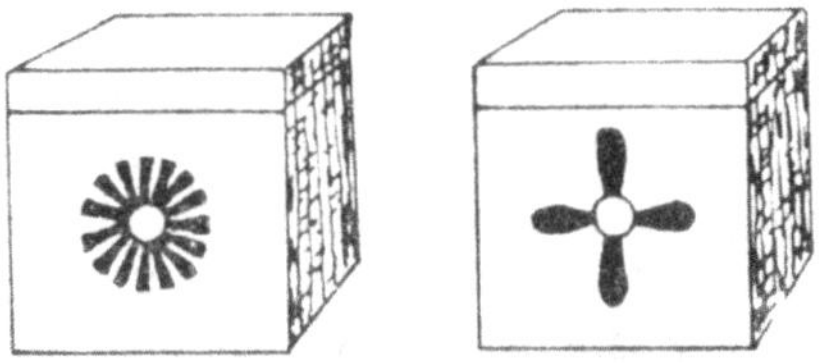

Abb. 57. Ein Schachtelpaar zur Bienendressur

dete ein paar Pappschächtelchen, in deren Seitenwand sich eine Einflugsöffnung befand. Rings um die Öffnung klebte er Stücken farbigen Papiers, die die Form einer Blütenkrone mit einer Öffnung in der Mitte bildeten, oder auch die Gestalt von die Öffnung umgebenden geometrischen Figuren, von Dreiecken, Kreisen, Quadraten usw. hatten. In einer der Schachteln befand sich Sirup, den die Bienen zu finden lernten. Als die Bienen die Schachteln mit Sirup untrüglich trafen und die leere Schachtel mieden, führte man einen Verifikationsversuch durch, indem man den Bienen beide Schachteln leer vorsetzte. Wenn sie die Schachtel auf Grund der die Öffnung umgebenden Figur erkannten, so müßten sie die Schachtel auch richtig erkennen, wenn sich in ihr keine Nahrung befand. Es versteht sich von selbst, daß die gegenseitige Lage der Schachteln dauernd verändert wurde und der Nahrung jeder Geruch fehlte. Den einzigen merkbaren Unterschied zwischen den Schachteln bildete die Form des Papierzeichens. In ähnlichen Experimenten stellte v. Frisch fest, daß die Bienen die strahligen Blüten von den breitrückigen, z. B. die Blütenform des Vergißmeinnicht von der des Stiefmütterchens, unterscheiden. Dagegen unterscheiden sie einfache Figuren nicht voneinander, wie den Kreis, die Ellipse, das Quadrat und das Dreieck. v. Frisch vermutete, daß die Bienen nicht imstande seien, auf die Formen zu reagieren, mit denen sie es im Leben nicht zu tun haben.

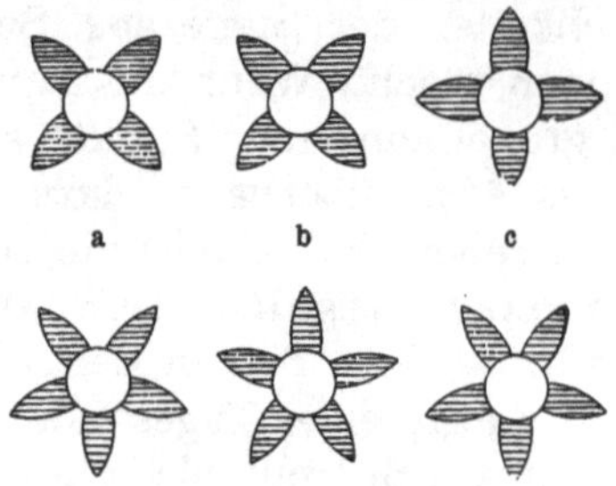

Abb. 58. Drei Figurenpaare zur Bienendressur. *Oben:* die positive Gestalt, *unten:* die negative Gestalt

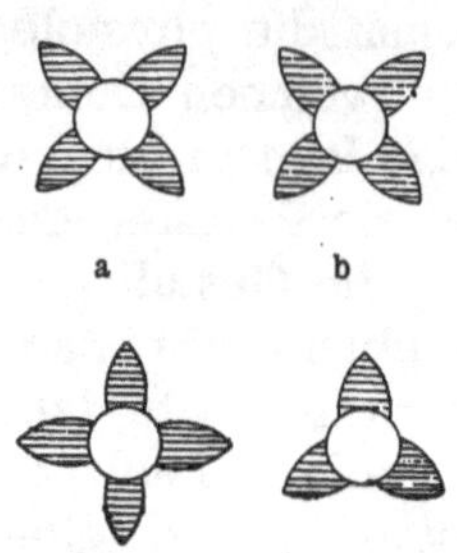

Abb. 59. Die Dressur von Bienen auf Formen. Die Bienen unterscheiden die beiden Figuren *a* mit Leichtigkeit, eine Dressur auf die Formen *b* ist unmöglich

Doch es zeigte sich, daß die Sache nicht so einfach ist. Baumgärtner wiederholte diese Versuche und lehrte die Bienen, vierblättrige Blumen anzufliegen, die 3—8blättrigen dagegen zu meiden. Bei jedem solchen Experiment haben wir ein paar Formen, von denen die eine „positiv" ist, das heißt, an die wir die Biene gewöhnen wollen, die andere „negativ" ist, die die Biene lernen soll zu meiden. Technisch gesehen sprechen wir also von einer Dressur auf eine vierblättrige Blüte gegen eine drei- bis achtblättrige. In Zeichnung 58 a ist die Figur oben positiv, unten negativ. In dieser Anordnung gelingt die Dressur mit Leichtigkeit, die Bienen lernen es, die vierblättrige Blüte treffsicher auszusuchen. Wenn wir jedoch die negative Blüte etwas drehen, wie auf Abb. 58 b, werden die Resultate weniger gut, die Bienen beginnen „Fehler" zu machen. Sobald wir aber die positive Blüte drehen, wie das auf Abb. 58 c zu sehen ist, tritt eine völlige Desorientierung ein, und beide Figuren erhalten dieselbe Zahl von Besuchen. Ganz offenbar richtet sich die Biene nicht nach der Zahl der Blütenblätter, sondern nach etwas anderem, was wir noch erforschen müssen. Bei der Betrachtung der Abb. 58 bemerken wir, daß die Dressur dann gelang, wenn die Umgebung des unteren Randes der Einflugsöffnung beider Figuren von verschiedenem Aussehen ist: in einem Falle ist diese Umgebung weiß, im anderen farbig (Baumgärtner stellte seine Blumen aus hellblauem Papier her). Dieselben Verhältnisse zeigt Abb. 59. Die Dressur auf das Figurenpaar a gelingt mit Leichtigkeit, auf das Paar b dagegen ist sie unmöglich. Die Dressur erfolgt nicht auf Grund der Blütenform, sondern einfach auf Grund der bestimmten Lage des Farbfleckens. Ausgehend von dieser Voraussetzung führte der Forscher mehrere Kontrollversuche durch. So zum Beispiel besaß das positive Schächtelchen ein Zeichen in Form eines blauen Kreises, der über der Einflugöffnung angeklebt war, das negative Schächtelchen war dagegen mit einem zwar ebensolchen, aber gelben Kreis versehen. Die Bienen unterschieden beide Kreise nur ziemlich schwach voneinander, das zahlenmäßige Verhältnis der Besuche in der positiven Schachtel zu deren Zahl in der negativen Schachtel war 7,45 : 1. Als dagegen dieselben Kreise unterhalb der Einflugsöffnung angeklebt wurden, stieg das zahlenmäßige Verhältnis der Visiten sofort auf 81 : 1. Bei diesen Experimenten befand sich die Einflugsöffnung immer an einer senkrechten Seitenwand des Schächtelchens und besaß einen Ober- und Unterrand. Bei den folgenden Experimenten befand sich die Öffnung in der oberen waagerechten Wand, und alle Punkte der Öffnungsperipherie mußten gleichwertig sein. Unter

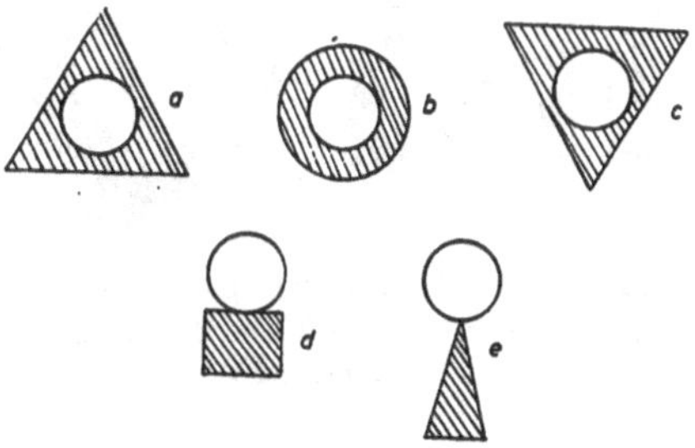

Abb. 60. Bei senkrechter Lage der Figuren werden die Formen *a*, *b*, und *c* nicht unterschieden, die Biene unterscheidet aber *d* von *e*

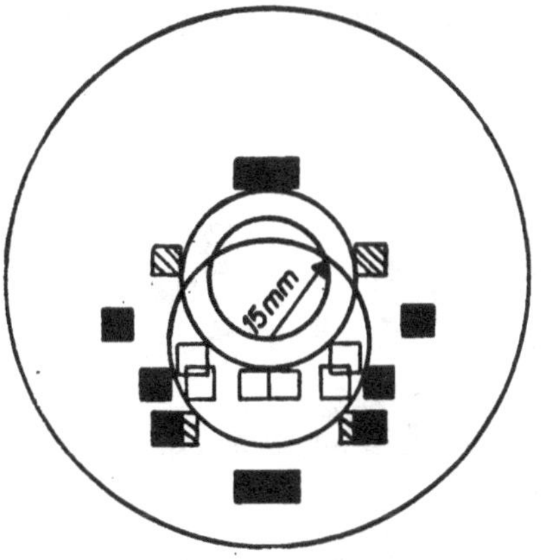

Abb. 61. Lage der erkennbaren Figuren zur Einflugsöffnung

diesen Bedingungen stellte sich die Abrichtung der Biene auf eine vierblättrige Blüte gegen eine drei bis siebenblättrige Blüte als völlig unmöglich heraus, unabhängig davon, wie die Blumen gedreht waren. Bei einer senkrechten Lage der Figuren wird ein mit der Basis oder dem Scheitel nach unten gerichtetes Dreieck nicht von einem Kreis unterschieden, sofern sich die Einflugsöffnung in der Mitte der Figur befindet (Abb. 60), denn das Aussehen der Umgebung des unteren Öffnungsrandes ist ähnlich. Wenn man dagegen unterhalb der Einflugsöffnung ein kleines Quadrat sowie ein gleichschenkliges Dreieck mit einem spitzen Winkel an seinem Scheitelpunkt anklebt, so erhält man ein positives Dressurresultat. Mit Hilfe kleiner blauer Quadrate (mit einer Seitenlänge von 5 mm), die an verschiedenen Punkten um die Öffnung herum angeklebt wurden und denen ebensolche, aber gelbe Quadrate als negative gegenübergestellt wurden, suchte BAUMGÄRTNER die Peripherie der Einflugsöffnung ab und stellte fest, wann das Quadrat als Orientierungsmittel in Betracht kam. Auf Abb. 61 befindet sich in der Mitte die Einflugsöffnung, die von einem schmalen blauen Ring umgeben ist. Die schwarzen Quadrate bedeuten die Unmöglichkeit einer Dressur, die gestrichelten entsprechen einer unsicheren Dressur, und nur die weißen bedeuten Punkte, an denen das Vorhandensein eines Zeichens ein positives Resultat ergab. Alle weißen Quadrate liegen im Bereich eines Kreises, dessen Mittelpunkt sich am niedrigsten Punkte des Öffnungsrandes befindet und dessen Radius ungefähr 15 mm beträgt. BAUMGÄRTNER folgert daraus, daß die Bienen keinen echten Formsinn haben, sie haben vielmehr einen „lokalisierenden Farbsinn". Die Form wird erkannt, wenn die Biene sich dicht unter dem unteren Rand der Einflugsöffnung befindet. Die heranfliegende Biene richtet ihren Blick

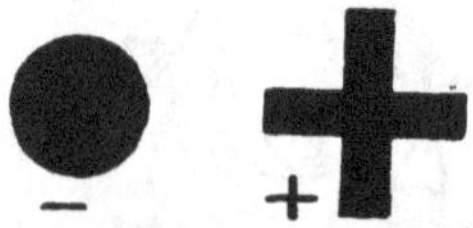

Abb. 62. Dressur auf ein Kreuz gegenüber einer Kreisfläche

Abb. 63. Ersetzung der positiven Figur von Abb. 62 durch ihre Bestandteile

auf den Punkt, auf den sie sich sodann niederläßt, das heißt auf den unteren Rand der Öffnung, und deshalb ist vor allem das Aussehen dieser Gegenden von Bedeutung.

Zu völlig anderen Resultaten gelangt MATHILDE HERTZ, die in dieser Frage eine Reihe von Arbeiten veröffentlichte. Die Autorin arbeitete nach einer etwas anderen Methode. Ihre Erkennungsfiguren waren immer waagerecht, schwarz auf weißem Untergrunde. An Stelle der Schachtel mit einer Einflugsöffnung befestigte sie einfach die Figuren auf einem Experimentiertisch und stellte neben die positive Figur ein Schälchen mit Sirup, neben die negative dagegen ein leeres Schälchen. Wie immer wurde die gegenseitige Lage der beiden Figuren oft verändert. Unter diesen Bedingungen lernten es die Bienen gut, ein vierarmiges Kreuz von einem Kreis zu unterscheiden (Abb. 62). Die Insekten änderten das einmal erworbene Verhältnis zu den beiden Figuren nicht, wenn die Arme des Kreuzes von 4 cm auf 2 cm verkürzt wurden und der Durchmesser des Kreises von 5,3 cm auf 3,7 cm verringert wurde, was schon einen gewissen Grad von Transpositionsvermögen bedeutet. In der Tat, nach Verkleinerung beider Figuren mußten andere Elementaraugen beim Sehen derselben beteiligt sein, und dennoch blieb die Reaktion unverändert. Wenn wir den Kreis, der bei diesen Experimenten eine negative Figur war, durch ein Quadrat oder ein Dreieck ersetzen, so wird keine neue Dressur notwendig; die Bienen fliegen auch weiterhin auf das Kreuz zu. Das beweist natürlich nicht, daß die Bienen nicht einen Kreis von einem Quadrat unterscheiden, sie achteten vielleicht einfach nicht auf die Merkmale der negativen Figur. Noch überzeugender sind Veränderungen einer positiven Figur. Wenn wir das Kreuz

Abb. 64. Von den Bienen unterschiedene Formen

Abb. 65. Bedeutung der Konturgliederung bei der Dressur

durch eine aus seinen vier Armen zusammengesetzte Figur ersetzen, wobei die Arme parallel oder in Form eines Quadrates aufgeklebt werden (Abb. 63), so erhält diese Figur fast ebenso viele Besuche wie das Kreuz. Das, was für unser Auge sehr verschieden aussieht, kann für die Biene gleich aussehen. Andererseits kann die Biene in ihrer Form einander verwandte Figuren unterscheiden. So z. B. wird ein dreiarmiger Stern von ihr gut von einem dreischenkligen Kreuz und von einem Dreieck unterschieden (Abb. 64). Das für das Erkennen entscheidende Merkmal der Figuren ist nach Meinung der Autorin ihre Geschlossenheit sowie ihr verhältnismäßiger Konturenreichtum. Ein Zahnrad mit acht Zähnen unterscheidet die Biene völlig sicher von einem gewöhnlichen Kreis (Abb. 65). Wenn man Bienen, nachdem man sie auf ein Zahnrad als positive Figur abgerichtet hatte, ein achtfaches und ein sechzehnfaches Zahnrad zur Auswahl vorlegte, beide Figuren ohne

Nahrung, so hatte das gegliedertere und die reicheren Konturen besitzende Zahnrad bedeutend mehr Besuche zu verzeichnen.

Wichtig in M. Hertz' Arbeiten ist die Feststellung, daß die Bienen die Figuren nicht auf Grund ihrer absoluten Merkmale, sondern vielmehr auf Grund von Proportionen auswählen. Transpositionen beweisen das. Nachdem man eine Biene auf ein Schachfeld, dessen Quadrate eine Seitenlänge von 1 cm aufweisen, gegenüber einem Schachbrett mit 2 cm Quadraten abgerichtet hatte, setzte man ihr zwei Schachbretter mit Quadraten von 1 cm und 0,5 cm Seitenlänge vor, die natürlich beide ohne Nahrung waren. Die Bienen wählten jetzt die Quadrate mit 0,5 cm Seitenlänge, d. h., sie mieden die 1 cm langen Quadrate, auf die sie doch kurz zuvor abgerichtet worden waren. Das Einheitliche an beiden Versuchen war, daß die Bienen immer die gegliedertere Figur auswählten und sich von Proportionen, nicht aber von absoluten Merkmalen leiten ließen. Einen solchen Charakter besitzt eben jedes gestaltliche Sehen: Wir erkennen eine Figur als dieselbe unabhängig von ihrer absoluten Größe, Helligkeit oder Farbe. Als man ein Schachbrett mit 2 cm langen Quadraten einem solchen mit 4 cm langen Quadraten gegenüberstellte, war das Resultat dasselbe: die Bienen wählten die kleineren Quadrate, die sie bei der ursprünglichen Dressur gemieden hatten. Hierbei ist die Farbe der Figur für die Biene ohne Bedeutung; sobald die Abrichtung auf eine bestimmte Form gelungen ist, wird diese in allen Farben erkannt, die die Biene überhaupt zu unterscheiden vermag. Es muß bemerkt werden, daß das Schälchen mit der Nahrung während der Abrichtung auf einem weißen Untergrunde stand, die Figur sich aber daneben befand. Nichtsdestoweniger versammelten sich die Bienen bei der Verifikationsprobe auf der Figur und nicht auf dem Untergrund. Es ist klar, daß es für die Biene ähnlich wie für uns einen Gegensatz von Figur und Grund gibt. Der Ersatz einer schwarzen Figur durch eine graue Figur verschiedener Schattierungen ändert nichts an der Wahl. Bei einer Dressur auf ein Kreuz gegenüber einem Kreis versuchte man, die positive Figur systematisch zu verändern, indem man sie immer mehr der Form des Kreises anglich, wie dies Abb. 66 zeigt. Die Biene blieb immer dem Kreuz treu, das im Verhältnis zum Kreis gegliederter war. Charakteristisch ist dagegen, daß zwei gut voneinander unterschiedene Figuren, wie das Zahnrad und der Kreis, aufhören unterschieden zu werden, wenn man sie der Biene in Gestalt farbiger Figuren, die in gleichförmigen weißen Quadraten eingeschlossen sind, auf dunklem Hintergrunde vorlegt (Abb. 67). In diesem Falle wurde die ursprüngliche Gestalt beider Figuren einer neuen Gestalt, nämlich der des in beiden Fällen gleichförmigen Quadrates, untergeordnet.

So kann also die Biene nach M. Hertz strahlige Figuren nach dem Grade ihrer Gliederung und nach der Rhythmik ihrer Konturen unterscheiden, und weist einen hohen Grad an Unabhängigkeit gegenüber der absoluten Empfindungsqualität auf. Transpositionen der verschiedensten Art beweisen, daß die Reizung absolut sehr verschiedener Augenelemente zu derselben Reaktion führen kann, daß, kurz gesagt, die Biene gestaltlich sieht.

Spätere Forschungen derselben Autorin ergaben, daß die Biene sogar ohne jede vorhergehende Dressur eine größere Neigung zur Auswahl bestimmter Formen verrät. Bienen, die man auf einen weißen Tisch zu fliegen gewöhnt hatte, legte man ohne jede Nahrung eine Reihe

Abb. 66. Alle Variationen des Kreuzes werden häufiger aufgesucht

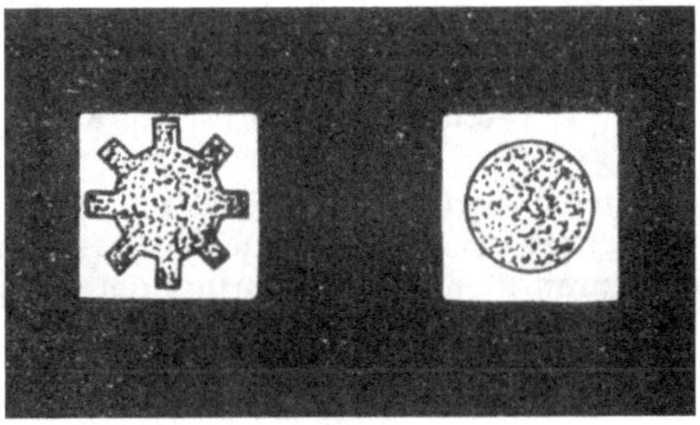

Abb. 67. Unterordnung der Dressurfiguren unter die Form des Quadrates

schwarzer Figuren, wie zwei Schachbretter, den Umriß einer Blume, zwei Kreise und einen Ring, vor. Alles das war mit Glas bedeckt. Die Bienen konzentrierten sich überwiegend auf die Schachbretter; als man die Schachbretter entfernte, versammelten sie sich auf der Blume. Ein Kreis mit gezähnten Rändern hatte ständig einen größeren Erfolg als ein gewöhnlicher Kreis. Schließlich wurde auch eine Reihe von Versuchen mit massiven Figuren angestellt. Auch in diesem Falle wählten die Bienen die Figuren nach dem Grade ihrer Gliederung, wobei sie sich nach der Anlage und der Tiefe des Schattens orientierten.

Obwohl die Ergebnisse von M. HERTZ klar zu sein scheinen, äußert GERTRUD ZERRAHN Zweifel daran, ob sich das Prinzip von der Gestalt tatsächlich auf die Biene anwenden läßt, die doch eine so andere Organisation besitzt. In eigenen Experimenten bestätigt die Autorin die faktischen Ergebnisse von M. HERTZ, interpretiert sie jedoch völlig anders. Bei einer spontanen Wahl ohne Dressur suchen die Bienen unzweifelhaft öfter die gegliederteren Figuren auf. Man kann zahlenmäßig beweisen, daß ein einfaches Abhängigkeitsverhältnis zwischen der Häufigkeit der Wahl einer Figur und der allgemeinen Länge ihres Umrisses besteht. Die Umrißlänge ist das Wettmaß für die Reizfigur, denn von ihr hängt die Zahl der Reizungen der einzelnen Ommatidien ab. Bei der spontanen Wahl erfolgt eine Zwangsreaktion mit einem Tropismen-

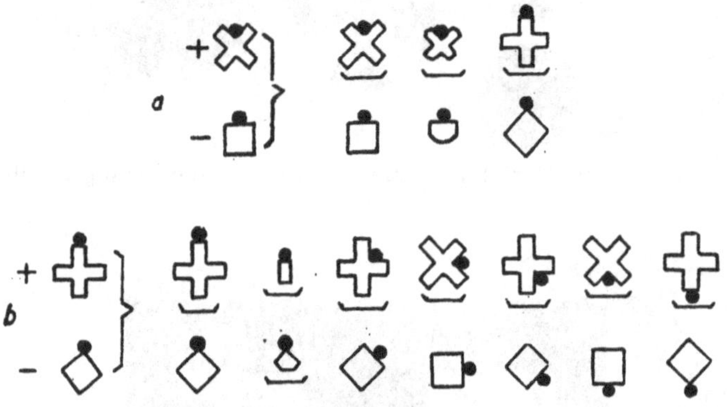

Abb. 68. In *a* und *b* wurden die beiden mit einer Klammer verbundenen Figuren bei der anfänglichen Dressur verwandt. Die übrigen Figuren dienten der Klärung der Frage, welche Rolle die Lage der Einflugsöffnung (schwarze Kreisfläche) spielt. Von jedem Paar wurde die unterstrichene Figur häufiger aufgesucht

charakter, die durch die Häufigkeit der Zustandsveränderungen bei der Reizung der Rhabdome hervorgerufen wird. Die Figur selbst hat nur geringe Bedeutung, entscheidend für die Auswahl ist die Häufigkeit der Grenzen zwischen Schwarz und Weiß im Bereich der Figur. Ähnlich ist der Standpunkt WOLFS. Die Biene verändert beim Fluge ihre Stellung zu den gesehenen Gegenständen, was eine veränderte Reizung der Rhabdome hervorruft. WOLF untersuchte das Verhalten der Biene gegenüber unterbrochenem Licht. Er ließ Bienen durch eine schmale Öffnung in eine dreieckige, flache Kiste hinein. Die Basis des Dreiecks besaß fünf Öffnungen, die durch Mattscheibe verschlossen waren. Zwischen den Mattscheiben und der weiter hinten gelegenen Lichtquelle befestigte er fünf rotierende Scheiben mit einer verschiedenen Anzahl von Öffnungen. Die Zahl der Lichtblitze betrug in der Sekunde an den fünf Öffnungen der Reihe nach 3,1 — 6,2 — 9,3 — 12,4 — 15,5. Als die Bienen sich an der Eingangsöffnung befanden, liefen sie zu allen Mattscheiben in gleicher Zahl. In einer bestimmten Entfernung richteten sie sich in die Richtung, die die größte Häufigkeit von Lichtveränderungen aufzuweisen hatte. Die Zahl der Bienen, die sich an den einzelnen Mattscheiben sammelten, betrug in derselben Reihenfolge 10 — 48 — 72 — 98 — 135. Ein Kontrollexperiment ergab, daß nicht der Unterschied in der allgemeinen Lichtintensität für die Reaktion entscheidend ist, der von der Zahl der Lichtblitze abhängig ist, sondern eben die Häufigkeit der Unterbrechungen. Von zwei gleichartigen Sternen, die aus sechs weißen und ebenso vielen schwarzen Sektoren bestehen, erhielt der sich frei drehende mehr Besuche als der unbewegliche. Wenn die Sehschärfe der Biene kaum $^1/_{100}$ der Sehschärfe des Menschen beträgt, und ihre Fähigkeit, Helligkeitsgrade zu unterscheiden, nur $^1/_{25}$, so ist schwer zu verstehen, wie die Biene eine Blume durch das Aussehen ihrer Krone erkennen kann. Vielmehr erkennt sie im Fluge Häufungen von Blumen, und das nur auf Grund der Reizungshäufigkeit der Augenelemente.

Über diese neuerlichen Versuche einer Mechanisierung des Tieres ist nur wenig zu sagen. Ihr größter Fehler ist, daß sie nicht modern sind und nicht der heutigen wissenschaftlichen Denkrichtung entsprechen. Die Rückkehr zu der Tropismentheorie, dem Zwangscharakter der Reaktionen der Biene, die Dressur auf Grundlage der Verknüpfung von Elementen, alles das tritt heute angesichts der Aktivität des Tieres und der Gestaltlichkeit der psychischen Erscheinungen zurück.

In der Tat weist die Arbeit Marianne Friedländers auf eine weit größere Kompliziertheit der Erscheinungen hin. Die bisherigen Experimente lieferten nicht übereinstimmende Ergebnisse. Nach Baumgärtner orientiert sich die Biene im Falle einer senkrechten Lage einer Figur und beim Vorhandensein einer Einflugsöffnung nur nach dem farbigen Ausschnitt der Figur, der sich unterhalb des unteren Randes der Öffnung befindet. Die positive Dressur beruht auf der Verknüpfung immer derselben Eindrücke, also auf einer vielfachen Reizung derselben Ommatidien. Nach Hertz dagegen richtet sich die Biene im Falle der waagerechten Lage der Figur und beim Fehlen einer Einflugsöffnung nach der Ganzheit der Figur, die einer Transposition unterzogen werden kann. Das Sehen ist gestaltlich, es beruht nicht im geringsten auf einer Reizung derselben Elemente des Auges. Die Experimente M. Friedländers sprechen deutlich zugunsten dieser zweiten Auffassung. Die Autorin dressierte Bienen auf ein gelbes Kreuz gegenüber einem Quadrat in zwei verschiedenen Lagen (Abb. 68). Während der Dressur befand sich die Einflugsöffnung unmittelbar über den Figuren, die auf die senkrechte Wand der Schachtel geklebt waren. Bei den Kontrollversuchen, die nach beendigter Dressur angestellt wurden, stellte man ganze Figuren oder Ausschnitte davon einander gegenüber, die in verschiedener Lage zu der Öffnung angebracht wurden. In Abb. 68 sehen wir auf der linken Seite beider waagerechter Reihen die beiden Figuren, die positive und die negative, die während der Dressur Verwendung fanden. Die übrigen Abbildungen bezeichnen die Figurenpaare bei den Verifikationsexperimenten (ohne Nahrung); die unterstrichenen Figuren erhielten mehr Besuche. Aus der Tabelle geht hervor, daß die Lage der Einflugsöffnung zur Figur von keinerlei Bedeutung ist. Die Autorin konnte das Ergebnis Baumgärtners nicht bestätigen, daß der untere Rand der Einflugsöffnung von entscheidender Bedeutung sei. Bei den Anflügen der Bienen ließ sich eine gewisse ständige und von der Dressur unabhängige Tendenz nach links beobachten, die wahrscheinlich durch

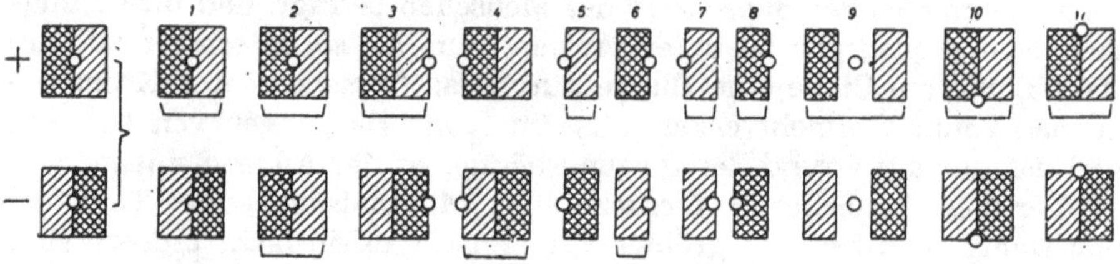

Abb. 69. Bei der ursprünglichen Dressur wurden die zwei zweifarbenen Quadrate, die in der Zeichnung durch eine Klammer verbunden sind, verwandt. In 11 Kontrollversuchen wurden die ganzen Quadrate oder ihre Hälften einander gegenübergestellt, wobei die Lage der Farben und der Öffnungen verändert wurde

irgendeine leichte anatomische Asymmetrie hervorgerufen wurde. Diese Erscheinung beeinflußt ein wenig die Ergebnisse der Experimente. Eine Dressur auf ein Paar symmetrischer zweifarbiger Quadrate, die zur Hälfte gelb und zur Hälfte blau waren, (Abb. 69) ergab charakteristische Verhältnisse. Zuerst lernten die Bienen gut die positive Figur von der negativen zu unterscheiden, wenn sich auch beide nur hinsichtlich der Lage der beiden verschiedenfarbigen Hälften unterschieden. Bei Verifikationsproben wurden die Quadrate in verschiedener Richtung zur Öffnung verschoben oder in ihre Hälften geteilt. Von 11 einander gegenübergestellten Paaren erhielten die unterstrichenen mehr Besuche. Aus der Abbildung geht hervor, daß die Verschiebung der Figuren hinsichtlich ihrer Lage zur Öffnung in senkrechter Richtung (die Paare 10 und 11 in der Abbildung) auf das Ergebnis keinen Einfluß haben: Es ist ziemlich gleichgültig, ob sich die Öffnung ober- oder unterhalb der Figur befindet. Verschiebungen nach links (Paar 3) werden von der Biene geduldet, was mit der erwähnten Asymmetrie des Körpers in Zusammenhang stehen kann. Dagegen ändern Verschiebungen nach rechts (Paar 4) die Richtung der Auswahl. Die Autorin folgert daraus, daß das Sehen der Bienen gestaltlich ist und die Möglichkeit einer Transposition einschließt.

Die Probleme der Gestaltwahrnehmung bei der Biene können nicht als endgültig entschieden angesehen werden. Auf jeden Fall unterliegt die Gestaltlichkeit des Sehens keinem Zweifel. Wir besitzen noch andere Beweise dafür, daß sich die Biene hauptsächlich von relativen Merkmalen der Objekte leiten läßt. Maria Hörmann dressierte Bienen auf verschiedene Schattierungen grauer Farbe, wobei sie sich der Heringschen Papierserie bediente. Diese Serie besteht aus 50 aufeinanderfolgenden Nuancen der grauen Farbe, von Weiß (Nr. 1) bis Schwarz (Nr. 50). Die Autorin verwandte zwei graue Kreise von verschiedener Größe, von denen der kleinere auf dem größeren lag. Die Schattierungskombinationen benennen wir nach den Zahlen der Heringschen Skala, wobei wir daran denken müssen, daß, je größer die Nummer, desto dunkler die Farbschattierung ist. Der Zähler bei den Brüchen entspricht der Farbnuance des Zentralkreises, der Nenner — der des peripherischen Kreises. Es wurde eine Dressur auf eine Kombination $^{12}/_{3}$ durchgeführt, und dieser als negative Komposition eine solche von $^{3}/_{12}$ gegenübergestellt. Bei der Verifikationsprobe gab man der Biene die Kompositionen $^{29}/_{12}$ und $^{12}/_{29}$ zur Auswahl. Wenn die Auswahl auf Grund absoluter Merkmale erfolgen würde, müßte die Biene irgendeine der beiden Kompositionen wählen, da beide die Schattierung Nr. 12 enthielten, die auch bei der Dressur vertreten war. Tatsächlich wählten die Bienen jedoch die Zusammenstellung $^{29}/_{12}$, das heißt die Zusammenstellung mit demselben relativen Helligkeitsverhältnis wie $^{12}/_{3}$. Dasselbe Ergebnis wurde erzielt, als der Zentralkreis heller als die Peripherie war. So zum Beispiel dressierte man Bienen auf $^{7}/_{20}$ gegenüber $^{20}/_{7}$. In zwei Kontrollversuchen legte man ihnen das eine Mal die Zusammenstellungen $^{3}/_{7}$ und $^{7}/_{3}$, das andere Mal die Zusammenstellungen $^{6}/_{14}$ und $^{14}/_{6}$ zur Auswahl vor. In beiden Fällen wählten die Bienen die Zusammenstellung, bei der der Zentralkreis heller als die Peripherie war. Die absolute Helligkeit der Schattierung kann also völlig anders sein als während der Dressur, und dennoch hält sich die Biene an dasselbe Schattierungsverhältnis. Die Grenzfähigkeit zur Unterscheidung einer Schattierung liegt auf dem hellen Teil der Skala, bei 5 gegenüber 3. Dennoch können die Bienen nach einer sehr langen Dressur auch absolute Helligkeitsstufen im Gedächtnis behalten, was übrigens viel größere Kontraste erfordert. Ähnlich wie beim Menschen ist das gestaltliche Sehen der Biene die natürliche Funktion, dagegen erfordert die Wahrnehmung absoluter Merkmale eines Objektes eine langwierige Dressur. Vergleichende Versuche ergaben, daß das menschliche Auge eine viel größere Empfindlichkeit gegenüber Schattierungsunterschieden besitzt.

Ein spezielles und sehr umfangreiches Kapitel stellt das Farbsehen der Biene dar. Auch hier war v. Frisch ein Pionier genauerer

Forschungen. Er befestigte auf einem Tische einen Bogen grauen Papiers neben einem blauen Bogen. Auf den blauen Untergrund stellte er ein Schälchen mit Sirup, auf den grauen ein ebensolches, leeres Schälchen. Bei ihrem Anflug fanden die Bienen das Schälchen mit Nahrung und kehrten mehrmals zu ihm zurück. Nach einer gewissen Zeit unternahm man einen Kontrollversuch, bei dem beide Bogen leer waren. Obwohl während der Dressur die gegenseitige Lage beider Bogen oft verändert worden war, ließen sich die Bienen haufenweise auf dem blauen Bogen, unabhängig von seiner Lage, nieder. Dieses Experiment beweist, daß von der Biene beide Schattierungen unterschieden werden, aber es zeigt nicht, ob die Biene einen blauen als einen farbigen Papierbogen oder ob sie einfach sieht, daß er heller oder dunkler als der graue Papierbogen ist. Um diese Frage zu klären, befestigte v. FRISCH auf einem Tisch ein Schachmuster aus grauen Papieren der Heringschen Skala, von denen jedoch ein Quadrat blau war. Hierbei waren die Schattierungen des Graues verschieden, die einen von ihnen waren deutlich heller als der blaue Bogen, die anderen dunkler. Wie immer wurde die gegenseitige Anordnung aller Papiere fortwährend verändert, wobei die Bienen nur auf dem blauen Papier gefüttert wurden. Bei der Verifikationsprobe sammelte sich der Bienenschwarm auf der blauen Farbe, ein Beweis dafür, daß das Blau als deutlich von der grauen Farbe verschieden wahrgenommen wurde. Dasselbe Ergebnis erhielt man, als man alle Papiere mit Glas bedeckt hatte, was eine eventuelle Tast- oder Geruchsorientation ausschloß. Derselbe Versuch, durchgeführt mit rotem Papier an Stelle von blauem, lieferte ein völlig anderes Resultat: die Bienen unterscheiden das Rot nicht von den ihm helligkeitsmäßig angenäherten Grauschattierungen, das heißt, sie sehen nicht das Rot als Farbe. An Hand vergleichender Untersuchungen stellte v. FRISCH fest, daß im Bereich des für den Menschen sichtbaren Spektrums für das Auge der Biene zwei verschiedene Farbgruppen existieren. Die Biene unterscheidet die Farben Gelb, Orange, Rot und Grün nicht voneinander und vermengt sie untereinander. Entsprechend unterscheidet sie auch die Farben Violett, Blau und Purpurrot nicht voneinander. Dagegen unterscheidet sie vortrefflich die eine Farbgruppe von der anderen.

Viel genauere Untersuchungen auf diesem Gebiete führte KÜHN durch. Er analysierte vor allem die Erscheinung des Farbkontrastes. Für das menschliche Auge scheint eine graue Fläche auf farbigem Untergrund eine diesen Untergrund ergänzende Farbe zu besitzen. Wenn die Biene ebenso sieht, dann muß sie nach der Dressur auf irgendeine Farbe positiv auf graues Papier reagieren, das von einem Felde mit komplementärer Farbe umgeben ist. Auf einem Brett befestigte KÜHN 16 graue Quadrate von verschiedenem Helligkeitsgrad. Auf 15 Quadrate legte er graue Ringe, die sich in ihrer Schattierung vom Untergrund abhoben, das heißt, heller oder dunkler als dieser waren. Auf dem übriggebliebenen Quadrat lag ein ebensolcher blauer Ring. Das ganze Schachbrett war mit einer Scheibe bedeckt, die gegenseitige Lage der Quadrate wurde fortwährend verändert, und die Bienen wurden nur auf dem blauen Ring gefüttert. Nach Beendigung der Dressur flogen die Bienen bei der Verifikationsprobe (ohne Nahrung) auf den blauen Ring zu, unabhängig von seiner Lage, sowie davon, ob er auf hellerem oder dunklerem Grunde lag. Diese Tatsache entspricht genau dem von v. FRISCH erhaltenen Ergebnis. Nun nahm man an Stelle des blauen Ringes einen grauen, aber man legte ihn auf ein gelbes Quadrat. Die Bienen versammelten sich massenweise auf eben diesem Ring. Um mögliche Fehler-

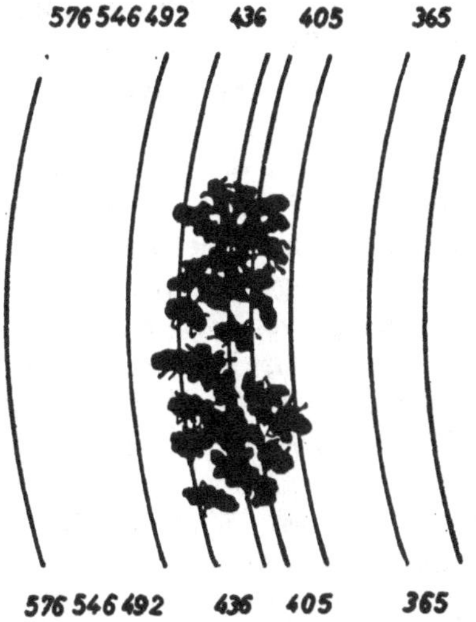

Abb. 70. Das Verhalten von Bienen, die auf die violetten Strahlen des Spektrums dressiert worden sind

quellen auszuschließen, führte KÜHN Kontrollversuche durch. Wenn man zum Beispiel neben ein gelbes Quadrat mit einem grauen Ring ein zweites gelbes Quadrat legt, doch ohne Ring, so versammeln sich die Bienen nur auf diesem ersteren, die gelbe Farbe wirkt also nicht anziehend auf sie. Das einzige gelbe Quadrat wird unter den grauen Quadraten von der Biene nicht unterschieden. Übrigens ist deutlich zu sehen, daß die Bienen sich auf dem Ring, nicht aber auf dem diesen umgebenden Grunde niederlassen. Die Annahme, daß den Bienen die Erscheinung des Farbkontrastes eigen ist, stellte sich als richtig heraus.

KÜHN führte Experimente mit Spektralfarben durch. Er warf Strahlen einer Quecksilberlampe, die durch ein Prisma zerlegt wurden, auf ein Tischblatt in einem dunklen Zimmer. Die Bienen konnten durch ein kleines Fenster in das Zimmer fliegen. Während der Dressur verdeckte man alle Farben des Spektrums außer einer, auf die man die Bienen dressierte, und auf die man eine längliche kleine Porzellanwanne mit Sirup stellte. Nach der Dressur der Bienen auf gelbe Farbe (578 mμ) machte man das ganze Spektrum sichtbar, ohne aber irgendwo Nahrung auszustellen. Die Bienen konzentrierten sich auf dem gelben sowie auf dem benachbarten grünen Streifen (546 mμ). Kürzere Wellen übten auf die Bienen keine Anziehungskraft aus, selbst wenn alle Streifen des Spektrums von mehr als 492 mμ Wellenlänge ausgeschaltet waren. Die Farben Gelb (578 mμ) und Grün (546 mμ) werden nicht voneinander unterschieden, ebenso nicht Blau (495 mμ) und Violett (436 mμ). Aber das eine Paar von dem anderen unterschieden die Bienen unfehlbar. Das beruht nicht auf der verschiedenen Helligkeit der Farben, denn die Bienen halten sich an die Farben, auf die sie dressiert wurden. auch nach erheblicher Verminderung der Intensität des ganzen Spektrums, wo man Fehler hätte erwarten können. Vortrefflich gelingt die Dressur auf Ultraviolett (365 mμ), das für das menschliche Auge unsichtbar ist. Nach einer Dressur auf diese Umgebung und nach Enthüllung des gesamten Spektrums sammeln sich die Bienen auf den ultravioletten Strahlen, ohne die für unser Auge hellen Farbstreifen zu beachten. Eine Dressur auf eine Wellenlänge von 313 mμ ist noch möglich, aber sie liefert undeutliche Ergebnisse. In den Grenzen von 650—510 mμ (Rot, Gelb und Grün) unterscheidet die Biene die Farben nicht, ebensowenig unterscheidet sie auch die Farben in den Grenzen von 470—400 mμ. Dagegen unterscheidet die Biene den Abschnitt 500—480 mμ (Blau — Grün) scharf von allen anderen. Spezielle Versuche, verbunden mit einer Intensitätsänderung, lieferten den Beweis dafür, daß Farben nicht als Schattierungen grauer Farbe, sondern eben als Farben gesehen werden. Auch Ultraviolett wird als Farbe wahrgenommen. Wenn man einen Lichtfleck auf einen Tisch wirft und seine Helligkeit in den weitesten Grenzen verändert, so reagieren Bienen, die zuvor auf ultraviolette Strahlen dressiert worden sind, überhaupt nicht auf ihn. Wenn man jedoch einen ultravioletten Filter einsetzt, der alle Wellen über 400 mμ ausschließt, so verschwindet der Lichtfleck für unser Auge, die Bienen aber versammeln sich massenweise auf ihn.

KÜHN versuchte, Bienen auf möglichst schwaches, weißes, nicht zerlegtes Licht zu dressieren, danach aber setzte er ihnen zwei verschiedene Stärken weißen Lichts vor. Die Insekten versammelten sich immer in der helleren von beiden, das heißt, eine Dressur auf eine bestimmte Lichtstärke ist nicht möglich. Ebenso ist es mit farbigem Licht. Bienen, die auf gelbe Farbe von schwacher Intensität dressiert worden sind, wählten aus einer Reihe gelber Spektralstreifen ständig den hellsten. Folglich können Unterschiede zwischen den Abschnitten des Spektrums für die Bienen nicht Helligkeitsunterschiede sein.

KÜHN faßt seine Ergebnisse in der Feststellung zusammen, daß die Bienen keineswegs „Dichromaten" sind, wie man früher meinte. Es existieren für sie vier als Farben wahrgenommene Lichtqualitäten. Es sind dies: Der Abschnitt 650—500 mμ, der kurzwellige rote, gelbe und gelbgrüne Farbe umfaßt, der Abschnitt 500—480 mμ, das heißt blaugrüne Farbe, der Abschnitt 480—400 mμ Blau und Violett, sowie der Abschnitt 400—310 mμ Ultraviolett.

Weitere und genauere Forschungen von KÜHN und FRAENKEL differenzierten das Farbsehen der Bienen noch mehr. Es wurde festgestellt, daß im Bereich der erwähnten Abschnitte des Spektrums für die Bienen weitere Farbunterschiede bestehen, die an Hand der Besuchsstatistik der einzelnen Streifen entdeckt wurden. Die Bienen unterscheiden mindestens acht Farbschattierungen, die sich um die vier scharf voneinander abgegrenzten Reizqualitäten gruppieren. Nach Messungen BERTHOLFS ergeben selbst Strahlen mit einer Wellenlänge von 297 mμ einen gewissen schwachen Effekt.

Die in den Experimenten ermittelten Besonderheiten des Farbsehens der Bienen besitzen einen biologischen Wert. Für das Auge der Biene müssen sich die blauen, violetten und purpurfarbenen Blumen sehr scharf von den grünen Blättern abheben, viel stärker als für das menschliche Auge. Schwieriger ist die Frage, ob und wie die Biene rote Blumen sieht, denn sie unterscheidet rote Farbe nicht von gelbgrüner. Wie jedoch v. FRISCH zeigte, sind rein rote Blumen in unserer Flora eine Seltenheit. Die als rot angesehenen Blüten der Geranien, der Nelken, des Heidekrauts und anderer sind in Wirklichkeit purpurfarben und enthalten eine erhebliche Beimischung blauer Farbe, die die Biene ausgezeichnet von der grünen unterscheidet. Rote Blumen findet man in der tropischen Flora, dort werden sie jedoch nicht von Bienen, sondern von Kolibris bestäubt, die völlig anders sehen. Eine Ausnahme scheint der Feldmohn darzustellen, der grellrote Blüten besitzt. Doch LOTMAR wies darauf hin, daß die Mohnblüten eine erhebliche Zahl von ultravioletten Strahlen reflektieren, was als Resultat spezieller spektrographischer Untersuchungen festgestellt wurde. Die Mohnblüten sind für die Biene weder schwarz noch gar dunkel, sondern sie besitzen eine uns unbekannte Qualität ultravioletter Farbe. Die Biene ist in ihre Umgebung „hineinkomponiert", ihre individuellen Eigenschaften stehen in engem Zusammenhang mit ihren Lebensbedingungen.

Ich muß nun noch ein paar Worte über die einfachen Augen der Biene sagen. Alles bisherige bezog sich auf die Komplexaugen. Die einfachen Augen oder Ozellen, ihrer drei an der Zahl, liegen im Oberteil des Kopfes (siehe Abb. 56). Sie haben einen um vieles einfacheren Aufbau, vor allem besitzen sie eine große Chitinlinse, dank der sie viel klarere Bilder als die Ommatidien liefern können. Die Funktion der Ozellen ist sehr umstritten und die einzelnen Forscher können sich in dieser Hinsicht nicht einigen. Nach Meinung einiger von ihnen sollen die Ozellen der Reaktion auf unbedeutende Veränderungen der Lichtstärke dienen. Nach der Meinung anderer sollen sie Stimulationsorgane sein, die die phototropische Reaktion steigern. Wieder andere sind der Meinung, daß die Ozellen der Biene beim Richtungssehen, speziell beim Treffen unbeweglicher Objekte, helfen. Eine Tatsache ist es, daß die Ozellen klare Bilder mit aber zugleich sehr unscharfen Umrissen zeigen. Einer der letzten Forscher, der auf diesem Gebiete gearbeitet hat, ist MÜLLER. Er eliminierte entweder die Augen von Bienen und Ameisen oder ihre Ozellen, indem er sie mit einer Mischung aus Wachs und Ruß bedeckte. Nach Ausschaltung der Komplexaugen erfolgte keine Reaktion auf Licht mehr. Nach Ausschaltung einer, zweier oder aller Ozellen dagegen veränderte sich bei Belassung der Komplexaugen der Charakter des Phototropismus. Die Reizung der Augen summiert sich mit der Reizung der Ozellen, und die Empfindlichkeit der Biene gegenüber Licht kann, wenn die phototropische Reaktion stark ist, dank der Ozellen um das Fünffache zunehmen. Bei negativ phototropischen Individuen, wie einer Biene bei einer Temperatur unter 16° C, ändert eine Ausschaltung der Ozellen den Phototropismus in einen positiven um, was übrigens in ziemlich kurzer Zeit erfolgt. Eine endgültige Erklärung der Funktion der Ozellen besitzen wir jedoch noch nicht.

ELFTES KAPITEL

Die Biene — Ihre höheren psychischen Funktionen

Gegenstand vieler Untersuchungen war die interessante Orientierungsfähigkeit der Biene auf freiem Gelände. Es handelt sich um die Mittel, derer sich das Tier bedient, um den Weg zu der Nahrungsquelle sowie den Rückweg zum Bienenstock zu finden. Unter den Bienenzüchtern ist die Anschauung weit verbreitet, daß die Bienen jeden Ort im Radius von 3—4 Kilometern rings um den Bienenstock aufsuchen. Tatsächlich kann die Reichweite der Flüge noch erheblich größer sein. So berichtet zum Beispiel ECKERT, daß der Flugbereich seiner Bienen 13 Kilometer betrug. Er stellte Bienenstöcke in einer wüstenähnlichen Landschaft auf, die an zwei entfernt liegende Gegenden mit reicher Nahrung für die Bienen grenzte. Wenn der Bienenstock vom Orte der Nahrungsaufnahme 2—3 Kilometer entfernt war, erhielt man dieselbe Menge Honig, wie in den Bienenstöcken mit in der Nähe befindlicher Nahrung. Wenn die Entfernung vergrößert wurde, nahm die Honigmenge allmählich ab.

Der erste, der die Frage der Orientierung auf den Boden eines exakten Experimentes stellte, war BETHE. Seine Arbeiten wurden zum Ausgangspunkt aller späteren Untersuchungen. BETHE stellte einen Bienenstock auf einen kleinen Wagen und schob ihn vorwärts oder rückwärts zur Rückflugrichtung der Bienen. Selbst wenn diese Verschiebung nicht mehr als zwei Meter betrug, bewirkte das eine Störung bei der Rückkehr. Die zurückkehrenden Bienen flogen dann nicht in die Öffnung des Bienenstockes hinein, sondern sammelten sich in einer dichten Masse in der Luft, genau an dem Punkt, wo sich vorher die Ausgangsöffnung befunden hatte. Wenn man den Bienenstock um seine vertikale Achse dreht, so erfolgt ebenfalls eine charakteristische Störung: Die Bienen suchen ganz deutlich den Eingang dort, wo er sich vor der Drehung befunden hat.

Bei weiteren Experimenten trug BETHE die Bienen in einer verschlossenen Schachtel an einen ihnen nicht bekannten Ort, zum Beispiel in eine Straße einer nahen Stadt, und ließ sie dort frei. Die Bienen flogen sogleich hoch, danach aber nahmen sie ohne Zögern Richtung direkt auf den Bienenstock, den sie unter diesen Umständen absolut nicht sehen konnten. Interessant ist, daß, nachdem man die Bienen aus der Schachtel herausgelassen hat, nur ein Teil von ihnen die richtige Flugrichtung findet, der Rest von ihnen aber nach kurzem Suchen wieder zur Schachtel als der Orientierungsbasis zurückkehrt, von wo er nach einer gewissen Zeit wieder zum Flug aufbricht. Das wiederholt sich mehrere Male, bis alle Bienen die vorschriftsmäßige Richtung gefunden haben. Wenn man nach dem ersten Abflug der Bienen aus der Schachtel diese um einige Meter verrückt, dann geschieht etwas in der Tat Er-

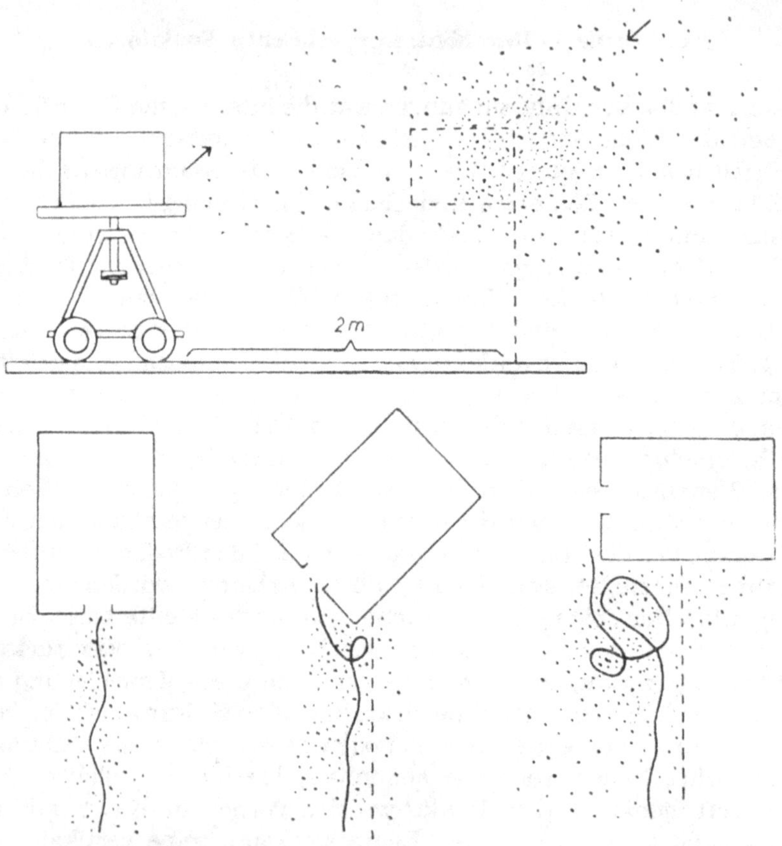

Abb. 71. Störung beim Anflug der Bienen nach Verschiebung oder Drehung des Bienenkorbes

staunliches: Die Bienen kehren nicht zur Schachtel zurück, sondern sie versammeln sich in der Luft, genau an dem Punkte, an dem sich die Schachtel vorher befunden hat. Diese effektvollen Experimente führten Bethe zu dem Schluß, daß die Bienen sich beim Wiederfinden des Weges nicht von ihrem Gesichtssinn leiten lassen, sondern daß irgendeine unbekannte Art von Energie sie leitet. Die Orientierung auf Grund des Gesichtssinns reicht entschieden nicht aus, um die Tatsachen zu erklären. Wenn man in Abwesenheit der Bienen das Aussehen ihres Bienenstockes verändert, wenn man ihn beispielsweise übermalt oder mit Papier oder Zweigen überdeckt, so fliegen die Bienen, ohne auch nur im geringsten zu zögern, auf die Einflugsöffnung zu. Dagegen ruft eine geringfügige Verschiebung des Bienenstockes eine Desorientierung hervor. Obwohl der Bienenstock in unveränderter Form dicht daneben steht, braucht es oftmals eine lange Zeit, bis die Bienen schließlich den Eingang finden. Die Berufung BETHES auf eine unbekannte, die Bewegungen der Bienen leitende Kraft, rief einen lauten Widerspruch besonders von seiten FORELS, WASMANNS, BUTTEL-REEPENS und anderer hervor. Man wies darauf hin, daß die Bienen sich nicht nach dem Aussehen des Bienenstockes selbst, sondern nach benachbarten Gegenständen orientieren, die bei den Experimenten BETHES an der Stelle geblieben waren. YUNG führte ein bedeutendes Kontrollexperiment durch. Aus einem in der Nähe des Ufers des Genfer Sees aufgestellten Bienenstock brachte er zwanzig Bienen in einer verschlossenen Schachtel sechs Kilometer landeinwärts. Von ihnen kehrten siebzehn nach Hause zurück. Als er dann aber zwanzig Bienen in einem Boot auf den See hinausbeförderte und sie in einer Entfernung von drei Kilometern vom Ufer frei ließ, kehrte keine einzige zurück. Gleiche Tatsachen berichtete ROMANES. Es ist klar, daß die Bienen von ihnen aus früheren Flügen bekannten Orten zurückkehren können, sie können sich dagegen nicht überm Wasser zurechtfinden, denn hier fehlt es an jeglichen Orientierungsmerkmalen, und die Bienen fliegen nicht in Richtung des Sees. Es ist übrigens bekannt, daß eine junge Biene, die noch nicht weit geflogen ist, aus größerer Entfernung zurückzukehren nicht imstande ist.

In mehreren Arbeiten bemüht sich WOLF, diese Widersprüche zu erklären. WOLF zählte im Laufe einer gewissen Zeit die in den Bienenstock zurückkehrenden Bienen. Diese Zahl zeigte sich sehr veränderlich, abhängig von dem Bienenstock und von den meteorologischen Bedingungen, jedoch ist für einen und denselben Bienenstock und bei beständigen Bedingungen die Anzahl der anfliegenden Bienen im Laufe einer Minute ziemlich gleichmäßig. Beispielsweise erhielt man in einem Falle in aufeinanderfolgenden Minuten folgende Anflugszahlen: 91, 90, 97, 95, 96, 97, 93, 94, 89, 87, 95, 93, 92, 89, 91 usw. Der Rechenfehler konnte jedesmalig 2—6 Tiere ausmachen. Jede Verrückung des Bienenstockes, selbst um einen halben Meter, bewirkt ein sofortiges Sinken der Anflugszahl. Zum Beispiel normale Anflüge: 85, 79, 82, 80, 79, 81. Nach einer rückwärtigen Verschiebung des Bienenstockes: 18, 34, 91, 78, 83, 80. Die Störung bei den Anflügen ist ganz deutlich, aber sie dauert nur kurze Zeit; schon nach drei Minuten ist die Zahl der Anflüge wieder normal. Man führte Verschiebungen des Bienenstockes in drei zueinander senkrechten Ebenen durch: vorwärts oder rückwärts zur Richtung des Abfluges (X), nach rechts oder links (Y), sowie nach oben oder unten (Z). Die Zeit, die für die Normalisierung der Anzahl der anfliegenden Bienen nötig war, stand im Verhältnis X : Y : Z = 1 : 2 : 3. Immer versammelten sich die Bienen anfangs an dem Punkte, der der ursprünglichen Lage der Einflugsöffnung entsprach. Dieses Resultat bestätigt also die von Bethe erbrachten Tatsachen. Wovon jedoch lassen sich die Bienen leiten? Wolf versuchte, ihnen künstliche Orientierungszeichen zu verschaffen. Im einfachsten Falle war das ein fünf Meter langes Brett, das auf der Erde in der Nähe des Bienenstockes entlang des normalen Weges der Bienen lag. Wenn man den Bienenstock hinsichtlich des Brettes, oder das Brett hinsichtlich des Bienenstockes verrückte, entstand eine Störung der Anflüge. Zum Beispiel war der normale Stand der Anflüge: 93, 93, 97, 99, 104. Nach seitlicher Verschiebung des Bienenstockes: 58, 77, 83, 92, 81. Die Wiederherstellung des normalen Standes: 129, 93, 89, 87, 93. Nach seitlicher Verschiebung des Brettes: 67, 59, 71, 78, 69 ··· 101, 93, 89, 94, 91 usw. Das künstliche optische Kennzeichen ist mit Sicherheit ein partielles Mittel zur Orientierung.

Bei einer geringen Entfernung hat außerdem die geruchsbedingte Orientierung eine wesentliche Bedeutung. Wolf befestigte über der Eingangsöffnung einen von außen unsichtbaren Löschpapierstreifen, der mit aromatischem Öl (Pfefferminz-, Nelken-, Anis-, Lavendel-, Zitronen-, Mandelöl u. a.) getränkt war. Das Löschpapier blieb eine gewisse Zeit vor dem Experiment im Bienenstock, um die Bienen an seinen Geruch zu gewöhnen. Wenn man jetzt den Bienenstock von der Stelle verrückte, war die Störung bei den Anflügen erheblich geringer als beim Fehlen eines geruchlichen Kennzeichens.

Wenn man die Vorderfront des Bienenstockes mit farbigem Papier bedeckt, so zieht dies eine Desorientierung, von übrigens kurzer Dauer, nach sich. Das Vorhandensein einer visuellen Orientierung ergibt sich aus folgendem Experiment. Neben einen bewohnten Bienenstock stellte man einen leeren, mit blauem Papier bedeckten Bienenkorb. Der erstere war mit gelbem Papier bedeckt. Nach kurzer Zeit wurden die Anflüge wieder normal, die Bienen fanden ohne Fehler den eigenen Bienenstock wieder. Nun vertauschte man die Farben der beiden Bienenstöcke, ohne jedoch ihre Lage zu verändern. Die Bienen strebten deutlich der gelben Farbe zu und flogen zu 50 % in den leeren Bienenstock, d. h., die Farbe ist ganz bestimmt eines der Orientierungsmittel. Dennoch verhielten sich nur 50 % der Bienen so; es müssen also andere Erkennungsmittel vorhanden sein. Man konnte den Einfluß der verschiedenen Farben vergleichen, wenn die Farbe als negativer, nicht wie vorher als positiver Reiz diente. Die Bienen wurden zuerst an den Anblick eines ungestrichenen hölzernen Bienenstockes gewöhnt. Danach wurde an der Vorderfront des Bienenstockes ein farbiger Schirm befestigt und einige aufeinanderfolgende Minuten lang die anfliegenden Bienen gezählt. Sodann wurde der Schirm wieder abgenommen. Nachdem sich die normalen Anflüge wieder eingestellt hatten, wurde der Bienenstock mit einem andersfarbigen Schirm bedeckt. Das Ergebnis sehen wir in der nachstehenden Tabelle, die die Zahl der im Laufe von fünf aufeinanderfolgenden Minuten anfliegenden Bienen enthält.

Der Bienenstock ohne farbige Kennzeichen:	32, 36, 33, 34, 31
Mit rotem Schirm:	11, 17, 24, 28, 26
Ohne Kennzeichen:	41, 35, 32, 35, 33
Mit grünem Schirm	16, 27, 36, 34, 37
Ohne Kennzeichen:	47, 33, 35, 31, 34
Mit gelbem Schirm:	7, 10, 12, 12, 15
Ohne Kennzeichen:	51, 33, 34, 36, 31
Mit blauem Schirm:	1, 5, 9, 10, 12
Ohne Kennzeichen:	68, 32, 34, 35, 36

Der grüne Schirm wirkt am schwächsten, der blaue am stärksten. Wenn die Farben oft gewechselt werden, so nimmt die Bedeutung der Farbe als Orientierungsmittel allmählich ab.

Diese Analyse bewies, daß es visuelle und geruchliche Kennzeichen gibt, die der Biene bei der Orientierung helfen. Doch sie erschöpft dieses Problem noch nicht, denn bei allen Versuchen mit der Verrückung des Bienenstockes bildeten die Bienen trotz der visuellen Kennzeichen an der Stelle, wo sich zuvor die Einflugsöffnung befunden hatte, einen Haufen in der Luft, obwohl es dort keinerlei visuell oder geruchlich wahrnehmbare Kennzeichen geben konnte. Offenbar bedienen sich die Bienen irgendwelcher weiter vom Bienenstock entfernt liegender Kennzeichen. Aber hier besteht eine schon aus früheren Beobachtungen bekannte Schwierigkeit. Wenn die aus der Ferne zurückkehrende Biene nicht sofort die Einflugsöffnung trifft, was oft geschieht, dann läßt sie sich für eine kurze Zeit in der Nähe des Bienenstockes nieder. Obwohl sich die Biene ein paar Dutzend Zentimeter vom Eingang befindet, begibt sie sich nicht zur Öffnung, sondern erhebt sich, fliegt zurück und erst aus einer gewissen Entfernung kehrt sie wieder zum Eingang zurück. Es ist ziemlich schwer zu verstehen, weshalb die Biene die richtige Wegrichtung aus einer Entfernung von vielen Kilometern findet, sie aber in nächster Nähe des Bienenstockes zu finden nicht imstande ist. Offenbar sind in der Nachbarschaft des Bienenstockes noch irgendwelche anderen Orientierungsmittel wirksam.

Wolf bestätigte das Experiment Bethes mit der Verlagerung von Bienen in unbekannte Gegenden. Nach Öffnung der Schachtel mit den Bienen machen diese einen Orientierungsflug, indem sie eine bestimmte Zeit um die Schachtel kreisen, als ob sie deren Lage im Gedächtnis behalten wollten, danach fliegen sie fort. Wenn den Bienen die Gegend nicht bekannt ist, kehren sie zu der Schachtel zurück und lassen sich auf ihr nieder, um nach einer Weile wiederum den Flug zu unternehmen.

Wenn man nach dem Abflug der Bienen die Schachtel um 2 bis 10 Meter wegstellt, sammeln sich die zurückkehrenden Bienen in der Luft an der Stelle, wo sich früher die Schachtel befunden hatte. Auf die Schachtel selbst dagegen achten sie nicht. Sie können übrigens auch jetzt die Schachtel wiederfinden, doch tun dies nur einige von ihnen und auch das nur nach längerer Zeit. Die Wiederauffindung wird leichter, wenn die Schachtel im Augenblick des Abfluges sich auf einem Bogen farbigen Papiers befand und zusammen mit ihm fortbewegt wurde oder auch, wenn der Schachtel ein starker Geruch anhaftete. In einem Falle ließ man Bienen aus einer Schachtel, die auf der Einfassung eines kreisförmigen Betonbassins mit einem Durchmesser von 5 Metern aufgestellt war. Nach dem Abflug der Bienen stellte man die Schachtel auf dem gegenüberliegenden Punkte der Einfassung auf. Trotz des gleichen Aussehens des ganzen Bassins und seiner näheren Umgebung sowie trotz des Tagesstreulichtes kehrten alle Bienen nicht zu der Schachtel, sondern zum Startpunkt zurück.

Bei diesen Experimenten bleibt stets eine gewisse Unbekannte übrig. Es ist nicht geklärt, wie die Bienen mit einer derartigen Genauigkeit die frühere Lage der Einflugsöffnung auf Grund irgendwelcher vom Bienenstock weit entfernter Gegenstände bestimmen können, gleichzeitig aber nicht imstande sind, die Öffnung nach Verschiebung des Bienenstockes um einen Meter wiederzufinden. Irgend etwas stimmt hier nicht, und es liegt die Vermutung nahe, daß noch ein bestimmter besonderer Sinn existiert, der den Bienen die Lage der Öffnung anzeigt. Man versuchte, durch Ausschaltung verschiedener Sinnesorgane an dieses Problem heranzukommen. Die Ausschaltung der Augen brachte keine Resultate, denn die geblendete Biene fliegt nicht normal. Wolf amputierte den Bienen die Antennen, ein Eingriff, den sie gut vertragen, und wiederholte nun das Experiment mit der Umstellung der Startschachtel, aber mit antennenlosen Bienen, und stellte fest, daß sie nicht zum Ort des Starts zurückkehrten, sondern die Schachtel wiederfanden. Ihr Verhalten war eine Umkehrung des Verhaltens normaler Bienen, was deutlich auf ihre visuelle Orientierung hinweist. Wolf nimmt an, daß sich in den Antennen ein Sinn befindet, der die während des Orientierungsfluges gemachten Wendungen registriert. Durch Wiederholung dieser Wendungen in umgekehrter Reihenfolge kehrt die Biene zum Orte ihres Startes zurück. Dafür spricht das folgende Experiment: Wenn man Bienen in einer verschlossenen Schachtel 450 Meter weit vom Bienenstock entfernt in eine ihnen unbekannte Gegend bringt, die Schachtel aber während des Transportes umdreht, so wird die für die Rückkehr notwendige Zeit bedeutend länger. Dagegen kehren unter denselben Bedingungen antennenlose Bienen in der normalen Zeit zurück, ohne die geringsten Störungen aufzuweisen.

In einer späteren Arbeit schildert Wolf das Verhalten von Bienen, deren Bienenstock an einer möglichst eintönigen Stelle ohne jegliche Wegweiser aufgestellt worden war. Eine derartige Stelle war das Gebiet eines früheren Flugplatzes mit einem Durchmesser von 700—800 Metern. In der Mitte dieser Fläche wurde der Bienenstock aufgestellt. Im Laufe der ersten paar Tage war die Zahl der anfliegenden Bienen veränderlich. Die Bienen flogen eifrig um jeden fremden Gegenstand herum, um ein Stückchen Papier, einen im Grase liegenden Rucksack oder die Person des Autors. Nach einigen Tagen wurde der Bienenstock um 12 Meter verschoben. Trotz der völligen Einförmigkeit der Umgebung kehrten die Insekten zu ihrem Startpunkte zurück und fanden erst später den

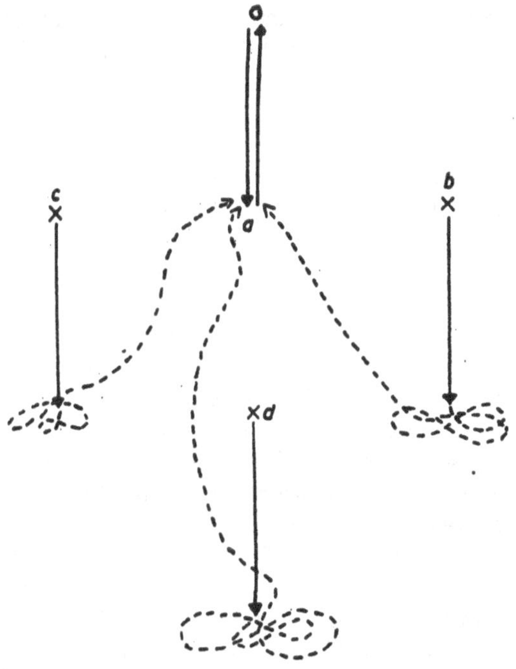

Abb. 72. Die Orientierung der Bienen an einem Orte in einförmiger Umgebung. Der Bienenstock befindet sich in *a*, in *o* ist die Fütterungsstelle. Die von *o* nach *b*, *c* oder *d* gebrachten Bienen fliegen stets nach Süden und beginnen nach Durchfliegen eines Abschnittes, der gleich *oa* ist, zu kreisen

Bienenstock an seinem neuen Ort. Anfangs sammelten die Bienen nichts und mußten ernährt werden. Später fanden sie die weiter entferntliegenden Nahrungsquellen, und die Zahl der je Minute ankommenden Bienen erfuhr eine Stabilisierung. Jetzt rief ein Umstellen des Bienenstockes um 3 m eine deutliche Störung der Anflüge hervor. Besonders folgendes Experiment ist beachtenswert: In 150 Meter Entfernung vom Bienenstock, z. B. in nördlicher Richtung, wurde Nahrung aufgestellt. Nach ziemlich langer Zeit lernten es die Bienen, zur Nahrungsquelle zu fliegen, und es bildete sich ein Weg zwischen dem Fütterungsort und dem Bienenstock heraus. WOLF fing die Bienen in Nähe der Nahrung, verschloß sie in dunklen Schachteln und trug sie zu drei, 150 m vom Bienenstock entfernten Punkten, die aber östlich (b), westlich (c) und südlich (d) vom Bienenstock gelegen waren. Alle Bienen flogen, nachdem sie aus der Schachtel herausgelassen worden waren, nach Süden, d. h. in der Richtung, in der sie vom Fütterungspunkte hätten fliegen müssen, legten in gradlinigem Fluge eine Entfernung von etwa 150 m zurück und begannen, auf der Suche nach dem Bienenstock, zu kreisen. Wenn man die Bienen, nachdem man sie am Fütterungsort eingefangen hat, eine Stunde lang in den Schachteln eingeschlossen hält, und sie erst danach an den erwähnten drei Punkten herausläßt, so weichen die Insekten um ungefähr 15° von der Südrichtung nach Westen ab. Da im Laufe der Stunde die Sonne gerade um diesen Winkel vorgerückt ist, ist es klar, daß die Bienen sich nach der Richtung der Sonnenstrahlen orientieren. Eine derartige Orientierung ist durch die Struktur des Komplexauges enorm erleichtert. Wenn die Biene von der Fütterungsstelle zum Bienenstock fliegt, fällt das Bild auf eine genau bestimmte Ommatidiengruppe. Nachdem man die Biene an die anderen Punkte gebracht hat, stellt sie sich so, daß die Sonne sich im Blickfeld derselben Ommatidien befindet wie vorher. In diesem Falle muß aber ihr Weg parallel zum vorherigen verlaufen. Selbst an trüben Tagen ist der Südhimmel 40—60 % heller als der Nordhimmel, ein Unterschied, der für die Orientierung ausreichend sein kann. Außer der Richtung behalten die Bienen auch die Entfernung vom Bienenstock im Gedächtnis, was auf kinästhetischen Eindrücken beruhen kann. Als man den Bienenstock zu einem an optischen Kennzeichen reichen Ort brachte, orientierten sie sich im Laufe der ersten Tage nach der Sonne; an verschiedene Punkte vom Bienenstock aus gebracht, flogen sie alle in derselben Richtung. Dagegen war ihr Verhalten nach sechs Tagen ein völlig anderes, denn jetzt flogen sie von jedem Punkte aus direkt zum Bienenstock, wobei sie sich offenbar nach landschaftlichen Kennzeichen orientierten.

Aus all dem geht hervor, daß die Orientierungsfähigkeit der Bienen etwas sehr Kompliziertes ist. Die Biene kann sich schnell orientieren, sie kann dies aber nach optischen Kennzeichen der Landschaft, nach dem Aussehen oder der Farbe ihres Bienenstockes, an Hand von Objekten der weiteren Umgebung oder schließlich nach der Richtung der Lichtstrahlen tun. Unabhängig davon existiert die geruchliche Orientierung. Die Antennen scheinen der Sitz des Positionssinnes zu sein, der die im Fluge ausgeführten Wendungen notiert. Es existiert überdies eine Registrierung der Weglänge, die sich gewiß auf eine

Schätzung der aufgewandten Kraft stützt. Das letztere ist übrigens nicht sicher. Wenn die Biene vom Bienenstock mit dem Winde abfliegt und gegen den Wind zurückkehren muß, so wird ihr Kräfteaufwand in den beiden Fällen ein völlig verschiedener sein; es wurde aber nicht festgestellt, daß dieser Faktor eine Desorientierung hervorruft. Interessant ist, daß man die Resultate der verschiedenen Sinne, die unter gewöhnlichen Bedingungen miteinander übereinstimmen und schnell zum Ziele führen, bei einem Experiment trennen kann. Nach Verlagerung des Bienenstockes entsteht ein Widerspruch in den Hinweisen der Sinne, denn der „Antennensinn", wie wir ihn symbolisch nennen wollen, zeigt eine völlig andere Lage des Bienenkorbes an als der Gesichtssinn. Anfänglich „vertrauen" die Bienen dem Antennensinn, später verlassen sie sich eher auf den Gesichtssinn.

Interessante Einzelheiten über den Orientierungsprozeß berichtet Opfinger. Im Verhalten einer Biene, die eine neue Nahrungsquelle findet und deren Position im Gedächtnis behält, lassen sich drei Momente unterscheiden: Der Anflug, das Aufsaugen der Nahrung und der Abflug. Die Autorin legt sich die Frage vor, welcher von diesen drei Momenten für das Im-Gedächtnis-Behalten entscheidend ist. Sie legte unter ein Schälchen mit Sirup drei verschiedenfarbige Papiere und wechselte diese während der Anwesenheit der Biene. Beispielsweise kann die Anordnung so sein, daß die herankommende Biene das Nahrungsschälchen auf blauem Untergrunde antrifft, während der Nahrungsaufnahme ein weißes Papier darunter geschoben wird, und, wenn die Biene sich zum Abfluge anschickt, der Hintergrund durch einen gelben ersetzt wird. Nach einer gewissen Zeit einer solchen Dressur wurden alle drei Papiere nebeneinander auf dem Tisch ausgebreitet, aber ohne Nahrung. Immer zeigte es sich, daß die Biene zu der Ankunftsfarbe, im gegebenen Falle Blau, zurückkehrte. Z. B. besuchten zehn Bienen das blaue, weiße und gelbe Papier im Verhältnis von 39 : 0 : 1 Malen, oder sechs Bienen im Verhältnis von 58 : 0 : 1 Malen. Ein ähnliches Resultat erbrachte eine Dressur auf Formen oder andere Kennzeichen in Nähe der Nahrung: Immer merkte sich die Biene die Anflugsmerkmale. Wenn es sich jedoch darum handelt, sich die Lage der Nahrung zu merken, besitzt die Abflugsphase ebenfalls eine gewisse Bedeutung für die Orientierung. Die Autorin formulierte diese Verhältnisse in folgender Weise: Während der Nahrungsaufnahme ist die Biene unempfindlich gegenüber äußeren Reizen. Der Anflug dient dazu, daß sie sich die optischen Merkmale der Nahrungsquelle und ihrer nächsten Umgebung merkt. Der Abflug, der mit einer mehrmaligen Umkreisung des Nahrungsschälchens verbunden ist, hat zur Aufgabe, die Kennzeichen der weiteren Umgebung im Gedächtnis einzuprägen. Die Biene lernt sehr schnell, z. B. erkennt sie die blaue Farbe schon nach dem zweiten Besuch wieder.

Was die Orientierung der Bienen auf Grund von Gerüchen betrifft, so werden wir deren nähere Einzelheiten im Zusammenhang mit der Sprache der Bienen kennenlernen. Wir werden dann erfahren, daß der Geruch nicht unbedingt nur ein Mittel der nahen Orientierung ist, sondern daß er auch die Biene auf längeren Strecken ihres Weges leiten kann.

Verhältnismäßig wenig ist das Problem der Orientierung der Biene im Bienenstock selbst erforscht. Wie aus dem koordinierten Lebenssystem im Bienenstock hervorgeht, müssen die Bienen sich gut in den Labyrinthen und Durchgängen ihres Heimes zurechtfinden, in dem in der Regel Dunkelheit herrscht. Kalmus versuchte, diese Verhältnisse nachzuahmen, indem er Labyrinthe aus Holz und Glas konstruierte und mit Hilfe von Wachs verkittete. Indem er die Bienen daran gewöhnte, aus einem Schälchen Sirup zu saugen, und dieses allmählich fortzog, konnte er sie lehren, diese verworrenen und gewundenen Wege zurückzulegen. Hierbei konnte eine und dieselbe Arbeitsbiene den gelernten Weg auf verschiedene Art zurücklegen: Auf dem Boden des Labyrinths, an seinen Seitenwänden oder an der Decke laufend, oder auch fliegend. Das erinnert lebhaft an das Verhalten einer Ratte, die einen Käfig mit verschiedenen Bewegungen öffnet, um dasselbe Endziel zu erlangen. Wenn der Weg schon beherrscht wird, dann übt eine Drehung des Labyrinths um seine senkrechte Achse auf das Verhalten des Tieres keinen Einfluß aus. Dagegen hebt eine dreißiggradige Drehung des Labyrinths aus der Horizontalebene heraus das Ergebnis der Dressur vollständig auf. Im Dunkeln ist die Genauigkeit in der Einhaltung einer einmal gewählten Richtung ziemlich gering, es kommen Abweichungen von 45° vor. Sobald die Biene jedoch irgendwelche Kennzeichen sehen kann, nimmt die Genauigkeit der Richtung zu, ein Fehler überschreitet dann 20° nicht. Die Bienen können für ihre Orientierung die Breite der Kanäle verwerten, durch die sie hindurchlaufen, und sie erkennen die Eigenschaften des Bodens, seine Glätte oder Rauheit, wieder. Wie Kalmus selbst betont, sind dies kaum einleitende Untersuchungen. Nichtsdestoweniger wiesen sie auf eine bedeutende Tatsache hin. Die verschiedene Art, durch das studierte Labyrinth hindurchzugehen, beweist neben der Einhaltung der Wegrichtung, daß die Psyche der Biene gestaltlicher Natur ist, was mit vielen anderen Tatsachen übereinstimmt.

Eine sehr interessante Erscheinung im geistigen Leben der Biene, das in einem sehr engen Zusammenhang mit ihrer Vergesellschaftung steht, ist die sogenannte Bienensprache, d. h., die Verständigung der Bienen untereinander. Die Entdeckung und Analysierung dieser Fähigkeit ist die Frucht der geduldigen und erfindungsreichen langjährigen Arbeit v. Frischs.

Wenn man an einer freien Stelle ein kleines Gefäß mit verdünntem Zuckerrübensirup aufstellt, dann stellt sich, früher oder später, bisweilen erst nach ein paar Tagen, irgendeine einzelne Biene an der Nahrung ein, die von dem Sirup trinkt und fortfliegt. Nach wenigen Minuten kommt diese Biene wieder zurück und sucht von nun an das Gefäß regelmäßig auf, bis die Nahrung erschöpft ist. Indem wir die Biene mit einem in Farbe getauchten Pinsel kennzeichnen, können wir uns davon überzeugen, daß es immer dieselbe Biene ist. Schon LUBBOCK hatte bemerkt, daß die Biene unter diesen Umständen dem Gefäß im Laufe eines Tages einige hundert Besuche abstattet, und sich auch am folgenden Tage vom frühen Morgen an zur Arbeit einfindet. Anders sieht die Sache aus, wenn die Nahrungsquelle reichhaltiger ist, wenn es beispielsweise eine größere Menge Honig oder Konfitüre ist. In diesem Falle kommen, nachdem sich die erste Sammlerin eingestellt hat, in kurzer Zeit ihrer viele hinzu. Indem er jede von ihnen besonders kennzeichnete, stellte v. FRISCH fest, daß die Gruppe der Honigsammlerinnen zahlenmäßig in schnellem Tempo bis zu einem bestimmten Maximum anwächst, danach stabilisiert sich die Gruppe. Es kommen keine neuen Arbeitsbienen hinzu, aber dafür kommen alle zu der Gruppe hinzugehörigen Sammlerinnen regelmäßig nach Nahrung. Die Maximalzahl von Gliedern einer Gruppe steht in einem einfachen Verhältnis zur Quantität und Qualität der Nahrung. Vielleicht versammelt eine reiche Nahrungsquelle durch ihren Geruch oder ihr Aussehen eher zufällig vorbeifliegende Bienen, und angesichts dessen ist die Tatsache, daß sich eine größere Zahl von Honigsammlerinnen einfand, ganz einfach eine Frage der größeren Wahrscheinlichkeit der Nahrungsauffindung. Doch das folgende Experiment beweist etwas anderes. Hören wir einmal auf, Honig auf die Untertasse zu tun, und warten wir, bis die Bienen sie trocken geleckt haben. Die Bienen fliegen weg. Doch in gewissen Abständen erscheint an dem leeren Geschirr eine einzelne Biene, die stets zu der uns schon bekannten Gruppe Sammelbienen (der gekennzeichneten) gehört, fliegt um die Untertasse herum, läßt sich auf ihrem Rande nieder, untersucht ihren Boden mit der Zunge und fliegt fort.

Es kann dies jedesmal eine andere Biene sein, aber immer wird sie zu der früheren Gruppe gehören. Wenn wir nach einer bestimmten Zeit wieder Honig auf die Untertasse bringen, stellt sich einige Minuten nach dem Besuch der ersten Sammelbiene die ganze Gruppe zur Arbeit ein. Es kann gar nicht anders sein, nur diese erste Biene, die die reiche Nahrung wiederfand, spielt die Rolle der Kundschafterin. Nachdem sie festgestellt hat, daß wieder Nahrung vorhanden ist, setzt sie die gesamte Gruppe davon in Kenntnis. Daraus geht hervor, daß die Sammlerinnengruppe zu demselben Bienenstock gehört, denn sonst hätte die Kundschafterin ja nicht alle benachrichtigen können, sowie, daß die Bienen während der Nahrungspause in ihrem Bienenstock sitzen, denn sonst wäre die Benachrichtigung nicht so schnell vonstatten gegangen.

v. FRISCH konstruierte einen besonderen Beobachtungsbienenstock mit gläsernen Wänden und einer langen verglasten Einflugsgalerie, die die Untersuchung erleichtern sollte, welche Bienen in den Stock zurückkehrten. Es wurde folgendes festgestellt: Wenn die Sammelbiene von einer zum ersten Mal aufgefundenen reichen Nahrungsquelle zurückkehrt, kriecht sie auf die Honigwabe und macht zwischen ihren Genossinnen Halt. Der Kropf der Sammlerin ist mit Honig angefüllt, der das Eigentum des gesamten Schwarmes darstellt. Der Kropf ist, wie man zu sagen pflegt, ihr „gesellschaftlicher Magen". Die Biene gibt den Honig in Gestalt eines aus dem Mund ausgeschiedenen Tropfens nach außen ab, der von ihren Genossinnen aufgeleckt wird. Die weitere Verteilung des eingebrachten Honigs ist nun deren Sache, die Sammelbiene befaßt sich nicht damit. Nach der Abgabe des Honigs vollführt die Sammelbiene auf der Oberfläche der Wabe einen eigenartigen Tanz, den v. FRISCH mit folgenden Worten beschreibt: „Mit schnellen, kleinen Schritten trippelnd, zieht sie enge Kreise auf der Wabe um die Stelle herum, wo sie vor einem Augenblick gesessen hat; sie wechselt hierbei oft die Richtung der Bewegung, beschreibt einen oder zwei Kreise bald nach rechts, bald nach links, und wieder in umgekehrter Richtung. Dieser Tanz spielt sich in dem dichten Schwarm der Genossinnen ab und ist dadurch besonders auffällig und interessant, daß er die Umgebung mitreißt; die sich in der Nähe der Tänzerin befindlichen Bienen trippeln ihr nach und bemühen sich mit ausgebreiteten Flügeln, mit ihr, Kontakt zu halten, indem sie alle Bewegungen der Tänzerin nachmachen, die nach einer Weile eine ganze Schar anderer Bienen hinter sich herführt. Das dauert einige Sekunden, manchmal eine halbe Minute oder eine Minute. In einem bestimmten Moment unterbricht die Tänzerin plötzlich ihren Tanz, rückt von ihrem Gefolge ab, um ihn manchmal an einer anderen Stelle zu wiederholen, wonach sie eilig zum Ausflug strebt, um eine neue Ladung Honig am Nahrungsort aufzunehmen und diese Szene nach ihrer Rückkehr zu wiederholen." (Aus dem Polnischen rückübersetzt. d. Ü.) Die Bienen, die das Gefolge der Tänzerin bilden, verlassen bald den Bienenstock und begeben sich zu der von der Tänzerin gefundenen Nahrungsquelle. Es läßt sich mit Sicherheit feststellen, daß keine der sich zur Nahrung begebenen Bienen der Tänzerin folgt, und daß von einer Führung der Bienen keine Rede sein kann. Jede von ihnen findet selbständig den Weg zur Nahrung. Jede von diesen neuen Bienen führt nach ihrer Rückkehr denselben „Werbungstanz" auf, und dank dieser eigenartigen Propaganda nimmt die Zahl der zur Nahrung fliegenden Sammelbienen rasch zu. Sobald die Gruppe ein bestimmtes zahlenmäßiges Maximum erreicht hat, hören die Tänze auf, und die Gruppe vergrößert sich von nun an nicht mehr. Es ist klar, daß der Tanz eine Methode ist, die die Bienen von der Auffindung der Nahrung in Kenntnis setzen soll. Genau dasselbe geschieht, wenn nach einer

Nahrungspause die erste Kundschafterin von neuem Nahrung gefunden hat. Nach Rückkehr in den Bienenstock führt diese einen Tanz auf, der die ganze Gruppe der zugehörigen Sammlerinnen schnell mobilisiert, die untätig auf der Wabenoberfläche sitzen.

Der Tanz stellt sicherlich einen der „Ausdrücke" der Bienensprache dar, der das Vorhandensein von Nahrung bezeichnen soll. Es erhebt sich nun die Frage, ob er auch Hinweise über den Ort enthält, wo die Nahrung zu suchen ist. v. Frisch stellte Nahrung in 20 m Entfernung vom Bienenstock in südlicher Richtung auf. Zwölf der zur Nahrung kommenden Bienen wurden gekennzeichnet — nach ihrer Rückkehr in den Bienenstock führten alle den Werbungstanz auf. Danach wurden ebenfalls in südlicher Richtung andere Gefäße mit Nahrung in 10, 50 und 100 m Entfernung vom Bienenstock aufgestellt. In gleicher Weise stellte man Schälchen mit Nahrung in östlicher, nördlicher und westlicher Richtung aus. Die zwölf gezeichneten Bienen kehrten ständig zu demselben Schälchen zurück. Zugleich fanden noch bei Dauer der Tänze die nach allen Seiten ausfliegenden Sammelbienen in kurzer Zeit alle Gefäße. Folglich schwärmen die durch den Tanz alarmierten Bienen nach allen Seiten aus und finden dank ihrer großen Zahl alle Gefäße in der Umgebung. Je größer die Entfernung ist, um so länger ist die Zeit, die die Bienen dazu benötigen, um das Gefäß wiederzufinden. Zu einem Gefäß, das 1 km vom Bienenstock entfernt ist und im Grase einer vom Bienenstock durch Täler und Hügel getrennten Wiese steht, gelangen die Bienen erst nach vier Stunden. Nichtsdestoweniger waren es keine zufälligen Bienen, sondern immer gehörten sie zu demselben Bienenstock. Mit anderen Worten, der Tanz zeigt nicht die Lage der Nahrungsquelle an, sondern meldet nur, daß eine solche vorhanden ist.

Dennoch ist diese Frage komplizierter als es scheint. v. Frisch tat statt des Sirups ein Bund Alpenveilchen in das Gefäß, zu dem die Bienen den Weg schon kannten, goß auf jede der Blumen einen Tropfen Sirup und erneuerte ständig den Nahrungsvorrat. Die Bienen sammelten eifrig den Sirup und tanzten nach ihrer Rückkehr in den Bienenstock. Nun stellte er in einer bestimmten Entfernung ein Gefäß mit Alpenveilchen neben das andere, aber ohne Sirup, sowie ein Bund Phloxe, ebenfalls ohne Sirup. Bald kamen durch die Tänze alarmierte Bienenmassen herbeigeflogen und suchten hartnäckig auf den Alpenveilchen nach Nahrung, ohne die Phloxe zu beachten. Sobald die Alpenveilchen durch mit Sirup versehene Phloxe ersetzt worden waren, begannen diese selben Bienen bald Nahrung von den Phloxen zu sammeln und nach ihrer Rückkehr in den Bienenstock zu tanzen. Es ist eine sehr interessante Tatsache, daß die Bienen bald alle Phloxe auf der umliegenden Wiese inständig beflogen. Es ist dies ein völlig ungewöhnlicher Fall, denn die Blütenröhre der Phloxe sind für die Biene zu lang, und die Phloxe werden unter normalen Umständen nie von Bienen besucht. Dieser

Umstand beweist, daß der Tanz doch etwas mehr als nur den Nahrungsalarm bedeutet, er zeigt an, um welche Art von Nahrung es sich handelt. Die Bienen suchen eine genau bestimmte Nahrung, nicht aber eine beliebige[1]. Diese Verhältnisse sind vom biologischen Standpunkt aus verständlich. Unter natürlichen Bedingungen muß die Biene, die eine reiche Nahrungsquelle, z. B. eine blühende Linde, gefunden hat, die im Bienenstock sitzenden Genossinnen von ihrer Entdeckung in Kenntnis setzen, und nicht nur davon, daß irgendwo irgendeine Nahrung sei. In diesem zweiten Falle müßten die Bienen die ganze Umgebung auf der Suche nach einer möglichen Nahrungsquelle abfliegen. Im Grunde genommen wären sie in einer nicht besseren Lage als die erste Sammlerin, die durch einen Zufall auf die Nahrung gestoßen ist. Die erste in den Bienenstock zurückkehrende Sammlerin tanzt nicht nur, sondern sie bringt auch den Geruch der Blüten mit sich, die sie eben erst besucht hat, und das gerade kann ein Hinweis für ihre Genossinnen sein. In der Tat gelingen die beschriebenen Experimente nur, wenn es sich um duftende Blüten handelt. Eine Dressur auf Schwertlilien, die keinerlei Geruch aufweisen, führt zu keinem Erfolg, obwohl dies große und schon von weitem sichtbare Blumen sind. Übigens geht die Rolle des Geruchs aus einem einfachen Experiment hervor. Wir füttern eine Schar Bienen auf einem nach Pfefferminze duftenden Papierbogen. Daneben stellen wir dieselben Gefäße mit Nahrung, aber auf Papieren, denen ein anderer Duft anhaftet. Die Bienen werden in diesem Falle nur das Gefäß mit Pfefferminzgeruch besuchen, auf die anderen dagegen nicht achten.

Die nun folgenden Tatsachen bringen etwas mehr über die Bienensprache. v. FRISCH fütterte die Bienen ein und desselben Bienenstockes an zwei Punkten, A und B. Es bildeten sich zwei Gruppen von Sammelbienen heraus, von denen jede sich genau an ihren Fütterungspunkt hielt. Danach wurde ihnen in A reiche, in B karge Nahrung vorgesetzt. Die Sammelbienen von A tanzten weiterhin nach ihrer Rückkehr in den Bienenstock, die von B taten dies nicht. Man müßte erwarten, daß die tanzenden Bienen von A die Sammlerinnen in alle Richtungen schicken, und da man speziell darauf achtete, daß die Nahrung an beiden Punkten jeglichen Geruchs entbehrte, ist die Wahrscheinlichkeit dessen, daß die beiden Nahrungspunkte von neuen Sammlerinnen gefunden werden, in beiden Fällen dieselbe. Tatsächlich kommen jedoch weit mehr neue Bienen nach A als nach B. Die Sprache der Bienen muß demnach noch irgendeinen anderen Ausdruck dafür enthalten, der auf die Merkmale der reichen Nahrungsquelle hinweist. Dieser Ausdruck ist der Geruch der Bienen selbst. Die Arbeitsbienen besitzen an der Spitze ihres Hinter-

[1] Diese Forschungen fanden auf interessante Art eine praktische Verwendung. In der Sowjetunion wendet man augenblicklich in einem großen, industriellen Maßstabe die Dressur von Bienen auf Klee an, der normalerweise von Bienen nicht besucht wird.

leibes eine kleine Tasche, die sich nach außen wölben kann und dann einen ziemlich starken Geruch von sich gibt, der auch für den menschlichen Geruchssinn deutlich ist. Die Biene fliegt, wenn sie an die reichhaltige Nahrung herangekommen ist, um diese herum, stößt ihr Duftorgan hervor und verstreut ringsum den Geruch. Hingegen bleibt im Falle karger Nahrung das Täschchen geschlossen. Die Bedeutung des Täschchens läßt sich experimentell beweisen. An den beiden Punkten, A und B, stellte v. Frisch reichhaltige Nahrung auf. Die nach B fliegenden Bienen wurden ergriffen und ihr Dufttäschchen mit einer dünnen Schicht Schellack bedeckt, was ihre Auswölbung unmöglich machte. Die Bienen beider Gruppen sammelten fleißig an beiden Punkten und tanzten nach ihrer Rückkehr, doch wuchs zahlenmäßig nur die Gruppe A.

Wir haben bisher nur von der gegenseitigen Verständigung der Blütennektar sammelnden Bienen gesprochen. Es existiert darüber hinaus noch eine andere Kategorie von Arbeitsbienen, deren Aufgabe es ist, Blütenstaub zu sammeln. Die Bienen der Blütenstaub sammelnden Gruppe tanzen, wenn sie reiche Blütenstaubvorräte gefunden haben, nach ihrer Rückkehr in den Bienenstock und alarmieren ihre Genossinnen, der Geruch des mitgebrachten Blütenstaubes aber ist ein Hinweis dafür, wo die neuen Sammlerinnen ihn zu suchen haben.

Die oben beschriebenen Tatsachen gestatten es, das Verhalten der Biene in ihren natürlichen Verhältnissen zu verstehen. Wenn in der Umgebung des Bienenstockes irgendeine Blumenart reichlich blüht, so tanzen die ersten Sammlerinnen, die die Nektar- oder Blütenstaubquelle gefunden haben, nach ihrer Rückkehr und werben neue Gehilfinnen. Diese tanzen ihrerseits nach ihrer Rückkehr, und so wächst die Gruppe der Sammlerinnen schnell an, bis eine Zahl erreicht ist, die ausreicht, um den gesamten gefundenen Vorrat in den Bienenstock zu bringen. Danach hören die Tänze auf, und die Gruppe stabilisiert sich. In einem Bienenstock müssen zu gleicher Zeit viele Sammlerinnengruppen vorhanden sein, von denen jede auf eine andere Nahrungsquelle eingestellt ist. Man stellte eine bestimmte Besonderheit dieser Gruppen in dem Sinne fest, daß der Tanz der Kundschafterin nur die Bienen der eigenen Gruppe alarmiert, die anderen dagegen auf ihn nicht reagieren. Die alarmierten Bienen begeben sich sofort an die Arbeitsstelle, sofern sie diese von vorherigen Besuchen her kennen, wenn sie hingegen zum erstenmal mobilisiert werden, fliegen sie in alle Himmelsrichtungen, suchen die ganze Gegend ab und verweilen nur dort, wo es ebenso wie die erste Sammelbiene riecht.

Wenn jedoch die Sammlerin neue Bienen werben konnte, die zu den fremden Gruppen gehörigen Bienen aber nicht auf den Tanz achten, so müssen in dem Bienenstock Reservebienen vorhanden sein, die zu keiner Gruppe gehören. Wahrscheinlich sind das Bienen, welche zu Gruppen gehören, die infolge des Ausganges der Nahrung aufgelöst worden sind.

Auch hierin liegt eine tiefe Zweckmäßigkeit. Die Biene lernt nicht nur schnell, sondern sie vergißt nicht weniger schnell das, was für sie unnütz geworden ist.

Die oben erwähnten Erscheinungen, die die „Sprache“ der Bienen betreffen, veröffentlichte v. FRISCH schon im Jahre 1923. Er unterschied damals zwei Formen des Werbungstanzes: Den „Rundtanz“, der von gefundenem Nektar Nachricht gibt, sowie den „Schleifentanz“, der mit eigentümlichen Bewegungen des Hinterteils nach rechts und links verbunden ist und einen Fund von Blütenstaub melden soll. Etwas anders faßt v. FRISCH diese Fragen in seinen neuen Untersuchungen (1946). Wenn irgendeine Nachricht, gleich ob Nektar oder Blütenstaub, nicht weiter als 100 Meter vom Bienenstock entfernt ist, so führt die zurückkehrende Sammlerin nur einen Rundtanz auf. Wenn jedoch die Entfernung größer ist, teilt der Schleifentanz den Bienen verschiedene Einzelheiten mit; 1. zeigt er den Fund einer Nahrungsquelle an, 2. bringt er den eigentümlichen Geruch der Nahrung mit sich, 3. gibt er erstaunlich genaue Hinweise über die Entfernung der Nahrungsquelle vom Bienenstock. Diese Entfernung findet ihren Ausdruck in der Anzahl der von der Sammlerin in der Minute beschriebenen Achten. Wenn beispielsweise die Nahrungsquelle 300 Meter vom Bienenstock entfernt ist, so beschreibt die Tänzerin 28 Achten in der Minute, wenn diese Entfernung auf 3000 Meter anwächst, vermindert sich die Zahl der Achten auf 9. Ebenso wächst die Länge des geraden Laufabschnittes zwischen den beiden Schleifen der Acht etwas.

Damit ist aber dieses Problem noch nicht erschöpft, denn die Biene kann ihren Genossinnen auch noch mitteilen, in welcher Richtung sich die Nahrung befindet. Einen Hinweis darüber gibt die Richtung des gradlinigen Laufabschnittes der Tänzerin zwischen den beiden Schleifen der Acht. Wenn dieser Abschnitt senkrecht nach oben gerichtet ist, dann befindet sich die Nahrung in Richtung der gegenwärtigen Sonnenposition. Wenn er nach unten verläuft, liegt die Nahrung in entgegengesetzter Richtung zur Sonne. Wenn die Biene unter einem gewissen Winkel zum Lote läuft, befindet sich die Nahrung in der Richtung, die dieser selbe Winkel mit der geraden, die Sonne mit dem Bienenstock verbindenden, Linie bildet.

BUTLER untersuchte, wie sich die Sammelbiene auf dem Felde verhält, wenn ihr eine mehr oder weniger gleichartige Nahrungsquelle zur Verfügung steht. Er stellte in bestimmten Abständen vom Bienenstock kleine Schüsseln mit Sirup auf. Eine Beobachtung der einzelnen Sammlenrinnen ergab, daß sich die Biene viele Tage lang an ein bestimmtes Schüsselchen halten kann, obwohl sie auf dem Wege zu diesem an einer Reihe anderer Schüsselchen von demselben Aussehen vorbeikommt, die aber bedeutend näher am Bienenstock liegen. Grundsätzlich ebenso ist das Verhalten unter natürlichen Verhältnissen, die Biene bleibt eine längere Zeit hindurch einer bestimmten Blumenart „treu". Doch diese Treue ist nicht als etwas Steifes aufzufassen. Wenn sich auf dem Versuchsfelde Schüsselchen befinden, die Sirup von verschiedener Konzentration enthalten, versammeln sich die Bienen überwiegend an dem am stärksten konzentrierten Sirup. Ebenso verlassen die Bienen in der Natur leicht eine bestimmte Blumenart, sobald sie auf eine andere Art gestoßen sind, die mehr Nektar enthält.

Eine Frage haben wir noch nicht berührt. Die Blumen erzeugen nur zu gewissen Stunden des Tages Nektar und werden nur dann von den

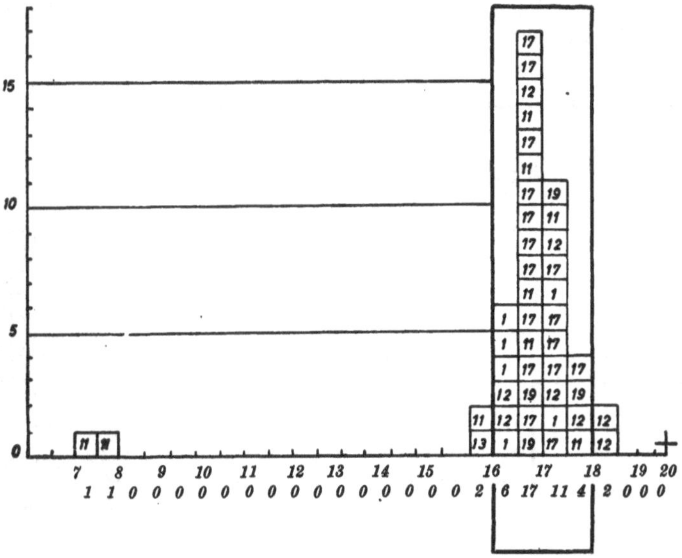

Abb. 73. Die Dressur von Bienen auf eine Tageszeit. Auf der X-Achse sind die Tagesstunden bezeichnet. Jedes der kleinen Quadrate entspricht dem Besuch einer Biene, die Zahl bezeichnet die individuelle Nummer der Biene. Die Zeichnung gibt das Ergebnis einer Verifikationsbeobachtung wieder, die nach einer vorherigen Dressur auf die Zeit von 16—18 Uhr durchgeführt wurde

Bienen aufgesucht. Viele von ihnen öffnen übrigens ihre Kronen nur zu einer bestimmten Zeit. Daraus geht hervor, daß die Bienen ein Zeitmaß besitzen müssen, daß sie die Tageszeit feststellen können, und sich nur zu bestimmten Stunden zur Arbeit einfinden. Dieses Problem wurde schon mehrfach untersucht. In der Literatur, die der Periodizität im Leben der Tiere und Pflanzen gewidmet ist, findet sich eine zweifache Interpretation dieser Erscheinung. Nach Meinung der einen beruhen die Lebenserscheinungen auf einem spezifischen „Zeitgedächtnis", denn ihre Periodizität dauert sogar nach Ausschluß jeglicher periodischer

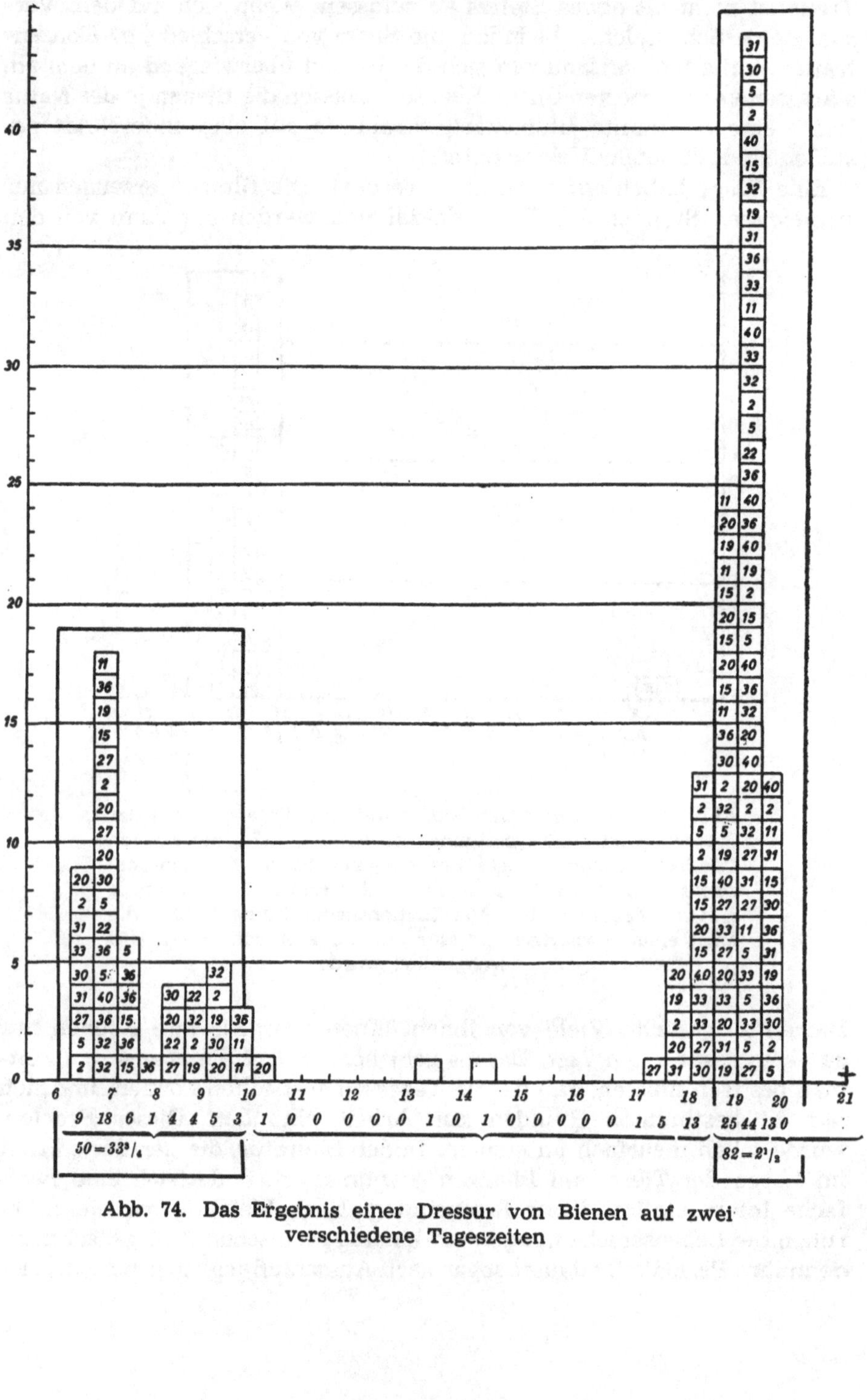

Abb. 74. Das Ergebnis einer Dressur von Bienen auf zwei verschiedene Tageszeiten

äußerer Faktoren an. Nach Meinung anderer ist die Periodizität des Lebens abhängig von der Existenz eines unbekannten äußeren Faktors periodischen Charakters. INGEBORG BELING versuchte dieses Problem im Falle der Bienen zu lösen. An bestimmten Tageszeiten stellte sie ein Gefäß mit Sirup für die Zeit von zwei Stunden aus. Die Dressur dauerte fünf Tage in Zeiten guten Wetters, in regenreicher Zeit dehnte sie sich bis zu drei Wochen aus. Nach beendigter Dressur folgte eine Verifikationsprobe, hierbei stand den ganzen Tag ein leeres Nahrungsgefäß auf dem Tisch, und die Autorin notierte die Besuche der zuvor gekennzeichneten Bienen in der Zeit von 7 bis 20 Uhr ohne Unterbrechung. Die Dressur auf die verschiedenen Tageszeiten gelang sehr gut. Ich möchte hier zwei typische Beispiele anführen. Die Bienen wurden in der Zeit von 16—18 Uhr gefüttert. Am Versuchstage zählte man die in der Zeit zwischen 7 und 19 Uhr anfliegenden Bienen. Das Resultat sehen wir in Abb. 73. Jedes der kleinen Quadrate auf der Abbildung entspricht einer Biene, die Zahl in dem Quadrat bezeichnet die individuelle Nummer der Biene; die starke Linie umfaßt die Tageszeit, in der die Dressur durchgeführt wurde. Fast den ganzen Tag kamen überhaupt keine Bienen, in der Zeit von 16—18 Uhr waren hingegen 38 Besuche zu verzeichnen, die von fünf verschiedenen Bienen abgestattet wurden. Das Resultat ist sehr eindeutig, die Bienen hatten sich die Zeit der Fütterung sehr genau gemerkt. Es ist außerdem auch möglich, die Bienen auf zwei verschiedene Zeiten des Tages abzurichten. Abb. 74 illustriert ein Experiment, in dem bei einer Dressur in der Zeit von 6,30 bis 9,30, sowie von 18,30 bis 20,30 Nahrung gereicht wurde. Bei der Verifikationsprobe war in beiden kritischen Perioden ein sehr deutliches Maximum von Anflügen zu verzeichnen. Ebenso gelingt eine Dressur auf drei oder sogar auf vier Tageszeiten gleichzeitig, doch muß der Zwischenraum zwischen den Fütterungszeiten mindestens zwei Stunden betragen. Um zu entscheiden, welche von den beiden oben erwähnten Interpretationen der Periodizität der Anflüge die richtige ist, muß vor allem erst einmal untersucht werden, ob die Anflüge nicht mit irgendwelchen äußerlichen, zeitlichen Faktoren im Zusammenhang stehen. Einer der möglichen Faktoren ist das Sonnenlicht, das zu den verschiedenen Tageszeiten verschieden stark ist. Die Exaktheit der Anflüge von abgerichteten Bienen war jedoch an sonnigen dieselbe wie an trüben Tagen, folglich messen die Bienen die Zeit nicht nach der Sonne. Um von Faktoren der Außenwelt möglichst unabhängig zu sein, brachte man die Bienen in eine Dunkelkammer. In dem einen Ende der Dunkelkammer wurde ein Bienenstock aufgestellt, gegenüber der Einflugsöffnung, etwas darüber wurde eine Glühlampe von 50 W angebracht, die ständig bei Tag und Nacht brannte. Zwischen der Öffnung des Bienenstockes und der Glühlampe befand sich ein Nahrungsgefäß, von dem auf der Tischfläche ein Weg zur Öffnung des Bienenstockes führte, der mit einem Streifen weißen Papiers gekennzeichnet war. Schon einige Stunden nach Aufstellung des Bienenstockes hatten sich die Bienen in erheblichem Maße beruhigt, aufgehört, im Zimmer umherzufliegen und sich auf das Licht zu stürzen. Es hatte sich auch der Weg zur Nahrung herausgebildet, auf dem die Bienen über den Tisch liefen. Unter diesen Bedingungen gelang eine Dressur auf verschiedene Tageszeiten gut, obwohl sich die Bienen nicht so genau an die kritische Zeit hielten, wie sie es in freiem Gelände taten, und meistens etwas zu früh kamen. Gleich gut kann man die Bienen auf verschiedene Nachtzeiten abrichten. Bei ständigem Tag- und Nachtlicht ist das Vorhandensein des Zeitgedächtnisses nicht zu bezweifeln, wenn das Gedächtnis auch weniger genau arbeitet als unter natürlichen Verhältnissen. Vielleicht spielt hierbei die Sonne eine gewisse schwache Rolle. Spezielle Messungen der Temperatur und Feuchtigkeit der Luft in der Dunkelkammer ergaben eine bedeutende Konstanz dieser Faktoren, diese können folglich nicht für die periodischen Anflüge verantwortlich sein. Einer der möglichen Periodizitätsfaktoren ist die Ionisation der Luft, die zu den verschiedenen Tageszeiten verschieden ist. Als man jedoch radioaktive Präparate in die Dunkelkammer stellte, hatte dies auf die Anflüge nicht den geringsten Einfluß. Sowohl der Hungerrhythmus der Bienen wie auch eventuelle rhythmische Erscheinungen im Leben ihrer Larven und Puppen ließen sich ebenfalls ausschließen; sie sind nicht ein Faktor des Zeitgedächtnisses. Die Autorin legt sich die Frage vor, ob die Bienen sich eine bestimmte Tageszeit oder aber nur die Länge des Zwischenraumes zwischen den Fütterungsperioden merken. Diese Frage läßt sich leicht entscheiden, indem man andere Rhythmen als den vierundzwanzigstündigen anwendet. Man versuchte, Bienen in eine Dunkelkammer in neunzehnstündigen Abständen zu füttern. Die Dressur dauerte 16 Tage, wobei die Fütterungszeit natürlich auf immer andere Stunden des Tages fiel. Das Ergebnis der Dressur war vollkommen negativ; möglich ist nur eine Dressur im Vierundzwanzigstundenrhythmus. Eine derartige Vierundzwanzigstundenrhythmik hat ihre biologische Bedeutung. Die Blumen stellen Nektar immer nur im Vierundzwanzigstundenrhythmus her, und diesem ist auch die Rhythmik der Biene angepaßt. Die Autorin trifft keine Entscheidung darüber, ob das Behalten der Fütterungszeit von der Vierundzwanzigstundenrhythmik irgendwelcher innerer Prozesse des Tieres abhängig ist, oder ob dafür ein bestimmter unbekannter äußerer Faktor verantwortlich ist.

Die hauptsächlichsten Ergebnisse der Arbeit von I. Beling wurden von Wahl bestätigt. Ein einmal angenommener Gedächtnisrhythmus dauert 6—8 Tage. In der Natur können die Bienen also die Erinnerung an ein blühendes Buchweizenfeld einige Tage lang bewahren, was ausreicht, um eine Regenperiode zu überdauern, in der die Bienen nicht aus dem Bienenstock herausfliegen. Sie brauchen dann nicht aufs neue zu lernen.

Die Tatsache, daß äußere Faktoren für das Bewahren eines Vierundzwanzigstundenrhythmus von Bedeutung sind, ist wenig wahrscheinlich angesichts der Resultate von Versuchen, die in Salzbergwerken in einer Tiefe von 180 Metern unter der Erdoberfläche durchgeführt wurden. In einer derartigen Tiefe sind die Bienen völlig von den rhythmischen Faktoren isoliert, die an der Oberfläche wirken, aber dennoch gelang auch unter diesen Bedingungen die Zeitdressur ausgezeichnet. Wenn man eine Gruppe Bienen einen ganzen Tag hindurch ununterbrochen mit Sirup füttert, aber zu bestimmten Stunden die Zuckerkonzentration des Sirups erhöht, so merken sich die Bienen diesen Rhythmus und kommen in den Stunden der erhöhten Zuckerkonzentration in größerer Anzahl. Im Zusammenhang mit der periodischen Nektarproduktion der Blumen gewinnt dieser Umstand biologische Bedeutung.

Eine große Bedeutung für dieses Gebiet haben die Forschungen Grabensbergers über Ameisen, Bienen und Wespen. Nachdem er die Bienen auf eine bestimmte Tageszeit dressiert hatte, fügte er ihrer Nahrung Arzneimittel bei, entweder solche, die den Stoffwechsel beschleunigten, wie Schilddrüsenpräparate, oder solche, die ihn verlangsamten, wie Euchinin (gewöhnliches Chinin wird von den Bienen nicht angenommen). Es mußte jedoch eine Schwierigkeit überwunden werden. Die Arbeitsbiene bewahrt, wenn sie Nahrung aufnimmt, diese überwiegend in ihrem Kropfe auf, und verteilt sie dann unter ihren Genossinnen im Bienenstock. Infolgedessen könnten die der Nahrung beigefügten Chemikalien die Sammlerin überhaupt nicht beeinflussen, denn sie könnten gar nicht in ihren Magen und ihre Einweide gelangen. Um die Sammlerin zu zwingen, die Nahrung, und zusammen damit die beigefügten Arzneimittel zu verschlucken und teilweise zu verdauen, fügte Grabensberger am letzten Tage der Dressur der Nahrung die Chemikalien bei, verschloß sofort nach dem Essen die Biene in einer Schachtel für die Dauer von anderthalb Stunden und ließ sie erst dann frei. Die Ergebnisse waren sehr charakteristisch. So wurden beispielsweise Bienen auf die Zeit von 8—9 Uhr dressiert. Am nächstenTage fiel nach der Beigabe von Euchinin das Maximum der Anflüge auf 12,30 Uhr, kam also vier Stunden zu spät. Noch am darauffolgenden Tage verschob sich die Zeit des Maximums auf 11,30 Uhr, am dritten Tage auf 11 Uhr. Das Euchinin, das den Verlauf der Stoffwechselprozesse verlangsamt, verzögert erheblich die Anflüge der Bienen, und seine Wirkung wird nur allmählich in den folgenden Tagen schwächer. Ähnlich fielen die Experimente mit Jodthyreoglobulin aus, das den Stoffwechsel beschleunigt. In diesem Falle erfolgten die Anflüge viel zu früh, und der Einfluß des Arzneimittels ließ erst nach einigen Tagen allmählich nach. Die Insekten messen die Zeit nach dem Verlauf ihres Stoffwechsels. Die äußeren

Faktoren können das Zeitmerken beeinflussen, doch nur mittelbar, sofern sie nämlich die Prozesse des Stoffwechsels beeinflussen. Kalmus vermutet, daß für das Gedächtnis die Prozesse des Stoffwechsels in den Nervenzellen der Biene entscheidend sind.

Die gesellschaftliche Lebensweise der Biene wirft eine Reihe besonderer Probleme auf. Schon im voraus können wir erwarten, daß im Bienenstock eine gewisse Organisation der Arbeit vorhanden sein muß, daß die verschiedenartigen Arbeiten, die innerhalb und außerhalb ausgeführt werden, in irgendeiner Weise verteilt sind. Rösch führte auf diesem Gebiete sehr exakte Untersuchungen durch. Dieser Forscher bediente sich eines verglasten, flachen Beobachtungsbienenstockes, dessen Inneres zu jeder Zeit beobachtet werden konnte. Er erarbeitete eine Methode zur Kennzeichnung der einzelnen Bienen, die unter dauernder Beobachtung vom Augenblick des Ausschlüpfens aus der Puppe bis zu ihrem Tode standen, der in der Sommerzeit im Alter von 4—5 Wochen eintritt. Bei seinen Schlußfolgerungen stützt sich der Autor auf die Kenntnisse des gesamten Lebens von einigen hundert Bienen.

Die Beziehungen stellten sich als sehr verwickelt heraus. Im Bienenstock herrscht in der Tat eine genaue Arbeitsteilung und Spezialisierung, und zwar ist diese nicht nur funktionell, sondern auch anatomisch, und steht mit der Reife der verschiedenen Organe in Zusammenhang. Zugleich hängt jedoch die Art der Beschäftigung jeder Biene von ihrem Alter ab, und jede Biene geht im Laufe ihres Lebens durch alle Beschäftigungsarten hindurch, die überhaupt im Bienenstock vorhanden sind. Im Laufe der ersten 2—3 Tage nach dem Ausschlüpfen aus der Puppe ist die Arbeitsbiene noch schwach und unbeholfen. Ihre Tätigkeit besteht darin, die Wachszellen mit den Larven und Puppen durch die Wärme ihres eigenen Körpers zu erwärmen und das Innere der leeren Wabenzellen zu reinigen und auszulecken, in die später die Königin ihre Eier ablegt. Im Alter von 3—5 Tagen wird die Arbeitsbiene Wärterin der älteren Larven, die sie mit einer Mischung aus Blütenstaub und Honig füttert. Die heranwachsenden Larven benötigen unbedingt stickstoffreiche Nahrung, wie sie eben der Blütenstaub ist. Die Wärterin schafft den Blütenstaub und den Honig aus den Vorratszellen herbei und gibt sie, nachdem sie beides vermischt hat, den Larven. Zur selben Zeit entwickeln sich die am Kopfe der Arbeitsbiene befindlichen Speicheldrüsen schnell und erreichen ihren Entwicklungshöhepunkt am sechsten Lebenstage. Jetzt ändert sich wiederum die Art ihrer Beschäftigung: Die Arbeitsbiene beginnt die jungen Larven zu pflegen, die eine völlig andere Nahrung brauchen. Sie erhalten sogenannte „Milch“, die eine Mischung aus Honig und dem Sekret der Speicheldrüse der Arbeitsbiene darstellt. Diese Milch enthält 23—24 % Fett, 14,9—15,7 % Zucker, sowie große Mengen Eiweiß, das die Speicheldrüsen der Nährerin liefern. Zur selben Zeit tritt ein Umbruchsmoment im Leben der Arbeitsbiene ein, denn sie beginnt, ihre ersten Flugversuche außerhalb des Bienenstockes zu veranstalten. Anfangs sind das kurze Ausflüge in die nächste Nachbarschaft des Bienenstockes. Später wird der Bereich der Flüge allmählich erweitert. Die junge Arbeitsbiene fliegt nach Verlassen des Bienenstockes mehrmals um ihn herum, als ob sie versuchte, sich sein Aussehen tief ins Gedächtnis einzuprägen. In dieser Periode bringt sie weder Honig noch Blütenstaub in den Bienenstock. Ungefähr vom zehnten Lebenstage an beginnen die Speicheldrüsen zu verschwinden, und die Arbeitsbiene gibt ihren Pflegedienst auf. Im Alter von zehn bis zwanzig Lebenstagen erfüllt sie im Bienenstock verschiedene Funktionen. Sie nimmt den von den Sammlerinnen gebrachten Honig in Empfang, indem sie ihn ihr vom Munde leckt und in die Vorratszellen bringt. Sie nimmt den Blütenstaub in Empfang, der von ihr sorgfältig in den Zellen geknetet wird. Zugleich entwickeln sich im Alter von zehn bis zwölf Tagen in schneller Zeit die an ihrem Hinterleib gelegenen Wachsdrüsen. Diese Drüsen sondern Wachs in Gestalt dünner Blättchen aus, die die Biene mit ihren Beinen abhebt, knetet, und so aus ihnen die Zellen der Wabe baut. Die Baufunktion ist mit einer Entwicklung der Wachsdrüsen verbunden. Nach dem achtzehnten Lebenstage degenerieren diese Drüsen. Von den anderen Beschäftigungen der Bienen möchten wir noch die Sauberhaltung des Bienenstockes, das Herauswerfen aller Abfälle nennen. Die ganze Zeit hindurch führt die Arbeitsbiene Orientierungsflüge durch, wobei sie immer mehr deren Umfang erweitert, aber keinerlei Vorräte einbringt. Alle diese Beschäftigungen führt die Biene gelegentlich durch, den größten Teil der Zeit verbringt sie untätig im Bienenstock. Die Emsigkeit der Biene ist nur eine Legende. Endlich wird jede Arbeiterin im Alter von achtzehn bis zwanzig Tagen regelmäßig Türhüterin. Sie bleibt dann an der Einflugsöffnung, kontrolliert die an- und abfliegenden Bienen und stürzt sich verbissen auf jeden Feind. Es ist dies die letzte Tätigkeit der Arbeitsbiene im Bienenstock, sie dauert zwei bis drei Tage. Vom zwanzigsten Lebenstage und bis zum Tode wird die Arbeitsbiene Sammlerin von Honig oder Blütenstaub. Bei regnerischem oder kaltem Wetter sitzen die Sammlerinnen untätig im Bienenstock herum; niemals kehren sie zu den einmal aufgegebenen Beschäftigungen zurück. So hängt also die Reihenfolge der Beschäftigungen im Bienenstock vom Alter ab und ist für alle Arbeitsbienen die gleiche.

Im Vorbeigehen müssen wir die Frage des Wabenbaues etwas näher berühren. Wie wir aus der historischen Einleitung wissen, waren die sechseckigen Zellen der Bienenwabe seit sehr langer Zeit ein beliebtes Beispiel für die maschinelle Zweckmäßigkeit von Instinkthandlungen. Es wurde mathematisch nachgewiesen, daß von allen möglichen geometrischen Formen die Form der Zelle am zweckmäßigsten ist, da sie die Unterbringung einer möglichst großen Honigmenge bei geringstem

Verbrauch an Baumaterial gestattet. Zugleich wird betont, daß alle Bienen genau gleiche Zellen bauen, und daß ihre Bautätigkeit nur ein erblich fixierter Mechanismus sei. Mit diesen Behauptungen ist jedoch nicht das Resultat der neueren Untersuchungen in Einklang zu bringen, die von einigen Forschern, zuletzt von GONTARSKI durchgeführt wurden. In den Bienenwaben finden sich in der Regel Zellen von zweierlei Größe; in den kleineren kriechen die Arbeitsbienen, in den größeren die Drohnen aus. So entstand die Auffassung, daß zwei verschiedene Zellen-„maße" existieren, die erblich fixiert seien. Ein Reiz ruft den Bau der einen Zellen, ein anderer Reiz den Bau von anderen hervor, beide diese Tätigkeiten sind deutlich getrennt und können sich nicht vermischen. Oft genug werden jedoch in derselben Wabe Zellen von mittlerer Größe beobachtet. Diese entstehen in dem Augenblick, da die Arbeiterinnen vom Bau der Arbeitsbienenzelle zum Bau der Drohnenzelle übergehen oder umgekehrt. Wenn man den Bienen eine künstliche Wabe mit anormal großen oder kleinen Zellen vorsetzt, so können die Arbeitsbienen die ihnen aufgezwungenen Maße beibehalten, was eher auf eine Plastizität des Vorgehens als auf dessen maschinellen Charakter hinweist. Die Bienen können auch die anormalen Maße der angefangenen Zellen regulieren, aber nur langsam, so daß der Boden der Zelle den gezwungenen Maßen entspricht, und das Prisma der Zelle sich zur Mündung verengt oder verbreitert. Auch die Regelmäßigkeit der Zellenformen pflegt überbewertet zu werden. Nur ausnahmsweise sind drei Querdurchmesser der Zelle, gemessen von Wand zu Wand, gleich. Selbst wenn sie an der Spitze der Zelle gleich sind, so können sie in ihren tieferen Teilen ungleich sein. So waren zum Beispiel die drei Durchmesser in drei aufeinanderfolgenden Höhen derselben Zelle: 5,28 — 5,36 —5,18; 5,22—5,11—5,16; 5,20—5,04—5,07 mm. Alles das weist auf eine erhebliche Plastizität der Bauarbeit hin, die weit von maschineller Vervollkommenheit entfernt ist.

Die oben beschriebene Arbeitsteilung im Bienenstock wirft wesentliche Fragen auf. Ist der Wechsel der Beschäftigungen nur eine Frage des verschiedenen Alters, was mit der Entwicklung gewisser Organe verbunden ist, die für die Ausführung dieser oder der anderen Tätigkeit notwendig sind? Ist auch vielleicht die Reihenfolge gewissermaßen eine Form der „Tradition"? Eine Antwort auf diese Fragen können Experimente geben, in denen wir experimentell die Reihenfolge der Arbeiten zu beeinflussen versuchen. Diese schwierige Aufgabe löste RÖSCH. Er teilte zuallererst den Bienenstock in zwei Teile: In den einen von ihnen waren Sammelbienen untergebracht, in dem anderen junge Bienen. RÖSCH bediente sich zu diesem Zwecke einer originellen Methode. Er baute einen flachen Bienenstock, der durch eine vertikale Scheidewand in zwei Hälften geteilt wurde. Der Bienenstock konnte um die senkrechte Achse gedreht werden, jede Hälfte besaß ihre eigene

Einflugsöffnung. Anfänglich war nur eine Hälfte bewohnt. Wenn frühmorgens die Sammlerinnen ins Freie hinausgeflogen waren, wurde der Bienenstock um 180° gedreht, so daß sich an Stelle der früheren Einflugsöffnung die Öffnung der leeren Hälfte des Bienenstockes befand. Die zurückkehrenden Sammlerinnen flogen in diese Öffnung hinein, danach enthielt die eine Hälfte des Bienenstockes junge, nicht sammelnde Bienen, die andere dagegen besaß nur Sammelbienen. Die zweite Hälfte wurde vervollständigt, indem man eine Wabe mit Larven und Honig, sowie eine alte Königin hinzufügte. Die jüngeren Bienen bekamen eine junge, befruchtete Königin. Wir wollen nun der Reihe nach das Verhalten der Bienen in diesen beiden Fällen beschreiben.

In der Hälfte, die die jungen Arbeitsbienen beherbergte, waren alle Bienen mit einer Nummer versehen. Schon am zweiten Tage begann es ihnen an Nahrung zu mangeln, denn wegen des Fehlens von Sammelbienen gingen ihre spärlichen Vorräte schnell zur Neige. Einige Arbeitsbienen kamen vor Hunger um, und ihre Körper wurden nicht aus dem Bienenstock entfernt, denn es fehlten Arbeitsbienen in dem der Reinigungstätigkeit entsprechenden Alter. Auch Wärterinnen fehlten im Bienenstock. Von allen Funktionen vollzog sich nur das Füttern der Larven normal. Außerdem führten einzelne Bienen Orientierungsflüge durch. Am dritten Tage begann die Katastrophe. Die älteren Larven, die Honig und Blütenstaub erhielten, bekamen keine Nahrung, viele von ihnen krochen aus den Zellen heraus, doch die Arbeitsbienen stürzten sich auf sie, zerbissen sie und saugten sie aus. An diesem Tage begannen die ersten Bienen mit der Sammelarbeit. Das Alter der Sammlerinnen betrug 7—15 Tage, durchschnittlich 11 Tage, obwohl das normale Durchschnittsalter der angehenden Sammlerinnen achtzehn Tage ist. Man kann nicht sagen, daß die ältesten Bienen des Schwarmes zu Sammlerinnen wurden, vielmehr hatte jedes Alter an dieser Tätigkeit einen bestimmten Anteil. Zurückgekehrt von der Reise führten die jungen Sammlerinnen einen Werbungstanz auf. Sowohl funktionell wie psychisch waren die Arbeitsbienen zu typischen Sammlerinnen geworden. Gleichzeitig hatten die Sammlerinnen stark entwickelte Speicheldrüsen, anatomisch waren sie noch Wärterinnen. Aber schon nach vier Arbeitstagen degenerierten die Speicheldrüsen vollständig. Wir äußerten vorhin die Annahme, daß die Beschäftigung der Biene vom Grade ihrer anatomischen Entwicklung abhänge. Die Wirklichkeit zeigt etwas genau umgekehrtes: die anatomische Entwicklung folgt der Tätigkeit nach. Dank der Tätigkeit der Sammlerinnen waren die Lebensvorräte wieder aufgefüllt, und die Arbeitsbienen begannen, die Larven zu füttern. Mit anderen Worten, unter den so veränderten Bedingungen teilte sich der Schwarm in zwei Gruppen von Bienen, in Wärterinnen und Sammlerinnen, was unabhängig vom Alter geschah.

Sehen wir, was in der anderen Hälfte des Bienenstockes geschieht, die zwar Sammlerinnen besitzt, der aber Wärterinnen fehlen. Alle Bienen waren im Alter von mehr als acht Tagen, aber es überwog beträchtlich die Zahl der Bienen im Alter von mehr als achtzehn Tagen. Drei Tage nach Beginn des Experiments befaßten sich die jüngeren von ihnen mit der Wartung der Larven. Sie fütterten ausschließlich die jungen Larven, was zu erwarten gewesen war, denn sie tun das ständig in eben diesem Alter. Doch wurde die Wartung der Larven immer seltener betrieben, obwohl die Königin fortwährend Eier ablegte. Nach weiteren drei Tagen wurden die jungen Larven fast gar nicht mehr gefüttert, dagegen machten sich die Bienen unerwartet daran, die älteren Larven zu füttern. Schließlich war für alle die Pflegeperiode vorbei, und die Larven begannen vor Hunger zu sterben. Jetzt gab man den Bienen eine neue Wabe mit Larven jeglichen Alters und mit einem Vorrat an Nahrung. Die Arbeitsbienen begannen, die älteren Larven zu füttern, doch nach zwei Tagen fütterten sie ausschließlich junge Larven. Diese scheinbar chaotische Tätigkeit läßt sich leicht verstehen. Die Arbeitsbienen beginnen nämlich, die normale Reihenfolge ihrer Beschäftigungen von Anfang an zu wiederholen: Sie fütterten die älteren Larven und gingen danach zur Fütterung der jungen über. Bienen im Alter von fünfundzwanzig bis achtundzwanzig Tagen können zu ihren Jugendbeschäftigungen zurückkehren und sie in der normalen Reihenfolge ausführen. Nicht genug damit. Die Wärterinnen der jungen Larven besitzen maximal entwickelte Speicheldrüsen. Wie ist das möglich, obwohl im Alter von zehn Tagen die Speicheldrüsen degenerieren? Es zeigt sich, daß sie sich im Falle der Notwendigkeit ein zweites Mal entwickeln können. Noch einmal, die Tätigkeit der Biene ist nicht eine Sache ihrer anatomischen Entwicklung, sondern eben die anatomische Entwicklung richtet sich nach der Tätigkeit. Dasselbe betrifft auch ihre Bautätigkeit. Die Wachsdrüsen verschwinden im Alter von etwa achtzehn Tagen. Sie können sich jedoch noch einmal entwickeln, falls die Daseinsbedingungen im Bienenstock die Aufnahme der Bautätigkeit erforderlich machen.

Rösch versuchte, noch von einer etwas anderen Seite an dieses Problem heranzukommen. Sofort nach Ausschlüpfen der Arbeitsbienen aus der Puppe nahm er sie aus dem Bienenstock und ließ sie zu verschiedener Zeit wieder dorthin zurück. Es handelte sich um die Untersuchung, ob wirklich das Alter der Bienen über die Art ihrer Beschäftigung entscheidet. Es bestehen erhebliche experimentelle Schwierigkeiten, denn die Biene fühlt sich in der Isolierung nicht so wohl und stirbt leicht. Diese Schwierigkeiten konnten jedoch überwunden werden. Bevor die Arbeitsbiene wieder in den Bienenstock zurückgelassen wird, muß sie unbedingt in Wasser mit Honig gebadet werden, im anderen Falle wird sie nicht wieder in den Bienenstock aufgenommen. Die Bienen, die fünf

Tage in der Isolierung verbracht haben, machen sich nach ihrer Rückkehr in den Bienenstock sofort daran, die Zellen zu reinigen und die Larven auszubrüten. Darauf folgt die Fütterung der älteren Larven, später die Fütterung der jüngeren usw., d. h. die Biene nimmt ihren Arbeits„lehrgang“ von Anfang an wieder auf. Bienen nach acht- bis zehntägiger Isolierung beginnen genauso alles von Anfang an. Diese letzteren wurden zusammen mit solchen in den Bienenstock zurückgeschickt, die fünf Tage isoliert gewesen waren. Obwohl der Grad der anatomischen Entwicklung bei beiden ein völlig verschiedener war, denn die einen hatten maximal entwickelte Speicheldrüsen, die Speicheldrüsen der anderen waren hingegen im Schwinden begriffen, begannen beide Kategorien den Arbeits„lehrgang“ von Anfang an und arbeiteten in vortrefflicher Synchronie. Man muß zugeben, daß diese ungewöhnlichen Tatsachen nur wenig mit einer maschinellen instinktiven Tätigkeit gemein haben.

Schließlich machte sich Rösch Gedanken über die Genese dieser Reihenfolge der Beschäftigungen. Es unterliegt keinem Zweifel, daß das gesellschaftliche Leben der Bienen ein späterer Erwerb ist und daß sie von Gattungen herstammen, deren Glieder einzeln lebten. Wir kennen auch heute viele Gattungen von einzeln lebenden Bienen, doch lassen sich die Lebensgewohnheiten dieser einzeln lebenden Arten mit den Funktionen der gesellschaftlich lebenden Bienen nicht zusammenbringen. Die einzeln lebenden Bienen pflegen und füttern ihre Nachkommenschaft, den Phasen derer Entwicklung entsprechend. Die gesellschaftlich lebende Biene dagegen füttert zuerst die älteren, dann die jüngeren Larven, sie ist erst Wärterin, dann baut sie die Zellen, in denen die Larven ausgebrütet werden, erst füttert sie die Larven und dann sammelt sie für sie Nahrung. Bei dem einzeln lebenden Insekt dieser Gattung ist diese Reihenfolge der Beschäftigungen undenkbar. Es ist ein sonderbares Problem; das gesellschaftliche Leben führte zu einer fast völligen Verwischung der ursprünglichen Merkmale des Verhaltens.

Hiermit haben wir das Ende des Kaleidoskops von Erscheinungen im psychischen Leben der Biene erreicht. Auf jedem Schritt lassen sich Lücken in unseren Kenntnissen feststellen, überall türmen sich theoretische und experimentelle Schwierigkeiten auf, und von einer konsequenten Darstellung der Psyche unseres Tieres kann noch keine Rede sein. Die seelische Welt der Biene ist ungewöhnlich kompliziert. Die Psyche dieses Tieres ist unzweifelhaft plastisch, in den Grenzen ihrer gattungsbedingten Möglichkeiten kann die Biene ihre Handlungsweise ändern und sie den veränderten Bedingungen anpassen. Die Biene ist in ihre Umgebung „hineinkomponiert“, ihre psychischen Merkmale stehen im Einklang mit den Bedingungen ihres Lebens. Nichtsdestoweniger ist die Biene in jeder Hinsicht reichlicher ausgestattet als sie es im täglichen Leben nötig hat. Sie kann mit Leichtigkeit verschiedene Dinge lernen, die unmittelbar mit ihren Lebensinteressen zusammenhängen, und die Forscher heben übereinstimmend die erstaunenswerte Schnelligkeit hervor, mit der sich neue Beziehungen herausbilden, oder mit der solche verschwinden, wenn sie entbehrlich geworden sind. Schließlich ist es klar, daß die Psyche der Biene einen gestaltlichen Charakter hat.

Der Versuch, das Weltbild der Biene darzustellen, wäre eine hoffnungslose Aufgabe, denn der Mensch besitzt nicht die entsprechenden Sinnesqualitäten. Das Komplexauge gibt einen völlig anderen Begriff von der Umwelt als unsere Augen, die Fähigkeit, ultraviolette Strahlen als Farbe zu sehen, verändert das Aussehen der Welt bis zur Unkenntlichkeit, der topochemische Sinn der Biene verleiht ihr die Möglichkeit, die Welt in geruchs-tastsinnlicher Hinsicht zu differenzieren, etwas, was für uns völlig unverständlich ist. Dazu kommt das hochentwickelte Gesellschaftsleben, das gewissermaßen die ursprünglichen Fähigkeiten entstellt. Wir können diese Dinge nicht reproduzieren, und die Seele der Biene ist für uns ein Rätsel. Das eine nur ist gewiß: Die Psyche der Biene unterliegt allen grundsätzlichen Gesetzen der Tierpsyche.

ZWÖLFTES KAPITEL

Die Psychologie des Huhns — Sein Sinnesleben

In diesem Kapitel müssen wir unserem bisherigen Grundsatz untreu werden. Es ist nicht, wie die anderen Kapitel des Spezialteiles, nur der Psychologie einer Tierform gewidmet. Das Huhn ist noch nicht genügend allseitig in tierpsychologischer Hinsicht erforscht worden, und es würde ein sehr fragmentarisches Bild ergeben, wenn wir es nur bei dieser Tierform bewenden ließen. In vielen bedeutenden Fragen werden wir die Lücken mit Daten ausfüllen müssen, die sich auf andere Vögel, besonders auf Tauben, beziehen, die ja zahlreichen Forschungen als Objekt dienten.

Zu den universellsten Sinnen gehört im Tierreich der chemische Sinn, den wir in den Geruchssinn und Geschmackssinn teilen. Der Geruchssinn der Vögel ist, entgegen der Meinung früherer Forscher, ziemlich gut ausgebildet. HILL fügte der Taubennahrung Substanzen von intensivem Geruch bei, wie Asafötida, Anisöl, Lavendelöl, Blausäure, und konnte nicht feststellen, daß die Vögel auf die so denaturierte Nahrung anders als auf gewöhnliche Nahrung reagierten. ROUSE wandte eine besondere Methode an. Anstatt das Verhalten der Tauben zu beobachten, untersuchte er die Rhythmik ihrer Atmung. Unter normalen Bedingungen ist die Zahl der Ein- und Ausatmungen je Minute konstant, aber diese Zahl ändert sich auf der Stelle, sobald der Vogel in irgendeiner Weise gereizt wird, und das um so mehr, je stärker diese Reizung ist. Es zeigte sich, daß die Beigabe von Bergamottöl zur Nahrung die Atembewegungen überhaupt nicht beeinflußte, und die Beifügung von Ammoniak und Terpentin nur in schwachem Maße auf die Atmung einwirkte. STRONG brachte zur Lösung des Problems die Methode der Dressur in Anwendung. Er setzte Tauben in eine quadratische Zelle mit vier Eingängen. Durch alle Eingänge floß ein gleichmäßiger schwacher Luftstrom in die Zelle, nur der in den Eingang, der zur Nahrung führte, fließende Luftstrom trug den Geruch einer Duftsubstanz mit sich. In einer solchen Apparatur lernten es die Tauben nicht, die reine Luft von der mit dem Geruch von Kölnisch Wasser, von Moschus und Veilchen geschwängerten Luft zu unterscheiden, und nur Bergamottöl ergab 35 % vorschriftsmäßige Auswahlen. Das ist eine sehr niedrige Zahl, denn infolge des Vorhandenseins von vier Eingängen beträgt die Wahrscheinlichkeit für die zufällige Wahl eines von ihnen schon 25 %. Die

Kennzeichnung des vorgeschriebenen Eingangs durch Geruch erleichtert den Tauben die Lösung der Aufgabe nur in geringem Maße, was ein Zeichen für ihren schwachen Geruchssinn ist. Auf der anderen Seite erforschte STRONG in anatomischer Hinsicht den Riechapparat verschiedener Vertreter von 27 Vogelordnungen der bestehenden 35. Er schließt aus seinen Untersuchungen, daß das Geruchsorgan zu gut entwickelt ist, als daß es nicht funktionieren könnte. Eigenartig ist, daß bei den für höher angesehenen Vögeln, zum Beispiel den Krähenvögeln, dieses Organ eine Tendenz zur Rückbildung zeigt, was wahrscheinlich mit dem starken Übergewicht des Gesichtssinnes in Zusammenhang steht. SOUDEK berichtet, daß die Tauben Ammoniaklösungen nicht von reinem Wasser unterscheiden können, es sei denn, sie tauchen den Schnabel in die Flüssigkeit. Alle diese erwähnten Arbeiten sind nicht ohne Tadel in methodischer Hinsicht, sie operieren mit überalterten Beobachtungsmethoden. Ein moderneres Herangehen an dieses Problem finden wir in einer Arbeit von ZAHN, der mit Hähern, Staren, Tauben, Enten und einigen Singvögelarten experimentierte. Den Vögeln wurden gleichzeitig zwei Portionen derselben Nahrung vorgesetzt, die eine war gewöhnliche Nahrung, die andere war mit einer Versuchsduftsubstanz gekennzeichnet, zugleich aber mit einem Zusatz von Chinin und Salz als Strafe für die falsche Auswahl versehen. In anderen Experimenten besaßen beide Nahrungsportionen zwei verschiedene Gerüche. Die Duftsubstanz kam mit der Nahrung nicht in direkte Berührung, sie befand sich daneben in einem Stück Löschpapier. Die Tauben, Häher und Stare wiesen eine ziemlich unklare Geruchsunterscheidung auf. Die Zahl der begangenen Fehler wurde in den nachfolgenden Versuchen nicht geringer, doch zeigten die Vögel vor dem Gefäß mit der negativen Nahrung ein gewisses Zögern. Die Singvögel hingegen unterschieden den Geruch von Nelken- und Rosenöl, von Benzaldehyd, Amylazetat und Skatol. Die Enten fanden die Schachtel mit der Nahrung unter sechs anderen ausschließlich auf Grund ihres besonderen Geruchs heraus und gingen aus einer Entfernung von 1,5 m direkt auf sie zu. Bei Verwendung immer stärker verdünnter Skatollösungen fand ZAHN heraus, daß die niedrigste erkennbare Konzentration dieser unangenehm riechenden Substanz für den Vogel und für Menschen mehr oder weniger gleich ist. Substanzen, die für den menschlichen Geruchssinn einen ähnlichen Geruch besitzen, werden von den Vögeln nicht unterschieden. Zu solchen gehören das Benzaldehyd und Nitrobenzol, sowie Amyloktan und Methylheptenon. Die Schärfe des Geruchssinnes steht, wenigstens bei einigen Vögeln, nicht hinter der des Menschen zurück.

Der Geschmackssinn scheint nur eine geringe Rolle im Leben der Vögel zu spielen. Besonders im Falle von Vögeln, die die Angewohnheit haben, ihre Beute im ganzen zu verschlucken, wie die Möwen, die Kormorane und die Enten, ist schwerlich ein allzu differenzierter

Geschmacksinn zu erwarten. Aber auch die Körnerfresser verschlucken oft die ganzen Körner, die erst im Kropf erweicht werden. LLOYD MORGAN erforschte als erster den Geschmack von Küken verschiedenen Alters. Seinen Beobachtungen zufolge besitzen die Vögel nicht die angeborene Fähigkeit, genießbare Dinge von ungenießbaren zu unterscheiden, dies ist eine Angelegenheit der erworbenen Erfahrung. Das zweitägige Küken versteht es schon, Eigelbstückchen zwischen den ausgestreuten Stückchen geronnenen Eiweißes herauszusuchen. MORGAN ersetzte nun das Eigelb durch kleine Stückchen einer Apfelsinenschale. Das Küken nahm sofort die Schale, warf sie aber wieder weg, wobei es mit dem Kopfe schüttelte und sich mit den Krallen am Schnabelansatz kratzte. Von nun an wollte es keine Apfelsine mehr picken, als man aber die Apfelsine wieder durch Eigelb ersetzte, pickte es auch das Eigelb nicht auf. Erst nach vorsichtigen, zaudernden Versuchen gewann es wieder Zutrauen zum Eigelb. Bei einem anderen Versuch warf man den Küken Raupen *(Euchelia jacobiae)* vor, die sich durch ihre grelle schwarz goldene Färbung auszeichnen. Die Raupen wurden genommmen, aber gewöhnlich nur einmal, wonach sich die Küken die Schnäbel reinigten. Nach diesem Versuch wollten die Küken keine anderen Raupen mehr nehmen, obwohl sie sie vorher gierig gefressen hatten, und kehrten nur allmählich zu ihrer geliebten Nahrung zurück. RENSCH gab Kanarienvögeln eine Zeitlang kein Trinkwasser, um ihren Durst zu steigern, danach setzte er ihnen zwei gleichartige Gefäße vor, das eine mit reinem Wasser, das andere mit der Lösung einer Versuchssubstanz. Die Kanarienvögel tranken das bittere Wasser (Zusatz von Aloe) ohne Bedenken, ebensogern wie das reine Wasser, Wasser mit Rohrzucker tranken sie sogar lieber als reines Wasser. Salzige und saure Lösungen wurden abgelehnt, hierbei entsprach die niedrigste für die Vögel fühlbare Salz- oder Säurekonzentration annähernd der geschmacklichen Fähigkeit des Menschen. In gleicher Weise setzte ENGELMANN Tauben neben reinem Wasser verschiedene Lösungen vor. Die Vögel unterschieden reines Wasser nicht von Lösungen aus Chinin, Glyzerin, Traubenzucker und Rohrzucker. Enten unterschieden nicht Wasser von einer Glukoselösung. Hühner unterschieden nicht zwischen Wasser und Lösungen von Malz- und Milchzucker. Alle erforschten Vögel erkannten Salzsäure, Essigsäure, Sacharin, Magnesium- und Natriumchlorid. Die Hühner erkennen Rohr- und Traubenzuckerlösungen; wenn man ihnen diese beiden Lösungen zur Auswahl vorsetzt, wählen sie den Rohrzucker, der auch für den Menschen süßer ist.

Obwohl den Vögeln ein äußeres Ohr in Gestalt von Ohrmuscheln fehlt, besitzen sie ein ausgezeichnetes Gehör. Das Fehlen von Ohrmuscheln, deren Aufgabe in großem Maße darin besteht, die Laute zu lokalisieren, wird wahrscheinlich durch die ungeheure Biegsamkeit und Beweglichkeit des Halses aufgewogen, die schnelle Wendungen des

Kopfes nach verschiedenen Seiten ermöglichen. Nach den Angaben Szymańskis reagieren die Küken auf ungewöhnliche Laute mit einer Erstarrung des Körpers. Gleichzeitig gewöhnen sie sich schnell an sie, sofern sie nicht mit irgendwelchen unangenehmen Folgen verbunden gewesen sind. Bei den Experimenten Rouses unterschieden die Tauben den Ton eines Metallgongs von dem eines Holzgongs. Die Vögel wurden in ein Labyrinth gebracht, und wenn die Taube in den blinden Gang (den unvorschriftsmäßigen Weg) ging, ertönte die Stimme des Metallgongs, hingegen wurde der Holzgong geschlagen, wenn der Vogel richtig im Labyrinth lief. Die Tauben beherrschten diese Aufgabe gut und kehrten auf dem Weg um, sobald sie den Metallgong hörten. Als aber nach Studium des Labyrinths die Lautsignale umgekehrt wurden, d. h., der Metallgong im Falle des richtigen Weges zu hören war, der hölzerne im Falle des unrichtigen, waren die Tauben völlig desorientiert. Unzweifelhaft verstehen sie es, diese beiden Laute zu unterscheiden und mit dem Wege in Verbindung zu bringen. Wada notierte, welche Töne die Tauben aus dem Zustande der sogenannten Hypnose erwecken, die dadurch hervorgerufen wird, daß man den Vogel auf den Rücken legt, was eine völlige Reglosigkeit zur Folge hat. Die untere Höhengrenze des aufweckenden Tones war das e^2, die obere Grenze war das a^3 oder a^4, die stärkste Reaktion aber wurde zwischen dem a^2 und dem e^3 festgestellt. Jellinek bestätigt diese Ergebnisse. Sie setzte eine Turteltaube in eine Eingangszelle, von der zwei verschlossene Türchen zu zwei Abteilungen führten. Gleichzeitig mit dem Ertönen eines gegebenen Tones wurden beide Türen geöffnet. Die Aufgabe bestand darin, daß die Taube bei einem Ton in die eine Abteilung, bei einem anderen aber in die andere Abteilung gehen sollte. Bei einer richtigen Wahl wurde sie mit Nahrung belohnt, im Falle eines Fehlers wurde sie zurückgetrieben. Unter diesen Bedingungen lernten es die Turteltauben gut, die Intervalle a^3—d^4, h^3—d^4, c^4—d^4, cis^4—d^4 auf einer Pfeife zu unterscheiden, d. h., sie unterschieden Abstände von einer Quart bis zu einer Sekunde. Sie unterschieden auch die Oktavtöne e^2—e^3, sowie die Töne zweier hölzener Schnarren. Wassiljew verwendete eine Edelmannspfeife in Verbindung mit einem elektrischen Schock. Es war das die Methode der bedingten Reflexe. Die Taube wurde in eine lichtundurchlässige Kiste gesteckt und mit Hilfe einer Art von Schürze an die Decke angebunden. Die Füße des Vogels waren mit den Elektroden einer Induktionsröhre verbunden. Die Einschaltung der Röhre erzeugte einen unbedingten Reflex des Fußes in Form einer Zuckbewegung, deren Ausmaß genau mit Hilfe eines Selbstschreibgeräts registriert wurde. Gleichzeitig wurden die Atmungsbewegungen registriert. Die Edelmannspfeife erzeugte einen Ton von ganz bestimmter Höhe, und dank des konstanten Druckes der sie betätigenden Luft waren die Töne von genau der gleichen Intensität. Nach Ertönen des Tones wurde der Fuß dreimal mit Induktionsstrom gereizt. Nach 40—60 Wiederholungen erfolgte auf den Ton ein bedingter Reflex: Der Ton selbst bewegte das Bein. Mit Hilfe dieser Methode wurde die Fähigkeit zur Differenzierung von Tönen im Bereich von drei Oktaven vom a^3 bis zum c^7 untersucht. Die ausgearbeiteten bedingten Reflexe ließen sich auf dem Weg einer inneren Bremsung auslöschen, indem man die Taube mit Alkohol tränkt. Wie sich zeigte, ist der Gehöranalysator der Taube sehr subtil. Die Obergrenze der Höhe eines Tones, auf den man noch einen bedingten Reflex erzielen kann, liegt bei 11 000—12 000 Schwingungen in der Sekunde. Es wurden erhebliche individuelle Unterschiede festgestellt; es gibt gut und schlecht hörende Tauben. Die Fähigkeit, Töne zu unterscheiden, ist von deren absoluter Höhe abhängig. Je höher der Ton, desto schlechter gelingt die Unterscheidung. Ein und dieselbe Taube kann Halbtöne in einem Bereich von drei bis vier Oktaven, aber nur Terzen in einem Bereich von sechs Oktaven unterscheiden.

Eine besondere Frage ist die Fähigkeit zur Lokalisierung von Tönen. Es ist allgemein bekannt, daß die von den kleinen Küken ausgestoßenen Laute die Glucke stark erregen, die ihre Jungen sucht. Engelmann stellte in einer bestimmten Entfernung voneinander zwei senkrechte Pappschirme auf und stellte hinter den einen von ihnen einen Käfig mit einem Küken. Die Glucke wurde an einem zu den beiden Schirmen symmetrischen Punkt und in verschiedener Entfernung von ihnen freigelassen. Bei manchen Experimenten mußte sich die Henne sofort nach ihrer Freilassung zur Wahl eines der beiden Schirme entscheiden, denn der Weg zu ihnen war durch eine gerade Wand getrennt. Je größer der Winkel zwischen den beiden Richtungen war, die von der Henne zu den Schirmen führten, desto größer war die Richtigkeit der Wahl. Wenn die Entfernung zwischen den Schirmen 60 cm betrug, und die Henne 8 m von beiden entfernt freigelassen wurde, machte sie fast keine Fehler. Der Winkel betrug in diesem Falle 2°9′. Wenn diese Entfernungen entsprechend 1 m und 15 m (Winkel 1° 55′) betrugen, so war in 26 Versuchen die Wahl fünfmal falsch. Ein solcher Winkel steht ganz deutlich auf der Grenze der Hörfähigkeit. Bei einer analogen Anlage des Experiments zeigte ein Hund eine mehr oder weniger gleiche Fähigkeit zur Lokalisierung von Tönen, die Katze dagegen eine bedeutend höhere. Wenn dagegen die Schirme in verschiedener Höhe standen, so war die Henne völlig ratlos, während der Hund und die Katze sich auch weiterhin gut zurechtfanden. Wahrscheinlich steht dieser Umstand im Zusammenhang mit den natürlichen Lebensbedingungen der Henne, die ja nur auf der Erde nach ihren Jungen sucht. Engelmann erforschte außerdem den Einfluß, den ein- oder zweiohriges Hören auf die Lokalisierung von Tönen hat. Die Verstopfung eines Ohres vermindert sehr die Präzision der Lokalisierung, die Verstopfung von beiden beeinflußt sie wenig. Natürlich war die Verstopfung keine völlige, sie schwächte die Töne nur ab. Mit Sicherheit ist das zweiohrige Hören ein wesentlicher Faktor der Lokalisation, ebenso wie es uns das Sehen mit zwei Augen möglich macht, die Tiefe des Sehfeldes zu schätzen. Das Gehör der Vögel ist nicht schlechter als das von Säugetieren, obwohl es seine Besonderheiten besitzt.

Viel komplizierter ist die Frage des Gesichtssinnes. Alle stimmen darin überein, daß der Gesichtssinn im Leben der Vögel eine dominierende Rolle spielt, und die Sehschärfe mancher von ihnen ist geradezu sprichwörtlich. Übrigens gestalten sich die Dinge hier sehr verschieden. Nach JOHNSEN sieht das Huhn weniger scharf als der Mensch und die Menschenaffen. Hingegen unterscheiden die Tauben zwei unter einem Winkel von 29″ gesehene Linie, während beim Menschen der geringste Blickwinkel 50″ beträgt. Das Vogelauge besitzt bestimmte eigentümliche Merkmale. Der Augapfel ist nicht kugelförmig, sondern setzt sich aus kugelförmigen Flächen von verschiedenem Radius zusammen, die durch eine Verengung geteilt sind. Auf der Netzhaut der Tagesvögel ist die Zahl der Zäpfchen sehr groß, die eine Vorbedingung für ein genaues Sehen sind. Eine Eigentümlichkeit ist das Vorhandensein von kleinen Kugeln flüssigen Fetts mit greller roter, orangefarbiger, grüner oder blauer Färbung in den Zäpfchen. Diese kleinen Kugeln sind von Einfluß auf das Farbsehen, über das wir weiter unten ein paar Worte verlieren wollen. Eine weitere Eigentümlichkeit des Vogelauges ist seine außergewöhnlich schnelle und präzise Akkomodation. Das ist verständlich, besonders insoweit es sich um Raubvögel handelt. Der auf seine Beute herabstürzende Habicht muß deren Position genau bestimmen und in jedem Flugmoment scharf sehen. Angesichts der schnellen Entfernungsänderung ist jedoch eine gewandte Akkomodation ohne Zweifel unerläßlich. An der Akkomodation nimmt nicht nur die Linse teil, indem sie ihre Krümmung unter der Wirkung der Akkomodationsmuskeln verändert, sondern auch die Hornhaut, die ihre Gestalt bedeutend verändert. Ebenso wie bei den Säugetieren gibt es auch in der Vogelnetzhaut eine besonders zäpfchenreiche Zone, die die Zone des besten Sehens darstellt *(fovea centralis)*. Aber bei den Vögeln kann es von diesen Streifen in jedem Auge zwei oder sogar drei geben. Das steht in Zusammenhang mit der Anbringung des Auges. Oft, wie beispielsweise im Falle des Huhns, sind die Augen an den Seiten des Kopfes angebracht, und das Sehfeld beider deckt sich nicht miteinander. Man spricht dann von einem einäugigen (monokularen) Sehen. Das verschlechtert die Entfernungsbestimmung, aber erweitert gleichzeitig wirksam das allgemeine Blickfeld, das nicht nur seitlich des Kopfes, sondern auch nach rückwärts reicht. Diese Verhältnisse sind allen Vögeln eigen, die sich vor dem Angriff eines Feindes schützen müssen Für sie ist ein weites Blickfeld eine Lebensnotwendigkeit. Anders ist es im Falle der Raubvögel. Für sie ist es wiederum wichtig, ihre Objekte im Raume genau zu lokalisieren, und deshalb ist bei ihnen das zweiäugige (binokulare) Sehen verbunden mit einer anderen Stellung der Augen, die nach vorn gerichtet sind, zu finden. Ein typisches Beispiel hierfür sind die Eulen. Das Sehen der Tagesraubvögel macht von beiden Prinzipien Gebrauch. Ihre Augen sind nach den Seiten gerichtet, was ein breites Blickfeld garantiert, das für die Suche nach Beute notwendig ist. Zugleich ist in dem Zentralteil der Netzhaut jedes Auges eine *fovea centralis* vorhanden. Darüber hinaus aber vermögen die Augen ihre Lage zu verändern, indem sie sich nach vorn richten, wodurch das Sehen zweiäugig wird. Jetzt fallen die Bilder der gesehenen Gegenstände auf die Seitenteile der Netzhaut, wo sich auch die andere *fovea* befindet. Schließlich muß noch ein sehr origineller Teil des Vogelauges, genannt der Kamm *(pecten)*, erwähnt werden. Dies ist ein dunkel gefärbtes Organ mit welliger Oberfläche, das nahe an der Stelle liegt, an der der Sehnerv in das Auge einmündet. Dieses Organ ist sehr reichlich durchblutet. Es besteht die Vermutung, daß der Kamm zur Regulierung des Druckes innerhalb des Augapfels dient, der sich infolge der schnellen Akkomodationsveränderungen innerhalb weiter Grenzen verändert. Er scheint jedoch noch unmittelbar mit der Sehfunktion zusammenzuhängen. Diese Frage ist noch völlig ungeklärt.

Daß die Augen der Vögel in deren Leben eine außergewöhnlich wichtige Rolle spielen müssen, geht schon aus den Ausmaßen der Augen hervor. Beim Embryo des Huhns sind in einem bestimmten Stadium die Augen der größte Teil des Körpers. Bei der Wildgans beträgt das Gewichtsverhältnis der Augen zu dem Gewicht des Körpers 1 : 567, beim Pfau 1 : 326, bei der Elster 1 : 72, beim Falken 1 : 35 und bei der Waldeule 1 : 32. Merkwürdig ist, daß das Auge des Huhns keine *fovea* besitzt. Dies hängt wahrscheinlich mit seiner Domestikation zusammen.

Verschaffen wir uns jetzt einen kurzen Überblick über die mit der Sehfunktion der Vögel zusammenhängenden Probleme. Die Frage der Differenzierung der Lichtintensität wurde ziemlich wenig erforscht. Cole experimentierte mit Küken in einem von Watson vervollkommneten Zweiwahlgerät. Die Küken unterschieden zwei Lichtquellen in einem Intensitätsverhältnis von 1 : 5. Lashley zufolge vermögen Hähne Licht mit einer Stärke von 6 Meterkerzen von 18 Meterkerzen starkem zu unterscheiden.

Eine besondere Schwierigkeit beim Problem des Farbsehens beruht darin, daß geklärt werden muß, ob die Reaktion der Vögel auf farbige Gegenstände und Strahlen wirklich durch die Farbe hervorgerufen wird, oder ob für die Reaktion die Helle des Lichtes entscheidend ist. Hess stellte auf Grund etwas primitiver Experimente fest, daß Hühner und Tauben gegenüber blauen und violetten Strahlen unempfindlich sind. Er streute in einer Dunkelkammer Korn aus und beleuchtete es mit den Strahlen eines Spektrums, das er durch Zerlegung des Lichts einer starken Lampe mit Hilfe eines Prismas erhalten hatte. Die Hühner pickten das Korn innerhalb des ganzen Spektrums, den kurzwelligen Teil ausgenommen. Nach Meinung HESS's beweist das, daß die Hühner die blau und violett gefärbten Körner nicht sehen können, was von dem Vorhandensein der roten und orangefarbenen Fettkügelchen abhängen kann, die die kurzwelligen Strahlen aufschlucken. Ein ähnliches Resultat erbrachten Versuche mit chemisch gefärbten Körnern. HESS klebte auf ein Brett orangefarbene Körner und streute zwischen sie grüne und in verschiedenen Schattierungen grauer Farbe gefärbte Körner. Alles befand sich auf einem schwarzen Untergrund. Das Huhn lernte in kurzer Zeit, die festgeklebten orangefarbenen Körner zu meiden. Am nächsten Tage mied es nicht nur die orangefarbenen, sondern auch die roten und purpurfarbenen, und pickte die grünen und grauen. Dasselbe Resultat erhielt man bei umgekehrter Anlage des Experiments, wenn die grünen und grauen festgeklebt waren, und die roten lose waren. Auch dieses Mal lernte das Huhn, nur die losen Körner zu picken. Das dressierte Huhn rührte die Reiskörner nicht an, die mit Spektralstrahlen grün gefärbt waren, also ist für die Ablehnung wirklich die Farbe entscheidend, nicht aber eventuelle, dem Korn durch die verschiedenen Farbstoffe verliehenen geschmacklichen Eigenheiten. Die Experimente HESS's waren nicht präzise, denn er gebrauchte Farben von nicht genau bestimmter Wellenlänge des von ihnen reflektierten Lichts und maß auch nicht die Intensität des Lichts. Anders sind die Schlußfolgerungen, die ERNA HAHN zieht. Die Hühner sehen, ihrer Meinung nach, Farben ebenso wie der Mensch, wenn sie aber Körner in kurzwelligen Strahlen nicht picken, so nur deshalb, weil blaue oder violette Nahrung für sie etwas völlig Ungewöhnliches ist, nicht aber deshalb, weil sie diese nicht sehen. In der Tat kann man Hühner bald lehren, auch Körner im kurzwelligen Teil des Spektrums zu picken. Da viele Beobachter behaupten, daß Hühner in der Dunkelheit vor Hunger umkommen, weil sie keine Nahrung picken können, müssen sie das Korn im Bereich blauer Strahlen sehen, wenn sie es zu nehmen lernen. WATSON arbeitete nach einer präziseren Methode, denn er verwandte bei seinen Versuchen Licht von genau bestimmter Intensität. In dem Zweiwahlgerät stellte er monochromatisches Licht von untersuchter Wellenlänge Lichtlosigkeit gegenüber, folglich war ein Eingang des Apparates mit irgendeiner Farbe gekennzeichnet, der andere aber dunkel. WATSON wählte die geringste Lichtintensität aus, die für ein dreimonatiges Küken sichtbar war. Er verwandte nacheinander die verschiedenen Farben des Spektrums und stellte eine Kurve des Reizwertes aller Teile des Spektrums auf. Diese Kurve wies Ähnlichkeit zu derselben Kurve im Falle des menschlichen Auges auf. Die Sichtbarkeitsgrenze liegt im roten Teil bei 715 mμ (für den Menschen bei 760 mμ), die Violettgrenze bei 400 mμ (Mensch 396 mμ). Ein monochromatisches Bündel blauer oder violetter Strahlen besitzt einen hohen Reizwert, was zu den von Hess erzielten Ergebnissen in völligem Widerspruch steht. Die gefärbten Fettkügelchen, auf die sich Hess beruft, sind entweder für das Sehen von Farben ohne Bedeutung, oder aber die Netzhaut des Kükens ist so empfindlich, daß sie die Intensitätsveränderungen der kurzwelligen Strahlen kompensiert. Die Untersuchungen von Yerkes und Blaesser verneinten ebenfalls Hess' Ergebnisse. Hühner können es lernen, ein Korn in Licht mit einer Wellenlänge von 435—404 mμ oder sogar darunter zu picken. Laurens berücksichtigte die Energiemenge des monochromatischen Lichtes, dessen Wirkung auf das Auge einer Taube er durch Beobachtung der Pupillenbewegungen maß. Und wieder wurde ein Maximaleffekt bei bedeutend kürzeren Wellen erzielt, als Hess angegeben hatte. Es unterliegt keinem Zweifel, daß die Resultate Hess' auf methodischen Fehlern beruhen, und daß die Vögel in der Tat kurzwellige Farbe gut zu unterscheiden vermögen.

Nichtsdestoweniger besitzen wir nur wenige Versuche, die es uns gestatten, entschieden zu behaupten, daß farbiges Licht auf das Vogelauge eben durch seine Farbe, nicht aber durch seine Energiemenge einwirkt. Zu diesen Arbeiten gehört die von Breed. Er analysierte das Farbsehen von vier Küken, angefangen vom Alter von drei Wochen. In einem Zweiwahlgerät stellte er zuerst zwei weiße Lichtquellen von verschiedener Helle einander gegenüber. Die Küken wählten ständig das hellere Licht. Nachdem er das festgestellt hatte, stellte er zwei Lichtfilter einander gegenüber: einen roten (760—640 mμ) und einen blauen (480—430 mμ). Diese Filter ließen das Licht hindurch, wobei dessen Intensität verändert wurde. Als die Helligkeit beider Farben für das menschliche Auge gleich war, oder sogar das blaue Licht bedeutend heller als das rote, wählten die Küken trotzdem das rote Licht. Durch allmähliche Steigerung der Intensität des blauen Lichts erzielte Breed schließlich eine Gleichheit in der Wirkung. Es zeigte sich nun, daß die Lichtquelle vom roten Filter 70 cm, vom blauen dagegen nur 10 cm entfernt war, was etwa einem 50fachen Intensitätsunterschied entspricht. Jetzt konnte man annehmen, daß beide Lichter für das Küken gleich hell erschienen. Wenn unter diesen Umständen die Wahl eines der Filter möglich erscheint, so bedeutet das, daß die Küken die Farben unabhängig von deren Helligkeit unterscheiden. Die Versuche waren der Ausgangspunkt für die eigentlichen Untersuchungen, sie schufen die Bedingungen, unter denen die Küken auf beide Filter gleichmäßig reagierten. Danach begann man, sie zu dressieren, indem man sie für die Wahl eines roten Filters belohnte und für die Wahl eines blauen bestrafte. Nach 60—80 Versuchen beherrschten die Küken die Aufgabe und begingen in zwanzig aufeinanderfolgenden Wahlen nicht einen einzigen Fehler. In weiteren Verifikationsversuchen wurde mehrmals und in weiten Grenzen die Intensität entweder des einen oder des anderen Lichtes verändert. Trotz der stark veränderten Helligkeitsverhältnisse war die Reaktion der Küken gegenüber rotem Licht stets positiv. Die Fähigkeit zur Unterscheidung von Farben als solchen kann man auf Grund dieser Untersuchungen für bewiesen halten.

Eine andere sorgfältige Arbeit auf diesem Gebiet sind die Forschungen Lashleys. Dieser arbeitete mit jungen Hähnen der Banthamrasse, wobei er auf ihre Augen mit Spektralstrahlen einwirkte. Das Küken läßt sich leicht auf rote Farbe (650 mμ) gegenüber grüner Farbe (520 mμ) oder umgekehrt dressieren. Nach zweihundert Versuchen wird diese Unterscheidung untrüglich, hierbei erfolgt die Reaktion unabhängig von bedeutenden Veränderungen der Lichtstärke. Als man das rote Licht durch weißes Licht, das viel heller war, ersetzte, wählten die Küken dennoch das rote Licht, sofern sie darauf dressiert waren, oder auch das grüne, wenn diese Farbe während der Eingangsdressur die positive war. Ähnlich waren die Ergebnisse mit einem Farbenpaar Gelb (588 mμ) und Blaugrün (500 mμ). Veränderungen der Größe, Form oder Schärfe des von den Vögeln gesehenen Farbfleckens beeinflußten das Ergebnis nicht. Völlig gleich verhielten sich die Küken, als man das Spektrum durch farbige Filter ersetzt hatte. Lashley untersuchte, an welchen Punkten des Spektrums für das Auge des Kükens deutliche Unterschiede auftreten. Er dressierte ein Küken auf rote Farbe (650 mμ) gegenüber grüner (520 mμ). Als nach beendigter Dressur die grünen Strahlen durch gelbe ersetzt wurden, wählte das Küken weiterhin die rote Farbe. Als hingegen die rote Farbe durch orangenfarbene Strahlen ersetzt wurde, wählte das Küken die Orangefarbe. Diese Veränderung wurde systematisch vorgenommen, indem man die rote Farbe durch Strahlen von immer niedrigerer Wellenlänge ersetzte, die immer derselben grünen Farbe gegenübergestellt wurden. Als man eine Wellenlänge von 580 mμ (gelbe Farbe für das menschliche Auge) erreicht hatte, hörte die Unterscheidung auf, und das Küken wählte die gelbe Farbe genauso oft wie die grüne. Als man andererseits nach einer Dressur auf grüne Farbe gegenüber roter den grünen Bestandteil durch immer längere Strahlen ersetzte, hörte die Fähigkeit zur richtigen Wahl auf, nachdem die Wellen die Länge von 600 mμ erreicht hatten (Orangefarbe für den Menschen). Dasselbe Experiment mit anderen Farbenpaaren ergab, daß der kritische Punkt, an dem sich die Reaktion des Kükens ändert, in denselben Gegenden des Spektrums liegt, in denen für das menschliche Auge eine Farbe in die andere übergeht. Mit anderen Worten, das Farbsehen des Kükens unterscheidet sich nicht grundsätzlich von dem des Menschen.

Schließlich erzielten Hamilton und Coleman analoge, aber noch eingehendere Ergebnisse im Falle der Taube. Die Vögel mußten von einer

Plattform auf eine von zwei Stangen springen, die sich gegenüber einem mit Spektralstrahlen beleuchteten Schirm befanden. Wenn die Wahl richtig war, bekam die Taube zu einem dunklen Schlupfwinkel Zutritt, was als Belohnung dienen sollte. Falls die Wahl falsch ausfiel, traf die Taube auf verschlossene Türen und fiel in ein darunter aufgestelltes Netz. Während der Dressur veränderte man die Intensität des Lichtes in einem unregelmäßigen Rhythmus, um eine reine Farbreaktion zu erhalten. Nachdem man eine fehlerlose Wahl erlangt hatte, veränderte man allmählich die positive Farbe in 10 mμ-Sprüngen zur negativen hin. An einem bestimmten Punkte hörte die Richtigkeit der Wahl auf. Beispielsweise lehrte man die Tauben, auf die grüne Farbe (520 mμ) zu springen und die rote Farbe (700 mμ) zu meiden. Als nach einer Reihe von Veränderungen die Wellenlänge des positiven Reizkörpers 620 mμ erreicht hatte, hörte die Unterscheidung auf, das heißt, der niedrigste für die Taube sichtbare Unterschied in der Wellenlänge betrug 85 mμ. Diese Größe wurde in den verschiedenen Gegenden des Spektrums gemessen. Es zeigte sich, daß an zwei Punkten des Spektrums die Unterscheidungsfähigkeit besonders groß ist. Die Taube unterscheidet zwei Wellenlängen, die nur um 5 mμ voneinander abweichen. Es ist dies die gelbe (560 mμ) und die grünblaue Gegend (500 mμ). An mehr oder weniger denselben zwei Punkten existieren für den Menschen zwei Gegenden mit äußerst akzentuierten Unterschieden. Das Farbsehen ist sicherlich analog, obwohl die absolute Fähigkeit zur Unterscheidung beim Menschen größer ist: Die Taube unterscheidet zwanzig Farben, der Mensch etwa 160.

Wir erwähnten vorhin die Fettkügelchen in der Netzhaut der Vögel. Es bestehen verschiedene Hypothesen über ihre Rolle beim Sehprozeß. Hess zufolge besitzen die Tagesvögel mehr rote und orangefarbene Kügelchen als die Nachtvögel, ein Umstand, der es erklären würde, weshalb das Spektrum für sie im kurzwelligen Teil verkürzt ist. Wie wir bereits wissen, läßt sich diese letzte Behauptung nicht begründen. Nach Meinung Honigmanns erklären die roten Kügelchen die hochgradige Empfindlichkeit der Tagesvögel gegenüber rotem Licht. Nach Meinung Hennings helfen die Fettkügelchen den Vögeln, besser in nebliger Luft zu sehen. Wieder andere sind der Meinung, daß die Kügelchen als Miniaturlinsen wirken, die das Licht in den einzelnen Zellen der Netzhaut konzentrieren und eine exaktere Ausnutzung desselben ermöglichen. Die ganze Angelegenheit ist sehr kompliziert. Es fällt nämlich schwer, anzunehmen, daß grell gefärbte Lichtfilter in Form von Fettkügelchen ganz ohne jede Bedeutung für das Farbsehen sein sollen, aber dennoch besitzen wir in dieser Hinsicht keinerlei überzeugende Beweise.

Eine Reihe von Forschern beschäftigte sich mit der Frage, ob die Vögel Formen sehen können. Katz und Revesz legten Küken grüne

Erbsenkörner vor, denen sie eine runde, eine dreieckige oder quadratische Form verliehen hatten. Die einen Körner lagen frei, die anderen waren festgeleimt. Die Vögel lernten mit Leichtigkeit, die unbefestigten Körner zu picken und die angeklebten zu meiden, wobei sie sich nur nach deren Form richteten. Leicht lernten sie es auch, Reiskörner von Weizenkörnern zu unterscheiden. Breed stellte fest, daß die Küken Formen unterschieden. Er stellte seine Versuche nur mit einem Küken an; dieses mußte einen Kreis von einem Quadrat unterscheiden, wobei beide Figuren dieselbe Fläche hatten. Zu Anfang reagierte das Küken auf beide Figuren gleich. In 120 Dressurversuchen wurde ein fortwährend steigernder Prozentsatz richtiger Wahlen beobachtet, und bei den letzten 40 Versuchen waren sogar 38 Lösungen richtig. Bei den Kontrollversuchen wurde bald die Größe der Figur, bald die Stärke des Lichts verändert, was die Wahl wenig beeinflußte. Bingham ist eigentlich der einzige, der die Unterscheidung von Formen durch die Küken verneinte. Er dressierte sie auf einen Kreis gegenüber einem Dreieck, wobei er ein positives Resultat erhielt. Als er jedoch das Dreieck umdrehte, so daß seine Spitze nach unten wies, begannen die Küken Fehler zu machen. Bingham ist der Meinung, daß Küken nicht zur Transposition fähig seien, folglich unterscheiden sie die Figuren nicht auf Grund ihrer Form als einer solchen, sondern auf Grund des Unterschiedes in der Reizung der einzelnen Netzhautpunkte. Diese Schlußfolgerung klingt nicht sehr überzeugend, denn die Zahl der Experimente war klein, und sie widersprechen den Resultaten der anderen Forscher. Bei Experimenten, die Coburn anstellte, transponierte ein amerikanischer Rabe die Form nach Umdrehung des Dreiecks ausgezeichnet. Nach Kroh zeigten auf ein gleichseitiges Dreieck dressierte Hühner keine Störung bei der Wahl, und zwar weder nach Ersetzung der Figur durch ein Dreieck anderer Form noch nach seiner Drehung. Takei gelang es mit Leichtigkeit, Küken darauf zu dressieren, ein Rechteck (1 zu 6 cm) von einem Parallelogramm zu unterscheiden. Schon nach tagelanger Beobachtung des Vogellebens ergibt sich, daß sie ausgezeichnet Formen erkennen und im Gedächtnis behalten. Nichtsdestoweniger fehlt es auf diesem Gebiet an exakten Untersuchungen, wie wir sie im Falle der Bienen und der Ratte besitzen.

Im Zusammenhang mit dem Formensehen stehen die interessanten Experimente Laymans, der Hühner in einem Zweiwahlgerät dressierte. Die Hühner hatten von der Startzelle aus zu zwei Kammern Zutritt, die durch verschiedene geometrische Figuren, wie einen Kreis, ein Dreieck, ein Quadrat usw., gekennzeichnet waren. Die Belohnung für eine richtige Wahl bestand in Nahrung, die Strafe in einem elektrischen Schock. Das Ziel Laymans war es, zu untersuchen, welchen Einfluß verschiedene Gehirnoperationen auf den Lernprozeß hätten. Mit Hilfe eines Elektrokauters zerstörte er einzelne Partien der Hirnrinde, führte nach Vorübergehen der operativen Reizung die Dressur durch, und kontrollierte deren Ergebnis am Verhalten normaler Vögel unter denselben Verhältnissen. Es zeigte sich, daß 50 operierte Vögel es lernten, die Formen gut wie die normalen zu unterscheiden, und daß kein bestimmter Teil der Hirnrinde in dieser Hinsicht eine grundlegende Bedeutung hat. Dieses Resultat bestätigt die Schlüsse Lashleys im Falle von Ratten. Eine größere territoriale Beschädigung der Hirnrinde beeinflußt den Lernprozeß unangenehmer als eine kleine Beschädigung, aber das Lernen hängt nicht unbedingt mit einem bestimmten Abschnitt der Hirnrinde zusammen.

Experimente über die Erkennung von Objektgrößen sind insoweit schwierig durchzuführen, als es hierbei nicht gelingt, die Helligkeit beider Vergleichsfiguren auszugleichen. Breed wies nach, daß Küken ein Rechteck mit den Maßen 6,35 und 8,89 cm von einem Rechteck 8,89 mal 12,44 cm, sowie Kreise mit einem Durchmesser von 5 und 8 cm unterscheiden. Er bestimmte jedoch nicht die Grenzfähigkeit zur Unterscheidung. Nach Bingham ist es ihnen möglich, zwei Kreise mit Durchmessern von 6 und 4,5—5 cm zu unterscheiden. Präziser sind die Messungen Johnsons. In einem Zweiwahlgerät sah ein Küken zwei helle Felder von demselben Flächeninhalt und derselben Helligkeit vor sich, die von einer Reihe von schwarzen Querstreifen durchzogen wurden. Es wurde nun untersucht, für welches die geringste Streifenbreite für die Unterscheidung des gestreiften Feldes von dem gleichförmig beleuchteten ausreichend sei, welches die geringste erkennbare Streifenbreite der beiden Felder, der geringste erkennbare Neigungsunterschied der Streifen zueinander, sowie der geringste sichtbare Unterschied in der Helligkeit beider Felder sei. Durch allmähliche Verengung der Streifen fand er, daß der geringste unterscheidbare Sehwinkel 4′ 04″ bis 4′ 12″ betrug (bei dem Affen *Cebus* beträgt das Minimum 57″, beim Menschen 49″). Sodann bestimmte man den niedrigsten sichtbaren Neigungswinkel der Streifen; er betrug 25—40° (Affe 2—5°). Die Fähigkeit des Kükens, ein gleichförmiges Feld von einem gestreiften zu unterscheiden, beträgt kaum 1/4 der Fähigkeit des Affen und des Menschen. Darüber hinaus lernten die Affen die Unterscheidung nach 20 Versuchen, die Küken dagegen brauchten dazu 585 Versuche. Man kann mit Sicherheit behaupten, daß andere Vögel besser sehen, worauf vielleicht auch das Fehlen einer *fovea centralis* im Auge des Huhns hinweist, die eben zum scharfen Sehen dient. Einer mehr den natürlichen Verhältnissen angenäherten Methode bediente sich Götz. Hühner haben das Bestreben, immer das größte Korn aus einer Gruppe von Körnern, selbst wenn es weiter von den anderen entfernt liegt, zu picken. Daraus folgt, daß sie die Größe des Gegenstandes unabhängig von der Größe seines Netzhautbildes erkennen. Man lehrte Hühner, nicht nur das größere von zwei Körnern zu picken, was auch ohne Dressur ihre Eigenschaft ist, sondern man lehrte sie, nach Ergreifung des größeren das kleinere nicht einmal anzurühren. Zu diesem Zwecke war das kleinere Korn an den Boden angeklebt. Die Dressur schritt ziemlich schwierig vorwärts, wenn auch die Zahl der Fehler allmählich abnahm. Nachdem man ein positives Ergebnis der Dressur erhalten hatte, legte man dem Huhn drei unbefestigte Körner von ungleicher Größe vor, die nebeneinander lagen. Diese Körner wurden in der Reihenfolge ihrer Größe gefressen. Wenn man das größere Korn so weit weglegt, daß sein Netzhautbild nur $^1/_{30}$ vom Netzhautbild des kleinsten Kornes beträgt, so wählt das Huhn trotzdem das größere Korn. Ebenso wie beim Menschen gibt es beim Huhn eine Konstanz der gesehenen Dinge, die Netzhautbilder werden automatisch korrigiert und interpretiert. Ein Küken im Alter von drei Monaten besitzt diese Fähigkeit schon voll entwickelt. Kroh, Götz, Scholl und Ziegler brachten Hühnern bei, das größere von zwei Maiskörnern zu wählen, danach aber gaben sie ihnen drei Körner von verschiedener Größe. Immer wurden die zwei größeren gefressen, das dritte aber blieb unberührt. Die Hühner übertragen eine erworbene Angewohnheit auf andere Objekte, zum Beispiel picken sie das größere von zwei Brotstückchen. Von vier vorgelegten Körnern zweier verschiedener Größen wurden nur die beiden größeren gefressen. Eine noch größere Fähigkeit zur Größenunterscheidung zeigten Tauben bei Experimenten, die Casteel mit ihnen anstellte. Diese hatten zwei Eingänge zur Auswahl, die durch Zettel mit schwarzen Linien auf weißem Grunde gekennzeichnet waren. Zwei Tauben unterschieden senkrechte Linien von 8 mm Breite von einer Linie von 2 mm Breite, eine unterschied sogar eine 3 mm breite von einer 2 mm breiten Linie.

Das Küken nimmt Bewegungen von Objekten sehr gut wahr. Bingham zufolge unterscheidet es zwei in verschiedenem Rhythmus unterbrochene Lichter. Nach einer Dressur auf einen Rhythmenunterschied von 1 : 3 unterschied das Küken auch Rhythmen in einem Verhältnis von 1 : 2 (absolute Werte: 75 und 150 oder 83 und 166 Unterbrechungen in der Minute). Die Dressur gelang mit Leichtigkeit und sicher könnte man sie noch weiter führen. Stavsky und Pattio erhielten ein positives Resultat, als sie Küken auf Drehung einer Kymographiontrommel in einer Richtung gegenüber der umgekehrten Richtung dressierten. Nach Festigung der Gewohnheit brauchte das Küken nicht beide Trommeln gleichzeitig zu sehen, es wählte sofort richtig. In einer zweiten Arbeit lehrten dieselben Forscher Hühner, in eine Tür hineinzugehen, die sich neben einem beweglichen Kymographion befand, aber den Eingang neben einem unbeweglichen Kymographion zu meiden. Die Aufgabe wurde nach 290—320 Proben gelöst. Hierbei erfolgte die Wahl nach der relativen, nicht nach der absoluten Schnelligkeit. Hühner, die auf ein Kymographion mit einer Umdrehung in 7 Sekunden dressiert worden waren, vermochten dieses von einem Kymographion mit einer Umdrehung in 32 Sekunden zu unterscheiden. Als die Drehgeschwindigkeit auf eine Umdrehung im Laufe von 7 und im Laufe von 2 Sekunden erhöht wurde, wählten die Hühner wiederum in 90—95 % der Fälle das sich schneller drehende Kymographion. Folglich reagierten sie auf das Kymographion negativ, auf das sie zu Anfang dressiert worden waren (1 Umdrehung in 7 Sekunden), sobald man ihnen ein Kymographion mit höherer Umdrehungszahl gegenüberstellte. Übrigens ist allgemein bekannt, daß die Vögel, wie auch andere Tiere, leichter sich bewegende als unbewegliche Nahrung finden.

Ein interessantes Gebiet sind die verschiedenen Arten von optischen Täuschungen bei Vögeln, die völlig denen des Menschen gleichen. Wir besitzen hierfür eine Reihe von Beispielen. REVESZ lehrte Hühner, das Korn nur von der kleineren von zwei Schablonen gleicher Form zu picken. Es waren dies zwei Kreise von verschiedenem Durchmesser. Als

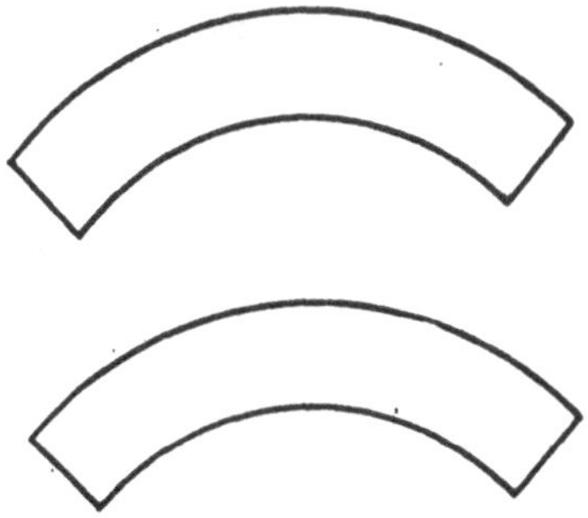

Abb. 75. Die JASTROWsche Täuschung. Der obere Ausschnitt scheint kleiner zu sein

Abb. 76. Die MÜLLER-LYERsche Täuschung

die Dressur ein positives Resultat ergab, setzte man ihnen Nahrung auf zwei rechteckigen, dreieckigen oder auch kreissegmentförmigen Schablonen vor. In allen Fällen pickte das Huhn das Korn von der kleineren Schablone, das heißt, es konnte die erworbene Gewohnheit auf verschiedene Formen transponieren. REVESZ befestigte auf der Erde zwei Kreissegmente von gleicher Form und ein und derselben Größe übereinander. Für das menschliche Auge scheint der obere Ausschnitt um ungefähr 15 % kleiner als der untere zu sein (die sog. Jastrowsche Täuschung). Derselben Täuschung unterliegt das Huhn, denn wenn es auf eine größere von zwei beliebigen Formen dressiert ist, wählt es das Korn von dem unteren Ausschnitt. Ebenso scheint für das Huhn von zwei gleichartigen, aber verschieden gelegenen Rechtecken das, welches aufrecht steht, größer als das waagerechte zu sein. Nicht alle Tiere eignen sich für diese Experimente, aber manche von ihnen ergaben ungewöhnlich klare Resultate. WARDEN und BAAR stellten bei Turteltauben

(Turtur risorius) die sogenannte MÜLLER-LYERsche Täuschung fest. Bei den zwei Figuren der Abb. 76 ist die eine Horizontale genauso lang, aber sie scheint länger zu sein, weil die schrägen Linien an ihren Enden nach außen gerichtet sind. Man lehrte zwei Tauben, zuerst die kürzere von zwei horizontalen Linien zu wählen, die von zwei kurzen senkrechten Linien abgeschlossen wurde. Nach einer zweimonatigen Dressur (800 Versuche) wurde unter Anwendung von Belohnung und Strafe nur ein schwaches Übergewicht der positiven Figur erzielt. Die Einführung differenzierterer Formen verbesserte sofort das Ergebnis. Beispielsweise nahm man zwei Figuren in Form eines Pfeils, dessen Spitze an beiden Enden nach derselben Seite gewandt war. Als die Turteltauben diese Aufgabe beherrschten, legte man ihnen ein Paar Figuren der eigentlichen Müller-Lyerschen Täuschung vor. Die Vögel wählten ständig die subjektiv kürzere Figur, das heißt, sie erlagen derselben Täuschung wie auch der Mensch. Vielleicht jedoch reagierten sie auf die Länge der ganzen Figur und nicht nur auf den Geradenabschnitt, der zwischen den beiden Enden eingeschlossen ist. Um diesen Umstand zu berücksichtigen, stellte man den geringsten Unterschied in der Gesamtlänge fest, den der Vogel noch erkennen konnte. Die beiden Versuchsvögel konnten die Müller-Lyerschen Figuren unterscheiden, wenn ihre Gesamtlänge jeweils 108 und 133 mm betrug. Dagegen vermochte keine von ihnen zwei einseitig gerichtete Pfeile zu unterscheiden, deren Gesamtlänge 108 und 140 mm war. Folglich enthalten die Müller-Lyerschen Figuren tatsächlich etwas Spezifisches für das Vogelauge, was eine Größentäuschung hervorruft. Diese Frage untersuchte WINSLOW in größerem Maßstabe, der mit einem vervollkommneten YERKES-WATSON-Gerät arbeitete. Die Kennzeichen, die die beiden Ausgänge unterschieden, befanden sich möglichst nahe beieinander, überdies machte nach jeder richtigen Wahl eine Hebung der Klappe sofort die Nahrung zugänglich. Die Küken sollten eine vertikale Linie von einer horizontalen, eine stetige Linie von einer unterbrochenen, ein Müller-Lyersches Figurenpaar usw., unterscheiden. Zu Beginn der Dressur waren die gegebenen Figuren wirklich von verschiedener Größe. Da die Küken das spontane Bestreben haben, von zwei Objekten das größere zu wählen, war in allen Fällen die kleinere Figur die positive, das heißt, die Dressur wirkte der natürlichen Anlage entgegen. Mit dem Fortschritt der Dressur wurde der Größenunterschied verringert, bis man die objektive Gleichheit erreicht hatte. Nichtsdestoweniger wählten die Küken auch jetzt die für das menschliche Auge kleinere Figur. Die optischen Täuschungen sind ohne Zweifel beim Vogel und beim Menschen dieselben, und folglich ist auch der grundsätzliche Mechanismus des Sehens selbst bei beiden derselbe. Es muß noch erwähnt werden, daß die Hühner einäugig sehen, weil sie an den Seiten des Kopfes Augen besitzen, also sind die optischen

Täuschungen nicht dem binokularen Sehen zuzuschreiben, wie das manche Forscher geglaubt haben.

Zum Abschluß des Überblickes über das Sinnesleben der Vögel wollen wir noch mit einigen Worten ihren Gleichgewichtssinn erwähnen. Der Vogelflug erfordert eine vorschriftsmäßige Körperhaltung, schnelle, präzise Wendungen, und eine blitzartige Reaktion auf unerwartete Windböen; alle diese Erscheinungen setzen das Vorhandensein eines scharfen Gleichgewichtssinnes voraus. Als dessen Organ dient bei allen Wirbeltieren ein Teil des inneren Ohrs, das sogenannte Labyrinth. Man kann leicht schnelle und präzise Reflexe des Halses, der Flügel und des Schwanzes bei einem sitzenden Vogel beobachten, wenn in irgendeiner Weise die Stellung seines Körpers geändert wird. Wenn man ein Huhn, das man in den Händen hält, umdreht und nach verschiedenen Seiten überneigt, führt es präzise Ausgleichsbewegungen des Halses aus, die den Umwendungen entgegenwirken und den Kopf ständig in derselben Lage halten. Nach einer operativen Entfernung des Labyrinths verschwinden diese Reflexe und das Huhn verhält sich bei den Umdrehungen passiv. Wenn man den Körper des Vogels schnell senkt, führt er sofortige Reflexe aus, indem er die Flügel ausbreitet und die Beine ausstreckt, als ob er sich zur Landung vorbereiten wolle. Auch diese Reaktion verschwindet nach einer operativen Entfernung des Labyrinths. Nach einer gewissen Zeit jedoch kehren die Ausgleichsreflexe der operierten Vögel wieder zurück, wenn sie auch viel weniger deutlich sind. Eine einseitige Entfernung des Labyrinths macht anfänglich jegliche Fortbewegung, sowohl auf dem Lande wie in der Luft unmöglich, denn sie schwächt einseitig die Körpermuskeln. Im Zusammenhang mit der asymmetrischen Kraft der Muskeln werden auch die Bewegungen asymmetrisch und der Vogel kann nicht mehr das Gleichgewicht bewahren. Aber nach einer gewissen Zeit erliegen diese Verhältnisse einem Ausgleich, und dann reicht das eine Labyrinth zur Ausführung der normalen Reaktion aus. Das erfordert jedoch immer längere Zeit, der Vogel muß sich in dem veränderten Gebrauch seiner Glieder üben.

DREIZEHNTES KAPITEL

Die Psychologie des Huhns — Die höheren Formen seiner Psyche

Das psychische Leben der Vögel wurde mit Hilfe einer Reihe von klassischen Methoden erforscht, mit denen wir uns schon in dem Kapitel über den Behaviorismus bekanntgemacht haben. Es ist seltsam, daß die Methode der bedingten Reflexe, die so präzise und fruchtbar in ihrer Anwendung auf den Hund war und wirklich objektiv festgestellte Tatsachen brachte, bisher nur sehr wenige Verfechter unter den Erforschern der Vogelpsyche gefunden hat. Oben haben wir uns mit den Ergebnissen der Experimente WASSILJEWS bekanntgemacht, der die Methode PAWLOWS auf die Erforschung des Taubengehörs anwandte. Bei von GRINDLEY angestellten Experimenten liefen Küken zur Nahrung, nachdem ein bisher neutraler Lautreiz zu wirken begonnen hatte. Wie immer bei bedingten Reflexen wurde dieses Ergebnis dadurch erzielt, daß man den Ton (den bedingten Reiz) systematisch durch Nahrung (den unbedingten Reiz) verstärkte. Ebenso wie beim Hunde und beim Aufgußtierchen war der Effekt deutlich, wenn der bedingte Reiz kurz vor dem unbedingten wirkte, aber das Ergebnis war immer negativ bei einer umgekehrten Anordnung des Experiments. In den Experimenten CATES lernten Tauben Nahrung zu suchen, nachdem ein starkes Licht auf sie eingewirkt hatte, das als bedingter Reiz diente. BAJANDUROW wandte die klassische Methode PAWLOWS auf die Tauben an. Der unbedingte Reiz bestand in einer Reizung des Beines durch elektrischen Strom, wobei die Ausschläge des gereizten Beines genau gemessen wurden. Dem Vogel erschien im Fenster der bedingte Reiz in Form eines Kreises, einer Ellipse oder eines Vielecks. Diese Figuren erschienen als schwarze Silhouetten auf hell beleuchtetem Mattglas. In den Anfangsphasen der Dressur reagierten die Tauben auf den Wechsel der Beleuchtung, der durch das Erscheinen einer Figur hervorgerufen wurde, erst später trat eine Spezifizierung des Reflexes ein, und die Taube reagierte auf die Figur als solche. Mit dieser Methode wurde die Unterscheidungsfähigkeit der Taube erforscht. Die Taube unterscheidet sehr gut einen Kreis von einer Ellipse und einen Kreis von einem Vieleck. Die Unterscheidungsgrenze bildete ein Sechzehneck, das einem Kreise gegenüberstand. Auf Figuren von größerer Eckenzahl reagierten die Tauben wie auf einen Kreis. Sicherlich könnte die Methode der bedingten Reflexe in ihrer Anwendung auf die Vögel noch viel feiner ausgebaut werden. Vorderhand besitzen wir nur erste Versuche.

Das Verhalten von Vögeln in einem Labyrinth ist von einer Reihe von Forschern, in erster Linie von THORNDIKE untersucht worden. Die Küken vermochten bei seinen Experimenten, sich sogar in ziemlich komplizierten Labyrinthen zurechtzufinden. Später wurden diese Experimente in verschiedenen Modifikationen von HUNTER, KOEHLER, SADOWNIKOWA, GUNDLACH und anderen durchgeführt. Es wurde im allgemeinen eine gute Lernfähigkeit, ein dauerhaftes Gedächtnis erworbener Gewohnheiten, sowie ein Übergewicht der visuellen Orientierung mit einem nur geringen Anteil von kinästhetischen Erscheinungen festgestellt. Die Ergebnisse bringen keine grundsätzlich neuen und interessanten Momente. Das Labyrinth ist die Domäne der Ratte, und am Beispiel der Ratte werden wir uns eingehend mit dieser Forschungsmethode bekanntmachen.

Es wurde auch eine große Zahl von Experimenten mit der „problem box" durchgeführt. PORTER beobachtete das Verhalten von Spatzen in einem solchen Apparat. Die Vögel lernten es schnell, die zur Nahrung führende Tür zu öffnen, wobei die Tendenz deutlich wurde, die vorher erworbene Erfahrung auszuwerten. Die Lernschnelligkeit des Spatzen war mehr oder weniger dieselbe wie bei den niederen Säugetieren. Wenn die Kiste sich durch das Ziehen an einer Schnur öffnen ließ, brauchte der Spatz, um sie zu öffnen, beim ersten Male 10 Minuten, beim vierundzwanzigsten Male nur noch 5 Sekunden. Die eingeübten Handlungen zeichnen sich durch eine gewisse Stereotypie aus. Beispielsweise zog der Spatz manchmal an der Schnur, wenn die Tür schon geöffnet war, und seine Tätigkeit sinnlos war. Vielleicht erklärt gerade diese Stereotypie der Handlungen, weshalb sich die Spatzen die ausgeführten Bewegungen gut merken können. Die Interpretation PORTERS einschließlich seiner Berufung auf die Versuch-Irrtum-Methode, die von den Vögeln bei der Dressur angewandt wird, müssen wir für etwas altertümlich halten. Wie wir uns bald überzeugen werden, ist das Vorgehen der Vögel sehr kompliziert und läßt sich in keinem Fall in den Rahmen von rein mechanistischen Anschauungen pressen.

Eine schwierige Aufgabe hatten die Vögel in einem Mehrwahlapparat zu lösen. COBURN und YERKES arbeiteten mit amerikanischen Raben, einem Männchen und einem Weibchen. Der Apparat bestand aus neun gleichartigen Einheiten, unter denen der Vogel nach einem bestimmten Prinzip die Auswahl treffen mußte. Jede Experimentalserie setzte sich aus acht Versuchen zusammen, bei jedem Versuch waren von neun Kästen zwei bis fünf geöffnet. Die Versuche wurden täglich in derselben Reihenfolge wiederholt, wobei die ordnungsgemäße Wahl mit Nahrung belohnt und die falsche Wahl mit einem kurzen Arrest bestraft wurde. Bei der ersten Aufgabe sollten die Vögel von einer Gruppe offener Kästen immer den ersten Kasten von rechts wählen. Nach 51—55 Serien lösten die beiden Versuchstiere die Aufgabe zehnmal hintereinander richtig. Die Wahl der ersten Tür von links gelang nach ungefähr 100 Versuchen. Dagegen wurde die Aufgabe, die zweite Tür von links zu wählen, selbst nach 500 Experimentalserien nicht gelöst. Die Fähigkeit des Raben, derartige Aufgaben zu lösen, steht mehr oder weniger auf demselben Niveau, auf dem auch die Fähigkeit der Ratte steht. Völlig abseits stehen die Ergebnisse der Forscherin SADOWNIKOWA, die mit einigen kleineren Vogelarten arbeitete. Unter anderem lehrte sie die Vögel, die Tür an Hand eines bestimmten Begleitzeichens zu wählen. Wenn auf dem Boden des Apparates ein weißer Papierstreifen lag, so mußte die erste Tür von rechts gewählt werden; wenn der Papierstreifen schwarz war, so war die Wahl der Mitteltür die richtige Lösung, wenn dagegen keinerlei Zeichen gegeben wurde, so war die erste Tür von links gemeint. Die Aufgabe ist sehr schwierig, und es ist zu vermuten, daß selbst ein Mensch sie erst nach einer sehr langen Dressur beherrschen würde. Die Vögel hingegen lösten die Aufgabe bei diesen Versuchen erstaunlich schnell und wählten über zwanzigmal hintereinander richtig. Es erscheint wahrscheinlich, daß diese Ergebnisse, die in einem so grellen Widerspruch zu den Ergebnissen der anderen Forscher stehen, auf irgendeinem experimentellen Fehler beruhen. Vielleicht war das tatsächliche Erkennungsmaterial etwas völlig anderes, was die Autorin nicht genügend berücksichtigt hatte.

Die Methode der Reaktionsverzögerung wurde auf die Vögel nicht in kritischer Weise angewandt. Nach REVESZ reagiert das Huhn nicht auf vorhandene Nahrung, die vor seinen Augen unter einem Stück Papier versteckt wird. Diese Tatsache bedeutet übrigens gar nicht, daß es unfähig ist, Reaktionen aufzuschieben, denn es kann zum Beispiel durch einen Aufmerksamkeitsmangel erklärt werden. Vogelliebhaber bestätigen, daß Häher, Dohlen und Elstern verschiedene Gegenstände verstecken und zu ihnen nach längerer Zeit zurückkehren. HERTZ schildert das Verhalten einer Krähe, die die Gewohnheit hatte, die nicht verzehrte Mahlzeit in der Erde zu vergraben, und zu ihr, manchmal sogar erst nach fünf Stunden, zurückzukehren. Diese Frage erfordert noch spezielle Untersuchungen.

Ein originelles Problem ist auch das sogenannte Rechentalent der Vögel. Ich übergehe hierbei Jägeranekdoten von den Krähen, die sich von einem Baum fernhalten, wenn sie zwei Menschen darunter hervorkommen sehen, die aber auf den Baum zufliegen, wenn sich ein dritter davon entfernt hat. Es sind das ungeprüfte Geschichten ohne wissenschaftliche Bedeutung. KATZ und REVESZ untersuchten auf experimentellem Wege das Rechentalent von Hühnern. Wenn man Hühnern gleichzeitig Weizen und Reis gibt, so picken sie zuerst die Reiskörner auf. Gestützt auf diese spontane Wahl befestigten sie 20 Reiskörner auf einem quadratischen Brett mit einer Seitenlänge von 12 cm und streuten zwischen sie 10 lose Weizenkörner. Wie gewöhnlich versuchten die Hühner, zuerst den Reis zu greifen, als ihnen dies jedoch nicht gelang, fraßen sie den Weizen. Dieser Versuch wurde 15 Sekunden, nachdem sie alle Weizenkörner des ersten Versuchs aufgefressen hatten, wiederholt. Gleichzeitig wurden alle Pickbewegungen, sowohl bei den Weizen-, wie bei den Reiskörnern gezählt. Bei der ersten Wiederholung wurden insgesamt 35 Bewegungen gezählt, wovon 25 auf den Reis und 10 auf den Weizen entfielen. In den folgenden Wiederholungen betrug diese Zahl jeweils: 19, 19, 16, 12, 10 und 10. Schon beim fünften Versuch pickte also das Huhn nur Weizen und mied den Reis. In einem anderen Experiment wurden die Körner in einer Reihe befestigt, wobei jedes zweite Korn lose und jedes zweite angeklebt war. Nach wenigen anfänglichen Fehlern beherrschten die Hühner in kurzer Zeit die Situation und pickten vorschriftsmäßig jedes zweite Korn. Bei einem weiteren Versuch wurden zwei Körner hintereinander angeklebt, und das dritte war lose. Die Hühner lernten, jedes dritte Korn zu picken. Aber sie wußten sich keinen Rat, wenn auf je drei angeklebte Körner ein loses folgte. Man könnte daraus folgern, daß die Hühner nur bis drei zählen können. Doch aus dieser Tatsache geht überhaupt nicht hervor, daß sie die Fähigkeit zu rechnen besitzen. Vielmehr hatten sich die Hühner daran gewöhnt, auf ein bestimmtes optisches Bild zu reagieren, ganz ähnlich wie der Mensch, der zwei von drei Gegenständen unterscheidet, ohne sie erst zu zählen, sondern indem er die Gruppe visuell abschätzt. Nach einer langen Dressur lernten die Hühner auch, je zwei nebeneinanderliegende Körner zu picken, ohne das dritte, angeklebte zu berühren. Revesz modifizierte die Aufgabe dadurch, daß er entweder ungleiche Abstände zwischen den Körnern einlegte, oder dem Huhn die Körnerreihe nicht in Querrichtung wie bisher legte, sondern es die Reihe entlang laufen ließ, oder aber das Huhn gezwungen wurde, von der rechten Seite, von der linken Seite oder von der Mitte der Reihe aus zu picken. Immer vermochten die Hühner schon nach 15—30 Versuchen, jedes zweite Korn picken zu lernen. Die Dressur der Hühner beruht also nicht einfach darauf, daß sich das Huhn gleiche Abstände zwischen den Körnern merkt, es ist nicht nur eine eingelernte Pickrhythmik. Schließlich wurde festgestellt, daß das Huhn am liebsten ein Korn aus einem großen Haufen als aus einem kleinen pickt. Diese Erscheinung wiederholt sich, wenn zwei Gruppen, bestehend aus 3 und 2, 4 und 3, 5 und 4, 6 und 5, sowie 10 und 7 Körnern einander gegenübergestellt werden. Auch in diesem Falle kann man nicht von einem eigentlichen Rechnen sprechen, denn diese Tatsachen gehören eher zum Gebiete der Größenschätzung. Ein wenig anders waren die Resultate Fischels. Tauben hatten eine von mehreren Kisten zur Auswahl, die mit Kennzeichen in Form schwarzer Punkte oder auch angeklebter Gerstenkörner versehen waren. Die Vögel unterscheiden einen Punkt von zweien mit Leichtigkeit. Drei Punkte in einer Reihe werden nicht von zweien unterschieden, drei in einer Reihe von einem unterscheidet die Taube nur schwer. Wenn man jedoch drei Samenkörner in Form eines Dreiecks aufklebte, so erkannten die Vögel sie sofort von zweien. Es ist klar, daß die Tauben sich von den Formunterschieden der gesamten Kombination, nicht aber von der Zahl leiten lassen. Bei Experimenten mit einem Stieglitz wurden Körner in immer anderen Kombinationen aufgeklebt, wobei aber ihre konstante Zahl bewahrt blieb. Eine Dressur auf die Form war in diesem Falle ausgeschlossen, denn die Form war immer verschieden. Als richtige Reaktion galt immer die Wahl der größeren Zahl. Unter diesen Bedingungen unterschied der Stieglitz drei Körner von 1, 3 von 2, 4 von 2, 5 von 3, 6 von 3. Er unterschied hingegen nicht 5 von 4, 7 von 5, und 10 von 6. Interessant ist es, daß, wenn ein Stieglitz auf die Wahl einer größeren Gruppe von Körnern, von 12 und mehr, abgerichtet war, er sofort diese Gewohnheit auf umfangreichere Gruppen übertragen konnte; z. B. unterschied er 16 von 8, aber dafür mußte er von neuem lernen, wenn es darum ging, Gruppen, kleiner als zwölf, zu unterscheiden. Der Forscher faßte keinen endgültigen Entschluß darüber, ob die Vögel eine abstrakte Zahl als Merkmal erkennen, er meint nur, daß sie sich nicht nur von der Größe der Gruppe leiten lassen. Besonders besprochen zu werden verdient eine Arbeit von Koehler, in der er die Forschungsresultate seiner Mitarbeiter Müller und Wachholz wiedergibt. Auf einen Pappstreifen legte er links ein Korn und rechts zwei Körner, danach ließ er durch die Tür eine Taube hinein. Wenn der Vogel auf die zwei Körner zuging, ließ man ihn sie fressen, wenn er zu dem einen ging, scheuchte man ihn. Auf diese Weise konnten die Tauben leicht dazu gebracht werden, folgende Körnerkombinationen zu unterscheiden: In jedem Zahlenpaar steht an erster Stelle die Zahl der erlaubten, an zweiter Stelle die der verbotenen Gruppen. Die Tauben unterschieden 1 von 2, 2 von 1, 2 von 3, 3 von 2, 2 von 4, 4 von 2, 3 von 4, 4 von 3,3 von 5,5 von 3,5 von 4,6 von 4 und 6 von 5. Dieses letzte Paar entspricht der Grenze der Unterscheidungsfähigkeit, Die Wahl wird danach ungenau. Und wieder ist es nicht ein eigentliches Zählen, sondern einfach eine Unterscheidung der Größe zweier Körnergruppen. Ich möchte betonen, daß die gegenseitige Lage der positiven und der negativen Gruppe dauernd verändert wurde, um nicht eine Dressur auf den Platz zu erhalten. Einem eigentlichen Zählen am nächsten kommt der Fall, in dem der Vogel die Zahl der Körner nicht in nebeneinanderliegenden Gruppen unterscheidet, sondern in zeitlich aufeinanderfolgenden. Zuerst dressierte man die Taube wieder auf die Wahl zweier Körner gegenüber einem. Nach Verzehr der beiden Körner wurde es der Taube nicht erlaubt, das übrige Korn der Gegengruppe anzurühren. Jetzt begann man, langsam das Korn der Innengruppe 2 zum Zentrum des

Streifens zu schieben. Sobald sich das verschobene Korn in der Mitte befand, änderte sich die Anordnung 2 — 1 in 1 — 1 — 1, das heißt, in drei Körner in einer Linie, die in gleicher Entfernung voneinander lagen. Die Taube fraß auch weiterhin zwei Körner und ließ das dritte übrig. Doch konnte sie das linke und das mittlere Korn, oder das mittlere und das rechte, oder auch beide äußere Körner nehmen. Kontrollversuche, bei denen den Tauben volle Handlungsfreiheit gelassen wurde, ohne sie zu scheuchen, brachten die Aufklärung darüber, was die Vögel eigentlich gelernt hatten. Wenn auf dem Karton nur ein Korn lag, fraß die Taube es. Lagen zwei darauf, so fraß sie beide. Wenn aber vier da lagen, fraß sie nur zwei und ließ zwei übrig. Folglich hatte die Taube gelernt, daß es ihr erlaubt sei, zwei Körner zu fressen, nicht aber, daß sie ein Korn übrig lassen müsse. So fraßen die Tauben aus einer Gruppe von 3, 4, 5 oder 6 Körnern nur zwei und ließen den Rest unberührt. Sie lernten ferner drei Körner von 4—7 vorgelegten, vier von 5—9, fünf von 6—11, sechs von 7—13 vorgelegten Körnern zu fressen. Bei diesem letzten liegt für die Taube die Möglichkeitsgrenze. Man sorgte besonders dafür, daß die Lage der Körner zueinander verändert wurde und daß keinerlei sich wiederholende Figuren aus ihnen gebildet wurden. Die Dressur beruhte also nicht darauf, daß sich die Tiere die Form der Körneranordnung merkten, denn diese war jedesmal verschieden. Sie konnte gleichfalls nicht darauf beruhen, daß sie sich den Pickrhythmus einprägten, denn sehr oft traf die Taube beim ersten Male das Korn nicht und wiederholte die Pickbewegung, was sie aber nicht daran hinderte, die vorgeschriebene Zahl von Körnern zu fressen. Das Experiment gelang auch bei folgender Anordnung: Ein Pappstreifen liegt mit seiner kleineren Seite zur Tür gewendet, durch die die Taube hereinkommt. Am Ende des Pappstreifens, ganz nahe an der Tür, liegen zum Beispiel drei Körner, weiter ab liegt eine größere Körnergruppe. Die Taube hat nun die Aufgabe, fünf Körner zu fressen. Sie frißt also drei nahe und zwei weiter entfernt liegende Körner. Wenn auf der ersten Stelle nur ein Korn liegt, nimmt die Taube es und frißt aus der anderen Gruppe noch vier dazu. So war es in den verschiedensten Kombinationen. Die Tauben lösten die Aufgabe vortrefflich. In diesem Falle war die Konfiguration der Körneranordnung ohne Bedeutung, und der Pickrhythmus war unterbrochen, denn die Tauben mußten, nachdem sie die Körner der einen Gruppe gefressen hatten, zu der weiter abliegenden Gruppe gehen. Vielleicht am interessantesten waren die Fälle, in denen die Taube die ihr erlaubten Grenzen überschritt. Beispielsweise näherte sich manchmal die Taube nach dem Verzehr der fünf erlaubten Körner sehr langsam und vorsichtig dem sechsten, wenn sie sich dann bei ihm befand, ergriff sie es plötzlich schnell und rannte unter Flügelschlagen davon. Aus dem ganzen Verhalten des Tieres geht klar hervor, daß es in der besagten Situation Strafe erwartet und dieser auszuweichen sucht. Gerade derartige unvorhergesehene Einzelheiten zeigen am besten, daß wir es nicht mit einem Automaten, der mechanisch seine Bewegungen wiederholt, sondern mit einem lebendigen Organismus zu tun haben, dessen Handlungen auf bestimmten Motiven beruhen. Vielleicht wäre es am richtigsten, folgert KOEHLER, dieses Verhalten der Taube nicht als eine Fähigkeit, bis sechs zu zählen, sondern eher als eine Fähigkeit, „bis sechs zu handeln", zu bezeichnen. In jedem Falle unterschieden sich die Körnergruppen nach Ausschluß aller anderen Möglichkeiten nur durch ihre Zahl voneinander. Die Taube erreicht dieselbe Unterscheidungsgrenze wie der Mensch. Einigen Versuchspersonen wurde dieselbe Aufgabe, zwei zusammengesetzte Gruppen von verschiedener Körnerzahl zu unterscheiden, gestellt. Eine Unterscheidung (ohne Rechnen) 5 von 6 bildete die Grenze der Möglichkeit, und einige Personen lösten diese Aufgabe schlechter als die Tauben. Die Experimente von MÜLLER und WACHHOLZ wurden von ARNDT vervollständigt. Ihm gelang die Dressur auf eine Zahl auch dann, wenn die Körner einzeln nacheinander gegeben wurden, und wenn zwischen den Körnern ein Zeitabstand von einer bis sechzig Sekunden eingelegt wurde. In diesem Falle entfallen alle die Konfiguration, den Pickrhythmus usw. betreffenden Einwände, und es bleibt nur die Zahl übrig.

Besonders viel Aufmerksamkeit wurde der Frage gewidmet, ob Vögel, die irgendeines von zwei Merkmalen auswählen, sich nach absoluten Merkmalen richten, oder aber ob sie sich von Verhältnissen leiten lassen. Wie wir bereits wissen, ist diese Frage von großer Bedeutung, was die Gestaltlichkeit von Erlebnissen angeht. Jede Gestalt kann transponiert werden, das Erkennen ihrer Individualität hängt nicht von absoluten Merkmalen und Besonderheiten, sondern von Relationen und Proportionen ab. Bei den Experimenten BREEDS lernten zwei Küken nach 80 Versuchen, durch die kleinere von zwei Öffnungen eines Käfigs zu gehen. Danach wurde die kleinere Öffnung so erweitert, daß sie von den zwei Öffnungen jetzt die größere war. Dennoch wählten die Küken weiterhin die kleinere Öffnung, das heißt, sie richteten sich nach der relativen Größe. Man kann die Größen so auswählen, daß der Vogel ein Objekt aufnimmt, das er beim vorhergehenden Versuch abgelehnt hat, und so nur einem Handlungsprinzip treu bleibt. Dasselbe wurde im Falle grauer Farbschattierungen oder verschiedener Spektralfarben beobachtet. Ich möchte ein paar Beispiele zitieren. KÖHLER lehrte Küken, ein Korn auf Papier von einer bestimmten Grauschattierung gegenüber einer anderen Schattierung zu picken. Die Gewohnheit wurde auf zweierlei Art hergestellt. In einem Falle wurden die Körner auf dem Papier, dessen Schattierung die Küken meiden sollten, mit Glas bedeckt, was schnell zu einem positiven Ergebnis führte. Im anderen Falle wurde das Küken gescheucht, wenn es sich dem verbotenen Papier näherte. KÖHLER bediente sich hierbei der uns schon bekannten Serie von Grauschattierungen, die aus 50 aufeinanderfolgenden Nummern besteht. Er gab die Körner auf Schattierungen von Nr. 5 und 30, wobei für zwei Küken das hellere Papier, für zwei andere das dunklere positiv war. Nach einigen Versuchen war die Gewohnheit hergestellt. Jetzt bekamen die Küken, die zuvor Nr. 5 gewählt hatten, ihre Körner auf Nr. 1 und 5. Sie wählten ständig 1 und mieden also die Schattierung 5, auf die sie vorher dressiert worden waren. Auf Nr. 30 als positive Schattierung dressierten Küken wurden die Nummern 30 und 49 zur Auswahl gegeben. Wieder wählten sie 49. In beiden Fällen wählten die Küken also auf Grund eines Verhältnisses. Von zwei Grauschattierungen wählten sie die hellere oder dunklere, abhängig davon, wie sie dressiert worden waren. Die absoluten Schattierungen spielten keine Rolle, entscheidend war das Helligkeitsverhältnis. Dennoch entstand die Annahme, daß die Küken einfach die neue Schattierung wählten. Das wurde untersucht, indem man den Küken die Schattierung vorlegte, die bei der Dressur negativ war und sie irgendeiner anderen gegenüberstellte. Zum Beispiel erhielten auf 5 gegenüber 30 dressierte Küken bei einem derartigen Versuch 30 und 49. Jetzt wählten sie ständig 30 und folglich nicht die neue Schattierung, sondern einfach die hellere von zwei Schattierungen. Doch hat auch die absolute Schattierung eine gewisse Bedeutung, wie wir uns etwas weiter unten überzeugen werden.

Die Frage, ob die Vögel Gestalten wahrnehmen, oder aber, ob sie sich nur von den Bestandteilen der Objekte leiten lassen, wurde von Lewis untersucht. Er lehrte Küken im Alter von 10 Tagen, die hellste, mittlere oder dunkelste von drei oder mehr Lichtquellen auszusuchen. Die Dressur auf die extremen Helligkeitsstufen gelang vollkommen, die auf die mittlere nur teilweise. Nach der Dressur gab er ihnen einige Lichter von anderen absoluten Helligkeitsstufen als bei der Anfangsdressur zur Auswahl. Es erfolgte eine fast vollkommene Transposition, und selbst nach einer Unterbrechung von 4—7 Wochen erhielt er noch 100 % richtige Lösungen, das heißt, die Küken richteten sich bei der Wahl nach relativen Merkmalen. Eine häufige Erscheinung waren plötzliche Sprünge in der Lernkurve: In einer Reihe von aufeinanderfolgenden Versuchen beging das Küken zahlreiche Fehler, plötzlich aber löste es die Aufgabe ohne jeden Fehler. Das könnte auf eine gewisse Art von „Verständnis“ der Situation hinweisen. Im Gegensatz dazu fand Munn, daß Hühner Gestalten durch Reaktion auf Elemente der Figur, nicht aber auf deren Ganzheit unterscheiden. Als optische Zeichen dienten bei seinen Experimenten zwei helle Quadrate. In der Mitte des einen von ihnen befand sich ein kleines schwarzes Quadrat, in der Mitte des anderen ein schwarzes Kreuz; hierbei war aber die Fläche der beiden schwarzen Figuren die gleiche. Fünf Hühner lernten es im Verlauf von 960 Versuchen nicht, die beiden Systeme zu unterscheiden. Wenn jedoch dieselben Figuren auf verschiedenem Untergrund befestigt wurden, die eine auf dem Hintergrund eines Dreiecks, die andere auf dem eines Kreises, beherrschten die Hühner die Situation in der normalen Zeit. Wie aus Kontrollversuchen hervorgeht, nimmt die Sicherheit der Wahl ab, wenn man den Hintergrund der Figur verändert, wenn zum Beispiel das Außendreieck umgedreht oder durch ein Quadrat ersetzt wird. Dagegen beeinflussen Veränderungen der Innenfiguren die Richtung der Wahl nicht. MUNN wiederholte seine Experimente in umgekehrter Anordnung: Die Außenformen waren hell, der Hintergrund dunkel. Dieses Mal gelang die Dressur auf Unterscheidung eines Quadrats von einem Dreieck, beide auf einem Kreisuntergrund. Bei dieser Anordnung sind wiederum Veränderungen des Hintergrundes ohne Bedeutung, hingegen bewirkt eine Vertauschung der Innenfiguren eine Störung in der Richtigkeit der Wahl. MUNN ist der Meinung, daß die Hühner die Formen nicht im geometrischen Sinne unterscheiden, sondern sich von der Verteilung von Licht und Schatten leiten lassen, und das nur bei gewissen Teilen der Figur. Dieses Resultat würde die Gestaltlichkeit des Sehens verneinen. Gleichfalls stellen WARDEN und ROWLEY, sowie WARDEN und WINSLOW fest, daß unter gewissen Umständen ein Merken von absoluten Merkmalen möglich ist. Eine Turteltaube, *Turtur risorius,* sollte eine bestimmte absolute Grauschattierung erkennen, die entweder einer helleren oder einer dunkleren Schattierung gegenübergestellt wurde. Es zeigte sich, daß der Vogel auch diese Aufgabe beherrschen kann, doch benötigt er hierzu sehr viele Versuche, etwa 1000.

Eine komplizierte Aufgabe hatten Küken bei den Experimenten CUTSFORTHS zu lösen. Sein Apparat bestand aus drei aufeinanderfolgenden Abteilungen, in jeder von diesen gab es drei Türen. In der ersten Abteilung war die Wahl der am schwächsten beleuchteten Tür vorgeschrieben. In der zweiten Abteilung sollte die mittlere Beleuchtungsstärke gewählt werden, und in der dritten führte der richtige Weg durch die hellste Tür, die schließlich zur Nahrung führte. Trotz der so komplizierten Bedingungen beherrschten die Küken die Situation schließlich. Sodann hatten die Küken in einem Vierwahlgerät ein Amphitheater von 27 Abteilungen vor sich. Die Aufgaben waren verschiedenartig, sie betrafen die Unterscheidung von mehreren (bis sieben) absoluten Intensitäten. Interessant ist es, daß im Lernprozeß ganz deutlich plötzliche Sprünge von einer mehr oder weniger völligen Desorientierung zu einer fehlerlosen Lösung der Aufgabe erfolgten. Auch TAYLOR gelang es, Küken auf absolute Grauschattierungen zu dressieren. Er lehrte sie, Körner auf den grauen Teilen eines Musters zu picken, das aus grauen und schwarzen Feldern bestand. Als nach dem Erlernen der Aufgabe die schwarzen Felder durch weiße ersetzt wurden, blieben die Küken den grauen Feldern treu. Sie richteten sich nicht nach dem Helligkeitsverhältnis, sondern merkten sich die absolute Schattierung.

Wie mir scheint, gibt es keine Veranlassung, Widersprüche bei den besagten einzelnen Forschern festzustellen. Wenn die einen von ihnen geneigt sind, anzunehmen, daß eine Wahl nach absoluten Merkmalen möglich ist, die anderen hingegen, daß sie nach proportionellen Maßstäben erfolgt, so widersprechen diese Alternativen einander nicht, sondern sie weisen vielmehr auf die große Spannweite des Wahrnehmungsmechanismus hin. Sicher ist, daß die Vögel Proportionen wahrnehmen, daß sie lernen können, auf absolute Merkmale zu reagieren, und daß diese zweite Reaktion eine viel längere Dressur erfordert. Genauso nimmt der Mensch wahr. Mit Leichtigkeit nehmen wir wahr, ob eine Melodie richtig gespielt wird, das heißt, ob das Verhältnis ihrer einzelnen Töne zueinander richtig ist, aber viel schwerer ist es zu erkennen, ob die absolute Höhe der Töne nicht verändert worden ist. Schließlich erkennt jeder erfahrene Geiger, ob seine Geige verstimmt ist, aber das erfordert immer eine langwährende Übung. Die Gestaltlichkeit des Wahrnehmens ist unsere natürliche Fähigkeit, die Wahrnehmung absoluter Merkmale erfordert eine spezielle Dressur. Dasselbe scheint auch für die Vögel zu gelten.

Die verschiedenartigen Erkennungsmerkmale der Gegenstände haben für die Vögel nicht alle die gleiche Bedeutung, manche von ihnen sind für die Wahl besonders entscheidend. Bingham zufolge steht bei der Erkenntnis von Figuren durch das Huhn die Größe der Figur bedeutungsmäßig an erster Stelle, an zweiter Stelle steht ihre Helligkeit und erst an dritter die Form der Figur. Diese Probleme lassen sich jedoch nicht so quantitativ fassen. Kroh und Scholl klebten auf einen grauen Untergrund 11 aus farbigem Papier geschnittene geometrische Figuren. Es waren das sechs blaue Kreisflächen von 4 cm Durchmesser und fünf rote gleichseitige Dreiecke von 5 cm Höhe. Diese Figuren wurden in einer Reihe in folgender Reihenfolge aufgeklebt: Die Kreise auf die Nummern 1, 3, 5, 6, 8 und 11, und die Dreiecke zwischen sie, das heißt, auf die Nummern 2, 4, 7, 9 und 10. In der Mitte jeder Figur lag ein Korn, die Körner auf den Dreiecken waren angeklebt, die auf den Kreisflächen lagen lose. Die zwei Hühner lernten leicht, nur auf den Kreisflächen zu picken und die Dreiecke zu meiden. Der Verifikationsversuch hatte zum Ziel, festzustellen, welches, relativ gesehen, der Wert der Gestalt, der Farbe und der Lage im Erkennungsprozeß sei. Alle Körner waren bei diesem Versuch lose. Die Unterscheidungsmerkmale waren jedoch verändert worden, denn die Kreise waren rot, die Dreiecke blau; die Kreise lagen auf den Plätzen 1, 3, 5, 6, 9 und 11, die Dreiecke zwischen ihnen. Die Hühner pickten nur die Körner auf den blauen Figuren, folglich war die Farbe das wichtigste Erkennungsmerkmal. Auf weißen Kreisen und Dreiecken pickten die Hühner ohne Unterschied. Nichtsdestoweniger unterscheiden die Hühner Formen, und man kann sie sehr gut lehren, weiße Kreise von weißen Dreiecken zu unterscheiden.

Sehen wir uns jetzt einmal einige sehr komplizierte Lebensfunktionen der Vögel an. Eines der stärksten Handelsmotive eines jeden Tieres ist der Hunger. Deshalb eben ist die Belohnung in Form von Nahrung für eine gelöste Aufgabe besonders erfolgbringend. Doch die Erfahrung lehrt, daß der Hunger auf keinen Fall nur ein Faktor physiologischer Natur ist, sondern daß vielmehr psychische und soziale Momente daran teilhaben. Das geht klar aus den überaus interessanten Experimenten KATZS hervor. Wenn man einem Huhn, das eine Zeitlang gehungert hat, ein Häufchen, bestehend aus 100 g Weizenkörnern vorsetzt, so frißt es durchschnittlich etwa 50 g und läßt den Rest übrig. Dasselbe Huhn frißt in der gleichen Hungerstufe 33 bis 54 g mehr, wenn das Häufchen 200 g Weizen enthält. Die Menge der gefressenen Nahrung ist abhängig von der Menge der vorgesetzten Nahrung. Bei einem anderen Experiment setzte man dem Huhn einen größeren Körnerhaufen vor und erlaubte ihm zu picken, bis es satt war. Das restliche Korn wurde mit einem Handbesen weggefegt und sofort durch neues ersetzt. Das Huhn schickte sich aufs neue zu fressen an. Als es zum zweiten Male zu fressen aufgehört hatte, regte eine Wiederholung derselben Operation es erneut zur Aufnahme des Fressens an. So verfuhr KATZ bis acht und mehr Male, wobei das Huhn 67 % mehr als gewöhnlich fraß. Diese Experimente sind vielleicht der Grundstein zu einer neuen Methode der Geflügelmästung. Die Größe der einzelnen Körner ist von großem Einfluß auf die Menge der gefressenen Nahrung. Das Huhn frißt zwei- bis dreimal mehr ganzen Reis als gemahlenen. Nach KATZ erklärt sich der Unterschied dadurch, daß kleine Körner ein öfteres Picken erfordern, was schließlich zu Schmerzempfindungen führen kann. In der Tat frißt das Huhn ungefähr zweimal mehr auf weichen Boden als auf harten Boden gestreute Körner. Besonders interessant sind die sozialen Momente. Dem Huhn Nr. 1 erlauben wir zu picken, bis es satt ist. Danach lassen wir ein hungriges Huhn Nr. 2 hinein, das natürlich zu picken anfängt. Darauf beginnt das Huhn Nr. 1 sofort wieder zu fressen. Wenn Nr. 1 in der sozialen Hierarchie höher steht, wovon sogleich die Rede sein wird, so wird es versuchen, das andere Huhn am Picken zu hindern, und sobald ihm das nicht gelingt, beginnt es selbst zu picken. Wenn es dagegen rangmäßig tiefer steht, so schickt es sich sofort an zu fressen. Unter dem Einfluß des anderen Huhns frißt unser Huhn Nr. 1 etwa 60 % mehr. Es kann noch mehr fressen, wenn man drei hungrige Hühner zu ihm hineinläßt. BAYER bestätigt diese Ergebnisse. BECK beschreibt einige neue Beobachtungen, aus denen hervorgeht, daß die Hühner bei Dämmerlicht, in grünem oder blauem Licht, zu Beginn des Mauserns, sowie an den Tagen des Eierlegens weniger fressen. Der Hunger hängt ganz deutlich von einer Reihe psychischer Faktoren ab, und das Verhalten des Huhns ist in dieser Hinsicht dem des Menschen sehr ähnlich. Wir essen ebenfalls in Gesellschaft anderer mehr. Mehr ißt man auch, wenn die vorgesetzten Nahrungsmengen größer sind. Der Hunger hängt vom Allgemeinbefinden ab, das durch die verschiedensten Erlebnisse hervorgerufen wird. Diese Frage kann man mit exakteren Methoden untersuchen. So versuchten zum Beispiel Bousfield und Spear einen mengenmäßigen Ausdruck für die Energie zu finden, mit der das Küken in verschiedenen Hungerzuständen ein Korn pickt. Flache Gefäße mit den Maßen 15 × 15 cm wurden in Quadrate geteilt und mit plastischem Ton gefüllt. In den Ecken eines jeden Quadrates befand sich je ein Korn, das in die Tonmasse hineingedrückt worden war. Es wurden nacheinander zwei Gruppen von Küken hineingelassen, die einen von ihnen hatten 1—2 Hungerstunden hinter sich, die anderen hatten 22 bis 24 Stunden gehungert. Man stellte nun die Zeit fest, die für das Aufpicken aller Körner notwendig war, danach machte man einen Gipsabdruck von der Tonoberfläche und maß die Länge der Vertiefung des Hügelchens aus dem Abdruck, die an der Stelle des gepickten Korns entstanden war. Auf Grund dieser Messung konnte man urteilen, mit welcher Kraft das Küken das Korn aufgepickt hatte. Darüber hinaus gab das Verhältnis der Zahl der Vertiefungen zur Zahl der Körner ein Maß für die Präzision des Pickens. Wie zu erwarten war, vermindert der Hunger die Präzision des Pickens, erhöht aber dessen Energie.

Es lohnt sich, den Arbeiten von M. Hertz über die Psychologie einiger Krähenvögel, insbesondere des Hähers, ein paar Worte zu widmen. Die Handlungsweise der Vögel ist durch eine Motivierung gekennzeichnet, die vielfach unserer eigenen ähnlich ist, und eine Reihe von Beobachtungen zeugt von dem hohen Grad der Differenzierung ihres Innenlebens. Hier ein paar Beispiele. Die Person der Forscherin wurde von den Vögeln nicht als eine Ganzheit angesehen. Die rechte Hand, die ihnen die Nahrung reichte, war beliebt, die linke, die weniger bekannte, wurde von ihnen oft angegriffen. Die Vögel picken alle kleinen und dunklen Gegenstände. Gemischte Körner werden von ihnen nicht sortiert, für jedes von ihnen existierte eine verschiedene Technik, es zu spalten. Fleisch, das der Vogel nicht in seinen Krallen halten kann, drückt er in eine Ritze, dann erst pickt er es. Nüsse, die manchmal aufgeschlagen wurden, und deren Kern dann dem Vogel gegeben wurde, nahm ein Rabe aus seinem Versteck und gab sie der Autorin zum Aufschlagen. Alles Schimmernde ergreifen die Vögel und häufen es. Papier ist sehr beliebt, in der Regel wird es in kleine Stücke zerrissen. Ein kleines Steinchen, mit dem der Rabe gern spielte, wurde von ihm unter 40 anderen wiedererkannt und herausgenommen. Der Rabe spielte mit der Autorin: Durch die Käfigstangen wurde ein kleiner Stein hereingeschoben, der Rabe nahm ihn mit dem Schnabel, reichte ihn zurück und ließ ihn sich wieder abnehmen. Dieses Spiel wurde bis zu 30mal hintereinander wiederholt. Spezielle Experimente mit zwei Hähern hatten zum Ziel, festzustellen, ob die Vögel gestaltlich sähen. Die Häher befanden sich in einem großen Käfig, in dem sie bequem fliegen konnten. Auf den Boden wurde eine Belohnung, etwa in Form eines Nußkernes gelegt und vor den Augen des Hähers mit einem kleinen, tönernen Blumentopf bedeckt, der mit seinem Boden nach oben gekehrt war. Der Häher sah sich die ganze Sache aufmerksam an, flog oder lief auf den Blumentopf zu, drehte ihn mit dem Schnabel um und fraß die Nuß. Wenn es sich um mehrere Blumentöpfe handelte, und sie sich nicht voneinander unterschieden, sowie wenn sie irgendeine Figur, beispielsweise die einer geraden Linie, eines Dreiecks oder eines Quadrates bildeten, so irrte sich der Häher oft und drehte die falschen Blumentöpfe um. Wenn sich hingegen der kritische Blumentopf, das heißt der, welcher die Nuß bedeckt, so von den anderen durch seine Lage unterscheidet, daß er für das menschliche Auge gewissermaßen aus der Figur „herausfällt", so trifft ihn der Häher fast ohne einen Fehler. Wenn zum Beispiel zehn Blumentöpfe nebeneinander in einer Reihe stehen, der elfte aber, der kritische, von den übrigen ein Stück entfernt steht, oder die zehn einen Halbkreis bilden und der kritische sich in dessen Mittelpunkt befindet, oder die leeren Töpfe einen geschlossenen Kreis bilden, der kritische aber außerhalb steht, wenn sie ein Quadrat bilden und der kritische an eine der Ecken stößt usw., wird stets der Blumentopf, der eine irgendwie ausgezeichnete Lage einnimmt, sofort erkannt. Der Häher findet den Blumentopf mit der Nuß, wenn dieser größer als die anderen ist oder eine von ihnen verschiedene Farbe besitzt. Der Häher trifft auch den richtigen Topf, wenn sie sehr verstreut angeordnet sind und der kritische Topf sich zwar nicht von den anderen unterscheidet, wenn sich aber in seiner Nähe irgendein Kennzeichen, zum Beispiel in Form eines anderen, größeren Blumentopfes befindet. Der Häher unterscheidet ausgezeichnet geschlossene Körper von offenen, zum Beispiel mit dem Boden nach oben stehende Blumentöpfe von Töpfen, die mit ihrer Öffnung nach oben gekehrt stehen. Es wurden viele analoge Experimente durchgeführt. Die Häher vermochten stets den kritischen Gegenstand zu erkennen, wenn die anderen Gegenstände, die in irgendeiner Hinsicht (Größe, Farbe, Schattierung, Lage) indifferent waren, eine geschlossene Gruppe bildeten, zu der der kritische Gegenstand nicht gehörte. Hierbei hängt seine Erkennung nicht von absoluten Merkmalen der Gegenstände ab, denn der Vogel läßt sich von Verhältnissen leiten. Dagegen begeht der Vogel in Fällen einer gleichmäßigen Anordnung der Objekte Fehler.

Eine große Rolle spielen im Leben der Vögel die sozialen Momente. Wir wollen es in dieser Hinsicht mit dem Verhalten der Hühner bewenden lassen, denn diese Verhältnisse können bei den anderen Vögeln sehr kompliziert und verschiedenartig sein. SCHJELDERUP-

EBBE, KATZ und TOLL, sowie MURCHISON schildern das Rangordnungsverhältnis im sozialen System der Hühner. Bei der Hühnerzucht auf einem Bauernhof bilden sich in kurzer Zeit bestimmte Verhältnisse zwischen den Hühnern heraus. Sie ergeben sich auf Grund fortwährend geführter Kämpfe. Die Kämpfe gehen zwischen allen Tieren dieser Gattung und in allen möglichen Zweierkombinationen vor sich. Auf einem jeden derartigen Hofe besteht irgendein Huhn A, das über alle anderen herrscht. Es darf alle übrigen hacken, und alle erkennen vollkommen seine Überlegenheit an. Das Huhn B ist dem A gegenüber unterwürfig, flieht vor ihm und geht jedem Kampf mit ihm aus dem Wege, dafür aber herrscht es über alle anderen. C unterwirft sich A und B, aber es darf die übrigen hacken usw. Es ist das ein Beispiel für eine geradlinige Rangordnung. Bisweilen hat die Rangordnung die Form eines „Dreiecks“. Das Huhn A hackt ungestraft B, B hackt C, aber C wiederum darf A hacken. MURCHISON untersuchte diese Beziehungen in einer Gruppe von sechs Hähnen. Er versuchte, den Herrschaftsgrad zu messen, indem er gleichzeitig zwei Hähne an zwei Enden eines Ganges hineinließ und die von beiden bis zum Augenblick des Zusammentreffens zurückgelegte Entfernung bestimmte. Er setzt voraus, daß der dominierende Hahn schneller läuft, der ihm untergebene dagegen zaudert und deshalb eine kleinere Strecke zurücklegt. Zwischen der 16. und der 36. Lebenswoche kann sich die Reihenfolge der Überlegenheit ändern, wie es übrigens bei Kindern ebenso ist. Doch bewahrte der eine Hahn die ganze Beobachtungszeit hindurch ein unverändertes Übergewicht über die anderen. Schließlich bildete sich eine gradlinige Rangordnung heraus. Bei den Kämpfen werden gewisse „ethische Regeln“ beachtet. Die Vögel attackieren vor allem den Kamm des Gegners und die Ohrengegenden, niemals aber hacken sie ihm in die Augen. Ein fremdes Huhn, das auf den Hof gelassen wird, ist nicht zu Kämpfen geneigt und flieht meist, als ob es sich in der fremden Umgebung nicht heimisch fühlt, die zum Hof gehörigen Hühner stürzen sich hingegen verbissen auf den Neuankömmling. Während der Kükenaufzucht wird die Glucke zu einem Raufbold und tyrannisiert ihre vorherigen Peiniger. Sehr interessant ist die von KATZ und TOLL gemachte Feststellung, daß in den Rangordnungsverhältnissen die physische Kraft zumindest nicht der einzige Faktor der Überlegenheit ist. Fünf Tieren, die verschiedene Stufen der Rangordnung einnahmen, gab man eine Reihe von Aufgaben zu lösen. Auf einem Brett wurden Reiskörner angeklebt, dazwischen streute man Gerste und beobachtete, wie schnell das Huhn den Reis zu meiden lernte. Weiß bemalte Körner wurden unter Glas gelegt, gelbe Körner lagen auf dem Glas, und die Hüher sollten die einen von den anderen zu unterscheiden lernen. Es wurde eine Reihe von Versuchen in einem Labyrinth angestellt und versucht, den Hühnern den Zugang zur Nahrung zu erschweren usw. In allen Fällen war der

Fähigkeitsgrad der Hühner bei der Lösung derartiger Aufgaben verschieden. Aber die Reihenfolge der Hühner hinsichtlich ihrer Fähigkeit blieb konstant. Das dominierende Huhn, das am höchsten in der sozialen Rangordnung stand, zeigte die größten Fähigkeiten. Bei den anderen gingen die Fähigkeiten im übrigen nicht immer mit ihrer sozialen Stellung Hand in Hand.

Wie SCHJELDERUP-EBBE beschreibt, erkennen sich Vögel, die zu einer Gemeinschaft gehören, gegenseitig visuell, auf Grund des Aussehens ihres Kammes und ihrer Federn wieder. Der Forscher veränderte das Aussehen eines Huhns, indem er ihm den Kamm auf die andere Seite bog, als er gewöhnlich war, oder ihn anmalte. Nach ihrer Rückkehr auf den Hof wurde die Henne von ihren Genossinnen angegriffen. Hühner eines Hofes wurden für eine verschiedene Zeitdauer voneinander getrennt. Nach 2—3 Tagen der Trennung erkannten sie sich noch gut. Nach 4—6 Tagen zeigten sie schon gewisse Bedenken beim Zusammentreffen, und nach 7 Tagen näherten sich die Hühner einander mit deutlicher Vorsicht. Nach 2—3 Wochen der Isolierung kennen sich die Vögel überhaupt nicht mehr. Noch schneller vergessen die Eltern das Aussehen ihrer Jungen.

Zum gegenseitigen Wiedererkennen dienen nicht nur optische Merkmale, sondern in hohem Maße auch die Stimme. LLOYD MORGAN unterscheidet sechs von den Küken ausgestoßene Laute, die schon in sehr frühem Alter differenziert sind. Ein leiser Piepser ist Ausdruck einer mäßigen Zufriedenheit, wenn man zum Beispiel das Küken in die warme Hand nimmt. Ein leiser Doppellaut drückt große Zufriedenheit aus; das Küken stößt ihn aus, wenn man ihm den Rücken streichelt. Wenn man den Küken einen großen unbekannten Gegenstand zuwirft, so ruft das ein Gefahrensignal hervor. Der Wunsch nach etwas wird durch besonderes Piepsen ausgedrückt, dieser Ton hört, wenn das Küken Nahrung bekommt, auf. Ein lautes Piepsen ist Ausdruck der Angst, das Küken läßt es hören, wenn man mit der Hand nach ihm greift. Das von seinen Geschwistern getrennte Küken ruft laut um Hilfe. B. SCHMID beschrieb noch einen siebenten Laut. Einige von diesen Lauten begleiten nicht nur genau bestimmte Lebenssituationen, sondern rufen auch eine sehr deutliche und ständige Reaktion der Umwelt hervor. Zum Beispiel wird der Laut der Zufriedenheit, der beim Essen ausgestoßen wird, sehr gut von dem ganzen Hof, ja selbst von in der Nähe befindliche Spatzen verstanden. Keiner dieser Laute bleibt bei den Vögeln, wenn sie erwachsen sind, erhalten. Das ausgewachsene Huhn gibt eine Reihe charakteristischer Töne von sich, zum Beispiel ein Gackern vor und nach dem Legen eines Eis, Laute der Befriedigung, neue Warnlaute und Laute, mit denen es die Küken zusammenruft. Ebenso gibt der Hahn zahlreiche neue Töne von sich, die den Küken fehlen. Nach KATZ und REVESZ ist der krähende Hahn in dem Augenblick, da er den Laut abgibt, fast völlig gegenüber äußeren Reizen unempfindlich. Das dauert etwa 10 Sekunden und ist so deutlich, daß die beiden Forscher den Augenblick benutzten, um den Kopf des Hahnes an ein Grammophonrohr zu bringen und eine genaue Aufzeichnung seiner Stimme zu bekommen. Durch einen Vergleich der Aufzeichnungen wurde festgestellt, daß die Melodie, die ein und derselbe Hahn von sich gibt, gleich ist. Die Tonhöhe ist auch im Laufe eines Tages konstant, kann aber an verschiedenen Tagen etwa um einen Ton schwanken. Ebenso wie die Stimme eines Hahnes andere Hähne der Nachbarschaft zum Krähen anregt, wird er selbst durch ein Phonogramm seiner eigenen Stimme dazu angeregt. Nach Meinung HEINROTHS sind die Stimmen der Vögel Ausdruck verschiedener Reizzustände. Es besteht kein Zweifel darüber, daß die Vögel sich mit Hilfe von Lauten verständigen, daß die einzelnen Töne für sie etwas bedeuten und irgendwelche bestimmte Umstände begleiten. Der Hahn ruft die Hühner zusammen, die Glucke ruft die Küken zusammen, das Piepsen des Kükens lockt die Glucke herbei usf. Es läßt sich nicht leugnen, daß dies eine gewisse Art primitiver Sprache ist. Wir würden zu weit vom Thema abkommen, wollte ich diese Frage am Beispiel von Singvögeln oder von Vögeln, die fremde Stimmen imitieren, besprechen. Es ist ein sehr kompliziertes Problem, und die Hypothese von den „physiologischen Lauten“ kann uns auf keinen Fall befriedigen.

So also repräsentieren die Vögel eine sehr hohe Stufe der Entwicklung des psychischen Lebens und erreichen in gewisser Hinsicht deren Gipfel. Das betrifft besonders die Sehfähigkeit, die kennenzulernen es jedoch noch vieler weiterer Untersuchungen bedarf.

VIERZEHNTES KAPITEL

Die Psychologie der Ratte — Ihr Sinnesleben

Die Zahl der Spezialarbeiten, die der Psychologie der Ratte gewidmet sind, ist unwahrscheinlich groß, und nur der Spezialist kann sich auf diesem Gebiete heutzutage gründlich zurechtfinden. Kein Tier diente wohl so vielen und so verschiedenartigen Forschungen als Objekt. Zugleich läßt sich in diesen Arbeiten ein charakteristisches Bestreben nach Standardisierung der Methoden wie auch der Probleme feststellen. Es werden nur bestimmte Probleme bearbeitet und zu ihrer Lösung nur bestimmte Methoden angewandt. Die herrschenden Anschauungen zwingen den Forscher, auf eine genau bestimmte Art und Weise an das Objekt heranzugehen. Dieser Umstand trägt sehr zu einer Ergründung der Probleme bei, da die Ergebnisse der einzelnen Forscher in Anbetracht der analogen Methode unmittelbar miteinander verglichen werden können. Gleichzeitig hat er jedoch ernsthafte Lücken in unseren Kenntnissen zur Folge. Das folgende Kapitel stellt nur eine Übersicht der wesentlichsten Probleme dar und kann in keinem Falle Anspruch darauf erheben, das Gebiet erschöpfend zu behandeln.

Es wurde entweder mit der weißen Ratte oder mit den verschiedenen Abarten der grauen Ratte gearbeitet. Diese beiden Formen unterscheiden sich in vieler Hinsicht voneinander. Die weiße Ratte ist gewissermaßen eine entartete Form, sie ist durch eine geringere Widerstandsfähigkeit gegen äußere Faktoren, durch eine geringere Regsamkeit und vor allem durch eine deutlich geringere Schärfe ihrer Sinne, besonders des Gesichtssinnes, gekennzeichnet, was in vielen Fällen eine große Bedeutung besitzt. Die graue Ratte ist im allgemeinen ein dankbareres Objekt für tierpsychologische Untersuchungen, aber ihre Wildheit stellt ein großes Hindernis dar. Das Tier läßt sich nicht in die Hand nehmen, nimmt vor Geräten Reißaus und zernagt die Holzwände. Alles das macht es unbedingt notwendig, besondere Methoden anzuwenden. Diese Schwierigkeiten konnten jedoch überwunden werden. Wenn man die friedfertigen weißen Ratten mit den grauen, wilden Ratten kreuzt, so bewahrt deren Nachkommenschaft alle Vorzüge der wilden Ratten, ist aber gleichzeitig erheblich zahmer. In der zweiten Generation eignen sich derartige Ratten schon zu vielen Versuchen, und durch einige derartige Kreuzungen kann man eine Rasse heranzüchten, die auf vortreffliche Weise die positiven

Merkmale der beiden ursprünglichen Rassen in sich verbindet. Wenn diese Methode sich praktisch gut ausnutzen läßt, so ist doch nicht völlig klar, ob die Temperamentsunterschiede sich wirklich auf die angeborenen, ererbten Merkmale beziehen. Man muß daran denken, daß die langwierige Züchtung irgendeines Tieres die Kenntnis der besten Bedingungen für seine Zucht nach sich zieht; daher beruht die von vielen Forschern erwähnte Zähmung von verschiedenen Tieren im Laufe mehrerer Generationen vielleicht nicht so sehr auf Vererbungsfaktoren, als vielmehr auf einer größeren Fähigkeit, mit ihnen umzugehen. Dieser Gesichtspunkt muß unbedingt beachtet werden. Wir wissen bereits aus dem Kapitel über die erworbenen Merkmale, wie schwer es ist, genau zu bestimmen, was ererbt und was erlernt ist. Um uns nicht noch ein zweites Mal in eine Behandlung dieser Frage einzulassen, werden wir einfach von vererbten Merkmalen als von solchen sprechen, die sehr früh im Leben des Tieres zutage treten.

Schon ein paar Tage nach der Geburt vollführt die Ratte eine Reihe typischer Reaktionen. Ihr kleines Schnäuzchen führt fortwährende Saugbewegungen aus, die Jungen saugen auf dem Rücken oder auf der Seite liegend bei der Mutter. Die Bewegungen des Körpers sind noch wenig koordiniert. Wenn man die Ratte in die Hand nimmt, kauert sie sich zusammen; auf den Rücken gelegt, wendet sie sich energisch um. Die Jungen geben eine Reihe verschiedener Töne von sich, reagieren aber selbst nicht auf Töne, denn ihre Ohrenöffnung ist anfänglich verschlossen. Es sind dies also typische „physiologische Laute“. Die Augenlider öffnen sich am 14. Tage nach der Geburt, aber die jungen Ratten reagieren schon vorher auf Licht. Solche Reaktionen wie das Schlucken, Kauen, Kriechen, Graben, Nagen, Kratzen und Springen treten im Leben der Ratte sehr früh auf und erfordern bis zu ihrer völligen Beherrschung sehr viel Übung. Eine typische Geschlechtsreaktion des männlichen Tieres tritt sofort, ohne jeden vorherigen Versuch, auf, wenn sie auch eine gewisse Nerven-, Muskel- und Drüsenreife voraussetzt. Sehr kompliziert sind die Reaktionen des Weibchens, die in einem bedeutenden Maße von seinem viertägigen Geschlechtszyklus abhängen. Alle 4—5 Tage findet bei der weiblichen Ratte der Prozeß der Eireifung statt, der von einer Reihe von Veränderungen in den Zeugungswegen begleitet ist, und in einer bestimmten Periode dieses Zyklus ist ein stärkerer Geschlechtstrieb zu verzeichnen. Wir werden ein wenig weiter unten sehen, wie diese regelmäßigen Zyklen das allgemeine Befinden des Weibchens beeinflussen. Eine besondere Gruppe von Reaktionen stellt ihr Mutterschaftsverhalten dar. Es besteht in einer Entfernung der Fruchthäute nach der Geburt, in dem Bau des Nestes, der Fütterung der Jungen, in dem Bemühen, sie im Nestbereich zu halten und sie mit dem eigenen Körper zu bedecken. Die nichtträchtigen Weibchen haben auch das Bestreben, Nester zu bauen, aber es ist verhältnismäßig schwach und ganz augenscheinlich mit einem Sinken der Umweltstemperatur verbunden. Dagegen bauen die trächtigen Weibchen sogar in der Sommerhitze eifrig ihre Nester, und künstliche Temperaturveränderungen haben hierauf keinen Einfluß.

Erwähnen wir noch die Explorationstätigkeit, die jeder Ratte eigen ist. Das Tier untersucht jede neue Situation und bedient sich hierbei seiner Nase und der steifen Borsten (Vibrissen), die an den Seiten seiner Schnauze wachsen. Mit dieser Reaktion werden wir es bei der Beschreibung des Verhaltens der Ratte im Labyrinth zu tun haben.

Junge Ratten mit noch unentwickelten Sinnesorganen und -funktionen eignen sich besonders gut für die Erforschung von Tropismenerscheinungen. Tropismen wurden bisher nur bei verhältnismäßig einfachen Tieren beobachtet, niemals war die Rede von Tropismen bei Säugetieren, die sich doch in ihrem Benehmen durch eine große Zahl von Reizen leiten lassen. Dennoch weisen Ratten im Alter von 9 bis 20 Tagen unter bestimmten Umständen eine Reihe von Bewegungsregelmäßigkeiten auf, die vollkommen an die als Tropismen geschilderten Erscheinungen erinnern. Wenn eine junge Ratte auf einer waagerechten Fläche kriecht und hierbei mit der Seite eine Wand berührt, hält sie sich an der Wand, sobald aber die Wand zu Ende ist, wendet sie sich nach der Seite, auf der sie zuvor mit der Wand Kontakt hatte. Der Winkel der Wendung hängt von der Bewegungsschnelligkeit ab. Bei langsamer Bewegung kann das Tier um das Hindernis herumgehen und weiterhin mit der Wand auf deren anderer Seite Kontakt behalten. Nach Verlassen eines Ganges mit zwei Seitenwänden bewahrt die Ratte die gradlinige Richtung ihrer Bewegung, wenn dagegen eine der Wände des Ganges früher als die andere endet, so wendet sie sich nach der Seite der kürzeren Wand. Diese Reaktionen können wir als einen Stereotropismus interpretieren; sie haben alle Kennzeichen einer Zwangsbewegung infolge der Wirkung eines Berührungsreizes. Am klarsten ist die Erscheinung im Falle von Lichtreizen. Eine Ratte von 8 bis 14 Tagen, deren Augenlider noch zusammengewachsen sind, und bei der ein Sehen im eigentlichen Sinne nicht möglich ist, reagiert auf Licht und weist einen negativen Tropismus auf. Man setzte die Tiere der Einwirkung zweier Lichtquellen aus, die von zwei verschiedenen Richtungen strahlten. Wenn die Lichtquellen gleichmäßig stark und gleich weit entfernt waren, so kroch die Ratte senkrecht zu der die beiden Lichter verbindenden Linie, wenn sie ungleich waren, so näherte sich das Tier dem schwächeren Licht. Der Phototropismus der Ratte zeichnet sich durch eine große Regelmäßigkeit aus. Man kann einen theoretischen Weg konstruieren, wobei man sich hierbei der Tropismentheorie bedient, und der wirkliche Weg wird fast genau mit dem vorgesehenen übereinstimmen. Manchmal beträgt die Abweichung nicht mehr als 0,2°, was innerhalb der Grenzen eines möglichen Meßfehlers liegt. Wenn sich die Lider öffnen, tritt eine grundsätzliche Änderung der Lage ein. Jetzt gibt es keinen Tropismus mehr, die Ratten kriechen in Richtung der dunkelsten Punkte innerhalb des Blickfeldes. Wenn das Tier zwei Schatten vor sich hat, so kriecht es zu dem am nächsten befindlichen, selbst wenn es zuvor eine hell beleuchtete Zone durchqueren muß. Ein Phototropismus läßt sich auch in Fällen einer Kreisbewegung beobachten, die nach operativer vorzeitiger Öffnung eines Auges (zum Beispiel im Alter von 12 Tagen), nach Verkleben oder nach Entfernung eines Auges eintritt. Im ersten Falle muß man für eine Ausschaltung des Bildersehens sorgen, was man dadurch erreichen kann, daß man dem Tier eine gleichmäßig beleuchtete Umgebung verschafft. Das Tier dreht sich dann nach der blinden Seite, was offenbar die Folge einer stärkeren Reizung der Muskeln der sehenden Seite ist. Auf die Bewegungen der Ratten im Lichtfeld lassen sich also in vollem Maße die Regeln der Tropismentheorie anwenden. Dagegen bringt das Bildersehen auf Grund dieser ursprünglichen Tendenz spezielle Komplikationen und fällt schon nicht mehr unter die Theorie Loebs.

Die meiste Aufmerksamkeit wurde dem Geotropismus gewidmet (Crozier). Einzelne Ratten im Alter von 12—14 Tagen wurden auf ein schräggespanntes Drahtnetz gebracht, wobei die Körperachse anfänglich waagerecht gehalten wird. Das Tier wendet sich nach oben, bis es einen gewissen Winkelwert zwischen der Richtung der Bewegung und der Richtung der größten Neigung des Netzes erreicht hat, danach wird seine Bewegung gradlinig. Dieser Winkel wird Orientierungswinkel (Θ) genannt. Bisweilen ändert die Ratte plötzlich die Richtung ihrer Bewegung: Sie geht auf die entgegengesetzte Seite der Richtung der größten Netzneigung über, aber auch in diesem Falle hält sie dieselbe Größe des Orientierungswinkels (Θ) ein. Es besteht ein gewisses Abhängigkeitsverhältnis zwischen der Größe des Orientierungswinkels (Θ) und der Größe des Netzneigungswinkels (α). Je größer der Winkel der Neigung ist, um so größer muß die Anstrengung der kriechenden Ratte sein, hierbei wächst auch der Orientierungswinkel regelmäßig. Dieses Abhängigkeitsverhältnis findet seinen Ausdruck in der Formel: $\Theta = K \log \sin \alpha$. Zugleich mit dem Wachsen des Neigungswinkels des Netzes verringert sich auch der wahrscheinliche Fehler, das heißt, die Orientierung des Tieres wird immer genauer. Die geringste Netzneigung, die einen meßbaren Orientierungseffekt ergibt, beträgt 10—15°. Wenn der Neigungswinkel des Netzes 70° oder mehr beträgt, ist der Orientierungswinkel fast gerade; die Ratte strebt auf kürzestem Wege nach oben. Das Vorhandensein eines konstanten Orientierungswinkels für jeden Winkelwert der Netzneigung weist auf das Vorhandensein einer konstanten Resultante des Kraftaufwandes der Extremitäten der beiden Körperseiten hin. Im Gravitationsfeld wendet sich das Tier, bis es eine Gleichheit der Anspannung der Glieder auf beiden Seiten erreicht hat, so, wie es die Tropismentheorie verlangt. Eine Erhöhung der Bewegungsschnelligkeit ruft sofort ein Anwachsen des Orientierungswinkels hervor. Es läßt sich das nach einer Vergrößerung des Neigungswinkels des Netzes, nach Beschwerung des Rattenschwanzes mit einem Gewicht oder auch, nachdem man dem Tier Adrenalin verabreicht hat, beobachten. In allen diesen Fällen wächst zusammen mit dem Anwachsen der Bewegungsgeschwindigkeit auch der Orientierungswinkel. Die quantitativen Verhältnisse zwischen dem Verhalten des Tieres und der Größe eines äußeren Faktors, die sich in einfache mathematische Formeln fassen lassen, sind für alle die einzelnen Rattenarten spezifisch, und die Ergebnisse fallen, wenn man mit einem in erblicher Hinsicht einheitlichen Material arbeitet, sehr gleichmäßig aus.

Diese Schlußfolgerungen sind jeder möglichen Kritik ausgesetzt, wie ja die Tropismentheorie überhaupt. Spätere Untersuchungen bestätigten die Tatsache, daß der Orientierungswinkel zusammen mit dem Wachstum des Neigungswinkels des Netzes wächst, aber sie ergaben eine außergewöhnliche Veränderlichkeit der Beziehungen. Der Orientierungswinkel kann in den Grenzen von 5—85° schwanken, und nur über einen Winkel von 70° ist diese Veränderlichkeit geringer. Ganz augenscheinlich hängt das Verhalten der Ratte von vielen unkontrollierten Tatsachen ab, und wir können die Sache nicht zu sehr vereinfachen. Andererseits kann man das Verhalten der Ratte auf der schiefen Ebene als einen Erwerb bedingter Reflexe, und folglich als eine Art Lernen interpretieren. Es ist eine Tatsache, daß die Genauigkeit der Reaktionen zusammen mit dem Alter des Tieres wächst. In einem Alter von 8 bis 9 Tagen kann die Ratte schon auf einem schiefhängenden Netz kriechen, fällt aber oft herunter. Vom 10. Tage an kriecht sie schon fehlerfrei hinauf. Zugleich nimmt die Genauigkeit der Reaktionen zu, das heißt, der Orientierungswinkel nähert sich 90° (der kürzeste Weg!), sie wächst mit der Zahl der Wiederholungen des Versuchs, wobei man eine typische Lernkurve erhält. Wenn die Ratte auf einem schräghängenden Netze waagerecht kriechen will oder nach unten kriecht, gleiten ihre Hinterfüße oft ab, was viel seltener ist, wenn sie aufwärts kriecht. Um sich auf dem Netz bei einer seitlichen Bewegung oder einer Bewegung nach unten aufrechtzuerhalten, braucht sie eine größere Anstrengung, und deshalb werden diese Bewegungen allmählich eliminiert. Eine gewisse Rolle spielt hierbei unzweifelhaft das Wachsen der physischen Kräfte des Tieres mit dem Alter. So also besteht in den Bewegungen der jungen Ratten bestimmt eine gewisse Regelmäßigkeit, die vielleicht mechanischer Natur ist. Doch, wie immer bei den Tropismen, existiert auch eine Reihe anderer Faktoren, die den Charakter der Bewegungen beeinflussen, deren Wirkung zusammen viel stärker als die des Tropismus sein kann.

Ein umfangreiches Lebenskapitel der Ratte stellt ihre sogenannte spontane Aktivität dar. Wir verstehen hierunter die verschiedenen Bewegungsarten des Tieres, die ohne einen sichtbaren äußerlichen Reiz erfolgen. Es ist schwer, von einer „Spontaneität“ im eigentlichen Sinne dieses Wortes zu sprechen, denn jeder Bewegung muß irgendein Reiz entsprechen. Aber diese Reize können schwer zu beobachten sein und physiologischen Eigenbewegungen des Tieres entstammen. Jedes Tier besitzt seine Beweglichkeits- und Ruheperioden. Wir kennen Tages- und Nachttiere, wir kennen solche, die fast die ganzen 24 Stunden hintereinander unbeweglich bleiben und nur für ein paar Stunden aus ihrer Erstarrung erwachen. Diese Erscheinungen wurden mit Hilfe spezieller Geräte, genannt Aktographen (SZYMANSKI), erforscht, die automatisch im Laufe von 24 Stunden die Bewegungen des Tieres notieren. Im Falle der Ratte hatte der Aktograph die Form eines Käfigs, der mit seinem Gewicht auf einer elastischen Membrane ruhte, die einen Luftbehälter verschloß. Jede Bewegung des Tieres neigte den Käfig in eine andere Richtung, was eine Veränderung des Luftdruckes in dem Behälter bewirkte; von hier wurde der veränderte Luftdruck auf das Selbstschreibegerät übertragen. Man schuf für die Tiere möglichst natürliche Existenzbedingungen, indem man ihnen passende Nahrung und Trinkwasser gab, sie in der für sie günstigsten Temperatur hielt usw. Es waren das vergleichende Forschungen, sie betrafen viele und verschiedenartige Tiere. Stellen wir die wesentlichsten Resultate über die Ratte und ihre nächsten Verwandten, die Maus und das Kaninchen, zusammen. Die Maus, das Kaninchen und die Ratte gehören zu den sogenannten mehrphasigen Tieren; sie weisen im Laufe von Tag und Nacht mehrere einander abwechselnde Beweglichkeits- und Ruheperioden auf. Bei der Maus wurden 16 bis 21 derartige Perioden gezählt, die ziemlich gleichmäßig auf den Tag und die Nacht verteilt sind. Die einphasigen Tiere, wie zum Beispiel die Tagesvögel, passen ihre Beweglichkeit dem Kreislauf der Sonne an, obwohl hier noch andere Einflüsse hinzukommen. Es sind typische Gesichtstiere. Dagegen lassen sich die Nagetiere in viel geringerem Maße vom Gesichtssinn leiten, ihr Hauptorientierungssinn ist der Geruch. Die Geruchsreize sind an keine Vierundzwanzigstundenrhythmik gebunden, und deshalb fehlt eine deutliche Regelmäßigkeit in der Einteilung der Bewegungsphasen. Eine Veränderung der äußeren Bedingungen kann den Charakter der Beweglichkeit völlig verändern. Der Kanarienvogel, ein typischer Einphaser, wird zum mehrphasigen Tier, wenn man ihn bei ständigem Licht aufzieht, obwohl auch in diesem Falle die Beweglichkeitsperioden am Tage länger als in der Nacht sind. Ebenso erhöhen ständiges Licht oder Tag und Nacht dauernde Dunkelheit die Zahl der Beweglichkeitsperioden der Ratte. Um die Reaktionen des Tieres auf die verschiedenen äußeren Reize zu erforschen, stellte man ihm zwei gleichartige, miteinander verbundene Käfige zur Verfügung; ein Registrierapparat notierte automatisch, wieviel Zeit die Ratte in jedem von ihnen zubrachte. Hierbei wirkte in dem einen Käfig irgendein bestimmter Faktor, wie zum Beispiel ständiges Licht, in dem anderen aber nicht. In den Perioden schwacher oder mittlerer Aktivität flieht die Ratte ständig vor dem Licht. Auch in den Perioden gesteigerter Aktivität blieb die Ratte gleich lang in beiden Käfigen, das heißt, sie hörte auf, in gewöhnlicher Weise auf Licht zu reagieren. Offenbar unterliegt die Ratte in diesen Perioden irgendwelchen übermächtigen inneren Einflüssen, denen gegenüber die gewöhnlichen Arten zu reagieren zurücktreten.

Die hier angeführten älteren Untersuchungen über die spontane Aktivität stellen nur einen ersten Schritt auf diesem Wege dar. Die moderne Wissenschaft ging an diese Fragen auf raffiniertere Art heran (Richter). Eine gefütterte Ratte wurde in einen leeren Drahtkäfig gesperrt, der ständig beleuchtet war. Für die Ausschaltung aller zufälligen äußeren Reizungen war besonders gesorgt. Unter diesen Bedingungen führt das Tier eine Reihe von Tätigkeiten aus: Es schnüffelt herum, geht im Käfig umher, klettert die Wände hoch und versucht sie anzunagen und zu zerkratzen. Wenn man seine Bewegungen automatisch im Laufe von 24 Stunden registriert, so erhält man eine ziemlich regelmäßige periodische Aufzeichnung: Mehr oder weniger alle 2 Stunden wächst die allgemeine Aktivität allmählich, dann läßt sie plötzlich nach. Angesichts der Stabilität der äußeren Reize muß man die Quelle der Periodizität der Bewegungen in der rhythmischen Tätigkeit irgendeines Körperorganes suchen. Von den periodisch wirkenden Organen können wir sofort das Herz und die Lungen ausschließen, da ihre Periode dazu viel zu kurz ist. Die Periode der Geschlechtsorgane kommt hierfür ebenfalls nicht in Betracht, denn sie ist viel zu lang. Eine systematische Analyse der Tätigkeit der verschiedenen Körperorgane wies auf den Magen hin, dessen Periode annähernd zweistündig ist. Wie aus Untersuchungen, die mit Meerschweinchen, Affen und Menschen durchgeführt wurden, bekannt ist, beginnen 1—2 Stunden nach der Nahrungsaufnahme, wenn der Magen fast leer ist, Kontraktionswellen in seinen Wänden zu entstehen. Die Wellen werden immer stärker, ergreifen die ganze Unterwand des Magens, dessen lichte Weite in den Momenten stärkster Kontraktion völlig schwindet. Danach hören die Kontraktionen plötzlich auf, und nach einer Unterbrechung von 1—2 Stunden wiederholt sich die Erscheinung in derselben Weise. So geht es den ganzen Tag und die Nacht hindurch. Im Falle der Ratte läßt sich diese Erscheinung nicht unmittelbar untersuchen, denn man müßte eine Sonde in den Magen einführen, was das Tier nicht erträgt. Man mußte zu einer anderen Methode Zuflucht nehmen. Die Ratte wurde in einen Käfig gesperrt, der aus zwei miteinander verbundenen Abteilungen, einer Wohn- und einer Nahrungsabteilung, bestand. Der Nahrungskäfig war fast völlig durch das Gefäß mit dem Fressen ausgefüllt, und die Ratte hielt sich in ihm nur während des Fressens auf. Eine automatische Notierung der Erschütterungen beider Käfige ergab, daß das Tier gegen Ende der Aktivitätsperiode in den Nahrungskäfig hineinging, fraß, in die Wohnabteilung zurückkehrte und schnell in Unbeweglichkeit fiel. Man erhielt sehr regelmäßige Perioden, die etwa 3—4 Stunden betrugen. Es ist das eine zweimal längere Periode als die vorherige, was verständlich ist, denn diesmal wurde der Ratte gestattet, sich mit Nahrung zu sättigen, und das Mehr von 2 Stunden wurde für die Verdauung gebraucht. Andererseits wurde in besonderen Untersuchungen festgestellt, daß die Ratte sehr regelmäßig, durchschnittlich alle 3 Stunden, frißt. Die Länge der Nahrungspausen ist übrigens individuell verschieden, die einen Ratten fressen in 24 Stunden zehnmal, die anderen nur siebenmal, aber für jede Ratte ist ihr idividueller Rhythmus eine konstante Größe.

Es erhob sich die Frage, ob die Rhythmen der Nahrungsaktivität angeboren oder erworben seien. In dieser Hinsicht wurden neugeborene Ratten untersucht, die 12 Stunden jeder Tag- und Nachtperiode in einem Registrierapparat blieben, für den Rest dieser Zeit aber zu ihrer Mutter gelassen wurden. Während der ersten 10 Tage ihres Lebens wurde eine fast ununterbrochene Aktivität festgestellt: Das Tier führt die ganze Zeit hindurch fortwährend geringfügige Bewegungen aus, doch läßt sich hierbei keine deutliche Periodizität feststellen. Erst vom 16. Tage an treten deutliche Perioden hervor. Ihr Entstehen läßt sich folgendermaßen erklären: Bei sehr jungen Ratten sind die Kontraktionen des Magens eine ständige Erscheinung, und ständig muß auch ihr Hungergefühl sein. Bei Menschen wurde mit Sicherheit festgestellt, daß die rhythmischen Perioden der Magenkontraktionen von einem starken Hungergefühl (dem sogenannten Wolfshunger) begleitet sind, das schnell vorübergeht. Die junge Ratte ergreift mit ihrer Schnauze alles und saugt an allem, was sie nur erreichen kann, an der Pfote der Nachbarin, dem Schwanz ihrer Mutter, einem Grashalm usw. Wenn sie an etwas Ungenießbarem saugt, so verändert sich ihr Verhalten nicht. Wenn sie jedoch zufällig auf eine Brustwarze ihrer Mutter trifft, so tritt in kurzer Zeit Sättigung ein, die Bewegungen des Magens hören auf, und das Tier verfällt in Unbeweglichkeit. Wenn der Magen leer wird, beginnt alles von neuem. Allmählich lernen die Ratten es, die Brustwarzen zu finden, wenn sie dies aber sicher können, so muß sich eine allgemeine periodische Aktivität einstellen. Mit anderen Worten, die periodische Aktivität wird durch die Herausbildung von bedingten Reflexen erworben: Das Finden der Brustwarze ist der bedingte Reiz, die Nahrung der unbedingte.

Diese Erscheinungen wurden in Fällen beobachtet, in denen die Registrierung der Bewegungen nur 24 Stunden dauerte. Wenn man die automatische Registrierung auf Wochen und Monate ausdehnt, so stellt man die Existenz einer Rhythmik ganz anderer Art fest. Zu diesen Untersuchungen benutzte man einen Wohnkäfig, der mit einer drehbaren Trommel in Verbindung stand, in die die Ratte hineingehen konnte. Der Käfig besaß nur kleine Ausmaße, die Trommel war dagegen verhältnismäßig groß. Die Ratte vollführt in der Trommel Laufbewegungen und dreht so die Trommel, ein Zähler registriert deren Umdrehungen. Auf diese Weise kann man die von dem Tier zurückgelegte Entfernung messen, die als Maß für die Aktivität des Tieres dienen kann. Die Ratte hält sich gern in der beweglichen Trommel auf und verbringt in ihr eine lange Zeit. Ihre Aktivität in den 24 Stunden äußert sich in einer riesigen Zahl: Die Ratte legt im Laufe der 24 Stunden 5—10 englische Meilen zurück, ja es wurden Rekorde von 27 Meilen notiert! Nebenbei bemerkt, zeigt diese Tatsache, in welch anormalen Verhältnissen die gewöhnlichen Laboratoriumsratten aufgezogen werden, und welch großes Bewegungsbedürfnis diese verhältnismäßig kleinen Tiere haben. Aus ähnlichen Aufzeichnungen ergab sich eine neue Tatsache: Die weibliche Ratte weist einen regelmäßigen viertägigen Aktivitätsrhythmus auf, im Laufe drei aufeinanderfolgender Tage legt sie kaum den Bruchteil einer Meile täglich, am vierten Tage aber 8—10 Meilen zurück. Das Körperorgan, das für diese Rhythmik verantwortlich ist, sind die Eierstöcke, in denen alle vier Tage der Eireifungsprozeß stattfindet. Diesem Prozeß geht ein Gipfelpunkt der Aktivitätskurve voraus, und in dieser Zeit kann das Weibchen auch befruchtet werden, in den anderen Perioden verhält es sich gegenüber der männlichen Ratte feindlich. Eine Schwangerschaft setzt seine Aktivität bedeutend, bis 95 % herab, was sich über deren ganze Dauer, wie auch über die ganze Zeit der Fütterung der Jungen erstreckt. Sogar eine Pseudoschwangerschaft, die durch Reizung der Scheide mit Hilfe eines Glasstäbchens hervorgerufen wird, setzt die Aktivität für die Dauer von etwa 15 Tagen herab. Nach einer Kastrierung des Weibchens läßt seine allgemeine Aktivität erheblich nach, und es verschwindet dessen viertägiger Rhythmus. Wenn man aber einer kastrierten weiblichen Ratte den Eierstock einer anderen Ratte einsetzt, so kehrt sowohl die hohe Aktivität wie auch deren regelmäßige Rhythmik zurück. Die Aktivität der männlichen Ratte ist allgemein größer als die der weiblichen, aber ihr fehlt die viertägige Rhythmik. Eine Kastrierung bewirkt auch in diesem Falle ein Sinken der Aktivität, die nach Einsetzung eines Hodens zurückkehrt. Interessant ist es, daß die Einsetzung eines Eierstockes auch bei einem männlichen Kastraten dessen allgemeine Aktivität steigert und den für das Weibchen typischen viertägigen Rhythmus hervorruft. Eine längere Beobachtung brachte noch andere Rhythmen zum Vorschein. Nach Ausschluß der Geschlechtserscheinungen durch eine Kastrierung der männlichen und weiblichen Ratten treten mindestens zwei deutliche Rhythmen hervor. Der erste ist 7—10tägig, der andere 16—30tägig. Das Organ, dessen Funktion den Rhythmen entspricht, ist nicht bekannt, wahrscheinlich ist es ein Organ mit innerer Sekretion.

Analog verhält es sich mit den komplizierten Tätigkeiten des Tieres, z. B. mit dem Nestbau. Die Bauaktivität läßt sich quantitativ an Hand der Zahl im Laufe von 24 Stunden verbrauchter Papierstreifen von gleichen Maßen abschätzen. Es bauen sowohl das Männchen wie auch das Weibchen. Die Bauaktivität zeigt noch einmal eine viertägige Rhythmik. Doch ist dies ein Rhythmus ganz anderer Art, denn das Intensitätsmaximum dieser Bautätigkeit fällt in die Pause der Bewegungstätigkeit, die an den Trommelumdrehungen gemessen wird. Wahrscheinlich ist die Quelle der Rhythmik in diesem Falle das Sinken der Körpertemperatur, dem die Ratte durch den Bau eines warmen Nestes begegnet. Es ist bekannt, daß die Ratten bei niedriger Außentemperatur intensiv, bei hoher Temperatur nur schwach bauen. Ähnlich können Veränderungen der Innentemperatur wirken. In den Zwischenzeiten zwischen den Perioden der Eireifung, während der Schwangerschaft und der Jungenfütterung, sowie zur Zeit des Hungers sinkt die Körpertemperatur des Tieres, und die Bauaktivität wächst eben dann. Dagegen ist in der Eireifungsperiode die Bewegungsaktivität sehr groß, die Körpertemperatur steigt, und parallel dazu nimmt die Bautätigkeit ab.

Diese Ergebnisse lassen sich in einer schematischen Tabelle zusammenfassen.

Die Tabelle zeigt die Haupterfolge, sowie die Lücken, die die künftigen Untersuchungen werden ausfüllen müssen. Die Abhängigkeit, in

Art der Aktivität	Periode	Organ
Urinlassen	2—3 Std.	Blase
Kotabgabe	3—5 Std.	Rektum
Trinken	2—3 Std.	?
Fressen	3—4 Std.	Magen
Geschlechtsrhythmus des Weibchens	4 Tage	Eierstöcke
Nestbau	4 Tage	?
Nagen	?	?
Graben	?	?
Kampf	?	?
Wanderungen	?	?
?	7 Tage	?
?	18—22 Tage	?
?	40—120 Tage	?
?	?	Nebenniere
?	?	Zirbeldrüse
?	?	Schilddrüse
?	?	Nebenschilddrüsen

der sich das Verhalten des Tieres von dessen physiologischem Zustand befindet, tritt in diesen Untersuchungen sehr klar hervor. In bestimmten Lebensmomenten ist der Einfluß des physiologischen Zustandes des Tieres auf sein Verhalten übermächtig, der Organismus wird fast unempfindlich gegen die Reize der Außenwelt, und mit dieser Tatsache müssen wir rechnen, wenn wir die Psyche des Tieres verstehen wollen. Doch wir würden einen großen Fehler begehen, wenn wir erwarteten, auf diesem Wege tiefer in das psychische Leben eindringen zu können. Die angeführte Tabelle stellt nur ein Fragment dar, die tatsächliche Zahl der rhythmisch wirkenden Organe und der mit diesen zusammenhängenden Aktivitätsrhythmen muß viel größer sein, die einzelnen Rhythmen greifen ineinander, wobei sie sich gegenseitig steigern oder abschwächen. Auf einer so veränderlichen und schwankenden Grundlage ist eine Voraussicht des Tierverhaltens eine völlige Unmöglichkeit. Der physiologische Zustand ist nur der allgemeine Hintergrund, der in einem gewissen Grade die Reaktionen des Organismus auf die Reize der Außenwelt beeinflussen kann. Eine hungrige Ratte reagiert anders als eine satte, doch der Hunger beeinflußt eher die Intensität der Reaktion als deren Qualität. Die Grundlage des psychischen Lebens ist das Reagieren auf äußere Reize, die physiologischen Funktionen der einzelnen Körperorgane helfen uns wenig beim Verständnis der Psyche.

Erwähnen wir noch die Versuche über die gleichzeitige Beobachtung möglichst vieler Lebensfunktionen der Ratte. Zu diesem Zwecke wurde ein spezieller Käfig gebaut, der eine Wohnabteilung, eine Nahrungsabteilung, eine Trinkabteilung, eine Bauabteilung, eine Lauftrommel, einen Kletterturm usw. enthielt. Eine Ratte, die in einem solchen Gerät aufgezogen wird, in dem sie sich auf verschiedene Arten ausleben kann, ist mehr zur Lösung der verschiedenen Aufgaben befähigt als ein unter den gewöhnlichen, sehr einseitigen Laboratoriums-Bedingungen aufgezogenes Tier. Sie wird zu einem „gebildeteren Tier“ und besitzt eine viel plastischere Mentalität.

In einer Reihe späterer Arbeiten untersucht Richter (1947) den Einfluß verschiedener physiologischer Faktoren auf das Verhalten der Ratte. Er stellt die allgemeine These auf, daß „die biologischen Funktionen eines Tieres in Begriffen der Anstrengung des gesamten Organismus zur Erhaltung einer Konstanz seiner Innenwelt beschrieben werden können.“ (Aus dem Polnischen übersetzt. d. Ü.) Es ist dies ein sehr interessanter Beitrag zur Erkenntnis der Mittel, über die der Organismus in seinem Bestreben nach Wahrung seiner Individualität verfügt. Ich will einige Beispiele zitieren.

Die Regulierung des Wasserkreislaufs im Organismus der Säugetiere ist von einem Hormon abhängig, das von dem Hinterlappen der Hypophyse abgesondert wird. Wenn eine übermäßige Entwässerung des

Organismus droht, produziert die Hypophyse eine entsprechend größere Menge dieses Hormons, das die Tätigkeit der Nieren hemmt. Nach einer operativen Entfernung der Hypophyse verloren Ratten, denen kein Wasser zum Trinken gegeben wurde, über $^{1}/_{6}$ ihres Körpergewichts und gingen viel zeitiger als nicht operierte zugrunde. Wenn man dagegen den operierten Ratten Wasser gab, so tranken sie unerhört viel und nahmen im Laufe von 24 Stunden eine Wassermenge zu sich, die bisweilen ihr doppeltes Körpergewicht überstieg. Nach Vernichtung des physiologischen Regulationsmechanismus wahrt die Ratte die Stabilität ihrer Innenwelt durch eine entsprechend größere Wassernahme.

Die Regulierung der Körpertemperatur ist von den Hormonen der Hypophyse und der Schilddrüse abhängig, eine Entfernung dieser Drüsen bewirkt ein Sinken der Innentemperatur. Wenn man eine Ratte, der die Hypophyse oder die Schilddrüse fehlt, in ein kaltes Zimmer setzt, kühlt ihr Körper ab und das Tier stirbt. Eine Rettung bedeutet dann für sie der Bau eines Nestes, das eine zu schnelle Abkühlung des Körpers verhütet. Man gab den Ratten einen Streifen weichen, zusammengerollten Papiers und maß den Papierverbrauch beim Bau an der Zahl der Rollenwindungen. Nach der Operation baute die Ratte ein sehr großes Nest und verbrauchte hierzu über 500 Fuß Papierstreifen in 24 Stunden.

Unter den Bedingungen einer einfachen Diät überlebt die Ratte eine Entfernung der Nebennieren höchstens um 5—18 Tage. Dann sondern die Nieren viel Natrium aus, was tödliche Hemmungen des inneren osmotischen Druckes bewirkt. Eine Verabreichung von Natrium rettet das Tier vor dem Tode. Nach einer Operation der Nebennieren gab man einer Ratte zwei Flaschen zur Auswahl, die eine enthielt Wasser, die andere eine 3 %ige Lösung von Natriumchlorid. Das Tier trank zehnmal mehr von der Lösung als vom Wasser und lebte, ohne einen Verlust an Körpergewicht zu erleiden. Beim Nichtvorhandensein von Natrium sterben 100 % der operierten Tiere, nach Verabreichung von Natrium bleiben 100 % am Leben. Wenn man einer Ratte Lösungen verschiedener Salze vorsetzt, so wählt das Tier ständig die Lösungen, die Natriumionen enthalten.

Die Nebenschilddrüsen regulieren den Kalzium- und Phosphorstoffwechsel. Eine Entfernung dieser Drüsen bewirkt eine Senkung des Kalziumgehaltes des Blutes und eine erhebliche Erhöhung des Phosphorgehaltes. Infolgedessen tritt Starrkrampf und nach einigen Tagen der Tod ein. Nach der Operation trinkt das Tier bis zu zwanzigmal mehr 2,4 %ige Kalziumlösungen als Wasser. Die Einsetzung eines Stückes einer Nebenschilddrüse in die Vorderzelle des Auges bewirkt, daß die Kalziumeinnahme auf den normalen Stand sinkt. Die operierten Ratten nehmen mehr Kalziumazetat, Kalziumnitrat und Kalziumglukonat, aber keine anderen Metalle zu sich, außer den dem Kalzium verwandten Strontium und Magnesium, die auch vor dem Starrkrampf retten.

Das Insulin reguliert die Umwandlung der Kohlenhydrate. Nach einer Entfernung der Bauchspeicheldrüse steigt der Zuckergehalt des Blutes, das Körpergewicht wird geringer, und überhaupt treten die typischen Erscheinungen der Zuckerkrankheit auf. Den operierten Ratten wurden 12 Gefäße mit verschiedenen Nahrungssubstanzen zur Auswahl vorgesetzt. Die Gefäße enthielten: Zucker, Eiweiß in Form von Kasein, Fett als Olivenöl, Vitamin B in Form pulverisierter Hefe, Fischtran als Quelle der Vitamine A und D und eine Reihe mineralischer Lösungen. Die Tiere wählten solche Nahrungsbestandteile, dank derer alle Erscheinungen der Zuckerkrankheit verschwanden. Das Körpergewicht nahm zu, der Hunger ließ nach, der Durst wurde geringer, und der Zuckergehalt im Blute ging auf den normalen Stand zurück. Die Ratten wählten ständig viel Eiweiß und Fett, mieden aber den Zucker. Nachdem man die Ratten wieder einer gewöhnlichen Diät ausgesetzt hatte, kehrten sofort alle Erscheinungen der Zuckerkrankheit zurück.

Es erhebt sich die Frage, wie man diese erstaunliche Zweckmäßigkeit im Handeln der Tiere erklären soll. Richter bringt zwei Möglichkeiten vor. 1. Die Ratte wählt überwiegend die Nahrungssubstanzen, die ein besseres Allgemeinbefinden bewirken, d. h., die Auswahl der Nahrung ist das Ergebnis einer Erfahrung und läßt sich auf den Erwerb einer bedingten Reaktion zurückführen. 2. Die Auswahl hängt vom Geschmack der Nahrung ab und ist nicht das Ergebnis einer Erfahrung. Beide Möglichkeiten wurden einer experimentellen Untersuchung unterzogen. Harris beobachtete im Falle der B-Avitamonose, daß die Ratten ständig die Nahrung wählen, die eben dieses Vitamin enthielt. Die heilsamen Folgen des Vitamin B stellen sich eine knappe Stunde nach Einnahme derselben ein, die Ratte kann also mit Leichtigkeit beides miteinander in Verbindung bringen. Wenn die Heilwirkung nicht so schnell eintritt, kann die Ratte die defektive Diät nicht von einer vollwertigen unterscheiden. Doch auch die andere Möglichkeit läßt sich untermauern. Richter entfernte die Nebennieren und durchschnitt alle Geschmacksnerven *(Lingualis, chorda tympani, glossopharyngaeus).* Jetzt wählten die Ratten keine Salze mehr und starben nach wenigen Tagen. Die Ratten sind nach der Entfernung der Nebennieren, aber bei normalem Geschmackssinn viel empfindlicher gegenüber dem Geschmack von Salzen als gewöhnliche Ratten; sie unterscheiden von Wasser eine Chlornatriumlösung, die im Verhältnis 1 : 33 000 verdünnt ist, während normale Ratten dies nur bei einem Verhältnis 1 : 2000 vermögen. Man kann sich schwer vorstellen, daß die operierten Tiere die heilsamen Wirkungen einer so stark verdünnten Lösung wahrnehmen können. Eher entscheidet der Geschmack der Lösung.

Andererseits setzten Pilgrim und Patton (1947) normalen jungen Ratten verschiedene Nahrungsbestandteile zur freien Auswahl vor und stellten fest, daß die Auswahl veränderlich, zumindest nicht zielbewußt war. Ungefähr 30 % der Ratten erreichten eine unter der Norm liegende Größe infolge zu geringen Kaseinverbrauchs. Die Nahrungswahl entspricht nicht immer den physiologischen Bedürfnissen. Doch muß bedacht werden, daß es sich hier um normale Ratten handelte. Wenn das Tier jedoch vom Tode bedroht ist, erreichen seine Bemühungen um die Stabilerhaltung seiner Innenwelt einen Höhepunkt, und das muß unbedingt die Schärfe seiner Sinne beeinflussen.

Die Experimente Richters sind ein überaus interessantes Beispiel für die Existenz eines feinfühligen Ersatzmechanismus in Form eines veränderlichen Verhaltens, das die Mängel des physiologischen Mechanismus ausgleicht.

Betrachten wir nun die Art, mit der die Ratte auf äußere Reize reagiert. Das Sinnesleben unseres Tieres ist ziemlich vielseitig untersucht worden, wenn auch die Forscher oft auf Umwegen vorgehen mußten. Die Ratte besitzt eine subtile Fähigkeit, die verschiedenen Stärken eines Gravitationsreizes zu erkennen. Ausgewachsene Ratten wurden in einem Zweiwahlgerät dressiert. Der Eingangskorridor des Gerätes führte zum Punkt der Wahl, von dem aus die Ratte einen von drei Wegen wählen konnte, der eine führte geradeaus, der zweite nach rechts und der dritte nach links. Die Nahrung, die die Belohnung für die Wahl der vorschriftsmäßigen Richtung darstellte, befand sich jedesmal am Ende eines anderen Weges. Zugleich war die ganze Anlage ständig in einem Winkel von 30° zur Waagerechten, aber in verschiedener Richtung geneigt. Hierbei befand sich die Nahrung immer am Ende des Ganges, der nach oben führte. Die drei Gänge, durch die die Ratte gehen konnte, unterschieden sich nur darin voneinander, daß der eine von ihnen (der vorschriftsmäßige) nach oben führte, die anderen hingegen waagerecht verliefen. Man stellte mit den Ratten 200 Versuche an und erhielt bei den letzten 50 Versuchen 52 % richtige Wahlen. Da angesichts der drei möglichen Korridore die Wahrscheinlichkeit einer zufälligen Wahl 33 % betrug, zeigt das Ergebnis, daß die Aufgabe in einem gewissen Grade beherrscht wurde. Doch ist nicht gewiß, ob die Ratte sich bei diesen Experimenten nicht ihres Gesichtssinnes bediente. Wenn sie ihren Kopf immer in derselben Lage hielt, konnte ihr die Neigung des Apparates die Gänge in den verschiedenen Verkürzungen zeigen, und das konnte ein Mittel zur Orientierung sein. Noch interessanter war eine andere Methode zur Analyse des Verhältnisses, das die Ratte zu Gravitationsreizen einnimmt. Der Versuchskäfig war in zwei Teile geteilt, von denen der eine die Ratte, der andere Gewichte enthielt. Man zog den Boden des Käfigs fort und legte unter drei Wände kleine Bretter. In der vierten Wand blieb eine Ritze. Hinter der Ritze, im zweiten Abteil des Käfigs, befanden sich zwei Schachteln, von denen durch die Ritze zwei Schnüre zur Wohnstatt der Ratte führten. Die Aufgabe des Tieres bestand darin, eine der Schachteln an der Schnur zu der die beiden Abteilungen trennenden Wand heranzuziehen, wonach es durch Nahrung belohnt wurde. Als die Ratten sich an die Aufgabe gewöhnt hatten, wurden die beiden Schachteln mit Gewichten von 25, 75 und 100 g in den verschiedensten Kombination beschwert. Bei einem Teil der Experimente lag die Nahrung in der leichteren der beiden Schachteln, in einem anderen Teil in der schwereren. Die Ratten lösten die Aufgabe, sie vermochten die schwerere oder die leichtere Schachtel herauszufinden, unabhängig von den absoluten Gewichten und nur auf der Basis des Vergleichs. Eine Untersuchung der Gewichte war der Ratte nur nacheinander, nicht gleichzeitig möglich, denn sie mußte einzeln an den beiden Schnüren ziehen und sich auf Grund des Widerstandes entscheiden. Im Verlaufe der Dressur wurde das Vorhandensein eines kritischen Punktes festgestellt, von dem angefangen die Zahl der Fehler plötzlich sank und bis zum Ende mehr oder weniger konstant blieb. Nach einer Reihe von Mißerfolgen „erriet" das Tier ganz deutlich, was von ihm verlangt wurde.

Eine exakte Erforschung der Geruchsfähigkeit der Ratte ist eine schwierige Aufgabe, und wir besitzen in dieser Hinsicht nur geringe Kenntnisse. Ziemlich allgemein wird angenommen, daß die Ratte ein Nachttier sei, in dessen Leben der Berührungs- und der Geruchssinn eine dominierende Rolle spielten. Doch wurde schon vor ziemlich langer Zeit festgestellt, daß Ratten, bei denen der Geruchssinn auf operativem Wege ausgeschaltet worden war, ein Hampton-Court-Labyrinth ebenso schnell wie normale Ratten bewältigten. Auf diese Frage werden wir bei der Schilderung des Verhaltens der Ratte im Labyrinth zurückkommen. Spezielle Untersuchungen über das Geruchsvermögen der Ratte wurden in einem Apparat durchgeführt, der aus einer Zentralzelle und zwei Gängen bestand. In diesen Apparat konnte man einen Luftstrom mit einer untersuchten Geruchssubstanz hineinlassen, wobei eine Einrichtung zur schnellen Diffusion der Substanz im Apparat, wie auch zur schnellen Durchlüftung des ganzen Apparates vorhanden war. Anfangs bestand die Aufgabe der Ratten darin, sich zum rechten Gang zu wenden, wenn der Luftstrom irgendeinen Geruch mitbrachte, nach links dagegen, wenn reine Luft hereingelassen wurde. Als Geruchssubstanzen dienten verschiedene aromatische Öle, Schwefel-Kohlenstoff, sowie Roquefortkäse. Nach 1000 Versuchen zeigten die 12 Ratten noch keine Spuren eines Lernens. Danach versuchte man, zwei verschiedene Gerüche gleichzeitig von zwei verschiedenen Seiten in den Apparat hineinzulassen. Die Ratten sollten zu dem einen Geruch hinlaufen und den anderen meiden. Von 9 Ratten versagten 7 völlig, eine löste die Aufgabe nach 380 Versuchen, eine andere erst nach 610 Versuchen. Eine Weiterführung der Dressur verschlechterte das Ergebnis nur. Sicher ist eine Dressur der Ratte auf Gerüche erheblich schwieriger als eine Dressur auf optische oder Gehörreize. Der Geruchssinn der Ratte ist in der Tat nicht subtiler als der des

Menschen, und er ist im Leben dieses Tieres bestimmt nicht der wichtigste Sinn. In der Beschreibung der Labyrinthversuche werden wir uns noch einmal davon überzeugen können.

Auch über den Geschmackssinn wissen wir nicht viel. Lösungen von Salzen und Zucker, die mit Hilfe eines Pinselchens in die Mundhöhle sehr junger Ratten eingeführt werden, riefen eine negative Reaktion hervor; die Ratten kreischten und wischten ihr Schnäuzchen mit den Pfoten ab. Eine ähnliche Reaktion ruft reines Wasser hervor. Offenbar wirken alle Geschmacksrichtungen zu Anfang unangenehm. Ein paar Tage später schlucken sie unter denselben Bedingungen Honig und reagieren negativ auf Kölnisch Wasser und spucken Wachsstückchen wieder aus. Der Geschmackssinn der Ratte ist ebenso wie der Geschmack des Menschen eng mit dem Geruch verbunden. Deshalb arbeitete man auch bei genaueren Forschungen mit Tieren, bei denen der Geruchssinn operativ ausgeschaltet worden war, um es mit dem Geschmackssinn in seiner reinen Form zu tun zu haben. Diesen Tieren werden Brotstückchen vorgesetzt, die mit Lösungen von Salz, Zucker, Chinin und Weinsäure verschiedener Konzentration getränkt waren, und somit wurden alle vier Geschmacksqualitäten angewandt, die wir aus eigener Erfahrung kennen. Die Zuckerlösungen wurden gern genommen. Die Weinsäure wurde bis zu einer Konzentration von 1 %, Salz bis 5 %, Chinin bis 0,01 % genommen. Vergleichende Versuche ergaben, daß der Geschmackssinn der Ratte im Vergleich zu dem des Menschen stumpf ist. Das bezieht sich übrigens nicht auf Chinin. Man versuchte, Ratten in zwei Gefäßen reines Leitungswasser und verschieden starke Chininlösungen zu geben und die Menge der aus beiden Gefäßen getrunkenen Flüssigkeit zu messen. Die Ratte schien gegenüber dem Chiningeschmack in demselben Maße wie der Mensch empfindlich zu sein. Die durchschnittlich niedrigste Chininkonzentration, die eine negative Reaktion hervorruft, beträgt im Falle der Ratte 0,000 718 %, im Falle des Menschen dagegen 0,02—0,000 3 %. Darüber hinaus fand man, daß die Ratten Zucker von Sacharin unterscheiden.

Unsere Kenntnisse über den Gehörsinn der Ratte sind ebenfalls nicht vollständig. Frühere Forscher stellten fest, daß die Ratte stetige Laute (Töne) nicht unterscheidet, aber auf Geräusche reagiert. Sie reagiert auch auf die Stimme verschiedener Musikinstrumente, wenn man aber das Instrument weiter entfernt, und auf diese Weise die die Töne begleitenden Geräusche eliminiert werden, läßt die Genauigkeit der Reaktion nach. Auch dressierte man Ratten auf abwechselnd wirkende Schallquellen. Das Tier bekam eine Belohnung in der Form von Nahrung, wenn es sich der Schallquelle zuwandte, d. h., es mußte sich in veränderter Reihenfolge entweder auf die eine oder auf die andere Seite wenden. Selbst nach 1700 Versuchen wurde diese Aufgabe nicht gelöst. So wurde also in früheren Arbeiten die Hörfähigkeit der Ratte sehr niedrig eingeschätzt: Die Ratte reagiert nur auf Geräusche, lokalisiert diese sehr ungenau. Neuere Forscher erhielten jedoch andere Resultate. So mußten die Ratten beispielsweise bei einer Versuchsserie in einem Y-förmigen Apparat in den rechten Korridor laufen, wenn der Laut ertönte, und in den linken, wenn er nicht erklang. Als Lautreiz wurde ein Ton mit 1000 Schwingungen in der Sekunde gewählt. Man erhielt ein positives Resultat: Die Ratten vermochten den Ton mit der Wahl des rechten Ganges zu verknüpfen. Sehr charakteristisch war das Verhalten des Tieres an dem Punkte, an dem es sich für die eine der beiden Richtungen entscheiden mußte. Die Ratte verhielt dort und schien deutlich zu lauschen. Wir wissen heute, daß die Ratte Töne mit einer Frequenz von 1000, 2000, 4000 und 8000 Schwingungen in der Sekunde unterscheiden kann, wenn das auch eine langwierige Dressur erfordert. Bei Tönen unter 8000 Schwingungen ist die Lautempfindlichkeit der Ratte größer als die des Menschen. Die Einführung von Obertönen anstatt der reinen Töne steigert die Empfindlichkeit noch. Diese Frage verdient jedoch noch eine sehr sorgfältige Analyse.

Mehr Aufmerksamkeit wurde der Sehfunktion gewidmet. Das Auge der Ratte ist ein hervorragender optischer Apparat, sein Bau spricht ganz und gar nicht dafür, daß die Ratte ein Nachttier ist und sich nur in geringem Maße ihres Gesichtssinnes bedient. Die Augenhornhaut bedeckt etwa 148° des Augapfels. Die Pupille hat eine Öffnung von 4,25 bis 0,5 mm Durchmesser, ihr durchschnittlicher Durchmesser beträgt bei Tageslicht 0,5—0,95 mm. Die Reflexbewegung der Pupille ist sehr schnell, ihre Verengung infolge ihrer plötzlichen starken Beleuchtung erfolgt innerhalb einer halben Sekunde, also ebenso schnell wie beim Menschen. In der Netzhaut fehlt ein deutlicher Punkt des schärfsten Sehens *(fovea)*. Nichtsdestoweniger nimmt die Zahl der Sehzellen der Netzhaut vom Zentrum zur Peripherie ab, der Abstand zwischen ihnen beträgt, in Mikronen, durchschnittlich 8,8 im Zentrum und 12,1 an der Peripherie. Daraus folgt, daß die Sehschärfe von dem Zentrum der Netzhaut zur Peripherie allmählich abnimmt. Die Augen der Ratte sind kurzsichtig; der Brennpunktabstand des Auges beträgt 7,5 bis 8 cm. Das Auge der grauen Ratte besitzt eine größere Unterscheidungsfähigkeit als das der weißen, was man aus Photographien ersehen kann, die mit Hilfe einer aus dem Auge geschälten Linse hergestellt wurden. Damit stimmt auch das Ergebnis der Dressur von weißen und grauen Ratten überein, besonders was die Erkennung von Formen und Mustern anbetrifft.

Die Fähigkeit, Lichtstärken zu unterscheiden, ist bei der Ratte ziemlich hoch entwickelt. Man setzte den Ratten zwei Lichtquellen von bedeutendem Intensitätsunterschied vor, wobei das hellere Licht den positiven Reiz darstellte. Es ist das eine methodische Besonderheit, denn auf diese Weise wirkte man dem natürlichen Streben der Ratte nach dem schwächeren Licht entgegen. Da die Ratten diese Aufgabe lösten, ist es klar, daß sie die eine Lichtstärke von der anderen zu unterscheiden gelernt hatten. Nachdem sich die Gewohnheit fixiert hatte, begann man, die beiden Lichtquellen hinsichtlich ihrer Helligkeit allmählich einander anzugleichen. Es zeigte sich, daß die Unterscheidungsfähigkeit sich zusammen mit der absoluten Lichtstärke veränderte. Bei schwachem Licht erkannten die Ratten einen Helligkeitsunterschied von 57 %, bei stärkerem Licht hingegen einen Unterschied von 37 %, der die Leistungsgrenze des Tieres darzustellen scheint. Ebenso wie bei anderen Tieren erhebt sich auch hier die Frage, ob die Ratte in der Lage ist, absolute Helligkeitsstufen zu erkennen, oder ob sie sich nur nach Unterschieden und Verhältnissen richtet. Wir wissen bereits, daß diese Frage mit dem Problem der Gestaltetheit des Sehens in unmittelbarem Zusammenhang steht. Man versuchte, dieses Problem zu lösen, indem man die Ratten in einen schwach beleuchteten Gang hineinlaufen und einen dunklen zu meiden lehrte. Nach Festigung der Gewohnheit wurde die absolute Beleuchtungsstärke der Gänge verändert, wobei aber dasselbe Verhältnis gewahrt blieb. Also war der eine Gang stark, der andere schwach beleuchtet. Die Ratten wählten jetzt den helleren Korridor, und zwar in demselben Prozentsatz, indem sie zuvor den helleren gewählt hatten. Sie waren demnach auf den helleren von zwei Korridoren, unabhängig von der absoluten Helligkeit der beiden, dressiert. Am genauesten wird die Fähigkeit der Ratte zur Helligkeitsunterscheidung untersucht, indem man, anstatt die Bewegungsreaktionen zu beobachten, unmittelbar die Stärke der elektrischen Ströme mißt, die auf der Netzhaut der Ratte unter dem Einfluß der verschiedenartigen Beleuchtung entstehen. Im Falle von farbigem Licht ließ sich feststellen, daß die Stärke der Ströme auf der Netzhaut, die als Maß für den Reizungsgrad des Auges dienen kann, nur von der Intensität des Lichtes abhängt, die verschieden langen Lichtwellen ergeben denselben elektrischen Effekt, sofern die Helligkeit dieselbe ist. Die Empfindlichkeit des Auges ist am größten bei blaugrünen Strahlen.

Diese letzteren Forschungen führten uns zu einem verwickelten Problem des Farbsehens. Man dressierte Ratten mit farbigen monochromatischen Strahlen, die man mit Hilfe eines Prismas erhalten hatte. Anfangs lernte die Ratte nach 300 Versuchen, rotes Licht (655 $m\mu$) von grünem (505 $m\mu$) zu unterscheiden. Doch ein Kontrollexperiment ergab, daß die Reaktion nicht auf die Farbe, sondern auf den Helligkeitsgrad des Lichtes erfolgt war. Unter Beibehaltung der vorherigen Intensität des roten Lichts begann man allmählich, die Helligkeit des grünen herabzusetzen. In einem bestimmten Moment hörte die Ratte auf, die beiden Strahlenarten zu unterscheiden, ihre Reaktionen wurden völlig zufällig. Für das menschliche Auge ist der grüne Teil des Spektrums erheblich heller als der rote, doch bleibt der Unterschied zwischen ihnen immer deutlich, selbst wenn wir die roten Strahlen erhellen und die grünen abdunkeln. Die Ratte sieht die Farben nicht als solche. Andererseits ist bekannt, daß die Ratten auf rotes Licht genauso wie auf Dunkelheit reagieren, woraus gefolgert wurde, daß die Ratte überhaupt kein rotes Licht sähe. Dieser Schluß ist im übrigen nicht unbedingt zutreffend. Es besteht nämlich die Möglichkeit, daß bei der vorhergehenden Dressur die Ratten auf das grüne Licht nicht deshalb positiv reagierten, weil sie das rote nicht sahen, sondern ganz einfach deshalb, weil die Reaktion auf Grün belohnt wurde. In genaueren Experimenten wurde zuerst auf dem Wege der Dressur die Helligkeitsstufe verschiedener Farben bestimmt, die gleichmäßig auf das Auge des Tieres wirkte, d. h., man stellte die Helligkeitsäquivalente fest. Zu diesem Zwecke wurden derartige Schattierungen von vier Grundfarben so gewählt, daß die Ratte sie nicht unterschied. Schon die Möglichkeit einer solchen Auswahl beweist, daß die Ratte die Farben als solche nicht unterscheidet. Sobald die Helligkeit gleich ist, scheint die Farbe ohne Bedeutung zu sein. In weiteren Experimenten wurden Ratten auf die Unterscheidung schwarzer Farbe von gelber dressiert. Als die Ratte dies gelernt hatte, begann man allmählich, die schwarze Farbe zu erhellen, indem man sie durch graue Farbe von verschiedener Schattierung ersetzte. Hierzu diente die uns schon bekannte Heringsche Skala, die aus 50 Grauschattierungen von Nr. 1 (Weiß) bis Nr. 50 (Schwarz) besteht. Wenn man die in den vorherigen Versuchen schwarze Farbe durch verschiedene Grauschattierungen bis Nr. 8 ersetzt, unterscheidet die Ratte auch ferner gut graues Papier von gelbem, die Genauigkeit ihrer Reaktion beträgt 90—100 %. Aber das Grau Nr. 7 wird nicht mehr von gelbem Papier unterschieden, die Wahl wird schwankend und zufällig. Blaue Farbe aus einer standardisierten Serie hatte für das Auge der Ratte dieselbe Helligkeit wie die graue Farbe Nr. 29, grüne Farbe kommt grauer Farbe Nr. 7 gleich. Die Ratte unterscheidet rote Farbe nicht von schwarzer, eine entsprechende Dressur mißlingt völlig. Aber die Ratten lernen schnell, rotes Papier von weißem zu unterscheiden, wonach das rote Papier durch graues mit der Nr. 41 ersetzt werden kann, ohne daß ein Wechsel in der Reaktion des Tieres eintritt. Ähnlich war das Resultat vieler anderer Experimente. Bisher wurde eine deutliche Fähigkeit, Farben zu unterscheiden, bei keinem Säugetier, außer bei den Menschenaffen festgestellt, die Farben wie der Mensch sehen. Es muß betont werden, daß entgegen früheren Anschauungen in der Netzhaut der Ratte ebenso Stäbchen wie Zäpfchen zu finden sind, und folglich ist nicht das Fehlen bestimmter Nervenzellen für das Fehlen eines Farbsehens verantwortlich.

Deutlich ist bei der Ratte die Fähigkeit ausgebildet, die Größe von Objekten zu erkennen. In einem Zweiwahlgerät mußten die Tiere als Wegweiser einen Kreis von 5 cm Durchmesser wählen und einen Kreis von 3 cm Durchmesser meiden. Nach 500—700 Versuchen ergab die Dressur ein positives Ergebnis, die Ratten unterschieden die beiden Kreise gut. Es muß jedoch beachtet werden, daß der größere Kreis mehr Licht reflektiert und daß demnach die Reaktion der Ratte vielleicht nicht auf die Größe des Objektes, sondern auf die Helligkeitsunterschiede erfolgt. Die Anforderungen, die bei der Erforschung der Psyche der Ratte gestellt werden, sind hoch, man muß mit allen möglichen Einwänden rechnen. Im vorliegenden Falle konnte man den Einwand damit zurückweisen, daß die Beleuchtung der beiden Kreise durch eine verschiedene Lichtstärke nicht die Exaktheit der Wahl beeinflußte, und folglich die Menge des von den Kreisen reflektierten Lichtes nicht der für die Wahl entscheidende Faktor war. Eine feinere Unterscheidung eines Kreises mit 5 cm Durchmesser von einem Kreis mit 4 cm Durchmesser gelang nur partiell; wie es scheint, sind wir hier nahe an der Grenze der Möglichkeiten der Ratte. Gleichzeitig dienten die Experimente mit Kreisen verschiedener Größe einer nochmaligen Erforschung dessen, ob die Ratte sich bei der Wahl von absoluten Merkmalen, oder aber von Verhältnissen und Proportionen leiten läßt. Wenn man eine Ratte lehrt, den kleineren von zwei Kreisen zu wählen, danach aber die absolute Größe der beiden Kreise verändert, so wählt das Tier weiterhin den kleineren Kreis. Zum Beispiel wählt eine auf die Wahl eines Kreises von 8 cm gegenüber einem von 10 cm dressierte Ratte von einem ihr später vorgelegten Kreispaar mit den Durchmessern 6 und 8 cm den Kreis von 6 cm, und meidet folglich den Kreis, den sie bei den vorhergehenden Versuchen gewählt hatte. Dasselbe geschieht bei einer Dressur auf den größeren von zwei Kreisen.

Am meisten wurde an der Unterscheidung von Formen und Mustern gearbeitet. Von größter Bedeutung sind Untersuchungen, die in einem sogenannten, von Lashley gebauten Sprungapparat durchgeführt wurden. Von einer kleinen Plattform mußte die Ratte in eine von zwei quadratischen Öffnungen in einer senkrechten Wand springen. Beide Öffnungen waren durch schwarze herabhängende Zettel mit weißen Zeichen darauf verhüllt, und die Aufgabe des Tieres bestand darin, zu erkennen, welches Zeichen das „richtige“ sei. Wenn die Ratte richtig wählt, stößt sie den leichten Papierzettel mit der Nase fort und landet im Sprung auf einer Plattform hinter der Wand, wo sie Nahrung bekommt. Wenn sie dagegen falsch springt, stößt sie an das von hinten festgehaltene Papierstück und fällt in ein darunter aufgespanntes Netz. Dieses Gerät besitzt im Vergleich zu den anderen Zweiwahlgeräten eine Reihe von Vorzügen und verkürzt die für die Erreichung eines positiven Dressurergebnisses notwendige Zeit erheblich. So lernte eine Ratte in einem einfachen Zweiwahlgerät die Größe zweier Kreise nach 700 Versuchen unterscheiden, im Sprungapparat dagegen wurde dasselbe Ergebnis im Durchschnitt schon nach 375 Versuchen erzielt. Es handelt sich darum, daß die Ratte in einem gewöhnlichen Wahlgerät oft blind läuft, indem sie sich in einen Gang stürzt, bevor sie Zeit hat, die Orientierungskennzeichen zu beachten. Dagegen springt das Tier im Sprungapparat nicht sofort, sondern muß sich gewissermaßen zum Sprung entschließen und hat die Möglichkeit, vorher die beiden Karten genau zu betrachten. Die Ratten müssen sich an einen derartigen Apparat allmählich gewöhnen, danach erzielt man sehr schnell Ergebnisse. Ratten wurden zehnmal täglich dressiert, bis man 20 aufeinanderfolgende fehlerfreie Lösungen erzielte. Darauf folgten 10 „kritische" Versuche,

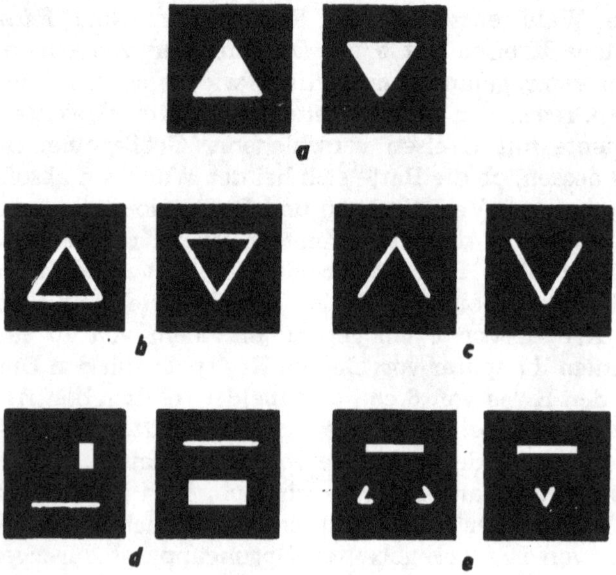

Abb. 77. Ratten, die auf die Unterscheidung der Figuren *a* dressiert worden sind, können danach die Figuren *b*, *c*, *d* und *e* unterscheiden

das heißt Versuche, bei denen die Ratten nicht für eine falsche Wahl dadurch bestraft wurden, daß sie ins Netz fielen, und bei denen sie nach jedem Sprung, ob richtig oder falsch, eine Belohnung erhielten. Diese Versuche hatten den Zweck, zu kontrollieren, ob die Ratten es in der Tat gelernt hatten, die Aufgabe zu lösen. Unmittelbar danach führte man 10 weitere kritische Versuche mit zwei neuen Kennzeichen durch, die in dieser oder jener Hinsicht den anfänglichen Kennzeichen glichen; dies sollte zur Erforschung der Transpositionserscheinungen dienen. Wenn keine Transposition erfolgte, wurde von neuem dressiert. Die Ratten merken sich sehr lange die Dressurergebnisse, was oft den

Verlauf der nachfolgenden Experimente verändert. Deshalb wurden auch für jedes einzelne Problem immer neue Ratten verwendet.

Der Reichtum der Ergebnisse dieser geduldigen und erfinderischen Forschungen ist äußerst groß. Zuerst wurde untersucht, welche Elemente von zwei einander gegenübergestellten Figuren für deren Erkennung entscheidend ist. Die Ratten wurden auf zwei gleichseitige Dreiecke von derselben Größe, aber in verschiedener Lage dressiert. Es waren das stets weiße Zeichen auf schwarzem Untergrund. Nachdem die Ratten zwanzigmal vorschriftsmäßig gesprungen waren, änderten sie ihre Reaktion auch dann nicht, wenn bei den kritischen Versuchen ihnen dieselben Dreiecke, aber nur in ihren Umrissen nicht vollständig, zur Auswahl vorgelegt wurden. Die Mehrzahl reagierte richtig auf nur zwei Seiten des Dreiecks, eine Ratte reagierte auf die Umrisse der unteren Winkel und manche nur auf die Grundlinie der Dreiecke (Abb. 77). Die Untersuchungen hatten das Ziel, zu prüfen, welche Elemente der Figur beim Wahlakt deren Ganzheit ersetzen konnten. In dem Gerät LASHLEYS richteten sich die Ratten beim Sprunge auf den Unterrand der Öffnung, an den sie sich im Falle einer falschen Wahl anheften und auf

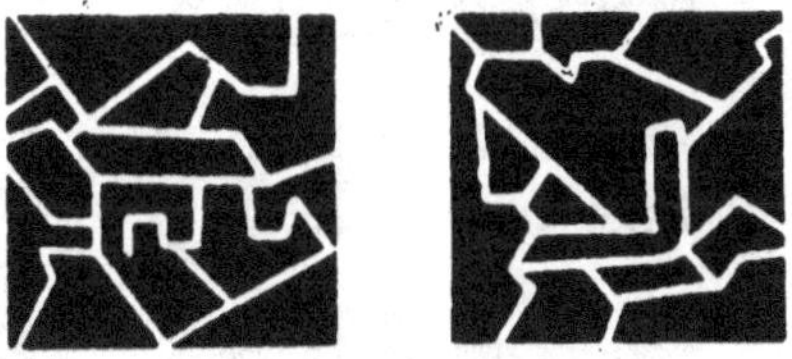

Abb. 78. Die Ratte unterscheidet die linke Figur von der rechten

diese Weise den Fall vermeiden konnten. Deshalb haben die unteren Teile der Figur meistens die größte Bedeutung bei der Wahl. Am besten werden diese Verhältnisse durch ein Experiment mit zwei Figuren illustriert, die sich aus komplizierten und nichtcharakteristischen Linien zusamensetzen (Abb. 78). Die Ratten lernten die beiden Figuren gut zu unterscheiden. Sodann wurden ihnen in 20 kritischen Versuchen statt der ganzen Figur verschiedene Teile davon vorgesetzt. Von 20 Versuchen gab es bei Darbietung folgender Figuren richtige Lösungen: Der Untergrund beider Figuren 5 Lösungen, die Mittelteile von beiden 8, die linken Hälften 17, die rechten Hälften 16, der obere linke Quadrant 9, der untere rechte Quadrant 20, der obere rechte Quadrant 8, der untere linke Quadrant 19, die unteren Hälften 19, die oberen Hälften 10, die beiden ganzen Figuren um 180° gedreht 8 Lösungen. Diese Ergebnisse sind von ungewöhnlicher Deutlichkeit. Wenn die Wahl zufällig gewesen wäre, das heißt, wenn die Ratten die Figuren gar nicht unterschieden hätten, so hätte es bei den Versuchen höchstwahrscheinlich 10 richtige und 10 falsche Lösungen gegeben. Indessen waren im Falle einer Exposition der unteren Teile der Figuren fast alle Lösungen richtig, die Exposition der oberen Teile hingegen lieferte ein dem zufälligen Ergebnis angenähertes Resultat.

Die Ratte unterscheidet die Figur vom Grund, sie erkennt deren Individualität. Man führte eine Dressur auf ein Dreieck als positive Figur gegenüber einem Kreuz durch. Nach Erzielung von 20 fehlerfreien Sprüngen ersetzte man bei den kritischen Versuchen diese zwei

Abb. 79. Ratten, die auf ein weißes Dreieck gegenüber einem weißen Kreuze dressiert worden waren, wurden die Figuren *a—i* zur Unterscheidung vorgelegt. Die Figuren der unteren Reihe wurden von den Tieren nicht unterschieden

Zeichen durch andere, bei denen das Dreieck und das Kreuz in verschiedenem Maße unter ihrer Umgebung versteckt waren. Die beiden Versuchsratten erbrachten die folgende Zahl richtiger Lösungen bei je 20 aufeinanderfolgenden Versuchen Dreieck und Kreuz (Abb. 79) 20 und 20, dieselben Figuren, aber nur in der Form bloßer Konturen 17 und 20, bei Anordnung b 20 und 20, bei Anordnung c 18 und 20, bei Anordnung d 18 und 18, bei Anordnung e 17 und 20, bei Anordnung f 18 und 20. Die Lösung der Aufgabe gelang also, praktisch genommen, vortrefflich, die Ratten verstanden es gewissermaßen, die Dressurfiguren unter den zahlreichen Einzelheiten ihrer Umgebung herauszusuchen. Dagegen ließen sie sich von den Kompositionen g (13 und 12), h (8 und 12), sowie i (10 und 8) täuschen. Demnach desorientieren eine Umkehrung der Helligkeitsverhältnisse von Figur und Grund, sowie eine Drehung der Figur um 45° das Tier. Äußerst interessant ist der Fall der h-Komposition. Wenn die Dressurfigur (das Kreuz) Bestandteil einer anderen Figur wird, wird sie von der Ratte nicht erkannt. Denken wir daran, daß der Mensch sich genau so verhält. Sicher nimmt der Leser nur mit einer gewissen Mühe in der rechten Abbildung der Komposition h den Buchstaben P oder die Ziffer 4 wahr. Wenn eine Form Bestandteil einer anderen Form wird, büßt sie ihre Individualität ein. Schließlich wird die Richtigkeit der Wahl nicht durch Veränderungen in den Schattierungen der beiden Figuren beeinflußt, sofern das Helligkeitsverhältnis von Figur und Grund nicht umgekehrt wird. In diesem letzteren Falle irren die Ratten immer.

Die Dressur auf regelmäßige geometrische Formen gelingt ebensogut wie auf zufällige Formen. Die für die Ratte leichteste Situation besteht in einer Gegenüberstellung von einer Figur und einem schwarzen Hintergrund ohne jegliche Figur. Das Problem wird auch durch einen Unterschied in der Lage der Achsen beider Figuren erleichtert. Hingegen erschwert eine Komplikation der Figuren die Wahl. Als sehr schwer stellte sich die Unterscheidung eines Quadrates von einem Kreise heraus; hierzu waren bis zu 300 Versuche nötig, und auch dann lösten nur 25 % der Tiere die Aufgabe. Wenn jedoch das Quadrat gedreht wurde, indem man seine Diagonale senkrecht stellte, ging das Erlernen schnell vonstatten.

Es ist offensichtlich, daß der Sehprozeß der Ratte nicht nur eine Frage der Physiologie ist, sondern in einem bedeutenden Maße von psychischen Momenten abhängt. Die Orientierung der Ratte nach relativen Merkmalen der Objekte, ihr gestaltliches Sehen, zeigt deutlich, daß das Tier nicht nur mit den Augen, sondern auch mit dem Gehirn sieht. Einen anderen Hinweis in dieser Richtung liefern die Experimente, die die Fähigkeit der Ratte zu sogenannter Abstraktion beweisen, das heißt die Fähigkeit, Gegenstände an Hand ihrer einzelnen Merkmale, gewissermaßen unabhängig von ihrer Ganzheit, zu erkennen. Eine Zentralzelle, in die man eine Ratte einsperrte, besaß drei gleichartige Türen, auf denen sich Zeichen in Gestalt weißer Kreisflächen auf schwarzem Grunde befanden. Die Kreise waren von verschiedener Größe, ihr Inhalt verhielt sich zueinander wie 1:2:4. Einige Ratten wurden auf den kleinsten Kreis gegenüber den zwei anderen, andere auf den größten, andere wieder auf den mittelgroßen Kreis dressiert. Die Dressur auf den größten oder den kleinsten Kreis erbrachte ein positives Ergebnis, nicht aber die auf den mittleren Kreis. Nach Fixierung der Gewohnheit gelang eine Transponierung sehr gut, das heißt, nach einer Veränderung der absoluten Größe der Kreise wählte die Ratte auch fernerhin den kleinsten Kreis, beziehungsweise den größten, je nachdem, welcher von ihnen bei der Dressur positiv gewesen war. Nachdem man festgestellt hatte, daß die Tiere sich bei ihrer Wahl nach relativen Merkmalen richteten, stellte man eine Reihe komplizierter kritischer Versuche an. Das Ziel der Experimente bestand darin, zu erforschen, ob die Tiere gemeinsame Merkmale von sonst verschiedenen Figuren erkennen. Als man an Stelle der Kreise drei Dreiecke von demselben Flächenverhältnis an den Türchen befestigte, blieb die Wahl auch weiterhin richtig; trotz der Veränderung der Form erkannten die Ratten die Größenunterschiede, sie können also von der Gestalt auf die Größe abstrahieren. Darauf gab man ihnen drei Kreise von demselben Flächenverhältnis, aber nicht vollständig wie zuvor, sondern nur umrißhaft. Vier Ratten lieferten in Serien von je 20 Versuchen: 12, 14, 19 und 14 richtige Lösungen. Mindestens eine von ihnen vermochte auch in diesem Falle zu transponieren. Drei graue Kreisflächen von derselben Größe, aber mit einem Helligkeitsverhältnis von 1 : 2 : 4 erbrachten nur 8, 12, 12 und 6 richtige Lösungen, eine Transposition war nicht erfolgt. Man konnte bei diesen Experimenten den Einwand machen, daß Kreise von verschiedener Größe eine verschiedene Lichtmenge reflektierten, und daß die Ratten nicht auf die Größe, sondern auf die Helligkeit des Gegenstandes dressiert worden waren. Um das zu kontrollieren, legte man den Ratten drei graue Kreise mit einem Flächenverhältnis 1,2 und 4, aber von verschiedener Grauschattierung vor, so daß der größte Kreis gleichzeitig der dunkelste war, und die Gesamtlichtmenge, die von den Kreisen reflektiert wurde, für alle drei gleich war. Man erhielt hierbei 8, 14, 20 und 10 richtige Lösungen. Mindestens eine Ratte löste die Aufgabe ganz, das heißt, sie richtete sich in der Tat nach den Größenverhältnissen. Als man jedoch die Türen mit schwarzen Kreisflächen auf weißem Hintergrund kennzeichnete, irrten sich die Ratten völlig, es gab nur 0, 0, 4 und 2 richtige Lösungen. Aus diesen Experimenten geht hervor, daß manche Ratten unabhängig von den absoluten Massen der Figuren, von ihren Flächen, der reflektierten Gesamtlichtmenge und der Form, richtig zu reagieren gelernt hatten. Sie verstanden es, Merkmale zu erkennen, die verschiedenen Figuren gemeinsam waren; folglich ist die Fähigkeit der Ratte zur Abstraktion unzweifelhaft.

Die Schwierigkeiten für die Ratte wachsen, wenn eine gleichzeitige Reaktion auf zwei veränderliche Merkmale gefordert wird. Eine Reaktion auf die mittlere von drei Figuren verschiedener Größe scheint gleichzeitig eine Reaktion auf einen „größeren als“ und auf einen „kleineren als“ vorauszusetzen, was die Ratte nicht vermag. Derartige Experimente stehen schon an der Grenze der Möglichkeiten des Tieres. In einem Apparat mit drei Türen waren die mittleren ständig verschlossen, durch die beiden äußeren konnte die Ratte springen. Auf den äußeren Türen befanden sich Erkennungszeichen in veränderlicher Reihenfolge, zum Beispiel auf der einen ein Kreis, auf der anderen ein Kreuz. Ein ähnliches Kreuz oder ein ähnlicher Kreis befand sich auf der Mitteltür. Die Aufgabe bestand darin, diese von den beiden äußeren Türen zu wählen, auf der sich dasselbe Zeichen wie auf der mittleren befand. Obwohl die Tiere mit Leichtigkeit lernten, die Mitteltür zu meiden, lösten sie die eigentliche Aufgabe selbst nach 200 Versuchen nicht. Danach lehrte man sie, eine von drei Figuren zu wählen, wobei die richtige Figur dadurch gekennzeichnet war, daß sie sich von zwei anderen, gleichartigen unterschied, zum Beispiel war von einem Kreuz und zwei Kreisen das Kreuz die positive Figur. Auch diese Aufgabe wurde von den Tieren nicht gelöst. Diese Experimente, die übrigens sehr unvollständig waren, stellen der Ratte unlösbare Aufgaben. Ich möchte hervorheben, daß Aufgaben dieser Art von Affen mit Leichtigkeit gelöst werden.

Das Sehen der Ratte hat seine Besonderheiten. In LASHLEYS Apparat schaut sich die Ratte gewöhnlich die beiden Kärtchen an, bevor sie springt; manchmal betrachtet sie diese direkt nacheinander, indem sie den Kopf mal nach rechts, mal nach links wendet. Wenn die Aufgabe schwierig ist, ist ihr Verhalten ein anderes: Das Tier beginnt blindlings zu springen, und zwar nicht in Richtung der Kärtchen, sondern nach oben und nach den Seiten, ohne sich im geringsten nach den optischen Kennzeichen zu richten. Sie unterliegt dann irgendwelchen anderen Reizen. Die Besonderheit ihres Sehens ist ein bisweilen auftretendes Übergewicht entfernter optischer Kennzeichen über die in der Nähe befindlichen. Man lehrte Ratten, von einer kleinen Plattform mit dem Lichte auf eine andere zu springen. Die Tiere orientierten sich visuell, wobei sie die Sprungweite genau einschätzten. Die Plattform, auf die die Ratten sprangen, konnte um 20° zur Seite verschoben werden, ohne daß es die Genauigkeit des Sprunges beeinflußte. Wenn dagegen der Verschiebungswinkel größer war, sprang das Tier oft an der Plattform vorbei und fiel auf den Boden. Selbst nach einer langwährenden Dressur kann man die Plattform nicht um mehr als 45° verschieben, ohne zahlreiche Stürze hervorzurufen. In manchen Fällen sprang die Ratte nach einer Drehung der gesamten Apparatur um 45° nach rechts hartnäckig zu der linken Kante, obwohl sie zuvor 100 aufeinanderfolgende richtige Sprünge ausgeführt hatte. Es ist klar, daß das Tier sich in einem bedeutenden Maße nach optischen Kennzeichen, die sich außerhalb der ganzen Apparatur befinden, und nicht nur nach dem Aussehen der Karten selbst, richtet. Diese Fehler im Gesichtssinn der Ratte müssen mit dem Fehlen eines Punktes schärfsten Sehens im Auge der Ratte in Zusammenhang stehen. Wie wir bereits wissen, ist die Zone des schärfsten Sehens in der Netzhaut verwaschen, und nur ein Zählen der Nervenzellen zeigt deren allmähliche Verdichtung zum Zentrum der Netzhaut.

Es kann kein Zweifel darüber bestehen, daß die Fähigkeit der Ratte, Formen zu unterscheiden, sehr hoch entwickelt ist. Wenn wir eine Reihe von Figuren in der Reihenfolge ihres Deutlichkeitsgrades für den

Menschen aufstellen, so verändert sich in derselben Reihenfolge der Grad der Schwierigkeit, die Ratte auf diese Figuren zu dressieren. Die Reize, die eine Transposition ermöglichen, sind bei der Ratte die nämlichen wie beim Menschen. Ebenso steht es mit dem Verhältnis von Figur und Grund. In keinem Falle wurde festgestellt, daß die Ratte Verhältnisse erkannte, die nicht auch für das menschliche Auge sichtbar sind. Das Tier reagiert immer auf irgendein generelles Merkmal, das die positive Figur von der negativen unterscheidet. Derartige generelle Merkmale bestehen in dem Vorhandensein oder Nichtvorhandensein einer Figur, einer Richtung, einer relativen Entfernung, einer relativen Helligkeit oder Größe, sowie geometrisch einfacher Proportionen. Unter Benutzung dieser Kriterien können die Ratten Figuren von fast beliebigem Schwierigkeitsgrad erkennen, wobei sie nur wenig hinter dem Menschen zurückbleiben. Wenn aber die Ratte ein weißes Kreuz nicht mit einem schwarzen identifizieren kann, so mögen wir daran denken, daß nur wenige Leute ein Bild mit seinem Negativ identifizieren können.

Eine positive oder negative Reaktion einer Ratte wird zu einem gewissen Teil dadurch bestimmt, was sich in ihrem Blickfeld befindet. In allen Fällen läßt sich der Inhalt des Blickfeldes in zwei Bestandteile zerlegen: in einen aktiven, den Reiz darstellenden Teil — die Figur, sowie in einen neutralen Teil — den Grund. Aber auch an der Figur ist nicht alles effektiver Reiz, vielmehr ist dieser immer irgendein Merkmal, das die positive Figur von der negativen unterscheidet. Das Tier, das auf den größeren von zwei Kreisen dressiert worden ist, wählt beim kritischen Versuch die größere von zwei anderen Figuren, nicht aber den Kreis unter den anderen Figuren mit demselben Flächeninhalt. Das unterscheidende Merkmal wird durch eine Art Abstraktion gewonnen, es wird gewissermaßen aus der Ganzheit der Situation isoliert. Eine große Bedeutung hat bei all diesem die Individualität des Tieres: in derselben Situation können zwei Ratten auf Grund völlig anderer Merkmale handeln. Das Wesen der Erscheinung des Figurenerkennens ist also sehr kompliziert, es beruht darauf, die Figur vom Grund zu isolieren, die Unterschiede zwischen der positiven und der negativen Figur zu entdecken und auf allgemeine Merkmale, losgelöst vom Ganzen, zu reagieren. Diese Prozesse sind ganz bestimmt nicht das Resultat einer Dressur; sie stellen im Gegenteil die Bedingung dar, die jegliche Dressur erst möglich macht.

Bei den Verifikationsversuchen können wir die Merkmale der Figuren in sehr verschiedener Weise verändern, ohne dadurch die Richtigkeit der Reaktion zu beeinflussen. Das bedeutet jedoch ganz und gar nicht, daß auf das Tier zuerst bestimmte allgemeine Situationsmomente wirken und erst danach eine feinere Differenzierung des Reizes erfolgt ist. Schon vom ersten Augenblick an wird das Tier von allen Merkmalen angeregt, auf die es zu irgendeiner Zeit reagiert. Wie unterscheidet angesichts dessen die Ratte bei zwei verschiedenen Figuren deren Unterscheidungsmerkmale? Es ist kennzeichnend, daß bei Experimenten mit einer Transposition einer vollen Figur auf eine umrißhafte die Reaktionszeit von einer halben Sekunde auf 5 Minuten anwachsen kann, die Ratte aber dennoch mit 100 % Genauigkeit springt. Es ist klar, daß es sich nicht darum handelt, daß das Tier unfähig ist, den Unterschied zwischen den Figuren zu erkennen, sondern daß zwei verschiedene Situationen identifiziert werden müssen. In der Tat war die Umrißzeichnung schon in der vollen Zeichnung enthalten, sie ist für die Ratte nicht etwas Neues, dieselben Umrisse wirkten schon vorher auf das Tier ein, wenn sie auch Bestandteil der vollen Figur waren. Aber die so sehr verschiedene Reaktionszeit weist darauf hin, daß die Reize in den beiden Fällen verschieden sind, daß die volle Figur auf das Auge der Ratte nicht nur durch ihre Umrisse, sondern noch durch etwas anderes einwirkt. Wenn die Ratte zum ersten Mal nur die Umrisse der Figur sieht, muß sie die Situation analysieren, muß sie in ihr die an die vorherige Situation erinnernden Merkmale wiederfinden. Das ist ganz augenscheinlich eine Form der Abstraktion, das Tier muß gewissermaßen die Merkmale definieren, auf die es reagieren wird.

Wenn wir alles das zusammenfassen, was wir über das Sinnesleben der Ratte gesagt haben, müssen wir zu dem Schluß kommen, daß es hoch entwickelt und sehr kompliziert ist. In den Unterscheidungsexperimenten stellte sich der Gesichtssinn als der dominierende Sinn der Ratte heraus, ihr Geruchssinn hingegen spielt eine verhältnismäßig unbedeutende Rolle. Es ist dies die Umkehrung dessen, was wir noch bis vor kurzem über die Ratte geglaubt haben. Vielleicht wissen wir auch einfach über ihren Gesichtssinn am meisten. Aber selbst auf diesem so sorgfältig durchforschten Gebiete bleibt noch viel zu klären übrig.

FÜNFZEHNTES KAPITEL

Die Psychologie der Ratte — Ihre höheren psychischen Funktionen

Aus den Arbeiten, die den psychischen Funktionen der Ratte gewidmet sind, ließe sich eine ansehnliche Bibliothek zusammenstellen. Es existiert eine Reihe von Forschern, die um sich zahlreiche Mitarbeiter versammelt haben und die verschiedene wissenschaftliche Schulen mit sehr verschiedenem Herangehen an die Probleme repräsentieren, und es existieren mindestens fünf bedeutende Spezialzeitschriften, die in einem erheblichen Maße mit Forschungen auf eben diesem Gebiet angefüllt sind. Zugleich ist, wie ich schon in dem Kapitel über den Behaviorismus bemerkt habe, das dominierende Problem dieser Arbeiten die Frage des Lernens, und die am meisten angewandte Methode ist die des Labyrinths. Es ist nicht leicht, in dieser Unmenge sich teilweise widersprechender Tatsachen, Schlußfolgerungen und Meinungen einen Leitfaden zu finden. Obwohl diese ganze Richtung ihren Ursprung mehr oder weniger aus dem Behaviorismus WATSONS ableitet, der sich das Ziel stellte, willkürliche psychologische Interpretationen zugunsten exakter, quantitaver Untersuchungen mit vergleichbaren Resultaten zu vermeiden, tritt gerade in vielen behavioristischen Arbeiten eine erhebliche Willkür bei der Interpretation von Tatsachen zutage. Dennoch werde ich es damit bewenden lassen müssen, etwas subjektiv diejenigen Richtungen und Tatsachen auszuwählen, die mir interessanter und vielversprechender zu sein scheinen.

Die scharfe Verurteilung der Labyrinthmethode durch einige Forscher führte zu einer kritischen Analyse der experimentellen Bedingungen; es gelang dadurch gewisse Standardtypen von Labyrinthen zu erarbeiten, die glaubwürdige und vergleichbare Ergebnisse lieferten. Heute stimmen alle darin überein, daß das Labyrinth zu den besten tierpsychologischen Methoden gehört, und hinsichtlich der Verschiedenartigkeit der Probleme, die mit ihrer Hilfe gelöst werden können, wird diese Methode von keiner anderen erreicht.

Eine Ratte, die in ein Labyrinth gebracht wird, irrt in ihm umher, wobei sie den Weg beschnüffelt und betastet, geht in blinde Gänge hinein, kehrt wieder um, bis sie zufällig den Ausgang findet. Sie erhält dann irgendeine „Belohnung“. Je öfter die Versuche wiederholt werden, desto weniger „Fehler“ macht das Tier, bis es lernt, auf dem kürzesten

Wege zum Ziele zu kommen. Das erste Problem, mit dem wir uns befassen wollen, ist die Frage der sogenannten Motivierung. Was bewegt das Tier, den Ausgang zu suchen? Die Ratte muß auf irgendeinen Reiz reagieren, der für ihr Handeln verantwortlich ist. Im einfachsten Falle wird dieser Reiz das Streben zum Ausgang in die Freiheit sein. Wie die Praxis zeigt, ist jedoch das Bestreben, sich aus dem Labyrinth zu befreien, ein ziemlich schwaches Motiv; wenn die Ratte keine andere Belohnung erhält, lernt sie langsam und begeht viele Fehler. Viel wirkungsvoller ist die Dressur, wenn man dazu Ratten verwendet, die 24—48 Stunden hungern mußten, und wenn das Tier am Ende des Durchlaufs mit Nahrung belohnt wird. Das Motiv des Hungers ist deutlich stärker als das Motiv des Freiheitstriebes. Die Motive können verschiedenartig sein, wie zum Beispiel die Heimkehr zum Nest, die Heimkehr des Weibchens zu den Jungen, das Vorhandensein einer Ratte anderen Geschlechts am Ende des Labyrinths usw. Diese Triebe oder Motive haben für die Ratte nicht die gleiche Bedeutung. Diese Frage kann man quantitativ mit Hilfe der Obstruktionsmethode (C. JENKINS und WARDEN) erforschen. In einer rechteckigen Kiste in der Mitte des Fußbodens befindet sich ein Metallgitter, durch das ein elektrischer Strom von bestimmter und in allen Versuchen konstanter Intensität geschickt wird. Der elektrische Schock ist nicht stark genug, um die Ratte vom Passieren des Gitters abzuhalten, sofern der Antrieb stark genug ist. Nach Passieren des Gitters erhält das Tier diese oder jene Belohnung, deren Wirkung wir eben messen wollen. Man kann das tun, indem man alle Übergänge über das Gitter im Laufe eines zwanzigminutigen Tests zusammenzählt. Man erhielt auf diese Weise die folgende Reihenfolge der Triebe nach ihrer Stärke: Der Muttertrieb, Durst, Hunger. Das Streben zu einer Ratte anderen Geschlechts. Der Explorationstrieb (die sogenannte „Neugier"). Das Bestreben der Ratte, sich aus dem Labyrinth zu befreien, gehört zu den schwächsten Motiven.

Eine andere Art der Motivierung ist die „Strafe" für die Wahl eines „falschen" (das heißt eines nicht vom Experimentator beabsichtigten) Weges. KUO untersuchte auf vergleichendem Wege die Wirkung verschiedenartiger Strafen. Sein Labyrinth besaß vier zum Ziel führende Wege. Der eine Weg war richtig, er führte auf kürzestem Wege zur Belohnung in Form von Nahrung. Auf dem zweiten Wege erwartete die Ratte ein elektrischer Schock, und das Tier erhielt keine Nahrung am Ende des Weges. Auf dem dritten Wege wurde die Ratte 20 Sekunden lang festgehalten. Der vierte Weg führte zur Nahrung, aber er war bedeutend länger als der erste. Die Mehrzahl der Ratten lernte, den ersten Weg zu wählen. Der erfolgreichste negative Reiz war der elektrische Schock, darauf folgte der Arrest und schließlich die Verlängerung des Weges.

Eine starke Motivierung ist eine für jede erfolgreiche Dressur notwendige Bedingung. Meist wird ein 24stündiges Hungern verbunden mit einer Belohnung in Form von Nahrung verwendet.

Nebst vielen anderen verneint auch Kuo jegliche Voraussicht von seiten des Tieres und eine Zielstrebigkeit seines Handelns. Alles hängt von aktuellen Reizen, die in der Gegenwart wirksam sind, ab. Wenn die Ratte hungrig ist, stellen die Bewegungen ihres Magens einen starken Reiz dar, der ihre Bewegungsaktivität steigert. Nach dem Fressen hören die Bewegungen des Magens auf und sofort verschwindet auch jegliche Zielstrebigkeit im Verhalten. Die Zielstrebigkeit ist ein antropomorphistischer Begriff, und man muß ihn bei exakten Forschungen vermeiden und das Verhalten des Tieres mit den Termini von Reizen und Reaktionen ausdrücken. Es ist in dieser Interpretation nicht ganz klar, wie die Steigerung der allgemeinen Aktivität der Ratte die Laufrichtung angeben und sie dazu veranlassen kann, nach rechts anstatt nach links zu gehen. Und doch beruht gerade auf dieser Fähigkeit die Beherrschung des Labyrinths. Bei den Experimenten Blodgetts erhielten hungrige Ratten am Ende des Durchlaufs keine Nahrung, und die von ihnen im Zusammenhang damit begangenen Fehler, das heißt die Abweichungen vom kürzesten Wege, nahmen von Tag zu Tag nicht ab, wie das bei mit Nahrung belohnten Ratten ständig zu beobachten ist. Als man nach sieben Tagen die Belohnung am Ende des Labyrinths einführte, ging die Zahl der Fehler sehr erheblich zurück. Folglich hat das Verhalten der Ratte einen deutlichen Zusammenhang mit der zukünftigen Situation und kann nicht nur von momentanen Reizen abhängig sein. Elliott fütterte die Ratten am Ende des Labyrinths mit Brot und Milch und ersetzte diese Belohnung nach ein paar Tagen durch Sonnenblumenkerne, eine viel weniger begehrte Nahrung. Nach dieser Veränderung stieg die Zahl der Fehler sofort an. Wie Tolman bemerkt, ist die Zielstrebigkeit des Handelns nur der Ausdruck einer realen Tatsache, die kommende Situation beeinflußt die Art des Verhaltens. Das Voraussehen der Nahrung ist eben der gesuchte, momentan wirkende Reiz. Mit dieser Frage werden wir weiter unten noch zu tun haben.

Die Wirkung der Dressur im Labyrinth hängt sodann von vielen Faktoren, wie dem allgemeinen physiologischen Zustand des Tieres, seinem Alter, seinem Geschlecht, der Kraftverteilung, den speziellen Bedingungen der Dressur, der Konstruktion des Labyrinths selbst usw., ab. Wir wollen kurz einige von ihnen besprechen.

Die Ratten, die zur Dressur verwendet werden, dürfen nicht krank sein, jegliches Unwohlsein, jede Hautkrankheit, Brunst bei den Weibchen, Ermüdung, übermäßiger Hunger und viele andere Faktoren beeinflussen den Verlauf der Dressur negativ. Oft sind Tiere im Krankheitszustand nicht fähig, die einfachsten Labyrinthe zu lösen. Ich erinnere daran, daß wir es mit derselben Erscheinung in dem Kapitel über die bedingten Reflexe zu tun hatten. Alle Krankheiten des Hundes wirken als einfache Hemmungen.

Der Einfluß des Alters auf die Wirksamkeit des Lernens war Gegenstand vieler Forschungen. Nach WATSON lernen junge Ratten in einem Labyrinth leichter als ältere, was ihrer größeren Beweglichkeit zugeschrieben wird. Diese Fragen wurden gründlich von STONE in einer Spezialmonographie untersucht. Der erwähnte Forscher arbeitete mit Ratten im Alter von 25 Tagen bis zwei Jahre und mehr, wobei er als Test zwei Typen der „problem-box" (einer Kiste, deren Tür die Ratte zu öffnen lernt), sowie zwei Arten Labyrinthe von verschiedenem Schwierigkeitsgrad verwandte. Die größte Fähigkeit der Ratte zur Lösung der verschiedenen Aufgaben fällt in das Alter von 30—75 Tagen, sofern das Tier nicht zuvor die Dressur störende Gewohnheiten erworben hat. Nach Erreichung des Maximums behauptet sich die Fähigkeit auf dem gleichen Niveau mehr oder weniger $^2/_3$ des Tierlebens hindurch, danach nimmt sie ab. Die große Regsamkeit der jungen Ratten kann aber auch für die Lösung mancher Aufgaben hinderlich sein, denn sie erweitert noch das Repertoire der unzweckmäßigen Bewegungen. Im allgemeinen hat dieser Faktor jedoch geringe Bedeutung.

Ob die Wirksamkeit des Lernens vom Geschlecht abhängig ist, ist nicht deutlich ersichtlich. Die einen Forscher stellen höhere psychische Fähigkeiten bei den männlichen, die anderen bei den weiblichen Ratten fest, was in einem gewissen Maße von der Art der Aufgabe abhängig zu sein scheint. Vielleicht hat man es nicht verstanden, die entsprechenden Aufgaben zu wählen. Auf jeden Fall erfordert diese Frage noch eine Aufhellung.

Ein interessantes Problem ist die äußerst zweckmäßige Kraftverteilung im Laufe der Dressur. Dieses Problem untersuchte ULRICH in einer überaus gründlichen Arbeit. Die Ratten lernten bei seinen Experimenten, die Tür einer Experimentalkiste zu öffnen und einen Käfig zu öffnen, indem sie auf ein mit der Tür verbundenes schräges Brettchen traten, sowie sich in einem kreisförmigen Labyrinth zu bewegen. Wenn die Ratte jede dieser Aufgaben gesondert beherrschen lernt, so erbringt

Gruppe	Zahl der Versuche	Beherrschung der Aufgabe nach Versuchen
I	1 täglich	11—24
II	3 täglich	21—36
III	5 täglich	30—50
IV	1 alle 2 Tage	9—22
V	1 alle 3 Tage	9—17

die Durchführung eines Versuches je Tag bessere Ergebnisse als es bei drei oder fünf Versuchen am Tage der Fall ist. Noch besser ist es, alle drei Tage einen Versuch durchzuführen. Ich führe einige Ergebnisse als Beispiel an.

Wenn die Ratte lernt, gleichzeitig mehrere Aufgaben zu lösen, sind seltenere Versuche ebenfalls fruchtbarer. Wenn man den Kräfteaufwand auf mehrere Tage verteilt, erhält man eine größere Energieeinsparung, die Bewältigung der Aufgabe erfordert weniger Versuche. Zeit wird jedoch hierbei nicht eingespart. Diese Forschungen blieben nicht ohne Echo in der Pädagogik. Die experimentelle Feststellung der vorteilhaftesten Pausenlänge beim Lernen stellt ein praktisch sehr bedeutendes Problem dar.

Wir wissen nicht genau, welches die Bedeutung der Pausen ist. Vielleicht benötigen die physiko-chemischen Veränderungen, die in den Nervenzentren unter dem Einfluß von Sinnesreizen erfolgen, eine gewisse Zeit, und ein Wirkungsmaximum wird dann erzielt, wenn jeder folgende Reiz in dem Augenblick zu wirken beginnt, wo die durch den vorigen Reiz ausgelösten Prozesse zu Ende gehen. Eine andere Möglichkeit ist die, daß eine genügend lange Pause es erlaubt, gewisse fehlerhafte Tendenzen zu eliminieren. LASHLEY zufolge erfolgte deren Vergessen eher als das der zielstrebigen Bewegungen, die zur Belohnung führen. Auch diese Frage verlangt eine Aufhellung.

Unter den speziellen Bedingungen einer Dressur, die den Verlauf beeinflussen, wollen wir die verzögerte Belohnung erwähnen. WATSON im Falle der „problem box“ und SIMMONS im Falle des Labyrinths wandten eine Verzögerung der Belohnung nach der Lösung der Aufgabe an, konnten jedoch nicht feststellen, daß dieser Faktor einen deutlichen Einfluß auf das Ergebnis der Dressur ausübte. Die Forscherin HAMILTON untersuchte das Problem in einer ausführlichen Arbeit. Sie brachte die Obstruktionsmethode in Anwendung. Die Ratten mußten über ein kupfernes Gitter laufen, auf dem sie einen elektrischen Schlag bekamen. Danach traten sie auf eine Plattform und bewirkten dadurch die Öffnung einer Nahrungszelle. Die Tür wurde entweder sofort, oder aber nach einer Verzögerungszeit von 15 Sekunden, 30 Sekunden, 1 Minute oder 3 Minuten geöffnet. Das Motiv war Hunger. Die Stärke der Motivierung, die an der Zahl der Gitterüberschreitungen im Laufe von 20 Minuten gemessen wurde, nahm um 43 % nach einer Verzögerung der Belohnung um 15 Sekunden ab. Eine Verzögerung von 30 Sekunden und einer Minute verringerte den Trieb nicht, eine Verzögerung von 3 Minuten verringerte ihn um 73 %. Bei Experimenten mit einem Labyrinth wandte die Forscherin Verzögerungen von 1, 3, 5 oder 7 Minuten an. Eine Verzögerung von einer Minute vermehrte die Zahl der für die Bewältigung der Aufgabe nötigen Versuche um 97 %, die Zahl der begangenen Fehler um 85 %, und die Durchlaufzeit um 112 %. Eine längere Verzögerung verschlechterte das Ergebnis nicht mehr. Die Arbeit der Forscherin HAMILTON liefert ein neues Beispiel dafür, daß die Handlungsweise der Ratte von zukünftigen Ereignissen abhängig ist. Die Verzögerung der Belohnung hatte in keiner Weise auf die Merkmale des Labyrinths, d. h. auf die während des Hindurchlaufens auf das Tier wirkenden Reize, Einfluß. Dennoch wurde das Ergebnis verändert.

Interessant ist auch die Frage der Unterscheidung von Zeitabständen, der HERON (1949) eine Spezialarbeit widmete. Im allgemeinen lernt die Ratte im Labyrinth, den zeitlich gesehenen kürzesten Weg zu wählen. Aus einer Reihe von Arbeiten, die den Einfluß einer Aufschiebung der

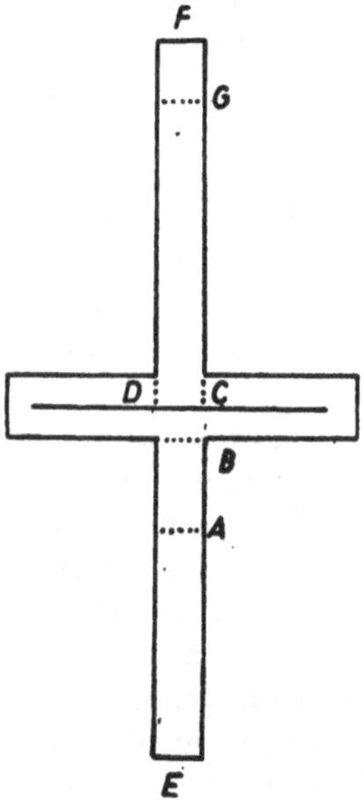

Abb. 79a. Der Apparat HERONS zur Erforschung des Einflusses der Pausenlänge

Belohnung behandeln, geht hervor, daß die Schnelligkeit des Lernens von der Länge der Pause zwischen der Lösung der Aufgabe und dem Erhalten der Belohnung abhängt. HERON wandte eine andere Technik an, indem er das Tier vor dem Punkte der Wahl festhielt. Die Ratte wurde in E (Abbildung 79 a) hineingelassen, die Tür B war verschlossen. Nachdem die Ratte A passiert hatte, wurde die Tür auch verschlossen und so das Tier im Abschnitt AB festgehalten. Wenn dieser Arrest 5 Sekunden dauerte, so mußte das Tier nach rechts gehen, um zu F zu gelangen, wobei es die Türen C und G geöffnet fand. Wenn die Unterbrechung 45 Sekunden betrug, führte der vorschriftsmäßige Weg durch D nach F (die Tür C war verschlossen). Die Ratten bewältigten diese Aufgabe gut, deren Lösung ausschließlich von einer Unterscheidung der Länge der Laufunterbrechung abhing. In den späteren Versuchen wurde die längere Unterbrechung allmählich verkürzt. Im Endresultat konnten die Ratten sehr gut eine Pause von fünf Sekunden von einer zehnsekundigen unterscheiden.

Wenden wir uns jetzt der überaus schwierigen Frage zu, von welchen Sinnen sich die Ratte während des Labyrinthstudiums leiten läßt. Dieses Problem führt uns sofort in ein umfangreiches Gebiet von Forschungen ein, aus denen die ganze Kompliziertheit des psychischen Lebens des Tieres hervorgeht.

Watson erforschte die Fragen als erster systematisch. Bei einigen Gruppen von Ratten schaltete er einen oder mehrere äußere Sinne aus und beobachtete sodann das Verhalten der Tiere im Labyrinth. Neun normale Ratten lernten, das Labyrinth bei Licht ohne Fehler zu durchlaufen, danach konnten fast alle richtig im Dunkeln hindurchlaufen. Das Experiment bewies, daß eine Ausschaltung des Gesichtssinnes die Orientierung nicht aufhebt. Diese Schlußfolgerung wird noch durch ein anderes Experiment bestätigt, bei dem vier geblendete Ratten sehr gut das Labyrinth beherrschten. Danach schaltete man den Geruchssinn aus, indem man die Geruchsnerven durchschnitt und die Nasenlöcher verstopfte. Fünf derartig operierte Ratten lernten es, bei Licht vorschriftsmäßig hindurchzulaufen und vermochten dies ebensogut im Dunkeln. In diesem Falle waren zwei Sinne auf einmal ausgeschaltet: der Geruchs- und der Gesichtssinn. Ratten mit abgeschnittenen Vibrissen oder teilweise ausgeschaltetem Gehör (Zerstörung der Gehörknöchelchen) lernten, sich im Labyrinth zurechtzufinden. Zwei blinde Ratten, die das Labyrinth bereits kannten, konnten auch nach einer Anästhetisierung der Fußsohlen durch Chloraethyl, also nach einer Ausschaltung des Tastsinns, fehlerfrei in ihm umherlaufen. Schließlich lernte eine Ratte, die gleichzeitig blind, anosmisch (mit ausgeschaltetem Geruchssinn) und ohne Vibrissen war, hindurchzulaufen, wenn es ihr auch nur mit erheblicher Mühe gelang. Bei diesen Experimenten eliminierte Watson die Sinne einfach, zweifach oder sogar zu dreien, ohne daß die Orientierungsfähigkeit aufgehoben wurde. Da keines der Experimente den Hautsinn oder das innere Empfinden (propriozeptiver Sinn) berührte, folgert Watson, daß diese für den Lernverlauf verantwortlich seien. Diese Schlußfolgerung ist jedoch verfrüht, denn nicht eine Ratte entbehrte aller äußeren Sinne, und es besteht die Möglichkeit, daß beim Nichtvorhandensein eines Sinnes ein anderer dessen Rolle stellvertretend übernehmen kann. Die Zahl der Versuchstiere war zu klein, als daß man ihr Verhalten dem Vorgehen des normalen Tieres gleichstellen könnte.

Der nächste logische Schritt, den Watson jedoch nicht tat, war die Ausschaltung auch des propriozeptiven Sinnes. Das taten erheblich später Lashley und Ball. Sie eliminierten den propriozeptiven Sinn, indem sie von verschiedenen Seiten das Rückenmark teilweise ausschnitten. Bei den verschiedenen Gruppen von Ratten waren in Summa fast alle Befehlswege des Marks durchschnitten. Die Operationen hoben die Fähigkeit nicht auf. Daraus schloß man, daß die Erwerbung einer Gewohnheit im Labyrinth nicht auf einer Serie motorisch-kinästhetischer Reflexe, sondern auf einem bestimmten innernervlichen Mechanismus beruht, der eine organisierte Serie von Bewegungen beim Nichtvorhandensein lenkender Sinneshinweise erzeugt. Nach Meinung HUNTERS ist diese Schlußfolgerung jedoch nicht verbindlich. Ebenso wie WATSON eliminierte er die Sinne nacheinander, schaltete sie aber nicht auf einmal aus. LASHLEY und BALL durchschnitten bei den einzelnen Ratten nur einen Teil der Befehlswege, ein unvollständiges Durchschneiden des Rückenmarks kann aber immer unberührte Ersatzwege übriglassen, und dies um so mehr, da das von den Autoren benutzte Labyrinth auf einer einfachen Reihenfolge von Wendungen nach rechts und nach links (Alternationen) beruhte: RLRLR, was für die Ratte eine leichte Aufgabe darstellt. Außerdem können die verschiedenartigen Reize, die im Labyrinth wirksam sind, die Lücken in den Hinweisen des propriozeptiven Sinnes ausfüllen.

Die Forscherin VINCENT wies nach, daß optische, geruchliche und berührungssinnliche Kennzeichnen des Weges zur Beherrschung eines Labyrinths dienen können. In einem Labyrinth, in dem die vorgeschriebenen Wege schwarz und die blinden Gänge weiß waren, ging die Dressur viel leichter als in einem gewöhnlichen Labyrinth vonstatten. Ebenso erleichternd wirkt es sich aus, wenn man die vorgeschriebenen Wege durch den Geruch von Käse oder Fleisch kennzeichnet. Was den Berührungssinn betrifft, so läßt sich dieser überhaupt nicht völlig eliminieren. Bei einem Fehlen der Vibrissen befühlt die Ratte den Weg mit den Füßen; wenn man ihr die Fußsohlen anästhetisiert, so betastet sie mit dem Kopfe die Wände und den Boden, wenn auch das erschwert worden ist, betastet sie die Wände mit den Seiten ihres Körpers. Wenn man eine Ratte aus einem Gängelabyrinth in ein offnes bringt, so bewirkt das immer eine Desorientierung, denn es fehlen hier die Seitenwände, die ihr Tasthinweise liefern.

CARR arbeitete mit normalen, blinden oder anosmischen Ratten. Normale Ratten, die ein Labyrinth bei Licht beherrschten, verloren die Orientierung, nachdem man das Labyrinth zugedeckt hatte. Tiere, die bei Tageslicht in einem zugedeckten Labyrinth dressiert worden waren, fanden sich auch dann gut zurecht, wenn es aufgedeckt war. Dasselbe Experiment ergab jedoch bei künstlichem Licht eine Störung in den einstudierten Durchlaufen. Offenbar kann eine lokalisierte Lichtquelle als Orientierungshinweis dienen. CARR untersuchte sodann den Einfluß, den eine Drehung des gesamten Labyrinths um nacheinander 45°, 135°, 225° und 315° ausübte. Die Ratten, die das Labyrinth bereits kannten, wiesen nach jeder Drehung eine Desorientierung auf. Die Merkmale der gesamten Umgebung des Labyrinths können dem Tier Richtungshinweise liefern, daher die Störung nach der Drehung. Dennoch war nach der fünften Drehung des Labyrinths um weitere 90° und nach folgenden der Durchlauf völlig normal. Wahrscheinlich hatten sich die Ratten entweder an die Situation des Drehens gewöhnt, oder aber sie stellten angesichts der Veränderlichkeit der äußeren Hinweise ihre Orientierung auf Merkmale des Labyrinths selbst um. Unverständlich ist jedoch folgende Tatsache. Wenn man ein künstlich beleuchtetes und mit einem Leinwandzelt bedecktes Labyrinth zusammen mit dem Zelt um 180° dreht, ohne irgend etwas in der nächsten für die Tiere wahrnehmbaren Umgebung zu verändern, so verliert die Mehrzahl der Tiere ganz augenscheinlich die Orientierung. Außerdem wurde dieselbe Störung des Laufes bei blinden Ratten beobachtet. Es entstand die Annahme, daß die Ratten irgendeinen unbekannten, absoluten Richtungssinn besitzen. HIGGINSON untersuchte die Frage, indem er die Drehung des Labyrinths bei Licht und im Dunkeln in verschiedenen Kompositionen durchführte. Er verneint entschieden die Existenz eines speziellen Richtungssinns. Nach einer Ausschaltung des Gesichtssinns, oder auch bei völlig gleichförmiger Umgebung, die keinerlei veränderliche optische Hinweise lieferte, änderte eine Drehung des Labyrinths nichts an dem einstudierten Durchlauf. Die Ratte besitzt genügend Sinneshinweise im Labyrinth selbst, ebenfalls sind künstliche Hypothesen nicht notwendig.

Man versuchte, eine Situation zu schaffen, in der die Ratte über keine Richtungshinweise, weder seitens des Labyrinths noch seiner Umgebung, noch seitens eigener Bewegungen verfügte. WOLFLE verwandte zwei Mehrfachlabyrinthe, die aus T-förmigen Einheiten bestanden, sowie ein lineares Labyrinth aus 14 U-Einheiten. Fünf bis sieben Tage vor dem Beginn der Dressur wurden den Ratten die Augen entfernt. Lokale geruchliche und tastsinnliche Hinweise des Labyrinths wurden ausgeschaltet, indem man täglich, immer unter Einhaltung eines unveränderten Planes, seine Einheiten umstellte und auswechselte. Hinweise von außen wurden dadurch ausgeschaltet, daß man das Labyrinth bei den kritischen Versuchen drehte. Schließlich konnte man kinästhetische Hinweise eliminieren, indem man im Labyrinth eine Reihe von Wegverkürzungen einführte und auf diese Weise die Durchlaufstrecke, und dadurch auch die einstudierte Reihenfolge der Bewegungen, veränderte. In dem T-Labyrinth lernten die Ratten schnell, trotz der täglichen Umstellung seiner Bestandteile, also nicht auf Grund von Hinweisen seitens des Labyrinths. Die Wegabkürzungen bewirkten keinerlei Störungen, obwohl sie das System der kinästhetischen Eindrücke verändern mußten. Dennoch vermehrte eine Drehung des Labyrinths um 180° sofort die Zahl der Fehler. Die Tiere mußten sich also von Hinweisen der weiteren Umgebung leiten lassen. Der Autor nimmt an, daß es sich um akustische

Hinweise handelte. Das Experimentierzimmer ging auf eine lärmende Straße hinaus, und die von der Straße hinaufdringenden Laute konnten ihnen eine allgemeine Orientierung verschaffen. In dem Labyrinth aus U-Einheiten (Abb. 80) war bei einer täglichen Umstellung dieser Einheiten im Laufe von 41 Tagen kein Fortschritt zu verzeichnen. Nach dieser Zeit wurden die Umstellungen aufgegeben, und die Ratten begannen langsam zu lernen. Vom 93. bis zum 98. Versuch wurden die

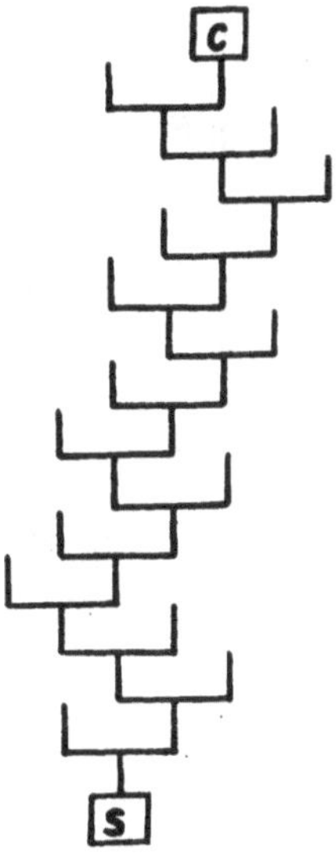

Abb. 80. Das lineare Labyrinth WOLFLES. *S* Start, *C* Ziel

Einheiten wiederum umgestellt, und die Zahl der Fehler stieg sofort auf die anfängliche Größe an. Aus allem geht hervor, daß sich die Ratte ohne irgendwelche Sinneshinweise nicht im Labyrinth zurechtfinden kann.

Die obenangestellte Schlußfolgerung hat den Charakter eines Truismus. Das Tier kann sich nicht zurechtfinden, sobald es ihm an jeglichen Orientierungsmitteln fehlt. Deshalb wird es besser sein, die Angelegenheit in Form der Feststellung darzustellen, daß der Ratte ein spezieller Richtungssinn fehlt, und kein unbekannter Sinn an der Orientierung teilnimmt.

Ein tieferes Problem enthalten die Arbeiten HONZIKS. Er stellt zwei mögliche Lernarten der Ratte gegenüber. Die Reaktionen des Tieres in den Wahlpunkten können eine Antwort auf gewisse lokale, momentane Reize sein. In diesem Falle beständen die Sinneshinweise aus einzelnen Vorgängen, die in einer bestimmten zeitlichen Reihenfolge erfolgen. Diese Reihe prägt sich dem Gedächtnis der Ratte ein.

Die Gegenhypothese setzt voraus, daß die Reaktion auf eine bestimmte Ganzheit, auf eine spezifische Form eines Labyrinths erfolgt, in dem die einzelnen Bestandteile verändert werden können, ohne daß die Identität der Form selbst aufgehoben wird. Ebenso erkannten wir den Buchstaben A in verschiedenen graphischen Kompositionen (Abb. 23). Dieses Problem kann man auf experimentellem Wege lösen. HONZIK dressierte geblendete Ratten in zwei offenen Labyrinthen eines T-Mehrfachtyps

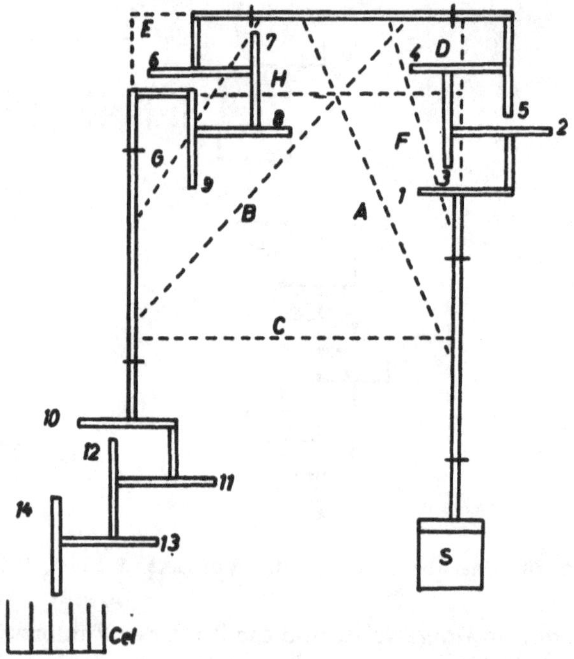

Abb. 81. Das Labyrinth HONZIKS mit 14 Sackgassen. Die punktierten Linien *A—H* bedeuten Verkürzungen, *S* Start

mit 19 und mit 14 blinden Gängen (Abb. 81). Im Laufe der Dressur, noch vor ihrer Beendigung, wurden eine Reihe von Wegverkürzungen eingeführt. Die Mehrzahl von ihnen rief keine Erhöhung der Fehlerzahl hervor, obwohl jede Verkürzung einen Wechsel in der Anordnung der kinästhetischen Eindrücke bewirkte. Eine deutliche Störung riefen nur die Verkürzungen hervor, die die Gestalt des gesamten Labyrinths veränderten und gewissermaßen seine Identität zerstörten. Z. B. änderte die Abkürzung B das Labyrinth fast in ein Dreieck um. Bei einer täglichen Auswechslung der Labyrintheinheiten war das Lernen verlangsamt, aber möglich. Es war folglich nur von Reizen seitens des Labyrinths abhängig. Eine Drehung um 90° und 180° erbrachte keine

Störungen des Laufes, also waren auch die Merkmale der Umgebung des Labyrinths ohne Bedeutung. Nach Eliminierung der optischen (die Ratten waren blind), der tastsinnlichen und der geruchlichen Hinweise des Labyrinths (Umstellung der Teile), der Hinweise in der näheren Umgebung (Drehung), sowie der kinästhetischen Hinweise (Verkürzungen des Weges) bleibt nur der Schluß übrig, daß das Tier gewisse „Anfänge einer Fähigkeit zu einem rationellen Verhalten" besitzt. Die Ratte erkennt räumliche Verhältnisse des Labyrinths, die Reaktion erfolgt auf eine Veränderung der Quantität und Qualität eines Reizes, auf ein gewisses „Muster", nicht aber auf die einzelnen Reize.

Wenn wir darin überein gekommen sind, daß bei der Ratte kein Richtungssinn existiert, und wir müssen das tun, so klingt der Schluß Honziks etwas paradox. Wenn alle Sinne tatsächlich ausgeschaltet sind, so muß man fragen, mit Hilfe welcher Mittel das Tier die Ganzheit des Labyrinths oder die Veränderungen der Quantität oder Qualität des Reizes erkennt? Ein „rationelles" Verhalten kann sich aus irgendwelchen Eindrücken, nicht aber aus einem Nichts ergeben. Deshalb sind wir geneigt anzunehmen, daß die Eliminierung der Sinne bei diesen Experimenten keine vollständige war. Im besonderen läßt sich, wie wir bereits gesagt haben, der Berührungssinn nicht ausschalten. Trotz aller Umstellung blieb der Plan des Labyrinths unverändert, und die Ratte hatte es beim Durchlaufen mit derselben Reihenfolge und denselben Winkeln und Ecken zu tun, die sie mit Hilfe des Tastsinnes erkennen und deren Reihenfolge sie sich merken konnte. Es scheint auch nicht möglich, daß der kinästhetische Sinn in diesem Falle ohne Bedeutung war. Verkürzungen des Labyrinths ändern weder die Reihenfolge noch die Anordnung der kinästhetischen Eindrücke, sie bewirken nur die Beseitigung einer gewissen Gruppe dieser Eindrücke, ohne eine Veränderung der übrigen hervorzurufen. Wenn wir ein Gedicht vortragen, so können wir ganz gut einige Strophen überspringen und weiter vortragen. Es gelingt uns das um so leichter, je besser wir uns das Gedicht ins Gedächtnis eingeprägt haben. In einer ähnlichen Lage befindet sich die Ratte. Nach Passieren einer Verkürzung gerät sie in die ihr bekannte Reihenfolge von kinästhetischen Empfindungen. Diese Reihenfolge kann man nur durch eine Veränderung der Konfiguration des Labyrinths verändern, diese aber ruft immer eine Störung des Durchlaufes hervor. Daß die Ratte eine gewisse Ganzheit des Labyrinths und nicht die einzelnen aufeinanderfolgenden Reize wahrnimmt, ist höchstwahrscheinlich, und ich werde noch andere Tatsachen anführen, die diese Deutung unterbauen. Die Ratte kann diese Ganzheit jedoch nur auf Grund von Sinneshinweisen aufbauen.

Die Bedeutung des kinästhetischen Sinnes ist in diesen Fällen klar, denn die Aufgabe ist nur auf seiner Basis lösbar. Dashiell und Helms bauten ein einfaches quadratisches Labyrinth mit vier Gängen, in dem sich der Wahlpunkt in der Mitte befand (Abb. 82). Nachdem die Ratte hereingelassen worden war, hatte sie von der Mittelzelle aus drei gleichaussehende Wege, A, B, und C, vor sich, jeder dieser Wege war an seinem Ende durch eine kleine Tür verschlossen. Bei der Anfangsdressur waren alle Türchen offen, und die Nahrung befand sich am Ende von jedem der drei Gänge. Der ganze Apparat stand waagerecht. Während der Dressur wurde er um 30° geneigt, und die Nahrung be-

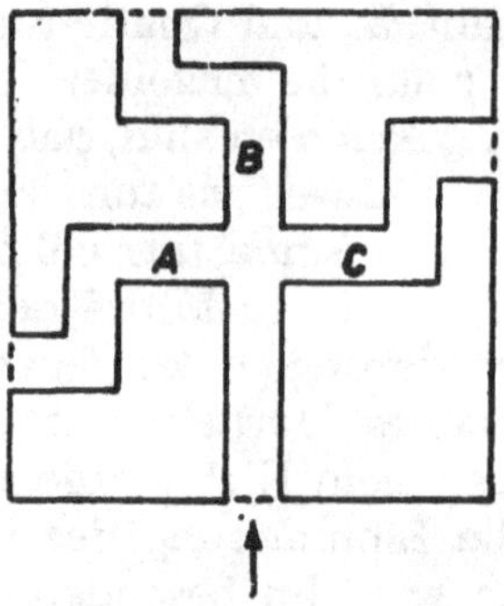

Abb. 82. Das Labyrinth von Dashiell und Helms zur Untersuchung des Einflusses des propriozeptiven Sinnes

fand sich am Ende des Ganges, der in die Höhe führte. Da die Neigungsrichtung von Versuch zu Versuch verändert wurde, war dieser Gang immer ein anderer. Durch eine gleichmäßige Beleuchtung, oftmaliges Reinigen des Apparates und durch Drehung desselben waren Sinneshinweise von seiten des Labyrinths und dessen Umgebung ausgeschaltet. Die Bewältigung dieses scheinbar einfachen Apparates stellte sich als sehr schwierig heraus, und keiner der Ratten gelang sie vollkommen. Dennoch konnte man einen deutlichen Fortschritt beim Studium des Labyrinths feststellen, was darauf hinweist, daß die Ratte den vorgeschriebenen Weg mit den Hinweisen nur des propriozeptiven Sinnes selbst, nämlich mit der Neigung des Weges, in Verbindung bringen kann.

Besonders besprochen zu werden verdient eine schöne Arbeit Dashiells aus dem Jahre 1930. Hungrige Ratten liefen einmal täglich durch ein Labyrinth, dessen Konfiguration von Tag zu Tag verändert wurde, dies jedoch immer nur als Abwandlung derselben Grundform. In Abb. 83 sehen wir in 1 die Ausgangsform des Labyrinths, sodann drei Abwandlungen davon, die am 13., 19. und 25. Dressurtage benutzt wurden. Alles in allem waren es 25 Labyrinthe, die täglich im Laufe von 25 Tagen ausgewechselt wurden. Die Reihenfolge aller Sinneseindrücke war immer eine andere. Trotzdem wiesen die Ratten einen deutlichen

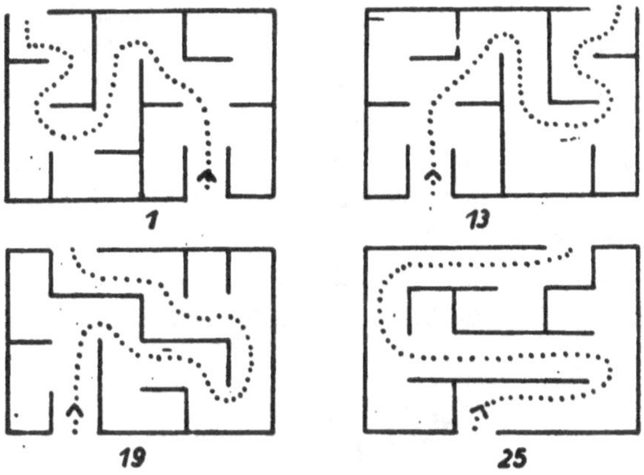

Abb. 83. Vier Labyrinthe von verwandter Konstruktion (DASHIELL). Erläuterung siehe Text

Fortschritt im Studium auf, die Zahl der Fehler nahm von Tag zu Tag ab. Die Labyrinthe hatten eine Reihe von Merkmalen gemeinsam: die äußere Form und die Ausmaße waren dieselben, der Eingang befand sich immer in einer der längeren Seitenwände, und der Ausgang in der

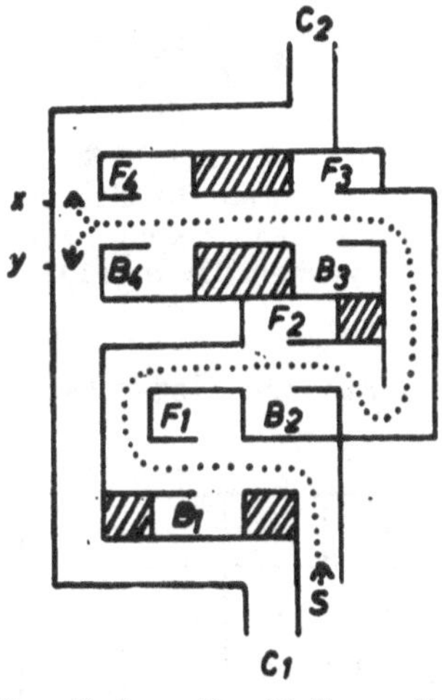

Abb. 84. Labyrinth mit doppelter Ziellage: C_1 und C_2. S-Start, B- und F-Sackgassen, X und Y Türen (DASHIELL)

gegenüberliegenden. Die Tiere merkten sich eine gewisse allgemeine Richtung, sie zeigten eine Tendenz, die blinden und vom Ziel abgekehrten Gänge zu meiden.

In weiteren Experimenten benutzte DASHIELL ein Labyrinth mit acht blinden Gängen (Abb. 84), von denen 4 (F_1—F_4) in die eine Richtung und

4 (B_1—B_4) in die entgegengesetzte Richtung führten. Die Lage der Startöffnung S war konstant, aber man konnte die Tiere durch ein Verschließen der Tür x oder y zum Ziele C_1 oder C_2 leiten. In beiden Fällen erfolgten die von den Ratten begangenen Fehler mit der Richtung, und die Tiere liefen sehr viel öfter in die zum Ziel gerichteten blinden Gänge als in die entgegengesetzten. Wenn z. B. das Ziel C_2 war, so gingen die Ratten öfter in die F- als in die B-Sackgassen.

In einem Mehrfachapparat aus T-Einheiten (Abb. 85), sowie in einem Apparat der dessen Spiegelbild darstellte, suchten die Ratten öfter die

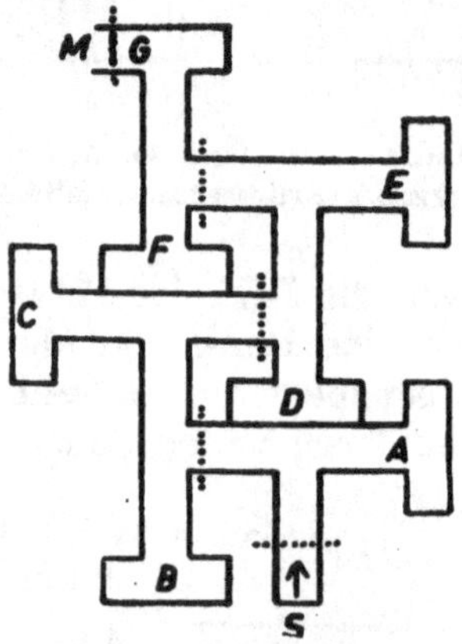

Abb. 85. Mehrfachlabyrinth mit 6 Sackgassen. Die punktierten Linien bedeuten Türen, die sich nur nach einer Seite öffnen lassen und Rückkehrversuche des Tieres unmöglich machen (Dashiell)

einen, seltener die anderen auf. Die Gesamtzahl von Besuchen der Sackgassen A, F war:

Sackgasse	A	B	C	D	E	F
Apparat 1	104	52	271	38	176	25
Apparat 2	158	43	261	53	222	20

Die seltener aufgesuchten Sackgassen B, D, F sind nicht in Zielrichtung gewandt, die am häufigsten aufgesuchte Sackgasse C ist zielwärts gerichtet. Bei den anderen Sackgassen ist die Angelegenheit weniger klar.

Interessante Ergebnisse lieferte ein Gitterlabyrinth (Abb. 86), in dem es 20 „richtige", d. h. kürzeste Wege gab, die alle von gleicher Länge waren. Schon nach ein paar Durchläufen hatte sich in diesem Labyrinth ein mehr oder weniger fehlerfreier Weg, aber immer ein anderer, herausgebildet. Dashiell kontrollierte alle möglichen äußeren Einflüsse, indem er die Einheiten umstellte, es drehte und die Lage der beiden Öffnungen,

Abb. 86. Dashiells Gitterlabyrinth

der Eingangs- und der Ausgangsöffnung veränderte. Das Resultat war immer ähnlich. Beispielsweise lief eine Ratte in 21 aufeinander folgenden Versuchen auf 13 verschiedenen Wegen fehlerfrei durch das Labyrinth. In diesem Falle ist es besonders handgreiflich, daß das Lernen auf einer allgemeinen Orientierung, nicht aber auf einem Merken der einzelnen

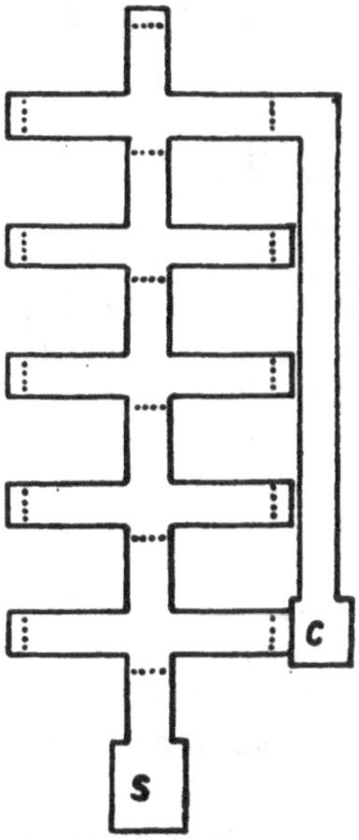

Abb. 87. Apparat, der ein Übergewicht von Fehlern in Zielrichtung ergibt. S-Start, C-Ziel. Die punktierten Linien bezeichnen kleine Leinenvorhänge (Spence und Shipley)

Wendungen beruhte. Ein Erkennen von Wegmerkmalen auf Grund von Sinneshinweisen kommt hierbei nicht in Frage, denn die Durchlaufstrecke war immer eine andere. Aus demselben Grunde ist die Reihenfolge der propriozeptiven Reize von keiner Bedeutung. Ein sehr wesentliches Moment ist die Richtung des Einganges in das Labyrinth. Die anfängliche Positionseinstellung läßt, trotz der Wendungen, im Organismus irgendeine Spur, vielleicht in Form einer Anspannung bestimmter Muskeln, zurück, die nicht unmittelbar mit der Fortbewegung zusammenhängt. Diese Einstellung erleichtert dem Tiere die Wahl der Laufrichtung. Dennoch tritt diese Tendenz erst nach ein paar Durchläufen auf, d. h., sie ist keine mechanische Tendenz, sondern sie ist auf irgendeine Art motiviert. DASHIELL gibt auf diese Weise dem Verhalten des Tieres eine physiologische Interpretation und vermeidet sowohl Antropomorphismus wie auch Mechanisierung.

SPENCE und SHIPLEY bestätigen noch etwas unmittelbarer die Tatsache einer zielwärts gerichteten Orientierung in den Sackgassen. In einem eigens zu diesem Zwecke konstruierten Labyrinth (Abb. 87) waren fünf blinde Gänge zielwärts und fünf entgegengesetzt gerichtet. Die punktierten Linien in der Zeichnung bezeichnen lose hängende Leinwandvorhänge, die verdecken sollen, ob die Ratte den richtigen Weg oder eine Sackgasse vor sich hat.

In der angeführten Tabelle bezeichnet Spalte A die Reihenfolge der Versuche, Spalte B den Prozentsatz von Besuchen nicht zielwärts gerichteter und Spalte C den Prozentsatz der zum Ziel gerichteten Sackgassen.

A	*B*	*C*	*A*	*B*	*C*
1	50	50	6—10	24	76
2	39	61	11—20	24	76
3	44	56	21—30	25	73
4	12	88	31—40	18	82
5	12	88	41—70	22	78
—	—	—	71—70	25	75

Zu analogen Schlüssen gelangt auch TRYON, der sich hierbei auf die Beobachtung des Verhaltens von mehr als 1000 Ratten in einem Mehrfachlabyrinth des T-Typs stützt. Die uns schon bekannten Methoden, die verschiedenen Sinneshinweise auszuschließen, bewirkten nur ganz minimale Störungen. Der leitende Faktor ist, nach Meinung TRYONS, die Fähigkeit der Ratte zur Schaffung von Richtungsabstraktionen, das Erkennen des Labyrinthplanes. Offenbar werden derartige Abstraktionen auf Grund des Zeugnisses von Sinnesorganen geschaffen; jedoch wird die Ratte nach ihrer Bildung frei von spezifischen lokalen Kennzeichen des Labyrinthes und seiner Umgebung. Eine derartige Formulierung der Angelegenheit scheint wirklich äußerst treffend zu sein.

Eine sehr originelle Methode zur Erforschung, welchen Anteil die Sinne an der Beherrschung des Labyrinths und an der späteren Orientierung haben, schuf HUNTER. Sein „Zeitlabyrinth“ (Abb. 88) besteht aus einer rechteckigen Kiste, die Laufstrecke hat die Form einer Acht.

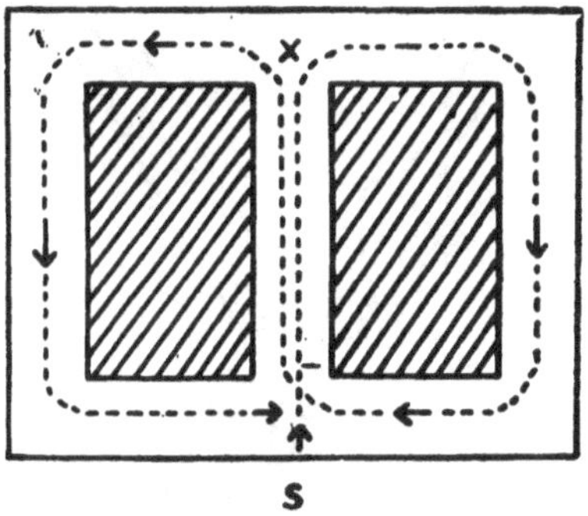

Abb. 88. Das Zeitlabyrinth HUNTERS: *S*-Start, *X*-Wahlpunkt

Die Ratte wird an den Punkt S gebracht und durch den Mittelgang nach X gelenkt. Von hier muß das Tier nach rechts laufen, nach Umgehung der rechten Hälfte zum Ausgangspunkte zurückkehren, wieder nach X laufen, sich nach links wenden, nach Umgehung der linken Hälfte noch einmal nach S zurückkehren, wo es endlich seine Belohnung erhält.

Während der Dressur wurden die beabsichtigten Wendungen durch Umstellung entsprechender Klappen erzielt. Das Besondere des Labyrinths besteht darin, daß die Ratte im Wahlpunkte keine äußeren Hinweise besitzt, ob sie sich nach rechts oder nach links wenden soll. Alle eventuellen Sinneshinweise bleiben unverändert, und der einzige Hinweis ist die vorherige Wendung. Die Beherrschung dieser „einfachen Alternation“, d. h. der Wendungen in der Reihenfolge RL erwies sich als äußerst schwierig, und eine doppelte Alternation RRLL ist für das Tier fast unerreichbar. Erst mit Hilfe einer besonderen einleitenden Dressur in einem Hilfsapparat ließ sich ein positives Resultat erzielen, und auch das nur mit einigen Ratten. HUNTER ist der Meinung, daß das Lernen im Labyrinth nicht auf einer Einprägung von propriozeptiven Reizen beruht. Im Zeitlabyrinth können nur solche Reize in Betracht kommen.

Noch niemand hat jedoch ein Labyrinth gebaut, das keine Ratte unter keinen Umständen bewältigt hätte. Die Erzielung von Alternationen erwies sich als möglich. YOSHIOKA benutzte ein dreieckiges Labyrinth mit einem Doppelumlauf (Abb. 89). Die stellbare Tür D verschloß entweder den einen oder den anderen der beiden Gänge. Nach einem zweifachen Durchlaufen des Labyrinths, d. h., nach einer Alternation RL oder LR, bekamen die Ratten in C eine Belohnung. Anfangs führten die Tiere eine zwangsweise Alternation RLRLRL oder LRLRLR drei Tage hin-

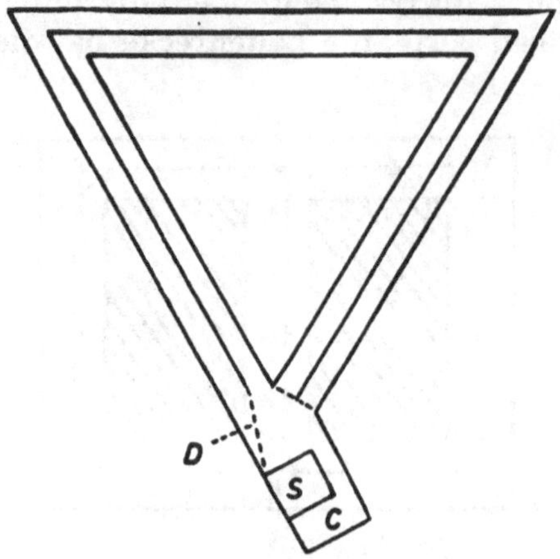

Abb. 89. YOSHIOKAS Alternationsgerät: *S*-Start, *C*-Ziel, *D*-Tür

durch viermal täglich durch. Danach wurde ihnen 10 Tage hindurch die Wahl des rechten oder des linken Ganges freigestellt. Die ziemlich komplizierte Laufberechnung ergab, daß die Ratten etwa dreimal öfter alternierten, als es sich aus einfacher Wahrscheinlichkeit ergeben würde.

Deutlicher sind die Ergebnisse, die EVANS erzielte. Um möglichst gleichmäßige Dressurbedingungen zu erhalten, gab EVANS den Tieren keine Belohnung in Form von Nahrung im Labyrinth. Die Motivierung bestand darin, daß die Gänge eines HUNTERschen Zeitlabyrinths mit Wasser gefüllt waren, und daß die Ratten in ihnen schwimmen mußten, was sie im Zustande ständiger Aktivität hielt. Nach Zurücklegung der vorgeschriebenen Acht fand die Ratte in der Startzelle eine Leiter, auf der sie aus dem Wasser gehen durfte. Von 14 Ratten lernten 12 eine einfache Alternation RL nach 36—173 Versuchen zu bewältigen, zwei waren selbst nach 200 Versuchen nicht dazu imstande. Interessant ist, daß während der Dressur die Ratten im Wahlpunkte (X in Abb. 88) sich oft hartnäckig nach links wandten und gleichsam den kürzesten Weg in die Freiheit antizipierten. Von diesen 12 Ratten lernten 8 auch die doppelte Alternation RLRL. Folglich ermöglicht unter bestimmten Umständen der kinästhetische Sinn selbst einem Tier die Beherrschung des Labyrinths.

Eine Arbeit von SCHLOSBERG und KATZ (1943) zeigt, daß die Möglichkeit, daß Ratten die Aufgabe einer doppelten Alternation bewältigen, in einem hohen Maße von der Methode abhängt. Die beiden Forscher beschreiben einen Apparat, in dem die Ratten einen Hebel nach rechts oder links niederdrücken mußten. Bei den Experimenten, von denen jedes aus 100—200 Versuchen bestand, erfolgte die vorgeschriebene Alternation in 50—90 % der Versuche. Es wurden fehlerfreie Serien von 35 Alternationen des RRLL-Typs beobachtet, d. h., die Ratte führte 140 aufeinanderfolgende Einzelreaktionen richtig aus. Die erlangte Gewohnheit ist ziemlich beständig, nach einer zehntägigen Unterbrechung läßt sie nur unerheblich nach. Die Aufgabe fällt der Ratte ziemlich leicht.

Wenn wir noch einmal alles zusammenfassen, was wir über den Anteil der verschiedenen Sinne an der Lösung von Labyrinthaufgaben gesagt haben, so stellen wir zwei wichtige Tatsachen fest: 1. Nicht ein Sinn des Tieres ist als solcher für die Beherrschung des Labyrinths unerläßlich. 2. Es gibt keinen einzigen Sinn, der nicht unter gewissen Bedingungen zum entscheidenden Faktor bei der Lösung einer Aufgabe werden könnte. Das Erkennen des Weges im Labyrinth ist ein äußerst verwickelter Prozeß, an dem verschiedenartige Fähigkeiten des Tieres beteiligt sind. Die Eliminierung einer Fähigkeit wird sofort dadurch kompensiert, daß eine andere stellvertretende Fähigkeit in Betrieb gesetzt wird, die unter normalen Bedingungen keine Rolle spielt. Hierbei ist die Motivierung von wesentlicher Bedeutung, die Orientierung erfolgt nicht so sehr nach Reizen, die im gegebenen Moment wirksam sind, als vielmehr nach dem vorhergesehenen Ziel.

In diesem Licht können wir erst die Meinung LASHLEYS über das Fehlen jeglicher gehirnlicher Lokalisierung bei der Ratte gebührend beurteilen, von der in dem Kapitel über die Gestalttheorie die Rede war. LASHLEY stützte seine Schlußfolgerungen ausschließlich auf Arbeiten mit dem Labyrinth im Zusammenhang mit einer Beschädigung verschiedener Partien der Gehirnrinde. Wenn die Orientierung auf irgendeinem Sinne beruhte, so könnte eine lokale Beschädigung der Gehirnrinde sie aufheben. Da jedoch viele Sinne an der Orientierung teilhaben können, die im Notfall einander vertreten können, ist es verständlich, daß selbst eine bedeutende Beschädigung der Gehirnrinde die Orientierungsfähigkeit nicht zerstören kann. Bei diesem Stand der Dinge kann man die Schlüsse LASHLEYS über ein Fehlen der Lokalisierung nicht für verbindlich halten (s. HUNTER).

Der eben formulierte Schluß über die Bedeutung der Motivierung und die Voraussicht des Ziels seitens der Ratte rief einen heftigen Widerspruch hervor, und wir müssen ihn etwas besser begründen. Es ist eine sehr verbreitete Erscheinung, daß die Ratte ein Labyrinth in Rückwärtsrichtung bewältigt, d. h., die Fehler am Ende des Durchlaufs schneller als am Anfang eliminiert. SPENCE stellte die von verschiedenen Forschern angeführten Daten zusammen, die mit Labyrinthen von verschiedenen Typen gearbeitet hatten. Er berechnete die

Fehler, die in den drei Teilen des Labyrinths, dem Anfangs-, Mittel- und Schlußteil, begangen wurden. Die durchschnittliche Fehlerzahl fiel jeweils aus: 7,66 : 4,36 : 3,58. Die Daten sind sehr übereinstimmend, die Sackgassen sind für die Ratten um so schwerer zu vermeiden, je weiter sie vom Ziele entfernt sind. Doch der Schwierigkeitsgrad zur Unterscheidung der einzelnen Sackgassen wird noch von anderen Faktoren, wie dem Streben der Ratte nach Einhaltung einer einmal gewählten Richtung, der Bevorzugung der zielwärts gerichteten Sackgassen, sowie der Antizipierung der letzten Wendung, beeinflußt.

In einer Arbeit von Spragg finden wir für diese letzte Frage interessante Daten. Seine Ratten liefen in einem Labyrinth von einer unregelmäßigen Wendungsreihenfolge: RLLRLRRL. Wie wir sehen, gab es in dem Labyrinth acht aufeinanderfolgende Wahlpunkte. Nach 100 Versuchen beherrschte keine der Ratten die Aufgabe vollkommen. In den acht Wahlpunkten wurden folgende Fehler gezählt:

Wahlpunkte	1	2	3	4	5	6	7	8
Fehler	95	41	205	114	56	101	349	91

Die Verteilung der Fehler ist äußerst charakteristisch. Ihr Maximum tritt in zwei Punkten, im dritten und im siebenten, dem vorletzten, auf. Diese Erscheinung kann auf zweierlei Art interpretiert werden. Vielleicht antizipiert die Ratte die letzte Wendung, die zur Nahrung führt, und irrt sich deshalb im Punkt 7. Die andere Interpretation erklärt, weshalb das Fehlermaximum ausgerechnet auf die zwei angeführten Punkte fällt. Bei der benutzten Reihenfolge RLLRLRRL geht das Tier siebenmal aus einer Abteilung in eine andere über, davon fünfmal in eine von der vorherigen verschiedenen Abteilung und zweimal in eine mit der vorherigen identischen Abteilung. Dieser letzte Fall erfolgt eben an den Punkten 3 und 7. Vielleicht bilden die Ratten einfach eine Gewohnheit eines regelmäßigen Alternierens, als der überwiegenden Bewegung heraus, und deshalb irren sie sich bei einer Wiederholung derselben Wendung. Es ist nicht ausgeschlossen, daß die beiden Interpretationen richtig sind: die Alternation erklärt die Fehler in den Punkten 3 und 7, die Antizipierung die im Punkte 7. Von entscheidender Bedeutung ist ein Experiment mit einer Wendungsreihenfolge RRRRRRRL. Wenn der propriozeptive Reiz ausschlaggebend ist, das heißt, wenn die Ratte sich die Wendungs-Reihenfolge merkt, so ist die Häufung der Fehler im Punkte 8 zu erwarten, denn bei sieben Übergängen von einer Abteilung in die folgenden erfolgt in sechs Fällen eine Wiederholung der vorhergegangenen Wendung und nur in einem ein Wechsel. Die Ratte müßte eine Gewohnheitsreaktion auf das häufigste Ereignis bilden. Die tatsächliche Verteilung der Fehler war jedoch folgende:

Wahlpunkte	1	2	3	4	5	6	7	8
Fehler	43	20	24	21	38	102	218	104

Noch einmal fällt das Fehlermaximum auf den Punkt 7. Das Vorhandensein einer Antizipation ist unzweifelhaft. Dieser Faktor bewirkt, daß die Ratte eine Wendung zu früh ausführt, die der Erlangung einer Belohnung unmittelbar vorausgeht.

Etwas anders wird die Erscheinung von BLODGETT und MC CUTCHAN (1946) interpretiert. Diese glauben, daß die Antizipierung von der Unfähigkeit der Ratte abhängt, die Lage des letzten Wahlpunktes von dem vorletzten zu unterscheiden. Sie benutzten für ihre Versuche zwei Labyrinthe vom Typ RLRLRLRLL, die sich nur in ihren Maßen unterschieden. In dem einen betrug der Abstand zwischen den Wahlpunkten 20 Zoll, im anderen 54 Zoll. Aus vorherigen Experimenten war bekannt, daß die Erkennung eines Ortes im Labyrinth, äußeren Kennzeichen zufolge, das heißt solcher außerhalb des Labyrinths, gut gelingt, wenn der Abstand zwischen den Wahlpunkten über 30 Zoll beträgt, aber bei einem Abstand von 20—24 Zoll unmöglich wird. Deshalb waren in dem kleineren der beiden Labyrinthe die Wahlpunkte für das Tier nicht unterscheidbar, und man mußte eine Antizipierung erwarten. Tatsächlich zeigte eine Gruppe von 10 Ratten in dem kleineren Labyrinth eine bedeutende Antizipierung bei der letzten Wendung, nur vier Tiere liefen vorschriftsmäßig. Eine andere Gruppen von 10 Tieren beherrschte in dem größeren Labyrinth die Aufgabe nach 11 Übungstagen vollständig. Eine Antizipation trat überhaupt nicht zutage.

Diese Erscheinung läßt sich noch anders beweisen. HULL maß die Geschwindigkeit des Laufes von hungrigen Ratten, die durch einen geraden Gang zur Nahrung eilten. Die Geschwindigkeit nahm in Zielrichtung zu, doch wurde sie unmittelbar vor dem Ziele geringer. Die Verlangsamung der Bewegung vor dem Ziele läßt sich so verstehen, daß daß Tier sich darauf vorbereitet, an der Nahrung haltzumachen. Wenn man die Ratten, die durch einen 20 Fuß langen Gang gelaufen sind, in einen 40 Fuß langen bringt, so steigert sich die Laufgeschwindigkeit bis 18—19 Fuß, bei 20 Fuß nimmt sie dagegen ab. Doch diese Erscheinung ist sehr verwickelt. Eine oftmalige Wiederholung des Laufes führt allmählich zu einem Schnelligkeitsausgleich auf der gesamten Strecke. Wenn man aber die Nahrungsbelohnung fortnimmt, kehren die Schnelligkeitsunterschiede sofort wieder zurück.

GEIER und TOLMAN (1943) erforschten dieses Problem mit einer genaueren Methode. Bei ihren Experimenten liefen 14 Ratten einen geraden Weg entlang, unterwegs aber mußten die Tiere in fünf sich drehende Trommeln hineingehen, deren Umdrehungen automatisch registriert wurden. Am Ende des gesamten Weges gab man ihnen eine Belohnung in Form von Nahrung. In jeder Trommel wurde die Ratte für eine Minute festgehalten, und die Zahl der Trommelumdrehungen als Maß für die Aktivität des Tieres festgestellt. Die Aktivität war in der ersten Trommel sehr gering, doch wuchs sie in der zweiten bedeutend an. Der Gipfelpunkt der Umdrehungskurve wurde in der vierten Trommel erreicht, verschob sich aber später mehr zur zweiten hin. Hingegen war in der letzten Trommel die Laufaktivität ständig geringer. Dieser „Zielgradient" blieb im Laufe von 45 aufeinanderfolgenden Läufen erhalten, ohne eine Ausgleichstendenz aufzuweisen.

Wir müssen entschieden die Versuche einer Mechanisierung des Tieres zurückweisen; sie finden in den Tatsachen keine Begründung. Die Handlung des Tieres wird von spezifischen Gesetzen gelenkt, die man nicht nur auf mechanische Faktoren zurückführen kann. Gleichzeitig würden wir jedoch einen ernsten Fehler begehen, wenn wir die Existenz derartiger Faktoren generell verneinten. Im Verhalten des Tieres spielen bestimmt Mechanismen verschiedener Art eine Rolle, es handelt sich nur darum, daß sie das Problem nicht erschöpfen und spezifisch organischen Erscheinungen ein breites Feld überlassen. Wir kennen mehrere Verhaltensmechanismen.

Oft wurde festgestellt, daß die Ratte rechtshändig, linkshändig oder beidhändig sein kann, was aus der Beobachtung hervorgeht, wie das Tier nach der Nahrung greift, einen Käfig öffnet, schwimmt usw. PETERSON zufolge ist Beidhändigkeit eine seltene Erscheinung, Rechts- und Linkshändigkeit treten dagegen annähernd gleich oft auf. Es sind dies ständige, ererbte Erscheinungen, die ihren Ursprung in einer anatomischen Asymmetrie des Gehirns haben. Eine Zerstörung bestimmter Gehirnterritorien kann eine rechtshändige Ratte in eine linkshändige verwandeln und umgekehrt. Ebenso wie der Mensch kann eine gegebene Ratte sich in gewissen Situationen ständig wie eine rechtshändige und in anderen wie eine linkshändige benehmen. Wir alle wissen, daß ein menschlicher Linkshänder beispielsweise einen Ball mit der linken Hand werfen und mit der rechten schreiben kann. Eine derartige anatomische und funktionelle Asymmetrie beeinflußt sicherlich den Charakter des Laufs im Labyrinth, unabhängig von jeglichen Sinneshinweisen oder einer Antizipierung des Ziels. Es ist dies ein Faktor mechanischer Natur.

TSAI beschreibt eine eigenartige „Sackgassenerscheinung" (cul de sac phenomenon). Sein Labyrinth (Abb. 90) besaß neun Sackgassen. Bei sieben von ihnen verzweigte sich der Weg nach Verlassen der Sackgasse in einen zielwärts gerichteten und in einen nicht zielwärts gerichteten, und bei zweien (3 und 8) war er eine Verlängerung der Sackgasse. Wenn die Wendung nach Verlassen der Sackgasse in Richtung derselben Wand erfolgte, in deren Nähe die Ratte läuft, so ist es eine homolaterale Wendung, im entgegengesetzten Falle eine heterolaterale. Im Laufe der Dressur wurden insgesamt 6962 Male beobachtet, daß die Ratten in Sackgassen hineinliefen, in 96 % der Fälle war die Wendung nach Verlassen derselben homolateral. Wenn man aus der Rechnung die Sackgassen 3 und 8 ausschließt, so erhält man eine Zahl von 6683 Irrläufen und 98,4 % homolaterale Wendungen. Die Homolateralität tritt schon vor einer Dressur im Labyrinth zutage. Eine Zusammenzählung aller Wendungen aller Ratten in der ersten Sackgasse und während des ersten Versuches liefert 84,4 % homolaterale Fälle. Vielleicht beruht die Erscheinung auf einem positiven Tigmotropismus: Die Ratte bewahrt mit der Wand Kontakt, an der sie entlangläuft.

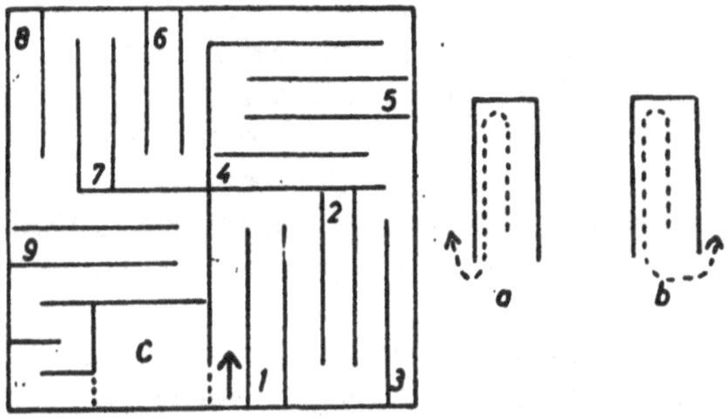

Abb. 90. Die „Sackgassenerscheinung". *C*-Ziel. Der Pfeil bezeichnet den Start. *1*—*9* Sackgassen. In *a* homolaterale Wendung, in *b* heterolaterale (Tsai)

Ballachey und Buel weisen auf den zentrifugalen Rückstoß als auf einen Faktor hin, der in einem erheblichen Maße die Wahl der Wendungsrichtung beeinflußt. Wenn die schnell laufende Ratte eine Wendung von 90° ausführt, wie es in der Mehrzahl der Labyrinthe der Fall ist, drückt die Zentrifugalkraft sie gegen die Ecke des Ganges (Abb. 91). Deshalb wählt das Tier lieber die Richtung D als E.

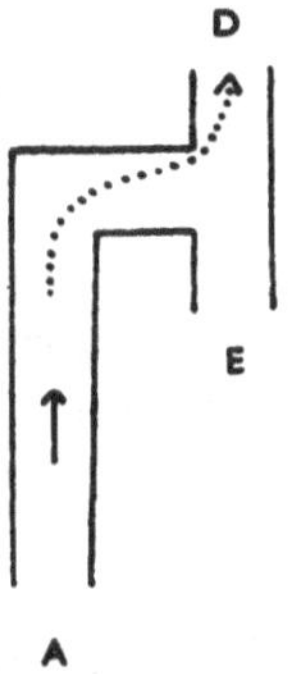

Abb. 91. Zentrifugaler Rückstoß (Ballachey und Buel)

Es existiert noch eine Reihe anderer mechanischer Faktoren, und in vielen Fällen können sie die Richtung der Wendungen, und damit den gesamten Lauf, beeinflussen. Die Rechtshändigkeit der Ratte erleichtert ihr die Lösung gewisser Aufgaben und erschwert ihr die Lösung anderer.

Faktoren dieser Art muß ein exakter Experimentator immer beachten. Dennoch ist ihr Einfluß im allgemeinen gering und läßt sich leicht kontrollieren. Im besten Falle können sie gewisse Abweichungen im Verhalten des Tieres, nie aber das Verhalten als solches erklären.

Wenden wir uns nun der wesentlichen und umfangreichen Frage des Gestaltcharakters der Rattenpsyche zu. Reagiert die Ratte auf einzelne Reize oder aber nimmt sie gewisse Komplexe wahr? Wir berührten dieses Problem teilweise schon früher und stellten fest, daß das Lernen der Ratte im Labyrinth nicht darauf beruht, daß sie sich die aufeinanderfolgenden Wegmerkmale einprägt, sondern die Konfiguration des Labyrinths als Ganzes erkennt. DASHIELL sympathisiert mit dem Gestaltprinzip, er meint jedoch, daß es kein konstruktives Prinzip sei und eher beweise, was die Ratte nicht vermag, als nach welchen Prinzipien sie handelt.

Wie wir aus dem Kapitel über die Gestalttheorie wissen, kann jede Gestalt einer Transponierung unterzogen werden, sie wird als solche erkannt, sofern die Veränderungen im Sinne eines bestimmten konstanten Prinzips durchgeführt worden sind. Im Zusammenhang damit steht die Tatsache, daß wir nicht so sehr absolute Erscheinungen, als vielmehr Verhältnisse zwischen den Erscheinungen wahrnehmen. Handelt nun die Ratte ebenso?

Es existieren viele Arbeiten, die speziell dem Problem der Transponierung im Falle der Ratte gewidmet sind. Allgemein wird festgestellt, daß die Beherrschung eines Labyrinths die Orientierung in anderen Labyrinthen mit einer verwandten Anlage erleichtert. WILTBANK zufolge verkürzen schon zwei Läufe in einem Labyrinth I die Zeit der Dressur in einem verwandten Labyrinth II, doch sind 16 Läufe in I dafür nötig, daß in zwei die Fehlerzahl sowie die für die Beherrschung der Aufgabe notwendige Zahl von Versuchen geringer wird. Der Übergang von einem schwierigen Labyrinth zu einem leichteren bringt eine größere Einsparung an Kräfteaufwand für das Tier in der folgenden Dressur mit sich, als ein Übergang in umgekehrter Richtung. Das ist übrigens nicht immer richtig. Es sind dies Beispiele einer positiven Transponierung. Die negative beruht darin, daß das Studium einer Situation die Bewältigung einer anderen erschwert, was sich ebenfalls experimentell nachweisen läßt.

WYLIE weist sehr richtig darauf hin, daß eine positive Transponierung nicht so sehr eine Folge des Gestaltcharakters des Wahrnehmens, als vielmehr einfach eine Folge davon sein kann, daß das Tier sich an die Situation des Experimentes gewöhnt hat, die Furcht verloren hat und noch stärker die Tatsache des Laufes selbst mit der Belohnung in Verbindung bringt usw. Die bisherigen Experimente wurden unter allzu komplizierten Bedingungen durchgeführt, denn die einzelnen aufeinanderfolgenden Labyrinthe unterschieden sich in zu vieler Hinsicht voneinander. In eigenen Experimenten schuf WYLIE einfachere Bedingungen, in den von ihm geschaffenen Situationen wurde nur ein Faktor verändert. Aus der Abteilung F des Apparates (Abb. 92) gelangte die Ratte in die Abteilung B, wo sie zwei gleichartig aussehende Wege X und X_1 vor sich hatte. In LL befanden sich zwei schwache Glühlampen, außer-

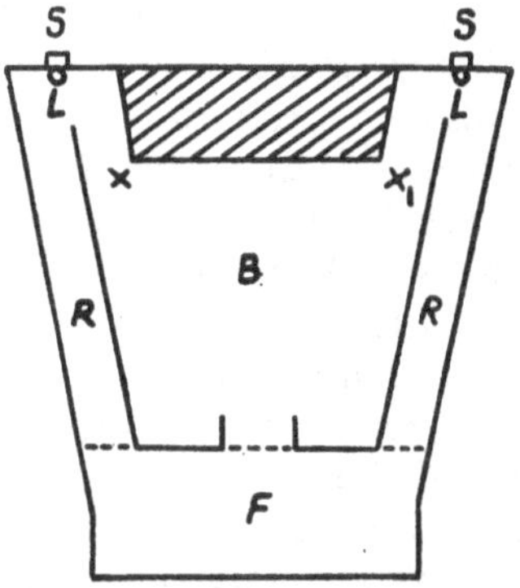

Abb. 92. Apparat zur Erforschung der Transposition nach der Veränderung eines dominierenden Faktors (WYLIE)

halb des Apparates waren zwei symmetrische Summer SS befestigt. Zu Anfang wurde die Ratte beispielsweise auf Licht dressiert. Die rechte Glühlampe L wurde eingeschaltet, und die Ratte mußte über X_1 gehen und über den Gang R nach F zurückkehren, wo sie eine Belohnung erhielt. Wenn die Ratte sich irrte und durch X lief, so fand sie die Tür am Ende des linken Ganges R verschlossen. Beim nächsten Mal wurde die linke Glühlampe eingeschaltet, und der vorschriftsmäßige Weg führte nun durch X. Indem man so die beleuchtete Seite unregelmäßig wechselte, um die Herausbildung von räumlichen Gewohnheiten zu verhindern (ständig rechts oder links, ständige Alternation), festigte sich eine Verknüpfung zwischen dem Licht und dem richtigen Wege. Nach Bildung der Gewohnheit wird der Lichtreiz durch den hinsichtlich seiner Lage ebenso veränderlichen Summerton ersetzt und von der Ratte dieselbe Reaktion gefordert. Bei allen Anlagen des Experiments war der Erwerb dieser zweiten Gewohnheit erleichtert. Die einstudierte Reaktion auf einen dominierenden Faktor erleichtert die Reaktion auf einen anderen dominierenden Faktor, es findet eine positive Transponierung statt. In einer anderen Experimentalserie wurde nach der Fixierung einer Reaktion auf Licht gleichzeitig mit dem Licht der akustische Reiz angewandt. Ein neuer Faktor, als Zusatz zu dem alten, dem Tier schon bekannten, ruft immer eine Störung der Reaktion hervor. Ebenso zeigte ein Hund nach Fixierung eines bedingten Reflexes auf einen neuen unbekannten Reiz eine Orientierungsreaktion, und der einstudierte Reflex verschwand. Die Tatsache einer positiven Transponierung ist bei den Experimenten WYLIES unzweifelhaft. Auch eine negative Reaktion stellte sich als möglich heraus.

In vielen Fällen lernt die Ratte, auf Verhältnisse zwischen den Reizen, nicht auf die absoluten Reize zu reagieren. HELSON weist dies mit Hilfe eines Zweiwahlgerätes (Abb. 93) nach. Die Kammer C_1 des Apparates war mit einer Glühlampe von 60 W, die Kammer C_2 durch eine solche von 2 W beleuchtet. Verlangt wurde von der Ratte eine Reaktion auf das stärkere Licht; wie immer wurde die Lage des positiven Reizes unregelmäßig verändert. Nach Fixierung der Gewohnheit wurde die absolute Lichtstärke verändert, indem man zum Beispiel Glühlampen von 60 und 150 W, oder 2 W und 1 W einander gegenüberstellte. Immer wählte das Tier das hellere Licht von zweien. Obwohl die Ratten in der Anfangsdressur 100 Male auf 60 W reagiert hatten, wandten sie sich bei der Gegenüberstellung von 60 W und 150 W den 150 W zu, lehnten also den absoluten Reiz, auf den sie dressiert worden waren, ab. Eine der Ratten bildete eine räumliche Gewohnheit heraus, sie strebte immer, unabhängig von der Lichtstärke, nach links. Um das zu überwinden, stellte man das stärkere Licht immer rechts auf. Der Weg des Tieres verschob sich im Laufe der sechs nächsten Versuche allmählich von links nach rechts (Abb. 93). Nach einigen weiteren Versuchen bei dieser

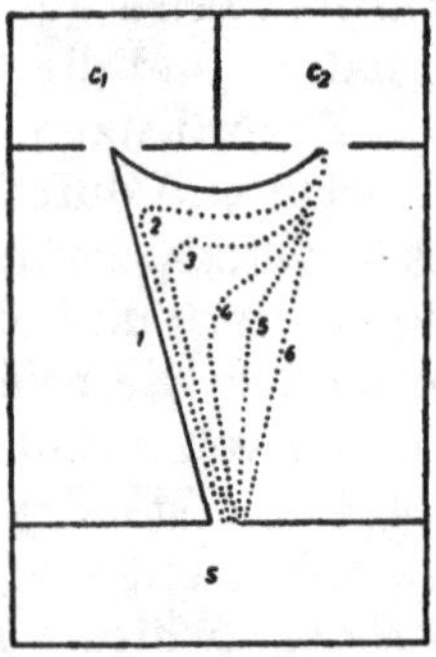

Abb. 93. Das Verhalten der Ratte im HELSONschen Apparat. *1–6* aufeinanderfolgende Wege eines Tieres nach Umstellung der Reize. *S*-Start

Anordnung brachte man das stärkere Licht wieder nach links. Die Ratte wandte sich, ohne zu zögern, nach links. In mehreren ähnlichen Umwandlungen trat klar der Antagonismus zwischen der räumlichen Gewohnheit, die möglicherweise von einer anatomischen Asymmetrie des Körpers abhing, und der Reaktion auf den positiven Reiz zutage.

Von größerer Vollständigkeit sind in dieser Hinsicht die Experimente MAIERS. Er dressierte Ratten in einem LASHLEYschen Sprungapparat auf zwei Unterschiede von zwei einander gegenübergestellten Reizen, von Helligkeit und Größe. Die Reaktionen der Ratte erwiesen sich als weit komplizierter als man hätte annehmen können. Vier Gruppen von Ratten wurden vier Aufgaben gestellt. In der ersten Versuchsserie wurde eine schwarze Kreisfläche auf weißem Untergrund einer weißen Kreisfläche von derselben Größe auf schwarzem Untergrund gegenübergestellt. In der zweiten Serie war der positive Reiz eine weiße Kreisfläche des vorherigen Paares. In der dritten Serie dressierte man die Ratten auf eine schwarze Kreisfläche von 12 cm Durchmesser gegenüber einer schwarzen Kreisfläche von 6 cm Durchmesser, beide Kreise auf weißem Untergrund. In der vierten Serie war der positive Reiz die kleinere Kreisfläche des vorherigen Paares. Nach beendigter Dressur legte man jeder Gruppe von Ratten nacheinander eine Reihe von 13 Reizpaaren vor, indem man die allgemeine Helligkeit der ganzen Papiere, die Helligkeit nur der Figuren selbst, die Helligkeit des Untergrundes selbst, sowie die Größe der Figuren, alles in verschiedenen Kombinationen veränderte. Wie aus diesen Verifikationstests hervorgeht, lernten die Ratten der Serie I und II auf die Helligkeitsunterschiede oder auf die absoluten Merkmale der positiven Figur, oder auch auf diese beiden Faktoren, zu reagieren. In den Serien III und IV erkannten sie die Helligkeits- und Größenunterschiede, die absoluten Merkmale der Figuren oder auch das eine und das andere. Die Reaktionen der Ratte stützen sich in gleichem Maße auf das Erkennen von relativen, vergleichenden Reizmerkmalen, wie auch von absoluten Merkmalen. Je nach den speziellen Bedingungen des Experiments kann man ein Übergewicht der einen oder der anderen Verhaltensart erzielen, was eher den Experimentator als das Tier charakterisiert. Die Ratte ist zu beiden Reaktionen fähig. Es ist sehr zweifelhaft, sagt MAIER, ob wir spezifische Gewohnheiten auf einzelne isolierte Reize erzielen können. Stets verändern wir die gesamte Organisation des Nervensystems, nicht seine einzelnen Punkte.

Die Kompliziertheit der Art und Weise, mit der die Ratte reagiert, wird von zahlreichen Forschern unterstrichen, und es scheint ein Hirngespinst zu sein, das hochorganisierte Benehmen des Tieres auf irgendwelche Reihen von einfachen Reizen zurückführen zu wollen. Aus den Experimenten mit der Reaktionsverzögerung, die im III. Kapitel beschrieben wurden, folgert MAIER, daß die Ratte die Fähigkeit besitzt, zwei Bestandteile des vorherigen Experiments zu verknüpfen, die bisher nicht zusammen in den Handlungen des Tieres aufgetreten sind. Auf dieser Grundlage schreibt MAIER den Ratten die Fähigkeit der „Überlegung" zu. Die radikale Interpretation solcher Erscheinungen setzt die Existenz eines hoch organisierten Seelenlebens bei der Ratte voraus. KRECHEVSKY weist darauf hin, daß die Ratte in den verschiedenen experimentellen Situationen eine Reihe von „Versuchen zur Lösung" eines Problems anwendet, von denen jede eine gewisse Zeit hindurch dauert.

Das Tier stellt „Hypothesen“ auf und probiert ihre Wirksamkeit aus. Die Hypothese muß geprüft werden. Wenn sie richtig ist, so muß sie zu den erwarteten Folgen führen, wenn nicht, so muß sie zugunsten einer anderen Hypothese verworfen werden. Eben im Sinne dieses Prinzips handelt die Ratte. In dem Apparat KRECHEVSKYS (Abb. 94) mußte die

Abb. 94. Labyrinth zum Nachweis der „Hypothesen“. S-Start, C-Ziel. In jeder Abteilung konnten stellbare Türchen (punktiert) entweder den rechten oder den linken Durchgang versperren (KRECHEVSKY)

Ratte in vier Punkten einen von zwei möglichen Wegen wählen. Der vorschriftsmäßige Weg wurde entweder durch eine entsprechende Handhabung einer Tür oder aber durch Beleuchtung einstudiert. Da jedoch diese Veränderungen von Versuch zu Versuch mit Absicht völlig systemlos durchgeführt wurden, war die Aufgabe eigentlich unlösbar, es bestand keine bestimmte Beziehung zwischen den Veränderungen der Kennzeichen und der Richtigkeit des Weges. Die Ratte stellt in dieser Situation verschiedene „Hypothesen“ auf, sie wendet sich beispielsweise nach rechts, unabhängig von der Beleuchtung oder davon, ob sie auf eine verschlossene Tür trifft, und wiederholt dieses Verhalten in allen Abteilungen des Apparates und in mehreren aufeinanderfolgenden Versuchen. Danach geht sie plötzlich nach links über, was von neuem eine gewisse Zeit anhält. Eine andere „Hypothese“ kann die sein, daß sie sich zu der beleuchteten, zu der dunklen Seite wendet, oder daß sie in ihren Bewegungen regelmäßig alterniert usw. KRECHEVSKY stellt die charakteristischen Merkmale der „Hypothesen“ in den vier Punkten zusammen: 1. Sie sind systematisch, das heißt, jede von ihnen wird einige Male hintereinander angewandt. 2. Sie enthalten ein gewisses Maß an Abstraktion. 3. Sie sind nicht gänzlich von der unmittelbaren Umgebung abhängig, sie sind in einem erheblichen Grade durch die innere Einstellung des Tieres bedingt. 4. Sie sind zielstrebig und entsprechen dem Urteilsprinzip „wenn — dann“. Beschädigungen der Gehirnrinde bewirken eine Verringerung der Zahl von „Hypothesen“, des Grades ihrer Komplexität und ihrer Anpassungsplastizität. KRECHEVSKY fand, als er mit ausgelesenen Rattenrassen arbeitete, von denen eine sich durch „Sturheit“ bei der Lösung von Labyrinthsaufgaben, die andere hierbei durch besonderes „Talent“ auszeichnete, daß die Art der überwiegenden „Hypothesen“ von ererbten Faktoren abhängt. Die „talentierte“ Ratte wählte lieber räumliche „Hypothesen“, die „sture“ Ratte lieber optische.

Gewisse Tatsachen, die zugunsten dieses Standpunktes sprechen, werden von MASON angeführt. In dem LASHLEYschen Sprungapparat mußte die Ratte zwei gleichzeitig vorgelegte Kennzeichen unterscheiden und zu einem von ihnen springen. Das Tier beginnt immer bei räumlichen „Hypothesen" und springt entweder ständig nach rechts oder ständig nach links, oder auf die Seite, die sich beim vorigen Mal als richtig erwiesen hat. Erst nach Ausschaltung ähnlicher „Hypothesen" beginnt sie, die optischen Kennzeichen zu beachten. MASON versuchte, dem Tier diese Eliminierung zu erleichtern. Seine Vorrichtung unterschied sich von der LASHLEYS nur dadurch, daß die Plattform, von der die Ratten herabsprangen, ausgeschnitten war, daß sie zwei Vorsprünge hatte, von denen jeder auf ein anderes, mit einem Kennzeichen versehenen Papier zeigte. Schon vor dem Sprung mußte sich das Tier entscheiden, von welcher Hälfte es springen wollte. Diese einfache Maßnahme erbrachte bei der Dressur eine 29,5 %ige Einschränkung der für die Bewältigung der Aufgabe notwendigen Versuchszahl und eine 44,5 %ige Einschränkung der Fehlerzahl.

Die Aussagen KRECHEVSKYS werden von WITKIN scharf kritisiert, der ihnen eine Überwertung der geistigen Fähigkeiten der Ratte und Anthropomorphismus vorwirft. Die Systematik der „Hypothesen" bedeutet seiner Meinung nach nur eine Wiederholbarkeit derselben Bewegungen in analogen Situationen, eine gewisse Stereotypie des Verhaltens, was mit der überaus primitiven Organisation der Psyche zusammenhängen kann. Die Abstraktion und Verallgemeinerung stellen ebenfalls nur beschreibende Termini dar: die Ratte reagiert in den Situationen gleich, die gemeinsame Merkmale aufweisen. Es ist das kein Beweis für die Höhe des Geisteslebens. Was das dritte Kriterium KRECHEVSKYS angeht, so bringt das Tier tatsächlich etwas ihm Eigentümliches mit. Das ergibt sich wenigstens aus der individuellen Verschiedenartigkeit des Verhaltens verschiedener Ratten unter denselben Bedingungen. Das Tier, sagt KRECHEVSKY, handelt in jeder Situation im Zusammenhang mit seiner gesamten Vergangenheit. Bei Experimenten WITKINS mit jungen Ratten traten ebenfalls „Hypothesen" zutage, es ist jedoch nicht verständlich, was die Vergangenheit der Ratten, die ihr gesamtes Leben im Käfig verbracht haben, mit einem Labyrinth und der Vermeidung von Sackgassen zu tun haben kann. Eine derartige oder eine andere Einstellung des Tieres kann gut mit einem Übergehen der höheren psychischen Fähigkeiten erklärt werden. Das vierte Kriterium spricht von der Zielstrebigkeit der „Hypothesen". WITKIN vergleicht das Verhalten eines Tieres in lösbaren und unlösbaren Situationen. In diesen ersteren lassen sich systematische Versuche beobachten, in den letzteren in der Regel nicht. Das Verhalten in einer unlösbaren Situation ist kein Lernprozeß, denn es ist in diesem Falle keinerlei Fortschritt möglich, es ist eine ganz spezielle Art des Verhaltens. In der Situation mit freier Wahl, wenn also zwei Wege gleichermaßen zum Ziel führen und keine Sackgassen vorhanden sind, stellen die Ratten dennoch ständig „Hypothesen" an, die völlig unnötig sind, denn keine Reaktion ist besser oder schlechter als die anderen. Es ist schwer, „Lösungsversuche" in einer Situation zu verstehen, die kein Problem enthält. Die „Hypothesentheorie" entstand als Protest gegen die Mechanisierung des Organismus, gegen die Auffassung, daß dieser nur Reize empfange und Reaktionen ausführe. Die „Hypothesen" stellen den Lernprozeß als etwas Koordiniertes, Organisiertes und Voraussichtbares dar. Die Tendenz ist sicher richtig, doch verfällt KRECHEVSKY in das andere Extrem.

Nach Meinung WITKINS bedeutet eine Ablehnung der „Hypothesen" ganz und gar nicht die Notwendigkeit einer Rückkehr zu den Mechanismen. Er schlägt eine physiologische Interpretation der Erscheinungen vor. In einer lösbaren Situation führt die richtige Reaktion in jedem Wahlpunkte zur kürzesten Laufstrecke und wird durch Nahrung belohnt. Deshalb gibt es eben hier keine „Hypothesen". Hingegen ist bei unlösbaren Situationen eine veränderte Reaktion in jedem Wahlpunkte ebenso wirkungslos wie eine stereotype, systematische Reaktion. Beide Reaktionsarten sind möglich, dennoch reagiert das Tier überwiegend stereotyp. Da in einem flachen Labyrinth alle Einheiten miteinander identisch sind, da die Wahl schnell erfolgen muß, und jedesmal eine mehrfache Wahl erforderlich ist, drückt der Seriencharakter der Situation dem Tiere den Stempel einer Serienreaktion auf. Weshalb jedoch verändert die Ratte die „Hypothese"? Auch das läßt sich ohne Zielstrebigkeit erklären. Die Ratte reagiert einfach angesichts der Verschiedenartigkeit der Situation und der Vielfalt der Reize auf immer andere Reize, wobei sie dementsprechend ihre Reaktion ändert.

Wenn die Überlegungen WITKINS in ihrem kritischen Teil ganz gewiß eine Reihe wichtiger Bemerkungen enthalten, so erwecken sie doch in ihrem konstruktiven Teil zahlreiche Vorbehalte. Das Problem wurde in unbegründeter Weise vereinfacht. Vor allem ist es nicht richtig, daß gerade der kürzeste Weg im Labyrinth belohnt wird. Jedes Verlassen des Labyrinthes wird belohnt, unabhängig von den begangenen Fehlern; und es ist gar nicht so verständlich, weshalb die Ratte lernt, auf dem kürzesten Wege durch das Labyrinth zu laufen. Sodann kann die Ratte in jeder Situation, gleich ob lösbar oder nicht, „Hypothesen" aufstellen. Schließlich existierten diese doch im Falle der freien Auswahl, die eine lösbare Situation darstellt. Wenn die Ratte auf immer andere Reize reagiert und aus diesem Grunde die „Hypothesen" verändert, weshalb dauern dann die neugeschaffenen „Hypothesen" eine ganze Reihe von Versuchen hindurch an, und machen nicht sofort wieder neuen Reaktionen Platz? Schließlich ist das Tier doch einer Flut von veränderlichen Reizen ausgesetzt. Trotzdem verändert sich sein Verhalten sprungweise, von „Hypothese" zu „Hypothese", jeder „Lösungsversuch" hat eine gewisse Dauer und ist dann deutlich gegen äußere Reize unempfindlich. Es handelt sich überhaupt nicht um ein „Überlegen“ seitens der Ratte und um eine Handlungsweise „wenn — dann“, wir sind nicht zu derartigen Annahmen berechtigt. Doch es handelt sich um eine experimentelle Tatsache, daß das Verhalten des Tieres in einem engen, ursächlichen Zusammenhang mit der vorherigen Zielerreichung steht. Denken wir daran, daß es, streng genommen, überhaupt keine unlösbaren Situationen gibt. Wir müssen die Motive der Ratte von den Motiven des Experimentators unterscheiden, was nicht immer klar verstanden wird. Für das Tier erfolgt eine Lösung dann, wenn es eine Belohnung erzielt, und nicht, wenn es die Absichten des Forschers errät. Nach dem Lauf in jedem Labyrinth, ob lösbar oder nicht, erhält die Ratte schließlich eine Belohnung, sei es auch nur in der Form, daß man sie endlich in Ruhe läßt und ihr gestattet, zu ihren Genossinnen in den Käfig zurückzukehren. Die Rückkehr in den Käfig ist eine schwache Motivierung, falls jedoch eine andere fehlt, kann sie das Vorgehen der Ratte entscheiden. Deshalb fehlt auch bei keinem Experiment wirklich jede Motivierung. Die Interpretation WITKINS ist nicht imstande, alle diese Schwierigkeiten zu beseitigen.

Ich beabsichtige ganz und gar nicht, die „Hypothesen“ zu verteidigen, und ich bin der Meinung, daß KRECHEVSKY sich unnötig in riskante Erwägungen eingelassen hat. Dennoch ist das Verhalten des Tieres viel komplizierter, als das alle Versuche, es an Hand eines Schemas von Reizen und Reaktionen zu erklären, voraussetzen. Der Reiz muß eine verwickelte Reihe von Prozessen in den Nervenzentren in Bewegung setzen; diese Prozesse aber nehmen einen eigenen spezifischen Verlauf und haben eine eigene Dauer. Einmal erregt, werden sie in einem erheblichen Maße gegenüber den Einflüssen der Außenwelt autonom. Wir können und brauchen der Ratte keine menschlichen Merkmale zuschreiben. Wir müssen ihr jedoch organische Merkmale zuerkennen, die sich von jeglichen mechanischen Erscheinungen unterscheiden.

In neuerer Zeit kommt eine Reihe von Autoren wieder auf dieses schwierige Problem zurück. BLODGETT und Mc CUTCHAN (Abb. 95) benutzten ein einfaches H-förmiges Labyrinth. Vom Startpunkt S_1 mußte die Ratte zum Ziel F_1, vom Startpunkte S_2 dagegen nach F_2 laufen. Nach 36 Tagen lösten die Ratten die Aufgabe noch nicht, sie hatten nur eine Positionsgewohnheit nach F_1 oder F_2 herausgebildet. Wenn man beim Lauf S_1F_1 das Gerät im östlichen Zimmerende und beim Lauf S_2F_2 im westlichen Zimmerende aufstellte, so ging das Lernen schnell vonstatten. Zu den Hinweisen seitens des kinästhetischen Sinnes (Rechts- oder Linkswendung) kommen optische Kennzeichen von seiten der weiteren Labyrinthsumgebung, die unzweifelhaft in den verschiedenen Lagen des Apparats verschieden sind, hinzu. Nun begann man, die beiden Positionen des Labyrinths einander bis zur völligen Übereinstimmung anzunähern, das heißt, die Läufe S_1F_1 und S_2F_2 erfolgten schließlich an demselben Punkt des Zimmers. Nichtsdestoweniger liefen die Ratten beider Gruppen auch weiterhin richtig. Dieses Mal waren alle Kennzeichen des Zimmers und überhaupt alle äußeren Reize für beide

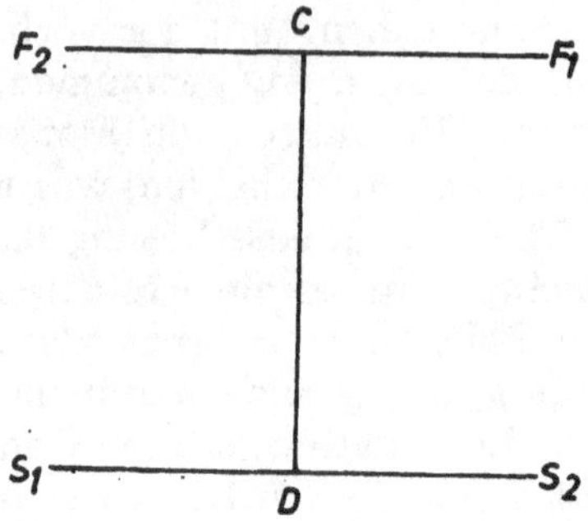

Abb. 95. Schema des Labyrinths von Blodgett und Mc Cutchan

Gruppen die gleichen, doch die Reaktion war verschieden. Es ist klar ersichtlich, daß der einzige Unterschied zwischen den Ratten der beiden Gruppen ihre Vergangenheit war. Unabhängig von den aktuellen Reizen, wählt die Ratte die Wendungen, an die sie zuvor gewöhnt worden ist.

Einen weiteren Schritt vorwärts stellen die Forschungen Kalishs (1946) dar. Er benutzte einen ähnlichen Apparat, wandte aber ein etwas anderes Verfahren an. Bei den Experimenten Blodgetts und Mc Cutchans war die falsche Nahrungskiste verschlossen, und die Ratte konnte, wenn sie an diese herankam, ihren Fehler korrigieren und sich zum richtigen Ziele begeben. Dieses Mal ließ man die Ratte, wenn die Wahl falsch war, in die leere Kiste hineingehen und hielt sie dort für 20 Sekunden fest. Danach brachte man sie in der Hand zum Wahlpunkt C und ließ sie noch einmal wählen. Nach 14 Tagen lösten die Tiere die Aufgabe vollständig. Folglich kann eine Ratte an ein und demselben Punkte des Labyrinths eine räumlich umgekehrte Reaktion erlernen.

Im Zusammenhang mit vielen ähnlichen Tatsachen entsteht die Frage, welcher Hinweise sich das Tier eigentlich bedient, was die Ratte im Labyrinth lernt. Ist der kinästhetische Sinn, also das Merken aller Wendungen, entscheidend, oder aber verknüpft die Ratte die Wendungen mit irgendwelchen äußeren Kennzeichen? Es handelt sich also um eine Gegenüberstellung des Platzerkennens (place-learning) und der Einprägung zuvor ausgeführter Reaktionen (response-learning). Tolman, Ritchie und Kalish (1946) analysieren dieses Problem sehr eingehend. Nehmen wir einmal an, daß eine Ratte in einem einfachen T-förmigen Labyrinth mit einem Wahlpunkte fehlerlos zu laufen gelernt hat. Es sind drei Hypothesen möglich. 1. Die Ratte erlernte den Weg auf Grund irgendwelcher lokaler Merkmale des Labyrinths selbst, z. B. der Unebenheit des Weges. 2. Sie lernte sich des kinästhetischen Sinnes zu bedienen, z. B. sich ständig nach rechts zu wenden. 3. Sie lernte immer zu derselben Stelle im Labyrinth, z. B. in Richtung des Zimmerfensters, zu laufen. Jede dieser drei Möglichkeiten hatte ihre Verfechter, und jede wurde als die einzige Lernart angesehen. Heute können wir die erste Möglichkeit mit einem großen Grad an Wahrscheinlichkeit ausschließen, denn wir wissen aus der Arbeit HONZIKS, daß ein Lernen auf Grund von Merkmalen des Labyrinthes allein, wenn die äußeren Kennzeichen von Versuch zu Versuch verändert werden, der Ratte sehr schwer fällt. Aber es fehlen uns bisher Experimente, die endgültig zwischen den beiden anderen Möglichkeiten die Entscheidung träfen. In einer der vorherigen Arbeiten wiesen deren Verfasser nach, daß ein Training auf einen bestimmten Weg mit Wendungen nach rechts und links bei der Ratte die Neigung hervorruft, den kürzesten Weg zur Nahrung zu wählen, wenn der ursprüngliche Weg blockiert ist. Daraus folgt, daß es nicht nur um das Behalten von Wendungen, sondern auch um eine Orientierung zum Ziele hin geht. Und nun schildern die Autoren ein Experiment, bei dem die Ratten entweder *nur* eine Wendung nach rechts einstudieren, oder aber *nur* die Lage des Ziels zu erkennen lernen konnten. Ihr Apparat hatte die Gestalt eines Kreuzes (Abb. 96).

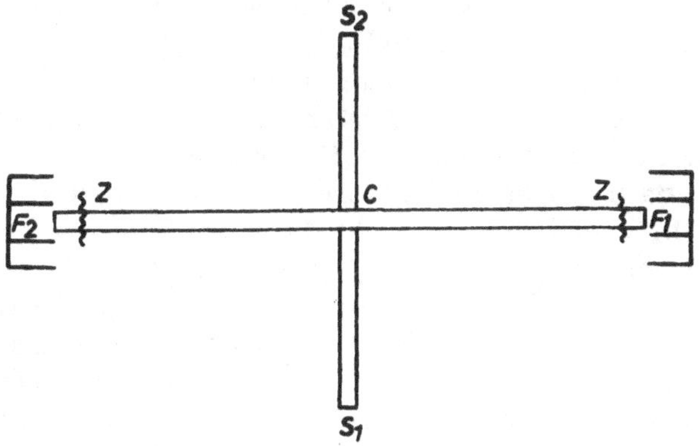

Abb. 96. Der Apparat von TOLMAN, RITCHIE und KALISH

In F_1 und F_2 befand sich die Belohnung, Z kennzeichnet einen schwarzen Vorhang, der das Ziel verdeckte und von dem Tiere weggezogen werden sollte. Nachdem man die Ratten allgemein an den Apparat gewöhnt hatte, begann man mit dem eigentlichen Experiment. Die Ratten liefen täglich sechsmal in dem Apparat. Bei der ersten Gruppe, die sich aus acht Tieren zusammensetzte, war jeden Tag in der Hälfte der Fälle S_1 der Startpunkt, in der anderen Hälfte war S_2, beide in unregelmäßiger Reihenfolge. Die Lösung wurde als richtig angesehen, wenn die Ratte ständig nach rechts, d. h. nach F_1 vom Startpunkt S_1, und nach F_2 vom Startpunkte S_2 aus, abbog. Nach 12 Tagen lösten nur drei Ratten die Aufgabe, die übrigen liefen immer nur zu dem einen der beiden Zielpunkte. In der zweiten Gruppe, die gleichfalls aus acht Tieren bestand, mußten die Ratten immer zu demselben Ziele laufen, unabhängig davon, ob sie in S_1 oder S_2 gestartet waren, sie mußten sich also einmal nach rechts, einmal nach links wenden. Schon nach acht Tagen lösten alle Ratten die Aufgabe. Bei der ersten Versuchsanordnung entschied nur das Merken der Wendungen, bei der zweiten nur das Merken der Ziellage. Beide Möglichkeiten stellten sich als richtig heraus, doch orientiert sich die Ratte viel leichter nach einem Orte, als nach den ausgeführten Wendungen.

Blodgett und Mc Cutchan (1948) bestätigen die Tatsache, daß die Einprägung des Ortes wie auch die der Wendungen beim Lernen eine Rolle spielen, sie finden aber, daß das Einprägen vorheriger Reaktionen für die Ratte leichter und nicht schwieriger ist. Viel hänge übrigens von den technischen Details des Experimentes ab.

Diese Frage ist eng mit einem Problem von größerer Bedeutung verbunden. Die Meinung der amerikanischen Wissenschaftler in der Frage des Lernmechanismus ist geteilt, Thorndike, Hull und Spence sind Verfechter der sogenannten „Reiz-Reaktions-Theorie“. Das bedeutet, daß im Lernprozeß die Reaktion des Tieres auf die aktuellen Reize der Situation entscheidend seien. Alle Reize, die im Augenblick einer Reaktion wirksam sind, werden mit dieser Reaktion verknüpft, je öfter sich aber diese Situation wiederholt, desto fester wird die Verknüpfung. Das ist der Inhalt der Theorie von der „Kontinuität des Lernens“ (Spence). Im Gegensatz dazu propagieren Tolman, Leeper und White die „Theorie der Voraussicht“. Im Labyrinth sieht die Ratte künftige Erscheinungen voraus, und eben diese Voraussicht ist der aktuelle Reiz, der die Reaktion bestimmt. In einer späteren Arbeit formulieren Tolman, Ritchie und Kalish (1946) die Theorie der Voraussicht etwas anders, da sie die vorherige Formulierung für unklar erachten. Der Satz „Die Ratte erwartet das Ziel im Punkte X“ ist dem Satze gleichwertig „Die Ratte läuft auf dem einstudierten Wege“. Deshalb schlagen die Forscher die Formulierung vor „Die Ratte läuft auf dem direkt zum Punkte X führenden Wege“. In der Tat wählen von Ratten, die schon ein einfaches Labyrinth beherrschen, denen der Anfangsweg blockiert worden ist und die für diesen 18 andere Wege erhalten, die fächerförmig auseinandergehen, 36 % den direkt zum Ziele führenden. Das bedeutet nach Meinung dieser Forscher, daß die Ratte es lernt, das Ziel an einem bestimmten Orte zu erwarten.

Heron, Oxman und Singley (1946) unternahmen den sehr erfindungsreichen Versuch, diese Möglichkeit experimentell zu bestätigen. In ihrem

Apparat (Abb. 97) liefen die Ratten von A nach B, während dieses Laufes waren die Türen D_1 und D_2 verschlossen. Das gesamte Labyrinth war schwarz gestrichen, aber auf der Kreuzung (in der Abb. gestrichelt) war der Weg weiß. Auf dem Rückwege von B fand die Ratte die Tür D_1 offen und konnte zu der Nahrungsbelohnung in F gelangen. Bei dem ursprünglichen Lauf AB wirken die Reize $T + V + W$ (allgemeiner Trieb + Verschlossene Tür D_1 + Weißer Boden). Die Reaktion besteht in einem Lauf nach B. Auf dem Rückwege sind die Reize $T + W + O$ (O = Offene Tür D_1). Die Reaktion bestand in einer Wendung nach

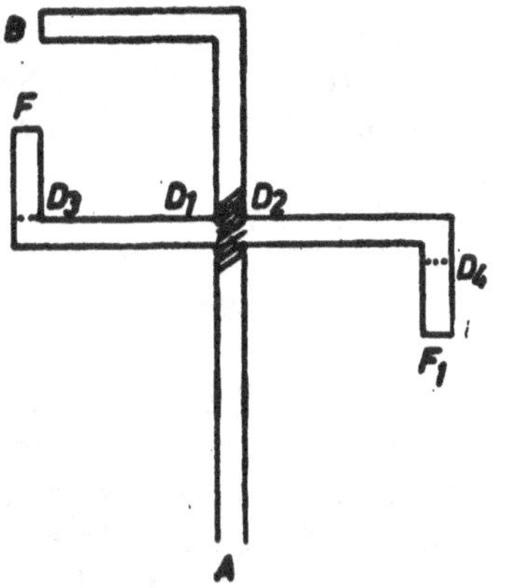

Abb. 97. Der Apparat von Heron, Oxman und Singley

rechts. Nach völliger Bewältigung der Aufgabe wurde eine Verifikationsprobe angestellt: Man öffnete die Tür D_1 schon während des ursprünglichen Laufes AB. Da jetzt auf der Wegkreuzung die Reize $T + W + O$ wirkten, d. h., eben die, bei denen die Ratte nach rechts abbog, war anzunehmen, daß die Tiere sich nach D_2 wenden würden, obwohl sie durch diese noch nie gelaufen waren. In der Tat liefen beim kritischen Versuch von 23 Ratten 13 durch den D_2, 3 durch D_1, und 7 nach B. Ein derartiges Verhalten läßt sich nicht mit einer Zielvoraussicht vereinbaren, es stimmt hingegen ausgezeichnet mit der Reiz-Reaktions-Theorie überein.

Leider bringt auch diese so erfindungsreiche Methodik keine Entscheidung in dieser Frage. Die Autoren vergessen, daß beim ersten Lauf AB nicht nur die Tür D_1 (Reiz V_1), sondern auch die Tür D_2 (Reiz V_2) verschlossen waren. Bei der Verifikationsprobe war hingegen sowohl die Tür D_1 (Reiz O_1) wie auch D_1 (Reiz O_2) geöffnet. Nach Durchführung dieser Korrekturen erhalten wir folgendes Schema:

1. Ursprünglicher Lauf AB, Reize	$T + W + V_1 + V_2$
2. Lauf BA, Reize	$T + W + O_1 + V_2$
3. Verifikationsprobe, Reize	$T + W + O_1 + O_2$

Folglich waren die Reize beim Laufe BA und bei der Verifikationsprobe nicht identisch, und somit war auch die Reaktion eine andere. Es ist ganz natürlich, daß eine Ratte, die stets die Tür D_2 verschlossen gesehen hat und daran vorbeigegangen ist, in sie hineinzugehen versucht, sobald sie geöffnet ist.

Eine endgültige Entscheidung dieses Problems ist überaus schwierig, sie setzt die Anwendung einer neuen und präzisen Technik voraus. Bisher fehlen noch Versuche, die allen Kriterien standhielten.

Sehr originell ist das Herangehen LAHLEYS (1942) an das Problem. Er stützt sich auf zwei Thesen. 1. Der Mechanismus der Nervenintegration ist derart, daß, wenn irgendeine Gruppe von Reizen eine nervöse Aktivität hervorruft, diese Aktivität sofort organisiert wird, und einige Situationsbestandteile hinsichtlich der Leichtigkeit der Erzeugung einer Reaktion dominierend werden. Daraus entsteht eine Einstellung des Tieres auf nur bestimmte Situationselemente. 2. Während der Dressur werden nur die dominierenden Faktoren, auf die das Tier eingestellt ist, verknüpft, die anderen Situationsbestandteile bleiben neutral. Der Lernprozeß ist kein ununterbrochener Prozeß, sondern er verändert sich zusammen mit der Veränderung der Organisation des Wahrnehmens und der Einstellung. Was die Positionsreaktionen, die Reaktionen auf neutrale Reize usw., anbelangt, so sind dies Versuche zur Lösung des Problems, die Praxis ist im Laufe derartiger Versuche im Lernprozeß ohne Bedeutung. Ein „Versuch zur Lösung des Problems" klingt anthropomorphistisch. LAHLEY versteht hierunter jedoch nur soviel, daß das Tier an eine Situation mit einer bestimmten gefühls-bewegungsmäßigen und perzeptiven Organisation herangeht, seine Wahl ist nicht nur eine Frage der äußeren Situation. Auf diese Weise kommt eine einfache experimentelle Tatsache zum Ausdruck.

Nebenbei bemerkt stimmt der Standpunkt LASHLEYS mit der Theorie der bedingten Reflexe in einem wesentlichen Punkte überein. Auch in den Arbeiten der PAWLOWschen Schule reagierte der Hund nur auf gewisse dominierende Situationselemente. Wenn man einen bedingten Reflex auf einen aus mehreren Tönen bestehenden Akkord herausarbeitet, so weisen Kontrollversuche nach, daß das Tier nur auf einen Teil des Reizes, z. B. auf einen Ton des Akkordes, reagiert.

LASHLEY führt Experimente an, die auf den selektiven Charakter der Assoziationen und auf deren Abhängigkeit von der Einstellung des Tieres hinweisen. Er dressierte in einem Sprungapparat Ratten auf den größeren von zwei Kreisen mit Durchmessern von 10 cm und 6 cm. Nach 95 Wiederholungen war die Reaktion auf den größeren stark gefestigt, in 20 aufeinanderfolgenden Versuchen gab es keinen einzigen Fehler. Nun wurde der größere Kreis durch ein gleichseitiges Dreieck von 10 cm langen Seiten ersetzt. Alle Ratten wählten das Dreieck, folglich reagierten sie auch weiterhin auf die Größe. Diese Übung wurde 200

Male hintereinander wiederholt und die Verknüpfung gefestigt. In weiteren Experimenten wurden ein Kreis und ein Dreieck einander gegenübergestellt, beide von denselben Oberflächen von 50 cm^2. Der Größenfaktor wurde dieses Mal eliminiert, und es blieb ausschließlich der Unterschied in der Form übrig. Die Ratten machten 50% Fehler, wählten also rein zufällig, d. h. sie unterschieden die Form nicht. Nun kehrte man für die Dauer von 20 Versuchen zu der Gegenüberstellung eines großen Dreiecks und eines kleinen Kreises zurück. Bei diesem Experiment wählten die Ratten fehlerlos das Dreieck. Sogleich danach stellte man ein kleines Dreieck einem großen Kreise gegenüber und drehte so die Größenverhältnisse um. Die Ratten blieben in den 20 Versuchen der Größe treu und wählten fehlerlos den Kreis.

Die Tiere hatten die volle Möglichkeit, die Reaktion mit der Form zu verknüpfen, nichts stand diesem im Wege. Dennoch erfolgte eine derartige Verknüpfung nicht, in allen Kombinationen des Experiments wählten die Ratten stets auf Grund der Größe. Weshalb? Am Anfange des Experiments hatte man das Tier absichtlich auf die Größe eingestellt, was ständig durch eine Belohnung gesteigert wurde. Die Größe wurde zum dominierenden Faktor, auch trotz der Unterstellung eines anderen Reizes, der Form, hielten sich die Tiere standhaft an die Größe. Und dennoch weisen die Ratten, wie wir aus dem vorherigen Kapitel wissen, bei einer anderen Anlage des Experiments eine sehr subtile Fähigkeit zur Formenunterscheidung auf. Augenscheinlich könnte man auf ähnliche Weise die Tiere auf die Form einstellen, und dann würde die Größe ihre Bedeutung als Reiz verlieren.

In einer Reihe von Experimenten dressierte LASHLEY Ratten auf komplizierte Figuren und untersuchte, welches Situationsmerkmal dominierte. Es ergab sich, daß a) die Teile einer Figur nicht zum dominierenden Faktor werden können, b) die Unterschiede der Größe, der Helligkeit, Form usw. nicht verknüpft werden können, c) die individuellen Unterschiede in der Reaktion auf einzelne Situationsmerkmale so erheblich sind, daß man sie meistens nicht den Dressurbedingungen zuschreiben kann, d) die verknüpften Situationselemente gewöhnlich derart sind, daß sie mit dem Gestaltcharakter der Wahrnehmung harmonieren, e) Muster, die sich nicht leicht in Figuren organisieren ließen (unregelmäßig verstreute Punkte) nicht verknüpft wurden. Folglich werden nicht alle die Reaktion begleitenden Reize verknüpft. Es werden nur die dominierenden Faktoren assoziiert, die von dem Tier dank dessen spezifischer Einstellung ausgesondert werden. Die Wahrnehmung der Ratte ist unzweifelhaft gestaltlicher Natur.

Die in diesem Kapitel wiedergegebenen Tatsachen und Anschauungen werfen ein helles Licht auf die Kompliziertheit des Reaktionslebens des Tieres. Unsere Schlußfolgerungen in dieser Frage lassen sich in mehreren Punkten zusammenfassen.

1. Das Tier ist von Natur viel reicher ausgestattet, als es in den einfachen Lebenssituationen nötig haben könnte.

2. Das Vorgehen des Tieres im Labyrinth ist motiviert; die Einstellung auf die Erreichung des Zieles beeinflußt den Charakter des Verhaltens.

3. Kein Sinn ist für die Bewältigung des Labyrinths unbedingt notwendig. Die Ausschaltung eines beliebigen Sinnes oder einer Gruppe von Sinnen bewirkt, daß andere Sinne stellvertretend in Funktion treten, die bis dahin gewöhnlich nicht mit der Reaktion verbunden waren.

4. Es gibt keinen Sinn, der nicht unter gewissen Bedingungen zum dominierenden Orientierungsmittel werden könnte.

5. Die Psyche der Ratte ist in erheblichem Maße gestaltet; das Tier läßt sich nicht von einer Reihe aufeinanderfolgender Reize leiten, sondern nimmt gewisse Gesamtheiten wahr und reagiert auf diese. Die Ratte besitzt die Fähigkeit zur Transponierung; neben absoluten Reizen kann sie Verhältnisse zwischen den Reizen wahrnehmen.

6. Am Verhalten der Ratte haben Faktoren mechanischer Natur einen gewissen, unerheblichen Anteil.

In welchem Maße kann man die Ratte mit dem Menschen hinsichtlich der psychischen Fähigkeiten vergleichen? Es existiert heute ein ungewöhnlich umfangreiches Gebiet der Experimentalpsychologie, das so umfangreich ist, daß ein Menschenleben dazu nötig wäre, um es wirklich gründlich kennenzulernen. Es ist der Erforschung der menschlichen Psyche mit Hilfe objektiver Laboratoriumsmethoden gewidmet. Schon oft wurden vergleichende Untersuchungen durchgeführt, bei denen man Menschen und Tieren dieselben Aufgaben stellte und in beiden Fällen dieselben Urteilskriterien anwandte. Die Ergebnisse fielen nicht immer zugunsten des Menschen aus. Es nimmt nicht wunder, daß es so sein mußte. Der Mensch ist das Werk einer Evolution, sowohl im Bau seines Körpers, wie auch in seiner chemischen Zusammensetzung; in seinen physiologischen und seinen psychischen Funktionen weist er viele tierische Merkmale auf.

Die spätere Entwicklung des Menschengeschlechtes ging andere und spezifische Wege. Doch ändert das, um mit den Worten Darwins zu sprechen, nichts an der Tatsache, daß der Mensch trotz aller Verschiedenheit und Eigenart seiner Natur bis auf den heutigen Tag den nicht auslöschbaren Stempel seiner tierischen Abstammung bewahrt hat.

Literaturverzeichnis

Zusammenfassende Darstellungen

Alverdes, F. (1932), The psychology of animals in relation to human psychology. — New York

Bierens de Haan, J. A. (1946), Animal psychology. — London

Borowski, W. M. (1936), Die psychische Tätigkeit der Tiere. — Moskau-Leningrad (Russisch)

Buytendijk, F. (1928), Psychologie des animaux. — Paris

Fischel, W. (1938), Psyche und Leistung der Tiere. — Berlin

Goldsmith, M. (1927), La psychologie comparée. — Paris

Hempelmann, F. (1926), Tierpsychologie vom Standpunkt des Biologen. — Leipzig

Kafka, G. (1922), Tierpsychologie. — Handb. vergl. Psychol. — München

Kaschkarow, D. N. (1928), Neuzeitliche Errungenschaften der Tierpsychologie. — Moskau (Russisch)

Katz, D. (1948), Mensch und Tier. — Zürich

Kühn, A. (1919), Die Orientierung der Tiere im Raum. — Jena

Maier, N. R. F. und *Schneirla, T. C.* (1935), Principles of animal psychology. — New York

Uexküll, J. v. (1921), Umwelt und Innenwelt der Tiere. — Berlin

Warden, C. J., Jenkins, T. N. und *Warner, L. H.* (1934), Introduction to comparative psychology.

Dies. (1935—1940), Comparative psychology. Vol. I—III. — New York

Washburn, M. F. (1936), The animal mind. — New York

Historische Einführung

Dessoir, M. (1911), Abriß einer Geschichte der Psychologie. — Heidelberg

Fabre, J. H. (1879—1910), Souvenirs entomologiques. Études sur l'instinct et les moeurs des insectes. — Série I—X. Paris

Forel, A. (1910), Das Sinnesleben der Insekten. — München

Lubbock, J. (1882), Ants, Bees and Wasps. — New York

Ders. (1888), On the senses, instincts and intelligence of animals with special reference to insects. — London

Lunkewitsch, W. W. (1943), Von Heraklit bis Darwin. — Vol. I—III. Moskau-Leningrad (Russisch)

Morgan, C. L. (1894), Introduction to comparative psychology. — London

Ders. (1896), Habit and instinct. — London

Ders. (1900), Animal behaviour. — London

Osborn, H. F. (1929), From the Greeks to Darwin. — New York

Romanes, G. J. (1885), Mental evolution in animals. — London

Verworn, M. (1889), Psychophysiologische Protistenstudien. — Jena

Tropismen

Alverdes, F. (1924), Das Verhalten positiv phototaktischer Daphnien gegen eine doppelte Reizquelle. — Z. wiss. Zool. 123

Bohn, G. (1907), Du changement de signe du phototropisme en tant que manifestation de la sensibilité différentielle. — Compt. rend. Soc. Biol. 63

Buddenbrock, W. v. (1928), Grundriß der vergleichenden Physiologie. — Berlin
Ders. (1952), Vergleichende Physiologie. — Band I: Sinnesphysiologie. Basel
Crozier, W. J. und *Pincus, G.* (1926), Phototropismus in young rats. — J. Gen. Physiol. 10
Dies. (1926), Stereotropisms in rats and mice. — J. Gen. Physiol. 10
Dies. (1926), Tropisms of mamals. — Proc. Nat. Acad. Sci.
Dies. (1929—1936), Analysis of geotropic orientation of young rats. — I—X. J. Gen. Physiol. 13—20
Fraenkel, G. (1927), Beiträge zur Geotaxis und Phototaxis von Littorina. — Z. vergl. Physiol. 5
Ders. (1927), Phototropotaxis bei Meerestieren. — Naturw. 15
Ders. (1927), Über Photomenotaxis bei Elysia viridis Mont. — Naturw. 6
Loeb, J. (1906), The dynamics of living matter. — New York
Ders. (1909), Einführung in die vergleichende Hirnphysiologie und vergleichende Psychologie. — Leipzig
Ders. (1913), Die Tropismen. — Handbuch der vergleichenden Physiologie, IV. Band
Ders. und *Northrop, J. H.* (1917), Heliotropic animals and photometers on the basis of the validity of the Bunsen-Roscoe-Law for heliotropic reactions. — Proc. Nat. Acad. Sci. U. S. A. 3
Mast, S. O. (1911), Light and the behavior of animals. — New York
Ders. (1914), Orientation in Euglena with some remarks on tropisms. — Biol. Cbl. 34
Ders. (1923), Photic orientation in insects with special reference to the drone fly Eristalis tenax and the robber fly Erax rufibarbis. — J. exp. Zool. 38
Ders. (1924), The process of photic orientation in the robber fly Proctacanthus Philadelphicus. — Amer. J. Physiol. 68
Ders. (1925), Reactions to light in Volvox, with special reference to the process of orientation. — Z. vergl. Physiol. 4
Rose, M. (1929), La question des tropismes. — Paris

Behaviorismus

Carr, H. (1919), The length of time interval in successive association. — Psychol. Rev. 26
Hamilton, G. V. (1916), A study of perseverance reactions in primates and rodents. — Behav. Monogr. 3
Hunter, W. S. (1913), The delayed reaction in animals and children. — Beh. Monogr. 2
Jennings, H. S. (1915), Behavior of the lower organisms. — New York
Leeper, R. (1932), The reliability and validity of maze experiments with white rats. — Genet. Psychol. Monogr. 11
Maier, N. R. F. (1929), Delayed reactions and memory in rats. — J. Genet. Phychol. 36
Small, W. S. (1900), An experimental study on the mental process of the rat. — Am. J. Psychol. 11
Thorndike, E. L. (1898), Animal intelligence. — Psychol. Rev. Monogr. Suppl. 2 Nr. 4
Watson, J. B. (1914), Behavior. An introduction to comparative psychology. — New York
Ders. (1924), Behaviorism. — New York
Yerkes, R. M. und *Watson, J. B.* (1911), Methods of studying vision in animals. — Behav. Monogr. 1, 2

Bedingte Reflexe

Konorski, J. (1948), Conditioned reflexes and neuron organisation. — Cambridge Uni. Press
Konorski, J. und *Miller, S.* (1936), Concerning the spontaneous change of habituation. — Polsk. Arch. Psychol. 9

Dies. (1937), On two types of conditioned reflex. — J. Gen. Psychol. 16
Dies. (1937), Further remarks on two types of conditioned reflex. — J. Gen. Psychol. 17
Pawlow, I. P. (1927), Conditioned reflexes. — Oxford
Ders. (1928), Lectures on conditioned reflexes. — New York
Ders. (1932), Vorlesungen über die Arbeit der Großhirnhemisphären. — Leningrad (Russisch)
Ders. (1932), The reply of a physiologist to psychologists. — Psychol. Rev. 39

Angeborene Merkmale im Verhalten der Tiere

Angulo y Gonzalez, A. W. (1932), The prenatal development of behavior in the albino rat. — J. Comp. Neur. 55
Carmichael, L. (1926), The development of behavior in vertebrates experimentally removed from the influence of external stimulation. — Psychol. Rev. 33
Ders. (1927), A furthur study of the development of behavior in vertebrates experimentally removed from the influence of external stimulation. — Psychol. Rev. 34
Child, C. M. (1924), Physiological foundations of behavior. — New York
Coghill, G. E. (1929), Anatomy and the problem of behavior. — New York
Kuo, Z. Y. (1930), The genesis of the cat's responses to the rat. — J. Comp. Psychol. 11
Ders. (1938), Further study of the behavior of the cat toward the rat. — J. Comp. Psychol. 25
Raney, E. T. und *Carmichael, L.* (1934), Tactual localization in the rat fetus. — Psychol. Bull. 31
Swenson, E. A. (1928), The simple movements of the trunk of the albino rat fetus. — Anat. Rec. 38
Ders. (1929), The active simple movements of the albino-rat fetus: The order of their appearance, their qualities, and their significance. — Anat. Rec. 42
Windle, W. F. (1940), Physiology of the fetus: origin and extent of function in prenatal life. — Philadelphia

Fragen des Instinkts

Dembowski, J. (1933), Über die Plastizität der tierischen Handlungen. Beobachtungen und Versuche an Molanna-Larven. — Zool. Jb., Abt. allg. zool. Physiol. 53
Fabre, J. H. (1879—1910), Souvenirs entomologiques. Études sur l'instinct et les moeurs des insectes. — Série I—X, Paris
Morgan, C. L. (1909), Instinkt und Erfahrung. — Leipzig und Berlin
Ziegler, H. E. (1920), Der Begriff des Instinktes einst und jetzt. — Jena

Die Gestalttheorie

Bethe, A. (1931), Die Plastizität des Nervensystems. — Handb. d. norm. u. pathol. Physiol. XV/2
Detwiler, S. R. (1936), Neuroembryology. — New York
Driesch, H. (1898), Resultate und Probleme der Entwicklungsphysiologie der Tiere. Erg. Anat. 8
Gelb, A. (1929), Die „Farbenkonstanz" der Sehdinge. — Handb. norm. u. pathol. Physiol. XII/1
Goldstein, K. (1927), Die Lokalisation in der Großhirnrinde. — Handb. norm. u. pathol. Physiol. X
Ders. (1934), Der Aufbau des Organismus. — Haag
Head, H. (1926), Aphasie and kindred disordes of speech. — I—II
Katz, D. (1948), Gestaltpsychologie. — Basel

Koffka, K. (1929), Die Wahrnehmung von Bewegung. — Handb. norm. u. pathol. Physiol. XII/2
Ders. (1935), Principles of Gestaltpsychology. — New York
Köhler, W. (1933), Psychologische Probleme. — Berlin
Ders. (1947), Gestalt psychology. — New York
Lashley, K. S. (1929), Brain mechanisms and intelligence. — Chicago
Lewin, K. (1926), Vorsatz, Wille und Bedürfnis. — Berlin
Ders. (1936), Principles of topological psychology. — New York
Matthaei, R. (1929), Das Gestaltproblem. — München
Rubin, E. (1921), Visuell wahrgenommene Figuren. — Kopenhagen
Sander, F. (1928), Experimentelle Ergebnisse der Gestaltpsychologie. — X. Kong. exp. Psychol. — Jena
Sherrington, C. S. (1908), The integrative action of the nervous system. — London
Weiß, P. (1931), Das Resonanzprinzip der Nerventätigkeit, dargestellt in Funktionsprüfungen an transplantierten überzähligen Muskeln. — Pflügers Arch. 226
Wertheimer, M. (1925), Drei Abhandlungen zur Gestalttheorie. — Erlangen

Psychologie des Aufgußtierchens

Alverdes, F. (1937), Das Lernvermögen der einzelligen Tiere. — Z. Tierpsychol. 1
Ders. (1938), Die Marburger Untersuchungen über das Lernvermögen niederer Tiere. — Zool. Anz. Suppl. 11
Bramstedt, F. (1935), Die Lokalisation des chemischen und thermischen Sinnes bei Paramaecium. — Zool. Anz. 112
Ders. (1935), Dressurversuche mit Paramaecium caudatum und stylonchia mytilus. — Z. vergl. Physiol. 22
Dembowski, J. (1924), Über die Bewegungen von Paramaecium caudatum. — Arch. Prot. 47
Ders. (1952), Die Naturgeschichte eines Protozoons. — Warschau (Polnisch)
Grabowski, U. (1939), Experimentelle Untersuchungen über das angebliche Lernvermögen von Paramaecium. — Z. Tierpsychol. 2
Kalmus, H. (1931), Paramaecium. Eine monographische Zusammenfassung der wichtigsten Kenntnisse. — Jena
Mendelssohn, M. (1895), Über den Thermotropismus einzelliger Organismen. — Pflügers Arch. 60
Soest, H. (1937), Dressurversuche mit Ciliaten und rhabdocölen Turbellarien. — Z. vergl. Physiol. 24
Wawrzynczyk (1937—1938), Acta Biol. exper. 11 und Trav. Soc. sci. — Wilno, Cl. math. 12
Wichtermann, R. (1953), The biology of Paramaecium. — New York-Toronto

Psychologie des Regenwurms

Biedermann, W. (1904), Studien zur vergleichenden Physiologie der peristaltischen Bewegungen. 1. Würmer. — Pflügers Arch. 102
Bovard, I. F. (1918), The transmission of nervous impulses in relation to lokomotion of the earth-worm. — Univ. California, Public. Zool. 18
Darwin, Ch. (1881), The formation of vegetable mould through the action of worms with observations on their habits. — London
Friedländer, B. (1894), Beiträge zur Physiologie des Centralnervensystems und des Bewegungs-Mechanismus der Regenwürmer. — Arch. ges. Physiol. 58
Ders. (1895), Über das Kriechen der Regenwürmer. — Biol. Cbl. 8
Hanel, E. (1904), Ein Beitrag zur Psychologie der Regenwürmer. — Z. allg. Physiol. 4

Heck, L. (1919—1920), Über die Bildung einer Assoziation beim Regenwurm auf Grund von Dressurversuchen. — Lotos Prag 67—68
Jennings, H. S. (1906), Behavior of the lower organisms. — New York
Jordan, H. (1908), Über reflexarme Tiere. — Z. allg. Physiol. 7
Mangold, E. (1924), Z. vergl. Physiol. 2
Parker, G. H. und *Parshley, H. M.* (1911), The reaction of earthworms to dry and to moist surfaces. — J. exp. Zool. 11
Yerkes, R. M. (1912), The intelligence of earthworms. — J. anim. Behav. 2

Psychologie der Biene

Baumgärtner, H. (1928), Der Formensinn und die Sehschärfe der Biene. — Z. f. vergl. Physiologie 7
Butler, C. G. (1949), The honeybee. An introduction to her sense-psychology and behavior. — Oxford
Buttel-Reepen, H. v. (1915), Leben und Wesen der Bienen. — Braunschweig
Chalifman, I. (1952), Die Bienen. — Moskau (Russisch)
Friedländer, M. (1928), zur Bedeutung des Fluglochs im optischen Feld der Biene bei senkrechter Dressuranordnung. — Z. vergl. Physiol. 15
Forel, A. (1864), Fournis de la Suisse.-N. Mém. Soc. Helvét. Sci. nat.
Frisch, K. v. (1924), Sinnesphysiologie und „Sprache" der Bienen. — Naturw. 12
Ders. (1927—1930), Versuche über den Geschmackssinn der Bienen. Drei Mitteilungen. — Naturw. 15, 16, 18
Ders. (1931), Aus dem Leben der Bienen. — 2. Aufl. Berlin
Ders. (1934), Über den Geschmackssinn der Biene. — Z. vergl. Physiol. 21
Ders. (1950), Bees, their vision, chemical senses and language. — Cornell Uni. Press
Grabensberger, W. (1934), Untersuchungen über das Zeitgedächtnis der Ameisen und Termiten. — Z. vergl. Physiol. 20
Hertz, M. (1937), Beitrag zum Farbensinn und Formensinn der Biene. — Z. vergl. Physiol. 24
Dies. (1937), Versuche über das Farbensehen der Bienen. — Naturw. 25
Dies. (1938), New experiments on colour vision in bees. — J. exp. Biol. 15
Dies. (1929—1931), Die Organisation des optischen Feldes bei der Biene. — I—III Z. vergl. Physiol. 8, 11, 14
Kalmus, H. (1937), Orientierung der Biene im Stock. — Z. vergl. Physiol. 24
Kühn, A. und *Fraenkel, S.* (1927), Über das Unterscheidungsvermögen der Bienen für Wellenlänge und Spektrum. — Ges. d. Wiss. Göttingen
Kühn, A. (1927), Über den Farbensinn der Bienen. — Z. vergl. Physiol. 5
Opfinger, E. (1931), Über die Orientierung der Biene an der Futterquelle. — Z. vergl. Physiol. 15
Rösch, G. A. (1925), Untersuchungen über die Arbeitsteilung im Bienenstaat. 1. Tätigkeiten im normalen Bienenstaat und ihre Beziehungen zum Alter der Arbeitsbienen. — Z. vergl. Physiol. 2
Ders. (1930), Untersuchungen über die Arbeitsteilung im Bienenstaat. 2. Die Tätigkeiten der Arbeitsbiene unter experimentell veränderten Bedingungen. — Z. vergl. Physiol. 12
Vogel, B. (1931), Über die Beziehungen zwischen Süßgeschmack und Nährwert von Zuckern und Zuckeralkoholen bei der Honigbiene. — Z. vergl. Physiol. 14
Wolf, E. (1933), Das Verhalten der Bienen gegenüber flimmernden Feldern und bewegten Objekten. — Z. vergl. Physiol. 20
Zerrahn, G. (1933), Formendressur und Formenunterscheidung bei der Honigbiene. — Z. vergl. Physiol. 20

Psychologie des Huhns

Bingham, H. C. (1913), Size and form perception in gallus domesticus. — J. anim. Behav. 12

Blässer, A. (1926), Die partielle relative Farbenblindheit der Hühner. — Zool. Jb. 43

Breed, F. S. (1912), Reactions of chickens to optical stimuli. J. anim. Behav. 11

Coburn, C. A. (1914), J. anim. Behav. 14

Engelmann, C. (1934—1950), Über den Geschmackssinn des Huhns. I—X. Z. vergl. Physiol. 20, 24, 27 und Z. Tierpsychologie. 4, 5, 7 und Biol. Zbl. 65

Engelmann, W. (1928), Untersuchungen über die Schallokalisation bei Tieren. — Z. Psychol. Physiol. Sinnesorg. 105

Götz, W. (1926), Zum Problem der Sehgrößenkonstanz beim Haushuhn. — Z. Phychol. 99

Hahn, E. (1916), Über den Farbensinn der Tagvögel und die Zapfenölkugeln. — Z. wiss. Zool. 114

Hamilton, W. F. und *Coleman, T. B.* (1933), Trichromatic vision in the pigeon as illustrated by the spectral hue discrimination curve. — J. comp. Psychol. 15

Heinroth, O. (1937), Verständigungsweisen der Vögel. — Z. Tierpsychol. 1

Henning, H. (1920), Optische Versuche an Vögeln und Schildkröten über die Bedeutung der roten Ölkugeln im Auge. — Pflügers Arch. 178

Hess, C. v. (1917), Der Farbensinn der Vögel und die Lehre von den Schmuckfarben. — Pflügers Arch. 166

Honigmann, H. (1921), Untersuchungen über die Lichtempfindlichkeit und Adaptierung des Vogelauges. — Pflügers Arch. 189

Jellinek, A. (1926), Versuche über das Gehör der Vögel. — I—II. Pflügers Arch. 211

Johnson, H. M. (1914), Visual pattern discriminations in vertebrates. — J. anim. Behav.

Ders. (1914), Deficiency in detail vision. — J. anim. Behav.

Katz, D. und *Révész, G.* (1907), Experimentell-psychologische Untersuchungen mit Hühnern. — Z. Psychol. 50

Dies. (1921), Experimentelle Studien zur vergleichenden Psychologie (Versuche mit Hühnern). — Z. ang. Psychol. 18

Katz, D. und *Toll, A.* (1923), Die Messung von Charakter- und Begabungsunterschieden bei Tieren. — Z. Psychol. 93

Koehler, D., *Müller, D.* und *Wachholz, R.* (1935), Kann die Taube Anzahlen erfassen? — Verh. dtsch. zool. Ges.

Köhler, W. (1918), Nachweis einfacher Strukturfunktionen beim Schimpansen und beim Haushuhn. — Abh. Kgl. preuß. Ak. Wiss. Phys.-math. Kl. 2

Kroh, O. und *Scholl, R.* (1926), Über die teilinhaltliche Beachtung von Form und Farbe beim Haushuhn. — Z. Psychol. 100

Lashley, K. S. (1916), J. anim. Behav. 6

Laurens, H. (1923), Studies on the relative physiological value of spectral light. III: The pupillomotor effects of wavelenghts of equal energy content. — Am. J. Physiol. 64

Murchison, C. (1935), The experimental measurement of social hierarchy in Gallus domesticus. I—IV. — J. genet. Psychol. 12—13 und J. soc. Psychol. 6

Rensch, B. (1925), Experimentelle Untersuchungen über den Geschmackssinn der Vögel. — J. Ornithol. 73

Révész, G. (1924), Experiments of animal space perception. — Brit. J. Psychol. 14

Schjelderup-Ebbe, Th. (1922—1923), Zur Sozialpsychologie des Haushuhns. — Z. Psychol. 88, 92

Wada, Y. (1924), Beiträge zur vergleichenden Physiologie des Gehörorgans. — Pflügers Arch. 202

Wassiljew, M. Ph. (1933), Über das Unterscheidungsvermögen der Vögel für die hohen Töne. — Z. vergl. Physiol. 19
Winslow, C. N. (1933), Visual illusion in the chick. — Arch. of Psychol.
Zahn, W. (1933), Über den Geruchssinn einiger Vögel. — Z. vergl. Physiol. 19

Psychologie der Ratte

Ballachey, E. L. und *Buel, J.* (1934), Centrifugal swing as a determinant of choice-point behavior in the maze running of the white rat. — J. comp. Psychol. 17
Bierens de Haan, J. A. (1937), Labyrinth und Umweg. — Leiden
Blodgett, H. C. (1929), The effect of the introduction of reward upon the maze performance of rats. — Univ. Calif. Publ. Psychol. 4
Blodgett, H. C. und *McCutchan, K.* (1944), Choice point behavior in the white rat as influenced by spatial opposition and by preceding maze sequence. — J. comp. Psychol. 37
Dies. (1946—1947), Place learning and anticipation. I—II. Anticipation as failure of place discrimination. — J. comp. Psychol. 39, 40
Dies. (1948), Relative strength of place and response learning in the T-maze. — J. comp. and physiol. Psychol. 41
Carr, H. A. (1917), Maze studies with the white rat. I—III. — J. anim. Behav. 7
Carr, H. A. und *Koch, H.* (1919), The influence of extraneous controls in the learning process. — Psychol. Rev. 26
Carr, H. A. und *Watson, J. B.* (1908), Orientation in the white rat. — J. comp. Neur. and Psychol. 18
Dashiell, J. F. (1930), Direction orientation in maze running by the white rat. — Comp. Psychol. Monog. 7
Dashiell, J. F. und *Helms, H. A.* (1925), The learning by rats of an inclined plane maze. — J. comp. Psychol. 5
Elliott, M. H. (1928), The effect of change of reward on the maze performance of rats. — Univ. Calif. Publ. Psychol. 4
Ders. (1929), The effect of change of ‚drive' on maze performance. — Univ. Calif. Publ. Psychol. 4
Ders. (1937), Measurements of learning and of behavior under varying conditions of motivation. — Psychol. Bull. 34
Evans, S. (1937), How rats learn the simple alternation problem in a temporal water maze. — J. Genet. Psychol. 50
Geier, F. M. und *Tolman, E. C.* (1943), Goal distance and restless activity. I. The goal gradient of restless activity. — J. comp. Psychol. 35
Hamilton, E. L. (1929), The effect of delayed incentive on the hunger drive in the white rat. — Genet. Psychol. Monog. 5
Helson, H. (1927), Insight in the white rat. — J. exp. Psychol. 10
Heron, W. T. (1949), Time discrimination in the rat. — J. comp. and physiol. Psychol. 42
Heron, W. T., Oxman, L. I. und *Singley, E.* (1946), Conditioning or apprehension in rat learning. — J. comp. Psychol. 39
Higginson, G. D. (1926), Visual perception in the white rat. — J. exp. Psychol. 9
Ders. (1930), The performance of the white rat in a rotated maze. — J. comp. Psychol. 10
Honzik, C. H. (1933), Maze learning in rats in the absence of specific intra- and extra-maze stimuli. — Univ. Calif. Publ. Psychol. 6
Ders. (1934), Studies in the sensory basis of the maze habit. I—II. — Psychol. Bull 31
Hull, C. L. (1934), The rat's speed of locomotion gradient in the approach to food. — J. comp. Psychol. 17
Hunter, W. S. (1920), The temporal maze and kinaesthetic sensory processes in the white rat. — Psychobiol. 2

Ders. (1930), A consideration of Lashley's theory of the equipotentiality of cerebral action. — J. gen. Psychol. 3

Jenkins, M. (1928), The effect of segregation of the sex behavior of the white rat as measured by the obstruction method. — Genet. Psychol. Monog. 3

Jenkins, T. N., Warner, L. H. und *Warden, C. J.* (1926), Standard apparatus for the study of animal motivation. — J. comp. Psychol. 6

Kalish, D. (1946), The non-correction method and the delayed response problem of Blodgett and McCutchan. — J. comp. Psychol. 39

Krechevsky, I. (1932), Hypotheses ‚versus chance' in the presolution period in sensory discrimination learning. — Univ. Calif. Publ. Psychol. 6

Ders. (1932) The genesis of ‚hypotheses' in rats. — Univ. Calif. Publ. Psychol. 6

Ders. (1932), ‚Hypotheses' in rats. — Psychol. Rev. 39

Kuo, Z. Y. (1922), The nature of unsuccessful acts and their order of elimination in animal learning. — J. comp. Psychol. 2

Lashley, K. S. (1912), Visual discrimination of size and form in the albino rat. — J. anim. Behav. 2

Ders. (1931), Cerebral function in the pattern vision of the rat. — Psychol. Bull. 28

Ders. (1932), The mechanism of vision. V. The structure and image-forming power of the rat's eye. — J. comp. Psychol. 13

Ders. (1938), Conditional reactions in the rat. — J. Psychol. 6

Ders. (1938), The mechanism of vision. XV. Preliminary studies of the rat's capacity for detail vision. — J. gen. Psychol. 18

Ders. (1942), The problem of cerebral organization in vision. In: Klüver, H.: Visual mechanisms. — Lancaster

Ders. und *Ball, J.* (1929), Spinal conduction and kinaesthetic sensitivity in the maze habit. — J. comp. Psychol. 9

Maier, N. R. F. (1929), Reasoning in white rats. — Comp. Psychol Monog. 6

Ders. (1935), Some new tests of reasoning in rats. — Psychol. Bull. 32

Ders. (1938), A furthur analysis of reasoning in rats. II. The integration of four separate experiences in problem solving. — Comp. Psychol. Monog. 15

Munn, N. L. (1950), Handbook of psychological research of the rat. — Riverside Press Cambridge

Peterson, G. M. (1931), A preliminary report on right- and lefthandedness in the rat. — J. comp. Psychol. 12

Ders. (1934), Mechanisms of handedness in the rat. — Comp. Psychol. Monog. 9

Pilgrim, F. J. und *Patton, R. A.* (1947), Patterns of self-selection of purified dietary components by the rat. — J. comp. and physiol. Psychol. 40

Richter, C. P. (1922), A behavioristic study of the activity of the rat. Comp. Psychol. Monog. 1

Ders. (1933), The role played by the thyroid gland in the production of gross bodily activity. — Endocrinology 17

Ders. (1933), The effect of early gonadectomy on the gross bodily activity of rats. — Endocrinology 17

Ders. (1934), Pregnancy urine given by mouth to gonadectomized rats: Its effect on spontaneous activity and on the reproductive tract. — Am. J. Physiol. 110

Ders. (1936), The spontaneous activity of adrenalectomized rats treated with replacement and other therapy. — Endocrinology 20

Ders. (1941), Behavior and endocrine regulators of the internal environment. — Endocrinology 28

Ders. und *Barelare, B.* (1939), Persistence of 4- to 5-day activity cycles in vitamin-A-deficient rats with constant cornification of the vaginal epithelium. — Endocrinology 24

Richter, C. P. und *Hartman, C G.* (1934), The effect of injection of amniotin on the spontaneous activity of gonadectomized rats. — Am. J. Physiol. 108

Richter, C. P. und *Schmidt, C. H., jr.* (1941), Increased fat and decreased carbohydrate appetite of pancreatectomized rats. — Endocrinology 28
Richter, C. P. und *Wislocki, G. B.* (1928), Activity studies on castrated male and female rats with testicular grafts, in correlation with histological studies of the grafts. — Am. J. Physiol. 86
Dies. (1930), Anatomical and behavior changes produced in the rat by complete and partial extirpation of the pituitary gland. — Am. J. Physiol. 95
Schlosberg, H. und *Katz, A.* (1943), Double alternation lever-pressing in the white rat. — Am. J. Psychol. 56
Simmons, R. (1924), The relativ effectiveness of certain in animal learning. — Comp. Psychol. Monog. 2
Spence, K. W. und *Grice, G. R.* (1942), The role of final and sub-goals in distance discrimination by the white rat. — Psychol. Bull 39
Spence, K. W. und *Shipley, W. C.* (1934), The factors determining the difficulty of blind alleys in maze learning by the white rat. — J. comp. Psychol. 17
Spragg, S. D. S. (1933), Anticipation as a factor in maze errors. — J. comp. Psychol. 15
Stone, C. P. (1929), The age factor in rat learning. — Psychol. Bull 26
Ders. (1929), The age factor in animal learning. I—II. — Genet. Psychol. Monog. 5, 1 und 6, 2
Tolman, E. C. (1925), Purpose and cognition: The determiners of animal learning. — Psychol. Rev. 32
Ders. (1930), Maze performance a function of motivation and of reward as well as of knowledge of the maze paths. — J. Gen. Psychol. 4
Ders. (1932), Purposive behavior in animals and men. — New York: Century
Tolman, E. C., Ritchie, B. F. und *Kalish, D.* (1946—1947), Studies in spatial learning. I—V. — J. exp. Psychol. 36 und 37
Tyron, R. C. (1933), Hierarchies of spatial abstractions as evidenced by maze Cul-de-Sac entrances of 1,000 rats. — Psychol. Bull. 30
Tsai, L. S. (1931), The Cul-de-Sac phenomenon. — J. comp. Psychol. 12
Ulrich, J. L. (1921), A study of the adjustment of an organism to an environment. VIII. The permanency of integration of body parts after a period of rest or redintegration. — J. comp. Psychol. 1
Vincent, S. B. (1915), The white rat and the maze problem. I—IV. — J. anim. Behav. 5
Watson, J. B. (1907), Kinaesthetic and organic sensations: Their role in the reactions of the white rat. — Psychol. Rev. Monog. 8
Ders. (1917), The effect of delayed feeding upon learning. — Psychobiol. 1
Wiltbank, R. T. (1919), Transfer of training in white rats upon various series mazes. — Behav. Monog. 4
Witkin, H. A. (1938), ‚Hypotheses' in rats: A critique. — Psychol. Bull. 35
Ders. (1940), ‚Hypotheses' in rats: An experimental critique. I—III — J. comp. Psychol. 30, 31; Psychol. Rev. 49
Wolfle, D. L. (1934), Maze behavior in the absence of all specific sensory cues. — Psychol. Bull. 31
Wylie, H. H. (1919), An experimental study of transfer of response in the white rat. — Behav. Monog. 3
Yoshioka, J. G. (1929), An alternation habit in rats in a simple maze. — J. Genet. Psychol. 36

Sachverzeichnis

Namenverzeichnis

Kolibri 360 GmbH
Ferdinand-Jühlke-Straße 7
99095 Erfurt, Deutschland
produktsicherheit@kolibri360.de